Weitere Bände

Band 1 Biomechanik, Ergonomie, Arbeitsmedizin

Band 2 Physiologie, Trainingslehre

Band 3 Psychologie, Pädagogik, Soziologie, Berufslehre, Wissenschaftliches Arbeiten, Geschichte

Band 4 Untersuchungs- und Behandlungstechniken

Band 5 Praxis der physikalischen Therapie

Band 6 Massage, Gruppenbehandlung, Hygiene, Erste Hilfe, Verbandtechnik, Allgemeine Krankheitslehre

Band 7 Orthopädie

Band 8 Chirurgie, Frauenheilkunde

Band 9 Traumatologie, Querschnittlähmung

Band 11 Neurologie, Psychiatrie

Band 12 Pädiatrie, Neuropädiatrie

Band 13 Sportmedizin

Band 14 Prävention, Rehabilitation, Geriatrie

Anschriften

Andrassy, K., Prof. Dr., Medizinische Klinik der Universität, Bergheimer Str. 58, 69115 Heidelberg

Borst, M., Dr., Medizinische Universitätsklinik, Bergheimer Str. 58, 69115 Heidelberg

Christian, P., †

Czygan, K.-P., Prof. Dr., Lukas-Krankenhaus, Preußenstraße 88, 41464 Neuß

Diehm, C., Prof. Dr., Rehabilitationskrankenhaus Innere Medizin, Postfach 10 03 27, 76300 Karlsbad

Franke, M., Prof. Dr., Internist, Rheumatologe, Gernsbacher Str. 34, 76530 Baden-Baden

Göhring, H., Schule für Krankengymnastik an der Orthopädischen Klinik der Universität Heidelberg, Schlierbacher Landstr. 200a, 69118 Heidelberg

Heipertz, W., Prof. Dr., Mozartstr. 18, 65779 Kelkheim

Hüter-Becker, A., Hollmuthstr. 20, 69151 Neckargemünd

Liersch, M., Priv.-Doz. Dr., Gastroenterologische Abteilung des Evangelischen Krankenhauses Hamm, Werler Str. 110, 59069 Hamm

Matthes, D., Dr., Chefarzt der Internistischen Abteilung, Tannenwaldklinik, Martha-von-Opel-Weg 31, 65307 Bad Schwalbach

Rapp, W., Prof. Dr., St.-Elisabeth-Krankenhaus, Friedrich-Ebert-Straße 59, 56564 Neuwied

Rinck, P., Prof. Dr., University of Mons Halnaut, Faculty of Medicine 24, Avenue du champ de Mars, 7000 Mons

Ritz, W., Prof. Dr. Dr. h. c., Medizinische Klinik der Universität, Bergheimer Str. 56a, 69115 Heidelberg

Scheffler, E., Dr., Südendstr. 22, 76137 Karlsruhe

Schewe, H., Dr., Franklinstr. 21, 10587 Berlin

Schmitt-Gehrke, E. M., Reha-Klinik Heidelberg, Bonhoefferstr., 69123 Heidelberg

Wirbser-Wehle, R., Tobelbader Str. 180, A-8144 Haselsdorf-Tobelbad

Ziegler, R., Prof. Dr., Medizinische Universitätsklinik, Bergheimer Str. 58, 69115 Heidelberg

Zimmermann R., Prof. Dr., Reha-Klinik Heidelberg, Bonhoefferstr., 69123 Heidelberg

Vorwort der Herausgeber zum Gesamtwerk

1959 wurde das Lehrbuch der Krankengymnastik erstmals von Lindemann, Teirich-Leube und Heipertz herausgegeben, ein damals vierbändiges Werk, das vielen Schülern und Lehrern eine wertvolle Lern- und Unterrichtshilfe war.

1979 wurde das Konzept erneuert: Aus vier gebundenen Bänden wurden elf Taschenbücher mit neuen Autoren und erweiterten Inhalten. In der Nachfolge von Lindemann war H. Cotta Herausgeber und mit ihm W. Heipertz – spiritus rector der Erstausgabe – sowie A. Hüter-Becker und G. Rompe. Auch dieses Lehrbuchkonzept hat sich über viele Jahre mit mehrfachen Aktualisierungen der Einzelbeiträge bewährt.

1994 ist das neue Gesetz über die Berufe in der Physiotherapie verabschiedet worden und ebenfalls eine neue Ausbildungs- und Prüfungsverordnung für Physiotherapeuten, die jetzt gesetzlich geschützte Berufsbezeichnung der bisherigen Krankengymnasten. Der Lehrgang in der Physiotherapie dauert nun drei Jahre, die Ausbildungsinhalte wurden dem erweiterten Spektrum und der gewachsenen Kompetenz des Berufsbildes angepaßt. Diese strukturelle und inhaltliche Neugliederung der Ausbildung war Anlaß, auch die Lehrbuchreihe völlig neu zu konzipieren:

Die wissenschaftlichen Grundlagenbeiträge wurden ergänzt durch die neuen Ausbildungsfächer Pädagogik, Soziologie, Einführung in wissenschaftliches Arbeiten, Rehabilitation, Prävention, Sportmedizin und Arbeitsmedizin. In die klinischen Fächer wurde die Geriatrie eingefügt; die krankengymnastischen Behandlungstechniken wurden erweitert. Der Umfang der Lehrbuchreihe ist auf vierzehn Bände gewachsen, die in einem zeitgemäßen Layout erscheinen.

Dieses neue Konzept wird verantwortet von einer Physiotherapeutin/Krankengymnastin – A. Hüter-Becker – sowie Prof. Dr. W. Heipertz und einer Expertin für Bewegung und Bewegungskontrolle – Dr. H. Schewe – als Herausgeber der Gesamtreihe. Die Einzelbände werden zusätzlich von Bandherausgebern betreut: bei überwiegend krankengymnastischen Inhalten von Physiotherapeuten, bei überwiegend medizinischen Inhalten von Ärzten.

Die jetzt ausgeschiedenen Herausgeber des Taschenlehrbuches Krankengymnastik, H. Cotta und G. Rompe, haben über Jahrzehnte mit ihrer über die Grenzen Deutschlands hinaus anerkannten Fachkompetenz dem Lehrbuch der Krankengymnastik Geltung verschafft und dazu beigetragen, es als Standardwerk zu etablieren. Sie haben sich mit diesem Engagement um die Krankengymnastik verdient gemacht.

Auch dieses neue Lehrbuchkonzept lebt vom Austausch zwischen Herausgebern, Autoren und Lesern, zu dem wir Schüler und Lehrer der Physiotherapie ausdrücklich ermutigen wollen. Wir sind dankbar für alle Vorschläge, die dazu beitragen, diese Lehrbücher den Erwartungen derer, für die sie geschrieben wurden, anzugleichen, damit sie eine optimale Lern- und Arbeitshilfe werden.

Heidelberg, Berlin, Kelkheim, März 1996

Antje Hüter-Becker
Heidrun Schewe
Wolfgang Heipertz

Vorwort

Der rasche Fortschritt in der Medizin sowie neue Erkenntnisse in der Physiotherapie haben diese Neuauflage notwendig gemacht.

So sind die Erkrankungen der Atemwege und der Lunge neu geschrieben worden, da viele moderne Techniken dazugekommen sind. Ebenso wurde das Kapitel der Herzkrankheiten stark erweitert, da sich auch hier neue Aspekte, vor allem in der Überschneidung mit der Chirurgie, ergeben haben.

Neu hinzugekommen sind die Kapitel über die Endokrinologie und den Fettstoffwechsel.

Das Taschenbuch hat sich nicht nur im Unterricht, sondern auch bei der praktischen Ausbildung am Patienten bewährt, da es durch seine übersichtliche Struktur eine schnelle Orientierungshilfe für eine Behandlung darstellt.

Es ist nicht möglich, eine solche Arbeit allein zu bewältigen. Daher sind alle Kapitel von anerkannten Spezialisten in ihrem Fachbereich verfaßt. Von den Autoren wird viel Einfühlungsvermögen gefordert, um sich in Stil und Ausdruck aneinander anzugleichen. Es wurde Wert gelegt auf eine sachliche Darstellung des Wissensstandes ohne geistigen Überbau. Techniken, deren Wirkungsweise nicht objektiviert werden konnten, werden nicht erwähnt.

Den Mitarbeitern des Georg Thieme Verlages sei für ihr Engagement bei der Erstellung dieser Neuauflage herzlich gedankt.

Heidelberg, im Herbst 1996 Hannelore Göhring

Inhaltsverzeichnis

2 Herzerkrankungen

C. Diehm, H. Göhring

11 Nierenerkrankungen

E. Ritz, K. Andrassy, H. Göhring

12 Hämophilie ··· 329

R. Zimmermann, T. Eberspächer, M. Schmitt-Gehrke

13 Erkrankungen aus dem entzündlich-rheumatischen Formenkreis

M. Franke, R. Wirbser-Wehle

1 Erkrankungen der Atemwege und der Lungen

M. M. Borst / H. Göhring

1.1 Wichtige pathophysiologische Grundlagen

Um eine ungehinderte Ein- und Ausatmung (Ventilation) zu gewährleisten, müssen die Atemwege frei, die Atempumpe intakt und die Lunge selbst belüftet und elastisch dehnbar sein. Der Austausch der Atemgase an der Alveolarmembran hängt davon ab, daß die Lungen gleichermaßen belüftet (ventiliert) und durchblutet (perfundiert) sind und daß die Diffusion von Sauerstoff nicht behindert ist. Störungen dieser elementaren Funktionen lassen sich im wesentlichen durch zwei wichtige diagnostische Methoden erkennen und differenzieren: die *Lungenfunktionsprüfung* und die Analyse der arteriellen *Blutgase*. Das Leitsymptom von Störungen der Ventilation und des Gasaustauschs ist in erster Linie die *Atemnot* (Dyspnoe), die unter Belastung oder auch in Ruhe auftreten kann. Im folgenden sollen die wichtigsten Störungen der Lungenfunktion und der Blutgase skizziert werden.

1.1.1 Obstruktive Ventilationsstörungen

Eine Kompression der Atemwege von außen, z.B. durch einen Tumor oder eine stark vergrößerte Schilddrüse, oder durch eine Verlegung ihres Lumens durch Narben, Tumorgewebe, Fremdkörper oder zähen Schleim, können die Atemwege so stark einengen, daß die Atmung behindert ist. Befindet sich die Einengung in den großen Atemwegen, d.h. in der Trachea oder in größeren Bronchien, so kommt es vor allem zu einer Einschränkung bei der Einatmung (Inspiration). Ein ziehendes Atemnebengeräusch (Stridor) wird beim Einatmen hörbar. Wenn die Wand der größeren Atemwege, die normalerweise durch Knorpelspangen offengehalten wird, an Stabilität verliert, kommt es ebenfalls zu einer Einengung. Diese manifestiert sich bei der Ausatmung (Exspiration), wenn der intrathorakale Druck ansteigt und zu einer Kompression der Atemwege führt.

Von einer *obstruktiven Ventilationsstörung* im engeren Sinn spricht man jedoch, wenn die kleineren Luftwege (Subsegmentbronchien und Bronchiolen) eingeengt sind. Diese werden nicht mehr durch Knorpelspangen offengehalten, sondern ihr Durchmesser hängt sehr stark vom Tonus der glatten Muskelzellen der Bronchialwand ab. Je kleiner der

Durchmesser des Bronchus ist, desto stärker wirkt sich eine Kontraktion der Bronchialmuskulatur *(Bronchospasmus),* wie z.B. beim Asthmaanfall, auf den Atemwegswiderstand aus. Hinzu kommt, daß eine entzündliche Schwellung der Bronchialschleimhaut und Ansammlungen zähen Bronchialsekretes zu einer zusätzlichen Einengung des Lumens führen können. Diese Einengung *(Obstruktion)* der Atemwege kommt vor allem bei der Exspiration zur Geltung. In der Inspiration werden die kleinen Atemwege durch die elastischen Fasern des Lungengerüstes noch aufgespannt, in der Exspiration aber kollabieren sie. Sie können sogar von der Luft, die beim Exspirationsmanöver im Thorax zusammengepreßt wird und durch die verengten Atemwege nicht rasch genug entweichen kann, durch Kompression von außen ganz verschlossen werden. Damit sammelt sich immer mehr „gefesselte Luft" („trapped air") in den Lufträumen distal der kleinen Atemwege an, es kommt zur *Überblähung* der Lunge. Ist die Obstruktion reversibel, so kann auch die Überblähung wieder abnehmen. Besteht die obstruktive Ventilationsstörung über Jahre, so kommt es mit der Zeit zur Zerstörung der feinen Alveolarsepten und -wände, die Lungenbläschen vergrößern sich und es bildet sich ein Emphysem aus.

Klinisch manifestiert sich eine obstruktive Ventilationsstörung durch eine Verlängerung der Ausatmungsphase (Exspirium) und auskultatorisch durch sogenannte trockene Rasselgeräuche (kontinuierliche Atemnebengeräusche; Giemen, Pfeifen, Brummen).

In der *Lungenfunktionsprüfung* wird die bronchiale Obstruktion mittels des Tiffeneau-Tests nachgewiesen. Globaler Test für die Atemreserven ist das Volumen, das in einer Sekunde maximal ausgeatmet werden kann (exspiratorische Einsekundenkapazität; FEV1). Bei forcierter Exspiration sollte der Patient 70–80% der Vitalkapazität (VK) innerhalb einer Sekunde ausatmen können (relative Einsekundenkapazität; FEV_1/VK); je ausgeprägter die Obstruktion, desto geringer ist dieser Volumenanteil. Mit Hilfe eines Bodyplethysmographen läßt sich ein erhöhter Atemwegswiderstand auch bei Ruheatmung bestimmen. Liegt eine Überblähung vor, so sind das Residualvolumen (RV) und das intrathorakale Gasvolumen (ITGV) erhöht, während die Vitalkapazität aufgrund der Verschiebung der Atemmittellage vermindert sein kann. Ein einfaches Maß für die Atemreserve ist die maximale exspiratorische Atemstromstärke („peak flow"; PEF). Mittels eines sogenannten *Peak-Flow-Meters* können Patient und Therapeut jederzeit die aktuelle Lungenfunktion abschätzen.

1.1.2 Restriktive Ventilationsstörungen

Eine Verminderung des blähungsfähigen Lungenvolumens – reversibel oder irreversibel – wird als *Restriktion* bezeichnet. Diese kann Folge einer Störung der Atempumpe, d.h. der Atemmuskulatur oder der sie innervierenden Nerven sein, wie z.B. bei einer Muskeldystrophie, bei einer hohen Querschnittslähmung oder bei einer medikamentös induzierten Atemlähmung. Eine weitere wesentliche Ursache restriktiver Ventilationsstörungen sind Erkrankungen, die die Dehnungsfähigkeit („Compliance") der Lunge vermindern. Hierzu gehören Lungengerüsterkrankungen, wie Lungenfibrosen oder die Silikose, aber auch Erkrankungen der Thoraxwand und der Pleura, wie z.B. Thoraxdeformitäten und Pleuraschwarten. Schließlich können auch große Tumoren, Pleuraergüsse und postoperative Zustände, z.B. nach Resektion eines Lungenlappens oder -flügels, zu einer Restriktion führen.

Für die Diagnostik restriktiver Ventilationsstörungen hat die *Röntgenaufnahme* der Thoraxorgane eine besondere Bedeutung. In der Lungenfunktionsprüfung finden sich vor allem eine Abnahme der Vitalkapazität (VK) und eine proportionale Verminderung der exspiratorischen Einsekundenkapazität (FEV_1). Im Unterschied zur Überblähung ist das intrathorakale Gasvolumen (ITGV) aber ebenfalls vermindert.

1.1.3 Gasaustausch

Als *Hypoxämie* bezeichnet man eine Verminderung des Sauerstoffpartialdruckes (PO_2) im arteriellen Blut. Ein erniedrigter PO_2 geht mit einem Abfall des Anteils an sauerstoffhaltigem Hämoglobin (der prozentuale Anteil wird als Sauerstoffsättigung bezeichnet) einher. Normalerweise liegt die arterielle Sauerstoffsättigung bei mindestens 93%. Damit das Blut in der Lunge Sauerstoff aufnehmen kann, müssen wesentliche Voraussetzungen erfüllt sein: Zum einen muß die Lunge gleichermaßen *ventiliert* und *perfundiert* sein. Werden unbelüftete Lungenabschnitte perfundiert, findet dort kein Gasaustausch statt, der Anteil an sauerstoffarmem Blut steigt an. Diese Zumischung von venösem zu arteriellem Blut bezeichnet man auch als intrapulmonalen *Rechts-Links-Shunt*. Durch Erhöhung der inspiratorischen Sauerstoffkonzentration, z.B. durch Sauerstoffatmung, läßt sich keine wesentliche Besserung der arteriellen Sauerstoffsättigung erreichen, weil die Minderbelüftung der betroffenen Lungenabschnitte hierdurch unbeeinflußt bleibt. Therapeutische, insbesondere physiotherapeutische Maßnahmen haben daher zum Ziel, die Belüftung und Durchblutung der Lunge zu verbessern, z.B. durch Lösen von Sekretpfropfen, die die Atemwege verlegen, oder indem die Lunge durch eine Vertiefung der Atmung und durch Atmen gegen einen Ausatmungswiderstand gebläht wird.

Werden belüftete Lungenabschnitte nicht ausreichend perfundiert, z.B. bei einer Verlegung von Lungenarterien und Thromben bei der Lungenarterienembolie, liegt ebenfalls ein Mißverhältnis von Perfusion und Ventilation vor. Das Lungenvolumen, welches nicht am Gasaustausch teilnimmt, nennt man Totraum. Um genügend Sauerstoff aufnehmen zu können, muß der Patient infolge der Totraumventilation ein viel größeres Atemminutenvolumen aufbringen als normalerweise und kann sich dabei erschöpfen.

Ventilation und Perfusion sind auch unter normalen Umständen nicht ganz homogen, weil z.b. die basal gelegenen Lungenabschnitte aufgrund der Schwerkraft besser durchblutet als belüftet sind, während die apikalen Abschnitte besser belüftet als durchblutet sind. Bei bettlägerigen Patienten nimmt dieses Mißverhältnis ständig zu, so daß ein regelmäßiger Lagewechsel, bis hin zur Bauchlage bei beatmeten Patienten, oft zu einer erheblichen Verbesserung des arteriellen PO_2 führt.

Zum zweiten stellt eine ungehinderte *Diffusion* von Sauerstoff zwischen Alveolarraum und Blut eine wesentliche Voraussetzung für einen normalen Gasaustausch dar. Erkrankungen, die zu einer Verminderung der Diffusionsfläche führen, z. B. ein Lungenemphysem, bei der die Alveolen zu einem großen Teil zerstört sind, sowie Veränderungen, die eine Vergrößerung der Diffusionsstrecke zwischen Alveole und Kapillare nach sich ziehen, führen daher ebenfalls zu einer Hypoxämie. Eine Bindegewebsvermehrung, z. B. im Rahmen von Lungenfibrosen, oder ein Lungenödem mit Flüssigkeitsansammlungen im Raum zwischen Kapillar- und Alveolarwand sind Beispiele für solche Diffusionshindernisse, die zu einer Hypoxämie in Ruhe oder unter Belastung führen.

Während Veränderungen des PO_2 bzw. der Sauerstoffsättigung, welche sich übrigens durch tragbare Meßgeräte (Pulsoximeter) kontinuierlich registrieren läßt, die Fähigkeit der Atmungsorgane zur Aufnahme von Sauerstoff widerspiegeln, ist der arterielle Kohlendioxid-Partialdruck (PCO_2) ein Ausdruck der Ventilation. Bei der *Hyperventilation,* d. h. bei einer Steigerung des Atemminutenvolumens, sinkt der PCO_2 unter den Normwert von 40 mmHg ab, weil das im Körper bei Verbrennungsvorgängen gebildete Kohlendioxid (CO_2) vermehrt durch die Lunge abgeatmet wird. Man spricht von einer *Hypokapnie.* Dies kann der Fall sein, weil das Atemzentrum durch psychische Erregung übermäßig aktiv ist, aber auch, weil der Patient vermehrt atmen muß, um genügend Sauerstoff aufnehmen zu können (z. B. bei erhöhter Totraumventilation), oder aufgrund von Stoffwechselstörungen (metabolische Azidose). Eine *Hyperkapnie,* d. h. ein Anstieg des PCO_2 kommt zustande, wenn das Atemminutenvolumen pathologisch absinkt und eine alveoläre *Hypoventilation* besteht. Das im Körper entstehnde CO_2 kann nicht mehr richtig „abgeraucht" werden und sammelt sich im Blut in Form von Kohlensäure an. Ursache hierfür ist eine ungenügende Tätigkeit der Atempumpe, sei es, weil der Atemantrieb vermindert ist, weil die Atemmuskulatur versagt (z. B. weil sie sich erschöpft), oder weil eine Lungenerkrankung zu so einer starken Schädigung des Organs geführt hat, daß eine ausreichende Belüftung der Alveolen nicht mehr gewährleistet ist. Wegen des hervorragenden Diffusionsvermögens des CO_2 spielen Diffusionsstörungen keine Rolle für die Abatmung von Kohlendioxid.

Besteht eine Hyperkapnie gleichzeitig mit einer Hypoxämie, so spricht man von einer respiratorischen *Globalinsuffizienz*, liegt lediglich eine Hypoxämie vor, so nennt man dies respiratorische *Partialinsuffizienz*.

Physiotherapeutische Behandlung

Die Behandlung aller Erkrankungen der Atemwege und der Lungen richtet sich nach der jeweiligen Pathophysiologie der einzelnen Krankheitsbilder. Die Wirkungen, die wir mit unseren Techniken erreichen, sind inzwischen zum Teil objektiviert.

Andere, nicht meßbare Maßnahmen haben aber genauso ihre Berechtigung, auch wenn sie zuweilen nur eine subjektive Besserung bringen. Das gilt in besonderem Maße bei Krankheiten, die die Atmung betreffen. Die Wechselbeziehung zwischen Atmung und Psyche ist bekannt und wird bei vielen Maßnahmen mit einbezogen.

Wenn die physiotherapeutischen Techniken gezielt eingesetzt werden sollen, muß man sich, soweit möglich, über die Wirkungsweise klarwerden.

Ansatzpunkte der einzelnen Maßnahmen:
- Wirkung auf die Atembewegung (direkt/indirekt):
  - Vergrößerung der Atembewegungen,
  - Herabsetzen erhöhter Gewebswiderstände in Haut und Muskulatur,
  - Verbesserung der Verschieblichkeit der Pleurablätter,
  - Entfaltung des Sinus phrenicocostalis,
  - Verbesserung von Atemmuskelkoordination und Atemmuskelkraft,
  - Mobilisation des Thorax.
- Wirkung auf die Atemwege:
  - Sekrettransport,
  - Hustenprovokation und -hilfe,
  - Vermindern und Vermeiden exspiratorischer Kompression auf die Atemwege bei druckabhängiger Obstruktion der Atemwege,
  - Dämpfen eines Reizhustens,
  - Vermeiden von unproduktiven Hustenattacken, die u. U. zu Bronchospasmus führen könnten,
  - Husten mit geringem thorakalem Druck,
  - Verlangsamung der Luftströmung,
  - Erweitern der Atemwege bei volumenabhängiger Obstruktion der Atemwege.

- Wirkung auf die Ventilation und Perfusion:
  - Eröffnung von Atelektasen,
  - Umverteilung des Blutes im kleinen Kreislauf,
  - Durchblutungsförderung durch Atempumpe,
  - Verbesserung der Belüftungs- und Durchblutungsverhältnisse.
- Wirkung auf die Psyche:
  - Entspannung und Lösung (Spannungsregulation der Muskulatur),
  - Förderung des Selbstvertrauens in die eigene Leistung (z.B. zur Disziplinierung während eines Asthmaanfalls),
  - Bewußtwerden sonst unbewußter Atemvorgänge durch Körpererfahrung.

Voraussetzung für eine optimale Behandlung aller Erkrankungen der Atemwege und der Lungen ist eine sorgfältige Befundaufnahme. Siehe auch Bd. 4 Befunderhebung/Untersuchung.

Welche der in Tab. 1.**1** aufgeführten Punkte bei den einzelnen Krankheitsbildern besonders wichtig sind, wird im einzelnen noch erwähnt. Eine Übersicht über die Techniken in der Atemtherapie und ihre Wirkungen gibt Tab. 1.**2**.

Tabelle 1.**1** Physiotherapeutische Atembefunderhebung

I. Beschwerden (gegenwärtig und früher)

1. Atemnot: in Ruhe, als Anfall (Angst), bei körperlicher Belastung (An-/Auskleiden, schnelles Gehen und Steigen), bei psychischer Erregung, bei Nebel und Rauch, nach Husten)
2. Husten: produktiv – unproduktiv – mit Schwindel
3. Gefühl, nicht „durchatmen" zu können (Reifengefühl um die Brust), viel Seufzen, Hyperventilationsneigung, Schmerzen beim Atmen, Globusgefühl im Hals

II. Atemform

Körperstellung: Rückenlage (flach/Oberkörper erhöht), Sitz, Bauchlage

1. Atemweg: Mund – Nase, Atemnebenegeräusche, verkürzte Sprechweise, Kehlkopfmitbewegungen
2. Atemfrequenz/min
3. Atembewegungen:
   - kostosternal nach ventral, kranial
   - kostal nach dorsal symmetrische oder asymmetrische
   - kostoabdominal nach ventral, lateral, medial
   - kostoabdominal nach lumbodorsal
   - inspiratorischer Atemhilfsmuskeleinsatz
   - exspiratorischer Bauchmuskeleinsatz
   - inspiratorische Einziehungen: interkostal, jugular

Tabelle 1.1 (Fortsetzung)

- „Nachschleppen“ der Rippen: rechts, links
- kostosternale Atembewegungen überwiegen
- kostoabdominale Atembewegungen überwiegen

4. Atemrhythmus: unauffällig, verlängerte Ausatmung, keine endexspiratorische Pause, häufige Seufzer, Wechsel von flachen und tiefen Atemzügen

III. Vitalkapazität

IV. Allgemeinbefund

1. Kräftezustand: gut, mäßig, schlecht
2. Gewicht im Verhältnis zu Größe: normal, Unter-/Übergewicht
3. Gesichtsausdruck: gespannt, entspannt
4. Bewegungen: hastig, schnell, angemessen, verlangsamt

V. Hautfarbe – Puls

1. Zyanose: Lippen, Gesicht, Extremitäten
2. Puls: Frequenz/min, Rhythmus: regelmäßig, unregelmäßig
   Füllung: gut, mäßig, schlecht

VI. Oberkörper – Thoraxform und -beweglichkeit

1. Muskelverspannung: Nacken-Schulter-Bereich, Rücken, Thoraxbereich, Bauch
2. Bindegewebsbefund s. Extrablatt
3. Bauch: unauffällig, adipös, muskelschwach, muskelkräftig
4. Oberkörperform: unauffällig, LWS-Hyperlordose, BWS-Kyphose, Skoliose
5. Thoraxform: unauffällig, gewölbt, Trichterbrust, Thorax piriformis, Asymmetrie, thorakale Skoliose
6. Thoraxbeweglichkeit – Umfangmaße: maximale Ein- und Ausatmung

	Achsel			Sternumspitze			5–8 cm unter Sternum		
Datum	Insp.	Exsp.	Diff.	Insp.	Exsp.	Diff.	Insp.	Exsp.	Diff.

VII. Belastungsprobe

Belastungsart	Dyspnoe	Atemfrequenz/min	Puls/Blutdruck
1. Gehen im Tempo 60–80–100–120	nach Minuten:	vorher: nachher:	vorher: nachher: Erholung:
2. Treppensteigen Tempo 2 Stufen	nach wieviel Stufen:	vorher: nachher:	vorher: nachher: Erholung:

Tabelle 1.2 Übersicht über Techniken in der Atemtherapie nach ihren Wirkungen

Einzelne Techniken	Wirkungen auf Atembewegungen einschließlich Pleuraraum und Rumpfmuskulatur	Wirkung auf obere und untere Atemwege	Wirkung auf Ventilation und Perfusion	Wirkung auf psychisches Befinden	Wirkung auf andere Körperfunktionen
Dehnlagerungen	Herabsetzung erhöht Gewebswiderstände Umstellung auf kostoabdominellen Atemmechanismus Lösen von Pleuraschwarten	Herabsetzung von Strömungswiderständen bei Senkung der Atemfrequenz	Perfusion von Schwerkraft beeinflußt	Beruhigung von Lösung durch vorherige Dehnung Schulung des Körpergefühls „Erleben" der Nachatmung	Vegetative Umstimmung zur vagotonen Seite
Drainagelagerungen	je nach Lage erhöhte Zwerchfellarbeit (s. oben)	Sekretförderung	Perfusionsänderung durch veränderte Schwerkraftverhältnisse		je nach Lage kardiale Belastung
Packegriffe Massagegriffe	Herabsetzung erhöhter Gewebswiderstände durch Lockerung	Herabsetzung von Strömungswiderständen (reflektorisch)		Erlebnis von Wärme „Weite" bringt Bewußtseinseinengung auf den Körper und auf Atembewegungen	

Tabelle 1.2 (Fortsetzung)

Vibrationen	Herabsetzung erhöhter Gewebswiderstände durch Lockerung	Förderung des Sekrettransports		Lockerung erleichtert	
Wärmeanwendungen, heiße Rolle usw.	Herabsetzung erhöhter Gewebswiderstände durch Lockerung	Sekrettransportförderung spasmolytische Wirkung auf die Bronchien		Lockerung erleichert	
Gähnendes Einatmen	Erweiterung der oberen Luftwege Luft strömt langsam	Herabsetzung der Strömungswiderstände	Verbesserung von Ventilation und Perfusion	Angstminderung Förderung des Selbstvertrauens in eigene Leistung zur Beeinflussung des Bronchospasmus	
Lippenbremse		Exspiration: Druckabfall im Tracheobronchialsystem wird gleichmäßiger	Ventilationsverbesserung durch bessere Strömungsverhältnisse	Angstminderung	Rechtsherzbelastung wird geringer durch geringeren intrapulmonalen Druckanstieg in der Lunge
Tiefe Atemzüge	Große Atembewegungen	Bronchialkaliberlumenschwankung	Verbesserung der Ventilation		Förderung des venösen Rückstromes

Tabelle 1.2 (Fortsetzung)

Nasenwegsübungen Nasenstenose Phonationsübungen	Aktivitätszunahme des Zwerchfells und der Interkostalmuskulatur	Verlangsamung des Atemstromes	Bessere Verteilung und Diffusion infolge längerer Kontaktzeit von Hb und O_2		Durch intrapulmonalen Druckabfall weniger Rechtsherzbelastung
Atemerleichternde Körperstellung (Sitz mit aufgestützten Armen)	Gewicht des Schultergürtels wird abgenommen Thorax in Einatmungsstellung	Atemarbeit herabgesetzt durch erhöhte funktionelle Residualkapazität (FRK) Erleichterung der passiven Exspiration	Erweiterung der Bronchien durch Vermeidung des Ventilmechanismus bringt bessere Ventilation	Angstminderung durch Atemerleichterung	
Hustenhilfe	Unterstützung des Hustenstoßes durch manuelle Hilfe (Tuch) Hilfe durch Exspirationsmuskulatur	Vermeidung hoher intrathorakaler Drücke Guter Sekrettransport (produktiver Husten)			s. Nasenwegsübungen
Manuelle Richtungshilfen	z. B. bei Nachschleppen einer Seite gegen Widerstand zur Kräftigung der Inspirationsmuskulatur		durch vertiefte und langsame Atemzüge längere Kontaktzeit zwischen Blut und Alveolarluft	beruhigende Wirkung auf ängstlich-nervöse Patienten	

1.2 Krankheitsbilder

1.2.1 Obstruktive Atemwegserkrankungen

Zum Formenkreis der obstruktiven Atemwegserkrankungen zählt man das Asthma bronchiale, die chronische obstruktive Bronchitis und das Lungenemphysem. Diese Erkrankungen sind häufig. Man schätzt, daß ca. 7 – 10% der Bevölkerung in Deutschland betroffen sind. Allein für das Asthma werden jährliche Krankheitskosten in Höhe von 3,15 Milliarden DM (1992) angenommen. Die chronische obstruktive Bronchitis tritt häufig gleichzeitig mit anderen internistischen Erkrankungen, insbesondere solchen des Herz-Kreislauf-Systems oder bösartigen Lungenerkrankungen, auf. Die Unterscheidung dieser Krankheitsbilder fällt manchmal schwer, weil sich das klinische Bild oft überschneidet und Übergänge bestehen. Dennoch sollte der Versuch einer eindeutigen Diagnosestellung gemacht werden. Ausdrücke wie „spastische Emphysembronchitis" oder „asthmoide Bronchitis" sind deshalb nicht sinnvoll.

•••• Asthma bronchiale

Definition. Asthma ist eine chronische entzündliche Erkrankung der Atemwege, bei der zahlreiche Zellen – einschließlich Mastzellen und eosinophile Granulozyten – beteiligt sind. Bei prädisponierten Personen führt diese Entzündung zu Symptomen, die in der Regel mit einer ausgedehnten, aber variablen Atemwegsobstruktion, Abb. 1.**1**, einhergehen, welche häufig, spontan oder durch Therapie, reversibel ist. Zusätzlich verursacht das Entzündungsgeschehen eine Hyperreaktivität der Atemwege auf eine Vielzahl von Stimuli. Typische Kennzeichen des Asthma bronchiale sind die Variabilität und die Reversibilität der bronchialen Obstruktion, d.h. daß im Intervall zwischen den Attacken eine normale Lungenfunktion besteht und der Bronchospasmus spontan oder durch Medikamente wieder aufgehoben werden kann.

Ursachen. Grundlage des Asthma bronchiale ist eine chronische Entzündung der Atemwege, deren Ursachen nicht vollständig geklärt sind. Voraussetzung für das Auftreten von Bronchospasmen ist eine sogenannte Hyperreaktivität der Bronchialmuskulatur, d.h. eine übermäßige Neigung der glatten Atemwegsmuskulatur zur Konstriktion. Eine solche bronchiale Konstriktion wird durch ganz unterschiedliche Faktoren ausgelöst. Am häufigsten ist der Kontakt mit Allergenen, z.B. bei Patienten mit Allergien auf Blütenpollen, Hausstaubmilben, Tierhaare, Pilze oder berufsbedingte Allergene wie Mehl beim Bäcker. Weitere wichtige Auslöser sind virale Atemwegsinfekte, die Inhalation von Rauch oder anderen reizenden Gasen (Umweltverschmutzung) oder in manchen Fällen auch nur körperliche Anstrengung. Diese Auslöser führen zur Aktivie-

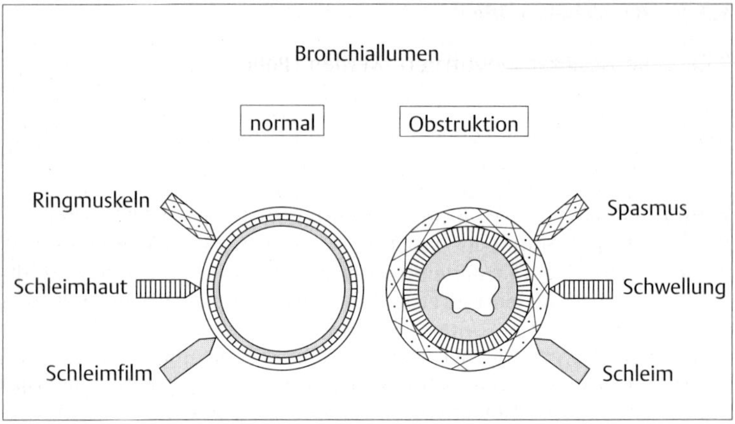

Abb. 1.**1** Typische endobronchiale Atemwegsobstruktion durch die *Herxheimer-Trias:* **S**pasmus der Ringmuskeln, (**S**chwellung) Ödem der Schleimhaut, (**S**chleim) Hyperkrinie und Dyskrinie des Schleimfilms

rung von Entzündungszellen (eosinophile Granulozyten, Mastzellen, T-Lymphozyten) und zur Freisetzung von entzündlichen Mediatorsubstanzen wie Histamin u. a. in der Bronchialwand.

Diagnose. Lungenfunktionsanalytisch ist der Asthmaanfall durch eine obstruktive Ventilationsstörung mit akuter Überblähung (s. o.) charakterisiert. Im Intervall kann die Lungenfunktion normal sein. Um zu prüfen, ob eine bronchiale Hyperreaktivität vorliegt, dient die inhalative Bronchoprovokation, d. h. die Messung der Lungenfunktion nach Einatmen von bronchokonstriktorischen Pharmaka (z. B. Histamin), Kaltluft oder bestimmten Allergenen (z. B. Mehlmischung). Die Prüfung der Reversibilität der Obstruktion geschieht durch einen Bronchospasmolysetest (Inhalation von bronchialerweiternden Medikamenten). Zur Beurteilung von Schweregrad und Verlauf des Asthma bronchiale sollte der Patient ein Peak-Flow-Protokoll führen. Zusätzlich ist oft eine Allergiediagnostik erforderlich.

Klinisches Bild. Das Asthma bronchiale ist, anders als die chronische obstruktive Bronchitis, eine Erkrankung des jüngeren Lebensalters. Sie tritt insbesondere bei Menschen mit Allergieneigung auf und kann sich später auch wieder verlieren. Asthma kann aber auch in späterem Alter auftreten. Es zählt zu den häufigsten Erkrankungen bei Kindern und wird dann allzu oft als „spastische Bronchitis" verkannt, ohne daß die notwendige Diagnostik und Therapie eingeleitet werden. Der Patient empfindet einen Asthmaanfall als plötzlich auftretende Atemnot, manchmal aber auch nur als nächtlichen Husten. Bei allergischem Asthma können spezielle Auslöser identifiziert werden (Pollenflug, Exposition gegenüber Allergenen am Arbeitsplatz), nicht selten beginnt die Erkrankung auch als allergische Rhinitis („Heuschnupfen"). Im Asthmaanfall bestehen Dyspnoe, Tachypnoe, verlängertes Exspirium, auskultatorisch findet man Giemen und Pfeifen, außerdem Tachykardie.

Komplikationen. Asthmaanfälle können sehr schwer sein. Lassen sie sich nicht rasch durch Medikamente durchbrechen, so spricht man vom „Status asthmaticus". Todesfälle durch einen so schweren Asthmaanfall (durch respiratorische Globalinsuffizienz wegen Erschöpfung der Atemmuskulatur) kommen immer häufiger vor.

Therapie. Die medikamentöse Therapie des Astmas richtet sich primär gegen die zugrundeliegende Entzündung und basiert auf der inhalativen Anwendung von Glukokortikoiden. Zur Behandlung der Obstruktion dienen sogenannte Bronchospasmolytika, die ebenfalls vorzugsweise inhalativ gegeben werden. Bei schwerem Asthma müssen Kortikosteroide oral gegeben werden. Im akuten schweren Atemnotanfall sind außer der medikamentösen Therapie eine ausreichende Flüssigkeitszufuhr und eine Anfeuchtung der Atemluft besonders wichtig. Außerdem ist eine richtige Atemtechnik sinnvoll. Die Behandlung umfaßt nicht nur die medikamentöse Therapie, sondern auch die Prophylaxe. Hierbei spielt die Patientenschulung, d.h. die Aufklärung über die Erkrankung, über die Vermeidung von Auslösern, über die selbständige Überprüfung der Lungenfunktion mittels Peak-Flow-Meter und über die korrekte Anwendung der Medikamente, eine wesentliche Rolle.

Physiotherapeutische Behandlung

Bei der Behandlung des Asthmas wird die Behandlung während des Status asthmaticus von der im anfallsfreien Intervall unterschieden.

Behandlung im Asthmaanfall

- *Befund:* Eine genaue Befundaufnahme ist während des Anfalls nicht möglich und sollte gar nicht erst versucht werden. Der typische Anfall dauert etwa 1–2 Stunden. Das Ende des Anfalls kündigt sich meist durch einen stärkeren Hustenreiz an.
- *Gesichtspunkte*
  - Angstminderung und Beruhigung,
  - Minderung der Atemwegsobstruktion als Unterstützung der medikamentösen Behandlung.

- *Maßnahmen:* Der Patient darf in diesem Zustand zu nichts gezwungen werden. Meist kennen die Patienten ihre atemerleichternde Stellung, in der sie ihre Atemhilfsmuskeln besser einsetzen können.

  Die gebräuchlichsten atemerleichternden Stellungen sind:
  - Sitz mit auf dem Tisch aufgestützten Armen (Abb. 1.**2**),
  - Kutschersitz (Abb. 1.**3**),
  - Abstützen der Hände in der Taille und an der Wand im Stehen (Abb. 1.**4**),

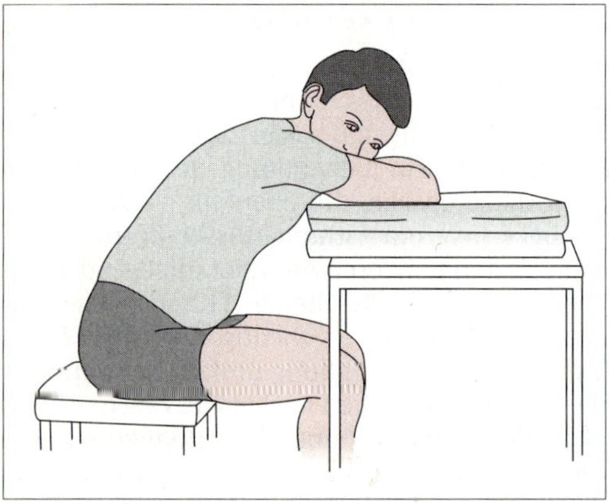

Abb. 1.**2** Sitz mit auf dem Tisch aufgestützten Armen

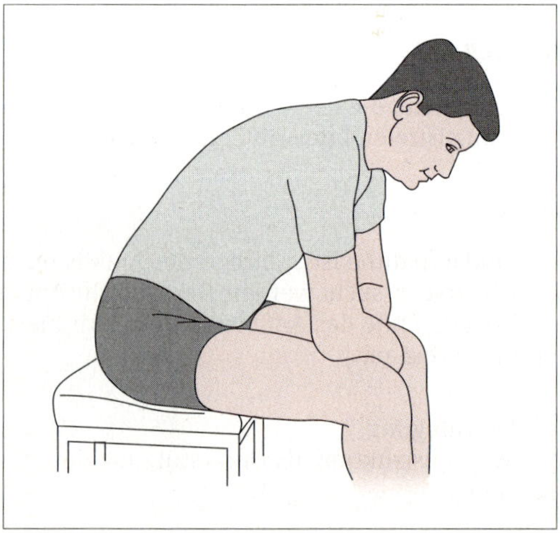

Abb. 1.**3** Kutschersitz. Eine der häufigsten Haltungen während eines Asthmaanfalls

- Fersen-Ellbogen-Sitz mit breiten Knien (Hängebauchlage für Kinder) (Abb. 1.**5**).

Weitere atemerleichternde Stellungen s. Bd. 4.

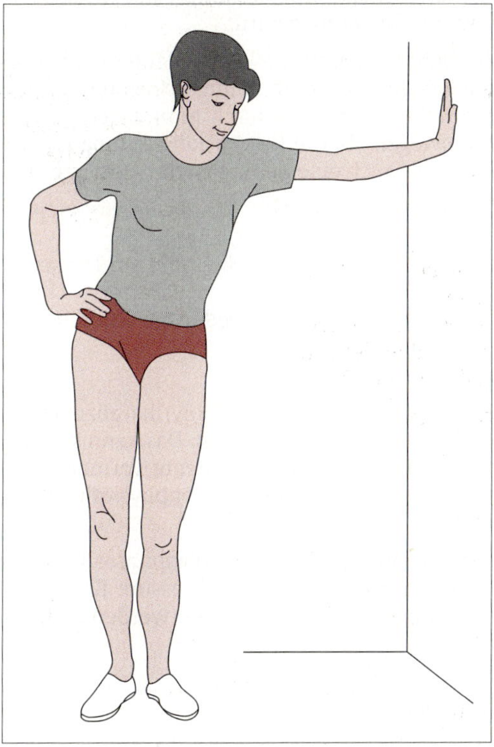

Abb. 1.**4** Abstützen der Hände in der Taille und an der Wand im Stehen

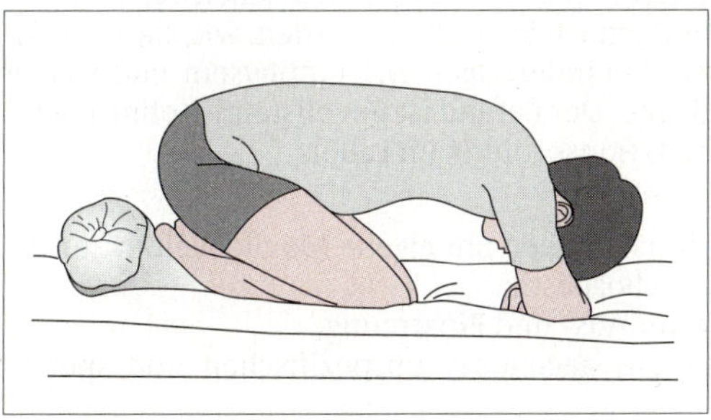

Abb. 1.**5** Päckchensitz. Muß je nach Zustand des Patienten modifiziert werden

Durch diese Körperstellungen wird das Gewicht des Schultergürtels abgenommen und durch das Aufstützen der Arme der optimale Einsatz der inspiratorischen Atemhilfsmuskulatur ermöglicht.

Es kann schon eine Hilfe sein, wenn der Patient durch sachkundige Änderung und Verbesserung seiner Körperstellung feststellt, daß sein Problem richtig erkannt und verstanden wird.

Die inspiratorisch verschobene Atemmittellage bedeutet eine Erhöhung der funktionellen Residualkapazität. In dieser Inspirationsstellung sind die Bronchialradien größer. Dadurch nimmt der erhöhte Widerstand in den Atemwegen ab. Die Inspirationsstellung ist also nicht nur eine Folge, sondern auch eine Kompensation des Asthmas.

In diesen Stellungen kann versucht werden, ob der Patient weitere Hilfen toleriert;
- Weiche Massagegriffe am Hals-Nacken-Gebiet und am Thorax,
- Packegriffe am Thorax,
- heiße Rolle oder heiße Kompressen entweder am Rücken oder ventral am Thorax und über dem Sternum.
- manuelle Richtungshilfen am Thorax.

Es ist günstig, die Wirkung der Bronchospasmolytika abzuwarten und erst dann mit den Maßnahmen zu beginnen. Das kann schließlich dazu beitragen, die Fixierung auf Medikamente vermeiden zu helfen, da der Patient die Erleichterung während der physiotherapeutischen Maßnahmen fühlt.

Eine besondere Situation ist gegeben, wenn eine Respirator-Therapie notwendig wird. Auf das „Intermitted Positive Pressure Breathing" (IPPB) kann in diesem Rahmen nicht eingegangen werden (s. Bd. 4, S. 314).

Behandlung im anfallsfreien Intervall

- *Befund:* Es ist sehr wichtig, eine genaue Befunderhebung nach dem Schema zu erheben. Es gibt im Intervall keine typischen Veränderungen des Körpers, es muß jedoch festgestellt werden, wie stark die Atmung durch restriktive Veränderungen wie Emphysem und starrer Thorax beeinträchtigt sind. Der Befund ist unvollständig ohne die Ergebnisse der Lungenfunktionsprüfung im Labor.

- *Gesichtspunkte*
  - Angstminderung durch Wissen um eigene Möglichkeiten zur Beeinflussung der Bronchospastik,
  - Hilfen bei erschwerter Aus- und Einatmung,
  - Ändern des Verhaltens gegenüber unspezifischen und spezifischen Reizen,

- Dämpfung von unproduktivem Husten,
- Thoraxmobilisation und Spannungsausgleich,
- Steigerung der Kondition.

- *Maßnahmen:* Die physiotherapeutische Behandlung dient heutzutage in erster Linie der Schulung des richtigen Verhaltens im Anfall und setzt sinnvollerweise im Intervall ein. Dafür sind genaue Vorstellungen der Physiologie und Pathophysiologie des Atemapparates unabdingbare Voraussetzung. Diese Vorgänge müssen in einfacher und den Möglichkeiten des Patienten entsprechender Form erklärt werden können, da sonst das Verständnis und somit die Einsicht für die Notwendigkeit der Maßnahmen fehlt. So ist die erste Aufgabe des Physiotherapeuten zunächst eine lehrende.

  Mit diesen Maßnahmen erhält der Patient die Möglichkeit, sich von der enormen existentiellen Angst abzulenken und somit aus dem Circulus vitiosus Angst – keine Luft – Angst herauszukommen.

- *Angstminderung:* Grundsätzlich trägt jede vom Patienten ausgehende Aktivität dazu bei, das Gefühl der Hilflosigkeit und der Angst zu mindern, z. B. das Einnehmen von atemerleichternden Körperstellungen, welche die zum Inspirium angehobene Atemmittellage noch weiter erhöhen. Das ansteigende intrathorakale Gasvolumen führt über eine stärkere Vordehnung der Lunge zu einem erhöhten Zug an der Bronchiolenhalterung. Dadurch werden exobronchial die Bronchiallumina aufgezogen und die verengten Bronchien erweitert (Abb. 1.**6**). Dies konnte durch oszillatorische Atemwiderstandsmessungen objektiviert werden.

  Es wird mit dem Patienten besprochen, welche der Stellungen für ihn die geeignetste ist. In dieser Stellung muß er die normalerweise unbewußten Atembewegungen des Bauches und der unteren Rippen wahrnehmen. Diese Konzentration auf die Atembewegungen kann Menschen in Angst und Unruhe relativ schnell zur Ruhe bringen. Durch die Eingrenzung des Bewußtseins auf das rhythmische Geschehen der Atmung werden andere Reize, die auf das Bewußtsein einwirken könnten, z. B. die Angst, abgeschirmt.

- *Hilfen bei erschwerter Ausatmung:* Dem Patienten müssen die pathophysiologischen Verhältnisse erklärt werden, um ihn verstehen zu lassen, weshalb er gegen eine Stenose an den Lippen ausatmen muß. Durch die Lippenbremse wird der Druckabfall in den Bronchien beim Ausströmen der Luft gleichmäßiger. Die poststenotischen Bronchialabschnitte werden weit gehalten und weniger komprimiert.

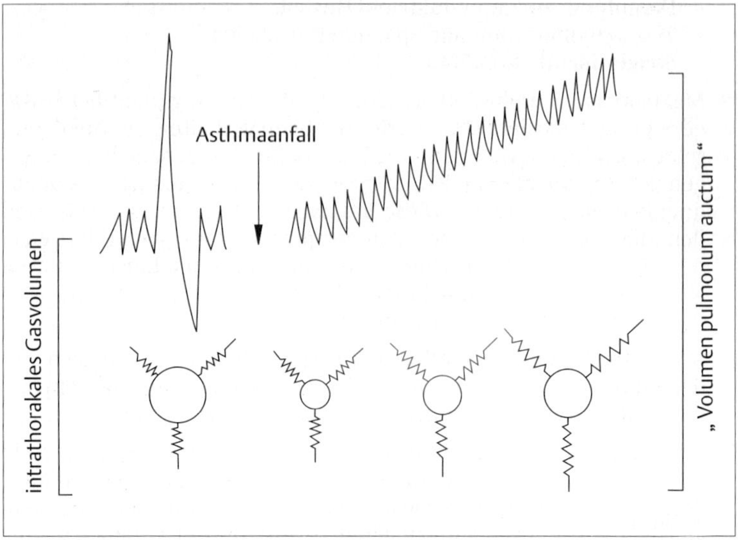

Abb. 1.**6** Im Asthmaanfall wird die Atemmittellage treppenförmig zur Inspiration verschoben. Das „Volumen pulmonum auctum" bewirkt eine erhöhte Vordehnung der Lunge mit Bronchodilatation

Technik der Lippenbremse:

In allen atemerleichternden Stellungen soll die Luft durch die locker aufeinanderliegenden Lippen ausströmen. Bei richtiger Ausführung sind keine Atemnebengeräusche zu hören.

Diese Maßnahmen stellen für den Patienten eine elementare Hilfe dar, da sie ihm die Möglichkeit geben, aktiv in sein Krankheitsgeschehen einzugreifen. Eine weitere Hilfe in diesem Sinne besteht in der Durchführung der Packegriffe, die vom Patienten immer als sehr wohltuend empfunden werden.

❖ *Hilfen bei erschwerter Einatmung:* Das „gähnende Einatmen" ist eine Atemtechnik, bei der durch das Senken des Kehlkopfes eine Schlunderweiterung erfolgt, die ein Absinken der erhöhten Atemwegswiderstände bewirkt (Siemon u. Mitarb. 1973).
  - Üben, bei geschlossenen Lippen einzuatmen,
  - Zunge zurückziehen,
  - Wahrnehmen der inspiratorischen Mundboden- und Kehlkopfsenkung,

- Konzentration auf die abdominellen Atembewegungen,
- kurzes Luftanhalten am Ende der gähnenden Einatmung,
- Ausatmen mit der dosierten Lippenbremse oder durch die Nase.

Auch das „schnüffelnde Einatmen", als wollte man an etwas riechen, schnuppern, kommt hier als Atemtechnik in Frage.

❖ *Ändern des Verhaltens gegenüber unspezifischen und spezifischen Reizen:* Die folgenden Maßnahmen richten sich vor allem gegen die den Anfall auslösenden Faktoren. Der Patient soll seine auslösenden Faktoren genau kennen und versuchen, diese zu meiden. Solche Reize sind
- Rasche Temperaturschwankungen,
- Kälte,
- trockene Luft,
- Nebel,
- Smog,
- Auspuffgase,
- Zigarettenrauch,
- Küchendünste,
- Reinigungs- und Desinfektionsmittel,
- Sprays.

Weitere Auslöser siehe Tab. 1.**3**.

Die Möglichkeiten, durch Physiotherapie darauf einzuwirken, sind gering. Bewährt hat sich jedoch die Teilnahme an einer Gruppe, in der unter anderem versucht wird, die allgemeine Kondition dosiert zu verbessern. Dort sollen die Patienten auch lernen, sich beim schnellen Bewegen zu disziplinieren und bei Atemerschwerung die geübten Techniken anzuwenden. Für das eigenständige Üben zu Hause sind vor allem die Dehnlagen nach Schaarschuch sowie alle Yogaübungen, die dehnend und haltungsverbessernd wirken, geeignet.

Tabelle 1.**3** Ursachen für Asthma und Asthmaanfälle (aus Rieben, F. W., D.Fritze: Praktische Lungen- und Bronchialheilkunde. Steinkopff, Darmstadt 1985)

– Allergie	– Alkohol
– Infekte	– β-Blocker
– andere Lungen-Bronchialkrankheiten	– α-Adrenergika
– Sinusitis	– Medikamente
– Anstrengung	– physikalisch-chemische Reize
– Analgetika	– berufliche Noxen
– Antiphlogistika	– Psyche

- *Dämpfung von unproduktivem Husten:* Es ist illusorisch, den anfänglichen außerordentlich viskösen Schleim abhusten zu wollen. Bis die mukolytischen Medikamente ihre Wirkung getan haben, sollte ein unproduktiver Husten vermieden werden. Bei dem Huststoß verengen sich die großen Atemwege, da sie durch den hohen intrathorakalen Druck eingeengt werden, was einerseits die schnelle Luftströmung erhöht, andererseits aber die Hustenrezeptoren in den zentralen Atemwegen reizt. So kann sich ein Patient mit überempfindlichem Bronchialsystem in eine Atemnot hineinhusten. Technik des Hustens:
  - Luft in Einatemstellung anhalten,
  - oberflächlich weiteratmen,
  - bei zu starkem Hustenreiz gegen die geschlossenen Lippen anhusten.

  Dies soll so lange angewendet werden, bis entweder der Hustenreiz verschwunden ist oder das Sekret abgeräuspert werden kann. Alle Techniken müssen während des anfallfreien Intervalls so lange gelernt werden, bis der Patient sie sicher beherrscht.
- *Thoraxmobilisation und Spannungsausgleich:* Schon geringe Verbesserungen der Thoraxdehnbarkeit, die oft beim Messen kaum ins Gewicht fallen, erleichtern die Atemarbeit, bessern Verteilungsstörungen und senken erhöhte Strömungswiderstände:
  - Dehnlagen nach Schaarschuch/Haase (s. Bd. 4, S. 282),
  - Übungen aus dem Yoga,
  - Gymnastik auf dem Hocker/Pezziball,
  - Aktive Übungen zur gezielten Kräftigung nach Befund.

Neben den Dehnlagen nach Schaarschuch eignen sich einige Übungen aus dem Yoga besonders für Kinder und jugendliche Patienten. Alle Übungen werden 3–4mal aus totaler Entspannung heraus geübt. Während der Übung ruhig weiteratmen. Wie lange in den Übungspositionen verharrt wird, bestimmt der Patient selbst. Hier einige Beispiele:

Kobra
Aus der entspannten Bauchlage werden die Arme in Verlängerung des Schultergürtels rechtwinklig aufgestellt und Kopf und Oberkörper nur soweit abgehoben, daß der untere Thoraxrand noch die Unterlage spürt (Abb. 1.**7**). Die Entspannungsposition ist die Bauchlage.

Fisch
Aus entspannter Rückenlage werden die Arme dicht an den Körper herangenommen, die Ellbogen fest aufgestützt und das Brustbein weit angehoben (Abb. 1.**8**). Die Entspannungsposition ist die Rückenlage.

Vogel
Aus entspannter Bauchlage faßt die rechte Hand den linken Fuß des gebeugten Beins. Der linke Arm hebt sich nach vorne gestreckt ab, ebenso der Kopf (Abb. 1.**9**). Die Entspannungsposition ist der Päckchensitz.

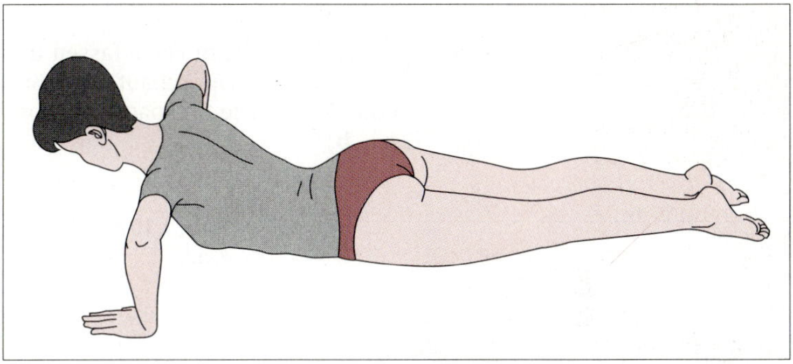

Abb. 1.**7** Kobra

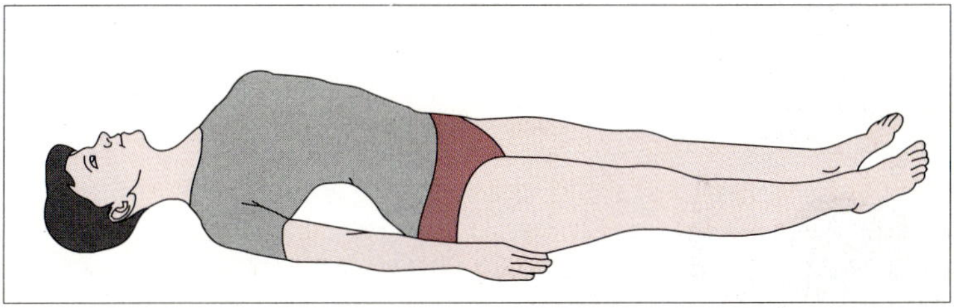

Abb. 1.**8** Fisch

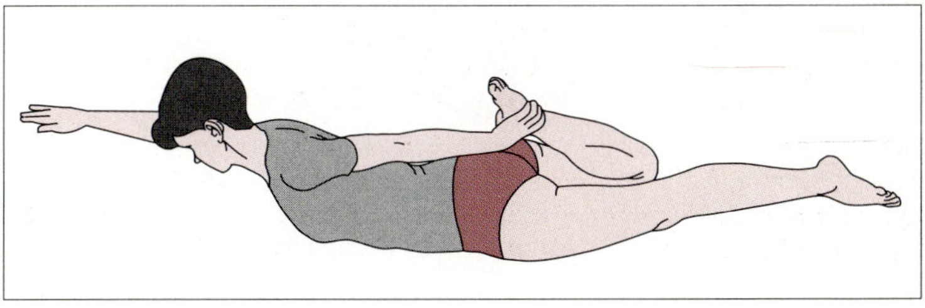

Abb. 1.**9** Vogel

Katze
Aus dem Vierfüßlerstand rollt sich die Wirbelsäule vor allem in der Lendenwirbelsäule ein, der Kopf geht mit. Danach Kopf wieder hochnehmen und die Wirbelsäule durchhängen lassen. Diese Bewegungen werden an die Atemphasen gekoppelt, am besten mit Lippenbremse. Die Entspannungsposition ist die Bauchlage. (Abb. 1.**10 a** u. **b**)

Giraffe
Aus dem Kniestand mit der rechten Hand die rechte Ferse fassen und den linken Arm gestreckt in die Luft halten. Der Kopf schaut zur Stützhand. Variante: Beide Hände fassen die Fersen. Die Entspannungsposition ist der Päckchensitz. (Abb. 1.**11 a** u. **b**)

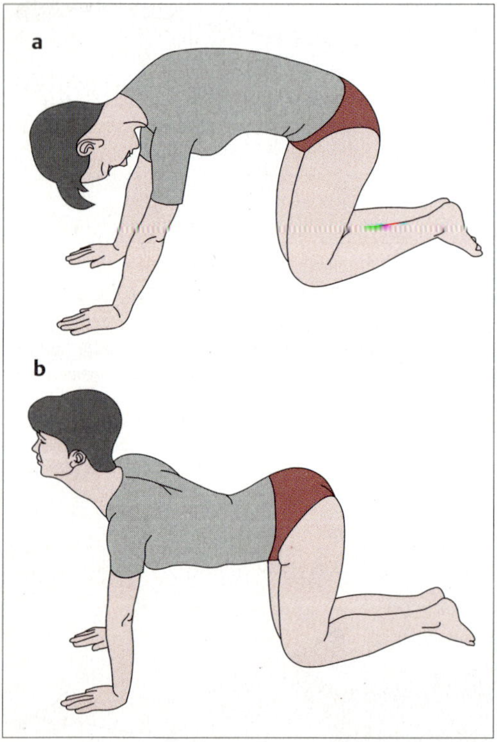

Abb. 1.**10 a** u. **b**
Katze

Abb. 1.**11** **a** u. **b** Giraffe

Gymnastik auf dem Hocker

Die Gymnastik auf dem Hocker ist am abwechslungsreichsten mit den üblichen Handgeräten. Auch hier wird die Reihenfolge eingehalten:
- Streckung der Wirbelsäule,
- Dehnung verkürzter Muskulatur,
- Mobilisation von Thorax und Wirbelsäule,
- Kräftigung der Rumpfmuskulatur.

Eine schöne Variante bzw. Ergänzung sind die Übungen auf dem Pezziball, da sie zusätzlich zu obengenannten Gesichtspunkten auch noch stark die Kondition steigern können, z. B. Cowboy, Gallionsfigur, Seeigel, Goldfisch, Cocktailparty, Brunnenfigur.

- *Beispiel der ersten Behandlung nach einem Anfall*
  - Vorbereitend heiße Rolle,
  - Erklären der exspiratorischen Ventilstenose ohne Fachausdrücke. Ein guter Vergleich ist das Fahrradventil (Luft kann hinein, ohne zu entweichen),
  - Schulen der Lippenbremse,
  - Schulen des gähnenden Einatmens,
  - Husten gegen geschlossene Lippen,
  - gegebenenfalls VRP1 Desitin einsetzen mit Abhusten,
  - Auswählen der günstigsten atemerleichternden Stellung,
  - Wahrnehmen der Atembewegungen im kosto-diaphragmalen Bereich in dieser Stellung,
  - Gewebslösende Maßnahmen: ICR ausstreichen, Hautverschiebungen,
  - Drehdehnlagerung mit Packegriffen. Wichtig: Wahrnehmungsphase jeweils nach einer Seite,
  - Der Patient selbst erklärt die exspiratorische Ventilstenose. Zeigt sich dabei, daß er das Wesen der Bronchienenge nicht verstanden hat und den Zusammenhang mit der Lippenbremse nicht richtig wiedergibt, wird alles nochmal erklärt. Nur wenn er die Zusammenhänge richtig versteht, erscheinen unsere Maßnahmen sinnvoll.

Bei der Betrachtung der pathophysiologischen Zusammenhänge dieses Krankheitsbildes wird klar, wie tiefgreifend der Patient in seiner Lebensqualität eingeschränkt wird. Das moderne Therapiekonzept sieht daher neben einer ausreichenden medikamentösen Einstellung und gegebenenfalls einer Desensibilisierung die Teilnahme in einer *Atemtherapiegruppe* vor. Im Idealfall sollte die Gruppe wechselweise durch einen psychosomatisch orientierten Arzt, einen Pneumologen und einen speziell geschulten Physiotherapeuten geleitet werden.

Die Ziele dieser Gruppe sind:

- Herausholen aus der Isolierung und Abbau von Ängsten,
- Erfahrungsaustausch der Betroffenen,
- Akzeptieren der Krankheit und positive Einstellung zum Leben,
- Verbessern der Kondition,
- Verbessern der Entspannungsfähigkeit,
- Dehnung verkürzter Muskelgruppen,
- Kräftigung zu schwacher Muskelgruppen (z. B. aufrichtende Muskulatur, Bauchmuskulatur),
- Überprüfung der Atemtechniken.

- *Beispiel einer Gruppenbehandlung:* Meist handelt es sich um eine inhomogene Gruppe, d. h. die Patienten haben unterschiedliche Voraussetzungen z. B. Asthma, Bronchitis, Emphysem.

- Kurzes Gespräch über das augenblickliche Befinden und über ihre bisherigen Erfahrungen mit den Atemtechniken,
- Aufwärmübungen in gemäßigter Fortbewegung,
- Hauptteil: Je nach Stundenthema z. B. Verbesserung der Haltung, Mobilisation von Wirbelsäule und Thorax in verschiedenen Ausgangsstellungen. Günstig sind Handgeräte wie Keule, Ball, Reifen, Stab, Seil etc.
  Dazwischen Üben der Atemtechniken in Alltagssituationen (Heben, Bücken ...)
  Es sollten immer eine oder mehrere Entspannungsphasen eingebaut werden.
- Ausklang: Günstig sind Spiele ohne Wettkampfcharakter oder eine kleine rhythmische Folge evtl. nach Musik.

Eine Sonderstellung in der Therapie nimmt das *Anstrengungsasthma* ein. Meist tritt diese Atemnot bei Jugendlichen nach einer bestimmten Belastung auf. Es muß versucht werden, durch gezielte Verbesserung der Kondition die Leistungsschwelle zu heben, am besten in Absprache mit dem Sportlehrer. Selbstverständlich müssen die Betroffenen alle Atemtechniken zur Verfügung haben. Eine geeignete atemerleichternde Stellung ist die Torwartstellung (Abb. 1.**12**). Macht der Patient bei seinem nächsten Anfall die Erfahrung, daß durch unsere Techniken das Gefühl der Hilflosigkeit nicht aufkommen konnte, so haben er und wir unser Therapieziel erreicht.

•••• Chronische obstruktive Bronchitis

Definition. Im Unterschied zum Asthma ist die chronische obstruktive Bronchitis in erster Linie durch einen chronischen produktiven Husten charakterisiert. Als Definition der chronischen Bronchitis gilt das Auftreten von Husten und Auswurf an den meisten Tagen, zumindest aber über 2 Monate im Jahr in zwei oder mehr aufeinanderfolgenden Jahren. Tritt eine bronchiale Hyperreaktivität hinzu, so wird aus der chronischen Bronchitis eine chronische *obstruktive* Bronchitis mit den lungenfunktionsanalytischen Merkmalen der obstruktiven Ventilationsstörung. Anders als beim Asthma ist die Variabilität der bronchialen Obstruktion aber geringer ausgeprägt, und häufig spricht die Konstriktion der Atemwegsmuskulatur nur wenig auf Bronchospasmolytika an. Die chronische obstruktive Bronchitis ist eine Erkrankung des höheren Lebensalters.

Ursachen. Auch der chronischen obstruktiven Bronchitis (oft auch als chronische obstruktive Atemwegserkrankung oder COPD bezeichnet) liegt eine Entzündung der Atemwege zugrunde. Obwohl von den Betroffenen häufig heruntergespielt, ist die wichtigste Ursache der chronischen obstruktiven Bronchitis das inhalative Rauchen, was die chroni-

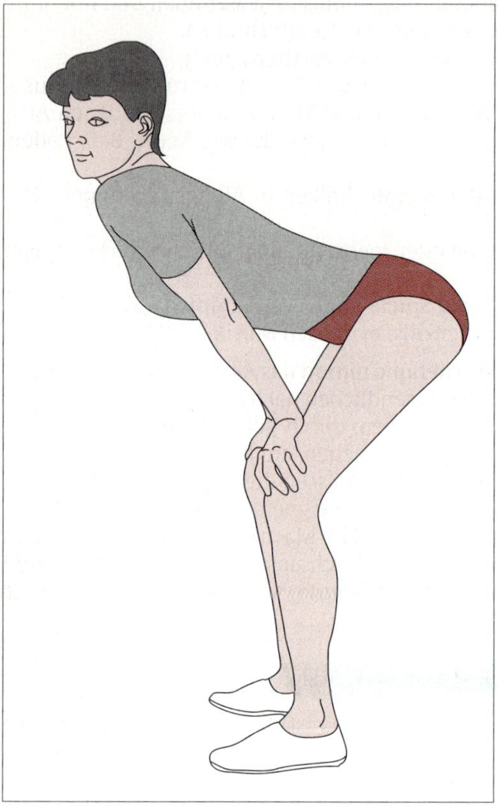

Abb. 1.**12** Torwartstellung

sche Entzündung unterhält und zu einer nachhaltigen Schädigung der Atemwege führt. Andere Faktoren wie Umwelteinflüsse spielen dagegen eine untergeordnete Rolle. Aufgrund der chronischen Obstruktion kommt es zu einer Überblähung der peripheren Lungenabschnitte mit weiterer Einschränkung der Atemreserven. Die uneinheitliche Belüftung der Lungen hat eine Verteilungsstörung mit chronischer Hypoxämie zur Folge. Die chronische Entzündung der Atemwege führt auch zu Veränderungen des Bronchialepithels: die sekretproduzierenden Becherzellen hypertrophieren und nehmen an Zahl erheblich zu. Es kommt zu einer Atrophie der regulären Mukosa mit Schädigung und Zerstörung des Flimmerepithels, so daß der vermehrt gebildete Schleim nicht mehr richtig abtransportiert werden kann.

Diagnose. Typische Anamnese und Klinik. Lungenfunktionsanalytisch Überblähung, Obstruktion vor allem der kleineren Atemwege, die oft irreversibel ist. Blutgasanalytisch Hypoxämie oder Globalinsuffizienz. Zeichen der Überblähung und Zeichnungsvermehrung in der Röntgen-Thorax-Aufnahme. Bei Infekten Nachweis von Bakterien im Sputum, Leukozytose.

Klinisches Bild. Chronischer produktiver Husten, chronische Atemnot bei Belastung oder auch schon in Ruhe. Bei der klinischen Untersuchung des Patienten mit chronischer obstruktiver Bronchitis hört man zusätzlich zu den für die Obstruktion typischen Atemnebengeräuschen mittel- und grobblasige Rasselgeräusche. Der Patient nimmt die typische „Kutscherstellung" ein, um alle Atemhilfsmuskeln zu nützen. Bei respiratorischer Insuffizienz besteht eine Zyanose, außerdem Abgeschlagenheit und Verschlechterung des Allgemeinzustandes.

Komplikationen. Akute Verschlechterung der obstruktiven Ventilationsstörung mit Zunahme der Dyspnoe (Exazerbationen) werden meistens durch einen viralen Atemwegsinfekt ausgelöst, der rasch bakteriell superinfiziert wird, da die Abwehrlage gegenüber pathogenen Keimen reduziert ist. Der üblicherweise klare Auswurf (Sputum) wird eitrig (purulent), d.h. er nimmt eine gelbliche oder grünliche Farbe an, die durch Leukozyten verursacht wird. Es kommt durch Hyperventilation und Fieber zu einer weiteren Eindickung des Schleims, und es fällt dem Kranken immer schwerer, das zähe Sekret abzuhusten. Beatmungspflichtigkeit bei Erschöpfung der Atemmuskulatur. Chronische Hypoxämie führt zum Cor pulmonale mit Rechtsherzinsuffizienz.

Therapie. An erster Stelle: Nikotinkarenz. Die medikamentöse Therapie ähnelt der des Asthma bronchiale und umfaßt inhalative und orale Bronchospasmolytika und Kortikosteroide. Schleimlösende Medikamente (Mukolytika) können im Einzelfall sinnvoll sein. Wirksam sind auch die Inhalation von Kochsalzlösung und eine ausreichende Flüssigkeitszufuhr. Physiotherapeutische Maßnahmen haben die Mobilisierung zähen Bronchialsekretes zum Ziel. Außerdem ist bei Infekten die rechtzeitige Behandlung mit Antibiotika sinnvoll. Bei chronischer Hypoxämie Sauerstofflangzeittherapie. Die Behandlung der Hypoxie bei chronischer obstruktiver Bronchitis mit respiratorischer Insuffizienz durch unkontrollierte Sauerstoffgabe ist gefährlich, weil das Atemzentrum nicht mehr auf eine Steigerung des CO_2-Partialdrucks, sondern nur noch auf den PO_2 anspricht; Sauerstoffgabe kann dann zu einer lebensbedrohlichen Kohlendioxidretention mit Atemstillstand führen.

Physiotherapeutische Behandlung

Bronchitis

Die einfache Bronchitis, oft im Zuge eines grippalen Infekts, wird meist nicht physiotherapeutisch behandelt, obwohl die Behandlung zur Beschleunigung des Heilungsprozesses beiträgt.

- *Befund:* Das Leitsymptom ist der Husten mit Auswurf. Es können Schmerzen beim Husten auftreten. Häufig kämpft der Patient gegen einen Hustenreiz an. Besonders wichtig sind die Punkte I 1 – 3, II 1 – 4, IV 1, V 1 – 2, VI 1, 3 – 5 des Befundschemas (s. Tab. 1.**1**, S. 6).

  Es ist nicht günstig, im akuten Zustand die Vitalkapazität zu messen, da die forcierte Ausatmung eine druckabhängige Obstruktion noch verschlimmert.

- *Gesichtspunkte*
  - Lösen des zähen Schleims,
  - Erleichterung des Sekrettransports,
  - Linderung der Schmerzen beim Husten,
  - Dämpfung des Hustenreizes und des unproduktiven Hustens,
  - Pneumonieprophylaxe,
  - Vermindern oder Vermeiden exspiratorischer Kompression der Atemwege,
  - Herabsetzen hoher intrathorakaler Drücke durch entsprechende Hustentechnik,
  - Perfusionsverbesserung durch Umlagerungen,
  - Lockerung der oft schmerzhaft verspannten In- und Exspirationsmuskulatur,
  - Hilfe zur Selbsthilfe.

- *Maßnahmen*

  Vorbereitende Maßnahmen:
  - Inhalation,
  - heiße Rolle,
  - Einreibungen.

  Das Lösen des zähen Schleims erreicht man vor allem medikamentös. Die *Inhalation* hat gegenüber den parenteralen, oralen und rektalen Darreichungsformen folgende Vorteile:
  - Niedrige Dosierung bei hoher lokaler Konzentration,
  - schnelle Wirkung,
  - Bestandteil des Selbsthilfeprogramms.

  Indikationen zur Inhalationstherapie:
  a) Verbesserung der Expektoration,
  b) Entzündungshemmung,
  c) Bronchospasmolyse.

Zu a) Zur *Verbesserung der Expektoration* werden mit dem Düsenvernebler 10–15 Minuten 2–4mal täglich 2–3 ml der Lösung inhaliert (siehe Inhalationstherapie Bd. 4, S. 314).

Zur Inhalation kommen in Frage:
- physiologische Kochsalzlösung,
- hypertone Solelösungen (1–3%),
- Ammoniumchlorid (1–3%),
- ätherische Öle z.B. Ozothin (100%),
- Bromhexin (Bisolvon, 100%),
- Ambroxol (Mucosolvan, 100%),
- Tyloxazol (Tacholiquin, 1%),
- Acetylcystein (Fluimucil, 100%).

Wirkungen

Bromhexin (Bisolvon) und *Ambroxol (Mucosolvan)* bewirken eine Abnahme der Sputumviskosität. Da gleichzeitig über die Becherzellen vermehrt dünnflüssiger Schleim gebildet wird, nimmt die Auswurfmenge zu. Bei starker Schleimproduktion sollen diese Medikamente nicht eingesetzt werden.

Acetylcystein (Fluimucil) bessert sofort die Fließeigenschaften des Schleimes. Als Nebenwirkung wird häufig Übelkeit beobachtet.

Tyloxazol (Tacholiquin) führt über eine vermehrte Wasseraufnahme zur Viskositätsminderung und zur Ablösung von zähem Schleim.

Zu Beginn einer Inhalation kann es zu einer Reflexbronchokonstriktion kommen. Es ist daher günstig, vorher über ein Dosieraerosol 2 Hübe eines β2-Adrenergikums oder Anticholinergikums zu geben. Durch die Erweiterung der Atemwege verteilt sich das Inhalat besser und das Abhusten erleichtert sich.

Zu b) Zur *Abschwellung und Entzündungshemmung* dienen:
- Kamillenextrakt (Kamillosan, 10–20%),
- Dexpanthenol (Bepanthen-Lösung, 100%).

Zu c) Zur *Bronchospasmolyse* eignen sich die Treibgasvernebler = Dosieraerosol, Düsenvernebler oder die *Pulverinhalation* 3–6mal täglich. Die Inhalationstechnik muß mit dem Patienten erübt werden. (siehe Bd. 4, S. 323). Es eignen sich die β2-Adrenergika:
- Salbutamol (Sultanol),
- Reproterol (Bronchospasmin),
- Fenoterol (Berotec),
- Hexoprenalin (Etosal),
- Terbutalin (Bricanyl).

Aus der Naturheilkunde müssen noch die ätherischen Öle mit stark sekretolytischer Wirkung genannt werden:

- Anis,
- Eukalyptus,
- Pinie
- Minze,
- Thymian.

Diese eignen sich sowohl zur Inhalation, als auch zu

Einreibungen, da sie rasch (20 – 80 Minuten) und meist vollständig resorbiert werden. Diesen Salben sind oft lokale Phlogistika beigegeben, so daß durch die Hyperämie die ätherischen Öle schneller resorbiert werden. Auch verspricht man sich über kuto-viscerale Reflexe eine günstige Wirkung auf das Lungen- und Bronchialsystem. Der eigentliche Vorteil ist jedoch die Inhalation.

Vorsicht ist bei Pfefferminzöl geboten: Bei Säuglingen und Kleinkindern kann es zur *Methämoglobinbildung* bei entsprechender Veranlagung kommen.

Die *heiße Rolle,* hier als Thoraxrolle, löst über einen kuto-visceralen Reflex eine Vagusstimulation aus, die einerseits zum leichteren Abhusten führt, andererseits aber die Atemwege etwas verengt.

- Physiotherapeutische Maßnahmen
  - Vibrationen auf dem Sternum und auf dem Thorax mit Summen und Brummen,
  - Erschütterungen wie Klopfungen, Klatschungen, Schüttelungen,
  - tiefe Atemzüge,
  - Umlagerungen,
  - autogene Drainage,
  - Huffing,
  - Hustentechnik,
  - Dehnungen und Massage verspannter Muskulatur,
  - aktive Übungen im Liegen, Sitzen und in der Fortbewegung,
  - Hilfe zur Selbsthilfe.

Die *Vibration* ist die herkömmlichste Art, das Sekret zu lösen. Besser als Vibrationsgeräte ist die eigene Therapeutenhand. Häufig ist die Frequenz der Geräte zu hoch, so daß es nicht zu einem Sekretabriß kommen kann. Summen und Brummen („sss", „mmm") lösen zusätzliche innere Vibrationen aus.

Erschütterungen, wie Klopfungen, Klatschungen, Hackungen und Schüttelungen können ebenfalls in verschiedenen Ausgangsstellungen angeboten werden. Bei hyperreagiblem Bronchialsystem können sie jedoch den Tonus der Bronchialwand erhöhen.

Der Einsatz von *tiefen Atemzügen* ist daher meist wirksamer und moderner. Die Maßnahmen hierfür sind

- Wahrnehmung der Atembewegungen,
- Hautfalte wegatmen lassen,
- Streckdehnung,
- Dehnlagen,
- Auseinanderziehen von Becken und Schultergürtel aus Seitlage (Ziehharmonikagriff).

Hierbei kommt es durch die Bronchialkaliberlumenschwankungen zu Sekretabrissen und der Ausatemstrom kann das Sekret weiter in Richtung Trachea befördern.

Der Fluß des Sekretes kann auch durch die Schwerkraft unterstützt werden. Dazu bedienen wir uns der *Umlagerung*. Darunter ist ein häufiger Wechsel der Ausgangsstellung zu verstehen: Seitlage, Rükkenlage, Halbseitenlage, Sitz. Je nach Kreislaufsituation kann auch eine Kopftieflage (Fußteilerhöhung etwa 30 cm) ausprobiert werden.

Die *autogene Drainage* (nach J. Chevaillier u. A. Webber) (s. Bd. 4, S. 301) hat zum Ziel, den höchstmöglichen Atemstrom in den verschiedenen Generationen von Bronchien zu erreichen. Es hängt davon ab, wo sich der Schleim in den Bronchien befindet. Die Luft fließt dabei hinter den Schleimpfropf und kann diesen nach oben schieben helfen. Dieses wird durch langsames Einatmen und Atemanhalten für 1 – 3 Sekunden erreicht.

Ablauf:
Lockerung des Sekrets durch Atmen bei niederen Atemvolumina in Höhe des exspiratorischen Reservevolumens bis zum Atemzugvolumen.

Sammlung des Sekrets in den mittleren Luftwegen durch Atmung in Höhe des Atemzugvolumens.

Entleerung in die zentralen Luftwege durch Atmung von großen Volumina in Höhe des Atemzugvolumens bis ins inspiratorische Reservevolumen.

Dieser relativ komplizierte Atemablauf kann auch vereinfacht werden durch ansteigende Atemvolumina mit forcierter Ausatmung (auf „ch"). Vom normalen AZV wird bis zur VK hochgeatmet und wieder zurück. Entscheidend ist die langsame maximale Inspiration, das Einhalten einer endexspiratorischen Pause von 1 – 3 Sekunden bei offener Glottis und einer schnellen Exspiration. Dies hat sich vor allem als Selbsthilfe bewährt.

Das *Unterstützen bei insuffizienter Atemmuskulatur*

Der Therapeut legt seine Hände über das Taillenddreieck des Patienten und unterstützt die Huststöße.

Eine weitere Hustenhilfe, besonders auch bei Lähmungen und Schwäche der Bauchmuskulatur, ist die Bauchbinde, die sehr einfach aus Baumwollstoff angefertigt werden kann (altes Laken) (Abb. 1.**13 a–c**).

Der Physiotherapeut kann so ohne weiteres Thorax und Bauch bei jedem Hustenstoß fixieren und bei der Inspiration loslassen, was auch nach Laporotomien eine große Hilfe ist.

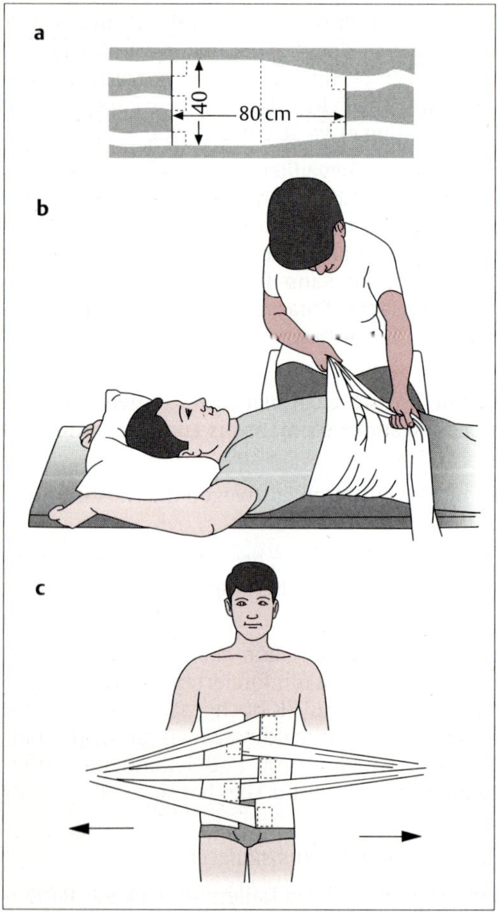

Abb. 1.**13 a–c** Hustenhilfe. Länge und Breite des Tuches müssen je nach Umfang des Patienten verschieden sein. Man kommt im allgemeinen mit zwei Größen aus

Zur Beruhigung und zur Verlangsamung des inspiratorischen Atemstroms sind manuelle Richtungshilfen am Thorax auch gegen leichten Widerstand und feinschlägige Vibrationen bei der Exspiration wirkungsvoll und hilfreich.

Hustentechniken

Das *Huffing* ist eine Hustentechnik, bei welcher die Stimmritze offengehalten wird. Nach dem Einatmen durch die Nase erfolgt 4–5maliges schnelles Aushauchen der Luft. Dazu sind etwa 70% Vitalkapazität erforderlich.

Bei der chronischen Bronchitis kann ein Hustenanfall zu Bronchospasmus und Atemnot führen. Die stark erhöhten Drücke während eines Hustenanfalls (bis zu 400 mmHg, beim Gesunden nur 60–180 mmHg) drosseln den Rückstrom zum rechten Herzen. Dadurch wird auch das Blutangebot für das linke Herz reduziert und das Schlagvolumen wird deutlich geringer. Dadurch werden *zerebraler Schwindel* und *Synkopen* ausgelöst. Bei Verlust der Retraktionskraft der Lunge können die Bronchien nicht mehr offengehalten werden, und die Atemwege sind komprimiert. Das kann bis zum Kollabieren kleinerer Bronchien führen und statt des physiologischen Einstülpens einen totalen Kollaps der Pars membranacea der Trachea auslösen. Da kein Fluß mehr zustande kommt, quält den Patienten ein frustraner, unproduktiver Husten.

Wir verfolgen also zwei wichtige atemtherapeutische Ziele:
a) Dämpfung von unproduktivem Husten,
b) Vermeiden überhöhter intrathorakaler Drücke.

a) *Hustentechniken zur Dämpfung eines unproduktiven Hustens:*
   - Schlucken,
   - aufrechte Körperhaltung, eventuell atemerleichternde Stellung einnehmen. Die Atemmittellage wird angehoben, um die Atemwege zu erweitern,
   - durch die Nase einatmen, Luft zwischen den Hustattacken in Einatemstellung anhalten, oberflächlich weiteratmen,
   - kann der Husten nicht unterdrückt werden, gegen die geschlossenen Lippen oder gegen den Handrücken hüsteln.
     Es kann hilfreich sein, zwischendurch mit kleinen Schlucken etwas Warmes zu trinken.

b) *Hustentechniken zur Vermeidung hoher intrathorakaler Drücke:*
   - Räuspern; dabei entsteht nur ein geringer Druckanstieg von 20–30 mmHg,
   - durch die Nase einatmen, kurz gegen die dosierte Lippenbremse ausatmen, dann Sekret mit 2–3 Hustötößen hinausbefördern,

- gegen geschlossene Lippen oder gegen den Handrücken anhusten.

Unterstützung durch Geräte:
In diesem Zusammenhang sei auch auf den Einsatz des *VRP 1 Desitin* hingewiesen (Bd. 4, S. 311). Die Bronchien werden bis in die Peripherie erweitert und ein tracheobronchialer Kollaps bei instabilen Atemwegen verhindert. Ebenso kann mit dem *Pari-PEP-System* gearbeitet werden. Es kombiniert die Inhalation mit der PEP-Atmung.

Das *Lösen verspannter und verkürzter Atemhilfsmuskulatur* kann erfolgen durch:
- Weiche Massage,
- Querdehnungen,
- Vibrationen,
- Packegriffe,
- Wärme (heiße Rolle),
- Maßnahmen aus der Atemmassage nach Schmitt und Brüne.

❖ Gesichtspunkte
- aktive Übungen im Liegen, Sitzen und in der Fortbewegung
- Erhalten oder Verbessern der Thoraxbeweglichkeit,
- Erhalten oder Verbessern der lokalen und allgemeinen Ausdauer.

❖ Maßnahmen
- Dehnlagen,
- Übungen aus dem Yoga: z.B. Krokodil mit seinen Varianten, Ochsenkopf, Katze usw.,
- Gymnastik auf dem Hocker,
- manuelle Therapie: Mobilisation von Rippengelenken und Wirbelsäule.

Zum *Training der allgemeinen Ausdauer* eignen sich Gehen, Traben, beschleunigtes Gehen, Schwimmen mit Ausatmen ins Wasser, Radfahren. Die Belastungsintensität richtet sich nach der Herzfrequenz und der Atmung. Beim *Training der lokalen aeroben Ausdauer* werden dynamische Bewegungsserien vor allem der Beine eingesetzt. Besonders günstig für diese Gesichtspunkte ist der Einsatz einer Gruppe.

■ Beispiel einer physiotherapeutischen Behandlung bei asthmatoider Emphysembronchitis
- Heiße Rolle: Seitlage - Rückenlage - Seitlage,
- Drehdehnlagerung mit Packegrifen und Lippenbremse,
- Kopfteil angestellt, Wahrnehmung der Atembewegungen eventuell mit VRP 1,
- Huffing,
- Aufsitzen und Husten (Hustentechnik),

- aus Seitlage Durchbewegen des Schultergürtels gegen das Becken,
- Ziehharmonikagriff mit stoßweisem Zusammenschieben der Rippen auf „sch“,
- aktive Streckdehnung mit Lippenbremse,
- Aufsitzen und Husten,
- dynamische Bewegungsserien, aktive Übungen für die Bauchmuskulatur,
- dazwischen Wahrnehmung der Atembewegungen oder autogene Drainage,
- Gymnastik auf dem Hocker,
- Gehen von ebenen Strecken und Treppen.

Bei diesem Behandlungsvorschlag wurde auf Erschütterungen verzichtet, um den Tonus der Atemwege nicht noch zu erhöhen. Außerdem ist die Auswahl der Maßnahmen zugunsten von aktiven Maßnahmen getroffen worden, um
- den Sympathikus zu aktivieren (weite Atemwege)
- und um die Schulung zur Selbsthilfe einzuleiten.

Die Schulung zur Selbsthilfe wird von den Kassen bezahlt und stellt einen wesentlichen Bestandteil der Rehabilitation dar.

❖ *Gesichtspunkt*
  - Der Patient soll unabhängig von fremder Hilfe und ohne großen zeitlichen Mehraufwand mit gereinigten Bronchien seinen Alltag beginnen können.

❖ *Maßnahmen:* Das morgendliche Aufstehritual muß nach Möglichkeiten untersucht werden, Alltagsverrichtungen therapeutisch zu nutzen.

  Beispiel:
  - Wecken durch Zeitschaltuhr an der Kaffeemaschine (heißes Getränk),
  - während dieser Zeit Drehdehnlagerung mit tiefen Atemzügen,
  - Aufsitzen, Trinken, Husten (Hustentechnik),
  - große Armbewegungen am Fenster: Gardinen zurück, Rolladen hoch usw.
  - Ausziehen mit Umlagerungen,
  - Duschen mit nicht festgestelltem Duschkopf, kalt aufhören,
  - Abtrocknen mit großen Bewegungen,
  - Zähne putzen mit hochgestelltem Ellbogen, Umlagerung und Gurgeln mit Ton usw.

•••• Lungenemphysem

Definition. Irreversible Erweiterung der Lufträume distal der kleinsten Bronchien (Bronchioli terminales) infolge einer Destruktion der Alveolarwände. Man unterscheidet verschiedene Muster der emphysematösen Erweiterung der Lufträume: Besteht eine relativ gleichmäßige Beteiligung vieler kleiner Gruppen von Alveolen, spricht man vom pan- bzw. zentriazinären Emphysem, bilden sich große Blasen, handelt es sich um ein bullöses Emphysem.

Ursachen. Eine chronische Überblähung der Lunge vor allem im Rahmen der chronischen obstruktiven Bronchitis und die Schädigung der kleinen Atemwege durch chronische Entzündungsprozesse führen mit den Jahren zu einem Lungenemphysem. Auch ein gelegentlich vorkommender angeborener Mangel des α_1-Antitrypsins, welches aus Entzündungszellen freigesetzte proteolytische Enzyme hemmt, kann zu einer Zerstörung der Lungenbläschen führen. Tabakrauch führt zur Aktivierung proteolytischer Enzyme. Ein wichtiger Faktor für die Einschränkung der Atemreserven beim Lungenemphysem ist die Obstruktion der kleinen Atemwege. Diese ist weniger durch einen Bronchospasmus, sondern, infolge der Zerstörung der Alveolarwände, durch einen Verlust der elastischen Rückstellkräfte im Lungenparenchym bedingt. Bei der forcierten Ausatmung, bei der ja der intrathorakale Druck ansteigt, werden die „schlaffen" Alveolen und kleinen Atemwege nicht mehr offengehalten, sondern kollabieren rasch. Diese Form der Obstruktion ist nicht reversibel. Mit zunehmender Zerstörung der Lufträume, die regional stets unterschiedlich ausgeprägt ist, wird die Ventilation der Lunge immer inhomogener, und es kommt zur Verminderung der Diffusionsfläche. Die Diffusionsstörung und die stets vorhandene Verteilungsstörung führen letztlich zur respiratorischen Insuffizienz.

Diagnose. Typische klinische Befunde. Lungenfunktionsanalytisch finden sich eine Überblähung, ein rascher Abfall der Atemstromstärke bei der forcierten Exspiration und ggf. auch eine bronchiale Obstruktion. Blutgasanalyse entweder normal oder respiratorische Insuffizienz. Röntgenologisch erhöhter Sagittaldurchmesser im seitlichen Strahlengang, tiefstehende Zwerchfelle und erhöhte Strahlentransparenz des Lungenparenchyms. Ausmaß und Typ des Emphysems lassen sich auch gut in der hochauflösenden Computertomographie bestimmen.

Klinisches Bild. Klinisch findet man beim Emphysempatienten einen voluminösen Thorax mit erhöhtem Sagittaldurchmesser („Faßthorax") und ein abgeschwächtes Atemgeräusch. Bei Obstruktion Giemen und Pfeifen bei der Auskultation, verlängertes Exspirium. Die Lungengrenzen stehen tief und sind kaum atemverschieblich, hypersonorer Lungenklopfschall. Die Kranken sind oft schon bei geringer Belastung kurzatmig. Einsatz der Atemhilfsmuskulatur und der Lippenbremse. Der Typus des „pink puffer“ ist untergewichtig und stark dyspnoisch (meist nur Partialinsuffizienz), der Typus des „blue bloater“ adipös, weniger dyspnoisch, aber zyanotisch (meist Globalinsuffizienz), oft mit Cor pulmonale.

Komplikationen. Emphysemblasen können eine erhebliche Größe annehmen und müssen ggf. sogar operativ entfernt werden. Platzen subpleural gelegene Blasen (Bullae), können sie einen Pneumothorax verursachen. Als wichtigste Spätkomplikation des Lungenemphysems ist die Rechtsherzinsuffizinez (Cor pulmonale) zu nennen, die eine schlechte Prognose signalisiert.

Therapie. Die medikamentöse Therapie des Emphysems richtet sich nach Behandlung der zugrundeliegenden chronischen obstruktiven Bronchitis. Die Zerstörung der Lungenbläschen selbst ist irreversibel. Bei schwerer respiratorischer Insuffizienz ist die Sauerstofflangzeittherapie mit einer täglichen Inhalationsdauer von mindestens 16 Stunden angezeigt, die bei diesen Patienten zu einer deutlichen Verminderung von Mortalität und Morbidität führt. Dagegen ist die oft noch praktizierte „intermittierende“ Sauerstofftherapie zwecklos. Beim angeborenen α_1-Antitrypsin-Mangel stellt die Substitution dieses Proteins eine wirksame Therapie dar. Neuerdings werden lungenvolumenreduzierende Operationen (verbesserte Belüftung der Lunge durch Resektion überblähter Lungenanteile), bei jüngeren Patienten ggf. auch eine Lungentransplantation durchgeführt. Atemtherapie zur Verbesserung der Atemtechnik. Nikotinverzicht ist unabdingbar.

Physiotherapeutische Behandlung

Die Behandlung des Emphysems richtet sich hauptsächlich nach dem Schweregrad der Begleitobstruktion.

Als Folge von chronisch obstruktiver Bronchitis wird häufig die Ventilation durch Vermehrung der elastischen Widerstände (Herabsetzen von Lungendehnbarkeit) und durch mangelnde Thoraxbeweglichkeit eingeschränkt. Zusätzlich wird durch Verengung der Bronchien der Strömungswiderstand erhöht.

Durch Einschränkung der ventilierten und durchbluteten Lungenoberfläche und durch Engstellung der Gefäße in den durch Obstruktion minderbelüfteten Lungenbezirken kommt es zu einer Rechtsherzbelastung.

Die Mechanismen der Restriktion, z.B. hohe Ruheatemfrequenz mit niedrigem Atemzugvolumen, erschweren nun die obstruktive Behinderung zusätzlich, da die hohen Strömungsgeschwindigkeiten bei hoher Frequenz zu vermehrten Turbulenzen führen und damit eine weitere Erhöhung des Strömungswiderstandes bewirken. Die Steigerung des intrathorakalen Druckes durch vermehrten Bauchmuskeleinsatz führt einmal zu zusätzlicher Kompression durch Bronchialkollaps, der um so stärker ist, je größer der Elastizitätsverlust des Parenchyms ist. Zum anderen führt diese Kompression auch zu einer Einschränkung des venösen Zuflusses mit weiterer Rechtsherzbelastung. Die unter Überdruck stehenden Emphysemblasen komprimieren zusätzlich das noch funktionstüchtige Lungengewebe.

Durch den Kollaps der Atemwege kann das im Übermaß produzierte Sekret schlecht abgehustet werden. Der Kollaps trägt weiter zur Obstruktion bei und kann Atelektasen verursachen.

- *Befund:* Siehe Tab. 1.**1**, S. 6. Der faßförmige Thorax ist zwar häufig, aber nicht immer zu beobachten. Die Thoraxbeweglichkeit ist meist sehr eingeschränkt.

  Zeichen eines Faßthorax
  - Rippen stehen in Einatemstellung,
  - der epigastrische Winkel ist stumpf,
  - der Abstand Kehlkopf – Klavikula ist kleiner als zwei Querfinger,
  - Hypertrophie und Verkürzung der inspiratorischen Atemhilfsmuskeln. Immer auch sehr verspannt,
  - schlecht verschiebliche Körperdecke,
  - geblähte Supraklavikulargruben,
  - paradoxe Atembewegungen,
  - exspiratorische Bauchpresse,
  - gespitzte Lippen bei der Ausatmung,
  - Sahlische Gefäßzeichnung (kleine gestaute Gefäße am unteren Thoraxrand).

Die Belastungsprobe kann nur durchgeführt werden, wenn nicht schon eine Ruhedyspnoe erkennbar ist.

Allerdings kann bei den „blue bloater"-Typen aus ihrer eher leichten Dyspnoe nicht auf die Schwere der Erkrankung geschlossen werden. Die verstärkte Zyanose und die Blutgasveränderungen (Hypoxie und Hyperkapnie) zeigen die Schwere der Krankheit.

Die Behandlung des kaum zyanotischen „pink puffer"-Typs bringt mehr Erfolg als die des erstgenannten Typs. Der Befund muß zeigen, um welche Typen es sich beim fortgeschrittenen Emphysem handelt.

- *Gesichtspunkte:* Die Behandlungsgesichtspunkte bei chronischer Bronchitis (S. 28) werden ergänzt durch
  - Hilfen bei erschwerter Ausatmung in Ruhe und unter Belastung,
  - Erhalten der Ausdauerleistung in Abhängigkeit von der Belastbarkeit,

- Vermeiden schädigender Atemformen,
- Erhalten der vorhandenen Thoraxdehnbarkeit,
- Herabsetzen der erhöhten Gewebswiderstände in Haut und Muskulatur.

■ *Maßnahme:* Die bei der chronischen Bronchitis beschriebenen Maßnahmen gelten auch hier (S. 28 ff.).

Die *Hilfen bei erschwerter Ausatmung* sind schon bei der Behandlung des Asthma bronchiale im Intervall (S. 17 ff.) beschrieben. Die Ausatmung soll jetzt vor allem verlangsamt und unter entspannten Bedingungen erfolgen. In atemerleichternden Stellungen wird mit Lippenbremse über Wahrnehmungsübungen die Entspannungsfähigkeit gefördert.

Das Schlagwort für die Erhaltung der Ausdauerleistung ist die Ökonomisierung, d. h. der Patient muß mit dem Sauerstoffangebot auskommen, welches er zur Verfügung hat. Dynamische Bewegungsserien, aktive Übungen auf dem Hocker sowie das planmäßige Gehen von ebenen Strecken können diesen Anspruch erfüllen. Kontrollen sind dabei der Puls und die Atmung.

Unter dem Vermeiden schädigender Atemformen versteht man vor allem das Pressen. Der Patient soll die schädigenden Auswirkungen des Pressens auf die Lunge, den Kreislauf und auf das Herz erklärt bekommen, bevor anhand von Alltagsbewegungen das richtige Atemverhalten geübt wird. Zunächst werden Atmung und Bewegung gekoppelt.
- Ruhiges Weiteratmen beim Heben,
- Einatmen – Ausatmen – Pressen,
- Einatmen – Ausatmen – Husten,
- Weiteratmen beim Bücken.

Auch die richtigen Husttechniken müssen an dieser Stelle gelehrt werden (s. S. 33).

Zur Erhaltung der vorhandenen Thoraxdehnbarkeit müssen zunächst die erhöhten Gewebswiderstände und die Verkürzungen der Muskulatur angegangen werden:
- Heiße Rolle oder heiße Kompressen,
- weiche Massage der oft bretthart verspannten Muskulatur,
- Querdehnungen,
- Hautverschiebungen,
- Hautfalte wegatmen lassen (über die Ausatmung mit Lippenbremse),
- Packegriffe,
- manuelle Therapie,

- Dehnlagen,
- Gymnastik auf dem Hocker mit Koppelung der Atmung.

Bei leichtem bis mittelschwerem obstruktivem Emphysem mit einer Sekundenkapazität von 51 – 60% der Vitalkapazität und leichter Hypoxämie in Ruhe (etwa 92% O_2-Sättigung) bessert sich bei mittlerer körperlicher Belastung (100 Watt) oder Treppensteigen die O_2-Sättigung. Dies ist vermutlich auf die Verbesserung der Verteilungsstörung zurückzuführen. Bei allen schwereren Formen verschlechtern sich bei Belastung die Blutgaswerte. Dem Patienten ist zu erklären, daß er, wenn er sich anstrengen muß, dies ohne die Luft anzuhalten durchführen soll, um so schonend wie möglich zu arbeiten. Man sollte deshalb, um gezielt behandeln zu können, zumindest die Sekundenkapazität als Maßstab der Obstruktion und die Blutgaswerte kennen.

■ *Beispiel einer Behandlung*

❖ *Lagerung mit erhöhtem Kopfteil:*
- Heiße Rolle auf dem Thorax (Seitlage, Rückenlage, Seitlage),
- Vibrationen auf dem Sternum mit Brummen,
- Räuspern, Aufsitzen und Anhusten gegen geschlossene Lippen,
- dynamische Bewegungsserie der Peripherie,
- ICR ausziehen, Hautverschiebungen, Packegriffe,
- Lippenbremse,
- Drehdehnlagerung,
- Wahrnehmung der Atembewegungen mit Lippenbremse,
- dynamische Bewegungsserien.

❖ *Sitz auf dem Hocker:*
- Ökonomischer Sitz,
- gähnendes Einatmen,
- aktive Dehnung von M. trapezius, M. sternocleidomastoideus, M. pectoralis major,
- leichte Pendelschwünge,
- ökonomisches Heben und Tragen mit Weiteratmen und Lippenbremse,
- Gehen ebener Strecken,
- Steigen von Treppen mit Lippenbremse.

Die Behandlung war erfolgreich, wenn die Pulsfrequenz und die Atemfrequenz nicht wesentlich angestiegen sind und der Patient sich nicht erschöpft fühlt.

•••• Bronchiektasen

Definition. Zylindrische, variköse oder sakkuläre Erweiterungen der Bronchien, die generalisiert vorkommen können, aber häufig auch nur auf bestimmte Lungenabschnitte begrenzt sind.

Ursachen. Bronchiektasen stellen eine Sonderform der chronischen Bronchitis bzw. der chronischen obstruktiven Bronchitis dar. Durch die chronische Entzündung und Obstruktion der Atemwege, aber auch infolge von Infektionskrankheiten, z. B. Pneumonien, kommt es zu einer irreversiblen Erweiterung (Ektasie) der Bronchien. Allen Formen ist gemeinsam, daß die erweiterten Bronchien mit beträchtlichen, purulenten Sekretmassen angefüllt sind. Das Sekret ist chronisch bakteriell besiedelt. Bei Asthmatikern spielt auch eine chronische Pilzinfektion (bronchopulmonale Aspergillose) eine wichtige Rolle. Aufgrund der Schädigung des Bronchialepithels ist der mukoziliäre Sekrettransport erheblich eingeschränkt.

Diagnose. Klinik. Sicherung heute zumeist mittels der Computertomographie der Lunge.

Klinisches Bild. Husten mit großen Mengen eitrigen Auswurfs („maulvolle Expektoration"); meist obstruktive Ventilationsstörung; häufig chronische respiratorische Insuffizienz, in Spätstadien kommt es zu einer zunehmenden Verschlechterung des Allgemeinzustandes und zu Störungen des Gasaustauschs.

Komplikationen. Bronchopneumonie, häufig durch sehr aggressive Erreger, die gegen viele Antibiotika resistent sind; respiratorische Globalinsuffizienz; Cor pulmonale; Bluthusten (Hämoptysen) durch Arrosion von Blutgefäßen.

Therapie. Behandlung der Grunderkrankung (z. B. der chronischen obstruktiven Bronchitis). Eine Sanierung der chronischen Infektion durch Antibiotika ist unmöglich. Sind die Bronchiektasen z. B. nur auf einen Lungenlappen beschränkt, kommt eine operative Entfernung (z. B. Lobektomie) in Frage. Bei chronischer respiratorischer Insuffizienz Sauerstofflangzeittherapie (s. o.). Die Physiotherapie spielt eine entscheidende Rolle (Skretolyse, Drainage durch Lagerung, Optimierung der Atmung).

Physiotherapeutische Behandlung

(nach T. Eberspächer)

Sekundäre Bronchiektasen beeinflussen im Vergleich zu den Grundkrankheiten (Silikose, chronisch obstruktive Bronchitis) die Lungenfunktion funktionell nur wenig.

Man muß also bei der Behandlung immer zusätzlich die Grundkrankheiten im Auge behalten. Da die Restriktion durch Verlust von funktionsfähigem Lungenparenchym bei kleineren Bronchiektasen eher gering ist, steht häufig die Behandlung der Obstruktion der Begleitkrankheiten im Vordergrund.

- *Befund:* Siehe Tab. 1.**1**, S. 6. Auch hier sind die Atemmaße von Bedeutung, um die Thoraxbeweglichkeit und die eventuelle Besserung durch die Behandlung festhalten zu können.

- *Gesichtspunkte*
  1. Erlernen der gezielten Drainagelagerung der Bronchiektasen und damit Förderung des Sekrettransports.
  2. Kurzfristige Steigerung der Atemfrequenz zur besseren Expektoration.
  3. Herabsetzen erhöhter Strömungswiderstände bei obstruktiven Begleit- oder Grundkrankheiten.
  4. Herabsetzen von erhöhten Gewebswiderständen in Haut und Muskulatur.
  5. Thoraxmobilisation.
  6. Allgemeines Ausdauertraining und Haltungsschulung, besonders bei Jugendlichen.

- *Maßnahmen:* Die richtige Behandlung inoperabler Bronchiektasen hat heute um so größere Bedeutung, als vor allem jüngere Patienten umgeschult und wieder in den Arbeitsprozeß eingegliedert werden, die früher sicher berentet werden mußten.

  Durch den ständigen Husten mit Expektoration großer Mengen von Sekret werden diese Patienten als Mitarbeiter nur sehr widerwillig geduldet.

  Nur wenn der Patient gelernt hat, in der für ihn optimalen Drainagelagerung dreimal täglich, aber auf jeden Fall morgens und abends, gründlich abzuhusten, wird er sich wieder in einen normalen Arbeitsprozeß einfügen können.

  Abgesehen von diesen Gesichtspunkten ist aber auch gegen die zu erwartenden Komplikationen eine Drainage unumgänglich. Durch die ständige Sekretansammlung in den Bronchiektasen wird die Anfälligkeit für Bronchopneumonien gesteigert.

  Da die meisten Krankenkassen den Patienten Inhalationsapparate genehmigen, kann während der Drainagelagerung auch zu Hause inhaliert werden.

  Um eine gezielte Drainage zu ermöglichen, muß man die Lokalisation der Bronchiektasen genau kennen. Meist ist das nur anhand einer Computertomographie oder Bronchographie und nach Absprache mit dem Arzt möglich. Da in den meisten Fällen die unteren Lungenabschnitte betroffen sind und oft auch nur einseitig, kann man bei Unkenntnis des Röntgenbildes mit den Lagerungen für die Unterlappen beginnen. Ebenso häufig sind Bronchiektasen in der Lingula; obwohl zum Oberlappen gehörend, reicht dieses Segment sehr weit nach kaudal (Abb. 1.**14**).

Werden diese Patienten angewiesen, in der Quincke-Hängelage abzuhusten, so ergibt sich aus der anatomischen Lage, daß ablaufendes Sekret häufig nicht zum Stammbronchus fließt, von wo aus es abgehustet werden kann, sondern in die apikalen Segmente verlagert wird und nachher bei aufrechtem Stand u. U. wieder in die Lingula zurückfließt.

Inhalation während der Lagerung verstärkt und beschleunigt den Sekrettransport.

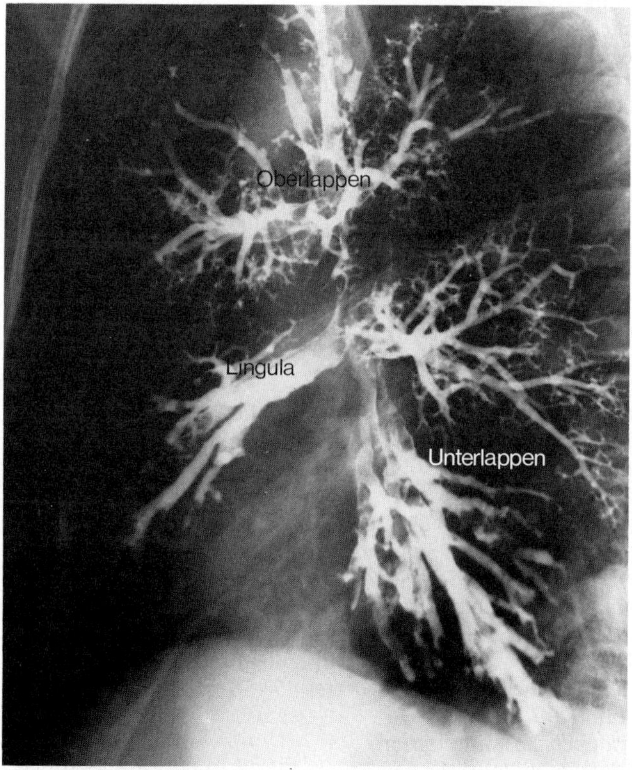

Abb. 1.**14** Mögliche Lokalisation von Bronchiektasen am Beispiel einer Bronchographie des linksseitigen Bronchialsystems

Zu 1.

Einige wichtige Gesichtspunkte zu den Lagerungen (S. Bd. 4, S. 285):

- Der Patient muß so entspannt wie möglich liegen können. Man achte besonders auf die optimale Lagerung des Kopfes und die Entspannung der Bauchmuskeln.
- Die Lage sollte mindestens 30 Minuten eingehalten werden. Bei mehreren zu drainierenden Segmenten muß mit einer Stunde gerechnet werden. Die Gesamtzeit sollte eine Stunde nicht überschreiten.
- Müssen mehrere Lappen drainiert werden, beginnt man mit den oberen Anteilen und lagert dann erst für die unteren Segmente.
- Sputumbecher oder Zellstoff muß sich in Reichweite des Patienten befinden.
- Der Behandler steht immer hinter dem Patienten.

Ausführung:

a) *Apikale Segmente:*
aufrecht sitzend.

b) *Linker Oberlappen, posteriores Segment:*
$^{1}/_{4}$-Drehung aus Bauchlage auf die rechte Seite (nicht Seitlage), rechter Arm gestreckt nach hinten, drei Kissen unter Kopf und Schultern.

c) *Rechter Oberlappen, posteriores Segment:*
linke Seite. $^{1}/_{4}$-Drehung aus Bauchlage. Linker Arm nach hinten gestreckt, Knie gebeugt, Kissen unter rechten gebeugten Arm, Kissen unter Kopf, so daß zum Abhusten die Lage nicht gewechselt werden muß.

d) *Oberlappen, anteriore Segmente (beide Seiten):*
flach auf dem Rücken, Kissen unter Kopf, Rolle unter Knien.

e) *Lingula (linker Oberlappen):*
$^{1}/_{4}$-Drehung aus Rückenlage. Linke Seite liegt oben, Knie gebeugt, um Bauchmuskeln zu entspannen. Nicht Seitenlage! Fußende des Bettes 30 cm erhöht. Vibrationen auf dem befallenen Gebiet (Abb. 1.**15 a** u. **b**).

f) *Mittellappen:*
wie e), aber die rechte Seite liegt oben.

g) *Unterlappen, apikale Segmente:*
Bauchlage, Kissen unter dem Bauch.

h) *Linker Unterlappen, laterales Basalsegment:*
Seitlage, linke Seite oben, Kissen in Taillendreieck, Schultern nicht auf dem Kissen, Fußende des Bettes 45 – 50 cm erhöht, Kissen unter dem Kopf.

i) *Unterlappen, basalis anterior:*
Rückenlage, Rolle unter den Knien, Kissen unter dem Kopf, Fußende 45 – 50 cm erhöht.

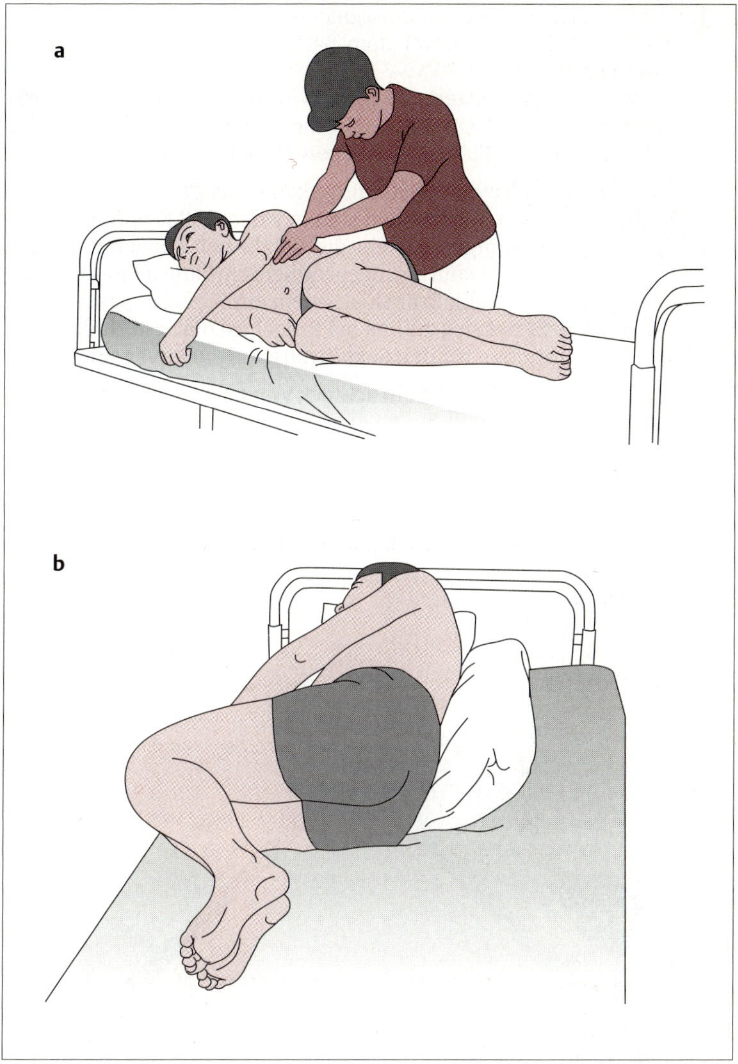

Abb. 1.**15** **a** Drainagelagerung für Lingula. Vibrationen über dem befallenen Gebiet. Fußende des Bettes 30 cm erhöht
b Rückenansitz. Halbe Drehung aus Rückenlage

j) *Unterlappen, posteriore Basalsegmente:*
Bauchlage, 2 Kissen unter dem Bauch, Fußende des Bettes 45–50 cm erhöht.

k) ❖ Über Brett (gepolstert) gelagert, Winkel von 90 Grad (Abb. 1.**16**).
❖ Über die Seite des Bettes, Schaumgummimatte auf dem Boden, Kissen darauf, Hängelage in einem Winkel von 45 Grad.

Ist die Lagerung Teil einer Behandlung, kann über dem befallenen Gebiet vibriert werden. Vibrationen sind in jedem Fall Klopfungen vorzuziehen. Bei Klopfungen besteht die Gefahr von Lungenblutungen durch diese groben Erschütterungen. Außerdem kann dadurch bei instabilem, empfindlichem Bronchialsystem ein Bronchospasmus ausgelöst werden. Es hat sich zudem bei Bronchoskopien in Narkose gezeigt, daß Vibrationen für den Sekrettransport effektiver sind.

Unter Umständen hilft auch ein Schluck Wasser zum besseren Abhusten.

Hört man auch nach mehrfachem produktivem Husten immer noch feuchte Rasselgeräusche als Hinweis auf noch vorhandenes Sekret, so kann man jüngere Patienten anschließend in Bauchlage über den Pezzi-Ball rollen lassen (Abb. 1.**17 a–d**). Danach werden oft noch er-

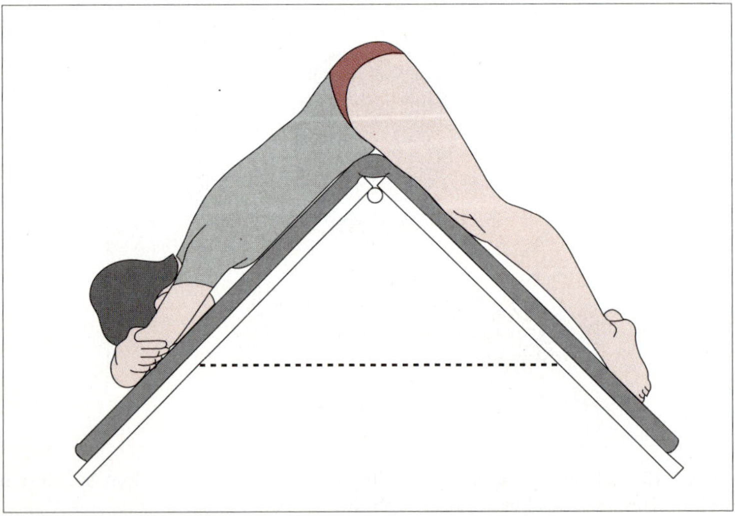

Abb. 1.**16** Eine Möglichkeit der Lagerung für posteriore Basalsegmente der Unterlappen. Das Brett muß gut gepolstert sein

Abb. 1.**17 a – d** Übungen auf dem Pezzi-Ball zur Sekretförderung

hebliche Sekretmengen abgehustet, die vorher evtl. in andere Bronchialabschnitte verlagert wurden.

Besonders hilfreich hat sich hierbei auch die Atemtechnik der Autogenen Drainage erwiesen (Abb. 1.**18**).

Ebenso der Einsatz des VRP1 Desitin. Beides hat den Vorteil, daß der Patient unabhängig von einem Behandler ist.

Zu 2.
Wenn es der Allgemeinzustand des Patienten zuläßt, bringen einige schnelle Übungen im Sitzen auf dem Pezzi-Ball eine Atemfrequenzsteigerung und damit Expektorationsförderung.

Zu 3. und 4.
Siehe Bronchitis und Mukoviszidose (S. 49).

Zu 5. und 6.
Ist es zeitlich möglich, kann man gegebenenfalls auch gleich eine Haltungsschulung auf dem Ball anschließen, verbunden mit Atemübungen und Thoraxmobilisation.

- *Übungsbeispiel:* Patient leidet unter ausgedehnten Bronchiektasen im rechten Mittellappen und rezidivierenden Bronchitiden. Die größeren Bronchiektasen in der Lingula wurden operativ entfernt.
  - Lagerung wie beschrieben.
  - Solange noch kein Hustenreiz entsteht: Packegriffe über der oben liegenden Thoraxseite.
  - Gähnendes Einatmen üben, wenn obstruktive Atembehinderung festzustellen ist. Mit Lippenbremse ausatmen. Dabei manuelle Richtungshilfe am Thorax.

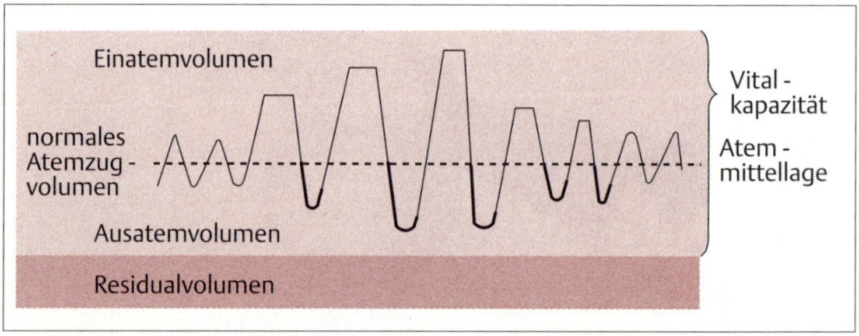

Abb. 1.**18** Modifizierte autogene Drainage – schematische Darstellung. Einatmung durch die Nase – Pause – Ausatmung mit Lippenbremse erst passiv, dann mit sanftem Einsatz der Ausatemhilfsmuskeln

Oder: Inspiration schnüffelnd (bringt manchmal Hustenreiz). Exspiration auf UUU und dabei Vibrationen am Thorax. Dem Patienten ist richtige Hustentechnik beizubringen: Nach ruhiger Inspiration etwas ausatmen und auf einige Hustenstöße abhusten.

•••• Mukoviszidose

Eine generalisierte Bronchiektasenbildung liegt bei der Mukoviszidose (Synonym: Cystische Fibrose, CF) vor, bei der ein angeborener Gendefekt zu einer Störung der Flüssigkeitssekretion führt. Das Bronchialsekret ist zäh und kann nur sehr schwer abtransportiert werden, so daß es schon im Kindes- oder Jugendalter zu einer obstruktiven Ventilationsstörung, zu Bronchiektasen, zu einem fibrotischen Umbau des Lungengerüstes und letztlich zur respiratorischen Insuffizienz kommt. Weitere Organmanifestationen sind eine exokrine Pankreasinsuffizienz und eine Leberzirrhose. Die Lebenserwartung der Patienten ist deutlich eingeschränkt. Die Therapie richtet sich in erster Linie auf die Mobilisierung des Bronchialsekrets und umfaßt neben mukolytischen Medikamenten hauptsächlich physiotherapeutische Maßnahmen. Zusätzlich Bronchospasmolytika, Antibiotika, hochkalorische Ernährung. Im Endstadium auch doppelseitige Lungentransplantation.

Physiotherapeutische Behandlung

Die physiotherapeutische Behandlung gleicht der von Bronchitis und Bronchiektasen.

- *Befund:* Siehe Tab. 1.**1**, S. 6. Besonders der allgemeine Kräftezustand ist bei diesem Krankheitsbild von Bedeutung, aber auch die Auswirkungen der erschwerten Atmung auf die Haltung und die Muskulatur. So können häufig Rundrücken beobachtet werden. Durch den starken Einsatz der Atemhilfsmuskulatur können die Bauchmuskeln verkürzt und verspannt sein. Das Gewebe über dem Thorax ist meist sehr schlecht verschieblich.
- *Gesichtspunkte*
  1. Lösen, Transportieren und Abhusten des zähen Schleims,
  2. Herabsetzen erhöhter Gewebswiderstände in Haut und Muskulatur,
  3. Verbessern der Thoraxbeweglichkeit und Anregen der Zwerchfellaktivität,
  4. Verbessern der Haltung,
  5. Erhalten bzw. Verbessern der Leistungsfähigkeit entsprechend der kardiopulmonalen Belastbarkeit.

Maßnahmen

Zu 1.

a) Autogene Drainage (s. Abb. 1.**18**),
b) Wahrnehmen der Atembewegungen,
c) Therapeutische Körperstellungen,
d) Erschütterungen am und im Thorax,
e) Hustentechniken,
f) PEP-Maskenatmung, Inhalationen,
g) Heiße Rolle, Wärmepackungen.

Zu a) und b)

Die Autogene Drainage, inzwischen gegenüber der ursprünglichen Form nach Chevaillier etwas modifiziert, ist eine hervorragende Selbsthilfetechnik zur Sekretentfernung.

Der Patient atmet langsam und vertieft möglichst durch die Nase ein, hält dann zwei bis drei Sekunden die Luft in Einatemstellung an, um dann in der ersten Phase der Ausatmung den Ausatemstrom zunächst entspannt geschehen zu lassen. Das Ende der Ausatmung sollte langsam und mit vorsichtigem Einsatz der Ausatemmuskulatur geschehen. Es ist günstig, dabei die Lippenbremse einzusetzen.

Die Autogene Drainage kann im Sitzen, Liegen oder in den Drainagelagerungen durchgeführt werden. In der Praxis hat sich das aufrechte Sitzen mit angelehntem Oberkörper bewährt. Der Patient legt die Hände auf den Brustkorb und den Bauch und nimmt seine Atembewegungen wahr. Auch die Rasselgeräusche und die damit verbundenen Vibrationen können gespürt werden. Ist der Schleim bis zur Trachea gelangt, kann er abgehustet oder durch Räuspern abgegeben werden.

Wirkung: Durch die Bronchialkaliberlumenschwankungen kommt es zu Abrissen des Sekrets. Die erhöhte Luftströmung bei der Ausatmung transportiert den Schleim auch gegen die Schwerkraft zum Mund. Durch die Atempause am Ende der Einatmung bleiben die Atemwege längere Zeit weitgestellt, so daß sich die Luft hinter den Schleim in den kleinen Atemwegen setzen kann.

Die Autogene Drainage kann zwischen 20 Minuten und einer Stunde dauern. Unter Umständen muß sie mehrmals am Tag durchgeführt werden.

Es ist zeit- und kraftsparend, wenn vor der Autogenen Drainage schleimlösende Medikamente genommen werden oder eine Inhalation mit ihr verbunden wird.

Entsteht während der Autogenen Drainage Hustenreiz, so können folgende Fehler gemacht worden sein:

- Zu schnell eingeatmet,
- zu lange ausgeatmet,
- die anfängliche Ausatemphase ist mit zuviel Druck geschehen,
- keine Lippenbremse bei der Ausatmung,
- falsche Lagerung.

Zu c)
Die therapeutischen Körperstellungen (s. Bd. 4, S. 278, Bd. 10, S. 15) sind meist abgewandelte Dehnlagen oder Yogaübungen. Sie bewirken eine Dehnstellung des Thorax, in welcher der Patient seine Atembewegungen wahrnehmen kann. Das Zwerchfell wird dabei aktiviert und die Atembewegungen vergrößert. Der Atemwegswiderstand wird herabgesetzt und das Sekret durch den Lagewechsel transportiert. Meistens wirken diese Stellungen auch haltungsverbessernd.

Zu d)
- VRP1 Desitin,
- Vibrationen,
- vertikale Erschütterungen.

Eine günstige Maßnahme zur Erschütterung des Ausatemstromes bei weitgestellten Atemwegen ist der Einsatz des VRP1 Desitin, vor allem in Kombination mit der Autogenen Drainage.

Die Vibrationen können mit Summen und Brummen verbunden sein. Günstig sind auch vibrierende Therapiebänke, bei welchen sowohl die horizontalen als auch die vertikalen Vibrationen eingestellt werden können.

Vertikale Erschütterungen verbunden mit den tiefen Atemzügen durch die Anstrengung erzielt man mit dem Pezziball, auf dem Trampolin oder durch Hüpfen und Federn.

Zu e)
Die Husttechniken sind im Kapitel Bronchitis beschrieben (S. 33).

Zu f)
Bei der PEP-Maskenatmung (positive expiratory pressure = positiver Ausatemdruck) steigt der intrabronchiale Druck und hält somit die Atemwege weit. Man kann den Ausatemwiderstand variieren und individuell anpassen. Beim Pari-PEP-System wird Inhalation und PEP-Atmung kombiniert. Vorsicht: zu hoch gewählte Ausatemwiderstände können den Druck im Pulmonalkreislauf zu stark erhöhen.

Zu 2.
Zur Herabsetzung von Gewebswiderständen eignen sich
- Hautverschiebungen,
- Hautfalte wegatmen lassen,
- Packegriffe,
- Wärmeanwendungen.

Der erhöhte Tonus in den verkürzten Atemhilfsmuskeln kann durch Querdehnungen und aktive Dehnungen, aber auch durch eine weiche Massage angegangen werden.

Zu 3. und 4.
Die Thoraxmobilisation kann erreicht werden über
- Dehnlagen,
- Übungen aus dem Yoga,
- Gymnastik auf dem Hocker oder auf dem Pezziball,
- Mobilisation der Rippen mit manueller Therapie.

Zu 5.
Die oft geringe körperliche Belastbarkeit kann schon bei Alltagsbelastungen zur Zyanose führen. Regelmäßiges und richtig dosiertes Üben oder Trainieren verbessert die körperliche Leistungsfähigkeit. Die sportlichen Leistungen müssen jedoch im Verhältnis zu den individuellen Leistungsvoraussetzungen ausgesucht werden. Günstig sind Gehen, Schwimmen, Joggen, Radfahren aber auch Mannschaftsspiele oder Gymnastik.

Es soll das Ziel unserer Behandlung sein, daß der Patient unabhängig vom Therapeuten seinen Zustand beherrschen lernt. Allerdings sind regelmäßige Kontrollen unerläßlich.

■ *Beispiel einer Behandlung*
- Federn auf dem Pezziball,
- Autogene Drainage mit Pari-PEP-System oder mit VRP1 Desitin,
- Hautverschiebungen, Querdehnungen für die Atemhilfsmuskulatur,
- Drehdehnlagerung mit Drehen im Atemrhythmus und Lippenbremse,
- Drehdehnlagerung aus Bauchlage,
- Trampolin,
- atemerleichternde Stellung.

Die individuelle Verfassung bestimmt den Ablauf der Behandlung. Kommt der Patient schon müde und erschöpft zur Physiotherapie, muß an den Anfang der Behandlung zunächst eine mehr entspannende Maßnahme gewählt werden.

1.2.2 Interstitielle Lungenerkrankungen (Fibrosen)

Im Unterschied zu den Erkrankungen der Atemwege werden Erkrankungen des Lungengerüstes als *interstitielle Lungenerkrankungen* bezeichnet. Sie treten in einer großen Formenvielfalt auf. Ihre Ursachen sind teilweise bekannt, großenteils aber ungeklärt. Gemeinsam ist ihnen eine Entzündung der Alveolarwand (Alveolitis) und die Bildung von Narbengewebe (Fibrose). Mit dem Fortschreiten der Erkrankung kommt es zu einer zunehmenden restriktiven Ventilationsstörung mit Abnahme der Lungenvolumina und verminderter Elastizität des Lungengewebes und zu einer Störung des Gasaustausches durch verminderte Diffusion von Sauerstoff. Bei weitgehender Zerstörung der normalen Lungenstruktur spricht man von einer „Wabenlunge". Hinzu können eine Funktionsstörung der kleinen Atemwege und eine pulmonalarterielle Hypertonie kommen. Interstitielle Lungenerkrankungen beinhalten eine Reihe wichtiger Berufskrankheiten, z. B. die Quarzstaublunge (Silikose).

Definition. Chronische Entzündung der Alveolarwand mit Bindegewebsvermehrung (Fibrose).

Ursachen. Als Ursachen kommen in Betracht:
- Interstitielle Pneumonitis (unbekannte Ätiologie, kommt in verschiedenen Spielarten vor),
- Systemerkrankungen
  - Sarkoidose (M. Boeck),
  - Kollagenosen,
  - Vaskulitiden,
  - rheumatoide Arthritis,
- inhalative Noxen
  - anorganische Stäube (Pneumokoniosen, z. B. die Quarzstaublunge bei Bergarbeitern),
  - organische Stäube (häufig als exogen-allergische Alveolitis),
  - lungentoxische Aerosole, Gase oder Dämpfe,
- iatrogen (z. B. Chemotherapie mit Bleomycin, Bestrahlung),
- andere, seltenere Ursachen.

Diagnose. Anamnese (Exposition gegenüber Stäuben, Systemerkrankungen), Klinik, Röntgen-Thorax und Computertomographie, Lungenfunktion (restriktive Ventilationsstörung, eingeschränkte Diffusionskapazität), spezielle Laboruntersuchungen. Klärung der Diagnose durch transbronchiale oder offene Lungenbiopsie. Bei der Quarzstaublunge bestehen häufig erhebliche Veränderungen des Röntgenbildes mit nur relativ geringen funktionellen Einschränkungen.

Klinisches Bild. Manchmal trockener Husten, mit zunehmender Einschränkung der Atemreserven Dyspnoe, schließlich Zyanose, Rechtsherzinsuffizienz.

Komplikationen. Respiratorische Insuffizienz, Rechtsherzinsuffizienz. Vermehrte Infektneigung. Bei der Quarzstaublunge häufiger Tuberkulose.

Therapie. Wenn möglich, kausale Therapie. Bei aktiver Entzündung sind häufig Kortikosteroide wirksam. Bei schwerer Hypoxämie Sauerstofflangzeittherapie. Im Endstadium evtl. Lungentransplantation.

Physiotherapeutische Behandlung

Interstitielle Lungenerkrankungen

Bei allen Fibrosen handelt es sich primär um restriktive Ventilationsstörungen mit irreversibler Verminderung von blähungsfähigem Lungenvolumen und ventilierter und durchbluteter Lungenoberfläche. Die physiotherapeutische Behandlung kann nur bewirken, daß durch Herabsetzen von elastischen Widerständen an Haut und Muskulatur und durch einen möglichst beweglichen Thorax die erschwerte Atemarbeit erleichtert wird.

Kommen obstruktive Ventilationsstörungen hinzu, so werden diese wie schon beschrieben behandelt.

- *Befund:* Siehe Tab. 1.**1**, S. 6. Die Atemfrequenz ist erhöht und liegt in schweren Fällen über 30/min. Die Atemmaße sind deutlich reduziert, ebenso die Vitalkapazität. Die Haut über dem Thorax ist schlecht verschieblich, die In- und Exspirationsmuskulatur sehr verspannt infolge der erhöhten Atemarbeit zur Überwindung der elastischen Widerstände von Lunge und Thorax. Der mangelnden Retraktionskraft der Lunge durch neugebildetes Bindegewebe muß in der Exspirationsphase muskulär nachgeholfen werden. Bei mageren Patienten sieht man deutlich den schon beschriebenen Zwerchfell-Thoraxwand-Antagonismus, d.h. inspiratorische Einziehung der Zwischenrippenräume.
- *Gesichtspunkte*
  1. Herabsetzen der erhöhten Gewebswiderstände in Haut und Muskulatur,
  2. Erhalten von Thoraxbeweglichkeit und Atemmuskelkraft,
  3. Vermeiden schädigender Atemformen,
  4. Erlernen schonender Husttechniken,
  5. Dämpfen eines unproduktiven Hustens.
- *Maßnahmen*

  Zu 1.

  Das Senken der erhöhten Gewebswiderstände in Haut und Muskulatur kann für den Patienten eine Atemerleichterung bedeuten, die über mehrere Stunden anhalten kann. Hierfür eignen sich folgende Maßnahmen:
  - Heiße Rolle,
  - Packegriffe,
  - Skapulamobilisation,
  - klassische Massage.

Zu 2.
Alle Dehnlagerungen sind hier angebracht und müssen dem Zustand des Patienten angepaßt werden. Aber auch Übungen aus dem Yoga können dazu beitragen, die Beweglichkeit des Atemapparates zu verbessern, ebenso wie die Gymnastik auf dem Hocker mit und ohne Handgeräte.

Läßt die Atemfrequenz es zu, so kann durch sakkadierendes Einatmen mit kurzem Anhalten der Luft versucht werden, gegen das doorstop-Phänomen anzugehen und somit den vorzeitigen Einsatz des Hering-Breuer-Reflexes zu überlisten.

Zu 3.
Um das Bronchialsystem zu schonen, kann versucht werden, trotz hoher Atemfrequenz die Nasenatmung zu schulen. Die sehr frequente Atmung wird sich bei größerer Elastizität des Thorax und bei Spannungsminderung in Haut und Muskulatur selbst verlangsamen und vertiefen.

Man sollte Patienten mit einer restriktiven Ventilationsstörung nicht unbedingt auf eine niederfrequente Atmung zu bringen versuchen. Die Atemarbeit ist hier bei frequenter und flacher Atmung geringer, da sehr viel Kraft aufgewendet werden muß, um den erforderlichen Unterdruck für ein größeres Atemzugvolumen zu erreichen.

Zu 4. und 5.
Reizhusten und unproduktiver Husten können durch Husttechniken (S. 33) vermieden werden, z. B. Luft in Einatemstellung kurz anhalten, oberflächlich weiteratmen, Husten gegen geschlossene Lippen.

■ *Beispiel einer Behandlung*
- Heiße Rolle,
- gewebslösende Maßnahmen,
- Drehdehnlagerung mit Packegriffen,
- sakkadierendes Einatmen mit Anhalten der Luft: Schnüffeln, Luft anhalten, noch zwei Schnüffler darübersetzen,
- mit einigen Rotationen in die Seitlage übergehen,
- Becken gegen Schultergürtel bewegen,
- Mobilisation der Skapula,
- Streckdehnung mit Schnüffeln,
- Seitenwechsel,
- Gymnastik auf dem Hocker, z. B. gegen ein um die unteren Rippen gelegtes Handtuch anatmen.

Es ist für den Erfolg der Behandlung sehr wichtig, daß der Patient seine Dehnstellungen auch zu Hause regelmäßig durchführt.

1.2.3 Respiratorische Infektionen

Während die Mundhöhle und auch der Verdauungstrakt von einer Vielzahl von potentiellen Krankheitserregern kolonisiert sind, sind Trachea, Bronchien und die Lunge normalerweise keimfrei. Eindringende Erreger werden mit dem Sekretstrom ständig wieder nach oben transportiert oder durch eine Reihe von Abwehrmechanismen eliminiert. Kommt es aber zu einer Ausbreitung von Viren, Bakterien, Pilzen oder anderen Erregern in den Atmungsorganen, liegt eine Infektion vor. Ausgangspunkt einer Infektion der Atemwege kann zum einen die Atemluft sein, durch die Keime (z.B. Viren, Tuberkelbazillen) in die Atemwege getragen werden. Ebensogut können aber auch Erreger aus Mundhöhle, Nase, Nebenhöhlen und Rachen einwandern. Schließlich kommt auch eine Streuung von Krankheitserregern auf dem Blutwege vor. Begünstigt werden Infektionen der Atmungsorgane durch ein vermindertes Abwehrvermögen des Organismus.

•••• Akute Bronchitis

Eine Infektion des tieferen Respirationstraktes, meist ausgehend von Infekten der oberen Atemwege, wird als akute Bronchitis bezeichnet. Sie ist durch Husten mit meist gelblich oder grünlich gefärbtem Sputum und Fieber gekennzeichnet. Das Röntgenbild der Lunge zeigt keine Auffälligkeiten. Bei schwerer Erkrankung oder erhöhtem Risiko ist eine Therapie mit Antibiotika angezeigt. Zusätzlich können schleimlösende Medikamente (Mukolytika) und Inhalationen, z.B. mit Kochsalzlösung, wirksam sein. Die akute Bronchitis nimmt meist einen gutartigen Verlauf, kann aber auch in eine Bronchopneumonie übergehen. Bei vorbestehender obstruktiver Atemwegserkrankung führt eine akute Bronchitis zu einer Zunahme der obstruktiven Ventilationsstörung.

•••• Pneumonie

Die Pneumonie (Lungenentzündung) ist eine ernste Erkrankung. Sie steht an fünfter Stelle der Häufigkeit der Todesursachen. Sie ist die häufigste Todesursache unter den Infektionskrankheiten und stellt die zweithäufigste im Krankenhaus erworbene Infektionskrankheit dar.

Definition und Einteilung. Als Pneumonie bezeichnet man eine akute oder auch chronische Entzündung des Lungengewebes infektiöser Genese. Andere Entzündungen des Lungengewebes, z.B. interstitielle Lungenerkrankungen, werden meist als Pneumonitis bezeichnet. Die Infektion kann sich entlang der Atemwege ausbreiten (Bronchopneumonie) oder primär den Alveolarraum betreffen (z.B. Lobärpneumonie). Man unterscheidet ambulant erworbene Pneumonien von den gefährlicheren im Krankenhaus (nosokomial) erworbenen Pneumonien. Ferner teilt man Pneumonien nach dem zugrundeliegenden Erreger (Bakterien, Pilze, Viren u. a.) ein.

Ursachen. Begünstigt wird die Entstehung einer Pneumonie durch eine ungenügende Belüftung des betreffenden Lungenabschnitts, z. B. bei flacher Atmung (Schonatmung wegen Thoraxschmerzen, z. B. postoperativ), bei Atelektasen, bei Immobilisation und Lungenstauung. Sonderformen sind die Retentionspneumonie (bei Verschluß eines Bronchus durch Tumor oder Fremdkörper), die Aspirationspneumonie (bei Inhalation von Blut, Magensaft, Erbrochenem, z. B. bei vorübergehender Bewußtlosigkeit). Begünstigt wird die Entstehung einer Pneumonie bei geschwächtem Immunsystem (z. B. durch Greisenalter, bösartige Erkrankungen, Alkoholkrankheit, Diabetes, immunsuppressive Therapie, AIDS u. a.) und durch eine mehrtägige künstliche Beatmung. Eine Vielzahl von Erregern kann eine Pneumonie verursachen: Bakterien (z. B. Streptokokkus pneumoniae, Hämophilus influenzae, Staphylokokkus aureus), Pilze (z. B. Candida, Aspergillus), Viren (z. B. Zytomegalievirus, Influenza-Viren) und andere Mikroorganismen (z. B. Mykoplasmen, Pneumocystis carinii).

Diagnose. Aufgrund der klinischen Befunde und weiterer Untersuchungen gehören zur Diagnose der Pneumonie: Fieber, neu aufgetretenes Infiltrat im Röntgenbild der Lunge, Leukozytose. Die Erregerdiagnostik erfolgt durch Untersuchung des Sputums, ggf. auch durch bronchoskopische Materialgewinnung und durch serologische Blutuntersuchungen (Antikörper gegen Pneumonieerreger). Wichtig ist die Differentialdiagnose zum Bronchialkarzinom.

Klinisches Bild. Vielgestaltig, je nach Erreger, Allgemeinzustand des Patienten, Ausdehnung der Pneumonie. Klassischerweise Fieber, Husten mit gefärbtem Auswurf, Atemnot, Thoraxschmerzen (bei Begleitpleuritis), schwerem Krankheitsgefühl. Bei der Auskultation feuchte Rasselgeräusche. Sogenannte atypische Pneumonien verursachen oft nur abgeschwächte Symptome und klinische Befunde.

Komplikationen. Pleurabeteiligung mit Pleuritis, Pleuraerguß, Pleuraempyem; Lungenabszeß; respiratorische Insuffizienz, akutes Lungenversagen (ARDS); Streuung von Erregern in die Blutbahn mit Absiedlungen, z. B. Hirnabszeß; Sepsis, septisches Herz-Kreislauf-Versagen; bei Viruspneumonien Gefahr der Superinfektion durch bakterielle Erreger.

Therapie. Entscheidend ist eine wirksame Behandlung mit Antibiotika, die sich zunächst nach dem vermuteten Pneumonieerreger richtet. Nach dem Erregernachweis sollte eine gezielte Therapie erfolgen. Bei zu breit angelegter, ungezielter Therapie mit Antibiotika besteht die Gefahr der Entwicklung resistenter Erreger und der Superinfektion, z. B. durch Pilze. Gegen Viruspneumonien sind nur teilweise geeignete Chemotherapeutika verfügbar. Sinnvolle allgemeine Maßnahmen umfassen körperliche Schonung, Bettruhe (mit konsequenter Tromboseprophylaxe), ausreichende Flüssigkeitszufuhr. Bei respiratorischer Insuffizienz (Hypoxämie) Sauerstoffgabe, u. U. unterstützende oder kontrollierte maschinelle Beatmung. Wichtig ist die intensive Physiotherapie.

Physiotherapeutische Behandlung

Pneumonien

Die Pneumonieprophylaxe unterscheidet sich nur wenig von der Pneumoniebehandlung.

- *Befund:* Siehe Tab. 1.**1**, S. 6. Auf die Ansprechbarkeit, Eigeninitiative und Beweglichkeit des Patienten ist besonders zu achten. Ist die Ventilation durch Behinderung der Atemmechanik zusätzlich gestört (Lähmungen, schwere Thoraxdeformitäten), so ist die Anfälligkeit für eine Pneumonie noch größer.

  Atemmaße und Messen der Vitalkapazität sind, wenn es die Grundkrankheiten nicht erfordern, unwichtig.

  Dagegen ist besonders auf Rasselgeräusche, erhöhte Körpertemperatur und auf Pulsfrequenz und Pulsqualität zu achten.

- *Gesichtspunkte*
  - Verbessern der Belüftungs- und Durchblutungsverhältnisse,
  - Vermeiden bzw. Eröffnen von Atelektasen,
  - Fördern des Sekrettransportes,
  - Stabilisieren des Kreislaufes in der Rekonvaleszenz.

- *Maßnahmen*
  - Tiefe Atemzüge: Wahrnehmung der Atembewegungen,
  - Streckdehnung,
  - Sakkadierendes Einatmen durch die Nase,
  - Hautfalte wegatmen,
  - Abklatschungen mit Alkohol oder Abreibungen mit Eis,
  - häufige Umlagerungen,
  - aktive Übungen, dynamische Bewegungsserien der Peripherie.

  Apparative Unterstützung:
  - Giebelrohr (s. Bd. 4, S. 307),
  - SMI (inzentives Spirometer) (s. Bd. 4, S. 309).

  Die Auswahl der Maßnahmen sollte so getroffen werden, daß immer eine aktive auf eine passive Maßnahme folgt, um eine Hyperventilation zu vermeiden.

Ist der Patient fähig, seine Lage zu wechseln (Rücken-, Seit- evtl. Bauchlage, Sitz), so sollte er das möglichst oft tun. Besonders nach Lungeninfarkten ist das Umlagern wichtig, da die Gefahr einer Infarktpneumonie droht. Nicht alle Patienten sind verschleimt. Sollte dies jedoch der Fall sein, muß zunächst ordentlich abgehustet werden (S. 33).

Behandlung somnolenter und nicht ansprechbarer Patienten:
- Umlagerungen alle zwei Stunden,
- Abklatschen mit Eiswasser zur reflektorischen Atemvertiefung,
- Vibrationen auf dem Thorax und kurzer intermittierender Druck auf dem Sternum am Ende einer Exspiration zur Hustenprovokation und Sekretionslösung.
- Der Patient muß abgesaugt werden, wenn nicht abgehustet werden kann.
  Das Absaugen kann aber das Husten nicht vollständig ersetzen. Es werden dabei überwiegend nur die Stammbronchien erfaßt, nicht aber das Sekret in den kleinen Atemwegen.
- Packegriffe über Thorax und Bauch bringen ebenfalls vergrößerte Atembewegungen und damit für den Moment eine Atemvertiefung.
- Eine Drainagelagerung verbietet sich meist wegen des schlechten Zustandes der Patienten.

Die früher häufige, schwere Lobärpneumonie sieht man heute selten in der klassischen Verlaufsform. Es gelten bei dieser Behandlung jedoch die gleichen Gesichtspunkte wie schon beschrieben.

Bei einer Begleitpleuritis muß man innerhalb weniger Tage nach der Entfieberung an die Verhinderung von Pleuraschwarten denken.

Patienten mit Pneumonie haben meist noch lange nach der Entfieberung orthostatische Beschwerden.

Beispiel einer Behandlung

Der Patient ist ansprechbar.
- Puls- und Blutdruckkontrolle,
- dynamische Bewegungsserien der Peripherie,
- Wahrnehmung der Atembewegungen mit vergrößertem Atemvolumen,
- aus der Seitenlage Streckdehnung, dabei
- sakkadierend einatmen,
- Hautfalte wegatmen lassen,
- Drehdehnlagerung mit Koppeln von Atmung und Bewegung,
- Packegriffe,
- dynamische Bewegungsserien mit angestelltem Kopfteil,
- Kompression der Beine,

- aufstehen und längere Zeit im Sessel sitzen,
- Tagsüber 4 – 5 tiefe Atemzüge stündlich mit Lagewechsel.

Bei der Pneumoniebehandlung und der Pneumonieprophylaxe während einer Zytostasetherapie dürfen wegen erhöhter Blutungsneigung keine Erschütterungen, keine Massagegriffe und keine Kopftieflage angewendet werden. Sinkt die Leukozytenzahl unter 1500/mm, ist der Patient stark infektionsgefährdet. Ein Therapeut mit einem Infekt der Atemwege kann eine gefährliche Bedrohung für ihn sein! Hygienemaßnahmen: Mundschutz, Schutzkittel, Hände desinfizieren.

•••• Lungenabszeß

Definition. Umschriebene Eiteransammlung im Lungengewebe, oft mit Höhlenbildung.

Ursache. Pneumonie mit Erregern, die zu einer Gewebszerstörung führen, z.B. Staphylokokkus aureus, Anaerobier. Oft bei vorbestehenden größeren Hohlräumen, z.B. beim Lungenemphysem, nicht selten als Komplikation einer Aspirationspneumonie.

Diagnose. Röntgen-Thorax-Aufnahme (Höhlenbildung mit „Spiegel"), Computertomographie.

Klinisches Bild. Protrahierter Krankheitsverlauf, bei Anschluß an das Bronchialsystem Auswurf eitrigen Sputums.

Komplikationen. Sepsis, hämatogene Streuung von Erregern, Bluthusten, bei Ausbreitung in den Pleuraraum Pleuraempyem.

Therapie. Konsequente Antibiotikatherapie über längere Zeit. Eine chirurgische Behandlung (Drainage) ist nicht regelmäßig erforderlich, weil der Abszeß sich selbst über das Bronchialsystem drainieren kann. Der Abfluß des Sekretes wird durch physiotherapeutische Maßnahmen begünstigt.

Physiotherapeutische Behandlung

Lungenabszeß

Hat der Abszeß Anschluß an einen Bronchialast, so kann er mit gezielter Drainagelagerung abgehustet werden.

Auch hier ist die immer erwähnte Quincke-Hängelage ganz selten richtig. Die meisten Abszesse liegen im posterioren Segment des rechten Oberlappens oder im apikalen Segment des Unterlappens.

- *Befund:* Siehe Tab. 1.**1**, S. 6. Es muß die genaue Lokalisation des Abszesses festgestellt werden. Nur dann kann effektiv gelagert werden.

- *Gesichtspunkte*
  - Entleeren des Abszesses,
  - Verbessern der Ventilations- und Perfusionsverhältnisse,
  - Verhindern von Pleuraschwarten bei Begleitpleuritis,
  - Herabsetzen von Gewebswiderständen in Haut und Muskulatur.
- *Maßnahmen*
  - Drainagelagerung,
  - Umlagerungen,
  - Wahrnehmung der Atembewegungen mit Volumenvergrößerung,
  - Summen und Brummen,
  - Vibrationen,
  - ICR-Ausstreichungen, Hautverschiebungen,
  - Hautfalte wegatmen lassen,
  - Packegriffe.
- *Merke:* Wegen erhöhter Blutungsgefahr dürfen keine starken Erschütterungen, wie Klatschen und Klopfen, angewendet werden. Wirksamer sind feinschlägige Vibrationen über dem befallenen Gebiet wie bei Bronchiektasen.

•••• Tuberkulose

Zur Zeit der Jahrhundertwende war die Tuberkulose (Tbc) eine der häufigsten Todesursachen in Europa. Hier hat sie an Bedeutung verloren, während sie global weiterhin mit ca. 3 Millionen Todesfällen jährlich zu den wichtigsten Infektionskrankheiten, insbesondere in Entwicklungsländern zählt. Mit der Einwanderung größerer Bevölkerungsgruppen aus der dritten Welt und mit einer Verschlechterung der Lebensbedingungen in großen Ballungsräumen sowie im Rahmen der AIDS-Ausbreitung kommt es heute auch in industrialisierten Ländern zu einer Zunahme der Tuberkulosefälle.

Definition und Einteilung. Infektion mit dem von R. Koch entdeckten Mykobakterium tuberkulosis („Tuberkelbakterium"). Infektionen mit anderen Mykobakterien werden als atypische Mykobakteriosen bezeichnet. Man unterscheidet die Erstinfektion (Primärtuberkulose), die stumm verlaufen kann, und die Reaktivierung der Tuberkulose durch Reinfektion mit noch in alten Herden vorhandenen Mykobakterien (postprimäre Tuberkulose). Sind Tuberkelbakterien im Sputum nachweisbar, so spricht man von einer „offenen" Tuberkulose (Ansteckungsgefahr!). Außer der Lungentuberkulose gibt es auch Manifestationen in anderen Organen, z. B. Knochen, Nieren, Lymphknoten, Gastrointestinaltrakt, Hirnhäute.

Ursache und Verlauf. Ansteckung meist als Tröpfcheninfektion. Ob es nach Infektion mit Tuberkelbakterien zu Symptomen kommt, hängt von der Resistenz des Organismus ab (z.B. Unterernährung, schlechte hygienische und soziale Verhältnisse). Infektion früher überwiegend im Kindes- und Jugendalter, mit geringerer Durchseuchung der Bevölkerung heute auch später. Durch Aktivierung von abgekapselten Tuberkelbakterien nach jahrelanger Latenz endogene Reinfektion bei Veränderung der Abwehrlage (z.B. Greisenalter, immunsuppressive Therapie).

Die Primärtuberkulose verläuft meist symptomlos, oft werden erst nach Jahren verkalkte Narben bei einer Röntgenuntersuchung erkannt. Häufigstes Symptom ist eine Pleuritis (s.u.). Bei schlechter Abwehrlage schwerer, oft tödlicher Verlauf sowohl der primären als auch der postprimären Tuberkulose in disseminierter Form (Miliartuberkulose). Bei guter Abwehrlage Bildung eines Rundherdes in der Lunge (Tuberkulom), der später verkalkt.

Die postprimäre Tuberkulose kann zur Bildung eines Hohlraumes (Kaverne) führen, die Anschluß an das Bronchialsystem hat (offene Tuberkulose). Spätstadien einer Tuberkulose sind häufig mit erheblichen Narbenbildungen und Schrumpfungsprozessen des Lungengewebes verbunden. Ausgedehnte Thoraxveränderungen werden als Folge der früher üblichen chirurgischen Tuberkulosetherapie beobachtet (Thorakoplastik, d.h. Rippenresektion mit Volumenverminderung der betroffenen Seite; Zwerchfellähmung nach Entfernung eines N. phrenikus; Lungenkollaps nach künstlicher Pneumothoraxbehandlung).

Diagnose. Anamnese (mögliche Ansteckungsquellen) und Klinik. Zur Beurteilung der Durchseuchung bzw. der Abwehrlage (auch nach Impfung) Hauttest (Tuberkulin-Test); wird der Tuberkulin-Test positiv, spricht das für eine Infektion. Bei offener Tuberkulose Nachweis von M. tuberkulosis im Sputum oder im Magensaft. U.U. bioptische Sicherung der Diagnose. Nach Tuberkulose-Kontakt, z.B. von medizinischem Personal oder Angehörigen von Tuberkulose-Kranken, sind Kontrollen durch das Gesundheitsamt erforderlich. Von großer Bedeutung ist die Thorax-Röntgen-Aufnahme mit Verlaufskontrollen. Bei aktiver Tuberkulose im Labor Entzündungszeichen.

Klinisches Bild. Je nach Verlauf entweder symptomlos (90% der Infektionen), als chronischer Infekt mit subfebrilen Temperaturen, Nachtschweiß, Gewichtsabnahme, Abgeschlagenheit; Husten und Auswurf, pleurale Schmerzen, oder als schwere Allgemeinerkrankung.

Komplikationen. Septischer Verlauf in seltenen Fällen; bei Arrosion eines Blutgefäßes Bluthusten (Hämoptysen), u.U. sogar Verbluten durch Blutsturz (Hämoptoe). Restriktive Ventilationsstörung und respiratorische Insuffizienz bei sehr ausgedehnten Narbenbildungen.

Therapie. Bei Verdacht auf Tuberkulose (Erregernachweis; Pleuraerguß; röntgenologische Aktivitätszeichen) antituberkulöse Chemotherapie mit speziellen Antibiotika (Tuberkulostatika), die über Wochen oder Monate in Mehrfachkombination gegeben werden müssen. Ggf. Isolation von Patienten mit offener Tuberkulose. Symptomatische und roborierende Maßnahmen. Bei Personen mit erhöhtem Ansteckungsrisiko (Pflegepersonal) kann eine Schutzimpfung (BCG-Impfung) sinnvoll sein.

Physiotherapeutische Behandlung

Tuberkulose

Nach Ablauf der akuten Phase handelt es sich bei ausgedehnten Vernarbungen um eine restriktive Ventilationsbehinderung, die durch eventuelle Pleura schwarten noch erschwert wird.

- *Befund:* Siehe Tab. 1.**1**, S. 6. Wichtig sind die Maße der Thoraxbeweglichkeit, die Vitalkapazität und die Atemfrequenz. Auf das Nachschleppen der Rippen auf einer Seite ist besonders zu achten.
- *Gesichtspunkte*
  1. Herabsetzen von erhöhten Gewebswiderständen in Haut und Muskulatur,
  2. Mobilisieren des Thorax, Erreichen optimaler Beweglichkeit der Rippen bei den Atembewegungen,
  3. Dehnen frischer Pleuraschwarten,
  4. Kräftigen der Inspirationsmuskulatur, besonders des Zwerchfells,
  5. Verbessern der Haltung,
  6. Heraufsetzen der Kondition.
- *Maßnahmen:* Alle bei den Lungenfibrosen (S. 52) beschriebenen Techniken sind auch hier anwendbar.

  Zu 1.
  Hautverschiebungen, ICR-Ausstreichungen, Hautfalte wegatmen lassen, Packegriffe senken die äußeren Gewebswiderstände.

  Zu 2. und 3.
  Mobilisation der Rippengelenke mit manueller Therapie, Dehnlagen, Streckdehnung können die Beweglichkeit der Rippen steigern und frische Pleuraschwarten dehnen.

  Zu 4.
  Nasenstenoseübungen: Eine Verstärkung der Nasenstenose durch Zuhalten eines Nasenloches bringt eine Aktivitätszunahme des Zwerchfells und der Interkostalmuskulatur.

  Durch manuellen Kontakt am unteren Thoraxrand mit leichtem Widerstand bei der Einatmung wird eine größere Thoraxexkursion erreicht und damit auch eine gewisse Dehnung von eventuell vorhandenen Pleuraverklebungen erreicht. Der manuelle Kontakt kann auch durch ein um den Thorax herumgeschlungenes Handtuch ersetzt werden. Der Patient atmet gegen den Widerstand des Handtuches an.

Zu 5.
Die Gymnastik auf dem Hocker oder auf dem Pezziball hilft, die Haltung zu verbessern.

Zu 6.
Allgemeine Gymnastik und Ausdauersportarten wie Schwimmen, Radfahren, Gehen tragen dazu bei, den Leistungsabfall nach der langen Zeit der Schonung zu beheben.

1.2.4 Pleuraerkrankungen

•••• Pleuritis

Definition. Entzündung der Pleura, d.h. der Pleura viszeralis und parietalis. Pleuritis sicca (trockene Rippenfellentzündung): fibrinöse Entzündung ohne wesentliche Ergußbildung. Pleuritis exsudativa (feuchte Rippenfellentzündung): Entzündung mit Bildung eines serösen oder eitrigen Ergusses.

Ursache. Pleurabeteiligung bei Infektionen des Lungenparenchyms, z.B. bei Pneumonie (Begleit- oder parapneumonische Pleuritis, tuberkulöse Pleuritis). Entzündliche Begleitreaktion der Pleura bei Lungenembolie. Postoperativ nach Thoraxeingriffen. Therapeutisch zur Verklebung der Pleurablätter bei rezidivierenden Ergüssen durch Einbringen von reizenden Substanzen (Pleurodese mit Tetrazyklin, früher Talkum). Die Pleura ist anders als die Lunge sensibel innerviert. Durch Auflagerung von Fibrin wird die sonst spiegelnde Oberfläche aufgerauht, so daß die Verschiebung der Pleurablätter bei der Atmung Schmerzen verursacht. Werden die Pleurablätter durch einen Erguß voneinander getrennt, verschwindet der Schmerz wieder.

Diagnose. Aufgrund des klinischen Bildes. Auskultatorisch Pleurareiben oder -knarren. Differentialdiagnostisch muß an alle anderen Ursachen von Thoraxschmerzen gedacht werden. Ggf. Pleurabiopsie.

Klinisches Bild. Atemabhängige Schmerzen auf der betroffenen Seite, häufig in den Rücken oder in die Schultern ausstrahlend. Die Atemexkursionen sind wegen der pleuritischen Schmerzen oft eingeschränkt (Nachschleppen der Atmung, Schonatmung).

Komplikationen. Pleuraerguß, bei Infektion der Ergußflüssigkeit Pleuraempyem. Wegen der Schonatmung ungenügende Entfaltung der Lungen mit Atelektasenbildung. Verklebung (Adhäsion) der Pleurablätter mit

Einschränkung der Atemverschieblichkeit (bei der Pleurodese therapeutisch erwünscht).

Therapie. Behandlung der Grunderkrankung (z. B. Antibiotika bei Pneumonie), Schmerzbehandlung mit entzündungshemmenden Analgetika.

•••• Pleuraerguß

Definition. Pathologische Flüssigkeitsansammlung im Pleuraraum. Eiweißarme Ergußflüssigkeit: Transsudat. Eiweißreiche Ergußflüssigkeit: Exsudat. Blutiger Erguß: Hämatothorax. Infizierter Erguß mit hoher Leukozytenzahl: Pleuraempyem.

Ursache. Normalerweise besteht ein Gleichgewicht zwischen pleuraler Flüssigkeitsbildung und -resorption, so daß der Pleuraspalt nur von einer minimalen Flüssigkeitsmenge ausgefüllt wird und die Pleura visceralis (Lungenfell) der Pleura parietalis (Rippenfell) anliegt. Ein erhöhter hydrostatischer Druck in den pleuralen Kapillargefäßen (Herzinsuffizienz) oder ein verminderter kolloidosmotischer Druck (Hypoalbuminämie) steigert die Filtration von Flüssigkeit in den Pleuraraum, der aufgrund der elastischen Retraktionskraft der Lunge unter einem Unterdruck steht; es kommt zur Bildung eines Transsudates. Eine erhöhte Durchlässigkeit (Permeabilität) der Pleura für große Eiweißmoleküle, z. B. bei Pleuritis, Tumorwachstum auf der Pleuraoberfläche oder postoperativ nach Thoraxeingriffen, führt zur Bildung eines Exsudates. Abdominelle Erkrankungen wie Aszites, eine Pankreatitis oder ein subphrenischer Abszeß können ebenfalls zu Pleuraergüssen führen.

Diagnose. Klinisch, durch das Röntgenbild und durch Ultraschall. Die Artdiagnose des Ergusses wird durch Pleurapunktion und Bestimmung des Eiweißgehaltes (und anderer Parameter) sowie durch die Untersuchung der zellulären Elemente (Tumorzellen!) gestellt.

Klinisches Bild. Atemnot bei ausgedehnten Ergüssen. Abgeschwächtes Atemgeräusch und gedämpfter Lungenklopfschall über den betroffenen Lungenabschnitten, meistens basal gelegen.

Komplikationen. Atelektasenbildung durch Kompression benachbarter Lungenabschnitte. Respiratorische Insuffizienz. Bildung von Pleuraschwielen/-schwarten nach Resorption des Ergusses.

Therapie. Behandlung der Grundkrankheit (Diuretika bei Herzinsuffizienz, Antibiotika bei Pneumonie, Aszitespunktion). Ablassen des Ergusses durch Pleurapunktion, Einlegen einer Thoraxsaugdrainage (Bülau-Drainage). Bei rezidivierendem Erguß, z. B. im Rahmen von Tumorerkrankungen, Pleurodese. Pleuraempyem: s. o.

•••• Pleuraschwarten

Definition. Bindegewebige Adhäsionen zwischen Brustwand und Lunge.

Ursache. Die fibrinhaltigen Anteile eines exsudativen Ergusses organisieren sich und werden mit Bindegewebszellen durchsetzt. Es bilden sich dicke Bindegewebsstränge, die zur Verklebung der Pleurablätter führen. Durch Schrumpfung wird die Ausdehnungsfähigkeit der Lunge behindert, es kann zu einer verminderten Beweglichkeit der betroffenen Thoraxhälfte kommen.

Diagnose. Röntgenaufnahme und Computertomographie des Thorax. Differentialdiagnostisch muß man auch an Pleuratumoren denken.

Klinisches Bild. Abgeschwächtes Atemgeräusch und gedämpfter Lungenklopfschall über den betroffenen Lungenabschnitten. Bei ausgedehnten Verschwartungen Einschränkung der Atemexkursionen der betroffenen Thoraxseite, Thoraxasymmetrie.

Komplikationen. Atelektasenbildung, restriktive Ventilationsstörung, respiratorische Insuffizienz. Bei asbestinduzierten Pleuraerkrankungen Gefahr der malignen Entartung (Pleuramesotheliom).

Therapie. Bei ausgedehnten Veränderungen mit erheblicher Symptomatik ggf. operative Lösung der Verwachsungen (Adhäsiolyse) oder Pleurektomie.

•••• Pneumothorax

Definition. Luftansammlung im Pleuraraum durch Eindringen von Luft durch die Thoraxwand oder durch Eröffnung der Lungenoberfläche. Bei gleichzeitigem Erguß: Seropneumothorax. Ist der Erguß blutig: Hämatopneumothorax.

Ursachen. Heutzutage am häufigsten *iatrogen,* d.h. als Komplikation therapeutischer oder diagnostischer Eingriffe: Pleurapunktion, Punktion der Vena subclavia, transthorakale oder transbronchiale Lungenbiopsie, postoperativ. Außerdem nicht selten als Komplikation der maschinellen Überdruckbeatmung. Penetrierende Thoraxverletzungen (Messerstich) oder bei Rippenbrüchen, die zu einer Verletzung der Lunge führen. Ein *Spontanpneumothorax* kommt bei jüngeren, asthenischen Patienten oft ohne erkennbare Ursache vor. Ein bullöses Lungenemphysem oder andere, destruierende Lungenerkrankungen (Pneumonien, Tumoren, Mukoviszidose, Histiozytosis X) können durch Ruptur eines subpleural gelegenen Lungenbläschens zu einem Pneumothorax führen. Tritt Luft in den Pleuraraum ein, so kommt es zum (Teil-)Kollaps des betroffenen Lungenflügels.

Diagnose. Klinisch und durch die Röntgenthoraxaufnahme.

Klinisches Bild. Plötzlicher, stechender Thoraxschmerz beim Spontanpneumothorax. Dyspnoe bei größeren Luftansammlungen. Respiratorische Insuffizienz. Abgeschwächtes Atemgeräusch mit hypersonorem Klopfschall auf der betroffenen Seite.

Komplikationen. Kommt es bei jeder Inspiration zu einem Einströmen von Luft in die Pleurahöhle, ohne daß diese entweichen kann (Ventilmechanismus), bildet sich ein Spannungspneumothorax aus. Der Überdruck führt zu einer Verschiebung der Mediastinalorgane auf die gesunde Seite mit Kompression der gesunden Lunge und schließlich Behinderung des venösen Blutflusses zum Herzen. Dies ist ein akut lebensbedrohliches Krankheitsbild, welches rasch zum Tode führen kann. Breitet sich die unter Überdruck stehende Luft entlang der Bronchien im Mediastinum und im subkutanen Gewebe aus, so spricht man vom Mediastinal- bzw. Hautemphysem.

Therapie. Bei kleinen, wenig symptomatischen Luftansammlungen Beobachtung, da der Pneumothorax spontan resorbiert wird. Dies kann durch Atmung von reinem Sauerstoff beschleunigt werden. Sonst Thoraxdrainage, bei Spannungspneumothorax als Notfallmaßnahme. Bei rezidivierendem Spontanpneumothorax ist u. U. ein operativer Eingriff erforderlich.

Physiotherapeutische Behandlung

Pleuritis, Pleuraerguß, Pleuraschwarte

Wird die Behandlung begonnen, bevor es zur Organisation des Exsudates mit Bindegewebseinwucherungen kommt, kann ein Nachschleppen der betroffenen Seite bei den Atembewegungen verhindert werden.

- *Befund:* Siehe Tab. 1.**1**, S. 6. Da eine Pleuritis fast nie primär auftritt, richtet sich die Befundaufnahme nach der Grundkrankheit. Wichtig sind Angaben über atemabhängige Schmerzen, Schonhaltungen und Pleurareiben.
- *Gesichtspunkte*
  1. Verbessern der Belüftungs- und Durchblutungsverhältnisse der Lunge,
  2. Pneumonieprophylaxe,
  3. Vermeiden von unproduktivem Husten,
  4. Verhindern von Pleuraschwarten.
- *Maßnahmen*
  Zu 1. und 2.
  Die Behandlung und Auswahl der Maßnahmen ist im Kapitel Pneumonie beschrieben (S. 58).

Solange der Patient noch über Schmerzen beim Atmen klagt, liegt der Schwerpunkt der Behandlung auf einer Ventilationsverbesserung aller Lungenabschnitte. Es ist ungünstig, in diesem Stadium schon mit Dehnungen der betroffenen Seite anzufangen. In diesem Stadium ist es eher besser, die Rippenbewegungen auf der schmerzenden Seite durch manuelle Fixierung oder durch Lagerung auf dieser Seite einzuschränken. Die Atembewegungen der unbeteiligten Partie werden dadurch womöglich größer. Bei großen Schmerzen kann es zu einer flachen und frequenten Atmung kommen, die eine gleichmäßige Belüftung aller Lungenabschnitte unmöglich macht.

Zu 3.
Ein besonderes Problem stellt der Reizhusten dar, da der Patient durch starke atemabhängige Schmerzen sehr gequält sein kann. Auch hier gilt: Luft in Einatemstellung kurz anhalten, oberflächlich weiteratmen, gegen die geschlossenen Lippen anhusten, hüsteln.

Zu 4.
Ist auf dem Röntgenbild nur noch ein Resterguß zu sehen, kann mit vorsichtigen Dehnungen begonnen werden. Dadurch wird die Pleurablattbeweglichkeit gefördert:
- Dehnlagen,
- Streckdehnung,
- Wahrnehmung der Atembewegung mit Volumenerhöhung,
- Koppelung von Atmung und Bewegung,
- Hautfalte wegatmen lassen.

Beispiel einer Behandlung
- Liegen auf beiden Seiten,
- sakkadierendes Einatmen,
- Hautfalte wegatmen lassen,
- Streckdehnung,
- Drehdehnlagerung mit Packegriffen: Verstärkt man die Dehnung in der Exspirationsphase, so wird die Pleura parietalis mit dem Thorax in Einatemstellung gehalten. Gleichzeitig wird die Pleura visceralis, dem Sog der elastischen Lunge folgend, etwas mehr gegen das parietale Blatt verschoben und somit möglicherweise schon bestehende Verklebungen gelöst.
- Gymnastik auf dem Hocker.

Wie bei allen restriktiven Erkrankungen soll auch hier die Gymnastik auf dem Hocker unter den üblichen Gesichtspunkten durchgeführt werden. Die Behandlung kann auch hier nur erfolgreich sein, wenn der Patient eifrig mitarbeitet und sich für Hausaufgaben motivieren läßt.

1.2.5 Bösartige Erkrankungen der Atemwegsorgane

Bösartige Erkrankungen der Atmungsorgane gehören zu den allerhäufigsten Krebserkrankungen. Aufgrund der gleichartigen Ursache gehen sie oft mit obstruktiven Atemwegserkrankungen einher. Ferner kommt es auch im Rahmen anderer Tumorerkrankungen sehr häufig zur Bildung von Lungenmetastasen, die hier aber nicht abgehandelt werden sollen. Gutartige Lungentumoren sind zwar nicht selten, bei einem verdächtigen Befund muß aber immer die Möglichkeit eines Lungenkrebses ausgeschlossen werden.

Einteilung. Die bösartigen Erkrankungen der Atmungsorgane können nach ihrer Lokalisation (zentral, peripher) und nach dem Stadium der Erkrankung (Größe des Primärtumors, Befall regionaler Lymphknoten, Fernmetastasen) eingeteilt werden. Das Tumorstadium ist für die Form der Therapie und die Prognose von Bedeutung. Am häufigsten ist das Plattenepithelkarzinom, es folgen das besonders bösartige kleinzellige Bronchialkarzinom und das Adenokarzinom. Andere Typen sind seltener.

Ursachen. Eindeutig wichtigste Ursache für das Bronchialkarzinom ist das inhalative Tabakrauchen. Auch passives Rauchen erhöht das Risiko für Lungenkrebs. Andere, umweltbedingte Auslöser kommen zwar vor (z. B. nach Asbestexposition), sind aber bedeutend seltener.

Diagnose. Häufig ist die Krankheit bei Diagnosestellung schon fortgeschritten. Das Röntgenbild gibt oft den ersten Hinweis auf einen Tumor und dient zur Verlaufskontrolle in der Nachsorge. Computertomographie und andere Verfahren sind zur genauen Lokalisation und zur Metastasensuche erforderlich. Die feingewebliche (histologische) Diagnose beruht auf der mikroskopischen Untersuchung von Biopsien, die durch Lungenspiegelung (Bronchoskopie), transthorakale Punktion oder operativ durch Thorakotomie oder Mediastinoskopie gewonnen werden müssen.

Klinisches Bild. Neu aufgetretener oder in der Qualität veränderter Husten, Atemnot, Thoraxschmerzen, Gewichtsabnahme können Frühsymptome sein. Bei Bluthusten (Hämoptysen) muß immer an einen Tumor gedacht werden. Die Prognose ist schlecht, nur 5% aller Patienten mit Bronchialkarzinom leben noch nach 5 Jahren.

Komplikationen. Verlegung der Atemwege (z. B. der Trachea) durch Tumormassen, Pneumonien, Pleuraergüsse, Nervenschädigung (Stimmbandlähmung durch Parese des N. rekurrens), Gefäßkomplikationen, Fernmetastasen, respiratorische Insuffizienz.

Therapie. Je nach Histologie und Tumorstadium kommen Chemotherapie, Bestrahlung und die Operation sowie eine Kombination dieser Verfahren in Frage. Heutzutage kann bei geeigneten Patienten durch eine aggressive Therapie eine Remission (Rückgang des Tumors) oder sogar eine Heilung erreicht werden. Lokalkomplikationen können durch eine gezielte Bestrahlung („am Ort der größten Not“) und durch bronchoskopische Verfahren (z. B. Lasertherapie bei Trachealstenosen) beherrscht werden. Wichtig sind die begleitende Behandlung durch eine konsequente Schmerztherapie und physiotherapeutische Maßnahmen, insbesondere vor operativen Eingriffen.

1.2.6 Erkrankungen des Lungenkreislaufs

Großer und kleiner (Lungen-)Kreislauf stehen in einem engen Zusammenhang. Erkrankungen des linken Herzens können daher zu Störungen der Lungendurchblutung führen, z. B. durch gestörte Drainage der Lungenvenen in den linken Vorhof bei Mitralstenose oder eingeschränkter Pumpfunktion des linken Ventrikels mit der Folge der Lungenstauung und des Lungenödems. Hier sollen aber primäre pulmonale bzw. pulmonal-vaskuläre Erkrankungen abgehandelt werden.

•••• Lungenarterienembolie

Definition. Verlegung einer Lungenarterie oder von Ästen der Lungenarterien durch Gerinnsel (Thromben), die mit dem venösen Blutstrom eingeschwemmt werden.

Ursachen. Zu 90 % der Fälle stammen die Thromben aus den tiefen Bein- und Beckenvenen (siehe Kapitel 4: Erkrankungen der Arterien und Venen), seltener aus dem rechten Vorhof oder aus dem Einzugsbereich der V. cava superior. Die Risikofaktoren entsprechen daher denen für eine Venenthrombose. Die Verlegung von Lungenarterien (-ästen) führt zu einer akuten Druckbelastung der rechten Herzkammer, die dann versagen kann. Außerdem wird die Atemarbeit durch Totraumventilation gesteigert.

Diagnose. „Daran denken“ (F. Heinrich) ist die wichtigste Voraussetzung für die Diagnose der Lungenarterienembolie. Sie wird aufgrund der Anamnese, der allerdings unspezifischen klinischen Zeichen sowie aufgrund von EKG, Echokardiographie, Lungenperfusionsszintigraphie und Angiographie der Lungenarterien (Pulmonalisangiographie) gestellt. Die Messung der Vitalzeichen und die Blutgasanalyse helfen, den Schweregrad zu bestimmen, Röntgen-Thoraxaufnahme und Lungenfunktionsprüfung führen dagegen nicht weiter. Außerdem muß nach einer Venenthrombose gesucht werden. Respiratorische Symptome bei Zeichen einer tiefen Beinvenenthrombose müssen unbedingt an eine Lungenarterienembolie denken lassen.

Klinisches Bild. Dyspnoe, Tachypnoe, Thoraxschmerzen, Husten, Temperaturanstieg; Angst und Schockzeichen bei schwereren Lungenarterienembolien. Schwere (fulminante) Lungenembolien können akut tödlich verlaufen.

Komplikationen. Pleuritis, Lungeninfarkt mit Hämoptysen, Pneumonie; akutes Rechtsherzversagen (Cor pulmonale; s.u.) bei fulminanter Lungenarterienembolie, chronisches Rechtsherzversagen bei rezidivierender Lungenarterienembolie.

Therapie. Ruhigstellung, Sauerstoffgabe, Herabsetzung der Gerinnungsfähigkeit des Blutes (Antikoagulation) zunächst mit Heparin, später mit Tabletten (z.B. Marcumar); dies gehört auch zur Therapie der tiefen Beinvenenthrombose. Bei schwerer Lungenarterienembolie Versuch der Auflösung der Gerinnsel durch Fibrinolyse, in seltenen Fällen auch operative Entfernung. Bei Schockzeichen kreislaufunterstützende Medikamente. Zur Vermeidung von Lungenembolien ist eine konsequente Thromboseprophylaxe erforderlich.

Physiotherapeutische Behandlung

Lungenembolie

- *Gesichtspunkte*
  1. Verhindern weiterer Embolien durch Thromboseprophylaxe,
  2. Pneumonieprophylaxe,
  3. Lindern von Schmerzen beim Atmen und Husten,
  4. Verbessern der Ventilation und der Perfusion,
  5. Verhindern von Pleuraschwarten.

- *Maßnahmen*

  Zu 1.

  a) Kompression,

  b) Lagerung,

  c) aktive Bewegungen.

  Zu a) Kompression: Beide Beine müssen sorgfältig gewickelt werden, zumindest müssen Antithrombosestrümpfe angezogen sein. Vorsicht mit dem Wickeln bei Oberschenkel- und Beckenvenenthrombose. Bei zu schnellem Wickeln können Thromben durch die Rückstromsteigerung abreißen.

  Zu b) Lagerung: Wegen Luftnot wird mit angehobenem Oberkörper gelagert. Eine zusätzliche Hochlagerung der Beine könnte wegen des starken Rückstroms ein akutes Cor pulmonale zusätzlich belasten. Daher wird das Bein horizontal gelagert.

Zu c) Aktive Bewegungen: Das Fußende wird mit einem elastischen Polster belegt, um durch Fußtretbewegungen den Rückstrom sanft anzuregen. Anfänglich sollte der Patient keine großen Bewegungen machen.

Zu 2.
a) Wahrnehmung der Atembewegungen mit wenig Vergrößerung des Atemvolumens,
b) Nasenstenosenübungen.

Zu a) Wahrnehmung der Atembewegungen mit wenig Vergrößerung des Atemvolumens: Eine sinnvolle Pneumonieprophylaxe besteht in tiefen Atemzügen. Da diese den Rückstrom sehr stark anregen, sollte die Atemtiefe nicht über die gesamte Vitalkapazität gehen. Am besten steuert man dieses über die Wahrnehmung der Atembewegungen.

Zu b) Bei Patienten, die nicht durch die Nase atmen können, weil die Atemarbeit zu groß ist, fehlt die Befeuchtung der Atemluft. Da dies ein die Pneumonie begünstigender Faktor ist, soll zumindest versucht werden, die Nase als Einatemweg wieder miteinzubeziehen.

Zu 3.
Bei Pleuraschmerzen kann die schmerzhafte Thoraxseite bei der Inspiration fixiert werden. Obwohl dadurch die Bewegungen der Rippen eingeschränkt sind, werden die Schmerzen gelindert, die Atmung vertieft und die Strömung verlangsamt.

Zu 4.
Sobald der Zustand des Patienten es erlaubt, sollte er zeitweise auf die Seite gelagert werden. Es darf nicht zu einer Dyspnoe kommen, und der Patient darf keinen Herzdruck empfinden. Packegriffe und Hautfalte wegatmen lassen werden als atemerleichternd empfunden.

Zu 5.
Als Spätfolge kann es nach einem Pleuraexsudat zu Pleuraverklebungen und Schwarten kommen (S. 67). Neben den tiefen Atemzügen kommen noch vorsichtiges Schnuppern und Schnüffeln in Frage.

■ *Merke:* Bei der Mobilisation nach überstandener Lungenembolie ist äußerste Vorsicht geboten. Es wird nur sehr langsam mit der Belastung gesteigert. Die Behandlung ähnelt dann der Frühmobilisation nach Herzinfarkt (S. 159).

•••• Pulmonalarterielle Hypertonie und Cor pulmonale

Definition. Erhöhung des pulmonalarteriellen Drucks mit der Folge einer Druckbelastung des rechten Ventrikels. Als Cor pulmonale bezeichnet man eine Rechtsherzinsuffizienz (siehe Kapitel 2) aufgrund einer pulmonalarteriellen Hypertonie mit pulmonaler Ursache (im Unterschied zu einer kardial verursachten Drucksteigerung im Lungenkreislauf).

Ursachen. Vergrößerung des Lungengefäßwiderstands z.B. infolge von Verlegung durch Thromben oder infolge primärer Lungengefäßerkrankungen; als Folge von restriktiven oder obstruktiven Lungen- und Atemwegserkrankungen und generell bei allen Erkrankungen, die mit einer Hypoxämie einhergehen, weil eine alveoläre Hypoxie zu einer Konstriktion der pulmonalen Widerstandsgefäße führt (Euler-Liljestrand-Mechanismus).

Diagnose. Durch kardiologische Untersuchungsmethoden (Klinik, EKG, Röntgen, Doppler-Echokardiographie, Rechtsherzkatheter mit Druckmessung im Lungenkreislauf).

Klinisches Bild. Belastungsdyspnoe, manchmal Thoraxschmerzen, Zyanose, Trommelschlegelfinger und Uhrglasnägel bei schwerer respiratorischer Partialinsuffizienz. Gestaute Halsvenen. Bei dekompensiertem Cor pulmonale bestehen die Symptome und klinischen Zeichen der Rechtsherzinsuffizienz.

Therapie. Behandlung der Grunderkrankung. Antikoagulation. Versuch mit Vasodilatatoren (Medikamente, die zu einer Erweiterung der Lungenarterien führen). Bei schwerer Hypoxämie ($PO_2 < 55-60$ mmHg) Sauerstofflangzeittherapie. Bei chronischer Lungenarterienembolie pulmonale Thrombendarterektomie. (Herz-)Lungentransplantation bei ausgewählten Patienten. Die Prognose einer schweren pulmonalarteriellen Hypertonie ist ungünstig.

Physiotherapeutische Behandlung
siehe Herzinsuffizienz (S. 94).

1.2.7 Schlafbezogene Atmungsstörungen

In den letzten Jahren ist das Bewußtsein für die Bedeutung schlafbezogener Atmungsstörungen erheblich gewachsen. Sie berühren die Pneumologie, Kardiologie, Neurologie und Hals-Nasen-Ohren-Heilkunde. Man nimmt an, daß 10% der Männer über 40 Jahre, weniger Frauen, betroffen sind.

Definition. Vom Schlafapnoesyndrom spricht man, wenn während des Schlafes Atempausen (Apnoe-Phasen) von einer Dauer über 10 Sekunden mit einer Häufigkeit von mehr als 10/Stunde auftreten. Früher war der Begriff „Pickwick-Syndrom" gebräuchlich.

Ursachen. Durch Nachlassen des Tonus der Pharynxmuskulatur mit zunehmender Schlaftiefe kommt es zu einem Verschluß der oberen Atemwege. Die Atemmuskulatur arbeitet vergeblich gegen diesen Widerstand an. Durch Zunahme des PCO_2 und den Abfall der Sauerstoffsättigung wird eine unbewußte Weckreaktion (Arousal) mit neurovegetativer Aktivierung ausgelöst, so daß eine Phase der Hyperventilation einsetzt. Anschließend folgt wieder eine Apnoe-Phase usw. Dadurch erreicht der Patient niemals die wichtigen Tief- und REM-Schlafphasen, man spricht von einer Zerstörung der Schlafarchitektur (Schlaffragmentierung). Begünstigend sind Adipositas und Veränderungen im Nasopharynxbereich. Diese Form der schlafbezogenen Atmungsstörungen heißt obstruktives Schlafapnoesyndrom. Seltener kann durch einen verminderten Atemantrieb im Schlaf ein zentrales Schlafapnoesyndrom hervorgerufen werden.

Diagnose. Aufgrund der Anamnese und der nächtlichen Registrierung von Parametern wie Sauerstoffsättigung, Atembewegungen, nasalem Luftfluß, EKG, Schnarchgeräuschen und elektrophysiologischen Meßwerten wie EEG, EMG (Polysomnographie).

Klinisches Bild. Anamnestisch nächtliches Schnarchen mit Atempausen. Exzessive Tagesmüdigkeit und Einschlafneigung; die Patienten fühlen sich morgens „wie gerädert". Häufig Adipositas.

Komplikationen. Herz-Kreislauf-Erkrankungen (Rhythmusstörungen, arterielle Hypertonie, Herzinfarkt, Schlaganfall). Z.B. Verkehrsunfälle durch Einschlafen am Steuer.

Therapie. Gewichtsabnahme. Therapieversuch mit Theophyllin zur Nacht. Ggf. HNO-ärztliche Sanierung. Am effektivsten ist die nächtliche Heimbeatmung mit einem nCPAP-Gerät, bei dem über eine Nasenmaske kontinuierlich ein positiver Druck auf die Atemwege ausgeübt wird („continuous positive airway pressure"). Dadurch wird deren Kollaps verhindert.

1.2.8 Akutes Atemnotsyndrom des Erwachsenen (ARDS)

Das ARDS („adult respiratory distress syndrome" oder früher „Schocklunge") ist eine gefürchtete Komplikation einer Vielzahl schwerer internistischer und chirurgischer Erkrankungen und eine häufige Ursache der akuten respiratorischen Insuffizienz auf Intensivstationen. Die Gesamtmortalität, häufig im Rahmen eines Multiorganversagens, wird auf ca. 50% geschätzt.

Definition. Akute respiratorische Insuffizienz (akutes Lungenversagen) auf dem Boden einer schweren Allgemeinerkrankung.

Ursachen. Schock, Sepsis, ausgedehnte Pneumonie, Pankreatitis, (Poly-)Trauma, Schädel-Hirn-Trauma und andere ZNS-Erkrankungen, große Operationen, Aspiration (Mageninhalt, Beinahe-Ertrinken), Inhalationstrauma, Massentransfusionen, Verbrauchskoagulopathie, Drogen und Medikamente. Alle diese unterschiedlichen Auslöser können (durch Freisetzung toxischer Substanzen, z.B. aus neutrophilen Granulozyten) zu einem Eintritt von eiweißreicher Flüssigkeit aus den Lungenkapillaren in den Alveolarraum („nicht-kardiogenes Lungenödem") führen. Dies führt zu einer Störung des Ventilations-Perfusions-Verhältnisses, zu einer Verminderung der Surfactant-Funktion (Alveolenkollaps), zu einem Anstieg des pulmonalen Gefäßwiderstands (pulmonale Hypertonie), zu einer Versteifung der Lunge (verminderte Compliance) und zu einer Verminderung der für die Atmung verfügbaren Lufträume (funktionelle Residualkapazität nimmt ab). Bei Fortschreiten der Erkrankung organisiert sich die fibrinhaltige alveoläre Flüssigkeit, es kommt zur Fibrose.

Diagnose. Schwere Hypoxämie trotz hoher inspiratorischer Sauerstoffkonzentration, diffuses Lungenödem im Röntgenbild (bei fehlendem Anhalt für kardiale Ursache), schwere Erkrankung als Auslöser.

Klinisches Bild. Starke Dyspnoe, Hyperventilation, Rasselgeräusche, Symptome der Grunderkrankung; meist rasch beatmungspflichtig.

Komplikationen. Unzureichende Oxygenierbarkeit trotz aggressiver maschineller Beatmung, respiratorische Globalinsuffizienz, Komplikationen der maschinellen Beatmung (Barotrauma durch Überdruckbeatmung, Sauerstofftoxizität), pulmonale Hypertonie mit Herz-Kreislauf-Versagen, Pneumonie, Multiorganversagen.

Therapie. Behandlung der Grundkrankheit, rechtzeitige maschinelle Beatmung, im Frühstadium mit nicht-invasiven Beatmungstechniken (CPAP), später ggf. mit speziellen Beatmungsverfahren; Kreislaufunterstützung (Medikamente; Volumentherapie, allerdings mit Gefahr der Überwässerung der Lunge); in spezialisierten Zentren extrakorporaler Gasaustausch („ECMO") unter Ruhigstellung der Lunge. Größte Bedeutung haben physiotherapeutische Maßnahmen zur Verbesserung des Ventilations-Perfusions-Verhältnisses.

Physiotherapeutische Behandlung

- *Maßnahmen:* Die Auswahl der Maßnahmen richtet sich nach den Gegebenheiten, z.B. welche Art der Beatmung gewählt wurde, ob eine Tracheotomie besteht und inwieweit der Patient ansprechbar ist. In den meisten Fällen muß man sich auf passive Maßnahmen zurückziehen.

- *Maßnahmen zur Verbesserung der Ventilations- und Perfusionsverhältnisse:*
  - Umlagerung: Halbseitenlage nach ventral und dorsal, Seitlage, Rückenlage, Bauchlage, sofern keine Tracheotomie besteht,
  - Schaukelbett.
- *Maßnahmen zur Verbesserung der Gewebeverschieblichkeit:*
  - ICR ausstreichen,
  - Atemmassage nach Schmitt,
  - Vibrationen,
  - Erschütterungen.
- *Maßnahmen zur Thromboseprophylaxe:*
  - Kompressionsstrümpfe,
  - Hochlagerung 30 Grad,
  - passives Bewegen.

Im weiteren Verlauf gelten die Prinzipien und Maßnahmen der physiotherapeutischen Behandlung bei Pneumonie.

2 Herzerkrankungen

C. Diehm und H. Göhring

2.1 Bedeutung der Herz-Kreislauf-Krankheiten

Die Herz-Kreislauf-Krankheiten stellen eines der wesentlichsten Probleme unseres Gesundheitswesens dar. In zivilisierten Ländern beanspruchen unter den Todesursachen die Herz- und Gefäßkrankheiten seit Jahrzehnten mit Abstand die erste Stelle. Der Trend hält auch Mitte der 90er Jahre unvermindert an. Nach Einschätzung der WHO wird auch bis zum Jahre 2000 die Krankheits- (Morbidität) und Sterblichkeitsrate (Mortalität) aufgrund von Hypertonie und koronarer Herzkrankheit weiter zunehmen.

2.1.1 Untersuchungsmethoden

Zum Basisprogramm einer Untersuchung des Herz-Kreislauf-Systems gehören

- Anamnese,
- Klinische Untersuchung einschließlich Herz- und Gefäßpalpation,
- Auskultation sowie Blutdruckmessung und Erfassung einer Organstauung,
- Röntgenuntersuchung des Herzens in zwei Ebenen,
- Elektrokardiogramm (EKG).

Bei speziellen Fragestellungen wird der Einsatz des Linksherzkatheters mit Druckmessungen und eine Koronarangiographie (Darstellung der Koronargefäße mittels Röntgenkontrastmittel), ferner die Oximetrie (Messung der Sauerstoffdrücke im Blut in verschiedenen Herzhöhlen) erforderlich. In der nichtinvasiven Vorfelddiagnostik spielen die Phonokardiographie und die Ergometrie sowie die Echokardiographie (Ultraschall des Herzens) eine große Rolle.

Anamnese

Die Erhebung einer sorgfältigen Vorgeschichte ist wie bei allen Krankheiten auch in der Kardiologie Grundlage einer jeden Untersuchung. Es ist wichtig zu wissen, ob im Familienkreis bereits Herzkrankheiten auftraten. Von besonderem Interesse ist die Frage nach speziellen Kinderkrankheiten (gehäufte Anginen, Rheumatismus, Infektionskrankheiten). Die körperliche Leistungsfähigkeit ergibt weitere wertvolle Hinweise.

•••• Inspektion (visuelle Beobachtung)

Ein wichtiger Schritt bei der Untersuchung des Herzkranken ist die Inspektion. Ein blasses Gesicht mit einer blauvioletten Wangen- und Lippenzyanose ist oft Ausdruck eines schweren Mitralklappenfehlers. Die Inspektion des Thorax gibt z. B. Aufschlüsse über ein bestehendes Lungenemphysem (faßförmiger Thorax). Eine Vorwölbung der Brustwand findet sich häufig bei angeborenen Herzfehlern als Zeichen einer bereits in der Kindheit ausgebildeten Rechtsherzvergrößerung. Bei der Betrachtung des Herzspitzenstoßes, der normalerweise im 5. Interkostalraum links parasternal innerhalb der Medioklavikularlinie (MCL) liegt, kann sich eine Hypertrophie des linken Ventrikels durch einen hebenden Spitzenstoß anzeigen. Wichtig ist auch die Betrachtung der Halsregion nach Arterien- und Venenpulsationen (Halsvenenstauung). In der Abdominalgegend ist die Aufmerksamkeit auf epigastrische Pulsationen (Aorta, rechter Ventrikel), auf eine vermehrte Hautvenenzeichnung und auf die Form und Größe des Abdomens (Aszitesansammlung?) zu richten.

An den Extremitäten achtet man auf Ödeme, Hautverfärbungen, Uhrglasnägel und Trommelschlegelfinger (Abb. 2.1), die Hinweise auf

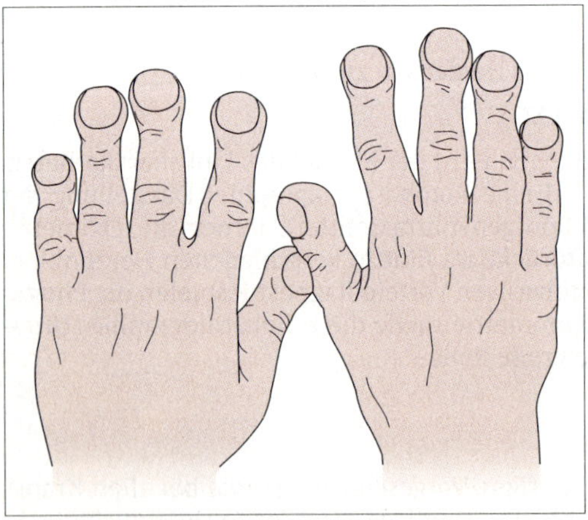

Abb. 2.1 Trommelschlegelfinger eines Patienten mit kongenitalem Herzfehler

schwere angeborene Herzfehler und chronische Lungenerkrankungen geben.

•••• Palpation (Tastuntersuchung des Herzens)

Neben der Beurteilung des Herzspitzenstoßes ist die Palpation des arteriellen Pulses bzw. der Pulswelle aufschlußreich. Es werden folgende Pulsqualitäten unterschieden:

– Pulsus frequens	= schneller Puls	Frequenz
– Pulsus rarus	= langsamer Puls	
– Pulsus regularis	= regelmäßiger Puls	Rhythmus
– Pulsus irregularis	= unregelmäßiger Puls	
– Pulsus altus (fortis)	= hoher Puls	Größe der Pulswelle
– Pulsus parvus	= kleiner Puls	
– Pulsus durus	= harter Puls	Spannung
– Pulsus mollis	= weicher Puls	
– Pulsus celer (previs)	= schneller Anstieg der Pulswelle	Art des Druckablaufs
– Pulsus tardus (longus)	= langsamer Anstieg der Pulswelle	

•••• Perkussion (Abschätzung der Herzdämpfung)

Perkutorisch, durch Klopfen mit dem Mittelfinger der rechten Hand auf den Mittelfinger der linken Hand über der Brust, kann durch die Unterscheidung der unterschiedlichen Dämpfungen die Herzgröße bestimmt werden.

•••• Auskultation (Abhören)

Durch das Verfolgen der vom Herzen ausgehenden Töne und Geräusche, die mit dem Stethoskop gehört und ergänzend mit der Phonokardiographie aufgezeichnet werden können, lassen sich Rückschlüsse auf die mechanischen Verhältnisse am Herzen ziehen.

Man unterscheidet allgemein zwischen dem *ersten Herzton,* der den Mitral- und Trikuspidalklappenschluß markiert, und dem *zweiten Herzton,* der beim Aorten- und Pulmonalklappenschluß ertönt. Darüber hinaus kommt beim Hochdruck und bei der Herzinsuffizienz gelegentlich ein dritter Herzton und bei weiteren Herzerkrankungen ein vierter Herzton hinzu. Herzgeräusche treten insbesondere dann auf, wenn die Herzklappen nicht normal arbeiten, sondern stenotisch oder insuffizient geworden sind.

Der Auskultationsbefund analysiert folgende Kriterien:
- Analyse von Rhythmusstörungen,
- Beurteilung des I. und II. Herztones,
- Schallcharakter und Lautstärke des I. und II. Tones an den verschiedenen Auskultationsstellen,
- Spaltung der Herztöne,
- Auftreten von Extratönen und ihre Einordnung in die Herzphasen,
- Einordnung von Geräuschen in die Herzphasen,
- Schallcharakter und Lautstärke der Geräusche mit Bestimmung des Punctum maximum (Ort der größten Lautstärke) und der Fortleitungsrichtung.

Die Lagerung des Patienten während der Untersuchung ist von großer Bedeutung. Manche Geräusche lassen sich besser bei Links- oder Rechtsseitenlagerung, im Sitzen oder Liegen, in halbsitzender Stellung oder bei nach vorn übergebeugtem Oberkörper auskultieren.

•••• Phonokardiographie (PKG)

Bei der Herzschallregistrierung werden die Schwingungen der Herztöne und Herzgeräusche durch ein Mikrophon erfaßt und graphisch registriert.

•••• Elektrokardiographie (EKG)

Die Elektrokardiographie hat einen festen Platz im kardiologischen Diagnostikprogramm. Es werden dabei elektrische Signale registriert, die während der Herztätigkeit auftreten. Das EKG ermöglicht eine Beurteilung der elektrischen Aktivität des Herzens und in gewissem Umfang auch eine Aussage über die Herzfunktion. Bei Veränderungen am Herzen zeigen sich pathologische EKG-Bilder, die einen Rückschluß auf die zugrundeliegende Herzerkrankung ermöglichen.

Diagnostische Möglichkeiten:
- Herzrhythmusstörungen,
- ischämische Herzkrankheit, besonders Herzinfarkt,
- Diagnostik und Verlaufskontrolle entzündlicher, toxischer und degenerativer Herzerkrankungen,
- Störungen des Metabolismus und des Mineralhaushalts.

Die EKG-Beurteilung muß grundsätzlich in Zusammenhang mit dem klinischen Gesamtbild erfolgen. Ein normales EKG ist in Abb. 2.**2** dargestellt.

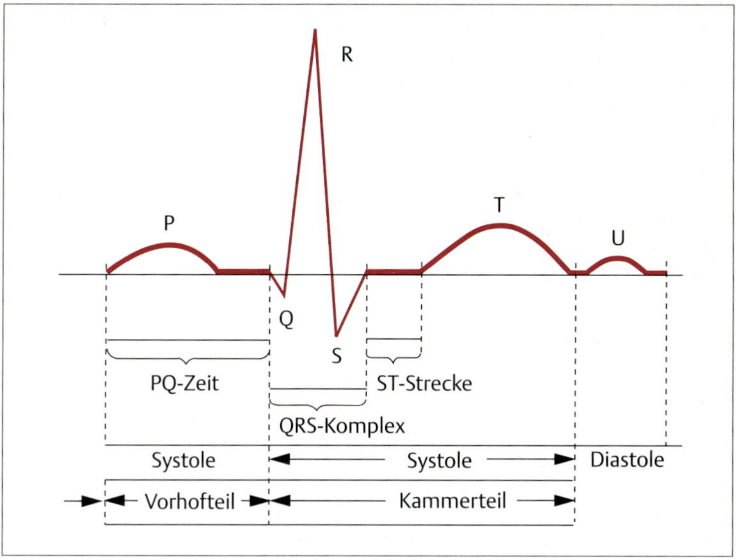

Abb. 2.**2** Normales EKG.
P-Welle = elektrische Erregung der Herzvorhöfe,
PQ-Zeit = Überleitung der Erregung vom Vorhof zur Herzkammer,
QRS-Komplex = elektrische Aktivierung der Kammermuskulatur,
Q-Zacke = Septumdepolarisation
S-Zacke = Septumdepolarisation,
ST-Strecke = vom Ende der S-Zacke bis zum Beginn der T-Welle,
T-Welle = Kammerschwankung,
U-Welle = Kammernachschwankung

• • • • Röntgenuntersuchung (Thoraxaufnahme)

Als weiteres diagnostisches Hilfsmittel steht die standardisierte dorsoventrale Röntgenübersichtsaufnahme der Brust zur Verfügung. Hier lassen sich Herzgröße, Herzform, evtl. Veränderungen in den Ventrikeln und der Aorta sowie Stauungszeichen in der Lunge gut beurteilen (Abb. 2.**3**). Bei der Durchleuchtung lassen sich Koronarkalk und Klappenverkalkungen erkennen.

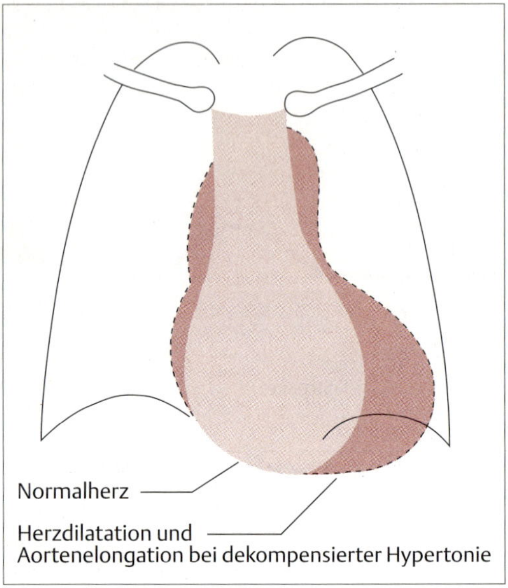

Abb. 2.3 Veränderungen der Herzsilhouette im Röntgennativbild bei Hypertonie – schematisch (nach U. Gerlach, N. van Husen, H. Wagner, W. Wirth)

•••• Herzkatheterisierung

Zu den speziellen Herzuntersuchungen, die eine Schwerpunktklinik voraussetzen, gehören die radiologischen Untersuchungsmethoden der Herzkatheterisierung. Die Katheterisierung des Herzens und der Gefäße bildet die Voraussetzung für folgende Untersuchungsverfahren:

- Druckmessung am Herzen und in den Gefäßen mittels elektrischer Druckmeßgeräte,
- Gewinnung von Blutproben zur Bestimmung der Blutgase (Oximetrie),
- quantitative Erfassung der Hämodynamik des kleinen und großen Kreislaufs (Herzminutenvolumen, Strömungswiderstände, Herzarbeit, Shunt-Volumina),
- Größenbestimmung der Herzinnenräume,
- unmittelbarer Nachweis von Scheidewanddefekten bzw. Gefäßanomalien,
- intrakardiale Elektrokardiographie und Phonokardiographie,
- Kontrastdarstellung des Herzens und der Gefäße (Angiokardiographie) einschließlich der Koronarangiographie (Darstellung der Herzkranzgefäße).

Die Katheterisierung des Herzens erfordert eine strenge Indikationsstellung. Diese Untersuchung ist angezeigt, wenn es gilt, bei einem erworbenen oder angeborenen Herzfehler die Operationsindikation festzulegen, oder wenn die Klärung eines krankhaften Herz- oder Lungenbefundes mit den üblichen klinischen Mitteln nicht möglich ist.

• • • • Echokardiographie

Diese relativ neue nichtinvasive Methodik hat die kardiologische Diagnostik entscheidend erweitert. Sie beruht auf dem Prinzip der Reflexion von Ultraschall. Mittels der Echokardiographie werden der Herzmuskel, das Endo-, Epi- und Perikard, die Herzklappen und die Wände der großen Gefäße durchschallt. Die Technik vermittelt ausgezeichnete Informationen z. B. über das interventrikuläre Septum, über die Beweglichkeit der Herzklappen, über einen selbst geringen Perikarderguß.

Transösophageale Echokardiographie

Spezielle Echokardiographie mit Hilfe eines in die Speiseröhre eingeführten, an der Spitze eines normalen Gastroskops sitzenden Schallkopfs. Diese Technik stellt eine Verfeinerung der Echotechnik für besondere Fragestellungen dar.

2.2 Herzinsuffizienz

2.2.1 Definition

Bei der Herzinsuffizienz ist der Herzmuskel aus sehr unterschiedlichen Gründen nicht mehr in der Lage, das den Ventrikeln in genügender Menge zuströmende Blut den physiologischen Anforderungen entsprechend störungsfrei in den großen und/oder kleinen Kreislauf zu befördern.

Die WHO definiert die chronische Herzinsuffizienz als verminderte Belastbarkeit im Zusammenhang mit einer Ventrikelfunktionsstörung.

Die Herzinsuffizienz kann ihre Ursachen am Herzmuskel selbst haben, aber auch extrakardial bedingt sein (Tab. 2.**1**). „Herzinsuffizienz" ist ein klinisches Symptom, keine Diagnose.

Die Herzinsuffizienz kann entweder nur die linke Kammer (Linksinsuffizienz) oder nur die rechte Kammer (Rechtsinsuffizienz) oder beide Herzkammern zusammen (globale Herzinsuffizienz) befallen.

Je nach Schweregrad differenzieren wir nach klinischen Gesichtspunkten in
- Belastungs- und
- Ruheinsuffizienz.

Tabelle 2.1 Entstehungsursache der Herzmuskelinsuffizienz

Kardiale Ursachen	
– diffuse Ernährungsstörungen	koronare Durchblutungsstörungen, aber auch Hypoxämie und Anämie
– Untergang von Herzmuskulatur	Myokardinfarkt multiple Narben infolge Ischämie
– Störungen der geometrischen Arbeitsbedingungen	extreme Dilatation Herzwandaneurysma
– andere Störungen der Kontraktilität	primäre und sekundäre Kardiomyopathien
– Rhythmusstörungen	extreme Tachykardie extreme Bradykardie
– Druck- oder Volumenüberlastung	Klappenfehler Herzmißbildung
– mechanische Behinderungen der Herztätigkeit	Pericarditis constrictiva Herzbeuteltamponade
Extrakardiale Ursachen	
– Druck- oder Volumenüberlastungen	Hypertonie im großen oder kleinen Kreislauf arteriovenöse Fisteln, Anämie, Hypoxie, Hyperthyreose, Morbus Paget usw.
– ungenügende Füllung des Herzens mit sekundärer Schädigung des Myokards	Hypovolämie, septischer Schock, peripheres Kreislaufversagen andere Ursachen

Weiterhin in Präinsuffizienz, latente oder manifeste, in kompensierte oder dekompensierte Insuffizienz.

Hinsichtlich des zeitlichen Ablaufs bei der Entwicklung einer Herzinsuffizienz werden *akute* von *chronischen Formen* unterschieden. Tab. 2.**2** zeigt die klinischen Schweregrade einer Herzinsuffizienz, die auch allgemein für alle Herzkrankheiten Gültigkeit haben.

Bei einer schwerstgestörten Pumpfunktion des Herzens sprechen wir von einem *kardiogenen Schock.*

Tabelle 2.2 Einteilung der Schweregrade der chronischen Herzinsuffizienz (New York Heart Association NYHA)

Grad I	keine Einschränkung der Leistungsfähigkeit, auch nicht bei starker Belastung
Grad II	Leistungseinschränkung und Beschwerden bei starker körperlicher Belastung
Grad III	keine Beschwerden in Ruhe, Leistungseinschränkung schon bei normaler körperlicher Belastung
Grad IV	Beschwerden in Ruhe, keine körperliche Belastung möglich

2.2.2 Pathogenese

Auf alle Noxen, die zu einer Herzmuskelinsuffizienz führen, reagieren die Ventrikel mit einer Hypertrophie (Größenzunahme der Herzmuskelzellen). Die pathologischen Veränderungen im Myokard spielen sich sowohl auf submikroskopischer und mikroskopischer als auch auf makroskopischer Ebene ab. Diese Herzhypertrophie ist ein Anpassungsvorgang des Herzmuskels an eine erhöhte Belastung. Durch sie kann eine Mehrbelastung über längere Zeit kompensiert werden. Dem Prozeß der Herzvergrößerung sind jedoch durch eine Limitierung der Koronardurchblutung Grenzen gesetzt.

Das „kritische" Herzgewicht liegt bei 500 g. Falls dieses Gewicht überschritten wird, kann daraus eine relative Koronarinsuffizienz resultieren, d.h., der Sauerstoffbedarf des Herzmuskels kann u.U. – vorwiegend unter Belastung – nicht mehr voll gedeckt werden. Neben der Herzmuskelhypertrophie kommt es auch zu einer Dilatation der Herzhöhlen. Das insuffiziente dilatierte Herz ist nicht mehr in der Lage, sein Schlagvolumen zu steigern.

Nicht jedes dilatierte Herz darf als insuffizient betrachtet werden (z.B. bei Aorteninsuffizienz oder beim Sportherz).

•••• Hochdruckherz

Bei einer chronischen Drucküberlastung des Herzmuskels durch erhöhten Gefäßwiderstand im großen Kreislauf kommt es zu einer Linksvergrößerung des Herzens.

Röntgenologische Kriterien sind
- eine Vergrößerung des Herzens,
- Veränderung der Herzkonfiguration.

Die röntgenologische Bestimmung der Herzgröße spielt in der Klinik eine wichtige Rolle. Für praktische Zwecke hat sich die Feststellung des Herz-Lungen-Quotienten (Abb. 2.4) bewährt.

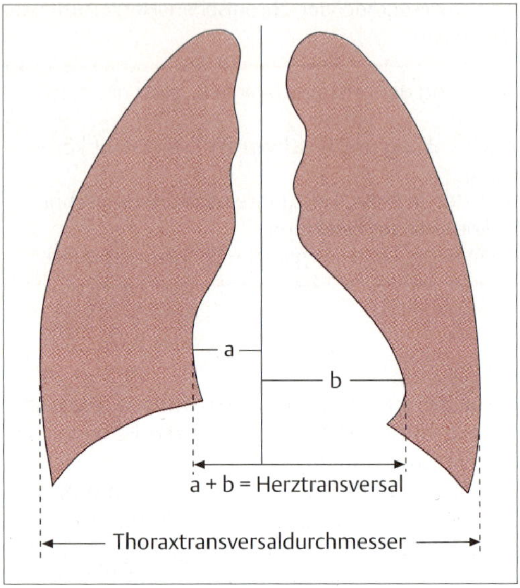

Abb. 2.4 Die Bestimmung des Herz-Lungen-Quotienten = Herztransversaldurchmesser: Thoraxtransversaldurchmesser (nach Hegglin)

Das Verhältnis von größtem Herzdurchmesser zur Thoraxbreite beträgt normalerweise nicht über 0,5.

2.2.3 Klinische Zeichen der Herzinsuffizienz

Bei der chronischen Herzinsuffizienz liegt in den meisten Fällen eine globale, also biventrikuläre Insuffizienz vor. Dennoch unterscheiden wir vorwiegend aus didaktischen Gründen zwischen Links- und Rechtsherzinsuffizienz.

•••• Linksherzinsuffizienz

Bei der Linksherzinsuffizienz besteht eine Lungenstauung, weil die dem linken Ventrikel angebotene Blutmenge nicht mehr vollständig abtransportiert werden kann.

Typische Leitsymptome sind demnach:
- Dyspnoe,
- Tachypnoe,
- hartnäckiger Husten (Stauungsbronchitis).

Die chronische Linksherzinsuffizienz entwickelt sich langsam über Monate, gelegentlich über Jahre. Die Dyspnoe tritt dabei anfänglich nur unter Belastung in Erscheinung, in späteren Stadien bereits in Ruhe (s. Tab. 2.**2**).

Bei einer schweren Linksherzinsuffizienz fehlt nie eine Orthopnoe, d.h. bei Flachlagerung stellt sich sofort eine schwere Atemnot ein, so daß die Patienten nur mit angehobenem Oberkörper (mehrere Kissen, Hochstellen des Bettes am Kopfende) schlafen können. Ursache ist die Verschiebung des Blutvolumens aus dem Körperkreislauf in den Lungenkreislauf. So nimmt die Wasseransammlung in der Lunge weiter zu. Infolge einer obstruktiven und restriktiven Ventilationsstörung wird die Atmung abrupt eingeschränkt. In schwersten Fällen kommt es zum *Lungenödem,* bei dem die Lungenbläschen mit Flüssigkeit gefüllt sind und der Gasaustausch völlig verhindert werden kann.

Die zyanotischen Patienten sitzen aufrecht im Bett, schnappen nach Luft und geben schaumiges, häufig blutig tingiertes Sputum von sich. Diffuse grobblasige Rasselgeräusche sind Kennzeichen für diesen Zustand, der häufig zum Tode führt.

Ähnlich, wenn auch nicht so dramatisch, ist das *Asthma cardiale,* wobei der Patient nachts mit Herzklopfen, Angstgefühl und starker Atemnot erwacht. Ein Aufrichten in die vertikale Lage bringt meist nach 10–15 Minuten Besserung.

•••• Rechtsherzinsuffizienz

Eine allein auftretende Rechtsherzinsuffizienz wird selten angetroffen; oft tritt die Rechtsherzinsuffizienz als Ergänzung der Linksherzinsuffizienz auf. Subjektiv klagen Patienten mit einer Rechtsherzinsuffizienz in erster Linie über Müdigkeit, Abgeschlagenheit, Leistungsminderung, gastrointestinale Symptome infolge einer intestinalen Stauung (Meteorismus, Obstipation, Appetitlosigkeit).

Die objektiven Symptome der Rechtsherzinsuffizienz sind gestaute Halsvenen (Abb. 2.**5**) und gestaute Venen am Handrücken. Die Leber ist oft vergrößert (Hepatomegalie), in der Konsistenz weich und druckschmerzhaft unterhalb des rechten Rippenbogens tastbar. Infolge einer Leberstauung können die Transaminasen ansteigen, häufig kommt es zur Ausbildung eines Aszites. Immer gestört ist die Nierenfunktion, wobei die Urinproduktion zurückgeht (Oligurie). Oft tritt eine Nykturie auf. Der Urin ist hochkonzentriert.

Die Hauptsymptome der Rechtsherzinsuffizienz sind Ödeme. Sie machen sich zuerst an den Knöcheln und den Unterschenkeln bemerkbar und nehmen, ausgelöst durch die vertikale Körperhaltung des Patienten, im Laufe des Tages zu. Abends sind die Knöchel am stärksten angeschwollen. In der Nacht werden die Ödeme wieder ausgeschwemmt,

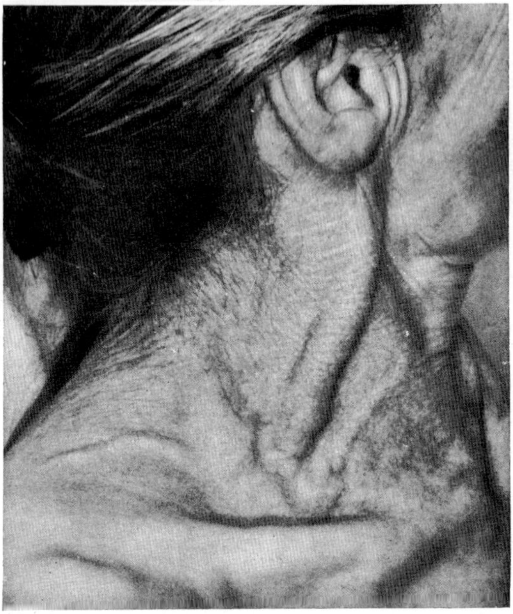

Abb. 2.**5** Venenstauung am Hals bei Herzinsuffizienz (nach Hegglin)

wobei der Patient gezwungen ist, mehrmals die Toilette aufzusuchen. Die Ödeme sind leicht mit dem Daumen eindrückbar, die entstandene Delle bildet sich nur langsam zurück.

Die Diagnose „Herzinsuffizienz" läßt sich in fast allen Fällen durch die klinische Symptomatik stellen (Tab. 2.**3**).

Gelegentlich tritt ein Aszites auf. Sowohl bei der Links- als auch bei der Rechtsherzinsuffizienz entwickelt sich häufig ein meist rechtsseitiger Pleuraerguß (Abb. 2.**6**).

Zusätzliche Informationen bringen die Röntgenuntersuchungen mit Hinweisen auf Veränderungen der Herzgröße und -form, auf Lungenstauung und Pleuraergüsse. Das EKG zeigt Hypertrophiezeichen und häufig Rhythmusstörungen. Die Herzkatheterisierung und die Angiokardiographie ermöglichen eine darüber hinausgehende weitere Abgrenzung der Diagnose.

Tabelle 2.3 Klinische Symptome der Herzinsuffizienz

– Stauungslunge, Lungenödem – Belastungsdyspnoe, Orthopnoe – Husten, Auswurf, Stauungsbronchitis – Hämoptyse, Hydrothorax oder Pleuraerguß – Tachykardie	– schmerzhafte Hepatomegalie – Einflußstauung, sichtbarer Halsvenenstau, Handrückenvenenstau – intestinale Stauungen – Ödeme in der Peripherie – Zyanose – Oligurie, Nykturie – Aszites, Anasarka (Wanderödeme) – Tachykardie – Dyspnoe je nach Ätiologie

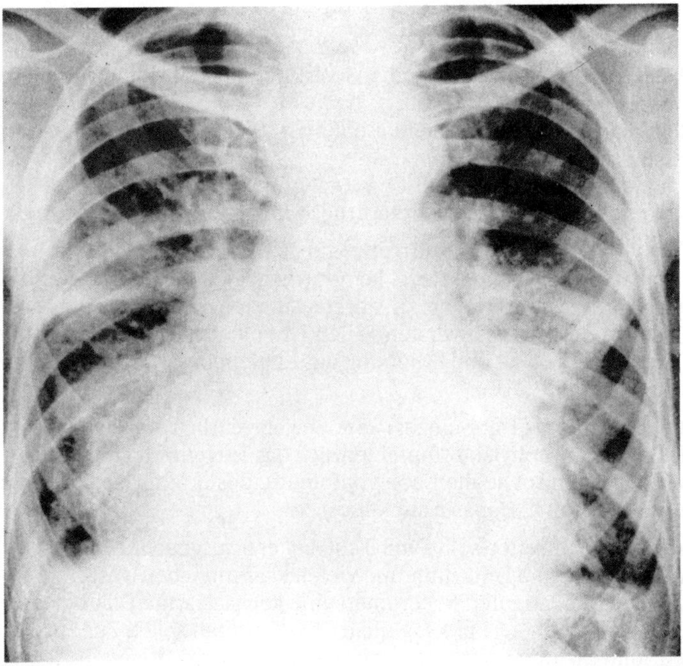

Abb. 2.6 Herzinsuffizienz mit großem Herzen, Lungenstauung, Stauungsergüssen beiderseits basal, Interlobärerguß rechts (nach Hegglin)

2.2.4 Therapie der chronischen Herzinsuffizienz

Jede Herzinsuffizienz, die klinische Symptome verursacht, ist behandlungspflichtig.

Beim therapeutischen Vorgehen stellt sich zuerst die Frage, ob es sich um eine vom Herzen ausgehende Erkrankung handelt oder ob die Herzinsuffizienz eine Folge anderer Krankheiten ist. So müssen beim Vorliegen einer arteriellen Hypertonie zuerst der Blutdruck gesenkt, Herzrhythmusstörungen beseitigt und eine Überfunktion der Schilddrüse durch eine geeignete Behandlung in eine Normalfunktion übergeführt werden. Bei angeborenen Herzfehlern und Klappenfehlern müssen Operationen erwogen werden.

•••• Allgemeinmaßnahmen

Dann erst erscheint die symptomatische Therapie der Herzinsuffizienz sinnvoll:

- allgemeine und diätetische Maßnahmen (*D*iät), } 3 „D"
- Behandlung mit *D*iuretika,
- Behandlung mit Herzglykosiden (*D*igitalis),
- Senkung der erhöhten Kammerdrucke im Herzen und Senkung des peripheren Gefäßwiderstandes.

Bei den Patienten ist in der Regel keine strenge Bettruhe notwendig, sie dürfen allerdings auch keine zu starken Anstrengungen auf sich nehmen. Nur in den allerschwersten Fällen ist eine absolute Bettruhe mit Tieflagerung der Beine und Erhöhung des Kopfendes („Herzbett") erforderlich.

Beruhigungsmittel (Tranquilizer) können gelegentlich von Nutzen sein. Als Thromboseprophylaxe empfehlen sich das Tragen von gummielastischen Strümpfen sowie die Gabe von niedrig dosiertem Heparin („low dose" = 3 × 5000 IE Heparin subkutan).

Die Zahl der Mahlzeiten sollte von 3 auf 4 oder 5 ausgedehnt werden mit Eiweißreichtum und Fettarmut und vielen kaliumreichen Obst- und Gemüsearten. Die Patienten bekommen eine kochsalzarme Diät bei einer Trinkmenge, die 1 – 1,5 l pro Tag nicht überschreiten sollte. Zur Entwässerung und Kaliumsubstitution sind bei übergewichtigen Patienten Reis- und Obstsafttage hilfreich.

Gleichzeitig mit Beginn der Glykosidtherapie müssen bei vielen Patienten Diuretika zur Entwässerung eingesetzt werden (z. B. Lasix, Dytide H, Diucomb, Aldactone). Das Gewicht des Patienten sollte täglich kontrolliert werden, darüber hinaus sind regelmäßige Flüssigkeitsbilanzen dringend erforderlich.

Da durch einen Teil der Diuretika Kalium über die Niere ausgeschieden wird, erhalten die Patienten eine kaliumreiche Ernährung und, falls zusätzlich erforderlich, eine medikamentöse Kaliumsubstitution (z. B. Kalinor-Brause). Auch beim Einsatz von kaliumeinsparenden Diuretika haben diese diätetischen Richtlinien volle Gültigkeit.

Gelegentlich kann eine Besserung der chronischen Herzinsuffizienz durch Medikamente erreicht werden, die eine längerdauernde Senkung der Herzfüllungsdrücke (engl. preload reduction = Abnahme der Vorspannung) und eine Abnahme des Herzauswurfwiderstandes (engl. afterload reduction = Abnahme der Nachspannung des Herzens) bewirken. Zu diesen Medikamenten zählen unter anderem die Langzeitnitrate, z. B. Isoket retard, Dihydralazin, z. B. Nepresol und Prazosin (Minipress). Bei der Therapie der chronischen Herzinsuffizienz können die ACE-Hemmer (Hemmstoffe des Angiotensin-Converting-Enzyms) als einziger Gefäßerweiterer die Prognose der Patienten verbessern. Sie sind heute die Mittel der ersten Wahl.

•••• Glykosidtherapie und weitere medikamentöse Maßnahmen

Die Herzglykoside bilden eine wichtige Medikamentengruppe bei der Behandlung von Herzerkrankungen. Sie sind Verbindungen pflanzlicher Herkunft. Die wesentlichen Wirkstoffe finden sich z. B. im Fingerhut (Digitalis purpurea und Digitalis lanata), im Maiglöckchen (Convallaria majalis) und in der Meerzwiebel (Scilla maritima).

Die Glykosidtherapie wurde zwar bereits in früheren Jahrhunderten betrieben, die klinische Einführung der chemisch rein hergestellten Glykoside begann jedoch erst nach dem Zweiten Weltkrieg.

Die Herzglykoside haben vier klassische Wirkungsweisen:
- Steigerung der Herzkontraktion (positiv-inotrope Wirkung),
- Abnahme der Herzfrequenz (negativ-chronotrope Wirkung),
- Abnahme der Erregungsleitungsgeschwindigkeit (negativ-dromotrope Wirkung),
- Zunahme der Reizbildung (positiv-bathmotrope Wirkung).

Die Wirkung der einzelnen Glykoside ist qualitativ ähnlich. Differenzen bestehen in der Geschwindigkeit des Wirkungseintritts, in der Dosierung und in der Ausscheidungsrate.

Der gewünschte Effekt der Glykosidtherapie liegt in der Steigerung der Kraft und in der Steigerung der Geschwindigkeit der Herzkontraktion. Allerdings nimmt mit steigendem Glykosidspiegel im Organismus auch die Gefahr zu, daß Herzrhythmusstörungen auftreten, die zum Kammerflimmern führen können.

Digitalisüberdosierung. Bei der Digitalisintoxikation treten Symptome wie Appetitlosigkeit, Müdigkeit, Übelkeit, Erbrechen, Durchfälle, Desorientiertheit, Sehstörungen, Schwindel und Rhythmusstörungen wie Extrasystolen, Bradykardie oder Tachykardie auf.

Die Einführung der Digitalisspiegelbestimmungen im Serum von Patienten ist für den Arzt von großem Vorteil. In den meisten Fällen läßt sich die Frage nach einer eventuellen Digitalisüberdosierung, auch durch einen Auslaßversuch, leicht klären. Dabei wird für einige Tage das Digitalispräparat abgesetzt.

Bei der Glykosidintoxikation sind eine Unterbrechung der Glykosidzufuhr, eine Kontrolle der Elektrolyte sowie gelegentlich auch eine weitergehende medikamentöse Therapie notwendig.

Unterschieden werden 2 Gruppen von Glykosiden:
- Digoxin, z. B. Lanitop, Novodigal,
- Digitoxin, z. B. Digimerck.

Digoxin und Digitoxin können oral verabreicht werden. Die therapeutische Breite aller herzwirksamen Glykoside ist klein, Überdosierungen und Unterdosierungen sind in gleichem Maße ungünstig.

Die Indikation zur Gabe der Glykoside besteht in erster Linie bei der manifesten und bei der latenten Herzinsuffizienz, der vollständigen zeitlichen Unregelmäßigkeit der Herztätigkeit (absolute Arrhythmie bei Vorhofflimmern) und einem häufig wiederkehrenden Herzrasen mit Frequenzen über 100 Schlägen/min (Tachykardien).

Kontraindikationen für den Einsatz von Digitalis sind
- Hyperkalzämie,
- Vorliegen einer sog. obstruktiven hypertrophischen Kardiomyopathie.

Relative Kontraindikationen bestehen bei:
- Hypokaliämie,
- ausgeprägter Bradykardie,
- vor einer geplanten elektrischen Defibrillation.

2.2.5 Therapie der akuten Herzinsuffizienz

Ursächlich kommen neben der Lungenembolie, der Perikardtamponade, Rhythmusstörungen und Intoxikationen das Herzversagen nach Herzinfarkt bzw. nach einer hypertensiven Krise in Frage. Diese Krisensituationen müssen intensivmedizinisch unter Einsatz differenzierter Pharmaka überstanden werden.

•••• Herztransplantation

Bei der orthotopen Herztransplantation wird das insuffiziente Herz durch ein gesundes Spenderorgan ersetzt. Im Laufe der letzten 25 Jahre hat sich die Herztransplantation von einer experimentellen Methode zu einer zuverlässigen klinischen Therapiemöglichkeit entwickelt. Insbesondere bei der schweren terminalen Herzinsuffizienz stellt die Herztransplantation die einzige kausale Maßnahme dar. Inzwischen ist die Einjahresüberlebensrate auf über 80%, die Fünfjahresüberlebensrate auf ca. 70% angestiegen. Vor allem die Entwicklung von Medikamenten, die eine Abstoßungsreaktion verhindern (z. B. Anti T-Lymphozytenglobulin und Ciclosporin A), hat diese guten Erfolge möglich gemacht.

Im allgemeinen wird die Indikation zur Herztransplantation als gegeben angesehen, wenn die voraussichtliche Lebenserwartung des Patienten unter 6–12 Monaten liegt. In Europa werden Spenderorgane über Eurotransplant zentral vermittelt. Der für eine Herztransplantation in Frage kommende Patientenkreis wird durch eine strenge Liste von Kontraindikationen eingegrenzt. Dazu gehören Alter, frische Lungenembolie, allgemeine Gefäßsklerose, insulinpflichtiger Diabetes mellitus, eingeschränkte Leber- und Nierenfunktion sowie psychosoziale Instabilität.

Bei allen transplantierten Patienten muß eine strenge Hygiene eingehalten werden, da zur Vermeidung der Abstoßungsreaktion immunsuppressive Medikamente verwendet werden, die ein erhöhtes Infektionsrisiko bedingen.

Physiotherapeutische Behandlung bei Herzkrankheiten (nach H. Ehrenberg)

Einführung. Die physiotherapeutische Behandlung von Herzkranken wird im Rahmen konservativer und operativer Herztherapie durchgeführt. Sie hat die Aufgabe, ungünstige Folgen der Therapie (im Akutkrankenhaus während Bettruhe und nach Operationen) zu vermeiden und die körperliche Leistungsfähigkeit der Kranken und Genesenden in Abhängigkeit von ihrer Belastbarkeit zu steigern oder bei irreversibler Organschädigung des Herzens zu erhalten.

Wir unterscheiden Physiotherapie im Akutkrankenhaus von der Physiotherapie im Rehabilitationskrankenhaus bzw. im sog. Anschlußheilverfahren.

Am Heimatort wird in begrenztem Umfang eine Bewegungstherapie (bei entsprechender Schulung des Physiotherapeuten) und auch Sporttherapie mit Patienten nach überstandenem Herzinfarkt in sog. Koronargruppen bzw. Herzgruppen durchgeführt.

Physiotherapie im Akutkrankenhaus

Die physiotherapeutische Behandlung ist vornehmlich eine *Einzelbehandlung* und beginnt während der Bettruhe. Sie wird im klinischen ärztlichen Sprachgebrauch als *Mobilisation* bezeichnet und für alle Herzkranken in ähnlicher Weise durchgeführt. Wir unterscheiden zwei Phasen der Mobilisation mit bestimmten Behandlungszielen und Gesichtspunkten, die je nach Art und Schweregrad der Herzkrankheit variieren.

Die Behandlung besteht aus der physiotherapeutischen Untersuchung bzw. aus den während jeder Behandlung durchzuführenden Kontrollen und den aktiven Techniken der Bewegungs- und Atemtherapie sowie den passiven Techniken der Massage (z. T. der Atemtherapie) und des Lagerns.

- *Physiotherapeutische Untersuchung beim Herzkranken:* Der Untersuchungsbefund besteht aus dem Anfangsbefund zur Aufstellung des Behandlungsplans und aus den vor, während und nach jeder Einzelbehandlung durchzuführenden Kontrollen bestimmter Größen und Belastungssymptome (Kriterien). Diese beziehen sich
  - auf klinische Zeichen von Herz/Kreislauf und Atmung, d. h. Puls, u. U. Blutdruck, Atemform, Zyanose und subjektive Krankheitssymptome (Dyspnoe, stenokardische Beschwerden),
  - auf Körpergewicht in Relation zur Größe, momentanen Bewußtseinszustand, Leistungsempfinden unter Belastung und die Motivation des Kranken zur aktiven Mitarbeit,
  - auf Verhaftungen in Haut/Unterhaut und Verspannungen der Muskulatur des Oberkörpers (z. T. reflektorische Zonen), welche das Befinden des Kranken beeinträchtigen.

  Der Befund wird durch optische, akustische und taktile Beobachtung (Sicht-, Hör-, Tastbefund), durch Befragung des Patienten und durch Messung (Puls-, Atemfrequenz, evtl. Blutdruck) erhoben. Die Dosierung der Belastung des Herzkranken hängt entscheidend von dem Ergebnis der physiotherapeutischen Untersuchung ab. Das Untersuchungsschema weicht bewußt von dem in anderen medizinischen Fachgebieten (z. B. in Orthopädie, Neurologie, Chirurgie) ab, in welchem nach Beobachtung, Befragung, Messung usw. eingeteilt wird. Wir empfehlen das Schema in Tab. 2.**4**.

Mobilisation des Herzkranken

Die physiotherapeutische Behandlung gliedern wir in 2 Mobilisationsphasen:
a) während „aufgelockerter Bettruhe“,
b) nach Bettruhe.

Tabelle 2.4 Physiotherapeutische Untersuchung beim Herzkranken

1. **Körperstellung bzw. -lagerung**
   - Rückenlage oder Seitenlage im Bett – Oberkörper erhöht gelagert
   - Rückenlage oder Seitenlage im Bett – Oberkörper flach gelagert
   - Sitz auf dem Stuhl oder Sessel

2. **Körpergewicht**
   - Gewicht im Verhältnis zur Größe: normal, Unter- oder Übergewicht

3. **Bewußtseinszustand – Reaktionen (Verhalten)**
   - Bewußtsein: klar, getrübt, bewußtlos
   - Reaktionen (Verhalten): unauffällig, gespannter – ängstlicher – müder Gesichtsausdruck, verzögerte oder schnelle Bewegungen

4. **Leistungsstand – Belastbarkeit**

   gegenwärtig:
   - Bewegen im Liegen (Bett), im Sitzen, im Stehen, Gehen (Zimmer, Flur, Gelände), Treppensteigen, Fahrradergometerbelastung
   - Leistungsgefühl, Ermüdung, Erholungsfähigkeit bei Ausdauerbelastung (lokal, allgemein)

   vor der Erkrankung bzw. vor dem Krankenhausaufenthalt:
   - Alltagsbelastung (An- und Auskleiden, Waschen, Essen), Hausarbeit, Beruf, Freizeit

5. **Beschwerden**

   Patienten äußern sich spontan oder auf Befragen über
   - Allgemeinsymptome: Müdigkeit, Abgeschlagenheit, Krankheitsgefühl, Appetitlosigkeit, Übelkeit, Unruhe und Unlust, leichte Erregbarkeit, Angst
   - Herzbeschwerden: Herzklopfen, Herzjagen (bei Tachykardie), Stenokardie (Schmerz hinter Brustbein) mit Ausstrahlen in den linken Arm, Äußerungen wie „Herzstiche“ und „Herzdruck“
   - kurzdauernden Bewußtseinsverlust (Synkope)
     bei orthostatischer Belastung (Wechsel von horizontaler zu senkrechter Körperstellung), wenn zusätzlich eine hypotone Kreislaufdysregulation besteht
     bei Ausdauerbelastung (z. B. beim Gehen), wenn infolge Herzinsuffizienz das Herzminutenvolumen absinkt
   - Atemnot bzw. Atemerschwerung in Ruhe und/oder bei geringer Belastung

Fortsetzung ▶

Tabelle 2.4 (Fortsetzung)

6. Puls

6.1 Ruhe

Frequenz

- physiologisch: 60 – 80 Schläge/min
- pathologisch: unter 50/min – über 100/min
  Wichtig ist, daß unter zunehmender Belastung die Pulsfrequenz nicht abfallen darf (Hinweis für Belastungsherzinsuffizienz)

Füllung

- physiologisch: gut zu fühlen – weicher Puls
- pathologisch: wenig gut zu fühlen – harter Puls (Hypertonie)

Rhythmus

- physiologisch: regelmäßige Schlagfolge (bei Jugendlichen evtl. respiratorische Arrhythmie und 1 – 2 Extrasystolen/min)
- pathologisch: unregelmäßige Schlagfolge

6.2 Belastung

Frequenz

- physiologisch: nach niedriger Belastung, z. B. 5 Minuten langsames Gehen (60 – 80 Schritte/min), Pulsfrequenzanstieg von ca. 5/min
- pathologisch: nach niedriger Belastung (s. oben) Pulsfrequenzanstieg von ca. 10 – 20/min oder Pulsfrequenzabfall unter 50/min (ein Absinken der Frequenz von hohem Ruhewert, z. B. 95/min auf 85/min nach niedriger Belastung – s. oben –, weist auf einen erhöhten Sympathikotonus hin, der sich nach Belastung senkt)

Füllung

- physiologisch: besser zu fühlen
- pathologisch: schlechter zu fühlen – sehr harter Puls (Hypertonie)

Rhythmus

- physiologisch: regelmäßige Schlagfolge
- pathologisch: unregelmäßige Schlagfolge – Zunahme einer unregelmäßigen Schlagfolge

6.3 Erholungszeit

Die Erholungszeit für Pulsfrequenz, Füllung, Rhythmus richtet sich nach der Belastungsintensität und ist nach Bewegen im Bett, im Sitz, nach Gehen und Treppensteigen im Niveau der Alltagsbewegungen

- physiologisch 1 – 3 Minuten
- pathologisch über 5 Minuten

Tabelle 2.**4** (Fortsetzung)

7. Blutdruck

Blutdruckkontrollen werden durchgeführt, wenn

- der Patient im Liegen einen zu niedrigen Blutdruck hat, z.B. 100/60 mm Hg, oder beim Aufrichten blaß wird, nichts hört, vorübergehend das Bewußtsein aussetzt (Synkope); ist der systolische Blutdruck im Sitzen unter 100 mm Hg gesunken, dann Patienten nicht stellen
- der Arzt Blutdruckkontrollen nach Belastung anordnet (pathologische systolische Werte sind Anstieg auf 200 mm Hg und darüber und Abfall auf 100 mm Hg und darunter, pathologische diastolische Werte sind Anstieg über 100 mm Hg).

8. Atemform

Die Atemform des Herzkranken, d.h. die Art und Weise, wie die Luft in den Brustraum ein- und ausströmt und das erforderliche Atemminutenvolumen geleistet wird, ist abhängig

- von der Atemmechanik, d.h., ob infolge Lungenstauung oder fibrotischer Veränderungen des Lungengewebes nach wiederholten Lungenstauungen bei Linksherzinsuffizienz eine Einschränkung der Lungendehnbarkeit, d.h.
- eine Restriktion, besteht und ob infolge Stauungsbronchitis mit evtl. spastischer Komponente eine Obstruktion der Bronchien vorhanden ist
- von psychischen Faktoren, d.h., ob Zeichen des nervösen Atmungssyndroms erkennbar sind

Die Atemform kann aber auch ganz unauffällig sein

8.1 Atemweg

Ruhe

- physiologisch: Nase
- pathologisch: Mund, Atemnebengeräusche und Husten (Stauungsbronchitis)

Belastung

- physiologisch: Nase und Mund
- pathologisch: Mund (schon bei geringer Belastung), Atemnebengeräusche (Trachealrasseln, Stridor) bei Stauungsbronchitis

8.2 Atembewegungen

Ruhe

- physiologisch: kostoabdominale Atembewegungen überwiegen
- pathologisch: kostosternale Atembewegungen nach kranial überwiegen, wenig kostoabdominale Atembewegungen, gelegentlich Seitendifferenzen, d.h. Nachschleppen der linken Thoraxwand beim Ein- und Ausatmen (besonders bei koronarer Herzerkrankung)

Fotsetzung ▶

Tabelle 2.4 (Fortsetzung)

Belastung
- physiologisch: Zunahme der kostoabdominalen Atembewegungen mit kostosternalen Atembewegungen
- pathologisch: Überwiegen der kostosternalen Atembewegungen bei geringen kostoabdominalen Atembewegungen

8.3 Atemhilfsmuskeleinsatz

Ruhe
- physiologisch: kein Atemhilfsmuskeleinsatz
- pathologisch: inspiratorisch Atemhilfsmuskeleinsatz am Hals, exspiratorisch Bauchmuskeleinsatz

Belastung
- physiologisch: bei stärkerer Belastung (größeres Atemminutenvolumen) exspiratorischer Bauchmuskeleinsatz
- pathologisch: schon bei geringer Belastung inspiratorisch starker Atemhilfsmuskeleinsatz am Hals, exspiratorisch starker Bauchmuskeleinsatz

8.4 Atemfrequenz

Ruhe
- physiologisch: 12 – 20 Atemzüge/min
- pathologisch: 20 – 40 Atemzüge bei Linksherzinsuffizienz mit Lungenstauung, 20 – 30 Atemzüge beim nervösen Atmungssyndrom (emotional verursachte hohe Frequenz sinkt beim Entspannen ab)

Belastung
- physiologisch: 12 – 20 Atemzüge/min, wenn das größere Atemminutenvolumen über die Zunahme der Atemzugtiefe geleistet wird, 20 – 30 Atemzüge/min bei stärkerer Belastung, wobei Atemzugstiefe und Atemfrequenz gleichzeitig zunehmen
- pathologisch: Zunahme der schon in Ruhe erhöhten Atemfrequenz (bei eingeschränkter Lungendehnbarkeit infolge fibrotischer Lungengewebsveränderungen nach wiederholter Linksherzinsuffizienz (z. B. von 24 auf 32/min). Besteht eine Atemfrequenzzunahme infolge nervösen Atmungssyndroms, ist diese meist mit der Empfindung gekoppelt, „nicht durchatmen zu können"

8.5 Atemrhythmus

Ruhe
- physiologisch: unauffällig
- pathologisch: häufige Seufzer, Wechsel von schnellen und langsamen Atemzügen, Gefühl, „nicht durchatmen zu können" (beim nervösen Atmungssyndrom)

Tabelle 2.4 (Fortsetzung)

Belastung
- physiologisch: unauffällig
- pathologisch: „Gefühl der erschwerten Atmung“ (beim nervösen Atmungssyndrom) nimmt zu

9. Haut

Ruhe
- physiologisch: Farbe gemäß Typ
- pathologisch: auffällige Blässe (besonders Munddreieck) oder Röte des Gesichts, Zyanose von Lippen, Gesicht, Extremitäten

Belastung
- physiologisch: bei stärkerer Belastung Röte und Schwitzen des Gesichts
- pathologisch: schon bei geringer Belastung Röte und Schwitzen oder Abblassen des Gesichts (Kollapsneigung), Auftreten oder Zunahme von Zyanose des Gesichts und der Extremitäten

10. Ödeme

- Beine. Rücken, Bauch (Aszites) bei Rechtsherzinsuffizienz, die Patienten nehmen im Bett aufgrund der Beeinträchtigung der Atembewegungen durch den erhöhten intraabdominalen Druck beim Aszites Körperstellungen mit hoch gelagertem Oberkörper ein. Bei Beinödemen werden zur Herzentlastung die Füße gelegentlich tief (unter horizontal) gelagert (Herzbett).

11. Haut – Unterhaut

- Tasten erhöhter Haut-/Unterhautspannung auf linker Thoraxwand sowie im Bereich von Nacken und Achsel/Rücken (sog. Bindegewebsbefund nach Kohlrausch/Teirich-Leube/Dicke) bei Patienten, die über Druckgefühl und Schmerzen in linker Brustwand klagen (Tastbefund kann auch unabhängig von Beschwerden erhoben werden)

12. Muskulatur

Tasten nach erhöhtem Muskeltonus (wenn Patienten über Beschwerden klagen)
- Schulter-Nacken-Muskulatur (häufig links verstärkt)
- M. pectoralis und Interkostalmuskulatur links

13. Schultergelenk (links)

Schmerzhafte Bewegungen und evtl. Bewegungseinschränkung des linken Schultergelenkes können auftreten bei schwerer Angina pectoris und beim Schulter-Arm-Syndrom nach Herzinfarkt

Im Rahmen dieser Mobilisationsphasen sind 3 Belastungsstufen zu unterscheiden. Die 1. Belastungsstufe liegt in der Mobilisationsphase der aufgelockerten Bettruhe, die 2. und 3. Stufe im Bereich der Mobilisationsphase nach Bettruhe.

Zuerst wird schematisch die Mobilisation in den Phasen, eingeteilt in Behandlungsziele, Gesichtspunkte und Maßnahmen (Behandlungstechniken), beschrieben. Anschließend wird die Abwandlung vom Grundschema bei den verschiedenen Herzerkrankungen und Schweregraden dargestellt.

a) Phase der Mobilisation während aufgelockerter Bettruhe (1. Belastungsstufe)

Behandlungsziele und Gesichtspunkte

1. Behandlungsziel: Vermeiden der ungünstigen Folgen von Bettruhe.

Die ungünstigen Folgen sind
- Pneumonie,
- Venenthrombose, Lungenembolie,
- Abnahme von Muskelkraft und Muskelausdauer,
- verzögerte Kreislaufregulation bei orthostatischer Belastung,
- Drucknekrosen.

Die *Gesichtspunkte für dieses Behandlungsziel* sind:
- Pneumonieprophylaxe durch vorübergehende Steigerung der Lungendurchblutung, vorübergehende Ventilationsanregung, Abhusten eines vorhandenen Sekretes,
- Thromboseprophylaxe durch venöse Rückstrombeschleunigung (vornehmlich in den Beinen),
- Vermeiden von Abnahme der Muskelkraft durch häufige Spannungsreize für die Muskelgruppen der Beine und des Rumpfes,
- Vermeiden von Kreislaufdysregulation durch kurzfristige Steigerung des Sympathikotonus,
- Vermeiden von Drucknekrosen durch Verhütung zu starker und/oder zu langer Druckeinwirkung des Körpergewichts auf Gesäß und Fersen.

Pneumonie (hypostatische Pneumonie, d. h. vorwiegend in den Lungenunterlappen).

Die Pneumonieerreger finden für ihren Angriff einen günstigen Boden, wenn mehrere Faktoren zusammenkommen:
- wenn durch die Rückenlage des Kranken eine verlangsamte Blutströmung (Hypostase) in den dorsalen, abhängigen Partien des Lungenkreislaufs entsteht,
- wenn vorhandenes Bronchialsekret, in dem sich Erreger befinden können, in den Bronchien retiniert (zurückgehalten) wird,

– wenn infolge oberflächlicher Atmung mit Minderbelüftung (Hypoventilation) und/oder infolge Sekretretention in den Bronchien Atelektasen (zusammengefallene Lungenbläschen) entstehen.

Herzkranke mit Linksherzinsuffizienz (Lungenstauung) und Stauungsbronchitis, die schon eine verlangsamte Strömung im Lungenkreislauf sowie Bronchialsekret haben und mit erhöhter Atemfrequenz (infolge Restriktion, s. oben) von ca. 24–30/min. atmen, sind durch die Bettruhe besonders gefährdet. Für ältere Herzkranke, die sehr bewegungslos auf dem Rücken (meist bei hochgestelltem Kopfteil) liegen, gilt das gleiche.

Venenthrombose. Für die Thrombenentstehung ist die Verlangsamung des venösen Rückstroms bei Ruhigstellung im Bett ein Faktor (s. Virchow-Trias bei Venenerkrankungen). Herzkranke mit venöser Strömungsverlangsamung bei Herzinsuffizienz, diejenigen mit Varizen (in denen ebenfalls eine verlangsamte venöse Strömung herrscht) und Kranke während Diuresetherapie sind besonders gefährdet wegen der nach Wasserausschwemmung resultierenden Hämokonzentration (Eindickung des Blutes).

Abnahme von Muskelkraft und Muskelausdauer. Durch die Bewegungsminderung bzw. den Bewegungsmangel während der Bettruhe nimmt die Muskelgrundkraft und damit die lokale Muskelausdauer ab. Beim Herzkranken sollte im Stadium der Schonung eine gewisse Muskelgrundkraft der Skelettmuskeln erhalten bleiben, um den Übergang zur Alltagsbelastung zu erleichtern, denn die lokale dynamische Muskelausdauer hängt von der Muskelkraft ab.

Verzögerte Kreislaufregulation bei orthostatischer Belastung (beim ersten Aufstehen nach Bettruhe). Eine verzögerte Anpassung der Kreislaufmechanismen beim Wechsel vom Liegen oder Sitzen zum Stehen kann entstehen, weil bei Bettruhe die Bewegungsreize für die Steigerung des Sympathikotonus fehlen. Koronarkranke mit Neigung zu hypotoner Kreislaufdysregulation sind wegen der beim orthostatischen Kollaps entstehenden koronaren Minderdurchblutung (Ischämiegefahr für das Myokard) besonders gefährdet.

Drucknekrosen (Dekubitus) vornehmlich am Gesäß und an den Fersen könnten bei Herzkranken auftreten, die länger Bettruhe einhalten müssen, sind aber heutzutage durch die aufgelockerte Bettruhe nicht mehr zu erwarten.

2. Behandlungsziel: Vorbereiten des Herzkranken auf die Alltagsbelastung.

Diese Vorbereitung soll den Patienten schon geringfügig belasten und ihn an ein gelöstes Verhalten im Alltag heranführen.

Die *Gesichtspunkte zu diesem Behandlungsziel* sind:
- Steigerung der Muskeldurchblutung der beanspruchten Muskelgruppen und vorübergehende Erhöhung des Herzminutenvolumens,
- Verbessern der Entspannungsfähigkeit,
- Vermeiden von Atempressen beim Bewegen (z.B. beim Aufsetzen im Bett).

- *Maßnahmen (Behandlungstechniken):* Bei Darstellung der Techniken werden ihre Wirkungen, bezogen auf die Gesichtspunkte, erwähnt. Dabei muß berücksichtigt werden, daß mit den gleichen Techniken z.T. mehrere Wirkungen erzielt werden.

- *Aktive Techniken*

Bewegen im Liegen. Im Liegen (Rückenlage, Seitlage – evtl. Oberkörper erhöht) werden *Bewegungsserien* der Extremitäten in intermittierender Dauerform durchgeführt. Das sind 5 – 10 – 20 Bewegungswiederholungen der gleichen kleinen bis mittelgroßen Muskelgruppen mit dynamischen Muskelkontraktionen. Zwischen die Bewegungsserien werden kurze (unvollständige) *Erholungspausen* (sog. lohnende Pausen = Intervall) oder längere (vollständige) Erholungspausen eingeschaltet. Durch das Einschalten von Pausen sind möglichst viele Bewegungsreize – ohne lokale Muskelermüdung und ohne kardiale Überbelastung – vom Patienten mit den gleichen Muskelgruppen auszuführen. Die Muskeln werden dadurch auf dynamische lokale Muskelausdauer beansprucht. Die unvollständige Erholungspause beträgt ca. 10 – 30 Sekunden, die vollständige Erholungspause (bei sehr wenig belastbaren Herzkranken) kann ca. 30 – 120 Sekunden und länger betragen. Bei dem dynamischen Wechsel von Anspannen und Entspannen arbeitet die Muskulatur bei einem Reizumfang von 20 – 120 Sekunden in anaerober Energiebereitstellung, bei einem Reizumfang von mehr als 2 Minuten zunehmend mit *aerober Energiebereitstellung.* Der Reizumfang, d.h. die Zahl der Bewegungsserien pro Extremität, kann kürzer oder länger sein. Zur Steigerung der Übungswirkung (s. unten) sollte allmählich beim Bewegen der Bereich der aeroben Energiebereitstellung erreicht werden, d.h. mehrere Bewegungsserien pro Muskelgruppen ausgeführt werden.

Die Beine und Arme werden mit Bewegungsserien geübt, die variabel in gerader oder diagnonaler Bewegungsrichtung gestaltet werden. Die Beinbewegungen sind Dorsalextension/Plantarflexion der Füße, Innen-/Außenrotation – Flexion/Extension – Abduktion/Adduktion der Beine. Die Armbewegungen sind Flexion/Extension der Finger, Innen-/Außenrotation – Flexion/Extension – Ab-/Adduktion – Elevation/Retroversion der Arme. Die Dosierung der Bewegungsserien, d.h. die Quantität der Bewegungsreize, richtet sich nach mehreren Reizkomponenten (s. Bd. 4, S. 128).

- Die *Reizintensität* bezieht sich auf die Größe der arbeitenden Muskelgruppen, die Zahl der Bewegungswiederholungen und das Tempo der Bewegungen. Entweder wählt der Patient das Tempo selbst, oder es wird ihm vom Therapeuten vorgegeben. Erfahrungsgemäß kann der Kranke beim Bewegen mit kleinen Muskelgruppen im Tempo 1 Bewegung/Sekunde, bei größeren Muskelgruppen im Tempo 1 Bewegung pro 1–2 Sekunden arbeiten. Ein Patient erhält z.B. den Bewegungsauftrag, das rechte Bein 10mal zu beugen und zu strecken im Tempo 1 Sekunde für die Beinflexion und 1 Sekunde für die Beinextension, dann arbeitet eine mittelgroße Muskelgruppe (weniger als 1/6–1/7 der Gesamtmuskelmasse, nach Hollmann, Bd. 4, S. 128) in mäßigem Tempo.
- Die *Reizdauer* kennzeichnet die Dauer der einzelnen Bewegungsserie. In diesem Beispiel beträgt sie 20 Sekunden pro Serie.
- Die *Pausendauer* ist die oben beschriebene unvollständige oder vollständige Erholungspause. In diesem Beispiel beträgt sie erfahrungsgemäß 10 Sekunden und ist damit eine kurze (unvollständige) Pause.
- Die *Reizdichte* beschreibt das Verhältnis von Reizdauer zu Pausendauer, d.h. wie schnell die Bewegungsserien aufeinander folgen. Bei langer Pause ist die Reizdichte gering, bei kurzer Pause groß. In diesem Beispiel ist das Verhältnis von Belastung zu Pause 2 : 1 und damit die Reizdichte groß.
- Der *Reizumfang* kennzeichnet die Dauer der Gesamtbelastung der Extremität mit mehreren Bewegungsserien. Werden 5 Bewegungsserien des Beines mit 4 zwischengeschalteten Pausen geübt, beträgt der Reizumfang 140 Sekunden bzw. 2 Minuten und 20 Sekunden. Der Reizumfang bezieht sich beim Üben mit den Bewegungsserien *nur* auf die Belastung der Muskelgruppen mit mehreren Bewegungsserien und nicht auf die Zeit der Gesamtbelastung, d.h. die Dauer einer physiotherapeutischen Behandlung. Das ändert sich, wenn mit anderen Bewegungsformen, z.B. mit Gehen oder Treppensteigen, belastet wird. Dann kann der Reizumfang mit der Zeit der Gesamtbelastung identisch sein, weil Gehen in intermittierender Dauerform ein festgelegter Bewegungsablauf ist (s. unten).

Beim Dosieren der Bewegungsserien sollten diese Komponenten genau beachtet werden, denn Zahl der Serien, Tempo, Reizdauer und -umfang richten sich nach dem während und nach der Behandlung erhobenen physiotherapeutischen Befund bzw. nach den Kontrollen (s. unten).

Beim Bewegen unterscheiden wir Bewegungsserien von Beinen und Armen in Form des *„freien Bewegens in intermittierender Dauerform“*, d.h. frei von Unterstützung oder zusätzlichem Widerstand, von den Bewegungsserien der Beine in Form des „Bewegens gegen Widerstand in intermittierender Dauerform“ (zur Terminologie s. Band 4). Die meisten Bewegungsserien der Beine und Arme sind Serien des sog. freien Bewegens*. Nur die Fußbewegungen, d.h. Dorsalextension und Plantarflexion *(„Fußtretbewegungen“)*, werden häufig gegen den Widerstand eines elastischen Polsters am Fußende des Bettes ausgeführt und sind dann als *Bewegungsserien gegen Widerstand in intermittierender Dauerform*** zu bezeichnen. Dabei entstehen Mitbewegungen anderer Muskelgruppen und Gelenke, d.h. Knieextension bei Plantarflexion der Füße und Knieflexion bei Dorsalextension der Füße, so daß auch die Muskeln des Oberschenkel-Hüft-Bereichs dynamisch arbeiten.

Beim Bewegen soll der Patient unter seiner Dauerleistungsgrenze für lokale dynamische Muskelausdauer bleiben, d.h. unter der aerob-anaeroben Schwelle***. Übt der Patient zu schnell oder arbeitet er mit zu hoher Muskelspannung, d.h. zu großem statischem Anteil, z.B. bei den Fußtretbewegungen, gerät er in den anaeroben Bereich der Energiebereitstellung. Die sauren Zwischen- und Endprodukte des Muskelstoffwechsels steigen an, werden nicht ausreichend abtransportiert, und der Muskel ermüdet schnell.

Einige Herzkranke empfinden Armbewegungen anstrengender als Beinbewegungen. Armbewegungen sollten dann gar nicht oder nur mit sehr geringer Spannungsintensität von diesen Kranken durchgeführt werden.

Wirkungen: Beim Bewegen in intermittierender Dauerform treten reaktive Anpassungsmechanismen des Kreislaufs bzw. des vegetativen Nervensystems auf, die nur *solange anhalten, wie der Bewegungsreiz dauert.* Wir unterscheiden:
- eine *Sympathikotonussteigerung*, die mit einer geringen Erhöhung des Herzminutenvolumens einhergeht (erkennbar am Puls, z.B. Pulsfrequenzanstieg von ca. 10 Schlägen/min, eine bessere Füllung nach vorhergehender mäßiger Füllung),
- eine *Durchblutungssteigerung* (Arbeitshyperämie) in den bewegten Muskelgruppen durch den gefäßerweiternden Effekt der Stoffwechselprodukte (Metaboliten),

---

* Bisheriger Sprachgebrauch: aktives Bewegen oder aktive Übungen.

** Bisheriger Sprachgebrauch: Widerstandsübungen oder Bewegen gegen Richtungs- oder Führungswiderstand.

*** S. Bd. 4, S. 48: Übergangsbereich von der ausschließlich aeroben zur partiell anaeroben Energiebereitstellung.

- eine *Beschleunigung des venösen Rückstroms,* vornehmlich in den Beinen durch Einsatz der Wadenmuskelpumpe, die wegen häufiger Thrombenbildung in den Unterschenkelvenen besonders wichtig ist,
- eine *Verhinderung zu starker Abnahme der Beinmuskelkraft,* weil beim Treten gegen das Fußpolster die Muskulatur mit ca. 20% der maximal statischen Kraft arbeitet.

Mit diesen Bewegungsserien in intermittierender Dauerform, die 1- bis 2mal täglich geübt werden, wobei die Fußtretbewegungen alle 2 Stunden selbständig vom Patienten durchzuführen sind, kann einer Venenthrombose, einer Kreislaufdysregulation, einer zu großen Abnahme der Muskelkraft vorgebeugt werden. Mit den gleichen Bewegungsserien wird auch eine erste Belastung des Herzkranken erreicht, wenn sie dosiert nach Reizintensität, Reizdauer, Pausendauer, Reizdichte und Reizumfang angewandt werden.

Aufsetzen im Bett. Vom Liegen (flach oder Oberkörper erhöht) richtet sich der Kranke zum Sitzen im Bett auf. Nach ca. 1 – 2 Minuten legt er sich zurück. Das Aufrichten des Oberkörpers im Bett ist ein *Bewegungsübergang* von einer Körperstellung in die andere (hier von der horizontalen zur senkrechten Stellung). Bei diesem Übergang sind große Muskelgruppen mit dynamischen und statischen Muskelkontraktionen beteiligt. Beide Beine (häufig leicht in den Knien gebeugt) werden durch statische Muskelkontraktion der Streckmuskeln von Hüft- und Kniegelenken (M. glutaeus maximus und M. quadriceps) auf der Unterlage gehalten. Dadurch entsteht an den Beinen das Punctum fixum für die Hüftbeugemuskeln (M. iliopsoas). Diese heben mit dynamischer Kontraktion bei gleichzeitiger Anspannung der vorderen Bauchmuskeln, die die Rippen dem Becken nähern, den Oberkörper hoch.

Wirkungen: Das Aufsetzen (Aufrichten) im Bett dient der Erhaltung der für den Orthostasemechanismus wichtigen Kreislaufregulation. Es kann als Auslösemechanismus zur Sympathikusaktivierung bezeichnet werden. Denn beim Aufrichten vom Liegen zum Sitzen wird über den Abfall des arteriellen Druckes in der A. carotis (Karotissinus) der Barorezeptorenreflex zur Steigerung des Sympathikotonus ausgelöst. Dieser bewirkt durch Erhöhung des Tonus von Venen und Arteriolen sowie über Erhöhung der Herzarbeit (erkennbar an der Pulsfrequenzsteigerung) die Aufrechterhaltung (Homöostase) des arteriellen Blutdrucks. Ein Versacken des Venenblutes in den Venen des Bauchraums (Schwerkrafteffekt) wird vermieden. Mit Einschalten diesen Übergangs in die Behandlung im Bett wird ebenfalls der Kreislaufdysregulation vorgebeugt, und die Muskeln, die am Aufsetzen beteiligt sind, werden in ihrer Kraft in etwa erhalten.

Beim Aufrichten zum Sitzen kann *Atempressen* entstehen, wenn sich der Aufrichtevorgang verzögert. Das tritt vornehmlich bei sehr geschwächten Herzkranken und denjenigen mit schwachen Bauchmuskeln ein. Es ist an dem nach hinten zurückgehaltenen oberen Rumpf-Kopf-Abschnitt während des Aufrichtevorgangs zu erkennen. Das weitere Aufrichten kann dann nur mit Pressen (oder mit Handhilfen von seiten des Behandlers) beendet werden. Der Preßvorgang* scheint bei schwachen Bauchmuskeln durch die dabei entstehende Ruhigstellung der Rippen die Anspannung der Bauchmuskeln und damit ihre Kraft zu erhöhen.

Zur Vermeidung von Atempressen beim Aufsetzen wird der Kranke durch Hilfen von seiten des Behandlers unterstützt, oder er richtet sich durch Abstützen des Oberkörpers mit Hilfe seiner Arme hoch.

■ *Passive Techniken*

Lagern und Lagewechsel. Eine für mehrere Stunden geänderte Lagerung, z.B. auf den Seiten nach langer Rückenlage, muß bei langer Bettruhe beachtet werden. Umlagern des Herzkranken, d.h. Änderungen der Körperstellung innerhalb der Behandlung (von der Rückenlage zur linken oder rechten Seitlage und zum kurzfristigen Sitzen), wird meist mit dem Bewegen sowie mit Techniken der Massage oder Atemtherapie verbunden.

Manuelle Techniken verschiedener Massagen:
- Ausstreichen der Interkostalräume,
- Vibrationen auf dem Thorax,
- Streichungen und weiche Knetungen für Schulter-Nacken-Gebiet (Atemhilfsmuskeln),
- Hautverschiebungen, Packegriffe (nach Schaarschuch), Hautfalte „wegatmen" lassen.

Wirkungen:
- *Vermeiden von Drucknekrosen* an Gesäß und Fersen. Durch die Seitlagen wird das Körpergewicht vorübergehend vom Gesäß (Kreuzbein) und den Fersen weggenommen.

---

* Pressen: Nach Einatmung und Schluß der Glottis wird die exspiratorische Thoraxwand- und Bauchmuskulatur angespannt. Diese übt einen Druck auf den Bauch- und Brustraum aus, so daß intraabdominaler und intrathorakaler (intraalveolarer) Druck ansteigen. Das Blut aus oberen und unteren Hohlvenen kann nicht in den Brustraum einströmen und staut sich zurück. Das ist besonders im Bereich der oberen extrathorakalen Venen am Hals (Anschwellen) und an der roten bis blauroten Gesichtsfarbe (in Abhängigkeit von der Preßdauer) zu erkennen. Das Pressen von mehr als 10 Sekunden hat ungünstige Folgen für Herz und Gefäße (S. 39).

- *Vorübergehende Steigerung der Lungendurchblutung.* Die Schwerkraft wirkt auf die Durchblutung im Lungenkreislauf, d.h. in den untenliegenden Abschnitten des Lungenkreislaufs sind die Kapillaren besser gefüllt als in den oberen. Jede Änderung der Körperstellung führt zu einer Umverteilung des Lungenblutes in die abhängigen Partien, verhindert die Stase des Lungenblutes in den dorsalen basalen Partien. Es kann auch die Drainage des Bronchialsekretes der entsprechenden bronchopulmonalen Segmente bewirken und dient damit der Pneumonieprophylaxe (s. Gesichtspunkte).
- *Entspannen und Lösen von Haut- und Muskelverspannungen* am Thorax (Erhalten der Thoraxdehnbarkeit durch Herabsetzen erhöhter Gewebswiderstände in der Haut und in den Muskeln des Oberkörpers). Alle Massagetechniken, die muskuläre und Hautverspannungen lösen, entspannen den Patienten. Sie dienen der Vermittlung von Ruhe und Gelöstheit, sie unterstützen das Erwerben von Entspannungsfähigkeit.

Techniken der Atemtherapie

Wahrnehmen von Atembewegungen. Mittels Handkontakt auf Abdomen und Thoraxabschnitten (besonders unten) sowie mit verbaler Information wird der Patient angeleitet, seine Aufmerksamkeit auf die *kostoabdominalen Atembewegungen* in die verschiedenen Richtungen zu lenken. Der Handkontakt wird vom Behandler oder vom Patienten selbst gegeben und später weggelassen. Der Herzkranke lernt, die normalerweise unbewußten und unwillkürlichen Atembewegungen sowie den Atemrhythmus wahrzunehmen. Die Aufmerksamkeit kann auch auf das Wahrnehmen des Nasenwegs beim Ein- und Ausströmen der Luft gelenkt werden.

Atemtechniken (Ein- und Ausatemtechniken):

- Einatemtechnik, d.h. Vergrößern der Einatembewegung von der Atemruhelage aus und zurück zur Atemruhelage:
  - langsam tiefer einatmen unter bewußter Vergrößerung der kostoabdominalen Einatembewegung nach ventral, lateral (evtl. lumbo-dorsal) – langsam ausatmen. Diese tieferen Einatemzüge werden 2- bis 3mal nacheinander geübt. Zwischendurch normal atmen. Dann die tiefen Atemzüge noch ca. 2mal in die normalen Atemzüge einschalten, so daß ca. 6- bis 10mal tiefer eingeatmet worden ist.
  - Schnüffelnd durch die Nase einatmen – Luft kurz anhalten – durch die Nase ausatmen. Diese tieferen Atemzüge ebenfalls wie oben mit den Ruheatemzügen verbinden.
- Kombinierte Aus- und Einatemtechniken, d.h. Ausatmen gegen den exspiratorischen Widerstand im Ansatzrohr (Raum zwischen

Lufteintritt – Mund und Nase – und Stimmritze – Glottis), bis in den Bereich des exspiratorischen Reservevolumens – Abwarten des Einatemdranges in der endexspiratorischen Pause – tiefer Einatmen, evtl. unterstützt durch Richtungshilfe der Behandlerhand.
  - Ausatmen auf Geräusche, d.h. Blasen (bei Obstruktion der Bronchien auch als Lippenbremse, d.h. nicht zu lange und zu laut), oder Ausatmen auf Geräuschlaute (aphonische Laute) wie sch oder ff, Ausatmen auf Töne (phonische Laute) mm, o, oder Sprechübungen.

Entwickeln von Dehnlagen und selbsttätiges Dehnen:
- Entwickeln von Dehnlagen (nach *Schaarschuch*):
  - aus Rückenlage nach rechts oder links geneigt (Seitneigedehnlage bzw. auch als Mond- oder C-Lage bekannt),
  - aus Seitlage mit angebeugten Knien in die Rückdrehlage (sog. Drehlage).
- Selbsttätiges Dehnen (Strecken) = Dehnen eines Armes und/oder eines Beines mit Dehnwirkung auf den Rumpf (auch als Streckdehnung bezeichnet).

Die Dehnlage und das selbsttätige Dehnen werden mit dem Lenken der Aufmerksamkeit auf die „gedehnte“ Seite während und nach dem Üben verbunden. Vor allem ist das Wahrnehmen, die sog. *Tastarbeit*, wichtig, d.h. das Empfinden von Seitendifferenzen vor und nach den Dehnlagen oder dem selbsttätigen Dehnen in bezug auf Berührung mit der Unterlage, Temperaturempfinden, Wahrnehmen geänderter Körpergrenzen sowie leichteres oder schweres Atmen.

Wirkungen:
- Entspannen und Herabsetzen erhöhter Gewebswiderstände in Haut und Muskeln des Oberkörpers (Erhalten der Thoraxdehnbarkeit): Durch Konzentration auf den Körper und die Körperfunktionen, in diesem Fall auf die Atembewegungen, auf die sich dehnenden und in ihrer Spannung nachgebenden Haut- und Muskelgewebe beim Dehnen, auf spürbare Seitendifferenzen nach den Dehnlagen, auf deutliche Atembewegungen und den Luftstrom in der Nase entsteht eine Bewußtseinseingrenzung und Abschirmung von den beunruhigenden Geräuschen aus der Umgebung oder störenden Empfindungen aus dem Körper (Schmerz, Engeempfindung auf der Brust, leichtes Herzklopfen, Herzjagen). Der Patient kann das Gefühl von wohltuender Ruhe und Gelassenheit erfahren. Er lernt außerdem, die Ein- und Ausatemtechniken mit nur so viel Muskelinnervation wie erforderlich (ökonomisch) auszuführen. Die Gelöstheit kann sich an der Änderung emotionell verursachter auffälliger Atemform zeigen, z.B. an einer Senkung erhöhter Atemfrequenz (von 24 auf 18/min) und an einer Umstel-

lung von betont kostosternalen auf kostoabdominale Atembewegungen.
- Ventilationsanregung und Sekrettransport (Förderung der Sekretabhustung). Durch tiefere Einatemzüge entsteht eine bessere Verteilung des eingeatmeten Atemzugvolumens auf die Alveolen mit eventueller Eröffnung von frischen Atelektasen.

Die kombinierten Aus- und Einatemtechniken wirken ebenfalls auf die bessere Verteilung des eingeatmeten Atemzugvolumens. Sie unterstützen aber außerdem durch die inspiratorische Erweiterung und exspiratorische Verengung der Bronchien bei den tieferen Atemzügen den Sekrettransport (Sekretbrücken werden von der Bronchialwand losgerissen und können dann auf dem Flimmerepithel mundwärts transportiert werden).

- *Verbindung der Techniken in der Behandlung:* Die geschilderten aktiven Techniken des Bewegens, der Atemtherapie und die passiven Techniken der Massagegriffe und des Lagerns werden in jeder Behandlung vom Physiotherapeuten aufgrund des Befundes und entsprechend der jeweiligen Zielsetzung kombiniert. Die einzelne Behandlung wird daher von jedem Physiotherapeuten persönlich gestaltet. Dabei werden auch nicht alle geschilderten Techniken angewandt, d.h. nicht immer sind Massagen oder Dehnlagen angezeigt. Bewegungsserien mit eingeschalteten Pausen, in denen durch Konzentration auf den Körper oder auf Atembewegungen der Patient sich entspannt und die Körperwahrnehmung schult, sind die hauptsächlich ausgeführten Techniken.

  Die Auswahl der Techniken und die Dauer der einzelnen Behandlung richten sich
  - nach der Belastbarkeit des Patienten,
  - nach der individuellen Gefährdung in bezug auf die Folgen der Bettruhe,
  - nach der Person des Kranken, d.h. nach seinem Verhalten während der Behandlung.

  Die Dauer der einzelnen Behandlung variiert zwischen 20 und 40 Minuten pro Tag. Bei 2 Behandlungen täglich kann sie auch zwischen 10 und 20 Minuten liegen.

  Entscheidend für Auswahl der Techniken und Dauer der Behandlung sind der *physiotherapeutische Befund bzw. die Kontrollen,* die vor, während und nach jeder Behandlung durchgeführt werden. Es sind:
  - Fragen nach dem Befinden, d.h. dem Leistungsgefühl und nach subjektiven Krankheitssymptomen,
  - Puls- und Atemkontrollen sowie Beobachtung von Gesicht (Farbe, Schwitzen, Ausdruck) und Bewegungsverhalten.

b) Phase der Mobilisation nach Bettruhe (2. und 3. Belastungsstufe)

■ *Behandlungsziele und Gesichtspunkte*

Behandlungsziel: langsame Steigerung der Leistungsfähigkeit in Abhängigkeit von der Belastbarkeit.

Über die Belastbarkeit informiert der verordnende Arzt. Sie ist abhängig von Art und Schweregrad der Herzkrankheit (s. Behandlungsbeispiele). Die Leistungsfähigkeit hat der behandelnde Physiotherapeut zu beurteilen. Sie hängt einerseits ab von der Belastbarkeit, wird aber andererseits von mehreren Faktoren bestimmt:
- von der Leistungsdisposition des Kranken, die von seinen Bewegungsgewohnheiten vor dem Krankenhausaufenthalt und der Zeit seiner Schonung abhängt, d.h. von seinem „Trainingszustand",
- von seinem Leistungswillen, d.h. von der Motivation des Kranken zur Bewegung.

Gesichtspunkte:
1. Vermeiden einer abrupten Belastung.
   Darunter verstehen wir eine zu schnelle und zu starke Steigerung des Herzminutenvolumens mit diesen möglichen Folgen:
   - erneute Insuffizienz bei Kranken, die rekompensiert belastet werden dürfen,
   - Reinfarkt und Myokardinsuffizienz bei Kranken mit überstandenem Herzinfarkt.
2. Anleiten zum ökonomischen Bewegungsverhalten.
   Ein Bewegen mit nur so viel Muskelinnervation wie erforderlich spart Sauerstoff ein und ist darum weniger belastend.
   Es ist zu beachten:
   - ein entspanntes (gelöstes) Bewegen mit gleichzeitiger Entwicklung seiner Körperwahrnehmung,
   - ein Bewegen in Dauerform mit Einschalten von Erholungspausen.
3. Gewinnung von Selbstvertrauen in die eigene Leistungsfähigkeit durch
   - Abbau von Angst bei der Belastung,
   - Erkennen der Möglichkeiten und Grenzen der Belastbarkeit.
4. Beseitigung von Faktoren, die die Leistungsfähigkeit zusätzlich beeinträchtigen. Die häufigsten sind:
   - auffällige psychovegetative Labilität im Sinne einer zu hohen ergotropen Grundstimmung (Zeichen: Überaktivität, Muskelverspannungen, nervöses Atmungssyndrom u.a.),
   - Rücken- und Hals-Kopf-Beschwerden infolge von Wirbelsäulensyndromen.

■ *Maßnahmen der 2. Belastungsstufe*

■ *Aktive Techniken*

- Übergang vom Liegen im Bett zum Sitzen.
  Der Wechsel der Körperstellung vom Liegen zum Sitzen auf der Bettkante oder auf dem Stuhl bzw. Hocker neben dem Bett wird langsam ausgeführt. Atempressen wird bei den Herzkranken, die dazu neigen, durch einen speziellen Übergang vermieden. Dabei werden sie angeleitet, das Weiteratmen im Rhythmus des Bewegungsablaufs zu finden (Bd. 4, S. 118): Patient in Rückenlage, Aufstellen beider Füße auf das Bett, Becken heben und zur entgegengesetzten Seite ablegen, mit Griff am Bettrand auf die Seite rollen (dabei wird meist eingeatmet), Hochstützen auf Ellenbogen und Hand – gleichzeitig Beine heraushängen (damit koppelt sich das Ausatmen, wenn die Bewegungsfolge zügig abläuft). Werden Zeichen einer verzögerten Kreislaufregulation beim ersten Aufstehen, d. h. bei dieser orthostatischen Belastung, beobachtet (Erblassen des Gesichts, kurzzeitiger Bewußtseinsverlust, Blutdruckabfall), sollte der Übergang sehr langsam und nur mit gewickelten Beinen bzw. mit Kompressionsstrumpf erfolgen.
- Bewegen im Sitzen.
  Im Sitz auf Stuhl oder Hocker werden Bewegungsserien der Extremitäten und des Oberkörpers in intermittierender Dauerform geübt. Das ist Muskelarbeit mit dynamischen Muskelkontraktionen mittelgroßer und großer Muskelgruppen.
  - Bewegungsserien der Extremitäten: Eine Serie besteht aus 5 – 10 – 20 Bewegungswiederholungen mit gleichen Muskelgruppen der Beine und Arme. Zwischen die Serien werden (wie im Liegen) kurze Pausen (10 – 30 Sekunden) und längere Pausen (60 – 120 Sekunden) eingeschaltet. Die Muskeln werden auf lokale dynamische Muskelausdauer beansprucht und arbeiten in anaerober und aerober Energiebereitstellung. Wird in mäßigem Tempo, in geringer Muskelspannung (d. h. mit ca. 20% der Maximalkraft) und mit ausreichend langen Pausen gearbeitet, bleibt der Kranke unter der aerob-anaeroben Schwelle bzw. unter der Dauerleistungsgrenze für lokale Muskelausdauer. Die Bewegungen der Beine und Arme sind ähnlich wie im Liegen Flexion/Extension – Abduktion/Adduktion – Innen-/Außenrotation. Ihre Dosierung erfolgt nach den gleichen Reizkomponenten wie im Liegen beschrieben (s. oben).
  - Bewegungsserien des Oberkörpers: Bewegungsabläufe, die, von Armen, Beinen und vom Kopf angesetzt, den Oberkörper bewegen, sind Serien mit großen Muskelgruppen. Es sind Beuge-, Streck- und Drehbewegungen des Rumpfes, die – je nach

Leistungsfähigkeit und Belastbarkeit des Patienten – ca. 5- bis 10mal wiederholt werden. Pausen von 1–3 Minuten Dauer (vollständige Erholungspause) braucht der wenig belastbare Herzkranke, Pausen von 30–60 Sekunden (unvollständige Erholungspause) toleriert der belastbarere Herzkranke. Für die Dosierung, d.h. für die Reizquantität, sind die beim Liegen beschriebenen Reizkomponenten zu beachten. Die Oberkörperaufrichtung und das Halten mit Entwicklung des Körperbewußtseins für den Haltungsaufbau im Sitzen werden mit mäßiger Muskelspannung geübt. Das Aufrichten kann mit und ohne Wirbelsäulenrotation erfolgen. Für den Herzkranken ist besonders wichtig, daß der Krafteinsatz der Aufrichtemuskeln des Oberkörpers nicht über 15% der Maximalkraft liegt. Dann werden die Muskelkapillaren nicht komprimiert. Die Energie wird aerob bereitgestellt, und der periphere Gefäßwiderstand wird nicht erhöht. Kennzeichen für das Aufrichten mit 15% der Maximalkraft ist die Haltedauer. Geschieht die Oberkörperaufrichtung mühelos und kann sie über mehrere Minuten gehalten werden, liegt die Muskelspannung im Bereich dieses Prozentanteils. Der entspricht auch der Aufrichtung im Alltag, d.h. beim Gehen und Stehen.

Wirkungen: Beim Bewegen in intermittierender Dauerform im Sitzen treten die reaktiven Anpassungsmechanismen des Kreislaufs wie beim Bewegen im Liegen auf. Sie sind aber wegen der erhöhten energetischen Belastung größer als im Liegen. Das ist an der größeren Veränderung der Pulsqualitäten im Sitzen im Vergleich mit denen im Liegen zu erkennen. Wir unterscheiden:
- Durchblutungssteigerung in der arbeitenden Muskulatur (Arbeitshyperämie), d.h. Eröffnung der Muskelkapillaren und Senkung des peripheren Widerstands,
- Ansteigen des Herzminutenvolumens,
- Erhöhung des Sympathikotonus,
- venöse Rückstrombeschleunigung durch Einsatz der Muskelpumpe.

■ *Passive Techniken:* Manuelle Techniken verschiedener Massagen, wenn erforderlich:
- Streichungen, Vibrationen und weiche Knetungen verspannter Nacken- und Schultermuskeln.

Wirkungen s. bei Maßnahmen in der Phase der Mobilisation während aufgelockerter Bettruhe (s.o.).

Techniken der Entspannungs- und Atemtherapie

Wahrnehmen von Atembewegungen und Atemrhythmus:

- Konzentration des Patienten auf die „Nachatmung“, d.h. auf die nach den Bewegungsserien größeren und schnelleren Atembewegungen. Diese *Wahrnehmungsschulung* ist in den vollständigen Pausen (3–5 Minuten Dauer und länger) für die Herzkranken wichtig. Dabei sitzen die Kranken an die Stuhllehne angelehnt, im Kutschersitz oder aufrecht (unangelehnt), auf der Sitzfläche ausbalanciert.
- Wahrnehmen der Koppelung von Extremitäten und Oberkörperbewegungen beim rhythmischen Bewegungswechsel der Bewegungsserien. Die Koppelung ist besonders deutlich, wenn eine Bewegungsphase ca. 2 Sekunden dauert und dann ca. 2 Sekunden für die Inspirationsdauer und 2 Sekunden für die Exspirationsdauer verfügbar sind. Das Bewußtmachen derartiger Koppelungen von Atmung und Bewegung ist besonders wichtig zur Vermeidung von Atempressen.

Konzentration auf Körperempfindungen. Außer auf den Atemvorgang kann der Patient während und nach den Bewegungsserien auch auf andere Körperwahrnehmungen konzentriert werden, z.B. auf das An- und Entspannungsempfinden beim Bewegen, auf das Haltungsempfinden beim Oberkörperaufrichten.

Wirkungen: Die während des Bewegens und in den Pausen gelenkte Aufmerksamkeit dient der Schulung des Körpergefühls und der Entspannungsfähigkeit bei Belastung und soll das gelöste Bewegungsverhalten schulen, das der Patient dann auf die Alltagsbewegungen übertragen kann.

Maßnahmen der 3. Belastungsstufe

Aktive Techniken

Gehen auf ebener Strecke (Krankenhausflur – Krankenhausgelände). Das Gehen ist ein Bewegen mit großen Muskelgruppen, da mehr als $^1/_6$ bis $^1/_7$ der gesamten Muskelmasse des Körpers beansprucht wird.

- Gehen auf ebener Strecke in intermittierender Dauerform für Herzkranke zu Beginn der 3. Belastungsstufe.

  Die Belastung wird nach den Reizkomponenten dosiert:

  - Die Reizintensität wird durch das Gehtempo bestimmt. Das langsamste Gehen wird im Tempo 60 Schritte/min (1,6 km/h) ausgeführt. Das entspricht 10–15 Watt Belastung auf dem Fahrradergometer. Ein schnelles Tempo ist Gehen mit 100 Schritte/min (3,6 km/h). Es entspricht ungefähr 50 Watt Belastung auf dem Fahrradergometer.

  - Die Reizdauer bezeichnet die Dauer einer Gehstrecke bis zur Pause. Sie variiert zwischen 1 und 5 Minuten.
  - Die Pausendauer ist unterschiedlich.
    a) Sie ist lang = vollständige Erholungspause von ca. 3 – 5 Minuten bei wenig belastbaren Herzkranken und zu Beginn der Gehbelastung.
    b) Sie ist kurz = unvollständige Erholungspause von 1 – 2 Minuten bei stärker belastbaren Herzkranken.
    Die Pause wird meist im Sitzen gehalten.
  - Die Reizdichte ist bei vollständigen Pausen gering und bei unvollständigen Pausen groß.
  - Der Reizumfang gibt die Dauer der gesamten Gehbelastung an, d. h., wieviele Gehstrecken mit eingeschalteten Pausen ausgeführt werden. Sie kann ca. 15 Minuten betragen, wenn 3 Gehstrecken von je 3 Minuten mit 2 eingeschalteten Pausen von $2^1/_2$ Minuten geübt werden.
- Gehen auf ebenen Strecken in kontinuierlicher Dauerform zur Steigerung der Belastung nach der intermittierenden Belastung für Herzkranke, die sie tolerieren.
  Die kontinuierliche Dauerform ist eine Belastung im Steady state. Die Reizintensität, d. h. das Tempo, variiert zwischen langsamem Gehen (ca. 80 Schritte) und schnellem Gehen (ca. 100 Schritte/min, s. Bd. 4, S. 128: Intermittierende Dauerform).
  - Der Reizumfang bezieht sich auf die Dauer der Gesamtbelastung, die mindestens 5 – 10 Minuten dauern soll. Die Ausdauergehleistung wird allmählich bis auf 15 – 20 Minuten gesteigert.

Bei beiden Gehbelastungsmethoden, d. h. beim Gehen in intermittierender und kontinuierlicher Belastung, liegt eine Beanspruchung der allgemeinen aeroben dynamischen Ausdauer auf sehr niedrigem Niveau vor.

Treppensteigen (Treppengehen). Das Treppengehen ist im Alltag die größte energetische Belastung. Dabei benötigt das Treppenabgehen etwa $^1/_3$ der beim Treppenaufgehen erforderlichen Energie. Daher erscheint es sinnvoller, den Herzkranken zunächst mit Treppenabgehen zu belasten und das Treppenaufgehen mit allmählich steigender Stufenzahl anzuschließen.

Wirkungen: Führt ein Herzkranker ein Gehen in gleichbleibendem Tempo von mehr als 10 Minuten durch und steigt er die Treppen unter Berücksichtigung seiner Belastbarkeit, so kann diese Belastung schon 50% seiner maximalen kardiopulmonalen Leistungsfähigkeit überschreiten.

Darum kann für diese Kranken ein Trainingseffekt auf sehr niedrigem Niveau entstehen. Wir können daher Wirkungen auf Herz-Kreislauf und Muskelstoffwechsel infolge leistungssteigernder Anpassungsmechanismen annehmen und unterscheiden:

- Durchblutungssteigerung in der arbeitenden Muskulatur mit Senkung des peripheren Widerstands,
- Ansteigen des Herzminutenvolumens,
- verbesserte Kreislaufregulationsfähigkeit unter Belastung,
- venöse Rückstrombeschleunigung,
- größere Ausdauer beim Bewegen, d.h. größere allgemeine dynamische Ausdauer und dynamische lokale Muskelausdauer.

■ *Passive Techniken:* Siehe 2. Belastungsstufe (S. 106).

■ *Techniken der Entspannungs- und Atemtherapie*

Wahrnehmen von Atembewegungen:

- Konzentration des Herzkranken in den Pausen auf die „Nachatmung", besonders auf die kostoabdominalen Atembewegungen. Das kann im Sitzen und Stehen erfolgen.
- Wahrnehmen der Angleichung der Atemfrequenz an den Bewegungsrhythmus des Gehens, z.B. koppeln sich 2 Schritte mit der Einatmung und evtl. 2 – 3 Schritte mit der Ausatmung oder 2 Treppenstufen mit der Einatmung und 2 mit der Ausatmung.

Wirkungen: Das Wahrnehmen der Atemfrequenzangleichungen an den Gangrhythmus und das Treppensteigen ist ein wichtiges Mittel zur Selbstkontrolle und Selbsteinschätzung der Belastbarkeit. Es unterstützt das gelöste Bewegungsverhalten.

■ *Verbindung der Techniken in der Behandlung:* Die Techniken des Bewegens, der Atemtherapie und die Massagetechniken werden von den Physiotherapeuten aufgrund ihres Befundes und entsprechend der Zielsetzung kombiniert.

Entscheidend für die Dosierung der Bewegungsbelastung sind der physiotherapeutische Befund bzw. die Kontrollen, die vor allem während und nach jeder Behandlung durchgeführt werden. Die wichtigsten Kontrollen sind:

- subjektives Leistungsgefühl,
- Puls- und Atemkontrollen, die Beobachtung des Gesichts (Farbe, Schwitzen, Ausdruck) und des Bewegungsverhaltens,
- Erholungszeit nach der Belastung. Gehen die Pulsveränderungen und die gesteigerte Atmung zu langsam zum Ausgangswert zurück, war die Belastung zu groß.

2.3 Herzfehler

Zu den wichtigen Grunderkrankungen, die zu einer Herzinsuffizienz führen können, zählen die Herzfehler. Sie können die *Mitral*-, die *Aorten*-, die *Trikuspidal*- und die *Pulmonalklappe* befallen.

2.3.1 Mitralfehler

Die Mitralfehler sind die häufigsten Klappenfehler. Nach neueren Statistiken ist die Mitralklappe in etwa 85% aller Klappenfehler beteiligt.

•••• Mitralstenose

Definition: Die Mitralstenose ist der häufigste erworbene Herzfehler. Bei diesem Vitium ist der Bluteinstrom aus dem linken Vorhof in die linke Kammer durch ein verengtes Mitralostium erschwert.

Ätiopathogenese und Epidemiologie. Die Ursache dieser Erkrankung läßt sich meist auf eine rheumatische Entzündung in der Mitralklappe im Rahmen eines akuten rheumatischen Fiebers (Vorerkrankungen: Streptokokkeninfektionen wie Angina tonsillaris oder Scharlach) zurückführen. Das Geschlechtsverhältnis Frauen zu Männer beträgt etwa 3 : 1. Die Häufigkeit des rheumatischen Fiebers hat in den letzten Jahren deutlich abgenommen, damit ist auch die Zahl der Patienten mit Mitralfehler rückläufig.

Klinisches Bild. Normalerweise vergehen vom Zeitpunkt der Vorerkrankung bis zum Auftreten der ersten klinischen Symptome einige Jahre. Es bildet sich ein Blutrückstau in die Lunge aus, so daß die Patienten unter Atemnot zu leiden beginnen. Außerdem klagen sie über uncharakteristische Schmerzen im Thorax und Bluthusten (Hämoptoe).

Durch die zunehmende Drucksteigerung im linken Vorhof kommt es in 60–80% aller Fälle zum Auftreten einer absoluten Arrhythmie und Vorhofflimmern.

Beim Anblick des Patienten sieht man häufig eine auffallende, bläulich-rosa Wangenzyanose, die sog. Mitralisbäckchen, und der Brustkorb kann über dem Herzen wegen der vergrößerten rechten Kammer in der Herzfrequenz pulsieren. Die Patienten bilden an den Extremitäten Ödeme aus, die Halsvenen sind gestaut. Bei der Auskultation hört man einen paukenden 1. Herzton und eine ganz charakteristische Herzfehlermelodie.

Therapie. Bei der Prävention und in der Behandlung von Mitralfehlern nach einem rheumatischen Fieber ist das Mittel der Wahl eine Penizillinprophylaxe über Jahre hinaus. Bei kleineren Operationen (wie z.B.

Zahnextraktionen) ist dringend ein antibiotischer Schutz erforderlich. Auch bei interkurrenten Infekten ist die kurzfristige Gabe eines oralen Antibiotikums indiziert.

Ist eine Mitralstenose nachgewiesen, kann man nach zwei Behandlungsprinzipien vorgehen. Bei der konservativen Therapie steht an erster Stelle die körperliche Schonung, darauf folgt die medikamentöse Behandlung mit Herzglykosiden und Diuretika. Beim Auftreten von Vorhofflimmern muß eine Thromboseprophylaxe mit Antikoagulantien (z. B. Marcumar) eingeleitet werden, da in diesen Fällen die Gefahr besteht, daß sich aus dem nicht mehr kontrahierenden linken Vorhof Thromben losreißen, in den großen Kreislauf gelangen und periphere arterielle Embolien zur Folge haben.

Bei der operativen Therapie kann entweder versucht werden, die Mitralklappe zu sprengen (Kommissurotomie) oder zu rekonstruieren (Valvuloplastik), oder es kann eine künstliche Mitralklappe eingesetzt werden. Neuerdings kann die verengte Mitralklappe auch mit einem Ballon dilatiert werden. Die Resultate sind gut. Die konservative Therapie muß nach einem operativen Eingriff fortgesetzt werden. Nach erfolgreicher Klappenoperation sollte eine medikamentöse oder elektrische Kardioversion zur Wiederherstellung eines Sinusrhythmus führen. Nach prothetischem Klappenersatz ist eine Dauerantikoagulation indiziert.

•••• Mitralinsuffizienz

Bei der Mitralinsuffizienz gelingt es der Mitralklappe nicht, sich während der Diastole vollständig zu schließen, so daß das Blut in den linken Vorhof zurückströmt. Die Regurgitation in den linken Vorhof kann bei sehr schweren Insuffizienzen über 50% des linksventrikulären Schlagvolumens betragen. Der Grund für diese Klappenschlußunfähigkeit läßt sich entweder auf eine rheumatische Entzündung, eine bakterielle Endokarditis oder auf angeborene Veränderungen zurückführen. Auch beim akuten Herzinfarkt kann es im Rahmen einer ischämischen Beteiligung des Papillarmuskels zu einer akuten Mitralinsuffizienz kommen.

Bei der Mitralinsuffizienz entwickeln sich erst spät Beschwerden im Sinne einer Herzinsuffizienz.

Bei der Auskultation ist der 1. Herzton abgeschwächt, gelegentlich gar nicht hörbar, ferner hört man ein lautes holosystolisches Geräusch mit dem Punctum maximum über der Herzspitze.

Bei der konservativen Behandlung besteht kein großer Gegensatz zur Behandlung der Mitralstenose. Bei Schweregrad I oder II ist eine maßvolle körperliche Schonung ausreichend; falls ein Vorhofflimmern auftreten sollte, ist zur Vorbeugung thromboembolischer Komplikationen

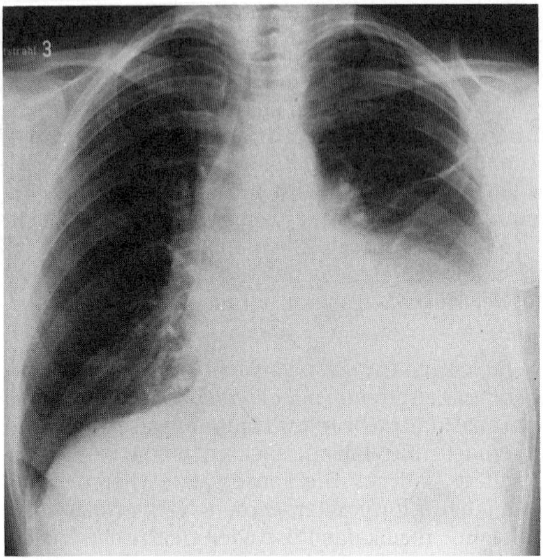

Abb. 2.7 Röntgenbild eines 45jährigen Patienten mit kombiniertem Mitralvitium (riesiger linker Vorhof)

eine gerinnungshemmende Therapie angeraten. Bereits vom Stadium II an sollte an eine Operation mit Klappenersatz gedacht werden.

Ebenfalls relativ häufig ist ein Mitralfehler kombiniert mit Mitralstenose und Mitralinsuffizienz (Abb. 2.7). Bis zum Schweregrad II bleibt die Behandlung konservativ, sonst ist ein operativer Klappenersatz erforderlich.

•••• Mitralklappenprolaps-Syndrom

Wenn sich während der Systole die Mitralsegel in den linken Vorhof vorwölben, spricht man vom Mitralklappenprolaps-Syndrom (MPS). Das Mitralklappenprolaps-Syndrom ist in der Regel mit der Echokardiographie gut nachweisbar. Oft findet sich auch schon bei der Auskultation ein typisches mesosystolisches Klick-Geräusch, das richtungsweisend ist *(„click-murmur-Syndrom“)*.

Pharmakologisch ist das Mittel der Wahl beim Mitralklappenprolaps-Syndrom der Einsatz von *Betarezeptorenblockern*, die die Schmerzen im Herzbereich und die Rhythmusstörungen kupieren können. Auch bei dieser Veränderung der Mitralklappe muß bei interkurrenten Infekten eine Antibiotikaprophylaxe durchgeführt werden. Die Prognose dieses Syndroms ist im allgemeinen günstig. Selten wird über Komplikationen wie einen akuten Herztod, eine bakterielle Endokarditis, eine Ruptur der Sehnenfäden oder eine progrediente Mitralinsuffizienz berichtet.

Generell kann man sagen, daß die Prognose der Mitralvitien individuell vom Fortschreiten der Klappenveränderung abhängt.

Im Durchschnitt stellen sich die ersten Beschwerden bei Patienten 10–14 Jahre nach dem ersten rheumatischen Schub ein, die durchschnittliche Überlebensrate beträgt ca. 2–3 Jahrzehnte.

2.3.2 Aortenfehler

•••• Aortenklappenstenose

Bei der Aortenklappenstenose ist der Abfluß aus dem linken Ventrikel in die Aorta durch eine Einengung behindert. Man unterscheidet eine angeborene und eine erworbene Aortenklappenstenose; letztere ist meist auf eine *rheumatische Endokarditis,* im späteren Lebensalter auch auf eine *Verkalkung der Klappen* zurückzuführen. Im Gegensatz zur Mitralstenose liegt hier der Schwerpunkt der Geschlechtsverteilung mit 4 : 1 bei den Männern.

Im Frühstadium der Erkrankung vermehrt sich die Muskelmasse des linken Ventrikels, die Patienten bleiben hierbei beschwerdelos. Beim Übergang aus dem Kompensations- in das leichte Dekompensationsstadium II ist der Patient leichter erschöpfbar, unter Belastung klagt er über Luftnot und Schwindelanfälle. Bei den Schweregraden III und IV werden die Patienten zunehmend dyspnoisch, sie leiden oft unter Angina pectoris in Ruhe. Zeichen einer an Schwere zunehmenden Aortenklappenstenose sind:
- schwächer werdender peripherer Puls,
- Vergrößerung des Herzschattens im Röntgenbild,
- Zunahme der Herzvergrößerungszeichen im EKG,
- Bewußtlosigkeit (Synkope) bei körperlicher Anstrengung.

Bei der Auskultation hört man ein systolisches Austreibungsgeräusch, das über dem 2. Interkostalraum rechts parasternal am deutlichsten ist. Im EKG zeigen sich deutliche Hinweise für eine Mehrbelastung des linken Ventrikels.

Wie bei den Mitralfehlern ist bei der Aortenklappenstenose bei den Schweregraden III und IV der operative Klappenersatz das Mittel der Wahl. In besonderen Fällen kann in spezialisierten Herzzentren auch eine Sprengung der Aortenklappenstenose mittels Ballondilatation durchgeführt werden. Diese Maßnahme dient aber meist nur zur Überbrückung bis zu einem späteren herzchirurgischen Eingriff (Abb. 2.**8**).

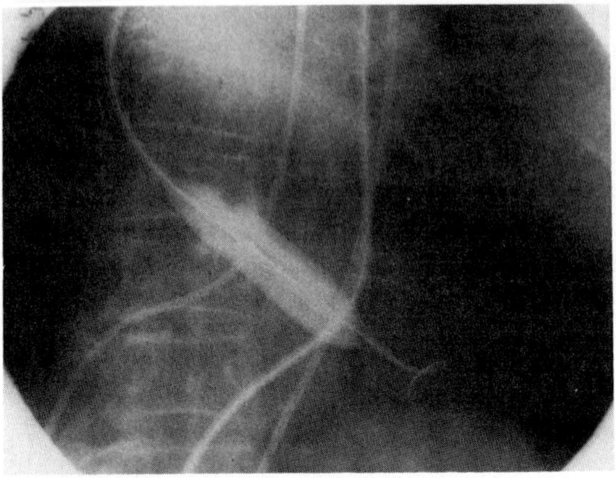

Abb. 2.**8** Dilatation einer Aortenklappenstenose

•••• Aortenklappeninsuffizienz

Wenn die Ränder der Aortenklappe durch eine rheumatische oder bakterielle Endokarditis, seltener auch durch eine degenerative Erkrankung oder durch eine Lues schrumpfen, bildet sich eine Aortenklappeninsuffizienz aus. Das Verteilungsverhältnis zwischen Männern und Frauen beträgt etwa 3:1. In Abhängigkeit vom Grad der Schlußunfähigkeit der Aortenklappe fließt ein Teil des Schlagvolumens während der Diastole von der Aorta in den linken Ventrikel zurück (Volumenbelastung). Charakteristisch sind bei dieser Erkrankung die zu beobachtenden starken Pulsationen der Arterien am Hals, im Unterleib und in der Leistenbeuge, die durch eine Vergrößerung der Blutdruckamplitude entstehen.

Bei einer gering- und mittelgradigen Aortenklappeninsuffizienz ohne Beschwerden ist die Lebenserwartung nur geringfügig eingeschränkt. Im Stadium der Dekompensation beträgt die Überlebenszeit jedoch nur noch 1 – 2 Jahre.

Bei einer Aorteninsuffizienz ohne Beschwerden läßt sich der Patient im Rahmen der konservativen Behandlung normal belasten, von Leistungssport ist jedoch abzuraten. Bei Auftreten der ersten Insuffizienzzeichen ist die Einleitung einer Therapie mit Herzglykosiden, möglicherweise in Kombination mit Diuretika, angeraten. Die operative Therapie mit einer Aortenklappenprothese muß einem Patienten bei den klinischen Schweregraden III und IV vorgeschlagen werden, jedoch sind die Komplikationen bei dem Eingriff an der Aortenklappe relativ hoch. Generell ist die Prognose bei Aortenfehlern schlechter als bei Mitralfehlern. Es treten häufiger Synkopen und Herzrhythmusstörungen auf, weshalb diese Patienten einer regelmäßigen sorgfältigen Kontrolle bedürfen.

•••• Patienten mit künstlicher Herzklappe

In zunehmendem Maß werden künstliche Herzklappen in Mitral- und Aortenposition implantiert. Die wichtigsten Klappentypen sind in Abb. 2.**9** dargestellt.

Vielen Patienten ist es mit diesen Klappen möglich, ein fast normales Leben zu führen. Mit der Starr-Edwards-Klappe liegt mittlerweile eine über 25jährige Erfahrung vor. Die Björk-Shiley-Klappe ist seit über 15 Jahren im Einsatz.

Probleme und Komplikationen

Die meisten Komplikationen entstehen durch *Thrombosen.* Bei Klappenträgern ist eine lebenslange Antikoagulation mit Antikoagulantien mit Kumarinpräparaten (z. B. Marcumar) unumgänglich.

Der Hauptvorteil von *Bioprothesen* (z. B. Hancock-Klappe = Schweineklappe) besteht darin, daß Träger dieser Klappen nicht antikoaguliert werden müssen. Der Nachteil der Bioprothesen besteht in der Neigung zur Versteifung und Verkalkung der Klappe.

Abb. 2.**9** Die wichtigsten künstlichen Herzklappentypen

Andere mögliche Komplikationen sind Embolien, Klappenobstruktionen und Lecks am Klappenansatz. Auch Hämolysen (mechanische Schädigungen der roten Blutkörperchen) und infektiöse Endokarditiden können vermehrt auftreten.

Physiotherapeutische Behandlung

Vor Herzoperationen

Für den Patienten ist es gut, bestimmte Behandlungstechniken schon vor der Operation kennenzulernen; man erleichtert ihm und dem Physiotherapeuten die postoperative Arbeit.

- *Maßnahmen*
  - Erlernen einer guten Husttechnik für das Abhusten,
  - Verbesserung der Atembewegungen sämtlicher Thoraxabschnitte durch Dehnlagerungen, Wahrnehmung der Atembewegungen, Schwünge,
  - Erhaltung der Muskelkraft durch leichte Bewegungen in kontinuierlicher Dauerform je nach Zustand des Patienten.

Nach prothetischem Klappenersatz, Bypass und Herztransplantationen (s. Bd. 7, S. 63).

- *Befund*
  - Haut: Narbe über die Länge des Sternums, oft noch kleine Quernarbe unterhalb der Fossa jugularis. Häufig sind die Narben, an welchen die Drainage gelegen hat, noch am längsten schmerzhaft. Es muß beobachtet werden, ob der Patient zyanotisch ist.
  - Thorax: Erwartungsgemäß sind die Atembewegungen des Thorax in sämtlichen Bereichen eingeschränkt. Es wird hauptsächlich in den diaphragmalen Bereich nach ventral ausgewichen.
  - Haltung: Im Sitzen und Stehen werden die Schultern als Schonhaltung nach vorne gezogen. Die Brustwirbelsäule wird dementsprechend kyphotisch gehalten. Der Kopf wird nach ventral translatiert.
  - Atmung: Die Atemfrequenz ist meist beschleunigt und das Atemverhalten beim Sprechen unökonomisch. Oft ist der Sprechklang leise. Die Atemmittellage ist zum Inspirium hin verschoben.
- *Gesichtspunkte*
  1. Pneumonieprophylaxe, Eröffnen von Atelektasen,
  2. Umstellen auffälliger Atemformen auf eine individuelle Norm,
  3. Erhalten und Verbessern der Thoraxbeweglichkeit,
  4. Thromboseprophylaxe,

5. Vermeiden von Kreislaufregulationsstörungen,
6. Steigern der Kondition,
7. Verbessern der Haltung,
8. Mindern der Angst vor Belastung.

Maßnahmen: Nach der Operation wird das gespaltene Sternum mit einer Draht-Cerclage zusammengehalten. Jede Instabilität würde die Knochenbildung verzögern oder verhindern. Daher sind mindestens 5 Wochen keine Rotation und keine Seitneigung erlaubt. Auch bei aktiven Bewegungsserien der Peripherie muß auf weiterlaufende Bewegungen diesbezüglich geachtet werden.

Zu 1.–2.
Tiefe Atemzüge durch Ein- und Ausatemtechniken. Durch die vergrößerten Bronchialkaliberlumenschwankungen kann es zu Sekretabrissen kommen. Vibrationen oder gar Erschütterungen sind wegen der Sternumspaltung problematisch und müssen unbedingt vermieden werden. Vorsichtige Umlagerungen zum Sitz verbessern nicht nur die Lungendurchblutung, sondern tragen auch dazu bei, die Lungenbelüftung zu verbessern.

Das *Abhusten des Sekretes* findet am besten in aufgerichteter Stellung und mit Hilfe eines kleinen Kissens statt, welches sich der Patient selbst beim Husten auf das Sternum preßt. Der Therapeut kann mit seinen Händen über dem Taillendreieck das Zwerchfell beim Huststoß durch Kompression unterstützen.

Weitere Maßnahmen sind:
- Sakkadierendes Einatmen,
- Einatmen mit Nasenstenose,
- Einatmen mit inspiratorischem Luftanhalten über 2–3 Sekunden,
- Hautfalte wegatmen lassen,

Ergänzende Maßnahmen:
- Inhalation,
- kalte Abreibungen mit Eis oder Alkohol,
- Apparative Atemhilfen, z.B. IPPB (intermittend positiv pressure breathing), Atemtrainer (Triflo, Mediflo), Flutter.

Zu 3.–4.
- Wahrnehmung der Atembewegungen in sämtlichen Thoraxabschnitten im Liegen und im Sitzen.
- Koppeln von Atmung und aktiven Bewegungen, vor allem von den Armen, aber auch von den Beinen aus.

Zu 5.–7.
Aktive, dem Zustand des Patienten angepaßte periphere Bewegungsserien, vor allem der Beine, aber auch der Hände und Arme. Durch die

erhöhte Muskelpumpe steigt nicht nur der Venenrückstrom an, sondern es wird auch durch die aktiven Impulse der Sympathikotonus unterstützt. Herz- und Atemfrequenz werden dadurch positiv ergotrop unterstützt. Die Dosierung und Steigerung gleicht der der Herzinfarktbehandlung (S. 159).

Häufiges Aufstehen, Gehen und Treppensteigen tragen dazu bei, dem Patienten seine Leistungsfähigkeit aufzuzeigen und ihm dadurch Aufschwung und Selbstvertrauen zu vermitteln.

2.3.3 Trikuspidalklappenfehler

Die isolierte Erkrankung der Trikuspidalklappe ist extrem selten, und die operativen Ergebnisse sind bisher wenig ermutigend. Eine relative Trikuspidalinsuffizienz findet sich häufig im Rahmen einer Dekompensation des rechten Ventrikels. Bei der Trikuspidalinsuffizienz und bei der Trikuspidalstenose geht man in der Behandlung wie bei der Herzinsuffizienz vor. Die seltene Trikuspidalklappenstenose kann ebenfalls durch Ballondilatation gesprengt werden.

2.3.4 Pulmonalklappenfehler

Pulmonalklappenfehler sind ebenfalls außerordentlich selten. Sie treten bei weniger als 2% der Patienten, die eine rheumatische Herzerkrankung durchgemacht haben, auf. Die Pulmonalstenose als angeborene Klappenanomalie wird im Abschnitt der angeborenen Herzfehler besprochen.

2.3.5 Angeborene Herz- und Gefäßmißbildungen

Acht von 1000 Neugeborenen leiden unter einem angeborenen Herzfehler. Die Diagnose angeborener Herzfehler wird heute in aller Regel früher gestellt. Hierbei unterscheidet man solche mit und solche ohne Zyanose. Die Zyanose tritt durch eine Kurzschlußverbindung *(Shunt)* zwischen Arterien und Venen auf, ohne daß die Peripherie mit genügend Sauerstoff versorgt wird.

•••• Vorhofseptumdefekt

Der Vorhofseptumdefekt (ASD) zählt zu den wichtigsten angeborenen Herzfehlern. Es handelt sich dabei um eine offene Verbindung zwischen den beiden Vorhöfen. Aus dem linken Vorhof wird Blut in den rechten Vorhof gepumpt, so daß der Blutdurchfluß der Lunge bis auf 15–20 l/min ansteigt.

Diese vorwiegende *Volumenbelastung* wird vom rechten Ventrikel über Jahre gut toleriert, und so können Patienten mit kleinen Kurzschlüssen jahrzehntelang beschwerdefrei bleiben. Häufig treten jedoch Atemnot, Druckgefühl hinter dem Herzen und Rhythmusstörungen auf. Die häufiger bei Frauen als bei Männern auftretende Erkrankung wird oftmals erst im 3. oder 4. Lebensjahrzehnt diagnostiziert. *Der Vorhofseptumdefekt ist der häufigste angeborene Herzfehler des Erwachsenenalters.*

Die Therapie besteht in einem operativen Verschluß des Defektes, dabei muß die Operation möglichst frühzeitig erfolgen, bevor die Lunge durch die Mehrbelastung zu stark geschädigt wurde, also bevor die Mehrbelastung des pulmonalen Gefäßbettes zu einer pulmonalen Hypertonie geführt hat. Die frühzeitige Diagnosestellung ist deshalb bei Symptomfreiheit und diskretem Auskultationsbefund von großer Bedeutung. Über 50% der Patienten sind bei Diagnosestellung beschwerdefrei. Häufige Beschwerden sind Belastungsdyspnoe und Palpitationen.

Bei kleineren Defekten (Shunt-Volumen unter 30%, Beschwerdefreiheit, fehlende Umformung des Herzens) ist eine Operation nicht unbedingt erforderlich. Der Defektverschluß erfolgt heute nur noch mit Hilfe der Herz-Lungen-Maschine.

•••• Ventrikelseptumdefekt

Der Ventrikelseptumdefekt (VSD) ist ein Kurzschluß zwischen der linken und der rechten Herzkammer. Er ist der häufigste Herzfehler im Kindesalter und kann bei kleinem Austauschvolumen ebenfalls symptomlos bleiben. Das Kardinalzeichen des Ventrikelseptumdefektes ist ein Links-rechts-Shunt auf der Ebene der Herzkammern. Ein kleinster Defekt im muskulären Septumanteil wird auch als *Morbus Roger* bezeichnet. In diesem Fall ist die Lebenserwartung auch nicht beeinträchtigt. Bei einem mittleren und größeren Defekt kommt ein operativer Eingriff in Frage, wobei die offene Verbindung verschlossen wird. Ist bereits ein pulmonaler Hochdruck aufgetreten, so kommt ein operativer Eingriff zu spät.

•••• Ductus arteriosus apertus (Botalli)

Gelegentlich bleibt die für das Kind im Mutterleib notwendige Verbindung zwischen den Lungengefäßen und der Aorta auch längere Zeit nach der Geburt bestehen. Dadurch entsteht eine Kurzschlußverbindung zwischen dem großen und dem kleinen Kreislauf. Bei der Auskultation ist ein kontinuierliches, systolisch und diastolisch hörbares Maschinengeräusch zu vernehmen. Eine häufige Ursache ist die Rötelninfektion der Mutter in der Schwangerschaft.

Bei diesem Krankheitsbild besteht lange Zeit Beschwerdefreiheit, bei großem Kurzschluß bilden sich die Zeichen einer Linksherzvergrößerung aus.

Die Therapie besteht im operativen Verschluß des Ductus arteriosus Botalli; dabei muß in Betracht gezogen werden, daß die meisten jugendlichen Patienten eine geringe Operationssterblichkeit haben, daß sich in etwa 5% der Fälle eine bakterielle Endokarditis im Shunt-Bereich entwickelt und daß man einer Linksherzinsuffizienz vorbeugen muß.

Bei allen Herzfehlern, bei denen zuerst ein Kurzschluß von links nach rechts – aus dem großen in den kleinen Kreislauf – besteht, kann sich später über eine Erhöhung des Widerstandes der Lungengefäße eine Umkehr des Kurzschlusses ausbilden. Jetzt mischt sich venöses zum arteriellen Blut, es bildet sich eine Spätzyanose *(Eisenmenger-Reaktion)* aus.

•••• Primär zyanotische Fehler

Bei den primär zyanotischen Fehlern liegt in erster Linie eine *Mißbildung und Transposition* der großen Gefäße vor. Klinisch zeigen die Säuglinge Wachstums- und Entwicklungsstörungen durch den chronischen Sauerstoffmangel. Charakteristisch ist die *Hockstellung*, in die sich die Kinder begeben, um besser Luft zu bekommen. Sekundär bilden sich Trommelschlegelfinger und Uhrglasnägel aus. Meist besteht eine Deformierung des Brustkorbs („Voussure" = Herzbuckel).

Ohne Behandlung versterben die Patienten meist vor Erreichen des 30. Lebensjahres. Therapeutisch ist eine Operation bereits im frühen Kindesalter anzustreben.

Fallot-Tetralogie

Das bekannteste Krankheitsbild bei den primär zyanotischen Herzfehlern ist die Fallot-Tetralogie. Hier bestehen ein großer *Ventrikelseptumdefekt*, eine *Einengung der Pulmonalarterie*, eine *Verlagerung der Aorta nach rechts* und eine *Erweiterung der rechten Herzkammer*. Ist zusätzlich ein Vorhofseptumdefekt vorhanden, so wird von *Fallot-Pentalogie* gesprochen. Die Kinder sind von Geburt an zyanotisch, rasch ermüdbar, zeigen im übrigen die Symptome der primär zyanotischen Herzfehler.

Therapeutisch ist eine Operation zwischen dem 3. und dem 6. Lebensjahr am sinnvollsten. Dabei liegt die Letalität bei etwa 10%. Die Spätergebnisse sind ermutigend.

2.4 Entzündliche Herzkrankheiten

2.4.1 Endokarditis

Etwa 10–20 Tage nach einer Infektion im oberen Atmungstrakt mit Streptokokken (z.B. Tonsillitis) kann sich bei den Erkrankten ein rheumatisches Fieber entwickeln. Dies äußert sich entweder in einer Periarthritis rheumatica, in einer Chorea minor (Veitstanz) oder auch in einer rheumatischen Karditis. Neben Fieber, Gelenkschmerzen, einer Leukozytose und einer erhöhten Blutsenkung kommt es zu EKG-Veränderungen. Die Erkrankungshäufigkeit an rheumatischer Endokarditis ist in den letzten Jahrzehnten wegen der Penizillinprophylaxe stark gesunken.

Bei der *infektiösen Endokarditis* kommt es bevorzugt zu Veränderungen an der Mitralklappe. Staphylokokken, Streptokokken und Pneumokokken, die über die Tonsillen, über eitrige Erkrankungen der Haut, Zahngranulome oder durch den Darm- oder Urogenitaltrakt in das Blut eindringen, siedeln sich auf den Herzklappen an. Männer sind häufiger betroffen als Frauen. Außer Bakterien kommen heute als Erreger auch Rikkettsien, Pilze und seltener Viren und Parasiten in Betracht.

Bei der akuten Endokarditis zeigt sich ein *schwerer Krankheitsverlauf* mit Fieber, Schüttelfrost, Tachykardie. Die subakute, bakterielle Endokarditis (Endocarditis lenta) ist durch unspezifische Symptome mit Temperaturen bis 39 °C und einer langsam voranschreitenden Herzinsuffizienz gekennzeichnet.

Symptome der Endokarditis:
- Fieber,
- Gewichtsverlust,
- Schweißneigung,
- allgemeines Krankheitsgefühl,
- Anämie,
- ein Herzgeräusch, das neu auftritt oder sich ändert,
- Milzvergrößerung in 60% der Fälle,
- stecknadelkopfgroße Blutungen der Schleimhäute (z.B. Mund und Konjunktiven).
- arterielle Embolien und embolisch metastatische Abszesse.

Nach der Diagnosestellung muß eine sofortige antibiotische Therapie eingeleitet werden. Kommt dadurch die Entzündung an den Herzklappen nicht zum Stillstand, wird ein sofortiger Klappenersatz erforderlich, der jedoch mit einem Letalitätsrisiko von etwa 40% behaftet ist. Die Mortalität nimmt mit jeder Verzögerung der Operation zu. In einigen Fällen kommt es nach dem Klappenersatz zu einer erneuten Infektion. In diesen Fällen muß möglichst frühzeitig der Austausch der infizierten Klappe unter hochdosiertem Antibiotikaschutz erfolgen.

2.4.2 Myokarditis

Siehe S. 131.

2.4.3 Perikarditis

Die Perikarditis ist eine *Entzündung des Herzbeutels.* Sie kann akut oder chronisch auftreten. Wir unterscheiden eine *idiopathische Perikarditis,* die nach 4–6 Wochen ohne Folgen abheilt, von *infektiösen Perikarditiden,* bei Kollagenkrankheiten als Autoimmunprozeß, als Miterkrankung benachbarter Organe, bei Stoffwechselerkrankungen, bei Tumoren und bei Traumen.

Klinisch äußert sich die Perikarditis durch Fieber, Schwitzen, Atemnot und Thoraxschmerz. Bei der Auskultation ist oft ein Perikardreiben zu hören.

Symptome der Perikarditis:
- Halsvenenstauung,
- Ödeme an den Extremitäten,
- Vergrößerung der Leber (evtl. Aszitesbildung),
- hörbare Reibegeräusche (bei leisen Herztönen).

In der Therapie werden Antibiotika und Antiphlogistika eingesetzt, z.B. Amuno, Voltaren usw. Größere Perikardergüsse müssen punktiert werden. Ist der durch Perikardpunktion erhaltene Perikarderguß blutig, muß differentialdiagnostisch auch an eine Herzwandruptur nach Myokardinfarkt und an ein Aneurysma dissecans gedacht werden.

Die chronisch konstriktive Perikarditis hindert das Herz durch eine narbige Zusammenziehung des Perikards an seiner Kontraktion.

Tabelle 2.**5** Ursachen der Perikarditisentstehung

- Akute Perikarditis („Virusperikarditis") z. B. Cocksackie-Virus
- Infektiöse Perikarditis
  tuberkulöse Perikarditis
  pyogene Perikarditis (z. B. durch Streptokokken oder Pneumokokken)
  mykotische Perikarditis
  parasitäre Perikarditis
- Perikarditis bei Kollagenkrankheiten (z. B. Lupus erythematodes oder Periarteriitis nodosa)
- Urämische Perikarditis

Bei Kalkeinlagerungen in die Narben spricht man von einem *Panzerherz*. Die Ursache ist in einem Großteil der Fälle unklar, ca. 30% lassen sich auf eine Tuberkulose zurückführen (Tab. 2.**5**).

Therapie der Wahl ist die operative Entfernung der Narben mit einer medikamentösen Behandlung der auftretenden Herzinsuffizienz durch Digitalis und Diuretika.

Physiotherapeutische Behandlung

Entzündliche Herzerkrankungen

- *Befund*
  - Bindegewebe: Es besteht meist eine auffällige Herzzone im Bereich Th1–Th6 links.
  - Atmung: Häufig Atemnot, die Atemfrequenz ist erhöht, die Atemhilfsmuskulatur wird eingesetzt. Die Atemexkursionen des Thorax sind meist eingeschränkt.
  - Herzfrequenz: Die Ruhepulsfrequenz ist erhöht.
- *Gesichtspunkte*
  - Herabsetzung der Spannung von Bindegewebe und Muskulatur,
  - Optimierung der Atembewegungen durch Verbesserung der Thoraxelastizität,
  - Wiederherstellung der alten Leistungsfähigkeit entsprechend der Konvaleszenz.
- *Maßnahmen:* Im akuten Stadium erfolgt vor allem bei älteren Patienten nur eine *Pneumonie- und Thromboseprophylaxe,* die weitere aktive Bewegungstherapie ist kontraindiziert. Da sehr schwer festzustellen ist, zu welchem Zeitpunkt eine Karditis als ausgeheilt angesehen werden kann, muß die Übungsbehandlung zu Beginn sehr vorsichtig dosiert werden.
  - Maßnahmen zur Lösung der Spannungen von Bindegewebe und Atemmuskulatur durch Vibrationen,
  - Maßnahmen aus der Massage, wie Ausziehen der Interkostalräume, Hautverschieben, Packegriffe,
  - Übungen zur Verlängerung der Ausatmung, z. B. durch den Einsatz der Lippenbremse mit sch, pff, sss,
  - Übungen zur Kräftigung der Mm. intercostales und des Zwerchfells durch tönendes und sakkadierendes Einatmen usw.,
  - Übungen zur Steigerung der Thoraxelastizität wie Dehnlagerungen (Streckdehnung, C-Lagerung, Dreh-Dehn-Lagerung).

  Ist nach der Behandlung die Atemfrequenz pro Minute verringert, so kann man davon ausgehen, daß der Tonus der Muskulatur und die Spannung im Bindegewebe gesenkt werden konnten. Die weitere

Steigerung der Behandlung sollte nur sehr langsam erfolgen, da jede stärkere Belastung anfänglich vermieden werden muß. Der weitere Behandlungsverlauf ist im Abschnitt Herzinsuffizienz (S. 100) beschrieben.

2.5 Kardiomyopathien

Hierbei handelt es sich um primäre oder sekundäre Erkrankungen des Herzmuskels. Die wichtigste Form der primären Kardiomyopathie ist die *kongestive Kardiomyopathie*. Die Ätiologie dieser Erkrankung ist bisher ungeklärt. Sie befällt in erster Linie Männer. Nach ersten Beschwerden wie Atemnot bei Belastung, Herzklopfen und Herzrhythmusstörungen entwickelt sich rasch eine Herzinsuffizienz. Die Diagnosestellung fällt relativ schwer, es müssen alle in Betracht kommenden sekundären Kardiomyopathien ausgeschlossen werden (Abb. 2.**10**).

Die Therapie besteht in der Behandlung der Herzinsuffizienz mit einer oft zusätzlichen Antikoagulantientherapie. Eine kausale Therapie gibt es nicht. Eine symptomatische Besserung bringen in vielen Fällen Angio-

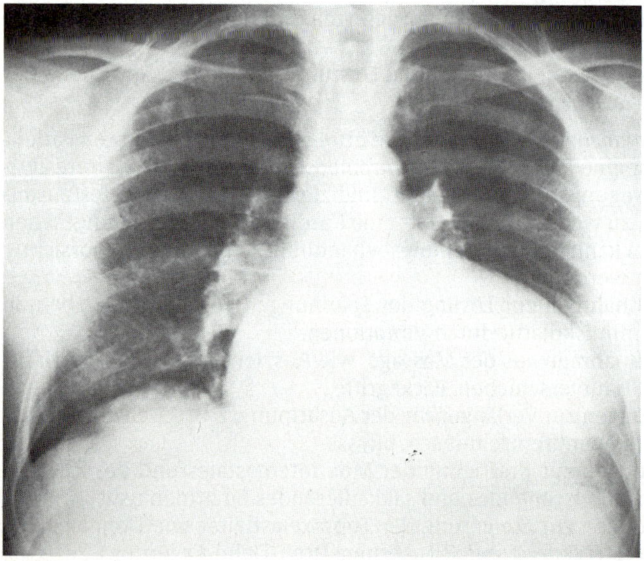

Abb. 2.**10** Massive Vergrößerung aller Herzhöhlen bei kongestiver Kardiomyopathie. Bei der Herzkatheteruntersuchung konnte keine Mitralinsuffizienz nachgewiesen werden (nach Hegglin)

tensin-converting-enzyme-Inhibitoren (wie Lopirin und Xanef). Eine chirurgische Therapie ist nicht möglich. Die Krankheit endet immer tödlich.

Bei der *hypertrophischen Kardiomyopathie* entwickelt sich eine Hypertrophie der Herzmuskulatur. Die Krankheit wird wahrscheinlich vererbt, Männer sind häufiger betroffen als Frauen.

Nicht alle Patienten haben Beschwerden, meist wird jedoch über Dyspnoe und Herzschmerzen geklagt. Bei der Auskultation ist in der Regel ein spätsystolisches an- und wieder abschwellendes Geräusch zu hören. Die Erkrankung kann differentialdiagnostisch mit einer Mitralinsuffizienz oder einem Vorhofseptumdefekt verwechselt werden.

Eine kausale Therapie der Erkrankung ist bisher nicht möglich; die besten Resultate zeigt momentan der Einsatz von *Betarezeptorenblockern* und *Kalziumantagonisten.* Digitalis-Präparate sind kontraindiziert.

2.5.1 Myokarditis

Bei den sekundären Kardiomyopathien ist die Myokarditis wahrscheinlich am häufigsten. Diese Entzündung der Herzmuskulatur wird ausgelöst durch infektiöse Erkrankungen, durch Bakterien, Viren, Rickettsien, Pilze oder Parasiten. Die Erkrankungsursache ist je nach der geographischen Region, in der sich der Patient aufhält, unterschiedlich.

Die typisch klinischen Erscheinungen bestehen in Müdigkeit, Atemnot und Herzschmerzen. Dazu treten Fieber und eine Tachykardie. Es bilden sich häufig AV-Überleitungsstörungen mit AV-Block aus. Bei Myokarditis nach Diphtherie und Chagas-Krankheit (insbesondere in Südamerika) wird häufiger der Übergang von der akuten in eine chronische Form beobachtet.

Die Therapie besteht in einer spezifischen Vernichtung des Erregers, in einer allgemeinen konservativen Therapie mit Schonung des Patienten (Bettruhe!) und in einer speziellen Therapie der Herzinsuffizienz, der Thrombembolien und der Arrhythmien. Die Prognose ist meist günstig.

Bei *rheumatischem Fieber* muß stets gleichzeitig Penizillin verabreicht werden, um alle Streptokokken zu erfassen.

2.5.2 Andere Kardiomyopathien

Immer verbreiteter wird in den Konsumländern die *toxische Kardiomyopathie.* Insbesondere bei Mißbrauch von *Alkohol* können sich Rhythmusstörungen ausbilden, die zu einer irreversiblen Herzinsuffizienz führen. Das Fortschreiten der Erkrankung kann durch Alkoholabstinenz unterbrochen werden.

Zu einer raschen Besserung einer Kardiomyopathie durch *Vitamin-B_1-Mangel* (Beriberi-Herz) führt die Gabe von Vitamin B_1.

Kardiomyopathien können ebenfalls ausgelöst werden durch *Medikamente* wie Zytostatika, trizyklische Antidepressiva und Lithiumkarbonat. Einmal eingetretene Veränderungen sind in diesen Fällen nicht mehr zurückzuschrauben.

Auch bei Schilddrüsenerkrankungen, Diabetes mellitus, Phäochromozytom und Amyloidose sowie bei hyperergischen und neuromuskulären Erkrankungen und bei Ernährungsstörungen können Kardiomyopathien auftreten.

Eine spezielle *physiotherapeutische Behandlung* ist bei Kardiomyopathien nicht erforderlich.

2.6 Traumatische Herzschädigungen und Herztumoren

Herzverletzungen können akut durch Unfälle oder durch Infarkte, Perikardergüsse oder angeborene Veränderungen, die sich langsam umbilden (Aneurysma), vorkommen. Therapeutisches Mittel der Wahl ist in den meisten Fällen ein chirurgischer Eingriff oder eine medikamentöse Dauerbehandlung.

Herztumoren sind sehr selten. Häufigster Tumor ist das Vorhofmyxom, das echokardiographisch festgestellt und operativ entfernt werden kann. Es muß gegen eine Mitralstenose abgegrenzt werden, symptomatisch treten eine BSG-Erhöhung, Fieber und Leukozytose auf.

2.7 Koronare Herzkrankheit

Die koronare Herzkrankheit ist die Manifestation der Arteriosklerose an den Herzkranzarterien (Koronararterien). Sie führt zu einer Durchblutungsnot des Herzmuskels, die sich als Angina pectoris, Herzinfarkt, Herzrhythmusstörung oder Herzinsuffizienz äußern kann.

Häufigkeit. Nach Angaben der WHO ist derzeit die koronare Herzkrankheit die häufigste Todesursache. Der Herzinfarkt tritt gehäuft bei Männern zwischen 40 und 60 Jahren auf. Früher erkrankten Frauen selten vor dem Eintritt in die Menopause. In den letzten Jahren nimmt, bedingt durch das Zigarettenrauchen und durch die Einnahme von Antikonzeptiva, die Häufigkeit stetig zu.

Durch zahlreiche Einflüsse wie Früherkennung, Reduktion und Bekämpfung von Risikofaktoren sowie eine Verbesserung der konservativen und der Kathetertherapie, hat die Krankheitshäufigkeit seit 1968 abgenommen. In den USA beispielsweise um über 40%. Auch in Deutschland sinken die Zahlen seit 1981 sehr langsam, aber kontinuierlich (Abb. 2.**11**).

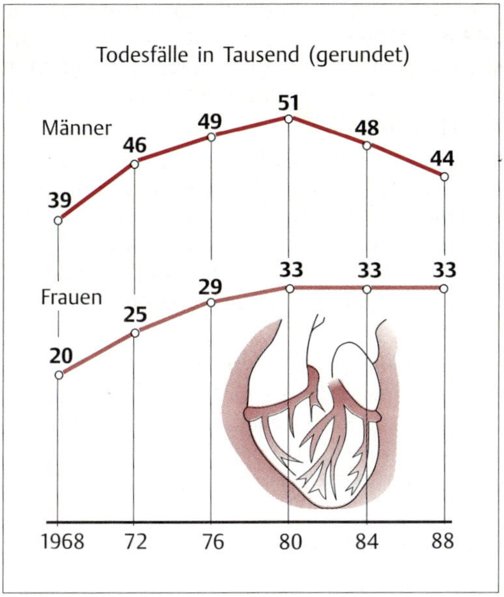

Abb. 2.**11** Todesfälle an koronarer Herzkrankheit in der Bundesrepublik Deutschland

Ätiologie. Die Arteriosklerose der Koronararterien ist die häufigste Ursache der koronaren Herzkrankheit. In den Koronargefäßwänden bildet sich eine abnorme Ablagerung von Lipiden, Bindegewebe und Kalk, die auf Dauer die Gefäßlumina einengt und dadurch die Versorgung des Herzmuskels mit sauerstoffreichem Blut einschränkt oder gänzlich verhindert.

Die Folgen sind:
- Angina-pectoris-Anfälle,
- Myokardinfarkt,
- Herzinfarktfolgen (linksventrikuläre Herzinsuffizienz, Herzrhythmusstörungen, Herzwandaneurysma, plötzlicher Herztod).

2.7.1 Angina pectoris

Das Mißverhältnis zwischen dem *Sauerstoffbedarf* des Herzmuskels und dem eingeschränkten *Angebot* aufgrund einer einengenden Koronarsklerose (Definition der Koronarinsuffizienz) äußert sich typischerweise in einem retrosternalen Schmerz, vorwiegend bei körperlicher oder psychischer Belastung, Kälte oder reichlicher Nahrungsaufnahme. Die

Angina pectoris (wörtlich „Brustenge“) ist oftmals das erste klinische Zeichen der koronaren Herzkrankheit. Häufig strahlt der retrosternale Schmerz noch in den linken Arm aus. Gelegentlich klagen die Patienten auch über Schmerzen im rechten Arm, im Unterkiefer, oder zwischen den Schulterblättern und ringen nach Luft.

Gewöhnlich verschwinden die Schmerzen nach einem Angina-pectoris-Anfall in Ruhe nach 3 – 10 Minuten. Jeder mehr als 20 Minuten anhaltende kontinuierliche, unerträgliche Schmerzzustand im Thoraxraum mit Vernichtungsgefühl und Todesangst ist als ein Myokardinfarkt aufzufassen und bedarf einer dringenden stationären Behandlung. In der Regel sprechen Angina-pectoris-Anfälle sehr gut auf die Einnahme von Nitroglyzerin (Spray oder Kapseln) an.

Prinzmetal-Angina („Variant-Angina“). Die Prinzmetal-Angina ist eine Variante der klassischen Angina pectoris, die *nicht belastungabhängig* auftritt und nicht durch körperliche Ruhe gebessert wird und zu typischen EKG-Veränderungen führt. Diese Form der Angina pectoris kann auch durch Gefäßkrämpfe der Koronarien *(Koronarspasmus)* hervorgerufen werden.

Physiotherapeutische Behandlung s. bei Hypertonie, S. 187.

Diagnostik der koronaren Herzkrankheit. Diagnostisch ist der wichtigste Schritt zum Nachweis einer koronaren Herzkrankheit das *Belastungs-EKG* nach der allgemeinen Herzuntersuchung durch Auskultation und Perkussion. Ein typischer Hinweis für eine Mangeldurchblutung des Herzmuskels im EKG ist eine Senkung der ST-Strecke um mehr als 0,1 mV in den Extremitätenableitungen und um 0,2 mV in den Brustwandableitungen.

Eine genaue Abgrenzung des minderdurchbluteten Bezirks läßt sich auch heute durch die *Myokardszintigraphie* treffen. Diese Untersuchung wird wie das EKG ebenfalls unter Belastung des Patienten auf einem Fahrradergometer durchgeführt. Nach der Injektion von radioaktivem Thallium oder einer anderen radioaktiven Substanz zeichnet sich der Durchblutungsausfall auf einem Bildschirm ab.

Ebenfalls nicht an allen Krankenhäusern kann die *Koronarangiographie,* die röntgenologische Darstellung der Koronararterien durch Kontrastmittelinjektion, durchgeführt werden. Diese Untersuchungsmethode zeigt die Weite der Koronararterien und damit den Schweregrad und die Lokalisation von Verengungen oder gar Verschlüssen. Sie ist unerläßlich vor der Durchführung einer Gefäßoperation (aorto-koronarer Bypass).

Risikofaktoren für die Entstehung der Koronarsklerose. In der Bundesrepublik Deutschland stirbt heute jeder 5. in der zweiten Lebenshälfte stehende Mann am Herzinfarkt. Männer erkranken 3- bis 5mal häufiger am Infarkt als Frauen, die vor der Menopause wahrscheinlich durch eine Schutzwirkung der weiblichen Sexualhormone weitgehend vor der Entstehung einer koronaren Herzkrankheit geschützt sind. Durch Zigarettenrauchen wird dieser Schutz aber wieder aufgehoben.

Die Entstehung der koronaren Herzkrankheit wird sicherlich konstitutionell (erblich) beeinflußt. Mit Sicherheit spielen aber auch andere Faktoren, die wir als Risikofaktoren bezeichnen, eine wesentliche Rolle. Nach Schettler unterscheiden wir Risikofaktoren 1. Ordnung:
- Hypertonie,
- Hyperlipoproteinämie,
- Nikotinabusus,

von Risikofaktoren 2. Ordnung:
- Diabetes mellitus,
- Bewegungsmangel,
- Adipositas,
- Hyperurikämie bzw. Gicht.

Die Rolle von „psychosozialem Streß" als isoliertem Risikofaktor ist zur Zeit noch unbewiesen.

Die Risikofaktoren addieren sich nicht, sondern potenzieren sich.

Differentialdiagnose. Differentialdiagnostisch muß bei Angina-pectoris-Beschwerden noch an folgende andere Krankheiten gedacht werden:

- funktionelle kardiovaskuläre Störungen (hyperkinetisches Herzsyndrom),
- Interkostalneuralgie,
- degenerative Hals- und Brustwirbelsäulenveränderungen,
- Pulmonal- und Abdominalerkrankungen,
- Anämien,
- Aortenaneurysma,
- Aortenklappenfehler.

Therapie der koronaren Herzkrankheit. *Medikamentöse Therapie.* Zur Behandlung des Angina-pectoris-Anfalls muß der Patient Nitrolingual-Kapseln oder -Spray oder Isoket-Spray bei sich tragen. Die Hauptwirkung des Nitroglyzerins besteht in einer Abnahme des myokardialen Sauerstoffverbrauchs. Die Wirkung von Nitroglyzerin setzt in der Regel nach 1–2 Minuten ein.

Wichtig ist die konservative Dauerbehandlung der Erkrankung zwischen den Anfällen. Neben der möglichst weitreichenden Ausschaltung einzelner Risikofaktoren durch Diät, körperliches Training, Blutdruck-

und Blutzuckersenkung bieten sich Betarezeptorenblocker an. Betarezeptorenblocker senken den myokardialen Sauerstoffverbrauch, indem sie die Herzfrequenz und die Kontraktionsgeschwindigkeit senken.

Längerwirkende Nitrate wie Isosorbiddinitrat (z. B. Isoket retard, Ismo) gehören ebenfalls zu den Mitteln der ersten Wahl bei der Behandlung der Angina pectoris. Falls im Rahmen der koronaren Herzkrankheiten eine Herzinsuffizienz auftritt, ist eine zusätzliche Digitalisierung und evtl. die Gabe von Diuretika und ACE-Hemmern erforderlich.

Kalziumantagonisten (z. B. Verapamil [Isoptin] oder Nifedipin [Adalat]) wirken sehr gut bei Prinzmetal-Angina.

Chirurgische Behandlung: Die chirurgische Behandlung der Angina pectoris hat eine Verbesserung der Koronardurchblutung durch direkte aortokoronare Anastomosen- oder Bypass-Operationen zum Ziel. Angezeigt sind Operationen in erster Linie bei Patienten unter 60 Jahren mit ausgeprägter therapieresistenter Angina pectoris und mehreren zentral liegenden Koronarstenosen bei sonst noch zufriedenstellender Herzsituation.

•••• Ballondilatation bei Herzkranzgefäßverengung

Die Behandlung der Angina pectoris aufgrund von Verengungen der Herzkranzgefäße war lange Zeit nur mit Medikamenten und mit Bypass-Operationen durch den Herzchirurgen möglich.

Die erste erfolgreiche Aufdehnung einer verengten Herzkranzarterie bei einem 38jährigen Schweizer im Kantonspital in Zürich durch den deutschen Arzt und Kardiologen Dr. Andreas Grüntzig mittels eines Ballonkatheters veränderte die Welt der Herzspezialisten. Heute ist die Ballondilatation von Verengungen der Herzkranzgefäße eine Standardmethode zur Behandlung der Angina pectoris. Inzwischen wird die Ballondilatation, die unter Kardiologen als perkutane transluminale coronare Angioplastie (PTCA) bezeichnet wird, bereits häufiger durchgeführt als Bypass-Operationen. Diese revolutionäre Methode konnte bereits vielen Tausenden von Patienten eine Bypass-Operation ersparen.

A. Grüntzig lernte 1969 bei einem Arbeitskreis in Frankfurt, der sich mit Gefäßkrankheiten beschäftigte, die von den amerikanischen Radiologen Dotter und Judkins in den sechziger Jahren erstmals beschriebene Methode zur mechanischen Erweiterung und Eröffnung verengter Gefäße mit einem Katheter kennen. Er entwickelte 1974 einen doppellumigen Ballonkatheter, mit dem er zunächst Verengungen der Becken-Beinarterien bei Patienten mit Raucherbein bzw. „Schaufensterkrankheit" aufdehnte.

Nach der ersten erfolgreichen Erweiterung einer Herzkranzarterie am 16. September 1977 hat die PTCA erst nach und nach Einzug in die kardiologischen Abteilungen gehalten.

Durchführung der Ballondilatation

Die perkutane transluminale koronare Angioplastie ist im Grunde eine Weiterentwicklung der Koronarangiographie.

Abb. 2.**12** zeigt schematisch den Ballonkatheter zur Durchführung der Gefäßerweiterung. Wie bei der Herzkatheteruntersuchung wird mit einem Führungskatheter dieser Ballonkatheter erschlafft in das verengte Herzkranzgefäß eingebracht (Abb. 2.**13 a** – **c**).

Abb. 2.**14 a** – **d** zeigt im Schema die Dilatation einer hochgradigen Gefäßverengung. In der Regel wird der Ballon in den Bereich der Verengung mehrfach mit steigendem Druck (3 – 12 bar) für 30 – 60 Sekunden aufgeblasen.

Dadurch wird eine zunehmende Aufdehnung der Herzkranzarterie erreicht. Die gesamte therapeutische Intervention kann zu jedem Zeitpunkt vom Therapeuten (und am Monitor auch vom Patienten) kontrolliert und gesehen werden. Nur selten verspürt der Patient beim Dehnen

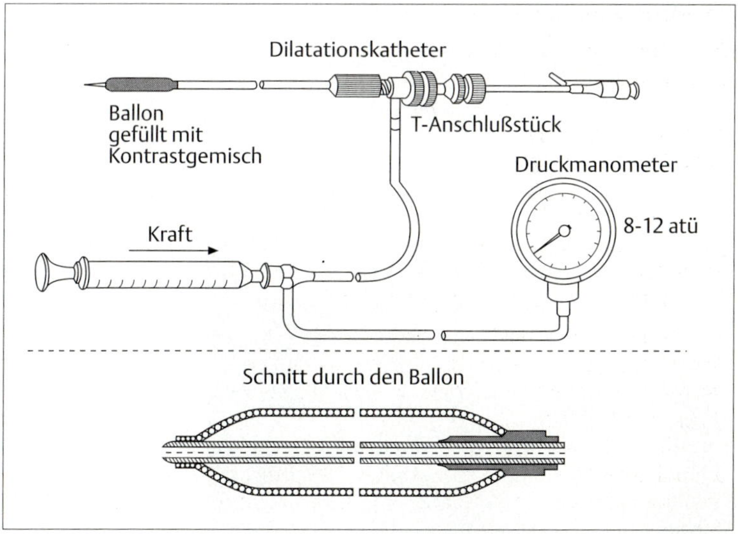

Abb. 2.**12** Ballonkatheter

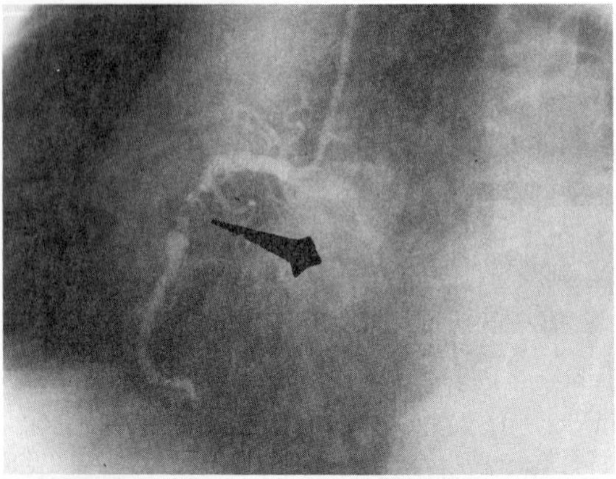

Abb. 2.**13 a–c** Katheterdilatation einer hochgradigen Stenose der rechten Koronararterie

a Hochgradige Verengung der rechten Koronararterie im ersten Drittel

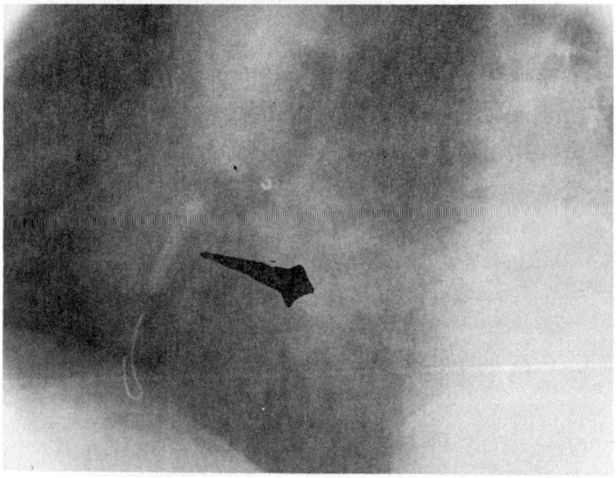

b Der Ballon ist aufgeblasen

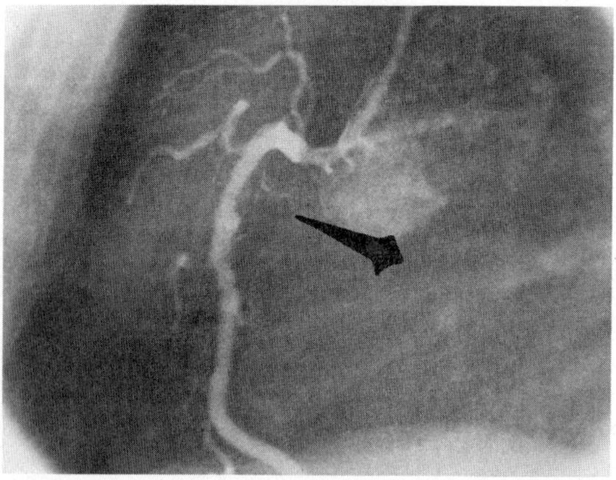

c Ergebnis: Das rechte Koronargefäß ist wieder gut durchgängig. Es liegen nur noch geringgradige Wandveränderungen vor

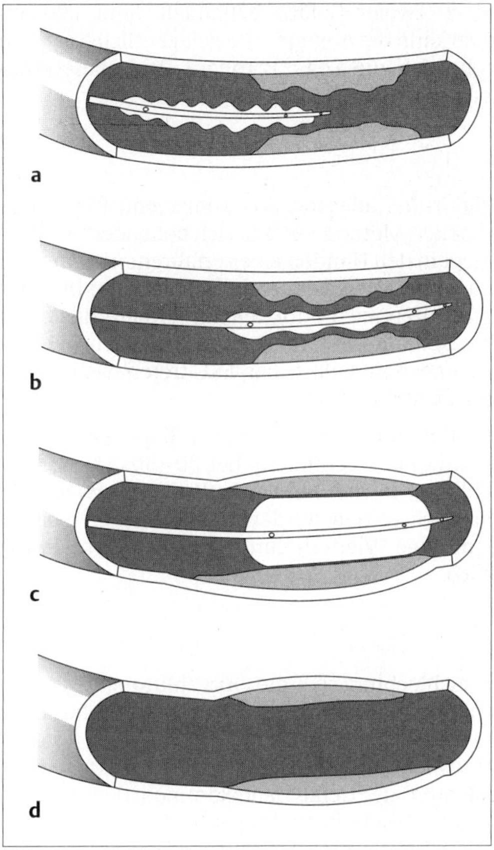

Abb. 2.**14 a–d** Prinzip der Ballondilatation
Nach dem Positionieren des Katheters (**a**) wird die Stenose passiert (**b**) und ein- oder mehrmalig mittels Überdruck dilatiert (**c**). Das Gefäß wird gedehnt, die arteriosklerotischen Massen in die Wand gedrückt (**d**)

des Gefäßes einen Brustschmerz, der meist nach Ablassen des Drucks schnell wieder verschwindet. Nach der Entfernung des Ballonkatheters ist das arteriosklerotische Material in die Gefäßwand gepreßt und die Verengung verschwunden.

Prinzipiell sollte vor jeder Bypass-Operation geprüft werden, ob auch mit einer PTCA die Möglichkeit einer lumeneröffnenden Therapie besteht. Durch die modernen Kathetersysteme kann nahezu jede Engstelle am Herzkranzgefäßsystem erreicht werden.

Während früher nur Eingefäßerkrankungen (Befall eines der drei Herzkranzgefäßäste) dilatiert worden sind, werden heute fast ausschließlich

Patienten mit Verengungen zweier Gefäße behandelt. Sind alle drei Hauptstämme betroffen, so kann die Angioplastie gelegentlich trotzdem durchgeführt werden, obgleich die sog. „koronare Dreigefäßerkrankung" nach wie vor eine Domäne der Herzchirurgie ist.

Erfolgsrate

Ca. 40% der Patienten, die früher allesamt operationsbedürftig waren, können heute mit dieser neuen Methode erfolgreich behandelt werden. Die primäre Erfolgsrate liegt in den Händen eines erfahrenen Teams und auch infolge einer starken Verbesserung des technischen Geräts bei über 90%. Meist werden die Patienten nach erfolgreicher Katheterdilatation beschwerdefrei. Auch die vor der Katheterbehandlung oft nachgewiesenen krankhaften Veränderungen im Belastungs-EKG treten nach erfolgreicher Gefäßerweiterung nicht mehr auf.

Die Wiederverschlußrate drei Monate nach der PTCA liegt je nach Zentrum und je nach Lokalisation der Verengung bei 20–30%. Neue Verschlüsse (= Rezidivverschlüsse) führen bei vielen Patienten wieder zu typischen pectanginösen Beschwerden, die der Patient ja in den meisten Fällen bereits genau kennt. Eine Wiederholung einer PTCA ist dann in den meisten Fällen möglich.

Komplikationen

In 1–2% der Eingriffe verschlechtert sich die Durchblutung des Herzmuskels, weshalb bei der Dilatation immer ein herzchirurgisches Operationsteam und ein leerer Operationssaal bereitstehen müssen („stand-by"). Bei schwerer Gefäßwandschädigung kann es zu einer Dissektion (Aufreißen einzelner Schichten) der Gefäßwand kommen, deren Abheilung bis zu einem halben Jahr dauern kann. Insgesamt liegt die Rate der Letalität einer Dilatation bei 1%, die Rate der auftretenden Herzinfarkte bei etwa 4%.

Langzeit-Ergebnisse

Längerfristige koronarangiographische Kontrolluntersuchungen haben gezeigt, daß sich beim Offenbleiben der Herzkranzgefäße in den ersten Wochen nach der Aufdehnung über Jahre hinweg die gleiche Verengung nicht wieder ausbildet.

Eine entscheidende Rolle spielt dabei aber die Änderung des risikoreichen Lebensstils des Patienten. Noch bestehende Risikofaktoren müssen bekämpft werden. Insbesondere muß das Rauchen kompromißlos eingestellt werden.

Von großer Bedeutung ist auch die Langzeitbehandlung mit einem Plättchenfunktionshemmer. Meist kommt Aspirin zum Einsatz. Der Druck des Ballons führt häufig zu einer Verletzung der Gefäßinnenhaut (Endothel) und zu einem Zerreißen des Arteriosklerose-Beetes („Plaque"). Dies fördert die Bildung eines Gerinnsels. Die Behandlung mit Aspirin kann den Grad der Plättchenablagerung und der Gerinnsel an der Gefäßwand beträchtlich einschränken. Es ließ sich zwar noch nicht nachweisen, daß Plättchenfunktionshemmer wie Aspirin die Raten an Wiederverengungen langfristig reduzieren können, doch gibt es eindeutige Hinweise darauf, daß Aspirin die Zusammenballung der Blutplättchen in den Tagen nach der Katheterdilatation und die Zahl der Herzinfarkte, die mit dem Verfahren zusammenhängen, tatsächlich senkt.

Während nach einer Bypass-Operation die Therapie mit einem Plättchenfunktionshemmer bereits wenige Stunden nach der Operation selbst begonnen wird (durch Injektion), empfiehlt es sich bei der Katheterdilatation, die Aspirin-Therapie bereits zwei Tage vor der PTCA einzuleiten.

•••• Rotationsangioplastie

Hierbei handelt es sich um mit rotierenden Fräsköpfen ausgestattete Katheter-Systeme, die zur Erweiterung bzw. Abtragung von arteriosklerotischen Gefäßverschlüssen geeignet sind. Die einfachste Form benutzt rotierende Drahtspiralen, die einen Gefäßverschluß durchdringen oder eine sehr hochgradige Verengung erweitern können (Rotations-Angioplastie).

Eine „Atherektomie" bzw. ein Herausschneiden von Arteriosklerosematerial wird mit Kathetern ermöglicht, die rotierende Messeranordnungen aufweisen. Andere Konstruktionen benutzen Einrichtungen zum Absaugen der gelösten Arterioskleroseteile.

•••• Metallstütze („Stent")

Eine wichtige Fortentwicklung der PTCA-Technik ist die Implantation von Gefäßendoprothesen mit Kathetertechnik über die Leiste. Stents sind Drahtgeflechte aus nichtrostendem Stahl, Tantal oder einer Nickel-Titan-Legierung, die die Gefäßwand nach einer Ballondilatation stützen und somit den Gefäßdurchmesser sichern sollen (Abb. 2.**15a – d**). Stents werden heute routinemäßig am koronaren System eingesetzt bei stark verkalkten Verengungen, bei langstreckigen Verengungen, Verschlüssen und wenn die arteriosklerotischen Beete geschwürsartig aufgebrochen sind.

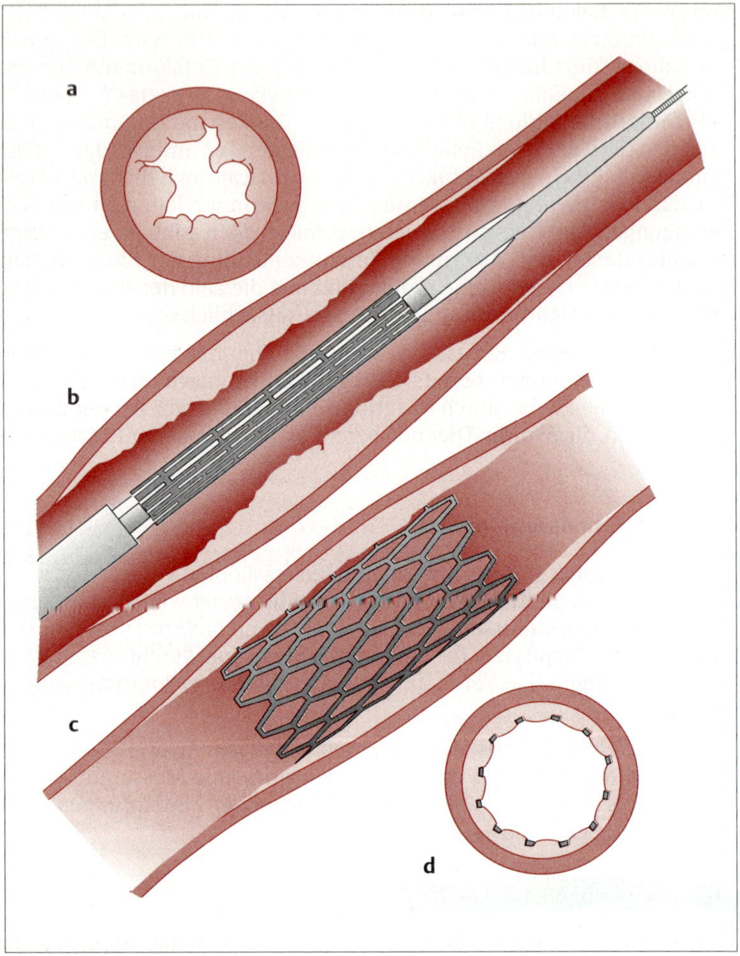

Abb. 2.**15 a – d** Schematische Darstellung einer Stent-Implantation (Palmaz-Stent)

a Querschnitt eines arteriellen Gefäßes mit hochgradiger stenosierender Arteriosklerose

b Der ballonexpandierbare Stent wird über die Gefäßverengung auf einem Katheterballon über die Leiste vorgeschoben und plaziert

c Nun wird der Ballon aufgeblasen, der Stent wird aufgefaltet und die Drahtstütze stützt die Gefäßwand

d Ergebnis: Die Lichtung des Gefäßes ist wieder frei

Physiotherapeutische Behandlung

Solange der Druckverband besteht, darf das Hüftgelenk *nicht* gebeugt werden. Die Behandlung findet daher als Pneumonie- und Thromboseprophylaxe im Liegen statt mit
- tiefen Atemzügen (Wahrnehmung der Atembewegung),
- dynamischen Bewegungserien des nicht betroffenen Beines sowie der Arme.

Bewegungstherapie bei koronarer Herzkrankheit. Körperliches Training und Sport haben sowohl in der Prävention als auch in der Therapie von degenerativen Herz-Kreislauf-Erkrankungen einen hohen Stellenwert.

Viele epidemiologische Untersuchungen der letzten 25 Jahre deuten darauf hin, daß körperliche Inaktivität als Risikofaktor für die Entstehung arteriosklerotischer Gefäßerkrankungen anzusehen ist. Die meisten der bislang vorliegenden Studien über den Einfluß von körperlicher Aktivität auf die Morbiditäts- und Mortalitätsrate der koronaren Herzkrankheit zeigen nahezu ausnahmslos eine Begünstigung der körperlich aktiveren Gruppen.

Die in Frage kommenden Mechanismen, durch welche körperliche Aktivität die Häufigkeit der koronaren Herzkrankheit herabsetzt, sind in Tab. 2.**6** zusammengefaßt.

Eine ausdauerorientierte Bewegungstherapie beeinflußt die meisten der etablierten Risikofaktoren für die Entstehung der Arteriosklerose in günstigem Sinne.

Durch richtig indizierte, dosierte und kontrollierte körperliche Aktivität, besonders durch ein monatelanges, regelmäßiges *Ausdauertraining*, kommt es über eine verbesserte Ökonomie im peripheren Muskel zu einer Verringerung des Sauerstoffbedarfs in der Peripherie und damit zu einer Entlastung des Herzens.

Folgende Bewegungsarten sind für den Angina-pectoris-Kranken besonders günstig: alle Übungen, die möglichst viele Muskeln dynamisch beanspruchen und lange genug andauern, um einen Effekt auf das periphere Kreislaufsystem zu gewährleisten. Dazu gehören Ausdauerübungen wie Traben (Jogging), Laufen, Schwimmen, Radfahren und Skiwandern.

Übungen, die mit einer Preßatmung einhergehen (wie Kraftsport, Heben und Stemmen, Bodybuilding und Tauchen), sind nicht geeignet (s. Herzinsuffizienz S. 104).

Als allgemeine *Kontraindikationen gegen eine Bewegungstherapie* bei Angina-pectoris-Kranken gelten:
- unbehandelte Angina pectoris in Ruhe und bei geringen Alltagsbelastungen,

Tabelle 2.**6** Mögliche Mechanismen, durch welche körperliche Aktivität Häufigkeit und Schwere der koronaren Herzkrankheit zu reduzieren vermag

Herz-Kreislauf-Effekte	Einfluß auf die Risikofaktoren
Ökonomisierung der Herzarbeit und der peripheren Blutverteilung sowie des venösen Rückstroms	Günstige Konstellation der Serumlipide und Lipoproteine
Pulsfrequenz und systolischer Blutdruck in Ruhe und unter Belastung ↓	HDL-Cholesterin ↑ LDL-Cholesterin ↓ Triglyzeride ↓
Systolen- und Diastolendauer ↑	Blutdruck (systolisch und diastolisch) ↓
Kardiopulmonale Leistungsfähigkeit ↑	
Zunahme der koronaren Kollateralgefäße	Nikotinkonsum ↓
	Körpergewicht ↓
Katecholaminsekretion ↓ (physiologische Sympathikolyse → „kardioprotektiver Effekt“)	Harnsäure ↓
	Glukosetoleranz ↑
Arrhythmieneigung ↓	Periphere Insulinempfindlichkeit ↑
Vitalkapazität und pulmonale Diffusionskapazität ↑	Fibrinolytische Aktivität ↑
	Thrombozytenaggregation ↓
Erythrozyten und Blutvolumen ↑	Psychische Stabilität (Streßtoleranz, Selbstbewußtsein, Lebensfreude, „Entängstigung“)

- drohender Infarkt (z.B. instabile Angina pectoris, Häufung bzw. Intensivierung der Angina-pectoris-Anfälle),
- medikamentös noch nicht befriedigend beherrschte gefährliche Arrhythmien,
- myokardiale Insuffizienz in Ruhe oder bei 50 Watt Belastung auf dem Fahrradergometer,
- hämodynamisch wirksame Aortenstenose,
- Herzwandaneurysmen,
- nicht ausreichend behandelte Ruhehypertonie,
- infektiöse Herzerkrankungen und akute Infektsituationen (z.B. grippaler Infekt).

Bypass-Operationen bewirken nachgewiesenermaßen eine Beschwerdefreiheit in über 80% und sind darüber hinaus lebenserhaltend und sogar lebensverlängernd.

2.7.2 Herzinfarkt

Die schwerste Komplikation der koronaren Herzkrankheit ist der akute Herzinfarkt. Er kann ohne Ankündigung oder nach einem oder mehreren Angina-pectoris-Anfällen auftreten.

Definition. Durch eine plötzliche Abtrennung vom versorgenden Blutstrom kommt es zum Gewebsuntergang (Nekrose) in einem abgegrenzten Myokardbezirk.

Klinisches Bild. Das Leitsymptom ist ein anhaltender, heftiger, vor dem Herz lokalisierter *Schmerz*, der häufig in den linken Arm, den Hals, Rükken oder Oberbauch ausstrahlt und oft mit einem Vernichtungsgefühl einhergeht. Zumeist ist dieser Schmerz von Todesangst begleitet. Häufig tritt zusätzlich eine Atemnot auf.

Schwere Allgemeinreaktionen wie Kollaps, Schweißausbruch, Orthopnoe, Übelkeit und Schwächegefühl sind häufig. Die präkordialen Schmerzen und bedrohlichen Allgemeinsymptome können aber auch völlig fehlen („stummer Infarkt“ in ca. 15–20 % aller Infarkte). Stumme Infarkte treten vor allem bei Diabetikern auf.

Im Gegensatz zur Angina pectoris dauert der Schmerz beim Herzinfarkt länger als eine halbe Stunde und kann sogar bis zu 2 Tagen anhalten. Dieser präkordiale Schmerz bessert sich auch nicht bei Bettruhe und spricht nicht auf Nitroglyzerin an.

Diagnostik. Das EKG wird durch den Infarkt in typischer Weise verändert (Abb. 2.**16a** u. **b**). Als charakteristische EKG-Veränderungen gelten:
- tiefe und breite Q-Zacke,
- Anhebung der ST-Strecke,
- symmetrische, spitz-negative T-Welle.

Enzymdiagnostik. Die Bestimmung von Enzymaktivitäten im Serum ist neben der EKG-Registrierung eine entscheidende diagnostische Maßnahme. Folgende Enzyme sind für die Infarktdiagnostik von Bedeutung:
- Kreatininphosphokinase (CPK),
- Glutamat-Oxalacetat-Transaminase (GOT),
- Laktatdehydrogenase (LDH).

Ein typisches Beispiel eines Enzymablaufs nach einem Infarkt zeigt Abb. 2.**17**. Es besteht eine enge Korrelation zwischen dem Schweregrad des Herzinfarkts – also dem Ausmaß der myokardialen Nekrose – und der Höhe und Dauer des Enzymanstiegs im Serum.

Laborchemisch finden sich beim Infarkt meist auch eine Erhöhung der Blutkörperchensenkungsgeschwindigkeit sowie eine Leukozytose und ein vorübergehender Blutzuckeranstieg.

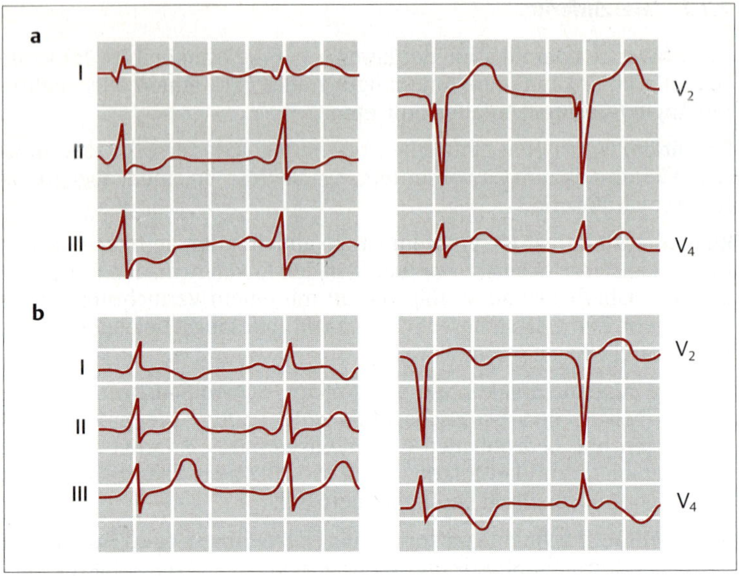

Abb. 2.18 a u. b Klassischer Ablauf eines Vorderwandinfarkts
a Frühveränderungen, **b** Spätveränderungen

Differentialdiagnose. Ein einmal registriertes und für normal befundenes EKG ist zum Ausschluß des akuten Herzinfarkts wertlos, da infarktspezifische Veränderungen mit starker Verzögerung – nach Tagen – auftreten oder sogar ganz fehlen können. Die weiteren Differentialdiagnosen entsprechen denen der Angina pectoris.

Komplikationen. *Herzrhythmusstörungen* treten bei 80–90% aller Infarkte innerhalb der ersten 72 Stunden auf.

Eine *Linksherzinsuffizienz* entwickelt sich in ungefähr 25% der Fälle und in 10–15% kommt es zum kardiogenen Schock. Die Herzwandruptur ist die Todesursache von 10% der Infarktpatienten, die während der Frühphase in der Klinik sterben.

Folgende weitere Komplikationen sind möglich: Septumperforation, Papillarmuskelabriß mit anschließender Mitralinsuffizienz, Perikarditis sowie das Postmyokardinfarktsyndrom (3–6 Wochen nach dem Infarkt Fieber und Perikarditis).

Eine Spätkomplikation des Herzinfarkts ist in 10% der Fälle ein Herzwandaneurysma. Gefürchtete Folgen sind die Herzinsuffizienz, arteriel-

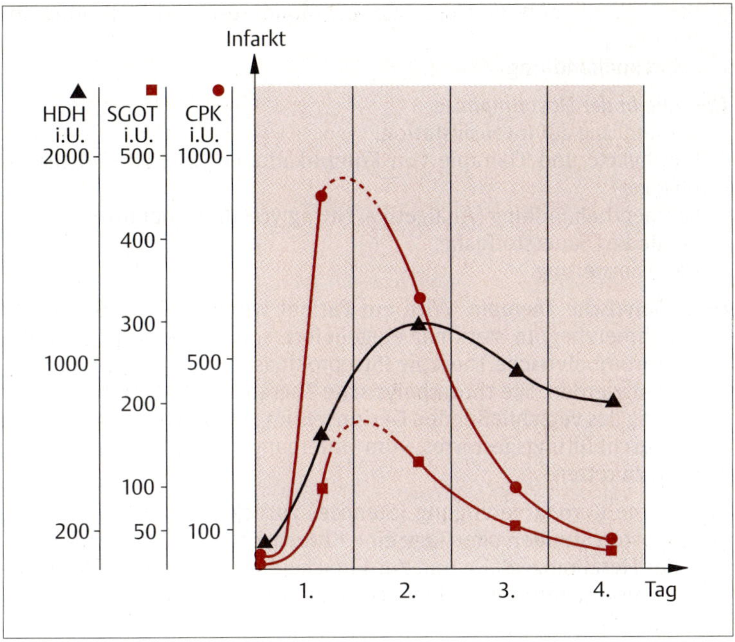

Abb. 2.**17** Beispiel von Enzymabläufen nach Infarkt

le Embolien und ventrikuläre Tachyarrhythmien. Wenn diese Komplikationen nicht medikamentös beherrscht werden können, ist eine operative Behandlung (Aneurysmektomie) zu erwägen.

Prognose. Die Letalität ist in der ersten Woche am größten und beträgt selbst bei optimaler klinischer Behandlung innerhalb der ersten 6 Wochen 25 – 30%, bei Infarktrezidiven über 40%.

Therapie.

Ambulante hausärztliche Behandlung des Herzinfarktes (Prähospitalphase). Nach dem Erkennen eines Herzinfarktes (klinische Symptome plus EKG) werden folgende therapeutische Schritte veranlaßt:

- Beruhigung und Ruhigstellung (z. B. mit Diazepam, Valium, Tranxilium),
- Schmerzbehandlung (mit Opiaten, z. B. Dolantin subcutan oder i. v. – niemals intramuskulär!),
- Gabe von einer Tablette Aspirin,
- Behandlung von Herzrhythmusstörungen (bei Bradycardie Atropin, bei Extrasystolie Xylocain),

- bei Asystolie externe Herzmassage, Mund-zu-Mund-Beatmung, Intubation),
- Schockbehandlung.

Therapie in der Hospitalphase
- Behandlung auf Intensivstation,
- Prophylaxe und Therapie von Komplikationen (z.B. Streßulcusprophylaxe),
- Schmerzbehandlung (Analgetika, Nitroglycerin, Tranquilizer),
- bei Bedarf Sauerstoffgabe,
- Heparinisierung.

Thrombolytische Therapie. Wird ein Patient weniger als 4–6 Stunden nach Schmerzbeginn stationär eingeliefert, sollte eine gerinnselauflösende thrombolytische Therapie (Streptokinase, Urokinase, t-PA) angeschlossen werden. Die thrombolytische Therapie zielt darauf ab, durch Auflösung des verschließenden Gerinnsels im entsprechenden Koronargefäß durchblutungsgestörtes, vom Untergang bedrohtes Herzmuskelgewebe zu retten.

Wenn eine Koronarverengung (Stenose) zurückbleibt, muß innerhalb der nächsten Stunden oder Tage eine Koronarangiographie zur Beurteilung der Herzkranzgefäße und zur Entscheidung über das weitere Vorgehen (Perkutane transluminale coronare Angioplastie PTCA oder Bypass-Operation) erfolgen.

Betarezeptorenblocker und Bewegungstherapie. Die Einführung der Betarezeptorenblocker (syn. Betablocker, Betarezeptorenhemmer, Betasympathikolytika, Betadrenolytika) stellt einen bedeutsamen Fortschritt in der Behandlung wichtiger Herz-Kreislauf-Erkrankungen dar. Betablocker gehören heute zu den Medikamenten der ersten Wahl bei der Therapie der Hypertonie, der koronaren Herzkrankheit und bei tachykarden Herzrhythmusstörungen. Viele andere Indikationen sind bereits etabliert, immer neue zeichnen sich ab (Tab. 2.**7**).

Die breite Anwendung betasympathikolytischer Substanzen läßt aus praxisnahen Gründen danach fragen, ob es bewegungstherapeutische Aspekte der Betasympathikolyse gibt.

Wie wirken Betablocker? Direkter Wirkort der Betablocker sind die sog. Betarezeptoren. Dabei handelt es sich um Impulsempfänger von Nachrichten, die durch sog. Überträgersubstanzen (die „Neurotransmitter" Adrenalin und Noradrenalin) an ein Zielorgan, beispielsweise den Herzmuskel oder glatte Muskelzellen der Gefäße, weitergegeben werden. Die Neurotransmitter sind Hormone, die im Nebennierenmark synthetisiert und gespeichert und auf nervale Reize hin (z.B. durch Streß oder Schock) in die Blutbahn abgegeben werden.

Tabelle 2.7 Indikationen für Betarezeptorenblocker

- Hypertonie
- Angina pectoris (koronare Herzkrankheit)
- Tachykarde Herzrhythmusstörungen
- Hyperkinetisches Herzsyndrom
- Hypertrophisch obstruktive Kardiomyopathie
- Glaukom
- Vegetative Übererregbarkeit („Streß")
- Angstzustände
- Essentieller Tremor (Parkinson-Tremor)
- Hyperthyreose – thyreotoxische Krise
- Migräne

Die Rezeptoren am Zielorgan, deren chemische Struktur wir bislang noch nicht genau kennen, haben als humorale Empfangsstationen wichtige Aufgaben. Sie müssen den Neurotransmitter erkennen, mit ihm in Wechselwirkung treten und dann eine biologische Reizantwort vermitteln. Um die Wirkung der Betarezeptoren zu erklären, wird oft der Vergleich mit dem „Schlüssel-Schloß-System" herangezogen. Der Rezeptor stellt das Schloß dar, die Überträgersubstanz ist der entsprechend passende Schlüssel. Wenn diesem System ein „künstlicher Schlüssel", in diesem Fall das Pharmakon Betablocker, angeboten wird, ist der Rezeptor blockiert und der körpereigene Neurotransmitter kann mit dem Rezeptor nicht in Interaktion treten. Betarezeptorenblocker verdrängen kompetitiv, d. h. reversibel, die Überträgersubstanz aus der Bindung mit dem Rezeptor. Eine sympathische Reaktion wird dadurch unmöglich, der Rezeptor ist dann blockiert.

Hämodynamische Wirkungen der Betarezeptorenblocker. Betablocker schirmen Herz und Kreislauf vor überschießenden Reizen des sympathischen Nervensystems ab. Der sympathische Antrieb des Herzens wird vermindert. Die Herzfrequenz in Ruhe und unter einer gegebenen Belastung sinkt ab (Abb. 2.**18**).

Der Kontraktionsablauf im Herzmuskel wird verlangsamt und die Kontraktionskraft vermindert. Während im Ruhezustand der Blutdruck kaum verändert wird, ist der Druckanstieg unter Belastung deutlich vermindert. Diese Vorgänge führen über eine Senkung des Herzzeitvolumens zu einer „Ökonomisierung der Herzarbeit", der Energiebedarf des Herzens wird herabgesetzt. Die Reduktion des myokardialen Sauerstoffverbrauchs führt so beispielsweise zu einer Erhöhung der Belastungsfähigkeit des Koronarpatienten.

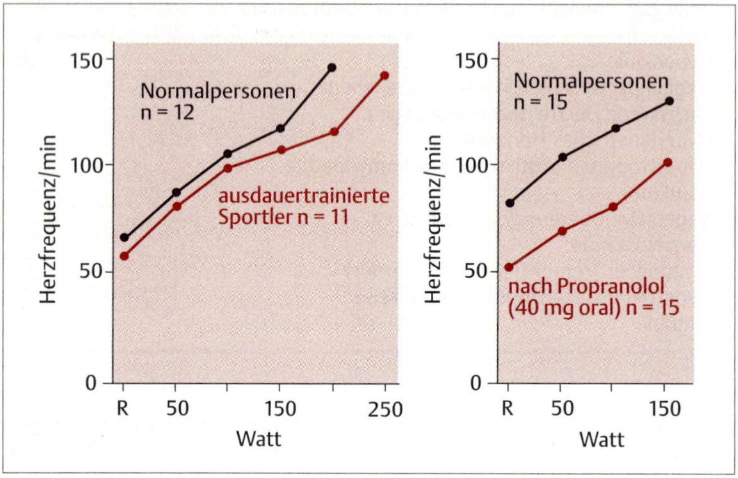

Abb. 2.**18** Herzfrequenz in Ruhe und unter einer stufenförmigen fahrradergometrischen Belastung, links bei Normalpersonen im Vergleich mit ausdauertrainierten Sportlern und rechts von Normalpersonen vor und nach Betablokkade

Fast identische hämodynamische Effekte kennzeichnen auch das ausdauertrainierte Herz. Es besteht also eine Parallelität zwischen den Auswirkungen eines regelmäßigen körperlichen Trainings und den Effekten einer Betarezeptorenblockade. Bei gleicher Arbeit der Skelettmuskulatur wird der Wirkungsgrad des Motors Herz verbessert. Ein regelmäßiges Training führt demnach zu einer „physiologischen Sympathikolyse". Dennoch besteht ein entscheidender Unterschied: Beim ausdauertrainierten Sportler erfolgt die Reduktion der sympathischen Überaktivität über die verbesserte Ausdauerleistungsfähigkeit der trainierten Muskulatur, also primär über die Peripherie, während mit der Betasympathikolyse eine direkte Hemmung des sympathischen Antriebs am Herzen erzielt wird.

Sportmedizinische Aspekte der Betasympathikolyse. Betablocker beeinflussen die sportliche Leistungsfähigkeit in besonderer Weise. Schwere körperliche Belastungen und die Streßsituation unter Wettkampfbedingungen führen beim Sportler zu einer Steigerung der Sympathikusaktivität, die durch eine Zunahme der Plasmakatecholaminkonzentration (Adrenalin und Noradrenalin) nachweisbar ist. Die Folge sind Umstellungsreaktionen der Hämodynamik und des Stoffwechsels. Da Betablokker diese Parameter beeinflussen, stellt sich heute auch die Doping-Frage. Die Ausdauerleistungsfähigkeit kann durch Betablocker sicherlich nicht verbessert werden. Bei körperlichen Belastungen, bei denen eine sehr hohe Herz-Kreislauf-Leistung und ein hoher Energieumsatz notwendig sind (beispielsweise Langlauf, Skilanglauf) wirken sich die Betablocker hemmend auf die Leistung aus, da der sympathische Antrieb für eine maximale Herz-Kreislauf-Leistung fehlt. Bei solchen Belastungsformen sind also Betarezeptorenblocker sicherlich nicht indiziert. Bessere Leistungen nach Betasympathikolyse können erwartet werden bei Sportarten mit hohem psychomentalem Streß (z.B. Segelfliegen, Fallschirmspringen, Skispringen, Bobfahren, Autorennfahren, Schießen u.a.). Es ist bekannt, daß bei einigen Sportarten ohne wesentliche körperliche Belastungen Tachykardien bis zu 205 Schlägen/min auftreten. Auch bei Autofahrern im Straßenverkehr sind Steigerungen der Katecholaminausscheidung im Harn in 80% festgestellt worden. Neben Tachykardien treten auch hier oft Extrasystolen und pathologische EKG-Veränderungen auf, wie telemetrische Untersuchungen ergeben haben. Betablocker müssen aus ethischer Sicht, wenn sie die Wettkampfsituation beeinflussen, als *Doping-Mittel* angesehen werden. Im Breitensport, in der Prävention und in der Rehabilitation kardiovaskulärer Erkrankungen können Betablocker jedoch hilfreich sein. Oft kann bei herzkreislaufkranken Patienten dadurch die Ausübung einer Sportart oder eine Bewegungstherapie risikoärmer gestaltet bzw. überhaupt erst möglich gemacht werden. Durch den Einsatz von Betablockern läßt sich insbesondere bei Koronarpatienten und bei Patienten mit hyperkinetischen Regulationsstörungen (abnorm starker sympathikoadrenaler Antrieb unter Belastung) auch im Alltag die psychische und physische Belastungstoleranz verbessern. Die Betablockade kann also die bewegungstherapeutischen Maßnahmen fördern, indem sie die Belastungsintensität erhöht. Sie kann jedoch keinen Ersatz für eine regelmäßige körperliche Aktivität darstellen.

Auswirkungen auf die bewegungstherapeutische Praxis. Bei Patienten, die unter Betablockern stehen, ist der frequenzsenkende Effekt von ca. 20 Schlägen/min unter Belastung (z.B. beim Treppensteigen) zu berücksichtigen. Die Regel, daß am Ende der Belastungsphase beispielsweise bei Patienten mit koronarer Herzkrankheit die maximale Pulsfrequenz auf einen Wert von 180 minus Lebensalter angestiegen sein soll, hat unter Betablockertherapie keine Gültigkeit. Es ist immer individuell eine Rücksprache des Bewegungstherapeuten mit dem behandelnden Arzt erforderlich, weil verschiedene Betablocker eine durchaus unterschiedliche bradykardisierende Wirkung haben. Das Pulsfrequenzverhalten ist also kein sicheres Kriterium für die Beurteilung der jeweiligen Belastungsfähigkeit der Patienten, die unter einer Betablockertherapie stehen. Statt dessen muß bei der Bewegungstherapie mit diesen Patienten auf klinische Symptome wie eine beschleunigende Atmung (Tachypnoe und Dyspnoe) sowie auf den allgemeinen Erschöpfungsgrad geachtet werden.

Physiotherapeutische Behandlung

Der Einsatz der Bewegungstherapie nach Herzinfarkt läßt sich in vier Phasen einteilen:
- Akutphase,
- Konvaleszenzphase,
- Rehabilitationsphase,
- Postkonvaleszenzphase.

Frühmobilisation in der Akutphase

Seit 1952 von Levine und Lown die Diskussion über die Möglichkeit der Frühmobilisation angeregt wurde, haben sich die Auffassungen darüber geteilt. Die Angaben über den Beginn der Behandlung schwanken von „kompromißlos 6 Wochen Bettruhe" bis zum „Aufstehen nach 3 Tagen". Obwohl die Nachteile einer strengen Bettruhe bekannt sind:
- Pneumoniegefahr,
- Thrombosegefahr,
- gastrointestinale Störungen,
- Miktionsbeschwerden,
- Inaktivitätsatrophien der Skelett- und Herzmuskulatur,
- Entkalkung der Knochen,
- Kreislaufregulationsstörungen,
- neurotische Verhaltensweise,

stützen sich deren Anhänger auf die pathologisch-anatomischen Kenntnisse des Infarktablaufs. Die Narbenbildung am nekrotisierten Herzmuskel dauert in der Regel 6 Wochen. Aufgrund der überwiegend in Skandinavien und den USA gesammelten günstigen Erfahrungen mit der Frühmobilisation hat die Weltgesundheitsorganisation 1968 in Heidelberg dieses Prinzip als Standardmethode der Infarktrehabilitation empfohlen. In modifizierter Form wird in den meisten Kliniken nach den Empfehlungen der WHO vorgegangen, was hohe Anforderungen an das Zusammenspiel des Betreuungspersonals stellt (Abb. 2.**19 a** u. **b**).

Vergleiche der Untersuchungen bei frühmobilisierten und nicht frühmobilisierten Patienten nach Myokardinfarkt haben folgende Veränderungen bei den frühmobilisierten Patienten ergeben:
- Reduktion der Herzarbeit durch Abnahme des belastungsabhängigen Herzfrequenzanstiegs,
- Anstieg des arteriellen Mitteldruckes.

Weitere Vorteile einer individuellen Frühmobilisation sind:
- Erleichterung des Übergangs von der Mobilisationsphase im Akutkrankenhaus zur Rehabilitationsphase der Kur,
- Vermeidung der mit längerer Bettruhe verbundenen Gefahren,
- schnelleres Zurückfinden zu seinem seelischen Gleichgewicht, wenn dem natürlichen Bewegungsdrang unter Aufsicht einer geschulten Kraft nachgegeben werden darf.

Eine Verbesserung der kardialen Leistungsbreite sowie die Ausbildung von Kollateralgefäßen der Koronararterien können durch Mobilisationsmaßnahmen nicht erreicht werden.

Die Auswirkungen einer kurzen Immobilisierung sind abhängig von:
- Primärleistungsfähigkeit,
- Begleiterkrankungen.

Für einen normal leistungsfähigen Menschen hat eine 1- bis 2wöchige Bettruhe kaum einen Einfluß auf die für einen ruhigen Klinikalltag notwendige Leistungsfähigkeit. Durch eine Bettruhe von 1 – 2 Wochen ist mit einer Verminderung der Leistungsfähigkeit von etwa 20% zu rechnen. Ist jedoch die Primärleistungsfähigkeit kaum ausreichend, einen Minimalalltag zu bewältigen, kann eine Bettruhe von 1 – 2 Wochen einschneidende Folgen haben. Bestimmte Begleiterkrankungen gelten als Kontraindikationen gegen die Behandlung:
- manifester kardiogener Schock oder dessen Anzeichen (Hypotonie, Blässe, Schwitzen),
- Zeichen der Herzinsuffizienz,
- nicht beherrschbare Arrhythmien,
- längerdauernde Herzschmerzen (retrosternales Druckgefühl, pektanginöse Beschwerden),
- Temperatur über 38 °C.

Der Zeitpunkt des Beginns der Mobilisation des Patienten hängt vom Fehlen etwaiger Kontraindikationen und vom Krankheitsverlauf ab. Aufgrund eigener Erfahrungen genügt eine Beobachtungszeit von 3 – 5 Tagen, welche die Patienten auf der Intensivstation verbringen. Die Zeitwerte gelten unter Berücksichtigung der individuellen Situation des Einzelfalls und müssen, falls der Heilungsverlauf Komplikationen zeigt, sofort korrigiert werden. Sobald ST-Veränderungen im EKG, Temperatur und Enzymaktivitäten normalisiert sind, ist die akute Nekrosephase überstanden.

- *Befund:* Der physiotherapeutische Befund zeigt meist keine wesentlichen spezifischen Besonderheiten. Dennoch sollte auch hier, wie immer, ein genauer Befund aufgenommen werden. Häufig sind die Atemmaße im kostalen Bereich etwas eingeschränkt, vor allem, wenn durch das Vorhandensein einer Herzzone im Bereich Th 1 – Th 9 das Gewebe am Thorax stark verhaftet ist.

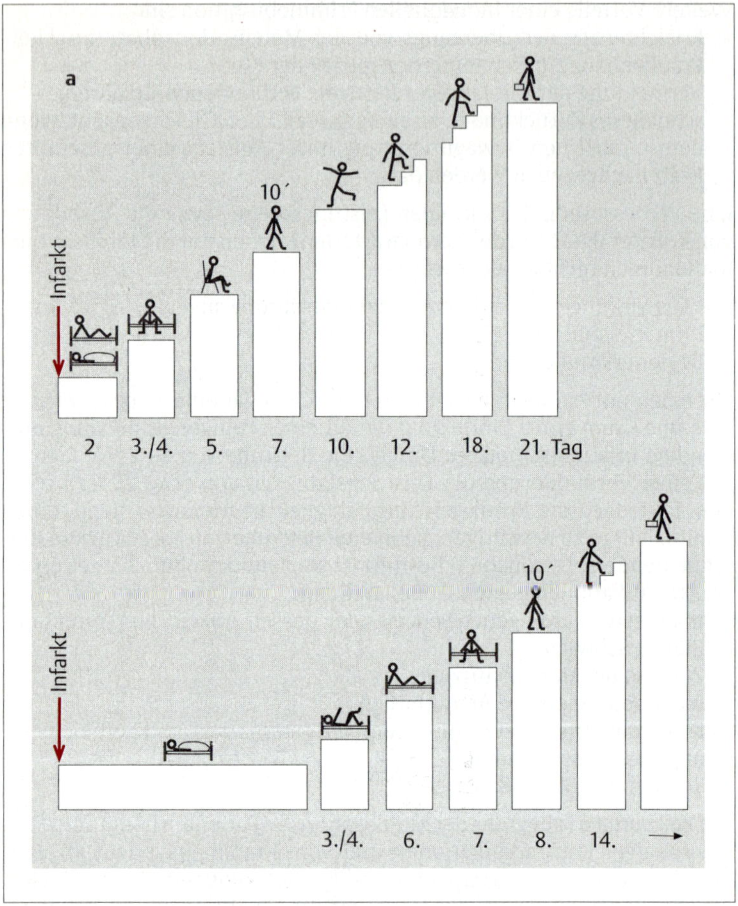

Abb. 2.**19 a** Mobilisation nach leichtem (oben) und schwerem (unten) Herzinfarkt. Göteborger Modell. Treppensteigen nicht in allen Fällen

Der Puls muß auf Rhythmus, Frequenz, Qualität und Quantität untersucht werden, man fragt nach Stenokardien und dem subjektiven Leistungsgefühl.

Auch die Frage, was der Patient in Zukunft in seinem Alltag ändern möchte, ist wichtig.

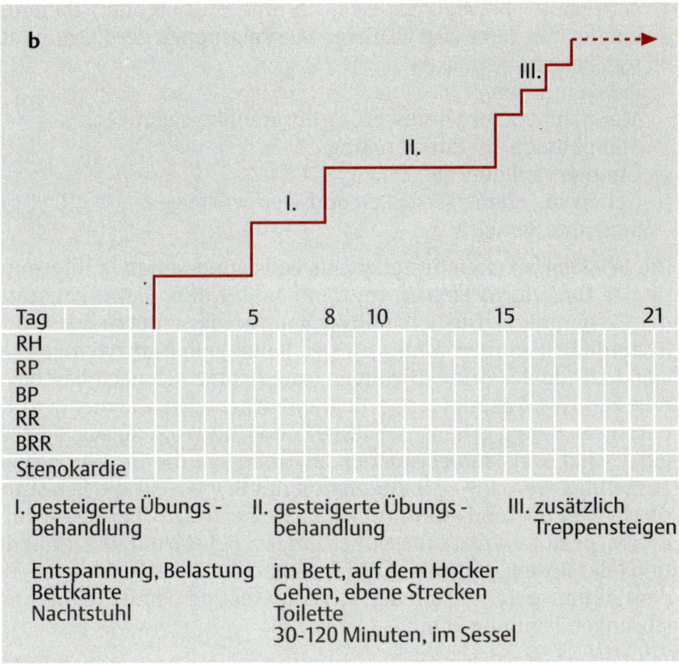

Abb. 2.**19 b** Mobilisation nach Herzinfarkt. Heidelberger Modell. RH = Rhythmusstörungen, RP = Ruhepuls, BP = Belastungspuls nach stärkster Beanspruchung, RR = Ruheblutdruck, BRR = Belastungsblutdruck. Bei Stenokardie und Arrhythmien den Arzt verständigen!

Gesichtspunkte

- Pneumonieprophylaxe,
- Thromboseprophylaxe.
- Der Patient soll so weit belastbar gemacht werden, daß er bei der Entlassung aus stationärer Behandlung den alltäglichen körperlichen Beanspruchungen gewachsen ist und das körperliche Training in einem Anschlußheilverfahren fortführen kann.
- Er soll ferner die eigene Belastungsfähigkeit einschätzen lernen.
- Schulen der Entspannungsfähigkeit,
- Schulen eines ökonomischen Bewegungsverhaltens.

- *Maßnahmen:* Die physiotherapeutische Übungsbehandlung enthält:
  - gesteigerte Bewegungsserien in intermittierender Dauerform kleiner, mittlerer und größerer Muskelgruppen der Extremitäten, sog. Belastungsphasen,
  - Pulskontrollen,
  - Maßnahmen zur Verbesserung der Atembewegungen,
  - Maßnahmen zur Entspannung,
  - Übungen auf dem Hocker,
  - Gehen von ebenen Strecken und Treppensteigen,
  - Sitzen im Sessel.

Die *Belastungsphasen* bestehen aus Bewegungsserien in intermittierender Dauerform kleiner, mittlerer und größerer Muskelgruppen der Extremitäten. Die Behandlung kann an der unteren oder oberen Extremität beginnen. Übungen der Beine gelten als weniger belastend als die der Arme. Die Steigerung richtet sich nach hämodynamischen Gesichtspunkten, d.h. alle Bewegungen, die aus dem Körperniveau herausgehen – z.B. Knie- und Hüftbeugung aus Rückenlage –, sind kreislaufbelastender als Übungen, die im Körperniveau ausgeführt werden – z.B. Abduktion des Beines. Für die Belastungsphasen der oberen Extremität gilt dasselbe Prinzip. Bei Übungen, die den M. pectoralis stark miteinbeziehen, z.B. horizontale Zirkumduktion oder Boxen, ist große Vorsicht angezeigt, da es zu überschießendem Aktionspotential auf den Herzmuskel und damit zu Rhythmusstörungen kommen kann.

Pulskontrollen. Nach jeder Belastungsphase und nach jeder Ruhephase wird anfänglich der Puls kontrolliert. Die Herzfrequenz ist ein guter Indikator für den Sauerstoffverbrauch des Myokards. Deshalb kann durch diese einfache Kontrolle der Herzfunktion ein Sicherheitsbereich eingehalten werden. Unter Betablockern sinkt die Frequenz ab (S. 148). Um den Patienten nicht zu ängstigen und um ihn nicht an eine Kontrolle zu fixieren, ist es jedoch günstiger, nicht so häufig den Puls zu fühlen, sondern vor allem nach starken Belastungsphasen. Im Liegen darf die Frequenz bis 12 Schläge/min, im Sitzen bis 20 Schläge/min und beim Gehen und Treppensteigen bis 30 Schläge/min ansteigen. Die Gabe von Betarezeptorenblockern beeinflußt die Herzfrequenz entscheidend. Der Physiotherapeut muß von der Gabe solcher Medikamente in Kenntnis gesetzt werden.

Verbesserung der Atembewegungen und Entspannung. Nach 3 Minuten muß ein Herz seine Ruhefrequenz wieder erreicht haben. Die Pausen zwischen den Belastungsphasen werden deshalb zur Verbesserung der Atembewegungen und Entspannung genutzt. Dafür kommen – je nach Befund – folgende Maßnahmen in Frage:

- gewebslösende Maßnahmen wie Ausziehen der Interkostalräume, Hautverschiebungen, Packegriffe, Hautfalte wegatmen lassen,
- Wahrnehmung der Atembewegungen, Vergrößerung der Atembewegungen,
- Vibrationen, Streichungen und weiche Knetungen für das Schulter-Nacken-Gebiet.

Während dieser Maßnahmen kann es unserer Beobachtung nach gehäuft zu Extrasystolen kommen. In solchen Fällen läßt man diese Maßnahmen weg oder ersetzt sie durch
- Dehnlagerungen und selbsttätiges Dehnen eines Armes oder Beines (nicht bei Aneurysma) und durch
- Entspannungs- und konzentrative Wahrnehmungsübungen.

In den Phasen, welche der Entspannung eingeräumt sind, bietet sich oft spontan die Möglichkeit zu einem Gespräch. Dazu sollte jede sich bietende Gelegenheit genutzt werden.

Während des Aufenthaltes im Akutkrankenhaus geht es nicht nur darum, eine akute Bedrohung abzuwenden, sondern es werden auch die Weichen für eine gewünschte, dauerhafte *Verhaltensänderung* gestellt. Um diese herbeizuführen, muß dem Patienten ein hohes Maß an Eigenverantwortlichkeit zugesprochen werden. Daher muß jede mögliche Entmündigung oder Bevormundung vermieden werden. Unter Berücksichtigung seiner Persönlichkeitsstruktur (kognitive, emotionale und aktionale Elemente) und seines momentanen Erlebens (Gedanken, Gefühle, Handlungsbereitschaft) sollten Verhaltensvorgaben sowie therapeutisches Vorgehen (Bewegungsverhalten, Medikamente, Untersuchungen) erklärend mit dem Patienten besprochen werden. Eine beständige Verhaltensänderung ist nur möglich, wenn sie vom Patienten gewollt ist.

In dem *Übungsprogramm auf dem Hocker* werden dieselben Prinzipien zur Steigerung der Belastung berücksichtigt wie sie bei den Belastungsphasen beschrieben sind:

Dazu kommen:
- Rotation, Flexion/Extension und Lateralflexion der Wirbelsäule.

Es ist nicht unbedingt notwendig, aber es kann durch die Auswahl eines Gerätes von Tag zu Tag eine zusätzliche Steigerung erzielt werden, z. B.:
- ohne Gerät,
- Stab,
- Reifen,
- Ball,
- Ersetzen des Hockers durch den Therapieball.

Die Bewegungen sollen rund und nicht zu hastig oder gar zackig durchgeführt werden. Der Patient soll sich dabei selbst beobachten. Übungen mit zu hoher Anforderung an die Koordination erschweren die Körperwahrnehmung.

Das Gehen auf ebenen Strecken soll sich jeden Tag etwas ausdehnen und hinsichtlich des Tempos gesteigert werden. Es ist darauf zu achten, daß der Patient anfänglich die Beine gewickelt hat oder Stützstrümpfe und festes Schuhwerk trägt, das ihm sichere Schritte und ein gutes Abrollen der Füße ermöglicht. Er soll ein besseres Tempogefühl beim Gehen entwickeln. Möglicherweise muß auch das Gleichgewicht geschult werden.

Das *Sitzen im Sessel* gehört im strengen Sinne nicht mehr zu der Behandlung, sondern es schließt sich daran an. Es wird von 15 Minuten ausgehend von Tag zu Tag gesteigert. Das *Treppensteigen* gehört im strengsten Sinne nicht in das Frühmobilisationsprogramm, da die eigentliche Kreislaufbelastung zu hoch ist. Durch die bewältigte Hubhöhe beim Treppaufgehen leistet der Körper bei mäßigem Tempo 120 – 200 Watt (etwa 1 Watt/kg Körpergewicht). Patienten mit geringer Grundkraft oder mit einer Empfindlichkeit auf Volumenbelastung fällt das Treppensteigen immer schwer. Es müssen also realistische Pausen von etwa 1 Minute je Treppenabsatz eingefügt werden. Sollte der Patient zu Hause keine Treppen steigen müssen, läßt man das Treppenprogramm aus der Frühmobilisation innerhalb der ersten zwei Wochen weg.

Dosierung. Die Dosierung ist in Anlehnung an das WHO-Programm in drei Stufen eingeteilt, deren Art und Intensität sich nach dem individuellen Krankheitsverlauf des Patienten richtet (Abb. 2.**20**).

1. – 3. Tag. Schonende Pneumonie- und Thromboseprophylaxe auf der Intensivstation.

4. – 5. Tag: Stufe I. Die Übungsbehandlung findet im Liegen statt, Belastung und Entspannung sind bezüglich der Dauer gleichwertig. Die Stufe endet mit dem Sitzen an der Bettkante. Eigenaktivitäten: Nachtstuhl, selbständiges Waschen.

6. – 12. Tag: Stufe II. Die Behandlung im Liegen wird durch eine Übungsfolge auf dem Hocker ergänzt. Jetzt überwiegen die Belastungsphasen. Abschließend geht der Patient ebene Strecken auf dem Flur.

Eigenaktivitäten: Essen und Waschen außerhalb des Bettes, Gang zur Toilette, freie Bewegung im Zimmer in gesteigertem Maß, 20 – 30 Minuten Sitzen in einem Sessel.

13. – 22. Tag: Stufe III. Die Belastung im Liegen geschieht nur noch kurz, da das Übungsprogramm auf dem Hocker jetzt das Hauptgewicht erhält. Die Gehstrecke wird verlängert, das Tempo beschleunigt, Treppen dürfen gestiegen werden. Der Patient darf sich nun 3 – 4 Stunden frei in der Klinik und im Garten bewegen.

Stufe I	Min.
Unterschenkel, Fuß	3
Ruhephase	1
Oberschenkel, Hüfte	4
Ruhephase, Seitenlage	5
Unterarm, Hand	3
Ruhephase	1
Oberarme	4
Ruhephase, Seitenlage	5
Sitz an der Bettkante	4
	30 Min.

Stufe II	Min.
Fuß, Bein	6
Ruhephase, Seitenlage	4
Hand, Arm	6
Ruhephase, Seitenlage	4
Sitz an der Bettkante	1
Übungen auf dem Hocker	8
Gehen von ebenen Strecken	5
	34 Min.

Stufe III	Min.
Bein	4
Arm	4
Ruhephase	3
Hocker	10
Gehen von ebenen Strecken	7
Treppe	5
	33 Min.

Abb. 2.**20** Vorschlag für die Dosierung der Belastung in 3 Stufen

Die Behandlungsdauer sollte in jeder Stufe 30 Minuten nicht überschreiten. Dieses Übungsprogramm enthält keine isometrischen Übungen aus folgenden Gründen:

– Es ist nicht möglich, isometrische Übungen leicht oder belastender zu dosieren, da jeder Patient seinem Typ entsprechend viel oder wenig Intention hineinlegt.

- Es muß fast immer auf das Anhalten der Luft aufmerksam gemacht werden, was meist ein willkürliches, unnatürliches Atmen zur Folge hat.

Objektive Kontrollkriterien:
- Puls,
- Monitor-EKG,
- Telemetrie,
- Blutdruck,
- Veränderung der Atemform.

Subjektive Kontrollkriterien:
- Anstrengungsgefühl,
- Verfärbungen: Blässe, Zyanose,
- Schwitzen auf Oberlippe oder Stirn.

Gibt der Patient Beschwerden an wie
- retrosternales Druckgefühl,
- Angina pectoris,
- Schwindel,
- Übelkeit,

muß die Behandlung sofort *abgebrochen* und *der Arzt verständigt werden.* Das Nitro-Spray muß immer in erreichbarer Nähe sein.

Beispiel einer Übungsfolge der Belastungsstufe I am 5. Tag:
1. Ermittlung des Ruhepulses.
2. Belastungsphase der unteren Extremität, z.B. Füße dorsal- und plantarflektierend, Innen- und Außenrotation der Hüfte, Abduktion und Adduktion der Hüfte.
3. Pulskontrolle.
4. Entspannungsphase, z.B. Streckdehnung.
5. Belastungsphase der unteren Extremität, z.B. Knie- und Hüftbeugung, Bein gestreckt abheben usw.
6. Pulskontrolle.
7. Entspannungsphase, z.B. Dreh-Dehn-Lagerung, daraus Entwicklung zur stabilen Seitlage, einige Atemreizgriffe oder Massagegriffe für das Schulter-Nacken-Gebiet (3 Minuten).
8. Belastungsphase der oberen Extremität, z.B. Faustschluß, Innen- und Außenrotation in den Schultern, Beugung der Ellbogen, Abduktion und Adduktion in den Schultern.
9. Pulskontrolle.
10. Entspannungsphase, z.B. Streckdehnung.
11. Belastungsphase der oberen Extremität, z.B. Flexion und Abduktion in der Schulter, kombinierte Bewegungen mit Hand, Ellbogen und Schulter.
12. Pulskontrolle.

13. Kopfteil so hoch wie möglich stellen.
14. Strümpfe anziehen oder Beine wickeln.
15. Aufsitzen, Füße auf ein Fußbänkchen stellen (Sohlendruck).
16. Pulskontrolle.
17. Um das Bett herumgehen, zum Waschbecken oder zum Fenster gehen usw.
18. Pulskontrolle.

Kommt nun das Übungsprogramm der Stufe II auf dem Hocker hinzu, wird die Behandlung der Stufe I vor allem in den Entspannungsphasen gekürzt (s. Abb. 2.**16 b**). Es ist auch nicht falsch, statt der nächst schwereren eine leichtere Übung einzuflechten, wenn man sich die Vorteile und den Sinn der Frühmobilisation vor Augen hält:
- Der Übergang von der Mobilisationsphase im Krankenhaus zur Rehabilitationsphase (Konvaleszenzphase) in der Kur wird erleichtert,
- die Gefahren der längeren Bettruhe werden vermieden.

Konvaleszenzphase

In der 4.–12. Woche nach dem Infarkteintritt soll die körperliche Leistungsfähigkeit so weit verbessert werden, daß die Aufnahme des Berufs wieder möglich wird. Das Trainingsprogramm zu Hause oder in einem Anschlußheilverfahren beinhaltet:
1. Erwärmen (5–10 Minuten),
2. allgemeine Gymnastik,
3. Ausdauer- oder Intervallbelastung von mindestens 15 Minuten Dauer,
4. Gehen in der Ebene (Spazierengehen),
5. kurzzeitiges Treppensteigen und Bergaufgehen.

Die maximale Trainingsfrequenz im Alter unter 50 Jahren beträgt 120 Schläge/min, über 50 Jahre und bei Digitalis- und Betablockermedikation 100–110 Schläge/min. Die individuelle Trainingsintensität für die Folgezeit kann frühestens nach 6–8 Wochen ausgetestet werden. Die Trainingspulsfrequenz berechnet sich aus dem Ruhepuls + 60% der Differenz zwischen maximaler Pulsfrequenz und Ruhepulsfrequenz. Setzt man den Patienten schon früher einem Belastungs-EKG aus, muß mit sehr strengen Abbruchkriterien gearbeitet werden.

Nicht trainiert wird
- nach Mahlzeiten,
- bei Auftreten von Krankheitssymptomen (Angina pectoris, Kopfschmerzen, Schwindel),
- bei besonderen Umweltbedingungen (z. B. Hitze, Föhn).

Rehabilitationsphase (nach L. Wiraeus)

An das Mobilisationsprogramm im Akutkrankenhaus sollte sich möglichst nahtlos ein Anschlußheilverfahren anschließen.

Für den Physiotherapeuten entsteht zunächst die Schwierigkeit, die durch hochtechnisierte Diagnostik erworbenen Belastungsmöglichkeiten in die Praxis umzusetzen.

Dosierung: Um richtig zu dosieren, ist darauf zu achten, daß dieselbe Übung für jeden Patienten eine andere Belastung zur Folge haben kann. Dabei spielen diese Faktoren eine wichtige Rolle: Gewicht, Koordination, Intention und Ängste.

Einige *Beispiele:*
- Bei Übergewicht hat man mehr Gewicht zu bewegen und leistet damit mehr Arbeit.
- Ein ungeschickter Patient benutzt mehr Muskeln und leistet eine zu große Haltearbeit bei vielen Bewegungen.
- Ein Ehrgeiziger macht die Übungen schneller und bewegt sich übertrieben akkurat.
- Ein neuer Teilnehmer weiß nicht, was auf ihn zukommt, hat vielleicht Angst, weil er nicht informiert ist. Er muß daher mehr Kraft aufbringen.

Um auch dem Patienten ein richtiges Gefühl für die Belastung zu vermitteln, müssen Übungen zur Körperwahrnehmung eingebaut werden. Eine Unterstützung, um sich ausdrücken und einordnen zu können, ist die Anstrengungsskala nach Borg (Abb. 2.**21**).

- *Gruppenführung:* Die Gymnastik in dieser Gruppe muß für jeden individuell gestaltet werden. Dazu trägt eine lockere Gruppenführung bei. Es ist wichtig, sich als Gruppenleiter in der Gruppe zu bewegen und die Teilnehmer persönlich anzusprechen. Eine technische Hilfe ist die Arbeit mit Telemetriegeräten, da hierbei erkannt werden kann, wie viele Faktoren in der Gymnastik für die Pulssteigerung eine Rolle spielen können.

- *Gesichtspunkte*
  - Verbesserung von Flexibilität, Koordination, Ausdauer und Kraft;
  - Vermitteln von Freude an der Bewegung;
  - Verbesserung der Entspannungsfähigkeit durch Körperwahrnehmung.

In der Folge beschreibt Lars Wiraeus, Bad Bevensen, sein Gruppenangebot im Anschlußheilverfahren:

„Wir haben für den Aufenthalt in unserer Herz-Kreislauf-Klinik eine Gruppeneinteilung konzipiert, wobei alle Gruppen untereinander

6	
7	sehr, sehr leicht
8	
9	sehr leicht
10	
11	ziemlich leicht
12	
13	etwas anstrengend
14	
15	anstrengend
16	
17	sehr anstrengend
18	
19	sehr, sehr anstrengend
20	

Abb. 2.**21** Subjektive Anstrengungsskala nach Borg

koordiniert sind. Um dieses zu erreichen, ist es sehr wichtig, daß der Physiotherapeut jede Belastungsstufe durch eigene Erfahrung richtig einschätzen kann. Er muß wissen, welche Fertigkeiten gebraucht werden, um einen eventuellen Gruppenwechsel sinnvoll erscheinen zu lassen.

Einteilung der Gruppen:

V. Gymnastik auf dem Hocker 15 Minuten.
IV. Gymnastik 25 Minuten – Ergometertraining 12 Minuten – Frühgymnastik 10 Minuten.
III. Gymnastik 50 Minuten – Ergometertraining 12 Minuten – Wasserübungen 15 Minuten.
II. Gymnastik 50 Minuten – Lauftraining 15 Minuten – Schwimmübungen 20 Minuten.

In der Gruppentherapie beginnen wir mit der Gymnastik auf dem Hokker. Diese Übungen dienen der aktiven Entspannung und trainieren die Körperwahrnehmung. Hierbei lernt der Patient auch uns und seine Mitarbeiter kennen, wir bekommen unsere ersten Eindrücke vom Patienten innerhalb der Gruppe. Der Patient wird über die Behandlung und den Zweck der Übung allgemein informiert. Die Information ist in jedem

Gruppenangebot ein wichtiges Moment; deshalb sollte auf keinen Fall die Informationskontrolle vergessen werden.

Nach dem ersten Ergometertest in der Diagnostik beginnt der Patient eventuell mit der Gruppe IVa. Hier sollten bei der Gymnastik Muskeln und Gelenke Gelegenheit bekommen, sich durch unkomplizierte Bewegungsabläufe auf Bewegung einzustellen.

Wir beginnen mit Ergometertraining. Um hier einem stupidem Bewegungskonsum entgegenzuwirken, lassen wir den Patienten selbst unter Kontrolle den Widerstand auf dem Fahrrad nach seinem subjektiven Gefühl einstellen. Es ist dabei erstaunlich, wie genau der Patient den richtigen Widerstand von einem Tag zum anderen einstellen kann. Die oben erwähnte Anstrengungsskala nach Borg wird auch hierbei täglich angewendet.

In der Gruppe III werden bei der Gymnastik größere Muskelgruppen mit einfachen Koordinationen geschult. Der Patient wird mit einem Gymnastikgerät vertraut gemacht; dabei erlernt er den Umgang damit und auch die Spieltechnik. Die Erinnerung an frühere Tätigkeiten im Sport sind da, aber durch jahrelange Inaktivität sind die damaligen Fähigkeiten nicht mehr vorhanden, und der Patient überschätzt sich.

In der Gruppe III beginnen wir mit der Gymnastik im Wasser. Im Vordergrund stehen Übungen zur Gewöhnung an das Wasser, die Wasserkräfte zu fühlen und auszunutzen. Dies dient der Vorbereitung des ökonomischen Schwimmens in der Gruppe II. Ein schlechter Schwimmstil führt meistens zu einer zu großen Belastung.

In der Gruppe II beginnen wir bei der Gymnastik mit Spielen wie „Ball über die Schnur" und Volleyball, vorausgesetzt, der Patient hat hierfür die Grundlagen aus den anderen Gruppen übernommen.

Wir tauschen das Ergometertraining gegen einen sehr angenehmen, langsamen Dauerlauf ein. Für nicht so erfahrene Physiotherapeuten ist die Lauftrainingseinteilung nach Lagerström, Köln (Abb. 2.**22**), eine große Hilfe, um bei den verschiedenen Patienten das richtige Tempo zu bestimmen.

Beispiel eines Stundenaufbaus der Gruppe III (Abb. 2.**23**):

1. Aufwärmung – 10 Minuten.
   Die Aufwärmung ist sehr wichtig, da ein gut eingestellter Patient weniger Gefahr läuft, Beschwerden zu bekommen; er ist außerdem besser gegen Sportverletzungen geschützt.
2. Ausdauerübungen – 6 Minuten.
   Durch kontinuierliche Übungen werden ausgeglichene, flüssige und ökonomische Bewegungen erreicht. Ein leichter, konstanter Pulsanstieg wird erreicht.

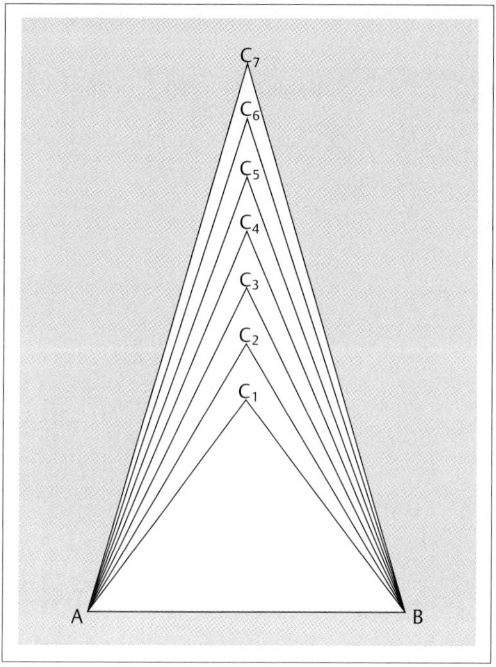

Abb. 2.**22** Schematische Darstellung eines Lauftrainings zur individuellen Belastung im Gruppenverband. ABC_1 = 80-m-Runde, ABC_2 = 90-m-Runde usw. Die Laufzeit für alle Runden beträgt einheitlich 1 Minute (Kölner Modell, nach Lagerström)

3. Entlastung – 3 Minuten.
   Aktive Entspannung für die Schultergürtelmuskulatur, um eine Pulssenkung und Erholung zu erreichen.
4. Ausdauerübungen – 6 Minuten.
   Das Koordinationsgefühl für das Gehen und Ansätze zum Laufen stehen auf dem Programm.
   Es kommt wieder zu einem leichten Pulsanstieg.
5. Entlastung – 3 Minuten.
   Dehnungen ohne großen Kraft- oder Bewegungsaufwand. Eine Pulssenkung und Erholung wird wieder erreicht.
6. Übungen mit dem Ball – 12 Minuten.
   Die Übungen sollen nicht zu lange durchgeführt werden, sondern immer wieder mit Instruktion, Korrekturen und neuen Aufgaben zur Erholung verbunden werden; der Puls kann nämlich auch schon bei leichten Ballübungen sehr hoch steigen.

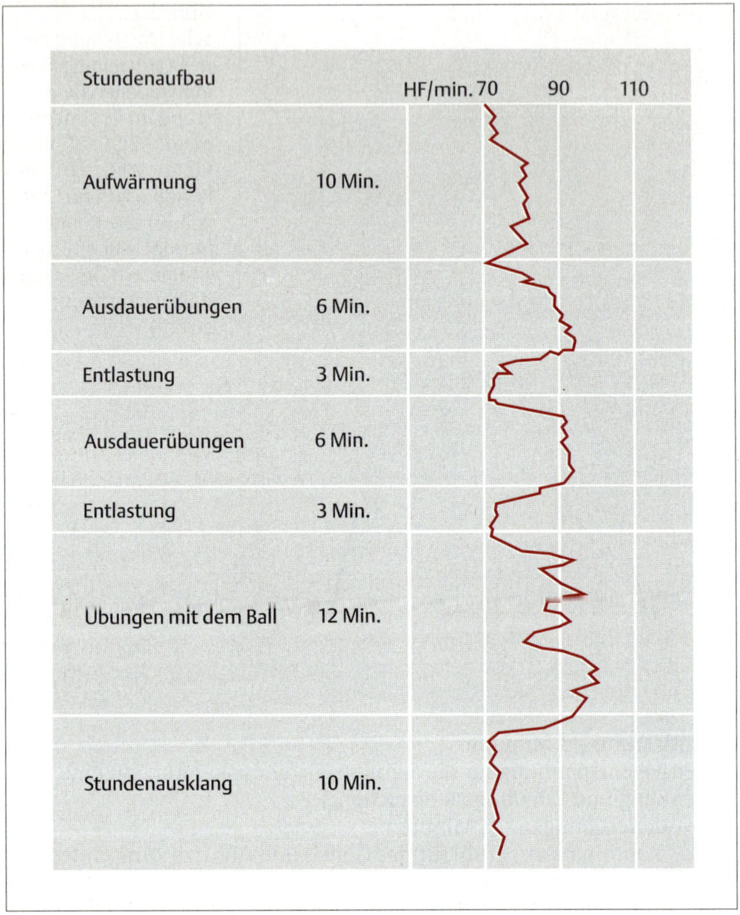

Abb. 2.**23** Gymnastik 50 Minuten mit Telemetrieüberwachung. HF = Herzfrequenz

7. Stundenausklang – 10 Minuten.
   Im Sitzen sich unterhalten und Entspannungsübungen machen. Der Puls sinkt auf den anfänglichen Ruhewert zurück und der Patient verläßt ausgeglichen den Übungsraum.“

Ergometertraining

Das Ergometertraining ist ein *Ausdauertraining* auf dem Fahrradergometer. Es erlaubt neben einer genauen Dosierung auch eine exakte Überwachung. Zunächst wird rechnerisch die altersentsprechende *Trainingsfrequenz* ermittelt. Als Faustregel kann gelten: 170 minus Lebensalter = Trainingsherzfrequenz. Unter einer Betablockertherapie sollte man von einer Trainingsherzfrequenz von 150 minus Lebensalter ausgehen. In jedem Fall muß vor Beginn des Trainings eine Belastungsuntersuchung stattfinden. Hierbei wird in kleinen Stufen von jeweils 12,5 Watt alle 3 Minuten die Belastung um eine Stufe gesteigert, während fortlaufend das EKG auf einem Oszillographen überwacht wird. Hierbei soll überprüft werden, ob dem Patienten die für ein Training auf allgemeine aerobe Ausdauer erforderliche Herzfrequenz zugemutet werden kann. Diese Trainingsherzfrequenz wird durch den Arzt ermittelt.

Dosierung: Das Ergometertraining findet täglich statt. Jeder Patient trainiert mit seiner individuell angesetzten Wattzahl über 15 Minuten. Vor, während und 3 Minuten nach der Belastung wird die Pulsfrequenz gemessen und in ein Protokoll eingetragen, um den Trainingseffekt zu dokumentieren. Meist steigt unter gleichbleibender Trainingsherzfrequenz die Belastbarkeit an. Es wird etwa eine Woche mit der ausgetesteten Trainingswattzahl trainiert. Kommt es zu einer deutlichen Pulsfrequenzabnahme, wird die Trainingsbelastung für die nächste Woche um eine Belastungsstufe (12,5 Watt) gesteigert. Erst wenn 50 Watt über 15 Minuten vertragen werden, sollen zusätzlich zum Ergometertraining noch Ausdauerbelastungen in kleinen Gruppen dazugenommen werden.

Postkonvaleszenzphase

Diese Phase ist zeitlich nicht begrenzt. Sie ist als sekundäre Prävention lebensbegleitend.

An den wöchentlichen Trainingsabenden werden die Teilnehmer mit kreislaufgünstigen Bewegungsformen vertraut gemacht. Sie sollen lernen, die Belastungsintensität selbständig ihrem Gesundheitszustand anzupassen. Diese Phase ist bisher der Sporttherapie unterstellt.

- *Ambulante Herzgruppe:* Die ambulante Herzgruppe besteht am Heimatort und soll lebensbegleitend sein. Ihre Einteilung kann unter ähnlichen Gesichtspunkten erfolgen wie bei den Gruppen in der Rehabilitation.

  Es werden auch hier mindestens zwei Gruppen unterschieden:
  - Trainingsgruppe,
  - Übungsgruppe.

In der *Trainingsgruppe* werden Patienten mit relativ guter Belastbarkeit von 75 Watt aufwärts zusammengefaßt. Mit den Teilnehmern dieser Gruppe kann ein Bewegungsprogramm in Form und Ausmaß durchgeführt werden, das zu einer Verbesserung der allgemeinen aeroben Ausdauer und somit des allgemeinen Trainingszustandes führt.

Aufnahmebedingungen:

- Einverständnis des behandelnden Hausarztes.
- Keine Zeichen der Herzinsuffizienz in Ruhe und/oder bei 75 Watt bzw. 1 Watt/kg Körpergewicht, keine wesentliche Herzvergrößerung.
- Kein Verdacht oder Nachweis eines Herzwandaneurysmas (Ausnahme: mittels Katheter erwiesene hämodynamische Bedeutungslosigkeit des Aneurysmas, auch unter Belastung).
- Belastungsfähigkeit am Fahrradergometer, ggf. unter Nitropräparaten und Betablockern, mit 75 Watt, ohne schwere stenokardische Beschwerden.
- Keine Erregungsleitungsstörungen unter Belastung. Extrasystolien müssen ausreichend behandelt sein.
- Der Blutdruck soll in Ruhe nicht über 180/105 mmHg, unter Belastung mit 75 Watt 3 Minuten nicht über 210/110 mmHg steigen.

In der *Übungsgruppe* ist die Belastungsfähigkeit geringer. Hier strebt die Übungstherapie eine Verbesserung der Koordination, der Flexibilität und der peripheren Kreislaufregulation an.

Aufnahmebedingungen:

- Patienten mit anhaltenden Rhythmusstörungen.
- Patienten nach ausgedehnten Infarkten und mit Aneurysmen.
- Patienten mit Reinfarkten und inoperablen Zwei- und Dreigefäßerkrankungen.
- Patienten mit Belastungsinsuffizienz.
- Alte oder erheblich vorgealterte Patienten mit generalisierter Sklerose, mit Vorhofflimmern, Schrittmacherträger, nach Klappenersatz.
- Patienten mit schweren orthopädischen oder angiologischen Erkrankungen und Adipöse.

■ *Gesichtspunkte*

- Übung oder Training,
- Beratung,
- gruppendynamisches Erleben,
- günstige Beeinflussung der zugrundeliegenden koronaren Herzkrankheit.

Übung und Training sind als wichtige Teilkomponente zu sehen. In diesem Zusammenhang muß darauf hingewiesen werden, daß der Patient durch die Bewegungstherapie nicht in eine neuerliche Streßsituation mit Leistungszwang gebracht werden darf (Tab. 2.**8**).

Tabelle 2.**8** Bewegungsangebot für Übungs- und Trainingsgruppen

Übungsgruppen	Trainingsgruppen
– Spaziergänge – Wassergymnastik – leichte Gymnastik im Gehen, Stehen, Sitzen, Liegen – leichte Ballspiele und Spiele – Entspannung	– Dauerlauf, Jogging – Schwimmen – Lauftraining (Abb. **20**) – Training mit dynamischer Belastung von $^{1}/_{6}$ der Skelettmuskulatur über 3–5 Min. – Spiele – verschiedene Sportarten – Entspannung

Die *Beratung* der Patienten soll auch durch Sozialarbeiter und Diätberater erfolgen können.

Der *koedukative Einfluß der Gruppe* wird bewußt genutzt. Der einzelne wird ermutigt oder in der Annahme von Begrenzungen bestärkt. Entspannungsübungen und gemeinsame Gespräche lassen aus diesen Gruppen fast Selbsthilfegruppen entstehen: Es werden alternative Verhaltensweisen konzipiert, im Gruppengespräch diskutiert, erprobt und möglicherweise eingeübt.

Stundenaufbau: Das Bewegungsangebot in den Gruppen ist unterschiedlich und richtet sich nach den oben genannten Gesichtspunkten. Jede Übungseinheit sollte mit dem Messen des Blutdrucks und dem Zählen des Ruhepulses beginnen.

Dosierung: Bei der Belastung im Sinne eines „70%-Trainings" geht man vom augenblicklichen Leistungsvermögen aus, welches durch mehrfache, symptomenlimitierte Ergometrien ermittelt wird. Die somit festgestellte Trainingsfrequenz errechnet man mit der Formel: Trainingsfrequenz = Ruhefrequenz + 70% der Differenz zwischen Ruhefrequenz und Maximalfrequenz.

Beispiel einer Stunde:
1. Blutdruck messen.
2. Ruhepuls bestimmen (an der A. brachialis oder A. radialis).
3. Lauf- und Gehtraining mit Hüpfen, Springen und freiem Bewegen, unterbrochen durch Pulskontrollen (etwa 20 Minuten).
4. Gymnastische Übungen zur Koordinations- und Flexibilitätssteigerung mit Bällen, Stäben, Keulen, Seilen, Hockern, Stühlen, Langbänken, Matten, Pezzi-Bällen usw. (20 Minuten).
5. Spiel.

6. Lösungs- und Entspannungsübungen durch Konzentration auf den Körper und die Körperfunktionen (z. B. Atmung).
7. Notieren des höchsten Belastungspulswertes, der während des Kreislauftrainings erreicht wurde.
8. Gemeinsames Gespräch über Dinge, die für den Koronarkranken wichtig sind (z. B. Diätfragen, Antiraucherprogramm usw.).

Bei jeder Stunde sollte ein Arzt dabei sein mit Reanimationsbesteck, insbesondere mit Defibrillator im Hintergrund. Zwischenfälle sind eine Realität und können immer wieder auftreten.

Dieser Abschnitt stellt lediglich eine Übersicht über Möglichkeiten der Gestaltung innerhalb der Koronargruppen dar. In weiterführenden Lehrgängen werden Übungsleiter speziell ausgebildet, da hierfür zusätzliche Kenntnisse der Gruppenführung, Trainingslehre, Physiologie und Ersten Hilfe notwendig sind.

2.8 Krankheiten der Aorta

2.8.1 Aneurysmen

Definition. Aneurysmen sind lokalisierte Erweiterungen einer Arterie, die auf dem Boden einer arteriosklerotischen Gefäßveränderung auftreten.

Arteriosklerotische Aneurysmen finden sich häufiger im Bereich der Bauchaorta (Aorta abdominalis), seltener in der thorakalen Aorta (Abb. 2.**24**).

Klinisches Bild. Das Alter der Patienten liegt meist über 60 Jahre. Im Bauchraum kann man einen pulsierenden Tumor tasten. Oft werden Rückenschmerzen und ischialgiforme Beschwerden angegeben. Vielfach kommt ein chronisches Völlegefühl und eine Claudicatio intermittens hinzu.

In 30% aller Fälle rupturieren diese Aneurysmen, und es treten dann folgende Symptome auf:
- akuter Schmerz,
- paralytischer Ileus,
- Anurie,
- Schock.

Therapie. Wenn möglich Operation, wobei das Operationsrisiko beim Bauchaortenaneurysma vor der Ruptur ca. 10% beträgt und nach der Ruptur auf über 50% ansteigt.

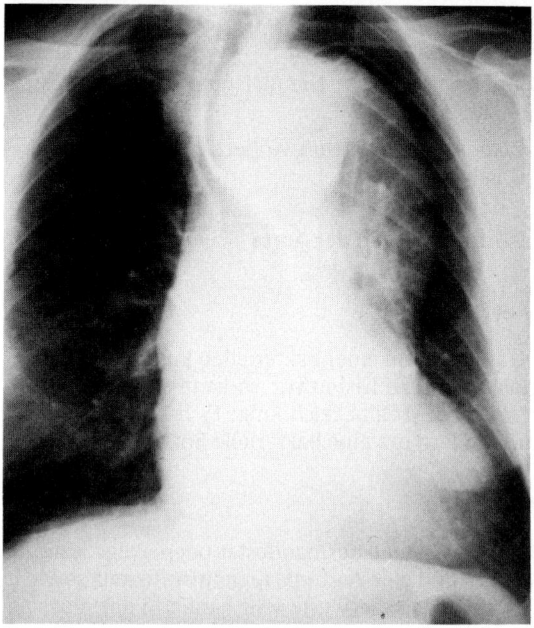

Abb. 2.**24** Großes thorakales Aneurysma in der p.-a. Thoraxaufnahme

2.8.2 Aortenisthmusstenose

Es werden zwei Typen unterschieden: ein seltenerer *infantiler Typ,* bei dem die Aorta noch vor Abgang des noch offenen Ductus arteriosus eingeengt ist; in den meisten Fällen liegt ein *Erwachsenentyp* vor, d.h., es findet sich eine Einengung der Aorta unmittelbar nach dem Abgang des Lig. arteriosum.

Bemerkenswert ist, daß in etwa 0,5% aller Fälle mit arterieller Hypertonie eine Aortenisthmusstenose die Ursache der Blutdruckerhöhung ist.

Wegen der Verengung der Aorta bildet sich ein Kollateralkreislauf vorwiegend über die A. thoracica interna.

Klinisches Bild. Oft relative Beschwerdefreiheit. Manchmal gehäuft Kopfschmerzen, Nasenbluten (wegen des hohen Blutdrucks), kalte Füße und rasche Ermüdbarkeit beim Gehen.

Diagnostik. Es findet sich eine Blutdruckdifferenz zwischen Arm und Bein. Über dem Herzen auskultiert man ein typisches spätsystolisches

Geräusch, und im Elektrokardiogramm finden sich die Zeichen einer Linksherzhypertrophie.

Der Verlauf ist individuell verschieden. Die meisten Erwachsenen sterben an den Folgen der Hypertonie.

Therapie. Mittel der Wahl ist die Operation, wobei das günstigste Operationsalter vor dem 20. Lebensjahr liegt.

2.8.3 Entzündliche Erkrankungen der Aorta

•••• Bakterielle Aortitis

Eine intakte Aorta wird selten von einer bakteriellen Entzündung befallen. Liegt eine arteriosklerotische Läsion vor, so kann sich ein mykotisches Aneurysma entwickeln (Fehlbezeichnung: Es handelt sich nicht um eine Pilzinfektion, sondern um eine bakterielle Entzündung!).

•••• Syphilitische Aortitis

Die Aortitis ist eine der häufigsten Luesmanifestationen. Folgezustände der syphilitischen Aortitis sind eine Aortenklappeninsuffizienz sowie in 50% ein Aortenaneurysma (typischerweise sehr häufig in der Aorta ascendens).

•••• Aortenbogensyndrom (Takayasu-Syndrom)

Die Ätiologie dieser Erkrankung ist unbekannt. Bei diesem Syndrom finden sich entzündliche Veränderungen im Bereich der Abgänge der Aortenbogenäste, die zu einer Einengung der Aortenäste führen.

Es werden meist Frauen befallen. Diese Erkrankung spricht sehr gut auf eine Cortison- und Antikoagulantienbehandlung an.

•••• Aortitis bei Morbus Bechterew

Oft findet sich beim Morbus Bechterew eine Entzündung im aufsteigenden Teil der Aorta, die manchmal zu einer Aortenklappeninsuffizienz führen kann. Die Ausbildung eines Aortenaneurysmas wurde dagegen noch nicht beobachtet.

Eine spezielle *physiotherapeutische Behandlung* ist bei Krankheiten der Aorta nicht erforderlich.

2.9 Herzrhythmusstörungen

Veränderungen des Herzrhythmus sind durch Störungen der Reizbildung (im Sinusknoten) oder der Erregungsleitung bedingt (Abb. 2.**25**). Rhythmusstörungen können ständig vorhanden sein (z. B. Dauertachykardie), nur gelegentlich (Extrasystolen) oder auch anfallsweise (paroxysmale Tachykardie) auftreten. Rhythmusstörungen können harmlos sein (z. B. Extrasystolen), aber auch unmittelbar zum Tode führen (Kammerflimmern).

Herzrhythmusstörungen können klinisch durch Pulstasten, Auskultation und durch das Elektrokardiogramm gut objektiviert werden.

2.9.1 Tachykardie

Unter Tachykardie versteht man eine schnelle Herzschlagfolge mit einer Frequenz von über 100 Schlägen/min (Abb. 2.**26**). Kommt eine unregelmäßige Herzschlagfolge hinzu, so sprechen wir von einer Tachyarrhythmia absoluta.

Das sog. *hyperkinetische Herzsyndrom* zählt zu den funktionellen Herz-Kreislauf-Störungen. Es wird besonders bei jüngeren Menschen beobachtet. Das Leitsymptom ist die Ruhetachykardie und ein unphysiologisch starker Anstieg der Pulsfrequenz und des Blutdrucks unter Belastung.

In den meisten Fällen findet sich keine organische Ursache für diese Beschwerden.

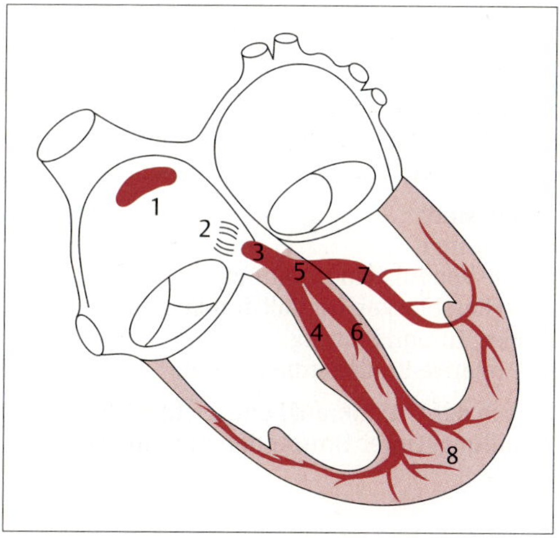

Abb. 2.**25** Schema des spezifischen Reizleitungssystems des Herzens.
1 = Sinusknoten,
2 = AV-Knoten,
3 = His-Bündel,
4 = rechter Schenkel,
5 = linker Schenkel mit
6 = anteriorem Ast,
7 = posteriorem Ast,
8 = Purkinje-Netz
(nach Hegglin)

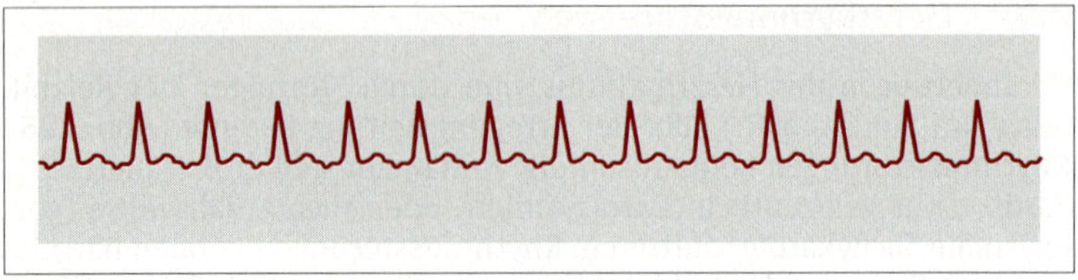

Abb. 2.**26** Supraventrikuläre paroxysmale Tachykardie

Mögliche Ursachen der Tachykardie:
- physiologisch bei körperlicher Belastung,
- erhöhter Sympathikustonus,
- sog. hyperkinetisches Herzsyndrom,
- Hyperthyreose,
- Fieber,
- Anämie,
- aber auch bei vielen Herzkrankheiten, die mit einer Herzmuskelinsuffizienz einhergehen.

Das anfallsweise Herzjagen (paroxysmale Tachykardie), das minuten- oder stundenlang anhalten kann, geht mit einer Herzfrequenz von 150–200 Schlägen/min einher (Abb. 2.**26**).

Therapie. Behandlung des Grundleidens. Bei funktionellen Tachykardien (speziell bei hyperkinetischem Herzsyndrom) helfen in erster Linie Betarezeptorenblocker.

2.9.2 Bradykardie

Wie die Tachykardie so ist auch die Bradykardie eine Störung des Sinusrhythmus. Definitionsgemäß handelt es sich um eine regelmäßige, langsame Herzschlagfolge mit einer Frequenz unter 50 Schlägen/min.

Ursachen: Mögliche Ursachen sind:
- zum Teil konstitutionell bedingt,
- Sportlerbradykardie (Folge von Ausdauertraining),
- medikamenteninduziert (Betablocker, Digitalisintoxikation),
- Steigerung des Hirndrucks (Tumor, Blutung),
- auch bei Typhus ist eine relative Bradykardie typisch.

Therapie. Sie richtet sich nach der Grundkrankheit. Leichtere Bradykardien erfordern keine Behandlung. Unter Umständen muß die Digitalisdosis reduziert werden.

2.9.3 Weitere Herzrhythmusstörungen

•••• Extrasystolen

Extrasystolen sind vorzeitig und am falschen Erregungsort ausgelöste Herzerregungen. Man unterscheidet ventrikuläre (Abb. 2.**27**) und supraventrikuläre Extrasystolen.

Nach der Häufigkeit spricht man von vereinzelten, gehäuften und salvenartigen Extrasystolen. Extraschläge müssen immer abgeklärt werden. Sie können harmlos sein; nicht selten sind sie aber Ausdruck einer organischen Herzkrankheit (z.B. koronare Herzkrankheit).

•••• Vorhofflimmern

Vorhofflimmern gehört zu den häufigsten Herzrhythmusstörungen. Die Vorhöfe weisen eine Frequenz zwischen 300 und 600/min auf (Abb. 2.**28**). Die Vorhöfe kontrahieren sich dabei nicht mehr; das Fibrillieren der Vorhofmuskulatur ist hämodynamisch ineffektiv. Die Kammern werden von den Vorhöfen her völlig regellos erregt, so daß eine absolute Arrhythmie entsteht.

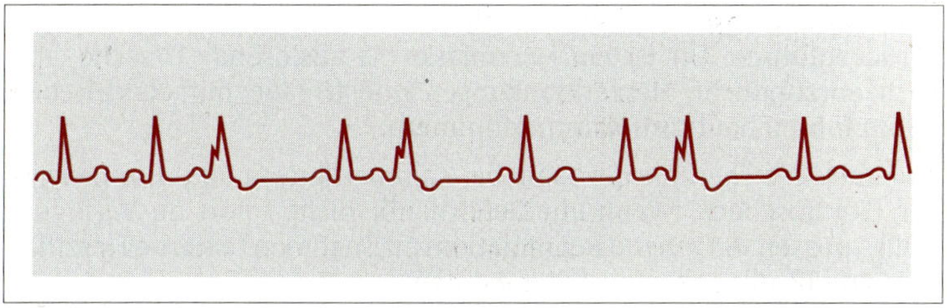

Abb. 2.**27** Ventrikuläre Extrasystolen

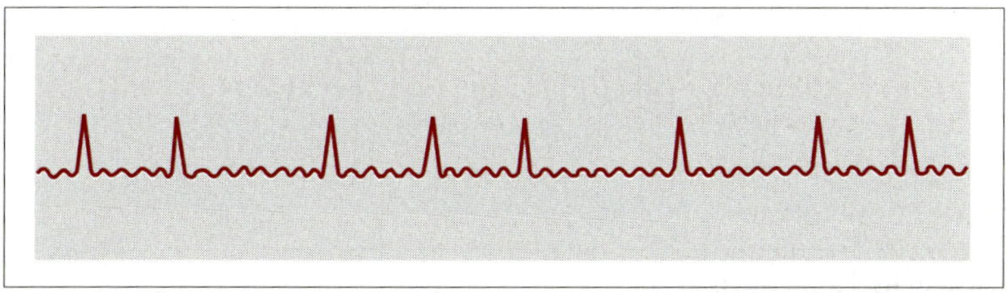

Abb. 2.**28** Vorhofflimmern

Ursache. In den meisten Fällen liegen organische Herzerkrankungen zugrunde (besonders Mitralklappenfehler und koronare Herzkrankheit).

Therapie. Die Beseitigung des Vorhofflimmerns ist auf medikamentösem Wege oder, wenn das Flimmern noch nicht zu lange besteht, durch Elektrokonversion möglich.

Komplikationen. In 30% kommt es zu peripheren Embolien (Hirn, Nieren, Extremitäten). Da immer latent die Gefahr besteht, daß sich Thromben im linken Vorhof bilden, müssen Patienten mit absoluter Arrhythmie bei Vorhofflimmern antikoaguliert werden (sofern für eine Antikoagulation keine Kontraindikation besteht).

Das Vorhofflattern (Frequenz 250 – 350) ist meist eine Vorstufe des Vorhofflimmerns. Die Therapie entspricht der des Vorhofflimmerns.

•••• Kammerflattern und Kammerflimmern

Kammerflimmern kann sich plötzlich über eine Kammertachykardie oder über Kammerflattern (Abb. 2.**29**) entwickeln. Eine wirksame Kontraktion des Herzens ist dabei unmöglich. Kammerflimmern führt zum sofortigen Kreislaufstillstand und damit zum Tod. Gelingt es nicht, den *Kreislaufstillstand* innerhalb von 3 – 5 Minuten zu beseitigen, so tritt ein irreversibler Gehirnzellschaden mit Todesfolge ein. Die meisten Todesfälle sind auf diesen sog. Sekundenherztod – Volksmund „Herzschlag" – zurückzuführen. Oft ist ein Herzinfarkt die auslösende Ursache, aber auch entzündliche Herzerkrankungen und Unfälle mit elektrischem Strom führen häufig zu Kammerflimmern.

Therapie. Die Therapie der Wahl bei Kammerflattern und -flimmern ist der Elektroschock. Wenn ein Defibrillator nicht sofort zu Verfügung steht, müssen umgehend Reanimationsmaßnahmen (externe Herzmassage und Beatmung) eingeleitet werden.

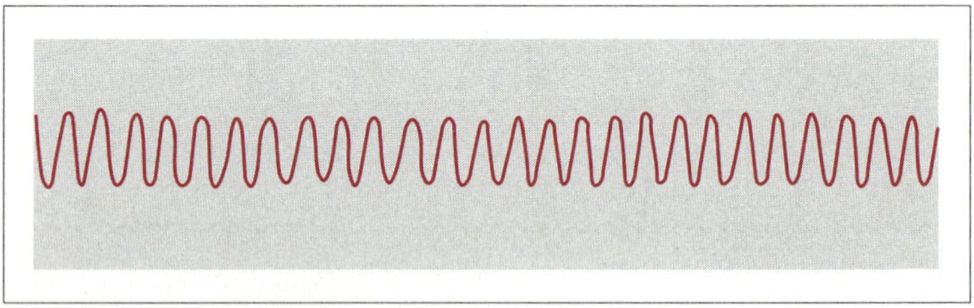

Abb. 2.**29** Kammerflattern

•••• Wichtige Herzblockformen

Die Erregungsleitung in den spezifischen Leitungsbahnen des Herzens kann durch eine Störung verzögert werden (Block I. Grades). Sie kann auch zeitweilig ausfallen (Block II. Grades) oder völlig unterbrochen sein (Block III. Grades). Überleitungsstörungen vom Sinusknoten zum Vorhof (SA-Blockierungen) sind selten. Am wichtigsten sind die Herzblockformen, bei denen die Überleitung von den Vorhöfen (Vorhof – lat. Atrium) zu den Kammern (Kammer – lat. Ventrikel) gestört ist. Diese Überleitungsblockierung wird atrioventrikulärer Block oder AV-Block genannt.

Ursachen. Degenerative, narbige oder entzündliche Veränderungen im Bereich des Reizleitungssystems bzw. überleitungshemmende Medikamente (Digitalis, Betablocker).

Wenn die Überleitung vom Vorhof auf die Kammern völlig unterbrochen ist (totaler AV-Block), springen die Automatiezentren der Kammern ein, d.h. die Kammern entwickeln einen sekundären Ersatzrhythmus. Dies bedeutet: Vorhöfe und Kammern schlagen völlig unabhängig voneinander, wobei die Kammerfrequenz sehr viel niedriger liegt (20–40/min). Das Auftreten einer Pulsfrequenz unter 40/min ist ein alarmierendes klinisches Symptom, das sofort an einen totalen AV-Block denken lassen muß.

Therapie. Medikamentös kann ein Versuch mit Atropin und anderen Pharmaka gemacht werden. Bei Unwirksamkeit oder beim Auftreten von Adams-Stokes-Anfällen ist die Indikation zur Schrittmacherbehandlung gegeben.

Adams-Stokes-Anfall

Tritt die Blockierung der Erregungsüberleitung plötzlich ein, so vergeht bis zum Anspringen der Kammerautomatie eine gewisse Zeit. Während dieser steht der Kreislauf still, da keine Herzaktionen erfolgen. Diesen Zustand nennen wir Asystolie.

Je nach Dauer dieses Herzstillstandes treten Schwindel, Absencen oder kurze Ohnmachten auf. Setzt dann die Kammertätigkeit wieder ein, strömt unter sichtbarer Rötung Blut in das Gesicht, Atemtätigkeit und Bewußtsein kommen zurück. Die Anfälle können sich innerhalb von Minuten wiederholen oder im Abstand von Monaten auftreten.

Prognose. Die Prognose der Anfälle ist ernst, da das Leben des Patienten jedesmal bedroht ist. Durch den plötzlichen Bewußtseinsverlust kommt es zu einer zusätzlichen Gefährdung durch Stürze.

Therapie. Die Behandlung der Wahl ist die Implantation eines Herzschrittmachers, möglichst schon nach dem ersten Adams-Stokes-Anfall.

•••• Sinusknotensyndrom (sick-sinus)

Der Begriff „Syndrom des kranken Sinusknotens“ wird heute zunehmend als Oberbegriff für verschiedene bradykarde Herzrhythmusstörungen, aber auch für den pathologischen Wechsel von Bradykardie zu Tachykardie *(Bradykardie-Tachykardie-Syndrom)* verwendet.

Ursache. Degenerative oder entzündliche Herzerkrankungen (im Alter vorwiegend Koronarsklerose).

2.9.4 Karotissinussyndrom (hypersensitiver Karotissinus)

Physiologischerweise führt eine Reizung des gesunden Karotissinus (z. B. durch eine manuelle Kompression oder Massage des Sinus caroticus) über eine reflektorische Vaguswirkung zu einer Abnahme des Blutdrucks und zu einer Bradykardie (Abb. 2.**30**). Beim Karotissinussyndrom liegt eine erhöhte Ansprechbarkeit des Herzens auf vagale Impulse vor, und eine Reizung des Karotissinus kann über einen Herzblock zu einem Ventrikelstillstand führen. Diese Karotissinussynkopen sind gefürchtet. Oft genügen schon geringe Dreh- bzw. Neigebewegungen des Kopfes oder zu enge Kragen, um Blockierungen auszulösen. Mittel der Wahl ist auch hier die *Schrittmacherimplantation.*

2.9.5 Herzschrittmacher

Neben der allgemeinen und medikamentösen Behandlung von kardialen Arrhythmien haben heute elektrotherapeutische Maßnahmen ihren festen Platz. Die Entwicklung der elektrischen Stimulation des Herzens reicht viele Jahre zurück. Das erste komplette Schrittmachersystem wurde 1958 von Elmquist und Senning in Schweden implantiert. Seither sind zahlreiche Verbesserungen hinsichtlich der Elektronik erreicht worden. Man geht davon aus, daß heute in der Bundesrepublik Deutschland mehr als 150 000 Menschen mit einem künstlichen Herzschrittmacher leben.

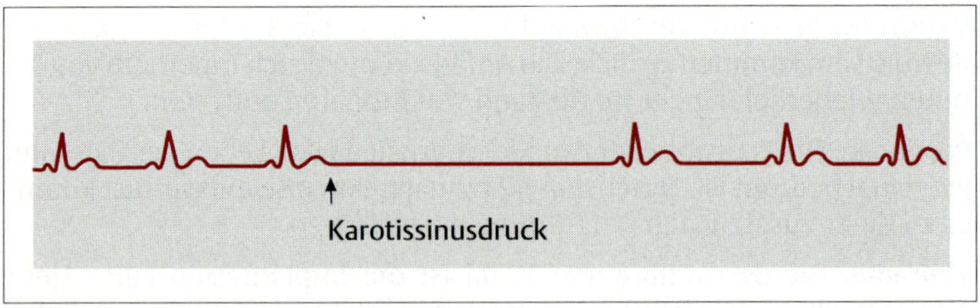

Abb. 2.**30** Karotissinussyndrom

Man unterscheidet temporäre von permanenten Schrittmachern.

Ist nur eine temporäre Stimulation des Herzens erforderlich, so genügt ein externer Impulsgeber. Wenn eine Dauerimplantation notwendig wird, so wird die Batterie im Pektoralis- oder Abdominalbereich versenkt (Abb. 2.**31**). Die Impulsübermittlung zum Myokard erfolgt über Elektrodenkabel auf transvenösem Wege oder direkt myokardial (Abb. 2.**32**).

Die wichtigsten Indikationen zu einer Schrittmacherdauerimplantation sind:
- intermittierende oder persistierende Bradykardie (unter 30 Schlägen/min) mit Adams-Stokes-Anfällen,
- bradykardiebedingte Herzinsuffizienz,
- Sinusknotensyndrom („sick sinus"),
- stark wechselnder Rhythmus,
- Karotissinussyndrom,
- bestimmte Blockformen (AV und SA-Blockierungen).

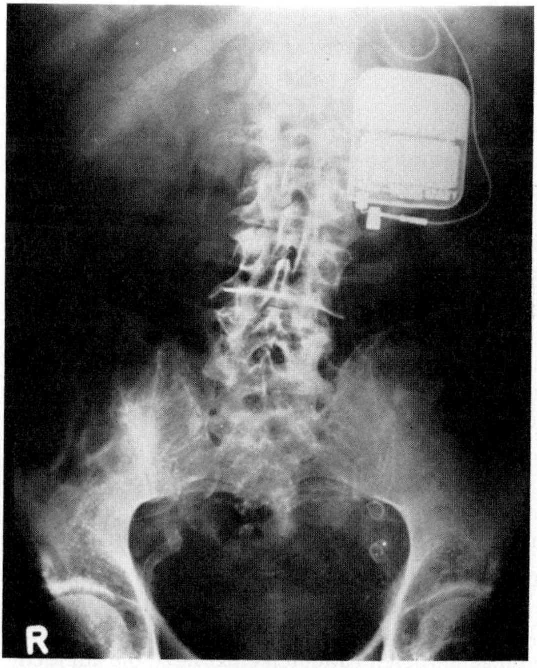

Abb. 2.**31** Position der Schrittmacherbatterie

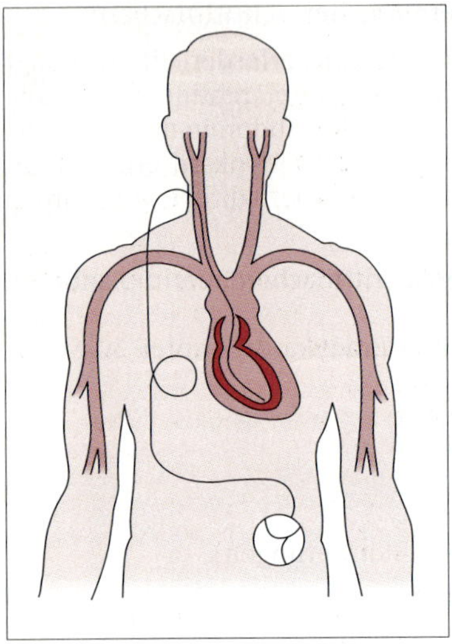

Abb. 2.32 Schematische Darstellung der Anlage einer transvenösen Schrittmacherelektrode

•••• Schrittmachertypen

Die heute verwendeten Schrittmachertypen lassen sich entsprechend ihrem Stimulationsort, Detektionsort und ihrer Betriebsart einteilen. Stimulationsort und Detektionsort liegen im rechten Vorhof oder im rechten Ventrikel. Der Schrittmacher kann entweder gehemmt („inhibiert" = Demand-Schrittmacher) oder „getriggert" (z. B. vorhofgesteuerter Kammerschrittmacher) betrieben werden.

Der genaue Schrittmachertyp wird heute international üblich mit drei Buchstaben charakterisiert:

1. Buchstabe: Stimulationsort,
2. Buchstabe: Detektionsort,
3. Buchstabe: Betriebsart.

Als „physiologische" Stimulation wird die Erhaltung der Vorhof-Kammer-Koordination bezeichnet. Es werden vorhofgesteuerte Schrittmacher, sequentielle Schrittmacher (Ausstattung mit Vorhof- und Ventrikelsonde) und kammergesteuerte Schrittmacher unterschieden.

Neue Schrittmachersysteme vermögen bei Patienten mit lebensbedrohlichen tachykarden Herzrhythmusstörungen intrakardial eine Kardiokonversion bzw. Defibrillation durchzuführen. Diese Schrittmacher werden heute bei vital gefährdeten Patienten eingesetzt, die auf Medikamente nicht ansprechen.

•••• Implantierbare Cardioverter/Defibrillatoren (ICD)

Die wachsende Zahl von Patienten mit prognostisch ungünstigen (malignen) Herzrhythmusstörungen gab Anlaß zur Entwicklung und Anwendung implantierbarer Schrittmacheraggregate mit automatischer Elektroschockabgabe. Diese modernen Schrittmachersysteme registrieren permanent den Herzrhythmus. Kommt es zu bedrohlich schnellen Kammertachykardien, Kammerflattern oder Kammerflimmern, interveniert das Aggregat nach wenigen Sekunden mit einem Elektroschock. Es liegen jetzt seit praktisch 7 Jahren Erfahrungen mit diesen Schrittmachern vor. Die ersten Erfahrungen bezüglich einer Verminderung der Sterblichkeitsrate am plötzlichen Herztod infolge von Rhythmusstörungen sind gut. Ein großer Nachteil ist, daß diese Aggregate sehr teuer sind (20000 – 30000 DM).

•••• Was ist wichtig für die Betreuung von Schrittmacherpatienten?

- Die Schrittmacherfunktion muß regelmäßig (alle 3 – 6 Monate) in der Klinik überprüft werden.
- Der Schrittmacherpatient wird angehalten, regelmäßig Pulskontrollen durchzuführen. Fällt die Pulsfrequenz unter den gewohnten Wert ab und/oder treten Pulsunregelmäßigkeiten auf, so ist dies ein Hinweis für einen technischen Defekt oder für eine Schrittmacherbatterieschwäche. Moderne Lithium-Schrittmacher haben heute eine Lebensdauer von 3 – 5 Jahren und länger.
- Schrittmacherpatienten sollten immer ihren Schrittmacherausweis mit sich führen.
- Bei Schrittmacherpatienten darf keine Diathermietherapie durchgeführt werden.
- Auch Elektromotoren und elektromagnetische Detektoren (z. B. Flugabfertigung) können die Schrittmacherfunktion trotz heute besserer Technik bedrohlich beeinflussen.

Physiotherapeutische Behandlung

Nach Implantation eines Herzschrittmachers und Defibrillators

- *Befund*

- *Bei Implantation über dem M. pectoralis major*
  - Haltung: Durch die Schonhaltung werden die Schultern nach vorne gezogen, die Thoraxbeweglichkeit wird entsprechend eingeschränkt.

- Atmung: Die Atembewegungen des Thorax sind verringert, meist ist die Atemrichtung nach diaphragmal verschoben.
- Muskulatur: Es können Verspannungen an typischer Stelle im Schulter-Nacken-Gebiet und am Rücken auftreten.

Bei Implantation unterhalb des linken Rippenbogens

- Haltung: Durch die Schonhaltung kann es zu einer nach ventral gebeugten Haltung kommen. Rotationsbewegungen werden vermieden.
- Atmung: Die linke untere Thoraxseite wird oft nicht in die Atembewegungen einbezogen, vor allem, wenn gleichzeitig ein postthorakales Syndrom besteht.
- Muskulatur: Die Bauchmuskulatur kann insuffizient sein.

Gesichtspunkte

Vermeiden von

- Pneumonie,
- Thrombose,
- Pleuraschwarte,
- Schulterkontraktur.

Verbesserung der Haltung.
Der Patient soll erkennen, daß er wieder seinem normalen Alltag nachgehen kann, ohne sich besonders zu schonen.

Maßnahmen

- Bewegungsserien kleiner, mittlerer und größerer Muskelgruppen von Extremitäten und Rumpf in intermittierender und kontinuierlicher Dauerform.
- Atemtherapie:
  - Wahrnehmung der Atembewegungen in allen Thoraxabschnitten,
  - Ausstreichen der Interkostalräume,
  - Hautverschiebungen,
  - Packegriffe,
  - Vibrationen.

Bei Implantation über dem M. pectoralis major:

- aktive Übungen der Schulter.

Die physiotherapeutische Behandlung beginnt sofort am Tag nach der Operation mit den Maßnahmen für eine Pneumonie- und Thromboseprophylaxe.

Für das Abhusten dürfen Vibrationen auf dem Thorax *(nicht auf dem Schrittmacher)* eingesetzt werden. **Die Funktion des Schrittmachers wird dadurch nicht beeinflußt.** Noch besser sind tiefe Atemzüge und Umlagern in die Aufrichtung zum Sitz oder Stand.

Der weitere Verlauf der Behandlung ist in der Steigerung der Belastung zur Zeit noch sehr unterschiedlich und wird sich mit fortschreitender Technik in den nächsten Jahren noch ändern. Durch die *Schraubelektroden*, welche im Endo- und Myokard fest angebracht werden können, ist die Gefahr der Dislokation geringer geworden, weshalb die Patienten jetzt sofort am 1. Tag nach Rücksprache mit dem Arzt aufstehen dürfen. Die Behandlung gleicht nun der des Herzinfarktes der Belastungsstufe II mit Bewegungsserien kleiner, mittlerer und größerer Muskelgruppen von Extremitäten und Rumpf in intermittierender und kontinuierlicher Dauerform. Sie wird gesteigert vom Liegen über den Sitz an der Bettkante zum Hocker, Stand, Gehen und Treppensteigen. Im allgemeinen werden die Patienten nach 8 – 10 Tagen entlassen.

Die Schulter muß anfänglich vorsichtig behandelt werden. So dürfen 90 Grad Abduktion möglichst nicht überschritten werden. Auch ist es schonender, zunächst mit kurzem Hebelarm (Arm im Ellbogen angebeugt) zu üben. Um Bewegungseinschränkung zu vermeiden, müssen nach Entfernung der Fäden sämtliche Schulterbewegungen endgradig geübt werden. Der Patient soll wieder seiner normalen körperlichen Belastung zugeführt werden, mit Ausnahme von Schwerarbeit oder wettkampfmäßig betriebenen Sportarten in Kraft-, Ausdauer- und Schnelligkeitsdisziplinen. Der vorhofgesteuerte Schrittmacher kann sich bis zu einer Frequenz von 120 Schlägen/min anpassen. Danach schaltet er auf die halbe Frequenz.

Entsprechend der Besonderheiten des Schrittmachers und der Elektroden sind folgende Maßnahmen ungünstig:
- Widerstandsübungen (Gefahr des Pressens, schwere Dosierbarkeit für den Kreislauf),
- Dehnlagerungen (um den Elektrodensitz nicht zu gefährden),
- Schüttelungen,
- Schwünge,
- Boxen.

Beispiel einer physiotherapeutischen Behandlung nach Schrittmacherimplantation über dem M. pectoralis für den 2. – 4. Tag:
1. Pulskontrolle.
2. Lagern: Kopfteil leicht angestellt, kleines Kissen unter den Kopf.
3. Intermittierende Bewegungsserie der Füße und Beine.
4. Ausstreichen der Interkostalräume.
5. Verschiebung der Hautfalte.
6. Packegriffe.
7. Intermittierende Bewegungsserie der Hände und der Unterarme bis zum Ellbogen.

8. Wahrnehmung der Atembewegungen im kostodiaphragmalen und im sternoklavikulären Bereich.
9. Aktive Bewegungen der Schulter mit kurzem Hebelarm: Außenrotation, Innenrotation, Abduktion bis 90 Grad, langsame Zirkumduktion.
10. Sitz auf der Bettkante, Beine haben Strümpfe an oder sind gewickelt.
11. Hocker, Extension der Wirbelsäule, Schulterblätter vorsichtig zusammenziehen.
12. Rotation der Wirbelsäule.
13. Übungen in intermittierender Dauerform für Füße und Beine.
14. Rumpf senken, Fingerspitzen berühren den Boden, wieder aufrichten.
15. Hände an die Schulter legen, rechter Ellbogen kommt zum linken Knie, linker Ellbogen kommt zum rechten Knie.
16. Gehen einer ebenen Strecke.
17. Pulskontrolle.
18. Sitzen im Sessel.

2.9.6 Kardiopulmonale Reanimation (Wiederbelebung)

Wiederbelebungsmaßnahmen sollte jeder beherrschen, der Kranke betreut oder behandelt, auch Physiotherapeuten werden häufig mit akuten Notfallsituationen konfrontiert.

Die wichtigsten Symptome des plötzlichen Herz-Kreislauf-Stillstandes sind:
- Pulslosigkeit (A. carotis, A. radialis, A. femoralis),
- Bewußtlosigkeit,
- Atemstillstand,
- weite lichtstarre Pupillen,
- fahles Hautkolorit.

Atem- und Kreislaufstillstand bedeuten den *klinischen Tod.* Ein für die Aufrechterhaltung des Lebens erforderlicher Minimalkreislauf ist nicht mehr gewährleistet. Bei einem Kreislaufstillstand kommt es nach 3–5 Minuten zu einer irreversiblen zerebralen Schädigung und somit zum *Hirntod.*

Dem Herzstillstand kann entweder eine Asystolie oder ein Kammerflimmern zugrunde liegen (Unterscheidung nur mittels EKG). In der inneren Medizin sind Herzinfarkte, Herzrhythmusstörungen, Lungenembolien, Vergiftungen und Schockzustände anderer Ursachen häufigster Anlaß für Wiederbelebungsmaßnahmen.

•••• Grundregeln (ABC) der Reanimation

A = *A*temwege frei machen,

B = *B*eatmung,

C = *C*irculation wiederherstellen (Herzmassage).

•••• Erste Sofortmaßnahmen bei der Reanimation

1. *Äußere Herzmassage.* Eine optimale Herzmassage ist nur auf einer harten Unterlage (z. B. auf dem Fußboden oder im Bett nach Bretteinlage) möglich. Zunächst sollten 2–3 kräftige Faustschläge auf den Thorax ausgeübt werden, die sehr oft die Herzaktion wieder in Gang bringen. Wenn dies erfolglos ist, muß unverzüglich mit der externen Herzmassage begonnen werden. Dabei soll das Sternum rhythmisch mit einer Frequenz von 60–80/min (anfänglich 100/min) 4 cm tief zusammengepreßt werden. Ob die externe Herzmassage effektiv ist, zeigt sich durch Tastbarwerden des Pulses. Komplikationen der Herzmassage sind Rippen- und Brustbeinbrüche und seltener Lungen- und Herzbeutelblutungen sowie das Auftreten eines Pneumothorax.
2. *Beatmung.* Eine wirksame Beatmung wird als Mund-zu-Mund-, Mund-zu-Nase- oder Mund-zu-Tubus-Beatmung durchgeführt. Zunächst müssen Mund und Rachen gereinigt und der Unterkiefer vorgezogen werden. Der Kopf ist nach hinten überstreckt. Empfehlenswert sind 20 Insufflationen/min.

Weitere Sofortmaßnahmen:
- venöser Zugang (evtl. Vena-subclavia-Punktion, wenn die peripheren Venen kollabiert sind); über diesen Zugang können dann Medikamente und Infusionen verabreicht werden,
- temporäre Schrittmacherimplantation (bei Asystolie oder extremer Bradykardie),
- Elektroschocktherapie (bei Kammerflattern bzw. -flimmern).

3 Hypertonie

P. Rinck und H. Göhring

3.1 Definition

Als Hypertonie wird eine permanente Überschreitung des Normbereichs des mittleren arteriellen Blutdrucks bezeichnet.

Nach einer Empfehlung der Weltgesundheitsorganisation (WHO) liegt eine Hypertonie vor bei Blutdruckwerten – gemessen im Liegen oder im Sitzen – über 160 mmHg systolisch und 95 mmHg diastolisch; Blutdruckwerte unter 140/90 mmHg gelten als normoton. Bei den dazwischenliegenden Druckwerten spricht man von einer Grenzwerthypertonie (Abb. 3.**1**).

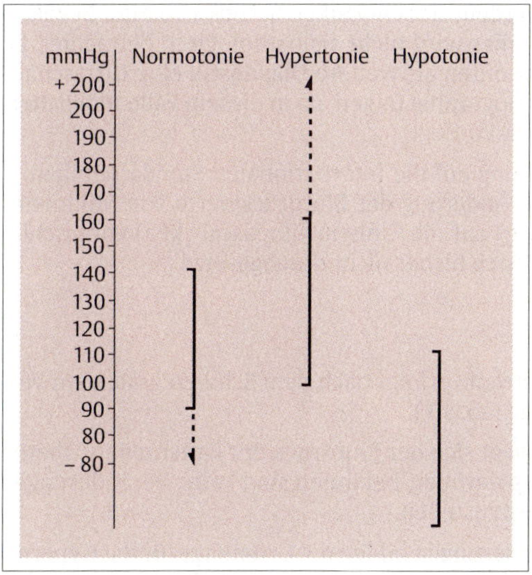

Abb. 3.**1** Normale und pathologische Blutwerte

3.2 Diagnose

Die Feststellung einer Hypertonie erfolgt durch die Überwachung der Blutdruckwerte während einiger Zeit, um eventuelle Blutdruckspitzen ausschließen zu können.

Im allgemeinen werden die Blutdruckwerte nach der Methode von Riva-Rocci (RR) mit Hilfe einer am Oberarm angelegten Staumanschette bestimmt (Auskultation). Der systolische Druck kann vom Manometer abgelesen werden, sobald mit Hilfe eines Stethoskops der erste Arterienton während des Luftablassens aus der Manschette über der Ellenbogenarterie zu hören ist; der diastolische Druckwert ist erreicht, sobald die Töne leiser werden oder verschwinden.

Insbesondere bei hohen systolischen Werten ist zu beachten, daß es zu einer auskultatorischen Lücke kommen kann; in diesem Fall können durch einen zu geringen Ausgangswert zu niedrige Werte gemessen werden. Bei einem Oberarmumfang, der größer als 40 cm ist, oder bei Messungen an den Oberschenkeln sind Manschetten vorzuziehen, die breiter als die normalen Manschetten sind, da sonst zu hohe Werte gemessen werden.

Bei einer Erstuntersuchung sollten immer die Blutdruckwerte an beiden Oberarmen bestimmt werden; sie schwanken bei etwa 20% der Bevölkerung um 10–20 mmHg; dies wird nicht als pathologisch betrachtet. Ist der Unterschied größer, sollten als weitere Diagnostik eine Ultraschalluntersuchung oder Arteriographie folgen, da in diesem Falle möglicherweise ein Gefäßverschluß vorliegt.

Im Rahmen der Umstellung auf die internationalen Standardeinheiten (SI-Einheiten) wird eine Änderung der Blutdruckwerte von Millimeter Quecksilbersäule (mmHg) auf die Einheit Kilopascal (kPa) vorgeschlagen; die Umstellung hat sich bisher nicht durchgesetzt.

3.3 Einteilung

Die Einteilung der Hypertonie erfolgt nach dem Schweregrad, dem Verlauf und der Entstehung (Tab. 3.**1**).

Beim Schweregrad I bewegt sich der Blutdruck der Patienten im oberen Normbereich oder knapp darüber; bei ihnen sind keine Veränderungen im Augenhintergrund festzustellen.

Augenhintergrundveränderungen bilden die Grundlage für die Hypertonieeinteilung nach Keith-Wagener. Keith-Wagener I–IV stimmen in den ersten beiden Stufen nicht mit der hier aufgeführten Schweregradeinteilung überein.

Tabelle 3.1 Einteilung der Hypertonieformen nach ihrer Entstehung

1. Primäre Hypertonie (essentielle, idiopathische Hypertonie), betrifft etwa 90% aller Hypertoniker
2. Sekundäre Hypertonie
2.1. Renale Hypertonie
ausgehend vom Nierengewebe (ca. 4%)
ausgehend von Nierengefäßen (unter 1%)
2.2. Hypertonien durch Fehlregulationen des Hormonhaushalts
- Phäochromozytom
- Cushing-Syndrom
- Conn-Syndrom
- Hyperthyreose
- Hyperparathyreoidismus
- Kontrazeptiva-Einnahme
2.3. Hypertonien in der Gravidität
2.4. Hypertonien bei Erkrankungen des Nervensystems
- Hirntumoren
- Enzephalitis
- Poliomyelitis
- Polyneuritis
- Porphyrie
- Schwermetallvergiftungen
2.5. Kardiovaskuläre Hypertonie
- Aortenisthmusstenose
- Aorteninsuffizienz
2.6. Arzneimittelinduzierte Hypertonie
- Kortikosteroide
- Karbenoxolon

Patienten des Schweregrades II leiden unter deutlichen Hochdruckbeschwerden wie Angina-pectoris-Schmerzen, Atembeschwerden, Kopfschmerzen, Müdigkeit und Schwindel. Der diastolische Blutdruck liegt bei ihnen meist zwischen 110 und 125 mmHg. Der Augenhintergrund zeigt geringfügige bis fortgeschrittene Gefäßveränderungen (KW I–II).

Der diastolische Druck beim Schweregrad III bewegt sich zwischen 125 und 140 mmHg. Die Patienten weisen organische Schäden wie eine Herzhypertrophie auf, es bilden sich retinale Blutungen und Exsudate aus (KW III).

Der Schweregrad IV entspricht der malignen Phase der Hypertonie. Die diastolischen Blutdruckwerte sind stark erhöht, es tritt eine immer stärker werdende Niereninsuffizienz auf, im Augenhintergrund zeigen sich Papillenödeme (KW IV).

Im Verlauf der Erkrankung unterscheidet man eine gutartige und eine bösartige Phase, wobei ein Übergang in die bösartige Phase zu jedem Zeitpunkt der Erkrankung erfolgen kann.

Die maligne Hypertonie zeichnet sich durch folgende Symptome aus: Permanent stark erhöhter diastolischer Druck über 120–130 mmHg, Augenhintergrundveränderungen mit Papillenödem und Arterienveränderungen und eine rasch fortschreitende Nierenschädigung durch die ausgeprägte Erhöhung des Gefäßinnendrucks. Es kommt zu einer erhöhten Harn- und damit verbundenen Natriumausscheidung, woraus sich eine Herabsetzung des Blutvolumens ergibt. Im Rahmen der Hormonregulation sprechen hierauf der Aldosteron- und der Renin-Angiotensin-Mechanismus an, was zu einer weiteren Vasokonstriktion und Blutdruckerhöhung führt.

Subjektiv leiden die Patienten unter ausgeprägten Kopfschmerzen, das Sehen wird verschwommen; teilweise erblinden die Patienten plötzlich. Es kommt zu einer raschen Abmagerung.

Unter Fortschreiten der Niereninsuffizienz mit andauernder Proteinurie bilden sich bei einem Teil der Erkrankten akut eine Linksherzinsuffizienz mit Lungenödem, bei einem Teil ausgeprägte zerebrale Blutungen mit generalisierten Krampfanfällen aus, denen die Patienten erliegen.

3.3.1 Primäre Hypertonie

Etwa 90% aller Hypertoniker leiden an einer primären (essentiellen oder idiopathischen) Hypertonie. Ihre Ursache ist bis heute unbekannt, obwohl sie eine der verbreitetsten Erkrankungen der Menschheit ist. Sie tritt in einzelnen Familien gehäuft auf, scheint also vererbbar zu sein, obwohl der Erbgang noch nicht endgültig geklärt ist.

Etwa 15% der erwachsenen Bevölkerung sind an Hypertonie erkrankt; diese Prozentzahl steigt in höheren Altersgruppen teilweise über 50% an. 25% der Bevölkerung über 40 Jahre sterben an den Folgen einer Hypertonie.

Hauptsächlicher Risikofaktor für die Ausbildung einer Hypertonie ist ein Übergewicht. Bereits wenn das Körpergewicht 20% über dem Normalgewicht liegt, steigt die Häufigkeit des Auftretens einer Hypertonie um den Faktor 10. Bei Rauchern ist die Anzahl der Hypertoniker höher als in der Normalpopulation. Ebenso wird unter Alkoholikern eine höhere Prozentzahl von Hypertonikern gefunden als in der Durchschnittsbevölkerung.

„Hypertonie“ wird oft als Zufallsdiagnose gestellt. Die Patienten sind in den meisten Fällen beschwerdefrei, viele fühlen sich „richtig gesund“. Das langsame Ansteigen des Blutdrucks findet in der Regel zwischen dem 30. und 50. Lebensjahr statt, außerhalb dieses Zeitraumes ist eine sekundäre Hypertonie stärker in Betracht zu ziehen.

Das Beschwerdebild bei Hypertonie ist sehr weitreichend. Die Patienten klagen über Atemnot während der Nachtstunden, können nicht flach liegend schlafen; häufigstes Symptom ist eine Belastungsdyspnoe, gefolgt von allgemeiner Nervosität, Kopfschmerzen und Schwindelgefühl.

Alle diese Symptome sind nicht spezifisch für eine Hochdruckerkrankung, sie treten auch bei anderen Erkrankungen auf.

Eine endgültige Diagnose kann erst aus einer längeren Beobachtung der Blutdruckwerte getroffen werden.

Bei der unbehandelten essentiellen Hypertonie entwickelt sich im Laufe mehrerer Jahre aufgrund der vermehrten Druckarbeit des linken Ventrikels im großen Kreislauf eine Hypertrophie aus, die im Rahmen einer Dekompensation zu einer Dilatation des linken Ventrikels führen kann. Zwischen 10% und 20% der Hypertoniker weisen eine absolute Arrhythmie mit Vorhofflimmern auf. Neben der Apoplexie stellt die Herzinsuffizienz bei der unbehandelten essentiellen Hypertonie die häufigste Todesursache dar.

Das Auftreten einer Linksherzhypertrophie läßt sich durch das EKG, röntgenologisch, sonographisch, nuklearmedizinisch und durch die neuen bildgebenden Methoden wie Kernspintomographie nachweisen.

Die Nierenfunktion ist in der Frühphase einer Hypertonie unverändert; erst später finden sich Einschränkungen in der Clearance. Im Verlauf der Erkrankung entwickelt sich bei einigen Patienten eine arteriosklerotische Schrumpfniere, im malignen Verlauf eine Arteriolonekrose, die die Nierenfunktion vollständig zum Erliegen bringen kann.

30–40% der Todesfälle bei einer gutartig verlaufenden Hypertonie lassen sich auf einen Apoplex zurückführen. Hirninfarkte und Massenblutungen bilden das Gros der Todesursachen. Die flüchtige Ischämie ist einer der wichtigen Hinweise auf einen drohenden Hirninfarkt; sie äußert sich durch eine weniger als 24 Stunden andauernde neurologische Symptomatik, die durch eine geringe Einschränkung der Hirnblutung, die auch extrazerebral liegen kann, rasch wieder ausgelöst werden kann. Hier muß eine Behandlung unverzüglich begonnen werden.

Die durchschnittliche Lebenserwartung eines Menschen korreliert deutlich mit dem mittleren Blutdruck. Hypotoniker leben länger als Normotoniker, Hypertoniker kürzer. Die Fünfjahresüberlebensrate liegt bei den Schweregraden III und IV im Falle einer unbehandelten primären Hypertonie bei 5%, behandelt bei zwischen 30 und 50%.

3.3.2 Sekundäre Hypertonie

Die sekundären Hypertonieformen nehmen etwa 10% der gesamten Erkrankungen an arteriellem Hochdruck ein. Wichtigste Gruppe unter ihnen ist die renale Hypertonie (Tab. 3.**2**).

Sie wird durch eine Auslösung des Renin-Angiotensin-Mechanismus der Niere erzeugt (Abb. 3.**2**).

Angiotensin II ist die stärkste bekannte blutdrucksteigernde Substanz; ausgelöst durch eine Minderdurchblutung wird in der Niere Renin freigesetzt, das wiederum bewirkt, daß sich aus einem Alpha-2-Globulin des Plasmas (Angiotensinogen) Angiotensin I abspaltet. Angiotensin I wird durch weitere Enzyme in Angiotensin II umgewandelt; Angiotensin II ist in seiner Wirkung zehnfach stärker als Noradrenalin.

Die Steigerung der Reninausscheidung durch eine Drosselung der Nierendurchblutung wird als Hartwig-Goldblatt-Mechanismus bezeichnet.

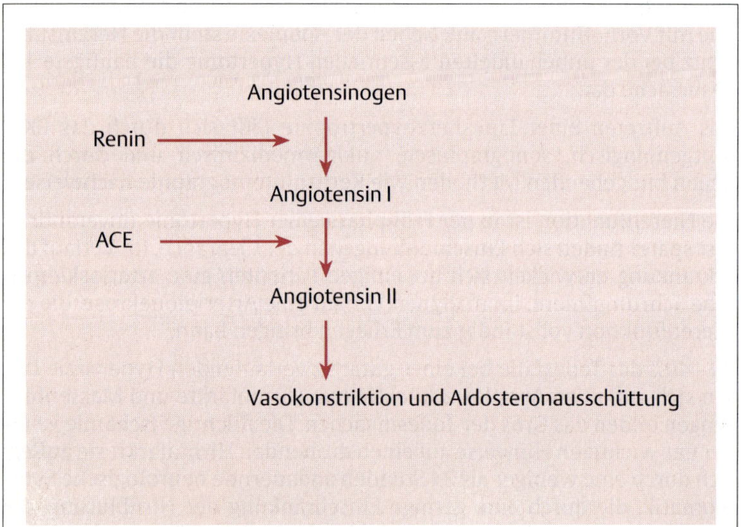

Abb. 3.**2** Renin-Angiotensin-Mechanismus

Tabelle 3.**2** Nierenerkrankungen, die eine sekundäre Hypertonie auslösen können

- Chronische Pyelonephritis
- Chronische Glomerulonephritis
- Zystenniere
- Diabetische Glomerulosklerose
- Generalisierter viszeraler Lupus erythematodes
- Periarteriitis nodosa
- Progressive Sklerodermie
- Amyloidniere
- Zustand nach akutem Nierenversagen
- Hydronephrose
- Nierenmißbildungen
- Nierentumoren
- Nierentuberkulose
- Perinephritis
- Nierentrauma

•••• Renoparenchymaler Hochdruck

Gut 4% aller Hochdruckfälle lassen sich auf eine Erkrankung des Nierengewebes zurückführen.

Am häufigsten entsteht ein renaler Hochdruck auf der Basis einer chronischen Pyelonephritis oder einer chronischen Glomerulonephritis.

Fast die Hälfte aller Patienten mit chronischer Pyelonephritis entwikkeln im Laufe dieser Erkrankung eine Hypertonie. Es handelt sich um eine Erkrankung, die Frauen häufiger befällt als Männer; die Diagnose fällt oftmals schwer, da Pyelonephritiden häufig symptomarm verlaufen.

Auch bei der chronischen Glomerulonephritis ist die Aufdeckung eines artiellen Hochdrucks und die Abgrenzung des sekundären gegenüber einem primären Hochdruck schwierig. Bei all diesen Erkrankungen treten Mikrohämaturie und Proteinurie auf.

•••• Renovaskulärer Hochdruck

Die renovaskuläre Hypertonie entsteht durch eine Einengung der A. renalis oder einer ihrer großen Abgänge. Dies läßt sich in den meisten Fällen auf arteriosklerotische Veränderungen zurückführen.

Auch hier ist die Diagnose schwierig zu stellen, da sich nur in wenigen Fällen der Hochdruck nach einem plötzlich auftretenden Schmerz im Rücken oder in der Seite oder bei einem Patienten mit bekannter arterieller Verschlußkrankheit einstellt.

Interessant ist für die Diagnose die Bestimmung der Plasmareninaktivität, einer etwas aufwendigen Methode, die im Rahmen einer Arteriographie durchgeführt wird.

Therapie der Wahl ist bei den meisten Patienten die Beseitigung der Stenose. Dies kann entweder durch Aufweitung der Arterie durch einen Radiologen während einer Arteriographie oder operativ geschehen. In den Fällen, wo dies nicht möglich ist, erfolgt eine medikamentöse Therapie.

Weniger häufig ist die Entstehung eines arteriellen Hochdrucks bei anderen Nierenerkrankungen. Sie sind der Tab. 3.**2** zu entnehmen.

Bei einer Anzahl von Regulationsstörungen in Hormonkreisläufen des Organismus stellt eine sekundäre Erhöhung des Blutdrucks ein wichtiges Symptom dar.

•••• Phäochromozytom

Phäochromozytome sind zumeist kleine Tumoren der Nebennieren, die Adrenalin und Noradrenalin und deren Abbauprodukte ins Blut sezernieren. Dabei kann es, oftmals ausgelöst durch bestimmte Körperbewegungen, wie das Heben schwerer Lasten oder Defäkation, zu plötzlichen Hochdruckkrisen oder in 60% der Fälle zu einer permanenten Hypertonie kommen.

Die Diagnose wird durch die klinischen Zeichen und durch die Bestimmung des Katecholaminspiegels im Blut gestellt. Die Therapie besteht in der chirurgischen Entfernung der Tumoren, wo dies möglich ist.

•••• Cushing-Syndrom

Beim Cushing-Syndrom werden Glukokortikoide im Überfluß produziert, wahrscheinlich durch eine erhöhte Natriumretention im Blut und eine höhere Reaktionsbereitschaft auf Katecholamine. In fast allen Fällen besteht eine Hypertonie, die Werte über 200 mmHg systolisch erreichen kann. Der Krankheitsverlauf der Hypertonie entspricht dem eines primären Hochdrucks, häufigste Todesursache beim Cushing-Syndrom sind die Komplikationen des Hochdrucks.

•••• Conn-Syndrom

Als Conn-Syndrom wird ein primärer Hyperaldosteronismus bezeichnet, eine von der Nebennierenrinde ausgehende Überproduktion von Aldosteron, was entweder auf Adenome oder auf eine Hyperplasie der Nebennierenrinde zurückzuführen ist.

Die Patienten zeigen klinisch oftmals eine Hypokaliämie im Blut. Dazu treten Muskelschwäche, Kopfschmerzen im Bereich der Stirn und nächtlicher Harndrang.

Sofern es möglich ist, wird das Adenom chirurgisch entfernt. Medikamentös steht Spironolacton als Aldosteronantagonist zur Verfügung.

Im Rahmen der Therapie der Erkrankung wird auch der Hypertonus gesenkt. Ähnlich verhält es sich bei der Hyperthyreose und beim Hyperparathyreoidismus, wo eine Behandlung oder Heilung der Grunderkrankung auch ein Verschwinden der gelegentlich dabei auftretenden Hypertonie bewirkt.

Bei der Einnahme von oralen Kontrazeptiva zur Empfängnisverhütung tritt neben den weiteren Nebenwirkungen bei etwa 5% der Frauen nach einer Einnahmezeit von fünf Jahren ein Hochdruck auf; es besteht eine Prädisposition bei Familien, in denen Hypertonie, Diabetes mellitus, renale Erkrankungen oder Schwangerschaftshypertonie vorkommen.

In der Regel ergibt sich eine Normalisierung der Blutdruckverhältnisse innerhalb von drei Monaten nach dem Absetzen der Medikation. Ein Übergang zu einer irreversiblen oder sogar malignen Hypertonie wird allerdings ebenfalls beobachtet.

Im Verlauf einer Schwangerschaft kann eine Hypertonie zusammen mit einer Proteinurie und Ödemen auftreten. Die Therapie dieser Gestose besteht in erster Linie in Bettruhe und Belastungsarmut. Der Hypertonus bildet sich in den meisten Fällen nach der Geburt zurück.

Hypertonien können auch als hämodynamische Hochdruckerscheinungen z.B. bei einer Aortenisthmusstenose oder einer Aorteninsuffizienz oder bei Erkrankungen des Nervensystems auftreten. Die Therapie besteht entweder in der Beseitigung der Grunderkrankung oder in einer symptomatischen Therapie.

3.4 Therapie

Die Hypertonie ist wie viele chronische Erkrankungen in ihren Anfangsstadien symptomarm oder symptomlos; sie bereitet dem Patienten keine Beschwerden. Während dieses Zeitraums ist eine Therapie mit guten Resultaten durchführbar, obwohl einige Patienten wegen der Beschwerdefreiheit eine Behandlung nicht einsehen oder nicht konsequent durchführen wollen.

In erster Linie zielt die Behandlung auf eine ausgeglichene Lebensweise des Patienten; Streßfaktoren sollten gemieden werden. Die Patienten sollten auf genügend Schlaf achten, zu hohen Anforderungen im Bereich ihrer Arbeit aus dem Wege gehen und Spannungen im familiären Bereich abbauen.

Jeder Hypertoniker sollte – seinem Alter und seinem Allgemeinzustand angemessen – ein körperliches Training auf sich nehmen; die Patienten müssen auf das Rauchen als einen besonderen Risikofaktor verzichten. Alkohol- und Koffeinkonsum sind in vertretbarem Maße gestattet.

Am wichtigsten ist jedoch eine Gewichtsreduktion auf ein Normalgewicht, soweit dies erreichbar ist. Dazu sollen die Patienten eine natriumarme Kost zu sich nehmen, die tägliche Kochsalzzufuhr sollte auf 5 g eingeschränkt werden. Bei der Mehrzahl der Patienten ist eine medikamentöse Behandlung darüber hinaus notwendig.

Bei medikamentöser Therapie wird mit einem Betablocker begonnen; ist dies nicht ausreichend, erfolgt eine Kombination mit einem Saluretikum. Andere Kombinationsmöglichkeiten sind Alphamethyldopa mit Saluretikum oder Clonidin mit Saluretikum.

Bei allen Antihypertensiva treten Nebenwirkungen auf; sie sind in Tab. 3.**3** verzeichnet.

Die Senkung des Blutdrucks durch eine medikamentöse Therapie muß sich ebenfalls dem Allgemeinzustand und Alter des Patienten anpassen. Insbesondere bei hohen Druckwerten und alten Patienten soll der Druck langsam und unter Beobachtung des Patienten abfallen, damit es nicht zu plötzlichen Mangeldurchblutungen des Gehirns oder einem protrahierten Kreislaufversagen kommt.

Tabelle 3.**3** Antihypertensiva (wichtige Gruppen) und ihre Nebenwirkungen

Medikamentengruppe	Nebenwirkungen
Betablocker	Bradykardie, Hypoglykämien, Erhöhung des Bronchialwiderstandes nicht bei: obstruktiven Lungenerkrankungen, Leitungsstörungen am Herzen und Herzinsuffizienz
Saluretika	Erhöhung der Kaliumausscheidung durch die Nieren, Störungen in der Glukoseverwertung, Hyperlipidämie, Hyperurikämie
Alphamethyldopa	Sedierung, Mundtrockenheit, Leberschädigung
Clonidin	Sedierung, Mundtrockenheit
	Darüber hinaus bei allen Präparaten: Symptome des Orthostasekomplexes (Schwindel und Schwarzwerden vor den Augen beim Aufstehen, Kopfschmerzen, Übelkeit, Ohnmachtsanfälle)

Bei Blutdruckkrisen wird unter intensivmedizinischen Bedingungen eine Dauerinfusion mit Nitroprussidnatrium, bei weniger ausgeprägten Fällen auch mit Clonidin oder Diazoxid eingesetzt.

Physiotherapeutische Behandlung

Die physiotherapeutische Behandlung wird vor allem in der psychosomatisch orientierten Medizin zur Therapie herangezogen. Sie muß eine Kombination von Entspannung und Spannung enthalten. Während der ersten Behandlungen liegt die Betonung auf der Entspannung, im weiteren Verlauf wird jedoch mehr Wert auf Aktivität gelegt, ähnlich wie bei der Behandlung des vegetativen Symptomenkomplexes.

- *Gesichtspunkte*
  - Der Patient soll in die Lage versetzt werden, sich selbst zu entspannen.
  - Er soll leichte Formen der Ausdauerbelastung erlernen.
  - Vegetative Umstimmung in Richtung einer trophotropen Reaktionslage (Vagotonie), verbunden mit einem verminderten sympathischen Antrieb.
  - Bewußtmachen von ungünstigem Atemverhalten, besonders beim Pressen.
- *Maßnahmen*
  - Entspannung, z.B. durch Tastarbeit und Dehnlagerungen nach Schaarschuch,
  - aktives Bewegen, je nach Allgemeinzustand, z.B. durch freies Bewegen in intermittierender Dauerform (s. Band 1),
  - Massage und Bürstungen,
  - Bindegewebsmassage,
  - Anwendungen aus der Hydrotherapie,
  - Erklärung der hämodynamischen Auswirkungen des Pressens auf den Kreislauf.

Der Einstieg in die Behandlung ist zunächst der Versuch, das Atemverhalten bei Belastung zu verbessern. Besonders gefährlich für den Patienten ist das Pressen, da es infolge des arteriellen Druckanstiegs zu hohen systolischen Druckspitzen kommen kann.

Mit Preßbeginn steigt der arterielle Druck um die Höhe des Preßdrukkes, fällt dann kurzfristig ab, um als Folge der peripheren Widerstandserhöhung wieder anzusteigen. Diese Widerstandserhöhung ist die Folge der gesteigerten Sympathikusaktivität. Bei der Wegnahme des Preßdruckes nach dem Pressen fällt der arterielle Blutdruck wieder ab, um nach ansteigendem Herzminutenvolumen bei noch bestehender Vasokonstriktion wieder anzusteigen. Durch die Steuerung der Druckrezeptoren des Aortenbogens und des Karotissinus fällt die Pulsfrequenz ab, sobald der arterielle Druck steigt. Dadurch kann es zu Kollapserscheinungen und Schwindel kommen. Muskelspannungen müssen also so dosiert sein, daß der Patient mühelos weiteratmen kann.

Während der Behandlung muß der Patient lernen, in möglichst schonender Weise die im täglichen Leben notwendigen Arbeiten ohne Pressen auszuführen, z.B. schweres Heben, Tragen, Bücken und Aufrichten. Hier muß die bewußte Übung einsetzen, so daß sich Atembewegung und Körperbewegung koppeln können.

■ *Beispiel:*
- beim Tragen weiteratmen,
- beim Heben weiteratmen,
- sich kontrolliert in einem angemessenen Tempo bewegen.

Die *Bewegung* muß dem Allgemeinzustand, d.h. dem Alter, den Möglichkeiten und dem individuellen Befund des Patienten angepaßt werden. Vom Gehen im Wechsel mit leichtem Traben bis zum gymnastischen Üben mit kontinuierlichen Dauerbelastungen sämtlicher Muskelgruppen ergibt sich hierfür ein breites Übungsspektrum, welches sowohl einzeln als auch in Gruppen durchführbar ist.

Massage soll Verspannungen lösen und zur allgemeinen Entspannung beitragen.

Bürstungen wirken auf die Haut kapillarisierend und können somit kurzfristig einen erhöhten Sympathikotonus senken. Außerdem trainieren sie das Gefäßsystem. Die Erweiterung von Kapillaren führt zu einer kurzfristigen Senkung des erhöhten peripheren Widerstandes. Der Patient soll die Technik erlernen und sich jeden Morgen selbst bürsten.

Die *Bindegewebsmassage* dient der vegetativen Umstimmung. Sie wird kurmäßig als Reiz angesetzt, d.h., sie soll keine Dauerbehandlung sein. Es genügt hierfür die Strichfolge des großen Aufbaus.

Die Anwendungen aus der *Hydrotherapie*, wie Waschungen, Güsse, Wechselanwendungen usw. dienen ebenfalls einem Training des Gefäßsystems, sollen mild sein und zur Erhaltung gesunder und harmonischer Reaktionen der Gefäße beitragen.

■ *Übungsbeispiel:* Tastarbeit nach Schaarschuch/Haase mit der Beobachtung von Spannung und Entspannung:

Es wird dabei versucht, durch Bewußtseinseinengung zur Entspannung zu kommen. Das Entspannen kann sowohl in einer Einzelbeziehung als auch in einer Gruppe angewendet werden. Es ist günstig, den Raum etwas abzudunkeln oder die Beleuchtung zu dämpfen. Es soll angenehm warm sein. Die Kleidung des Patienten darf nicht beengen (Korsagen, Gummizüge, Fußstege). Die Unterlage soll weich sein. Die Ausgangsstellung (Rückenlage oder Seitlage) kann frei gewählt werden, es empfiehlt sich aber, vor allem als Vorbereitung zur Dehnlagerung, die stabile Seitlage einnehmen zu lassen. Der Therapeut setzt sich auf einen Platz, von welchem aus er die Gruppe gut übersehen kann, ohne den Kopf weit drehen zu müssen, damit die Stimme für alle immer gleich verständlich bleibt. Während der ganzen Entspannungsphase sitzt er ruhig auf diesem Platz, um die Aufmerksamkeit der Patienten nicht auf sich zu lenken. Korrekturen werden ausschließlich verbal gegeben. Begonnen wird immer distal an den Zehen oder an den Fingern mit der Seite, die anschließend gedehnt werden soll.

Vorausschickend wird erklärt, daß zwischendurch Fragen gestellt werden, auf die keine laute Antwort erwartet wird und die ausschließlich zur eigenen Überprüfung gedacht sind, z.B.: „Schließen Sie die Augen und werden Sie ganz ruhig. Falls die Augen noch suchen, drehen Sie sie zur Nasenspitze. – Stellen Sie sich jetzt Ihren rechten großen Zeh ganz genau vor, die Kuppe, den Nagel; gehen Sie auf die anderen Zehen über, bis Sie beim kleinsten Zeh angekommen sind. Spüren Sie am Fußaußenrand entlang bis zur Ferse, um die Ferse herum bis zum Knöchel. Stellen Sie sich diesen Knöchel genau vor. Gehen Sie jetzt weiter nach oben, bis Sie an die Wade kommen. Ist die Wadenmuskulatur wirklich ganz locker? Hat sie keine Spannung mehr? – Loslassen. –. Der Unterschenkel ist Ihnen deutlich im Bewußtsein. Gehen Sie jetzt weiter bis zur Kniekehle, und kommen Sie auf den Oberschenkel. Gehen Sie auf die Vorderseite. Ist die Muskulatur wirklich ganz locker? Hat sie keine Spannung mehr? – Loslassen. – Der Oberschenkel wird ganz schwer und warm. Sie gehen jetzt weiter und kommen an die Hüfte. Ist die Hüftmuskulatur wirklich ganz entspannt? Sie gehen entlang der Hüfte aufwärts, bis Sie an der Wirbelsäule ankommen. Steigen Sie nun an den Wirbeln empor, Wirbel für Wirbel, bis Sie am Brustkorb ankommen. Kontrollieren Sie diesen Rückenabschnitt: Ist wirklich keine Spannung mehr in der Rückenmuskulatur zu finden?

Beobachten Sie jetzt die Bewegungen, die Ihr Brustkorb bei der Atmung vollführt. Sie spüren, wie die Rippen sich heben und senken – heben und senken ...". Durch dieses im Atemrhythmus gesprochene Kommando werden die Atembewegungen etwas vergrößert, und der Atemrhythmus kann beeinflußt werden. Man läßt danach eine kleine Pause. „Gehen Sie jetzt weiter auf das Gebiet Ihres Nackens und der rechten Schulter. Lösen, lockerlassen, der Nacken ist jetzt ganz entspannt. – Jetzt zur rechten Schulter und auf die Vorderseite des Oberarmes: Kontrollieren Sie, ob nicht noch etwas Spannung darin ist, ebenso die Rückseite des Oberarmes – loslassen. – Sie kommen um den Ellbogen herum auf die Oberseite des Unterarmes. Kontrollieren Sie die Spannung. Ballen Sie jetzt die Hand langsam zur Faust. Verfolgen Sie, wie weit Sie diese Spannung spüren, und lassen Sie langsam wieder los."

Nach einigen Augenblicken fordert man den Patienten auf, sich zu räkeln, eventuell zu gähnen und sich auf den Rücken zu drehen. Er wird befragt, wie er diese Entspannungssituation empfindet, ob er dem Tempo mit seinen Gedanken folgen konnte, was er als schwierig empfunden hat usw.

Hier können sich nun Dehnlagerungen anschließen. Eine weitere Möglichkeit ist das Spüren der Auflageflächen in Rückenlage (Bd. 1).

4 Erkrankungen der Arterien und der Venen

D. Matthes und H. Göhring

4.1 Arterien

Bei den arteriellen Verschlußerkrankungen kommt es durch Einengung oder Verlegung des Arterienlumens zu Störungen der Gewebsernährung im entsprechenden Versorgungsgebiet. Die Verlegung des Arterienlumens kann durch degenerativ-arteriosklerotische, entzündliche oder funktionelle Gefäßwandveränderungen hervorgerufen werden.

Die häufigste Ursache arterieller Durchblutungsstörungen ist die obliterierende Arteriosklerose. In der Gefäßintima kommt es zur Ablagerung von Lipoiden und Mukopolysacchariden mit nachfolgender Verkalkung in Form von Herden, den sog. atheromatösen Plaques. Bricht ein solcher Herd auf, entsteht ein Defekt in der Gefäßwand, an dem sich Thromben ablagern können, die langsam oder akut zu einem kompletten Verschluß führen.

Die auf dem Boden arteriosklerotischer Intimaveränderungen entstehenden Verschlußerkrankungen werden durch mehrere Faktoren, die sog. *Risikofaktoren*, begünstigt. An erster Stelle steht das Zigarettenrauchen (Tabakrauchinhalation), gefolgt von Hypertonie, Diabetes mellitus und Hyperlipidämie. Treffen mehrere Risikofaktoren zusammen, nimmt die Erkrankungshäufigkeit stark zu.

Aufgrund des unterschiedlichen therapeutischen Vorgehens unterscheidet man zwischen chronischen und akuten Arterienverschlüssen.

4.1.1 Chronische arterielle Verschlußerkrankungen

Die arterielle Verschlußerkrankung manifestiert sich früher oder später an mehreren Stellen des Arteriensystems. Bevorzugt werden die Arterien der Extremitäten und des Herzens befallen, weniger häufig die Hirn-, Nieren- und Darmarterien. Die Ursachen der Gefäßverschlüsse sind vor allem (ca. 90%) degenerativ-arteriosklerotische Veränderungen und in ca. 10% der Fälle entzündliche Gefäßwanderkrankungen. Männer werden nahezu fünfmal häufiger als Frauen von den stenosierenden Gefäßprozessen befallen. Das Häufigkeitsmaximum liegt beim Mann um das 6. Lebensjahrzehnt; Frauen erkranken durchschnittlich 10 Jahre später, wobei ein gewisser hormoneller Schutz gegenüber der Arteriosklerose diskutiert wird. Die arteriosklerotischen Gefäßveränderungen sind durch einen schleichenden Beginn und durch ein allmähliches Fortschreiten des Prozesses gekennzeichnet.

Bei den *entzündlichen Gefäßerkrankungen* nimmt an Häufigkeit die *End- bzw. Thrombangiitis obliterans* (v.-Winiwarter-Buerger-Erkrankung) die erste Stelle ein. Die Erkrankung tritt hauptsächlich bei jungen zigarettenrauchenden Männern zwischen 20 und 30 Jahren auf, wobei die Durchblutungsstörung durch entzündliche Intimaveränderungen, an denen sich Thromben ablagern, hervorgerufen wird. Weitaus seltener sind Frauen (1 : 9) befallen. Die Ursachen der Endangiitis obliterans sind noch weitgehend unbekannt. Diskutiert werden eine Schädigung durch Nikotin, da Nichtraucher äußerst selten an einer Endangiitis obliterans erkranken sowie autoimmunologische Prozesse. Zunächst werden die kleinen und mittleren Arterien befallen, später auch die großen Gefäße.

Die Patienten mit chronischen arteriellen Verschlußerkrankungen klagen über Schmerzen, Kälte- und Schweregefühl und über rasche Ermüdung der minderdurchbluteten Extremität. Je nach Schweregrad der Durchblutungsstörung unterscheidet man in Anlehnung an Fontaine vier Stadien.

- *Stadium I:* Pulsausfall oder Pulsabschwächung ohne subjektive Beschwerden.
- *Stadium II:* Die Durchblutung reicht während der Muskelarbeit nicht mehr aus, und es treten nach einer bestimmten Gehstrecke (Stadium IIa über 200 m; Stadium IIb unter 200 m) krampfartige Schmerzen, z. B. in der Wade, auf, die zum Stehenbleiben zwingen. In Ruhe klingen dann die Schmerzen innerhalb weniger Sekunden bis Minuten wieder vollständig ab. Man nennt dieses Beschwerdebild die *Claudicatio intermittens.*
- *Stadium III:* Bereits in Ruhe ist die Durchblutung bei horizontaler Lage unzureichend, so daß Ruheschmerz besteht.
- *Stadium IV:* Es ist zur Nekrose bzw. zum Gangrän gekommen.

Da der Ort der Arterienverlegung hauptsächlich die Symptomatik bestimmt, hat sich die Einteilung in Verschlußlokalisationen bewährt (Abb. 4.**1**). Beim *peripheren Typ* liegen die Verschlüsse im Bereich der Unterschenkel-, Fuß- oder Digitalarterien. Dieser Lokalisationstyp tritt vor allem bei Patienten mit Diabetes mellitus sowie bei Endangiitis obliterans auf, wobei über Kältegefühl und Sensibilitätsstörungen im Bereich der Füße und Hände geklagt wird. Beim *Oberschenkeltyp*, dem häufigsten Verschlußtyp, ist die A. femoralis verschlossen, war zu dem typischen Bild der Claudicatio intermittens der Wadenmuskulatur führt. Während der Leistenpuls (A. femoralis) normal tastbar ist, sind die Kniekehlenpulse abgeschwächt oder fehlen. Der *Beckentyp* umfaßt die

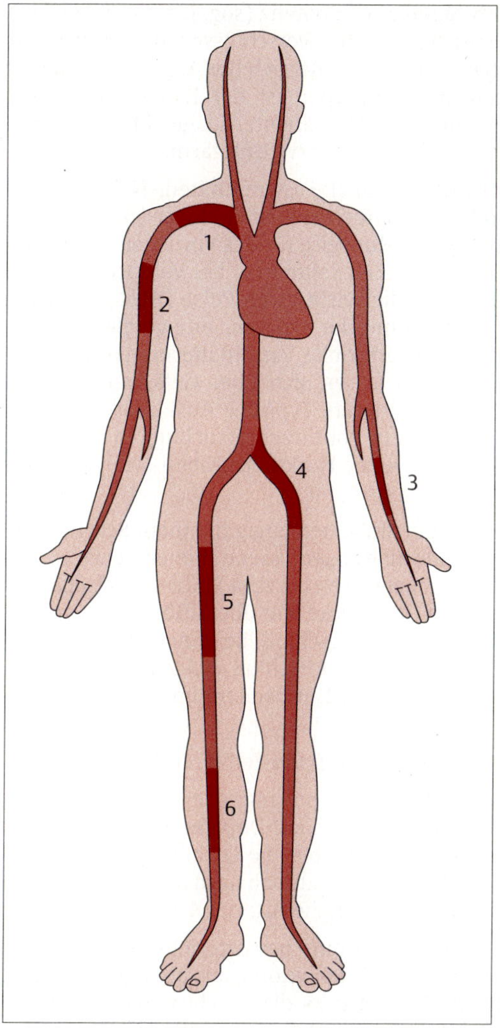

Abb. 4.1 Verschlußlokalisation bei chronischen arteriellen Verschlußerkrankungen
1 = Schultergürteltyp,
2 und 3 = Armtyp,
4 = Beckentyp,
5 = Oberschenkeltyp,
6 = peripherer Typ

Verschlüsse der Beckenarterien. Hierin eingeschlossen ist der Verschluß der Aorta unterhalb des Abganges der Nierenarterien. Dieser Verschlußtyp führt zu einer Claudicatio im Bereich der Oberschenkelmuskulatur und zum Pulsausfall von der Leistenbeuge an distal. Ist die Aorta mitbefallen, so kommt es beim Mann zur Impotenz (sog. Lériche-Syndrom). Vom *Schultergürteltyp* spricht man bei Verschlüssen im Bereich der A. subclavia, beim *Armtyp* liegen sie im Bereich der A. axillaris und der A. brachialis. Bei beiden Verschlußtypen ist der Radialispuls abgeschwächt oder nicht mehr zu tasten. Die Patienten klagen über Schweregefühl sowie rasche Ermüdung in Ober- bzw. Unterarm.

Diagnostik. Der Lokalbefund (z.B. kalte Extremitäten, Nekrose oder Gangrän) und die Art und Lokalisation der Gehbeschwerden (Claudicatio intermittens) geben wichtige Hinweise für das Vorliegen einer arteriellen Verschlußerkankung. Generell sollte man bei Verdacht auf eine arterielle Verschlußerkrankung die wichtigsten Pulse (Abb. 4.**2**) tasten und sie hinsichtlich der Qualität mit der anderen Seite vergleichen. Ein nicht tastbarer Puls macht eine arterielle Verschlußerkrankung wahrscheinlich. Mit dem Stethoskop lassen sich über Gefäßverengungen pulssynchrone Geräusche auskultieren. Typische Auskultationsstellen sind in Abb. 4.**2** wiedergegeben. Zur Routineuntersuchung in der angiologischen Diagnostik gehören weiter Funktionsproben wie Gehprobe und Lagerungstest.

Gehtest. Patient und Kontrollperson gehen zügig in einem Schrittempo von 120 Schritten in der Minute eine abgemessene ebene Strecke ab. Dabei wird die Strecke in Metern gemessen bis zum Eintritt des Ischämieschmerzes. Eine schmerzfreie Gehstrecke von über 200 Metern spricht dabei für einen gut kompensierten Verschluß. Bei einer schmerzfreien Gehstrecke von unter 50 Metern ist der Verschluß schlecht kompensiert. Der Gehtest ist heute mit Hilfe eines Laufbandergometers einheitlich standardisiert.

Lagerungsprobe. Siehe physiotherapeutischer Teil (S. 208).

An apparativen Methoden stehen die pulsregistrierenden Verfahren, wie z.B. die *Oszillographie* und die Ultraschall-Doppler-Sonographie, zur Verfügung. Einen sicheren Aufschluß über die Lokalisation eines Verschlusses erhält man durch Röntgenaufnahmen nach Injektion von flüssigem marklöslichem Kontrastmittel in die Arterie (*Arteriographie*).

Therapie. Bei der Behandlung der chronischen arteriellen Verschlußerkrankungen müssen zunächst die Risikofaktoren ausgeschaltet werden: Rauchverbot, Behandlung des Hochdrucks, diätetische und medikamentöse Behandlung des Diabetes und der Fettstoffwechselstörung. Die weitere konservative Therapie richtet sich nach dem jeweiligen Kompensationsgrad der Stenose. In den Stadien I und II ist aktives Training zur Verbesserung der lokalen Ausdauer angezeigt. Bei den Übungen sollten keine Schmerzen auftreten. Die Patienten werden angehalten, nur $^2/_3$ der Strecke zurückzulegen, nach der in der Regel Schmerzen auftreten. In den Stadien III und IV ist jegliches aktives Training untersagt. Die Gliedmaßen

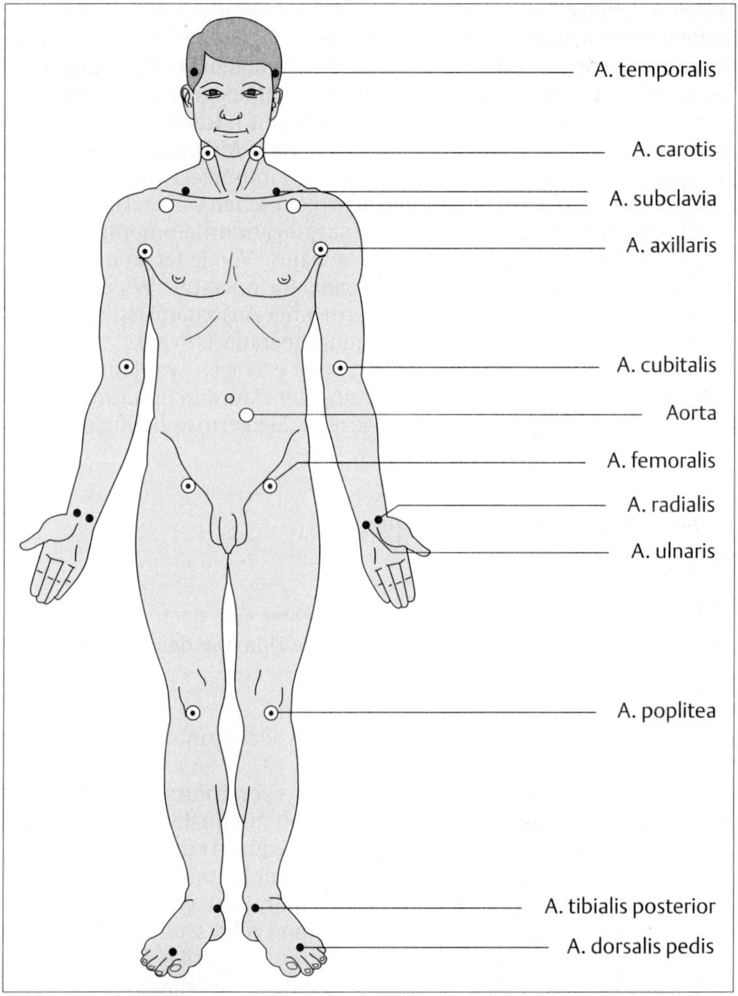

Abb. 4.**2** Palpationsstellen (●) und Auskultationspunkte (○) der Arterien (⊙ Palpations- und Auskultationsstelle)

müssen ruhiggestellt, tiefgelagert und durch Watteverbände warmgehalten werden. Jede Verletzung, z.B. durch Nägelschneiden, muß unbedingt vermieden werden, da selbst kleinste Wunden bei Durchblutungsstörungen nicht mehr oder nur sehr schwer abheilen. Die vorhandenen Nekrosen (Stadium IV) sollen trocken und mit luftdurchlässigen Kompressen behandelt werden. Gefäßerweiternde Medikamente sind nur dann sinnvoll, wenn sie direkt intraarteriell infundiert werden (z.B. intraarterielle Infusion von Adenylkörpergemischen). Eine Therapie mit Antikoagulanzien oder Thrombozytenaggregationshemmer hat sich bei arteriellen Verschlußerkrankungen bewährt. Vor jeder konservativen Therapie sollte mit dem Gefäßchirurgen eine operative Wiederherstellung der arteriellen Strombahn in Form einer Ausschälplastik (*Thrombendarteriektomie*) oder einer Umgehungsoperation (*Bypass*) mit Kunststoffprothesen oder körpereigenen Venen erwogen werden. Die *Sympathektomie* bewirkt eine Verbesserung der Hautdurchblutung und ist bei peripheren Verschlußtypen angezeigt. Sie vermag häufig eine drohende Nekrose noch abzuwenden.

Physiotherapeutische Behandlung

Stadium II

Die physiotherapeutische Behandlung richtet sich nach dem Schweregrad der Durchblutungsstörung, wobei die Domäne der Physiotherapie das Stadium II (nach Fontaine) ist.

- *Befund*
  - Haut: Die Färbung der Haut kann blaß oder zyanotisch marmoriert sein.
  - Muskulatur: Die Muskulatur distal des Verschlusses neigt zu Atrophien. Einzelne Muskelstränge sind oft mit quälendem Hartspann durchsetzt. Kraft und Ausdauer sind reduziert und nehmen ab.
  - Haltung: Aufgrund einer gewissen Schonhaltung besteht die Tendenz, durch Muskelverkürzungen kontrakt zu werden.
  - Bindegewebe: Der Bindegewebsbefund zeigt arterielle Beinzonen von L 2 bis S 3. Beim Lériche-Syndrom zeigt sich zusätzlich eine großflächige Einziehung oder Quellung über dem Os sacrum (Abb. 4.**3**).
- *Gesichtspunkte*
  - Verbesserung der Durchblutung, vor allem der Hautdurchblutung,
  - Verbesserung der Koordination,
  - Verbesserung der O_2-Utilisation,
  - Anregung zur Bildung eines Kollateralkreislaufs,
  - Beseitigung der Muskelverspannungen,

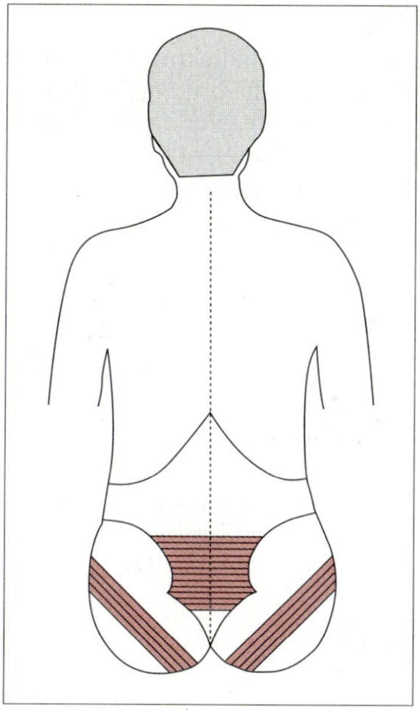

Abb. 4.3 Schematische Darstellung der arteriellen Beinzonen mit Quellung oder Einziehung über dem Os sacrum, wie sie beim Lériche-Syndrom auftreten können

- Behebung eventueller Muskelatrophien,
- Vorbeugung gegen Kontrakturen,
- Verlängerung der Gehstrecke,
- Verbesserung der Gehtechnik/Bewegungsleistung (Arme).

Um einen Trainingseffekt zu erzielen, soll die distal des Strombahnhindernisses liegende Muskulatur systematisch belastet werden. Grundsätzlich dürfen keine passiven durchblutungsfördernden Maßnahmen distal des Verschlusses angewendet werden, da durch die Weitstellung der Gefäße der Sauerstoffverbrauch ansteigt, dem jedoch aufgrund des Gefäßverschlusses nicht ausreichend nachgekommen werden kann. Die durch den erhöhten Muskelstoffwechsel frei werdenden sauren Metaboliten, wie z.B. Milchsäure, lösen Schmerzen aus, die der Patient als Krampf spürt. Jedes Auftreten von Schmerzen während aktiver Bewegung bedeutet Übersäuerung, die je nach Ausmaß das Gewebe mehr oder weniger schädigen kann.

Deshalb ist es notwendig, vor Beginn einer systematischen Übungsbehandlung die maximale Belastbarkeit des Kranken auszutesten. Als Grenze hierfür ist der Beginn krampfartiger Schmerzen anzusehen.

- *Lagerungstest der Beine nach Ratschow:*

  Aus der Rückenlage werden die Beine rechtwinklig angehoben und die Füße dorsal- und plantarflektiert oder in den Sprunggelenken gerollt (Abb. 4.**4 a–c**). Die Zeit bis zum Eintritt des Vorstadiums eines Krampfes wird mit der Stoppuhr gemessen. Zwei Drittel dieser Zeitspanne werden als Übungsdauer einer Behandlung festgelegt.

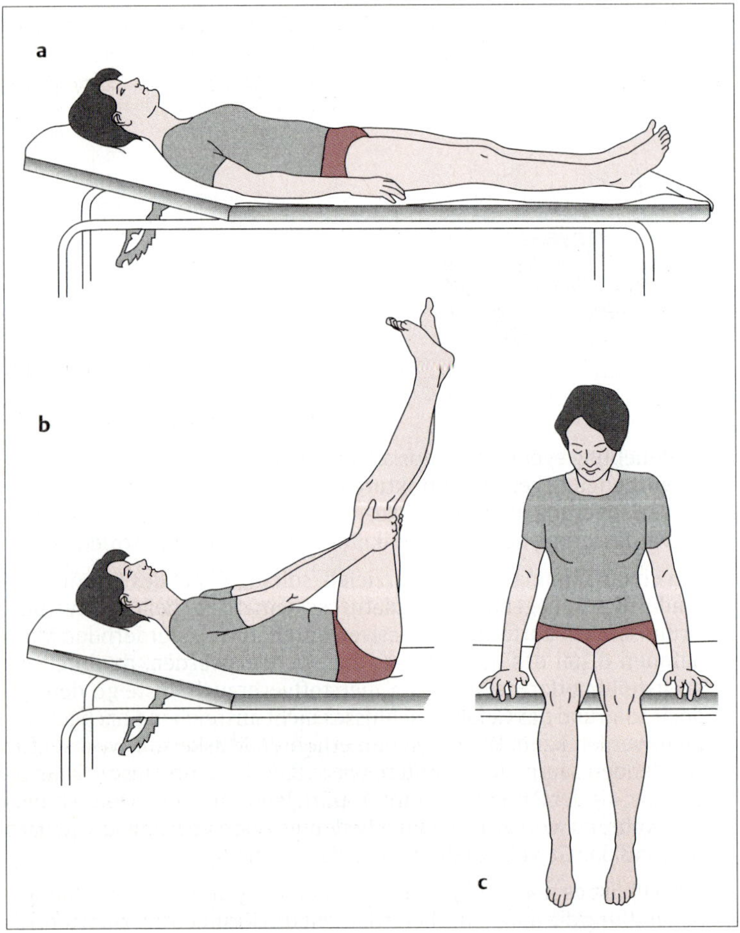

Abb. 4.**4 a–c** Die Phasen des Umlagerungstests nach Ratschow. Erläuterungen s. Text

Fordert man nun den Patienten auf, sich hinzusetzen und die Beine hängenzulassen, dann tritt beim Gefäßgesunden im Ablauf von 5 Sekunden eine diffuse Rötung und nach 15 – 20 Sekunden eine Füllung der Fußrückenvenen auf. Bei dekompensierten Verschlüssen erfolgen Rötung und Venenfüllung verspätet.

Zu berücksichtigen ist allerdings, daß eine retrograde Auffüllung der Unterschenkelvenen infolge Insuffizienz des Klappenapparates die Beurteilung der Lagerungsprobe sehr erschweren kann.

An der oberen Extremität ist eine ähnliche Untersuchung möglich. Statt Rollbewegungen werden hier am erhobenen Arm Faustschlußbewegungen ausgeführt. Die Beurteilung erfolgt nach den gleichen Kriterien wie an der unteren Extremität.

Maßnahmen

a) **Passive Maßnahmen**

Passive Maßnahmen seien der Vollständigkeit halber hier mit aufgeführt, sie haben jedoch gegenüber den aktiven Maßnahmen untergeordnete Bedeutung:

- Schüttelungen,
- Vibrationen,
- Walkungen,
- weiche Knetungen zur Beseitigung von Muskelverspannungen,
- heiße Rolle im Stammgebiet,
- Bindegewebsmassage bis zum Verschluß zur Verbesserung der Oberflächendurchblutung und zur Senkung des Sympathikotonus.

Die muskellockernden Maßnahmen können in der Einzelbehandlung während der Pausen zwischen den aktiven Übungsphasen eingesetzt werden.

Die heiße Rolle im Stammgebiet eignet sich als vorbereitende Maßnahme. Die Bindegewebsmassage soll jeden zweiten Tag im Stamm und am Bein oder Arm bis in Höhe des Verschlusses ausgeführt werden. Ihre Wirksamkeit ist umstritten.

b) **Aktive Maßnahmen**

Bei allen aktiven Übungen wird die Übungszahl bis zum Eintritt des Vorstadiums eines Krampfes gezählt; $^2/_3$ davon bestimmen die Übungsdosierung in einer Behandlung. Wegen des Wechsels von Übung und Pause spricht man von einer Übungsform nach dem *Intervallprinzip* . Angewendet werden:

- Umlagerungsübungen,
- Fuß- und Beinmuskelübungen oder Hand- und Armmuskelübungen,
- Gehtraining,

- PNF-Technik, mit Einschränkung, da sie nicht nach dem Intervallprinzip dosiert werden kann.

Die Umlagerungsübungen müssen mindestens dreimal hintereinander ausgeführt werden. Nach einer Umlagerungsphase erfolgt jeweils etwa eine Minute Pause.

Der Sinn dieser Umlagerungsübungen besteht darin, die Druckverhältnisse innerhalb des Gefäßstammes zu verändern. Während der Druck distal des Verschlusses auf Null absinkt, herrscht proximal davon ein hoher arterieller Druck. Dieses hohe Druckgefälle sowie der relative O_2-Mangel führen nun zur Eröffnung der präformierten arteriellen Gefäßbahnen und bringen eine Strömung in distaler Richtung wieder in Gang. Der durch die Umlagerung erhöhte Blutstrom stellt nicht nur in funktioneller, sondern auch in struktureller Hinsicht den Anreiz für die Ausweitung der Gefäße dar.

Aufgrund neuerer Untersuchungen, vor allem von Schoop, ist es jedoch weniger die Bildung eines Kollateralkreislaufs, die die Verlängerung der Gehstrecke bewirkt, als vielmehr die Verbesserung der Koordination und Sauerstoffutilisation der Muskulatur. Es hat sich bewährt, die Patienten zweimal wöchentlich zu behandeln. Eine häufigere Trainingsfrequenz zeigt nicht so günstige Ergebnisse. Umlagerungsübungen sollen als Hausaufgabe täglich ausgeführt werden.

Die Zunahme der Gehstrecke bei Oberschenkeltypen erfolgt in charakteristischen Abständen von etwa drei Monaten (Abb. 4.**5**).

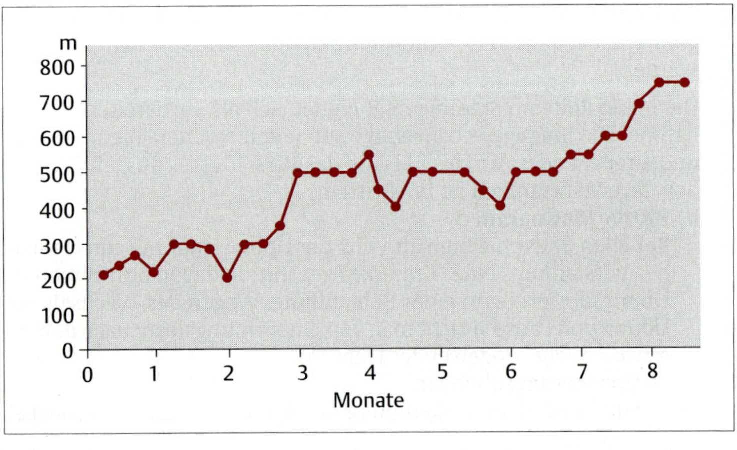

Abb. 4.**5** Zunahme der Gehstrecke bei einer Schrittfrequenz von 120/min

Dabei kommt es zu einer Zunahme von Glykogen, Myoglobin und energiereichen Phosphaten, außerdem zu einer mitochondrialen Hypertrophie und Hyperplasie, zur Aktivitätssteigerung aerob wirksamer Enzyme, besserer Verwertung von Glukose und Fettsäuren und einer verminderten Laktatbildung. Die bessere Vaskularisierung durch kollaterale Anastomosen wirkt ebenso zusammen wie die ökonomischere intramuskuläre Blutverteilung und die bessere Gehtechnik.

❖ *Beispiel für den Aufbau einer Behandlung:*

1. Umlagerungstest,
   Ermittlung des $^2/_3$-Wertes.
2. 3- bis 4mal Umlagerungsübungen.
3. In den Pausen werden Schüttelungen, Vibrationen, Walkungen und weiche Knetungen angewendet.
4. Fuß- und Beinmuskeltraining nach dem Intervallprinzip oder Beinmuskeltraining mit Mustern aus der PNF-Technik, deren Dosierung sich im Bereich des durch Umlagerung ermittelten $^2/_3$-Wertes halten muß.
5. 3- bis 4mal Umlagerungsübungen.
6. Gehtraining.

Das Gehtraining soll im Anschluß an eine Übungsbehandlung abgehalten werden. Zur Unterstützung dient ein Metronom, das die Schrittfrequenz von 120/min oder 90/min angibt.

Der *Gehtest* zeigt durch die beschriebene Übungsbehandlung nach dem Intervallprinzip bei günstiger Entwicklung eine allmähliche Verlängerung der Gehstrecke an. Therapeut und Patient haben so eine Kontrolle, die großen Motivationswert besitzt. Die erreichte Leistung kann beim Nachlassen der Übung rasch wieder absinken. Die durchschnittliche Gehstrecke nimmt mit Verlängerung des Therapiezeitraumes zu (Abb. 4.**6**).

❖ *Behandlung nach Verschlußtypen:*

1. Das Training beim *Beckentyp* besteht aus Übungen für die Oberschenkel-, Unterschenkel- und Gesäßmuskulatur, z. B. Kniebeugen, Treppensteigen, Bergaufgehen, Fahrradfahren.
2. Das Training beim *Oberschenkeltyp* erfordert eine systematische Belastung der Unterschenkelmuskulatur, z. B. Zehenstand, Federn, Fuß- und Beinmuskelübungen.
3. Das Training beim *peripheren Typ* wird am günstigsten durch Umlagerungsübungen nach Ratschow durchgeführt.
4. Das Training beim *Schultergürteltyp* beinhaltet neben den Umlagerungsübungen mit Faustschluß auch Stemmübungen mit Gewichten, z. B. Hanteln, oder Übungen mit dem Bali-Gerät.

Name: ....
Alter: ....
Beruf: ....
Diagnose: ....
Behandlungsbeginn: ....

Datum							
Gehstrecke (m)							
Ratschow (s)							
AF (s)							
VF (s)							

Abb. 4.**6** Protokollbogen für Patienten mit arteriellen Verschlußerkrankungen

Es hat sich gezeigt, daß sich durch allgemein gehaltenes, leichtes Training, wie etwa in einer Koronargruppe, die Gehstrecke ebenfalls verbessert, da auch hierbei die Fließgeschwindigkeit des Blutes zunimmt (Diehm 1985). Allerdings ist die Wirkung nicht so intensiv.

Es empfiehlt sich, als Hausaufgabe immer nur *eine* Übung anzugeben und die Übungsbeschreibung mit Angabe der ermittelten Werte dem Patienten mitzugeben.

Bei Broschüren, die von der Industrie zur Unterstützung der Patienteninformation herausgegeben werden, ist Skepsis angebracht, da die vorgeschlagenen Übungsbeispiele das $^2/_3$-Prinzip selten berücksichtigen. Es muß daher jeder Punkt vorher mit dem Patienten durchgesprochen werden.

Stadium III

- *Passive Maßnahmen*
  - Tieflagerung,
  - Watteverbände (Eskimowickel),
  - Bindegewebsmassage im Segment,
  - heiße Rolle im Segment.

Eine ausreichende Tieflagerung wird oft schon durch das Kippen des Bettes nach unten erreicht. Zusätzlich bietet sich die Möglichkeit, bei dreiteiligen Matratzen das Fußteil herauszunehmen. Bei gleichzeitig bestehender Venenklappeninsuffizienz kann eine Tieflagerung die Bildung von Ödemen begünstigen, welche ihrerseits die periphere arterielle Durchblutung drosseln können. Aus diesem Grund muß dann häufig doch horizontal gelagert werden. Dies muß zuvor mit dem Arzt besprochen werden.

Lose um den Unterschenkel geschlungene Wattewickel werden wegen ihrer Ähnlichkeit mit den Stiefeln der Eskimos auch oft als Eskimoverband bezeichnet. Sie sollen das Bein konstant warmhalten und somit die Weitstellung der oberflächlichen Gefäße begünstigen.

Für die Bindegewebsmassage und die heiße Rolle gilt das gleiche wie beim Stadium II (s. dort).

4.1.2 Akuter Arterienverschluß

Der plötzliche Verschluß einer Arterie beruht in ca. 80% der Fälle auf einer *arteriellen Embolie,* wobei der Embolus in der Regel von Thromben im linken Vorhof (z.B. bei Mitralstenose mit Vorhofflimmern) oder im linken Ventrikel (z.B. wandständige Thromben nach Herzinfarkt) stammen. In ca. 20% der akuten Verschlüsse liegt eine örtliche Thrombose auf dem Boden arteriosklerotischer oder entzündlicher Gefäßintimaveränderungen vor. Betrifft die akute Verlegung eine große Arterie, z.B. eine Extremitätenarterie, so entsteht eine äußerst schwere Durchblutungsstörung, die sich durch einen plötzlichen heftigen Schmerz äußert. Dabei wird die Haut der betroffenen Extremität blaß, kalt, und es treten Parästhesien und Lähmungen sowie Pulsausfall auf. Häufig geraten die Patienten bei unsachgemäßer Behandlung in einen Kreislaufschock.

Die Diagnose „akuter Arterienverschluß" ist meist leicht aus dem typischen Beschwerdebild, das durch die *6 „P"* gekennzeichnet ist, zu erkennen: *Pain* (Schmerz), *Pallor* (Blässe), *Parästhesia* (Gefühllosigkeit), *Paralysis* (Bewegungsverlust), *Pulslessness* (Pulslosigkeit) und *Prostration* (Schock) zu stellen.

Therapie. Die Behandlung sollte so rasch wie möglich einsetzen, da bei längerem Abwarten sonst die Amputation der betroffenen Extremität droht. Das therapeutische Vorgehen besteht in einer sofortigen operativen Entfernung des Blutgerinnsels mit dem Fogarty-Ballonkatheter. Ist die operative Beseitigung des Gerinnsels unmöglich, so ist eine fibrinolytische Therapie angezeigt.

Physiotherapeutische Behandlung

Während einer fibrinolytischen Therapie unterbleibt jede bewegungstherapeutische Maßnahme. Außer der üblichen Atemtherapie zur Pneumonieprophylaxe muß die betroffene Extremität ruhig gehalten und nach unten gelagert werden, so daß eine Mindestdurchblutung gewährleistet werden kann.

Die Behandlung der arteriellen Embolie muß vorsichtiger durchgeführt werden als die der arteriellen Thrombose, welche meist an einem Bein entsteht, dessen Durchblutung schon vorher geschädigt war und bei dem schon Anfänge eines Kollateralkreislaufs vorhanden sind. Dies ist bei arteriellen Embolien meist nicht der Fall.

- *Aktive Maßnahmen:* Wenn möglich, vorsichtige aktive Übungen mit langen Pausen. Auch hier gilt: Jeder Sauerstoffmangel, der zu Schmerzen führt, kann das Gewebe schädigen!

  Die schonendste Anregung der Durchblutung ist wohl deren Beeinflussung durch Bewegungsübungen an der gesunden Extremität.

  Ist die Durchblutung wieder hergestellt, erfolgt das Training der Muskelkraft.

4.1.3 Entzündliche Arterienerkrankungen

•••• Arteriitis temporalis (Arteriitis cranialis)

Die Arteriitis temporalis ist eine entzündliche, nekrotisierende Gefäßerkrankung, die bevorzugt die Arterien des äußeren Schädeldaches befällt, wobei die Temporalarterien und die A. ophthalmica am häufigsten befallen sind. Frauen jenseits des 6. Lebensjahrzehnts erkranken häufiger als Männer.

Die Patienten klagen über heftigste Kopf- und Gesichtsschmerzen. Die Symptome verstärken sich beim Kauen. Auf einen entzündlichen Vorgang weisen erhöhte Temperatur und Blutsenkungsbeschleunigung hin. Die Hauptgefahr liegt in der Erblindung. Die Diagnose kann durch eine Probeexzision aus einer A. temporalis gesichert werden.

Therapie. Bei Verdacht auf eine Arteriitis temporalis sollte mit einer Kortikosteroidmedikation begonnen werden, die in der Regel zu einem raschen Rückgang der Beschwerden führt. Da es nach Absetzen des Kortisons häufig zu Rezidiven kommt, ist eine Erhaltungstherapie mit kleinen Kortisongaben angezeigt.

•••• Endangiitis obliterans (Winiwarter-Buerger-Erkrankung)

Die Endangiitis obliterans wird im Kapitel chronische arterielle Verschlußerkrankungen besprochen (S. 201).

•••• Periarteriitis nodosa

Die Periarteriitis nodosa ist eine entzündliche Systemerkrankung, die alle Arterien, vorzugsweise aber die mittleren und kleinen Arterien befällt. Dabei sind alle Gefäßwandschichten verändert, wodurch Strömungshindernissen entstehen. Je nach Lokalisation der Erkrankung können heftige Schmerzen im Bereich der Extremitäten oder im Darmbereich auftreten. Auch werden die Hirngefäße und die Koronararterien nicht verschont. Die stenosierenden Koronarveränderungen können zu heftigsten Angina-pectoris-Anfällen führen. Bei Befall der Nierenarterien kommt es zu Niereninsuffizienz. Die Erkrankung geht mit Fieber und einer starken Blutsenkungsbeschleunigung einher und ist durch einen schubweisen Verlauf gekennzeichnet. Sie führt unbehandelt innerhalb von Monaten bis Jahren zum Tode.

Therapie. Trotz erfolgreicher Langzeittherapie mit Kortikosteroiden ist die Prognose nach wie vor schlecht.

4.1.4 Funktionelle Durchblutungsstörungen

•••• Morbus Raynaud

Bei dieser Erkrankung kommt es zu einer vollständigen Unterbrechung des arteriellen Blutstroms durch funktionelle Gefäßspasmen der Fingerarterien und weitaus seltener der Fußarterien. Im Bereich der Fingerspitzen (meistens sind symmetrisch an beiden Händen Finger 2–5 befallen) treten Parästhesien und heftige Schmerzen auf, wobei sich die betroffenen Abschnitte weiß verfärben. Nach Lösung der Spasmen tritt eine Rötung der Akren mit nachfolgender zyanotischer Verfärbung auf. Die Durchblutungsstörungen können so ausgeprägt sein, daß es zu Ernährungsstörungen des Gewebes kommen kann und sich nicht selten im Spätstadium der Erkrankung lokale Nekrosen ausbilden. Somit führt die zunächst funktionelle Störung zu bleibenden organischen Veränderungen.

Kommt es zu einer funktionellen Ischämie nur einzelner Finger, so spricht man von *Digitus mortuus* („Leichenfinger"). Während der Morbus Raynaud vorwiegend beim weiblichen Geschlecht vorkommt, trifft man die Erkrankung Digitus mortuus bei beiden Geschlechtern an. Ausgelöst werden die Gefäßspasmen durch Kälte und durch psychische Erregung, wobei konstitutionelle Besonderheiten eine Rolle spielen. Die nicht seltene Abhängigkeit vom menstruellen Zyklus weist bei den Frauen auf hormonelle Einflüsse hin.

Therapie. Zur Behebung der ischämischen Attacke genügt oft langsame Erwärmung mit Wasser ansteigender Temperaturen oder Trinken warmer Flüssigkeiten. Zur Prophylaxe sollten Kälte sowie Nässe gemieden werden. Nur in schweren Fällen muß eine thorakale Sympathektomie erwogen werden. Medikamentös kann der erhöhte Gefäßtonus durch Sympatholytika vermindert werden. Mit Kalziumantagonisten läßt sich der Gefäßspasmus weiter günstig beeinflussen.

Physiotherapeutische Behandlung

Funktionelle Durchblutungsstörungen

- *Befund:* Im Gegensatz zu den vorausgegangenen Erkrankungen sind hierbei
  - die Fußpulse immer tastbar,
  - es tritt keine Claudicatio intermittens auf,
  - Oszillographie und Arteriographie zeigen nach Rückgang des Spasmus keinen krankhaften Befund,
  - bei der Umlagerung fällt auf, daß es nicht zu einer gleichmäßigen, sondern zu einer mehr fleckigen Reaktion bei normalen oder leicht verlängerten Durchblutungszeiten kommt.
- *Gesichtspunkte:* Ziel der Behandlung ist die Verringerung der Anfallsbereitschaft.

  Alle äußeren Faktoren, die zu einer Auslösung der Spasmen führen können, müssen vermieden werden, damit es nicht zu einer Bahnung der Fehlregulation kommt.
- *Maßnahmen:* Die Behandlung ist bei arteriellen Durchblutungsstörungen Stadium II und III beschrieben.

  Hierbei sind alle Maßnahmen, die vom Stamm ausgehen, besonders wirksam, z.B. Bindegewebsmassage, heiße Rolle oder Bürstungen über den Hüften und auf den Schulterblättern.

  Gegen örtliche Wärmeanwendungen bestehen keine Bedenken, solange es noch nicht zu organischen Gefäßveränderungen gekommen ist. Dabei kommen Teilbäder oder ansteigende Bäder in Frage.

Sehr bewährt hat sich hierbei die Tastarbeit nach A. Schaarschuch, die häufig dann hilft, wenn alle anderen Maßnahmen zu unbefriedigendem Ergebnis führen.

4.2 Venen

4.2.1 Primäre Varizen

Bei den primären Varizen handelt es sich um örtliche Venenerweiterungen der oberflächlichen Beinvenen. Als Ursache für die primären Varizen (oder auch primäre Varikose) wird eine konstitutionelle Bindegewebsschwäche der Venenwand und der Venenklappen angenommen. Frauen sind häufiger befallen als Männer. Gravidität, Adipositas und langes Stehen fördern die Varizenentstehung. Die bevorzugte Lokalisation der Varizen ist das Gebiet der V. saphena magna an Ober- und Unterschenkel und der V. saphena parva am Unterschenkel.

Die primären Varizen haben zunächst rein kosmetische Bedeutung. Nimmt jedoch die Klappeninsuffizienz der varikösen Venen zu, so resultiert daraus ein Blutrückstau mit Gewebeödem. Die ödematös geschwollene Haut wird atrophisch, und es kann, spontan oder unter geringsten äußeren Einwirkungen, zur Geschwürbildung am Unterschenkel kommen *(Ulcus cruris)*. Den Folgezustand der primären Varikosis mit Ödem, Atrophie und Hyperpigmentation der Haut und Ulcus cruris bezeichnet man als *varikösen Symptomenkomplex.* Die Patienten klagen über Schwere- und Spannungsgefühl der Beine nach längerem Stehen, wobei die Beschwerden in der warmen Jahreszeit, bei Witterungswechsel und prämenstruell zunehmen.

Therapie. Langes Stehen vermeiden, keine heißen Bäder, Beine öfters hochlagern, regelmäßig spazierengehen sowie schwimmen, vorhandenes Übergewicht reduzieren. Am wirksamsten ist eine Kompression von außen mit Hilfe von Kompressionsstrümpfen oder elastischen Binden. Chirurgisch können die Varizen durch Veröden oder durch das sog. Venenstripping entfernt werden.

Physiotherapeutische Behandlung

- *Befund*
  - Durchblutung: Venöse und lymphatische Stauungen; besonders im unteren Drittel des Unterschenkels, da in diesem Bereich wenig Muskulatur zu finden ist.
  - Haut: Die Trophik der Haut ist vor allem am Unterschenkel gestört. Die Haut ist dünn, hart, glänzend und schlecht verschieblich. Nach längerem Bestehen der chronisch venösen Stauung kann sie pigmentiert sein. Durch die erweiterten Kapillaren treten Erythrozy-

ten aus, die im Gewebe abgebaut werden und dadurch die bräunliche Verfärbung verursachen.
- Bindegewebe: Der Bindegewebsbefund zeigt Venen-Lymph-Zonen im Bereich L 3 – L 4 (Abb. 4.**7**).

■ *Gesichtspunkte*
- Verbessern der Durchblutung durch Förderung des Venenrückstroms,
- Beschleunigen der Blutströmungsgeschwindigkeit,
- Verbessern der Hautdurchblutung,
- Entstauen,
- Kräftigen der Muskulatur zur Erhaltung der Muskelpumpe,
- Vertiefen der Atmung.

Leider können schon bestehende Varizen durch physiotherapeutische Behandlungen nicht gebessert werden. Durch entsprechende Maßnahmen kann man jedoch die Beschwerden lindern und die Bildung neuer Varizen verzögern.

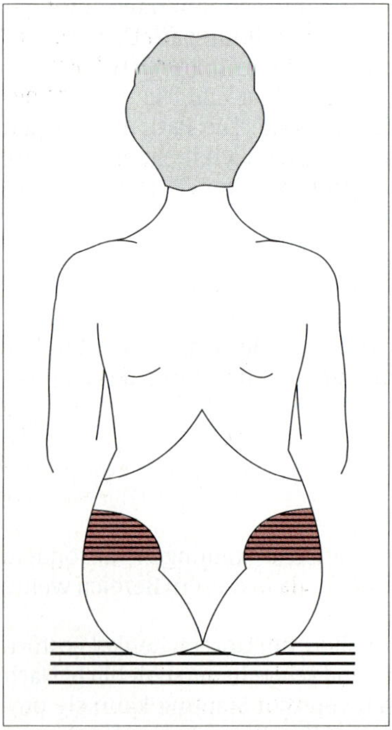

Abb. 4.**7** Schematische Darstellung der Venen-Lymph-Zonen im Bereich L3 – L4

- *Maßnahmen:* Es kommen Maßnahmen in Frage, die entstauend wirken, den Venenrückstrom fördern, die Muskulatur kräftigen und die Oberflächendurchblutung steigern.

  a) **Passive Maßnahmen**
  - Hochlagerung,
  - Kompressionsverbände, Kompressionsstrumpf oder Stützstrumpf,
  - Bürstungen im Stammgebiet,
  - Bindegewebsmassage,
  - kalte Güsse,
  - passive, große Gelenkbewegungen,
  - pneumatische Wechseldruckbehandlung.

Die Hochlagerung sollte ein Gefälle von 20 – 30 Grad anbieten. Es darf dabei kein Hüftknick entstehen. Das Becken kann mit Hilfe eines Kissens in eine extendierte Stellung gebracht werden.

Die Kompressionsstrümpfe müssen längselastische Maßstrümpfe sein. Günstiger als Strümpfe sind Strumpfhosen, da diese den Druck kontinuierlich nach oben leiten. Die im Handel angebotenen Stützstrümpfe können nur den Patienten empfohlen werden, die viel stehen müssen. Beim Sitzen schneiden sie in die Kniekehle ein und unterbinden auf diese Weise den Rückstrom.

Der Kompressionsverband ist in seiner Wirkung den Strümpfen überlegen. Die Ansichten über seine Ausführung variieren von Klinik zu Klinik. Sie erfüllen jedoch alle die gleichen Grundsätze:
- Begonnen wird immer an den Zehengrundgelenken.
- Die Ferse muß mit eingewickelt werden.
- Die Binden müssen elastisch sein.
- Der Verband soll fest sein und gut halten.
- Der Druck muß von distal nach proximal abfallen.
- Der Druck an der Malleolengabel muß am stärksten sein.

Bei Verbänden, die nur am Tag getragen werden sollen, muß so fest gewickelt werden, daß bei horizontaler Lage die Zehen nach einiger Zeit leicht zyanotisch werden. Die Verfärbung sowie das starke Druckgefühl verschwinden sofort mit dem Herumgehen. Werden am Abend beim Abwickeln keine Ödeme um die Malleolen sichtbar, war der Verband richtig.

Verbände bei Bettlägerigen können weniger fest gewickelt werden.

❖ *Zirkuläre Verbandstechnik* (Abb. 4.**8 a – f**):

Der Vorfuß wird seiner physiologischen Verwringung folgend in die Pronation, der Rückfuß in die Supination gewickelt. Dabei wird über den Außenrand begonnen und nach einer Tour um die Ferse über den

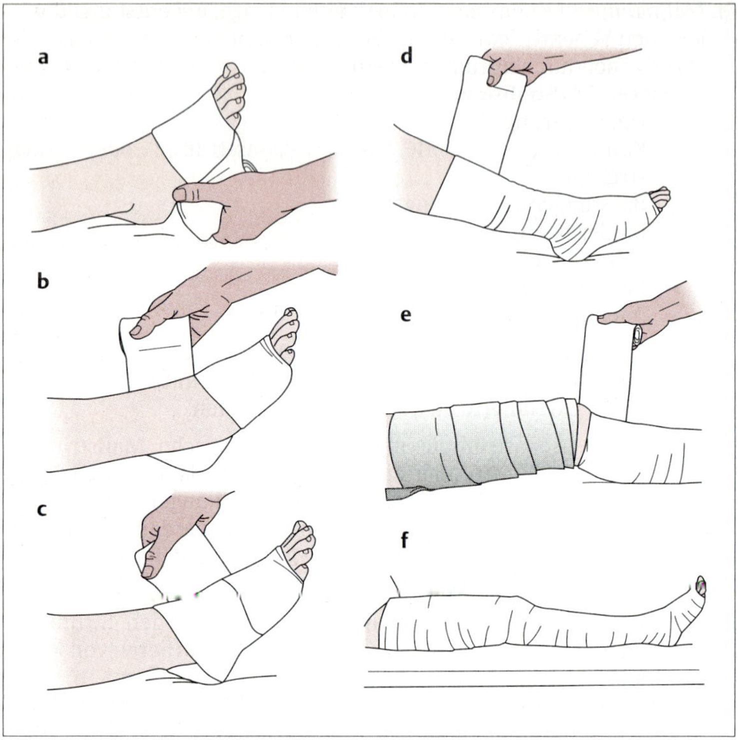

Abb. 4.**8 a–f** Technik des Kompressionsverbandes. Erläuterungen s. Text

Innenrand weitergewickelt. Nach einer Achtertour um die Fußgelenke wird zirkulär und mit kleinem Abstand übereinander weitergegangen.

Vorteil des Verbandes: Er ist einfach und kann vom Patienten selbst angelegt werden.

- *Ziele der Kompressionstherapie:*
  - Unterstützung oder Ersatz der insuffizient gewordenen Muskulatur.
  - Auspressung und Freihaltung von Ödemen.
  - Verhinderung der Überfüllung des oberflächlichen Venensystems.
  - Abdichtung insuffizienter Vv. communicantes mit defekten Klappen.

- Richtungsweisung des venösen Blutstroms nach proximal durch linearen Druckabfall von der Peripherie her.
- Bei Verödungstherapie: Erleichterung der fibrösen Verwachsung der thrombosierten Varizenstränge durch Zusammenpressen der Venenwände.

Die Bürstungen und die Bindegewebsmassage können in den zu den Beinen gehörenden Segmenten im Bereich Th 10–12, L 1–4 ausgeführt werden. Man verspricht sich davon eine Anregung der Aktivität der sympathischen Gefäßnerven, die weitestgehend den Tonus der Gefäßmuskulatur bestimmen.

Aus der Hydrotherapie kommen Wassertreten *(Kneippkuren)*, kalte Duschen und kalte oder wechselwarme Unterschenkelgüsse in Frage. Verboten sind warme Bäder und Unterwassermassage, da durch die Wärme die Blutgefäße erweitert und der Einstrom in die ohnehin überfüllten und gestauten oberflächlichen Beinvenen noch zusätzlich verstärkt wird.

Gehen in einem Wassergraben mit Unebenheiten führt durch die verstärkte Koordinationsleistung zu einer Tonisierung der Venenwand. Da der Kältereiz auch die kleineren Arterien und Arteriolen verengt, wird gleichzeitig die Ödembildung vermieden.

Das passive Durchbewegen von Hüfte und Knie erfolgt am besten im Atemrhythmus aus der Hochlagerung. Es wird hauptsächlich beim gelähmten Patienten angewendet.

Bei der pneumatischen Wechseldruckbehandlung wird ein ringförmiger Luftstrahl von distal nach proximal auf die Extremität gerichtet. Die Regulierung des Druckes richtet sich nach der Toleranz des Patienten. Der Beindruck beträgt 60–100 mmHg, der Armdruck 40–75 mmHg. Der Druckzyklus läßt in 60 Sekunden anschwellen und in 20 Sekunden abschwellen. Die Behandlung kann 1–2 Stunden täglich dauern.

b) **Aktive Maßnahmen**
   - Statische Muskelaktivität,
   - freies Bewegen der Füße, Beine (Arme) ohne oder gegen Widerstand im Liegen, Sitzen,
   - Gangschulung,
   - Übungen gegen Widerstand, PNF,
   - venöses Gefäßtraining,
   - Übungen zur Anregung einer vertieften Atmung,
   - Wassergymnastik,
   - Sport.

Sämtliche aktiven Maßnahmen sind aus der Hochlagerung noch wirkungsvoller.

Statische Muskelaktivität von distal nach proximal kann eine Übungsbehandlung einleiten. Sie soll in erster Linie die Muskelpumpe erhalten und kräftigen. Es ist ein großer Fehler, wenn der Patient dabei preßt. Starkes Pressen nach tiefer Inspiration führt zu einer Druckerhöhung im Thorax und zu einer Einflußbehinderung in das rechte Herz. Die Handrückenvenen können dabei sichtbar anschwellen (Valsalva-Versuch). Wie durch den Valsalva-Versuch nachzuweisen ist, kommt es dadurch zu einer deutlichen Druckerhöhung und zu einem Sistieren der Strömung im Venensystem. Man kann während solch eines Preßversuchs bis zu 140 mmHg Druck messen.

Die *freien Bewegungen* werden sowohl in der Gruppe als auch in der Einzelbehandlung ebenso wie die statischen Kontraktionen am günstigsten unter Hochlagerung ausgeführt. Sie müssen folgende Muskelgruppen ansprechen:
- kleine Fußmuskulatur (Zehen einkrallen),
- Unterschenkelmuskulatur (Fußbewegungen),
- Oberschenkel- und Hüftmuskulatur (Knie- und Hüftbewegungen).

Die *Gangschulung* soll vor allem auf federndes Gehen ausgerichtet werden. Es wird bei normaler Schrittweite eine intensive Fußarbeit und Streckfähigkeit in den Beinen gefordert. Die Hoch-tief-Bewegung wird dabei stärker betont als die Vorwärtsbewegung. Der Fuß drückt sich kraftvoll von der Ferse zum Ballen ab, wobei sich gleichzeitig Knie- und Hüftgelenke strecken und die Bewegung bis zum Kopf spürbar wird. Die Fußspitzen bleiben immer in Berührung mit dem Boden.

Daraus wird schließlich das Federn entwickelt. Hierbei liegt der Krafteinsatz in der Aufwärtsbewegung, um die Körperschwere zu überwinden. Die Betonung dieser Phase ist kennzeichnend für die Leichtigkeit der Bewegung. Das Federn ist sehr anstrengend, da die Fuß- und Beinmuskulatur Schnellkraftarbeit leisten muß. Damit keine Überbeanspruchung entsteht, sind in die Arbeit Entspannungs- und Lockerungsübungen oder ruhiges Gehen einzufügen.

Die *Übungen gegen Widerstand* sind vor allem Inhalt der Einzelbehandlung. Hier eignen sich alle Beinmuster aus der PNF-Technik. Der Widerstand darf nur so stark sein, daß der Patient nicht gezwungen ist, seinen Atem anzuhalten.

Beim *venösen Gefäßtraining* werden die Füße unter Hochlagerung der Beine etwa 1 Minute dorsal- und plantarflektiert oder gekreist. Danach wird sofort umgelagert in den Stand und bis zum Eintreten der normalen Verfärbung getreten oder gefedert.

Die Übungen zur *Anregung einer vertieften Atmung* dienen hauptsächlich zur Verbesserung der Sauerstoffaufnahme und um die Stempelwirkung des Zwerchfells auf den Venenrückstrom zu verstärken.

Das *Wasser* ist der beste „Gummistrumpf" zur Kompression der schlaffen Venenwand. Beim Stehen im Wasser bis in Herzhöhe ist der hydrostatische Druck in allen Venen aufgehoben. Daher kann Schwimmen zur idealen Sportart erklärt werden.

Nicht alle *Sportarten* sind geeignet. Alle Bewegungsarten, welche die *Muskelpumpe* in natürlicher Weise in Gang setzen und Bein- und Fußmuskulatur vorsichtig trainieren, sind von besonderem Wert: Spazierengehen auf naturgewachsenem Boden (Wald, Wiese usw.), Waten, Schwimmen oder Radspazierfahrten. Übermäßig oder einseitig beanspruchende Sportarten wie Tennis, Fußball, Volleyball, Basketball oder Reiten sind nicht zu empfehlen. Sie können die Manifestation einer primären Varikose eher fördern:

Durch die Bauchpresse wird der schon physiologischerweise vorhandene Reflux aus der V. iliaca communis in die V. iliaca interna verstärkt. Durch forciertes Pressen, wiederholte druckauslösende Stöße und wenn das Bein in der Hüfte angebeugt ist, nimmt das Volumen von Ober- und Unterschenkel meßbar zu. Die Bauchpresse ist hier besonders schädlich, wenn die Kontraktion der Bauchmuskeln ruckartig erfolgt. Sportarten, bei denen der Mechanismus in Verbindung mit der starken Beugung der Beine im Hüftgelenk ausgelöst wird, sind Rudern, Gewichtheben, Radfahren.

Marschvarizen. Häufige und lange Marschleistungen, insbesondere wenn dabei größere Lasten getragen werden, verschlechtern ein Venenleiden. Es kann dabei auch zu einer Thrombose durch Überanstrengung kommen, die allerdings häufiger am Arm beobachtet wird *(Paget-von-Schroetter-Syndrom).* Anamnestisch werden kräftige und schnelle Bewegungen im Schultergelenk angegeben (Kugelstoßen, Tennisspielen, Schneeschippen).

4.2.2 Oberflächliche und tiefe Venenthrombosen

Die Entwicklung von intravasalen Blutgerinnseln (Thrombose) wird durch drei Faktoren *(sog. Virchow-Trias)* begünstigt:
- Gefäßwandschädigung,
- Verlangsamung der Strömungsgeschwindigkeit des Blutes,
- erhöhte Gerinnungsneigung des Blutes.

Dabei kommt der Gefäßwandschädigung und der Strömungsverlangsamung (Stase) bei der Entstehung einer Thrombose die größte Bedeutung zu. Entsteht dabei der Thrombus auf dem Boden einer Entzündung der

Gefäßwand, so spricht man von einer *Thrombophlebitis,* bei Thromboseentstehung aus anderer Ursache (z. B. bei Stase) von *Phlebothrombose.* Da eine scharfe Trennung beider Krankheitsbilder jedoch klinisch nicht möglich ist, spricht man heute bei Befall der oberflächlichen Venen von einer Thrombophlebitis, bei Befall der tiefen Venen hingegen von einer Phlebothrombose.

•••• Oberflächliche Thrombophlebitis

Durch ein lokales Trauma sowie Infektionen in der Nähe einer Vene kann es besonders bei primärer Varikose zu einer Thrombophlebitis oberflächlicher Venen kommen. Sie äußert sich in einer charakteristischen Rötung und Druckschmerzhaftigkeit entlang der betroffenen Venen. Die Kranken klagen über lokale Schmerzen, eine wesentliche Beeinträchtigung des Allgemeinzustandes besteht jedoch nicht. Die oberflächlichen Thrombophlebitiden klingen meist innerhalb von 1–2 Wochen ab. Ernsthafte Komplikationen, wie z. B. eine Lungenembolie, kommen praktisch nicht vor.

Therapie. Keine Bettruhe! Patient soll mit gutsitzendem Kompressionsverband herumlaufen. Lokal haben sich heparinoidhaltige Salben bewährt. In den ersten Tagen kann eventuell eine Therapie mit entzündungshemmenden Medikamenten angezeigt sein. Eine Antikoagulanzientherapie ist in der Regel nicht erforderlich.

Physiotherapeutische Behandlung

Außer Kompressionsverbänden sind keine spezifischen physiotherapeutischen Maßnahmen notwendig. Es können jedoch sämtliche Maßnahmen aus dem Abschnitt „Varizen" (S. 217) angewendet werden.

•••• Tiefe Thrombophlebitis (Phlebothrombose)

Nach Operationen, Frakturen, Geburten, Lähmungen, Einnahme von Ovulationshemmern sowie bei Herzinsuffizienz und Tumorleiden kann es zu einer Thrombose der tiefen Beinvenen kommen. Darum sind bei gefährdeten Kranken prophylaktische Maßnahmen wie Beinewickeln mit elastischen Binden, frühzeitige Mobilisation sowie Antikoagulanzientherapie erforderlich, um eine Phlebothrombose zu verhüten. Am häufigsten sind Phlebothrombosen im Waden- und Oberschenkelbereich, weniger häufig sind die Beckenvenen befallen. Zunächst kommt es zu einem Schwere- und Spannungsgefühl in der betroffenen Extremität.

Die Haut verfärbt sich livide, und es tritt ein Stauungsödem auf, wobei Ödeme und Schwellungen in der Leistengegend auf eine Beckenvenenthrombose hinweisen. Häufig können jedoch die beschriebenen Veränderungen so diskret sein, daß eine frisch aufgetretene Lungenembolie, die wichtigste und gefährlichste Komplikation, das „erste Zeichen" einer noch unbemerkten Phlebothrombose ist. An die Möglichkeit einer ablaufenden Thrombose sollte man bei klinisch nicht zu erklärender Herzfrequenzbeschleunigung und rezidivierenden Fieberschüben sowie bei Wadendruckschmerz und Druckschmerz im Bereich der Fußsohleninnenseite denken.

In der Frühphase einer akuten Thrombose der tiefen Venen sind die mediale Tibiafläche *(Meyer-Druckpunkt)* und die Plantarmuskulatur *(Payr-Zeichen)* oft besonders druckschmerzhaft, während die Dorsalflexion des Fußes einen tiefen Wadenschmerz auslöst *(Homan-Zeichen)*.

Bei klinischem Verdacht auf eine Phlebothrombose ist eine Röntgendarstellung des Venenlumens durch eine Kontrastmittelinjektion *(Phlebographie)* erforderlich, um die Thromben zu lokalisieren. Zur Diagnosesicherung hat sich auch die *Ultraschall-Doppler-Sonde* bewährt.

Therapie. Frische Venenthrombosen lassen sich durch eine fibrinolytische Therapie mit Streptokinase auflösen. Bei dieser Therapie ist strengste Bettruhe erforderlich und es wird *nicht* aktiv geübt. Die Beine müssen hochgelagert werden. Ein fester Kompressionsverband wird nach Rückgang der Schwellung angelegt, da er durch Einengung der Venen die Gefahr einer Lungenembolie verringert. Der Kompressionsverband sollte auch nach Abklingen der akuten Erscheinungen getragen werden, um die Ausbildung eines postthrombotischen Syndroms zu verhindern.

Physiotherapeutische Behandlung

- *Befund*
  - Durchblutung: meist auffällige Stauungen des ganzen Beines. Um deren Rückgang festzustellen, empfehlen sich tägliche Umfangmessungen.
  - Haut: Die Haut ist gespannt, oft glänzend. Das betroffene Bein ist deutlich wärmer und kann verfärbt sein.
  - Atmung: Die Atmung ist meist flach und bei erhöhter Körpertemperatur schnellfrequent.

- *Gesichtspunkte*
  - Pneumonieprophylaxe,
  - Erhaltung der Muskelkraft des gesunden Beines,
  - Entstauung der betroffenen Extremität,
  - Verbesserung der Durchblutung,
  - Aufrechterhaltung der Muskelpumpe,
  - Verhinderung eines postthrombotischen Syndroms.

Maßnahmen

a) **Passive Maßnahmen**
   - Hochlagerung der betroffenen Extremität zur Entstauung von mindestens 20 Grad.
   - Durch eine gepolsterte Kiste oder elastische Rolle usw. muß für beide Füße ein ausreichender Sohlendruck zur Anregung der Muskelpumpe geschaffen werden.

b) **Aktive Maßnahmen**
   - Atemanregende Übungen zur Pneumonieprophylaxe,
   - statische Muskelkontraktionen von distal nach proximal,
   - vorsichtige Kreislaufanregung zur Vorbereitung für das Aufstehen.

Die strenge Bettruhe macht eine Pneumonieprophylaxe notwendig. Es soll keine Tiefatmung geübt werden, sondern nur vertiefte Atemzüge zur Belüftung der gefährdeten Lungenabschnitte. Am besten eignet sich hierfür die Technik der Wahrnehmung der Atembewegungen. Nach Beendigung der Fibrinolyse wird vorsichtig mit statischen Kontraktionen von distal nach proximal begonnen. Während mit dem nicht betroffenen Bein sofort alle Bewegungen ausgeführt werden können, darf das betroffene Bein zunächst nur vorsichtig gebeugt werden. Den Zeitpunkt zum Aufsitzen und Aufstehen muß der Arzt bestimmen. Sobald dies der Fall ist, spätestens jedoch nach 10 Tagen, wird nach vorsichtiger Anregung des Kreislaufs und der Atmung durch freies Bewegen der nicht betroffenen Extremitäten der Patient an die Bettkante gesetzt, wobei ein Fußbänkchen für den notwendigen Sohlendruck zur Erhaltung der Muskelpumpe sorgen muß.

Da dem Patienten ständig durch das Abreißen von Thrombenteilen oder das Loslösen eines Thrombus eine Lungenembolie droht, sind sämtliche Maßnahmen, welche den Rückstrom plötzlich ansteigen lassen, zu untersagen:
- plötzliche große Gelenkbewegungen;
- starkes Pressen, Husten, Niesen und tiefe Atemzüge, z.B. beim Lachen. Die Gefahr steigt vor allem in der postpressorischen Phase, da hierbei der Rückstrom kurzfristig zunimmt;
- plötzliche Umlagerung in Richtung des Venenstromes, z.B. vom Sitzen zum Liegen.

4.2.3 Postthrombotisches Syndrom

Bei unsachgemäßer Behandlung eines thrombotischen Verschlusses der tiefen Bein- und Beckenvenen kann sich ein postthrombotisches Syndrom entwickeln. Bei unvollständiger Rekanalisation der tiefen Venen wird das zurückströmende Blut aus den tiefen Venen in die oberflächlichen Venen gedrückt. Die oberflächlichen Venen können diesem vermehrten Blutstrom und damit der vermehrten Druckbelastung nicht standhalten und dilatieren (Abb. 4.**9 a – c**). Es bilden sich die sog. sekundären Varizen aus. Aufgrund der entstehenden Stauung kommt es zur Schwellung mit Ödemen im Bereich der befallenen Extremität. Schließlich kann sich ein Unterschenkelgeschwür entwickeln.

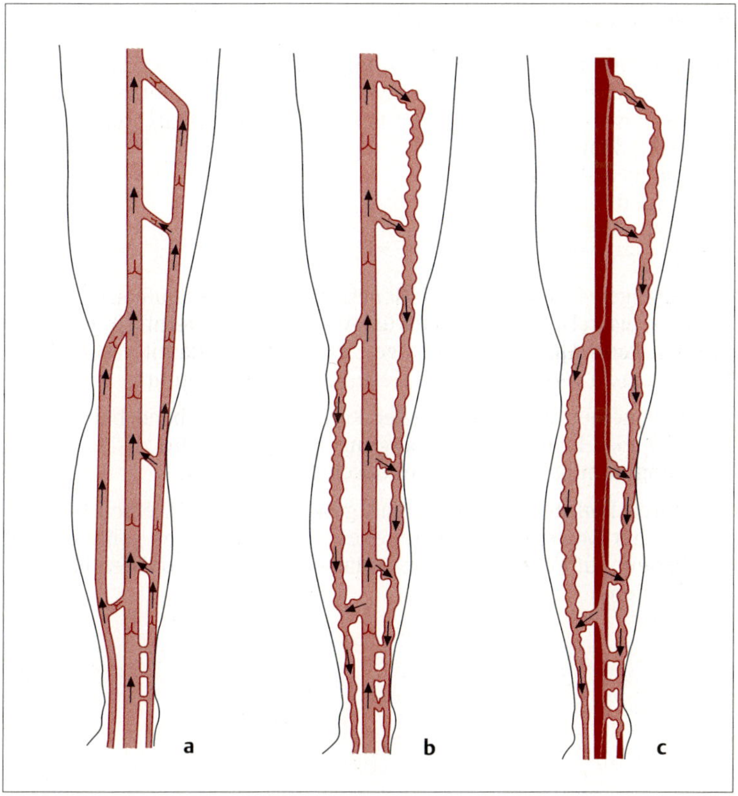

Abb. 4.**9 a – c** Venenklappen **a** Normalverhältnisse **b** Insuffiziente Venenklappen der Vv. communicantes und der oberflächlichen Venen (V. saphena). Hierbei ist die Operation angezeigt. **c** Oberflächliche Venen sind wegen der Thrombose der tiefen Venen als Kollateralen erweitert. Operative Behandlung nicht möglich

Therapie. Zur Prophylaxe sachgemäße Behandlung der Phlebothrombose. Hat sich dennoch ein postthrombotisches Syndrom entwickelt, müssen Kompressionsverbände und Kompressionsstrümpfe getragen werden. Auch beim postthrombotischen Syndrom empfehlen sich wie bei der primären Varikosis konstante Bewegungstherapie (Spazierengehen, Schwimmen) sowie häufiges Hochlagern der Beine. Medikamentös ist zur Vermeidung weiterer Thrombosen eine Antikoagulanzientherapie angezeigt.

Physiotherapeutische Behandlung

Die physiotherapeutische Behandlung kann hier Wesentliches zur Beschwerdefreiheit beitragen. Die Maßnahmen sind unter der Therapie der Varikose beschrieben (S. 217). Bei bestehendem Ulcus cruris sind folgende Maßnahmen wirksam:
- Bindegewebsmassage,
- Lymphdrainage,
- Kompressionsverband,
- Einlagen.

Die Bindegewebsmassage umfaßt neben dem kleinen Aufbau die Striche am Bein bis in Höhe des Geschwürs, welches noch sternförmig umhakt werden kann. Um das ungünstige Sitzen und die damit verbundenen Stauungen zu vermeiden, wird sie aus Seitlage ausgeführt.

Im allgemeinen genügt ein fester Kompressionsverband bei entsprechender medikamentöser Versorgung. Manchmal wird zusätzlich eine Schaumgummipelotte über dem Geschwür eingelegt.

Ein durch Einlagen gestützter Fuß gewährleistet u. U. einen besseren Einsatz der Muskulatur. Bei bestehender Fußschwäche sollte deshalb der Patient zur Verordnung von Einlagen an den Orthopäden überwiesen werden.

5 Stoffwechselerkrankungen

E. Scheffler und H. Göhring

•••• Einleitung

Definition. Als Stoffwechsel bezeichnet man die Gesamtheit der im Körper ablaufenden chemischen Umsetzungen, die durch Nahrungsaufnahme, Sauerstoffaufnahme und Ausscheidung von Stoffwechselendprodukten der Energiegewinnung dienen und damit Leben und Wachstum ermöglichen.

Die Regulation der meist enzymvermittelten chemischen Stoffwechselvorgänge erfolgt durch Hormone. Daher können Störungen im Enzym- und Hormonhaushalt auf verschiedenen Ebenen (Produktion, Abbau, Funktion, Rezeptordefekt), die oft genetisch bedingt sind, weitreichende Konsequenzen für Stoffwechselfunktionen haben. Bezugnehmend auf die aufgenommenen Nahrungsmittel spricht man vom *Kohlenhydrat-, Fett- und Eiweißstoffwechsel,* wobei die Abbauwege der einzelnen Nahrungsgruppen vernetzt sind und bei vielen Krankheitsbildern (z. B. metabolisches Syndrom) mehrere Stoffwechselbereiche gleichzeitig betroffen sein können.

Der Energiebedarf eines Menschen beträgt alters- und belastungsabhängig ca. 8000 – 12 000 kJ/Tag (2000 – 3000 kcal/Tag). Idealerweise sollten hiervon je 25% als Eiweiß und Fett und 50% als Kohlenhydrate zugeführt werden, wobei zu beachten ist, daß Fett mit 38 kJ/g (9 kcal/g) mehr als doppelt so energiereich ist wie Kohlenhydrate und Eiweiß mit ca. 17 kJ/g (4 kcal/g). Ein Austausch der Energieträger für den Betriebsstoffwechsel ist bis zu gewissen Grenzen ohne Probleme möglich, wie extreme Kostformen (Eskimos, Vegetarier) zeigen, da der Körper in der Regel in der Lage ist, die benötigte Energieform durch Umwandlung aus der angebotenen Energieform herzustellen.

Absolut notwendig ist dabei jedoch die ausreichende Zufuhr von bestimmten Eiweißkomponenten und Fettsäuren, die größtenteils für den Aufbau neuer Körperzellen benötigt werden und die der Körper auch bei sonst ausreichendem Nahrungsangebot nicht selbst produzieren kann. Diese werden deshalb als essentielle Aminosäuren bzw. Fettsäuren bezeichnet und kommen nur in bestimmten Nahrungsmitteln vor. Eine nicht ausreichende Versorgung mit diesen Nahrungsmitteln führt deshalb zu Mangelerscheinungen. Während ein Großteil der Weltbevölkerung, insbesondere in den Entwicklungsländern, durch zu geringe Eiweißzufuhr mangelernährt ist, treten in den Industrieländern in den letzten Jahrzehnten vermehrt Stoffwechselerkrankungen auf, die bei entsprechend genetischer Veranlagung durch Erhöhung des Eiweiß- und insbesondere Fettanteils auf Kosten der Kohlenhydrate sowie Veränderung der Kohlenhydratzusammensetzung (Alkohol, Zucker) in der Nahrung bedingt sind.

5.1 Kohlenhydratstoffwechsel

Kohlenhydrate decken mit 40–80% der zugeführten Kalorien den größten Teil des menschlichen Energiebedarfs. Die Bereitstellung der Energie für die Zellen erfolgt dabei in Form von Glukose-6-Phosphat, das aus mit der Nahrung zugeführter Glukose und anderen Kohlenhydraten (z.B. Xylose, Galaktose, Fruktose) aufgebaut wird. Für den kurzfristig abrufbaren Energiebedarf dient die Blutglukose, deren Spiegel durch hormonale Regulationsmechanismen innerhalb einer gewissen Schwankungsbreite konstant gehalten wird.

Eine Speicherform von Kohlenhydraten stellt das Glykogen dar, das in der Leber produziert und gespeichert wird. Über ein hohes Speichervermögen für Glykogen verfügt außerdem die Skelettmuskulatur. Bei Muskelarbeit wird Glykogen zu Glukose gespalten, die die Zellen mit Energie versorgt. Die Leber als zentrales Stoffwechselorgan ist auch in der Lage, aus Zwischenprodukten des Eiweißstoffwechsels Glukose aufzubauen, wenn z.B. im Hungerzustand längere Zeit keine Kohlenhydratzufuhr erfolgt. Dieser Stoffwechselweg ist in diesem Fall zur Versorgung des Nervengewebes mit Energie notwendig, da die Nervenzellen im Gegensatz zu allen anderen Körperzellen ihren Energiebedarf nur aus Kohlenhydraten, nicht jedoch aus Fetten oder Eiweiß decken können.

Das zentrale Regulationshormon des Kohlenhydratstoffwechsels ist das Insulin. Es wird in den B-Zellen, die gruppenweise im exokrinen Pankreasgewebe angeordnet sind („Langerhans-Inseln"), produziert. Die wichtigsten bisher bekannten Aufgaben des Insulins sind die Regulation der Aufnahme von Blutglukose in die Zellen, der Umbau von Glukose zu Glykogen in der Leber und Muskulatur und der Aufbau von Triglyceriden aus Fettsäuren. Außerdem spielt es im Elektrolyt- und Proteinhaushalt eine wichtige Rolle. Eine Reihe von Hormonen hat eine dem Insulin entgegenwirkende Funktion; diese Hormone werden deshalb als kontrainsulinäre Hormone bezeichnet. Ihre Ausschüttung führt zur Erhöhung des Blutzuckerspiegels. Zu ihnen gehören neben dem ebenfalls im Pankreas produziertem Glukagon z.B. Adrenalin und Cortisol.

5.2 Diabetes mellitus

Definition. Als Diabetes mellitus bezeichnet man eine Störung im Kohlenhydratstoffwechsel, die zu erhöhten Blutglukosespiegeln sowohl nüchtern (> 120 mg/dl) als auch nach Nahrungsaufnahme (zwei Stunden postprandial > 180 mg/dl) führt. Erhöhte Blutglukosespiegel führen zu einer vermehrten Ausscheidung von Glukose im Harn.

Einteilung. Der Diabetes mellitus wird wie folgt eingeteilt:
- Primärer Diabetes
  - Typ I-Diabetes („juveniler Diabetes"),
  - Typ II-Diabetes („Altersdiabetes"),
- sekundärer Diabetes.

Stadien. Nach der neuen WHO-Definition spricht man von einem manifesten Diabetes, wenn nach Glukosebelastung im Glukosetoleranztest (im nüchternen Zustand orale Gabe von 100 g Glukose, Messung der Blutglukose nach 2 Stunden) Blutzuckerwerte von über 180 mg/dl vorliegen. Werte von 140 – 180 mg/dl bezeichnet man als gestörte Glukosetoleranz, die als Vorstadium eines Diabetes mellitus Typ II aufzufassen ist. Die frühere Stadieneinteilung in potentiellen, latenten, subklinischen und klinischen Diabetes wird heute nicht mehr verwendet.

Ätiologie und Pathogenese. Beim Typ I-Diabetes kommt es durch eine offensichtlich genetisch determinierte, in den Einzelheiten jedoch noch nicht aufgeklärte Autoimmunreaktion zur Zerstörung der B-Zellen in den Langerhans-Inseln des Pankreas und damit zu einem absoluten Insulinmangel. Dieser kann nur mit Insulin substituiert und nicht durch andere Medikamente behandelt werden. Zur Erstmanifestation kommt es in der Regel innerhalb weniger Wochen zwischen dem 15. und 25. Lebensjahr, es sind jedoch auch Fälle von früheren und teilweise erheblich späteren Erstmanifestationen bekannt.

Der etwa zehnmal so häufige Typ II-Diabetes, der oft im Rahmen eines metabolischen Syndroms auftritt und für den ebenfalls eine genetische Prädisposition besteht, kommt meist durch eine Insulinresistenz (Insulinrezeptordefekt, gestörte Glukoseverwertung) der insulinaufnehmenden Zellen zustande. Der Insulinspiegel ist dabei normal oder erhöht. Bei entsprechender genetischer Prädisposition kommt es bei Überernährung und Adipositas zu einer Insulinresistenz und Hyperinsulinämie, wodurch sich die Zahl der Insulinrezeptoren vermindert. Hält dieser Zustand lange an, erschöpft sich die Insulinproduktion in der Bauchspeicheldrüse. Basis der Therapie ist deshalb hier die Beseitigung der Überernährung und der Adipositas als erste und wichtigste Maßnahme. Dadurch kann die Zahl der funktionstüchtigen Insulinrezeptoren erhöht werden. Die Erstmanifestation des Diabetes mellitus Typ II erfolgt in der

Regel schleichend über mehrere Jahre im höheren Lebensalter (> 40 Jahre).

Vom sekundären Diabetes mellitus spricht man, wenn sich als Folge anderer Grunderkrankungen ein Diabetes ausbildet. Hierbei kommen in erster Linie Pankreaserkrankungen (Zerstörung der B-Zellen), aber auch einige endokrinologische Erkrankungen in Betracht.

Klinisches Bild. Die Blutglukose wird in den Nieren durch die Glomeruli filtriert und dann durch die Tubuli rückresorbiert. Diese Transportvorgänge laufen jedoch nur bis zu einem (beim Gesunden normalerweise nicht erreichten) Blutzuckerspiegel von ca. 180 mg/dl ungestört ab, darüber („Nierenschwelle") kommt es zur Ausscheidung von Glukose in den Harn, die der Erkrankung ihren Namen gab. Zur Erhaltung des osmotischen Gleichgewichtes werden große Mengen Wasser mit ausgeschieden, so daß es zu einer erhöhten Harnausscheidung (Polyurie) kommt, die reaktiv zu starkem Durstgefühl und entsprechend großer Flüssigkeitsaufnahme (Polydipsie) führt.

Der bei dem Typ I bestehende Insulinmangel führt zu einem Überwiegen der katabolen Stoffwechselvorgänge mit gestörter Glukoseaufnahme und einem Energiemangel der Zelle sowie vermehrtem Eiweiß- und Fettabbau. Klinisch resultiert daraus trotz Heißhungerattacken eine Gewichtsabnahme, die ein typisches Symptom bei der Erstmanifestation eines Diabetes mellitus Typ I darstellt. Durch Störungen im Elektrolyt- und Wasserhaushalt treten Krämpfe und Sehstörungen auf, außerdem kommt es neben allgemeiner Müdigkeit zu Juckreiz, Potenzstörungen und vermehrter Infektionsneigung.

Als schwerste Akutkomplikation kann ein *diabetisches Koma* (hyperglykämisches Koma) bei Blutzuckerwerten von ca. 600 mg/dl und höher auftreten. Es wird meist durch Situationen mit erhöhtem Insulinbedarf (z.B. Infekte, Schwangerschaft) ausgelöst und stellt in 10 – 15% der Fälle die Erstmanifestation eines Diabetes mellitus dar. Durch Entgleisung des Kohlenhydrat- und Wasserhaushaltes sowie vermehrten Fettsäureabbau mit Bildung von Ketonkörpern kommt es zum Volumenmangelschock, akutem Nierenversagen und neurologischen Ausfallserscheinungen. Diese äußern sich nach einer hyperagilen Phase mit motorischer Unruhe in einer komatösen Bewußtlosigkeit mit stark verlangsamter Atmung, in der die Patienten ohne suffiziente Therapie sterben.

Differentialdiagnostisch davon abzugrenzen ist das *hypoglykämische Koma*, das bei erniedrigten Blutzuckerspiegeln (< 40 mg/dl) auftreten kann. Es kann durch überschießende Reaktion in der Frühphase eines Diabetes mellitus Typ II oder bei sehr seltenen insulinproduzierenden Tumoren auftreten. Die häufigste Ursache ist jedoch die zu hohe Dosierung von blutzuckersenkenden Medikamenten.

In ihrer Gesamtheit am bedeutsamsten sind jedoch die diabetischen Spätschäden. Durch den Diabetes mellitus kommt es mit einer Latenzzeit von Jahren bis Jahrzehnten zu einer massiven Schädigung der kleinen Arterien. Die betroffenen Areale bzw. Organsysteme sind hauptsächlich Augen, Nieren, das Nervensystem und die peripheren Extremitäten.

An den Augen kommt es zu Netzhauteinblutungen (Retinopathie), die im Spätstadium zur Erblindung führen können; der Diabetes mellitus ist in den Industrieländern die häufigste Ursache für eine Erblindung.

Durch Schädigung der Nierenkapillaren (Nephropathie) kommt es zur Einschränkung der Nierenfunktion, Ödemen und Hypertonie. Die bereits im Frühstadium einer derartigen Nierenschädigung auftretende Albuminurie ist ein wichtiger diagnostischer Parameter bei Diabetes.

Eine bei Diabetikern häufige Nervenschädigung (diabetische Neuropathie) äußert sich zunächst in sensiblen Ausfallserscheinungen und Parästhesien, später treten auch motorische Störungen wie Neuropathien des Magen-Darm-Traktes und des Urogenitalsystems auf.

Durch Mikrozirkulationsstörungen in den Extremitäten kommt es zu Ulzerationen und später zum gangränösen Gewebszerfall, der häufig die Amputation von Gliedmaßen nötig macht. Auslösend wirken hier oft kleinere Verletzungen oder Mykosen, die von den Patienten wegen der neuropathiebedingten fehlenden Schmerzsymptomatik zunächst nicht bemerkt werden.

Zusätzlich zu diesen Folgen der Mikrozirkulationsstörungen kommt es auch zu einer Makroangiopathie mit vorzeitiger Arteriosklerose der großen Gefäße, so daß Diabetiker vermehrt von koronarer Herzkrankheit, peripherer arterieller Verschlußkrankheit und zerebralen Insulten betroffen sind. Kardiovaskuläre Erkrankungen stellen die häufigste Todesursache der Patienten mit Diabetes mellitus dar (Tab. 5.**1**).

Therapie. Der bei Typ I-Diabetikern vorliegende absolute Insulinmangel kann nur durch Insulingabe substituiert werden. Da Insulin bei oraler Aufnahme im Verdauungstrakt zerstört würde, muß die Applikation parenteral erfolgen. Üblicherweise erfolgt die Insulingabe subkutan, in Ausnahmefällen über eine Insulinpumpe. Beim diabetischen Koma wird Insulin unter stationären Bedingungen kontinuierlich intravenös verabreicht, bis normale Blutzuckerwerte erreicht sind. Seit Mitte der zwanziger Jahre ist eine Insulintherapie mit tierischen (Rind, Schwein) Insulinen möglich, die sich zwar in der chemischen Struktur vom menschlichen Insulin etwas unterscheiden, aber auch im menschlichen Körper wirksam sind. Seit die Produktion menschlichen Insulins gentechnisch im großen Maßstab möglich ist, kommen tierische Insuline nur noch in wenigen Fällen zur Anwendung.

Tabelle 5.1 Diabetische Spätschäden

Krankheitsbild	Spätschäden
1. Mikroangiopathie	
– Nephropathie	gehäufte Harnwegsinfekte, Nierenfunktionsstörungen, Hypertonie
– Neuropathie	Ausfall von Sensibilität, Schmerz- und Vibrationsempfinden, Gastroparese, Kardioneuropathie, Blasenentleerungsstörungen, erektile Impotenz
– Retinopathie	Sehstörungen, Erblindung
– diabetische Gangrän	Amputation von Gliedmaßen
2. Makroangiopathie	Koronare Herzkrankheit, Hypertonie, periphere arterielle Verschlußkrankheit, Apoplex

Neben den reinen kurzwirksamen Insulinen (Normal- und Altinsulin) gibt es Verzögerungsinsuline, die länger wirken, aber nicht die hohen kurzfristigen Wirkspiegel der Altinsuline erreichen. Beim jugendlichen Typ I-Diabetiker kombiniert man kurz- und langwirksame Insuline, so daß zum einen der kurzfristige Blutzuckeranstieg nach der Nahrungsaufnahme abgefangen werden kann (Normalinsulin), zum anderen in der Nüchternphase der Basalinsulinbedarf bereitgestellt wird (Verzögerungsinsulin). Diese Behandlungsform wird als „Intensivierte Insulintherapie" bezeichnet und macht eine drei- bis viermalige Injektion am Tag erforderlich.

Der relative Insulinmangel des Typ II-Diabetikers kann in der Regel primär durch diätetische Maßnahmen behandelt werden. Bei Einstellung der Überernährung und Gewichtsreduktion bei der fast immer vorliegenden Adipositas ist in vielen Fällen eine Normalisierung der Stoffwechsellage ohne medikamentöse Therapie möglich. Wenn erforderlich, kommen als zusätzliche medikamentöse Therapie in erster Linie orale Antidiabetika der Sulfonylharnstoffgruppe in Frage, die in einigen Fällen mit Insulin kombiniert werden. Hierbei ist meist die zweimal tägliche Injektion eines vorgefertigten Mischinsulins (fixe Kombination aus Normal- und Verzögerungsinsulin) notwendig. Unterstützend können Medikamente eingesetzt werden, die die Kohlenhydrataufnahme im Darm hemmen (Acarbose, Guar). Die durch Steigerung der Insulinempfindlichkeit ebenfalls beim Typ II sehr wirksamen Biguanide wurden wegen ihrer zwar nur selten auftretenden, dann aber bedrohlichen Nebenwirkungen früher nur noch wenig eingesetzt, entwickeln sich jetzt aber mehr und mehr zum Mittel der Wahl.

Bei der Behandlung der sekundären Diabetesformen steht die Therapie der Grunderkrankung im Vordergrund, gegebenenfalls muß zusätzlich eine Insulinsubstitution erfolgen.

Physiotherapeutische Behandlung

Diabetes mellitus

- *Befund:* Beim Diabetiker enthält der physiotherapeutische Befund keine spezifischen Merkmale, ausgenommen die typischen Spätfolgen, welche in den entsprechenden Kapiteln besprochen werden (Angiopathie, Neuropathie). Auf die Befunderhebung darf aber dennoch nicht verzichtet werden, denn sie ist die Grundlage für die Auswahl der Maßnahmen. Da ein Klinikaufenthalt fast immer mit zu viel Bettruhe und Inaktivität verbunden ist, muß durch die Physiotherapie eine Belastung erfolgen, die der des Alltags entspricht. Der Patient muß also vor Beginn der Behandlung genau über seinen häuslichen Tagesablauf befragt werden.
- *Gesichtspunkte*
  - Erhaltung körperlicher Aktivität,
  - Erhaltung und Förderung der Leistungsfähigkeit.
- *Physiotherapeutische Behandlung in der Klinik:* Die Auswahl der Maßnahmen richtet sich nach dem Befund.

Beispiel: Der Befund ergibt insuffiziente Bauchmuskulatur, eine starre Wirbelsäule und eine Einschränkung der Atembewegung. Die therapeutische Konsequenz ist ein gesteigertes Bauchmuskeltraining und der Versuch, die Wirbelsäule zu mobilisieren, um Haltung und Atembewegung zu verbessern. Der Grad der Dosierung hängt von der Alltagsbelastung des Patienten ab.

Wichtig: Der Patient muß vor der Behandlung etwas gegessen haben, da sonst die Gefahr des hypoglykämischen Schocks droht.

- *Maßnahmen bei diabetischen Spätfolgen:*
  Der Befund und die Behandlung sind bei den jeweiligen Krankheitsbildern beschrieben (s. dort).
- *Maßnahmen bei Angiopathien:*
  - Bindegewebsmassage,
  - Umlagerungen,
  - Ausdauertraining im Intervallprinzip.
- *Maßnahmen bei Hypertonie:*
  - aktives Bewegen,
  - leichtes Ausdauertraining,

- Entspannung durch Dehnlagen,
- Massage und Bürstungen (Vorsicht Haut!).

❖ *Maßnahmen bei Neuropathien:*
- Fördern der Muskelkontraktion,
- Muskeltraining (Kraft, lokale Ausdauer).

□ *Physiotherapeutische Behandlung in der Gruppe:* Die Patienten, vor allem Kinder und Jugendliche, sollten einer Übungs- bzw. Trainingsgruppe zugeführt werden, um die Störungen in den Stoffwechselabläufen zu reduzieren. Das bedeutet, daß man mit einem individuell angepaßten Trainingsaufbau beginnen muß, um eine für den Patienten optimale Kondition zu erreichen. Das Training besteht aus einer schonenden Dauerbelastung mit wechselnder Reizintensität mindestens ein- bis zweimal pro Woche.

□ *Gesichtspunkte*
- Verbessern der Sauerstoffutilisation in den Muskelkapillaren,
- Verbessern der Herzleistung,
- Verbessern der koronaren Durchblutung,
- Anpassen der Metaboliten,
- Verbessern der Kondition,
- Verbessern von Kraft, Ausdauer, Schnelligkeit, Flexibilität und Koordination

□ *Maßnahmen*
- Dauerbelastung im submaximalen Bereich mit unterschiedlicher Reizintensität. Ein reines Ausdauertraining ist wegen seines geringen Motivationswertes in diesem Zusammenhang ungünstig.
- Übungen mit Geräten;
- Spiele möglichst ohne Wettkampfcharakter.

□ *Übungsbeispiel:* Aufbau einer Stunde: Gruppenbehandlung bei Diabetes.

Erwärmungsphase: Niedrige bis mittlere Reizintensität bei hoher Reizdichte und kurzen Erholungsphasen. Gehen und Laufen in verschiedenen Tempi und Bewegungen (Armbewegungen, unterschiedliche Gangarten usw.).

Hauptteil: Unterschiedliche Zielsetzung, evtl. jede Stunde ein anderes Gerät, im ausgewogenen Verhältnis zwischen Belastungs- und Erholungsphasen.

Abschluß: Spiele wie Volleyball, Prellball, Sitzfußball, Basketball, Staffeln.

Ungünstig sind Kraftübungen gegen Widerstand, da diese Trainingsform nicht durchblutungsfördernd wirkt und somit die Leistungsgrenze des Patienten schnell überschritten werden kann.

Tabelle 5.**2** Metabolische Anpassung der Skelettmuskulatur durch Training

Glukoseverwertung	↑
Milchsäureproduktion	↓
Fettsäureverwertung	↑
ATP-Produktion	↑
Glykogenbildung	↑
Ausdauer	↑
Kraft	↑
Muskelquerschnitt	↑
Mitochondrienzahl und -größe	↑
Enzymaktivitäten	↑

Wirkungen: Bei trainingsbedingter Zunahme des Kapillarquerschnitts wird bei gleicher zur Verfügung stehender Insulinmenge vermehrt Zucker in den Muskel eingeschleust und verbrannt. Die Kohlenhydratdepots in der Leber und in der Muskulatur werden ökonomischer mobilisiert und die Zuckerneubildung reduziert. Die Verbrennung der Fettsäuren in der Muskulatur wird durch die bessere Sauerstoffversorgung begünstigt, so daß es zu einer geringeren Azetonkörperbildung kommt und somit eine zusätzliche Energiequelle für die Ausdauerleistung zur Verfügung steht (Tab. 5.**2**).

5.3 Purinstoffwechsel

Physiologie. Purine sind ein wichtiger Baustein der Desoxiribonukleinsäure (DNA). Die DNA ist der Träger des genetischen Materials, das sich in Form von Chromosomen in den Zellkernen befindet. Auch für den Aufbau der als Informationsüberträger beim Eiweißaufbau dienenden Ribonukleinsäure (RNA) werden Purine benötigt. Lebensmittel mit einem im Vergleich zum Gesamtvolumen hohen Zellkernanteil, wie bestimmte Fleischsorten und Innereien, enthalten daher viel Purine. Als Endprodukt beim Abbau der Purine fällt u. a. Harnsäure an, die über die Nieren eliminiert und mit dem Harn ausgeschieden wird.

5.3.1 Gicht

Definition. Unter Gicht versteht man eine Störung des Harnsäurestoffwechsels mit positiver Harnsäurebilanz (primäre Gicht) bzw. eine vermehrte Harnsäurebildung (sekundäre Gicht), die zu einer Erhöhung des

Harnsäurespiegels im Blut und Ablagerung von Harnsäurekristallen führt.

Ätiologie und Pathogenese. Bei der primären Gicht kommt es dominant vererbt zu einer noch nicht genau geklärten Störung der Harnsäureausscheidung in der Niere. Die in hoher Konzentration vorliegende Harnsäure kann auskristallisieren und lagert sich in Form von Harnsäurekristallen meist im gelenknahen Bindegewebe, Knorpelgewebe und den Nieren ab.

Bei sekundärer Gicht kommt der erhöhte Harnsäurespiegel durch einen erhöhten Nukleinsäurenumsatz (z. B. bei Leukämien und anderen Tumoren) oder durch Nierenerkrankungen mit verminderter Ausscheidungsleistung zustande. Sehr häufig tritt Gicht als Teilaspekt eines metabolischen Syndroms auf.

Klinisches Bild. Eine Harnsäureerhöhung im Blut (Hyperurikämie) bleibt oft für lange Zeit symptomfrei und fällt dann nur bei der entsprechenden Laborkontrolle auf. Zum akuten Gichtanfall kommt es, wenn auskristallisierte Harnsäurepartikel von Granulozyten phagozytiert werden und dadurch eine akute Gelenkentzündung auftritt. Diese sehr schmerzhafte Gelenkentzündung tritt meist im Fußzehengrundgelenk auf und wird dann als *Podagra* bezeichnet, aber auch andere Lokalisationen sind möglich. Auslöser sind meist bei vorbestehender Hyperurikämie Eß- und Alkoholexzesse, da Alkohol die Harnsäureausscheidung hemmt. Bei Hyperurikämie kommt es langfristig durch Harnsäureablagerungen zu Knorpel- und Knochenschäden, zur Schädigung des Nierengewebes mit entsprechenden Funktionseinschränkungen sowie zur vermehrten Bildung von Nierensteinen.

Therapie. Basis der Behandlung sind eine purinarme Diät (Meiden von Fleisch und Innereien), Gewichtsreduktion und Alkoholkarenz. Zusätzlich ist eine medikamentöse Senkung des Harnsäurespiegels möglich. Bei sekundärer Gicht ist eine Behandlung der Grunderkrankung anzustreben. Der akute Gichtanfall wird mit Kolchizin behandelt, welches die Vermehrung der kristallphagozytierenden Granulozyten unterdrückt. Zusätzlich können entzündungs- und schmerzhemmende Medikamente (nichtsteroidale Antirheumatika) verabreicht werden.

Physiotherapeutische Behandlung

Gicht

- *Befund*

  Sichtbefund. Die betroffenen Gelenke sind rot und geschwollen und sehr schmerzhaft. Es können die Gelenkstellungen einer chronisch deformierenden Arthritis auftreten. Die Lokalisation ist meist asymmetrisch.

Oft sind anfänglich das Metatarsophalangealgelenk der Großzehe (Podagra), seltener Finger- und Handgelenk (Chiragra), Ellbogen und Kniegelenk betroffen.

Die Haut über den befallenen Gelenken ist atrophisch, glatt, gespannt und kann platzen.

Besteht die Krankheit schon länger, können an der Ohrmuschel, an Händen, Füßen und Olekranonuratablagerungen (Tophi) beobachtet werden.

Funktioneller Befund s. bei Polyarthritis (S. 340).

- *Maßnahmen:* Die Maßnahmen werden im Kapitel Chronische Polyarthritis beschrieben (S. 350). Es soll jedoch gleich darauf hingewiesen werden, daß die Gichtkranken sehr schmerz- und berührungsempfindlich sind, weshalb man bei diesen Patienten besonders vorsichtig zufassen soll.

5.4 Fettstoffwechsel

Die Fette stellen einen wichtigen Energieträger dar, da durch sie die Nahrungsenergie in der höchstmöglichen Konzentration (38 kJ/g bzw. 9 kcal/g) aufgenommen und vom menschlichen Körper auch in entsprechend kompakter Form als Fettgewebe gespeichert werden kann. Diese Speicherung von Körperfett als Depot erhöhte die Überlebenswahrscheinlichkeit bei dem im Verlauf der menschlichen Frühgeschichte sehr schwankenden Nahrungsangebot. Bei der heute in den Industrieländern bestehenden Überernährung wird die durch das Depotfett entstehende Adipositas (Fettleibigkeit) wegen der mit ihr verbundenen medizinischen Komplikationen jedoch immer mehr zum Problem.

Ebenso problematisch ist die als einer der wichtigsten arteriosklerotischen Risikofaktoren geltende Erhöhung der Blutlipide. Hier kommt es mit der Zeit durch eine teilweise genetisch determinierte, teilweise jedoch auch ernährungsbedingte Erhöhung der Blutfette zu Ablagerungen im Gefäßsystem, die zu Verengungen und in der Folge zu Herzinfarkten, Schlaganfällen und peripherer arterieller Verschlußkrankheit führen können. In zahlreichen Studien wurde der Zusammenhang zwischen erhöhten Blutlipidwerten und den oben genannten Krankheitsbildern nachgewiesen. Die Aufstellung von pauschalen Risikoprofilen anhand eines bestimmten Cholesterinwertes, wie sie aus diesen Studien teilweise abgeleitet werden, ist jedoch sehr problematisch, da die Arterioskleroseentstehung ein multifaktorielles Geschehen ist und für den Individualfall nur bedingt prognostische Aussagen möglich sind. Zur Beurteilung des Risikos und damit auch der Behandlungsnotwendigkeit sind daher neben dem Gesamtcholesterinspiegel auch andere Faktoren einzubeziehen.

Physiologie und Pathophysiologie. Die wichtigsten im menschlichen Blut vorkommenden Lipidkomponenten sind die auch als Neutralfette bezeichneten Triglyceride sowie das Cholesterin. Triglyceride stammen hauptsächlich aus Nahrungsfetten und stellen ein wichtiges Energiereservoir im Betriebsstoffwechsel dar, können jedoch, insbesondere bei Überernährung, auch im Körper selbst produziert und als Fettgewebe gespeichert werden.

Cholesterin wird zusätzlich zum aufgenommenen Nahrungscholesterin bedarfsgesteuert vom menschlichen Körper selbst produziert, insbesondere in der Leber. Der Körper benötigt das Cholesterin hauptsächlich zum Aufbau von Zellmembranen sowie als Ausgangsverbindung zur Herstellung verschiedener Hormone und Gallensäuren. Ein theoretisch denkbarer zu niedriger Cholesterinspiegel, bei dem diese Funktionen eingeschränkt sein würden, kommt praktisch nicht vor.

Im Blut als wäßrigem Medium können Lipide wie Cholesterin und Triglyceride nur durch Bindung an wasserlösliche Eiweißkomponenten gelöst und transportiert werden. Diese Eiweißkomponenten, die auch noch andere wichtige Aufgaben in der Steuerung des Lipidstoffwechsels haben, bezeichnet man als Apolipoproteine, die gesamten aus Protein und Lipiden bestehenden Partikel als Lipoproteine. Man unterscheidet vier Hauptgruppen von Lipoproteinen, die aufgrund unterschiedlicher Funktionen einen unterschiedlichen Aufbau mit verschieden hohen Anteilen der Lipidkomponenten (Triglyceride, Cholesterin, Phospholipide) und der Apolipoproteine haben. Die dadurch bedingten Dichte-, Größen- und Massenunterschiede macht man sich diagnostisch bei der elektrophoretischen oder ultrazentrifugalen Auftrennung der Lipoproteine zunutze.

Der Abbau und die Umwandlung der einzelnen Lipoproteine ist sehr kompliziert und noch nicht in allen Einzelheiten aufgeklärt. Die Funktion und die pathologische Wertigkeit sind ebenfalls teilweise noch unklar. An dieser Stelle soll daher nur ein Überblick vermittelt werden.

Die größten Lipoproteine sind die Chylomikronen. Ihre Aufgabe ist der Transport der Nahrungslipide über das Lymphsystem in die Blutbahn. Bei stoffwechselgesunden Personen kommen Chylomikronen nur unmittelbar nach Nahrungsaufnahme im Blut vor.

Der nächste Schritt in der Lipidkaskade ist die Bildung von VLDL (very low density lipoproteins), über die der erste Teil des Transports von Triglyceriden und Cholesterin über das Blut in die Körperperipherie bewerkstelligt wird. Normalerweise stellt das VLDL-Cholesterin nur etwa

10–20% des Gesamtcholesterins im Blut, bei bestimmten Fettstoffwechselstörungen kann dieser Anteil jedoch erheblich höher sein. Das Endprodukt des VLDL-Stoffwechsels sind die LDL-Partikel (low density lipoproteins), die einen sehr hohen Cholesterinanteil haben. Mittels der LDL-Partikel findet die Versorgung der Körperperipherie mit Cholesterin statt; sie stellen damit das Haupttransportmedium für Cholesterin dar und haben beim Gesunden einen Anteil von ca. 50% am Gesamtcholesterin.

Bei der „Familiären Hypercholesterinämie" liegt dieser relative Anteil durch eine ausgeprägte LDL-Erhöhung deutlich höher. Überschüssige Anteile des LDL-Cholesterins können über den sogenannten LDL-Rezeptor von den Leberzellen aufgenommen werden. Über die Leber kann das Cholesterin, teilweise umgebaut zu Gallensäuren, mit der Gallenflüssigkeit wieder ausgeschieden werden. Das LDL-Cholesterin ist sehr atherogen, d.h. insbesondere bei erhöhten LDL-Cholesterinspiegeln kann es zur Ablagerung von Cholesterinpartikeln in die Arterienwand und damit zu Gefäßverengungen kommen. Dabei werden die LDL-Partikel zunächst von einer bestimmten Leukozytenform, den Makrophagen, aufgenommen und nach deren Umwandlung in sogenannte Schaumzellen in die Gefäßwand eingelagert. Der genaue Ablauf dieses Prozesses, bei dem offenbar auch chemische Veränderungen am LDL-Partikel eine Rolle spielen, ist noch nicht gänzlich aufgeklärt.

Die kleinsten Lipoproteine sind die HDL (high density lipoproteins). Sie sind in der Lage, große Cholesterinmengen zur Leber zurückzutransportieren. Damit wird das Cholesterin dem weiteren Abbau zugeführt und verliert seine atherogene Wirkung. Ein hoher HDL-Cholesterinspiegel, wie er z.B. durch Ausdauertraining erzielt werden kann, ist daher in Bezug auf Arteriosklerose prognostisch günstig.

5.4.1 Hyperlipoproteinämien

Grundsätzlich lassen sich Fettstoffwechselstörungen in drei Krankheitsgruppen einteilen, wobei hier auf die sehr selten vorkommenden *Lipidosen* (Fettspeicherstörungen) und *Lipomatosen* (Fettverteilungsstörungen) nicht näher eingegangen werden soll. Eine erhebliche Bedeutung kommt jedoch der dritten Gruppe, den *Hyperlipoproteinämien* zu, die ca. 20% der Gesamtbevölkerung betreffen und damit zu den häufigsten Krankheiten überhaupt gehören. Bedingt durch die auftretenden Spätschäden haben diese Erkrankungen über die eigentliche medizinische Problematik hinaus auch erhebliche volkswirtschaftliche Konsequenzen durch Behandlungskosten, Arbeitszeitausfälle und Berentungen.

Definition. Von einer Hyperlipoproteinämie spricht man, wenn die Nüchternlipide im Blut die Grenzwerte für Gesamtcholesterin (220 mg/

dl), LDL-Cholesterin (150 mg/dl), VLDL-Cholesterin (20 mg/dl) und Triglyceride (150 mg/dl) überschreiten, wobei ein gewisser, als physiologisch zu betrachtender Cholesterinanstieg mit zunehmendem Alter berücksichtigt werden muß. Außerdem sollte beim Stoffwechselgesunden das HDL-Cholesterin über 40 mg/dl liegen.

Einteilung. Die Hyperlipoproteinämien sind sehr heterogen; durch die verschiedenen, erst zum Teil aufgeklärten Stoffwechseldefekte treten neben den absoluten Lipidspiegelerhöhungen teilweise auch erhebliche relative Verschiebungen der Lipoproteinfraktionen auf. Anhand dieser Veränderungen im Lipoproteinmuster werden die Hyperlipoproteinämien eingeteilt, wobei mehrere Einteilungssystematiken existieren. Von diesen ist weiterhin die ursprüngliche, von Fredrickson etablierte Einteilung in Typ I bis V am gebräuchlichsten. Im Rahmen dieses Buches kann nur auf die wichtigsten Erkrankungen aus dem breiten Spektrum der Hyperlipoproteinämien eingegangen werden.

•••• Familiäre Hypercholesterinämie

Pathophysiologie. Bei der „Familiären Hypercholesterinämie" (Hyperlipoproteinämie Typ IIa) liegt ein autosomal-dominant vererbter LDL-Rezeptor-Mangel vor, der die Aufnahme von LDL-Cholesterin in die Leberzelle beeinträchtigt. Dadurch kommt es zu einer Störung des Gleichgewichts von Cholesterinproduktion und Cholesterinabbau, die sich in Cholesterinspiegeln von 250 – 500 mg/dl bei den betroffenen heterozygoten (mischerbigen, d. h. nur ein Gen des doppelt angelegten Gensatzes ist betroffen) und bis zu 1000 mg/dl bei den homozygoten (reinerbigen) Patienten äußert. Eine Cholesterinerhöhung liegt bei den Patienten schon bei der Geburt vor.

Klinisches Bild. Da diese Gesamtcholesterinerhöhung hauptsächlich durch den Anstieg des sehr atherogenen LDL-Cholesterins zustande kommt, entwickeln die Patienten frühzeitig eine koronare Herzkrankheit. Myokardinfarkte mit den entsprechenden Komplikationen um das dreißigste Lebensjahr bei den heterozygoten und vor dem zwanzigsten bei homozygoten Patienten sind häufig, so daß die Krankheit trotz ihrer relativen Seltenheit (Genprävalenz in Mitteleuropa 1 : 500) eine erhebliche Bedeutung hat.

Häufig kommt es schon vor der Manifestation einer koronaren Herzkrankheit zu charakteristischen Cholesterinablagerungen in anderen Geweben, die diagnostisch richtungsweisend sein können. Hierzu zählen Xanthome der Achillessehnen und der Strecksehnen der Hände (Abb. 5.**1**), Xanthelasmen im Bereich der Augenlider (Abb. 5.**2**) und der Arcus lipoides im Außenbereich der Iris (Abb. 5.**3**).

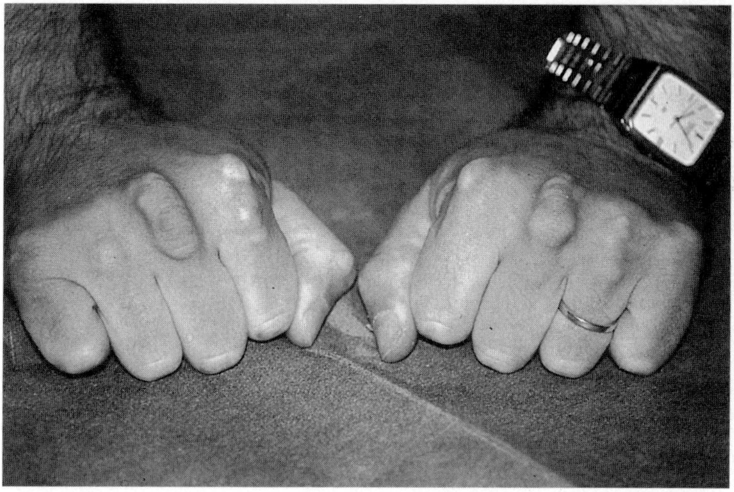

Abb. 5.**1** Xanthome der Strecksehnen der Hände bei familiärer Hypercholesterinämie

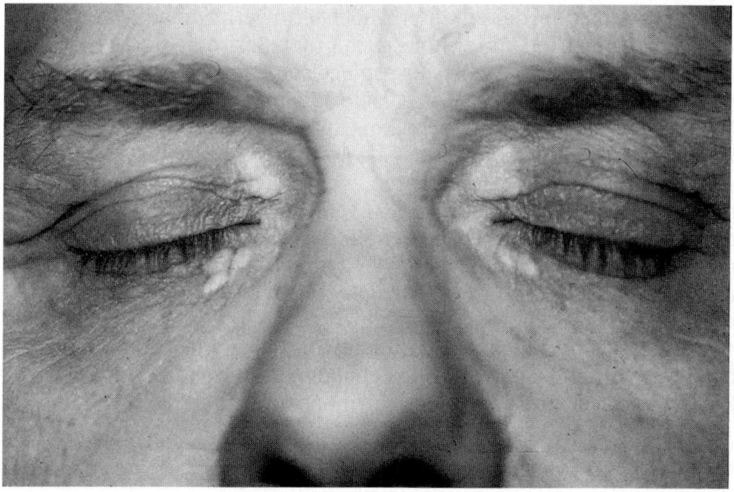

Abb. 5.**2** Xanthelasmen bei familiärer Hypercholesterinämie

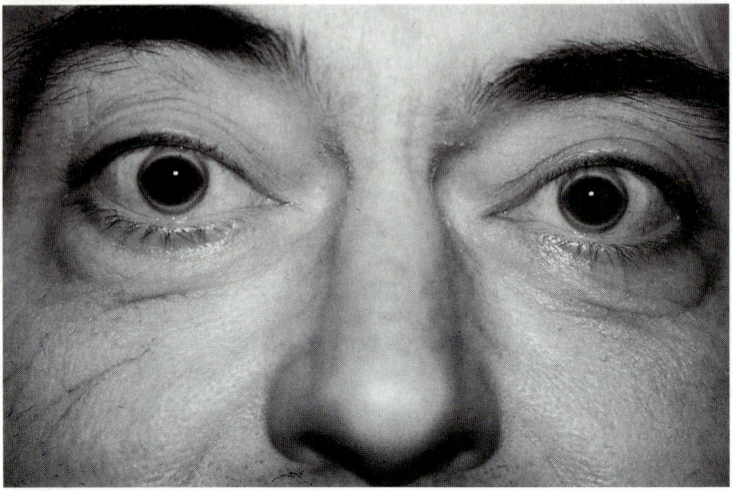

Abb. 5.**3** Arcus lipoides bei familiärer Hypercholesterinämie

Therapie. Aufgrund des hohen Arterioskleroserisikos ist eine möglichst frühzeitige Senkung der erhöhten Cholesterinwerte unbedingt erforderlich. Neben einer fett- und cholesterinarmen Basisdiät, durch die allein man hier jedoch nur Cholesterinspiegelsenkungen um 10% erreicht, kommen zur Therapie in erster Linie Ionenaustauschharze und CSE-Hemmer (Cholesterin-Synthese-Enzym-Hemmer) in Frage. Ist damit keine ausreichende Cholesterinspiegelsenkung zu erzielen, stehen verschiedene Plasmaphereseverfahren zur Verfügung, durch die in regelmäßigen Behandlungsabständen (ca. wöchentlich) das Cholesterin aus dem Blut entfernt wird. Für Patienten mit homozygoter familiärer Hypercholesterinämie, die aufgrund der kardiovaskulären Komplikationen in der Regel das zwanzigste Lebensjahr nicht erreichen, sind diese Blutreinigungsverfahren die einzig mögliche suffiziente Therapie. Inwieweit die bis jetzt erst versuchsweise durchgeführten gentherapeutischen Behandlungsansätze eine sinnvolle Behandlungsalternative bei familiärer Hypercholesterinämie darstellen, bleibt abzuwarten.

•••• Gemischte Hyperlipoproteinämien

Ätiologie und Pathogenese. Bei den gemischten Hyperlipoproteinämien sind sowohl Triglyceride als auch Cholesterin erhöht, wobei die Erhöhung des Gesamtcholesterins durch ein stark erhöhtes VLDL-Cholesterin zustande kommt. Die Manifestation erfolgt bei entsprechender Veranlagung, die bei ca. 15–20% der Bevölkerung vorliegt, als Typ IIb, IV und V nach Fredrickson. Als Ursachen kommen, soweit bisher bekannt, bei der sehr heterogenen Krankheitsgruppe Enzymdefekte bei den verschiedenen Lipasen in Frage. Typischerweise erfolgt die Manifestation erst im höheren Lebensalter, oft im Rahmen eines metabolischen Syndroms.

Klinisches Bild. Das kardiovaskuläre Risiko ist nur bei einigen Formen erhöht, die Hauptproblematik besteht darin, daß die Patienten mit der Zeit eine diabetische Stoffwechsellage mit den entsprechenden Spätschäden entwickeln. Bei sehr starkem Anstieg der Triglyceride auf mehrere 1000 mg/dl treten gehäuft Pankreatitiden auf, die oft einen bedrohlichen Verlauf nehmen. Im Rahmen des ausgeprägten Cholesterin- und Triglyceridanstieges kommt es bei einigen Patienten zu Lipidablagerungen in der Haut, die als eruptive Xanthome bezeichnet werden (Abb. 5.**4**).

Therapie. Die Grundlage der Behandlung dieses Krankheitskomplexes ist das Einhalten einer fett- und cholesterinarmen Diät unter weitgehendem Verzicht auf schnellresorbierbare Kohlenhydrate. Außerdem sollte bei den in der Regel übergewichtigen Patienten das Normalgewicht angestrebt und Alkohol gemieden werden. Bei Einhaltung dieser Richtlinien kann in den meisten Fällen mit einer Normalisierung der Stoff-

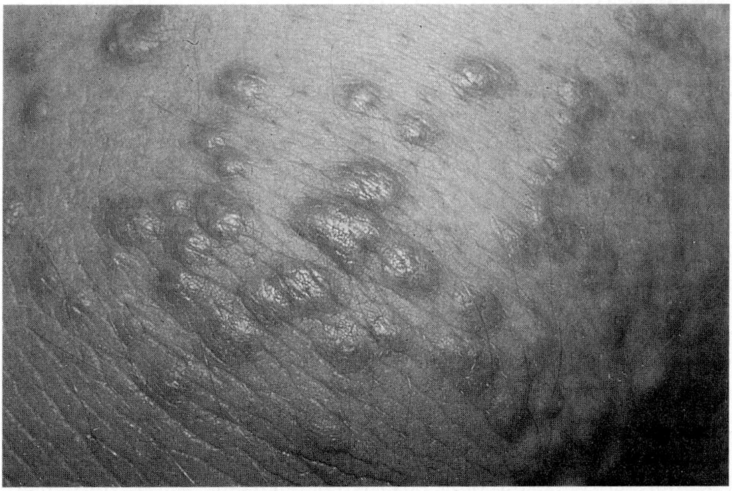

Abb. 5.**4** Eruptive Xanthome bei Hyperlipoproteinämie Typ V (gemischte Hyperlipoproteinämie)

wechsellage gerechnet werden. Sollte dies nicht der Fall sein, kann ein zusätzlicher medikamentöser Behandlungsversuch mit Fibraten oder Nikotinsäurederivaten gemacht werden, wobei jedoch darauf hingewiesen werden muß, daß bei Nichteinhalten der Diät, Alkoholkonsum und weiterbestehendem Übergewicht eine derartige medikamentöse Therapie nicht erfolgversprechend ist.

5.5 Metabolisches Syndrom

Definition. Unter dem metabolischen Syndrom versteht man eine kombinierte Stoffwechselstörung, die den Symptomkomplex Diabetes mellitus Typ IIb, gemischte Hyperlipoproteinämie, Hyperurikämie, Adipositas (stammbetont) und ggf. arterielle Hypertonie aufweist.

Ätiologie und Pathogenese. Eine gemeinsame Ursache der Teilaspekte dieser häufigen Stoffwechselstörung wird diskutiert, wobei die Pathogenese im Detail noch nicht aufgeklärt ist. Offensichtlich liegt eine herabgesetzte Empfindlichkeit der Skelettmuskelzellen für Insulin vor, die zur Hyperinsulinämie und Insulinresistenz führt.

Therapie. Das therapeutische Konzept besteht in der Beseitigung der Überernährung und Reduktion des Körpergewichts.

5.6 Adipositas

Definition. Als Adipositas oder Fettsucht wird der Zustand bezeichnet, bei dem es durch übermäßige Ausbildung des Körperfettgewebes zu einer Beeinträchtigung der optimalen Körperfunktionen kommt. In der Regel ist das ab einem Übergewicht von ca. 20%, bezogen auf das Normalgewicht, der Fall. Allerdings ist die richtige Definition des Normalgewichts umstritten, hier existieren mehrere Systematiken nebeneinander, von denen der Broca-Index (Normalgewicht in Kilogramm entspricht der Körperlänge in Zentimetern minus 100) am gebräuchlichsten ist. Der Broca-Index berücksichtigt jedoch nicht den Körperbau, durch dessen Einbeziehung sich erhebliche Verschiebungen bei der Bestimmung des Normalgewichtes ergeben können. Als Idealgewicht bezeichnet man das Gewicht, bei dem nach den Unterlagen der Versicherungsanstalten das Krankheitsrisiko am geringsten und die Lebenserwartung am höchsten ist. Es liegt in den Industrieländern meist ca. 10% unter dem Normalgewicht.

Ätiologie und Pathogenese. Die Ursache der Adipositas ist immer ein Mißverhältnis von zugeführter Nahrungsenergie und verbrauchter Energie. Eine Adipositas ohne positive Energiebilanz, wie sie von den betroffenen Patienten häufig postuliert wird, gibt es nicht. Es bestehen jedoch nach neueren Untersuchungen offensichtlich genetisch determinierte Unterschiede in der Effektivität der Verwertung der Nahrungsenergie, die jedoch nur geringfügig sind und zwischen den Extremen ca. 80 kcal/Tag betragen. Als weiterer Auslöser einer Adipositas kommen, allerdings nur in seltenen Fällen, endokrinologische Erkrankungen mit veränderten Umsatzbedingungen und vermehrtem Hungergefühl in Frage. Eine entsprechende Situation liegt auch beim metabolischen Syndrom vor, wo durch den Hyperinsulinismus ein ausgeprägtes Hungergefühl erzeugt wird, als dessen Konsequenz eine inadäquat hohe Nahrungsaufnahme erfolgt.

Therapie. Ziel einer Adipositasbehandlung muß eine langfristige Umstellung der Ernährungsgewohnheiten mit zunächst negativer, später ausgeglichener Energiebilanz sein. Erfahrungsgemäß ist dabei eine langsame Gewichtsreduktion vom Langzeitergebnis her effektiver als eine in kurzer Zeit erreichte Gewichtsreduktion, der oft eine erneute starke Gewichtszunahme folgt. Wichtig ist, sich auch während der Abnehmphase ausgeglichen zu ernähren, sogenannte Wunderdiäten mit einseitiger Betonung bestimmter Nahrungsmittelgruppen sind, wenn überhaupt, nur kurzfristig wirksam. Oft wirken diese, wie auch zu diesem Zweck angebotene Medikamente und Behandlungskonzepte, über den Verlust von Körperflüssigkeit. Hierdurch wird zwar kurzfristig eine gewisse Gewichtsreduktion erzielt, langfristig bleibt jedoch wegen des fehlenden Fettabbaus das Übergewicht erhalten. Medikamente, die den Hunger dämpfen („Appetitzügler") kommen wegen ihrer erheblichen Nebenwirkungen nur noch in Ausnahmefällen zur Anwendung. Ebenso sind chirurgische Maßnahmen zur Fettgewebsentfernung nur in wenigen Fällen indiziert und sinnvoll.

Physiotherapeutische Behandlung

Adipositas

- *Befund und Gesichtspunkte:* Im Gespräch kann der Physiotherapeut versuchen, dem Übergewichtigen Einsicht in sein Krankheitsbild zu geben und ihn von der Notwendigkeit der Einhaltung einer Diät und der physiotherapeutischen Behandlung zu überzeugen. Ziel ist es daher, den Patienten psychisch und physisch zu aktivieren, nicht aber, durch starkes Training eine Gewichtsreduzierung erlangen zu wollen. Die Freude an der Bewegung soll geweckt, Unsicherheit und Antriebsarmut müssen genommen werden. Um den Patienten zu motivieren und um ein Erfolgserlebnis vermitteln zu können, ist die tägliche Gewichtskontrolle und deren Dokumentation wichtig.

  Aus der Übergewichtigkeit resultieren Beschwerden und organische Folgen wie Herz- und Kreislaufinsuffizienz, Hypertonie, Diabetes mellitus, venöse und arterielle Durchblutungsstörungen und Arthrosen in den Beingelenken. Diese müssen gesondert berücksichtigt, in einem Befund festgehalten und behandelt werden.

- *Maßnahmen:* Wenn möglich, sollte man die Adipösen in einer Gruppe zusammenfassen, um Durchhaltewillen und Ehrgeiz der Patienten zu stärken.

  Damit sämtliche Körperabschnitte während einer Behandlung erfaßt werden, wählt man verschiedene Ausgangsstellungen: Rückenlage, Seitlage, Vierfüßlerstand, Hockersitz und Stand. Leichte Spiele können die Übungen abschließen.

  Nach einer Übungsbehandlung kann der Gewichtsunterschied bis zu 300 g betragen. Dabei handelt es sich nicht um eine echte Gewichtsreduktion, sondern zum größten Teil um den Flüssigkeitsverlust durch das Schwitzen, der bei Aufnahme der nächsten Trinkmenge sofort wieder ausgeglichen wird.

6 Endokrinologie

R. Ziegler

•••• Einleitung

Hormone sind chemische Botenstoffe, die von endokrinen Drüsen in das Blut abgegeben werden, um auf diesem Transportwege ihr Endorgan zu erreichen. Viele Hormone gehören zu Hormonkaskaden, die sich über negative Rückkopplung selbst steuern, wie das Beispiel der Schilddrüsenachse zeigt: Im Hypothalamus ist das steuernde Zentrum (Thyreostat) angelegt, das das Thyreotropin-Releasing-Hormon (TRH) abgibt, das in der Hypophyse die Bildung des thyreoideastimulierenden Hormons (TSH) anregt. TSH stimuliert die Schilddrüse, die eigentlichen Schilddrüsenhormone Trijodthyronin (T_3) und Thyroxin (T_4) zu bilden und in das Blut abzugeben – sie entfalten die entsprechenden Hormonwirkungen in den peripheren Organen des Körpers. Gleichzeitig hemmen sie durch Rückkopplung in der Zentrale (Hypothalamus und Hypophyse) die Ausschüttung der übergeordneten Hormone.

Klassische endokrine Erkrankungen sind die des Hormonausfalls (die Drüse ist zerstört oder wird durch das übergeordnete Hormon nicht mehr angeregt) oder des Hormonexzesses (ungefragte Hormonbildung über den Bedarf des Körpers hinaus). Somit schließt der Zustand der Gesundheit normale Hormonspiegel ein – Krankheiten entstehen sowohl bei Hormonmangel als auch bei Hormonüberschuß. Im weiteren Sinne bilden Endokrinologie und Stoffwechsel ein gemeinsames Gebiet, das auch die „Hormonmangelkrankheit" Diabetes mellitus einschließt, desgleichen unter Hormonmangel oder Hormonexzess entstehende Erkrankungen wie die Osteoporose.

6.1 Hypophysenerkrankungen

6.1.1 Hypophyseninsuffizienz

Definition und Entstehung. Vom Hypophysenvorderlappen werden, übergeordnet gesteuert vom Hypothalamus, die Schilddrüse (über TSH), die Nebennierenrinden (über das adrenocorticotrope Hormon ACTH), die Gonaden (über das luteinisierende Hormon LH und das follikelstimulierende Hormon FSH) gesteuert – weitere Hypophysenhormone sind das Wachstumshormon (somatropes Hormon, STH) und das Prolaktinom (für die Milchproduktion beim Stillen). Als Hormon für die Hautbräunung wird auch MSH (Melanozyten-stimulierendes Hormon) gebildet.

Krankheitsprozesse in der Hypophyse wie Tumoren, Entzündungen, Durchblutungsstörungen, Unfallverletzungen (Schädelbasisfraktur), seltener Speicherkrankheiten, der Ausfall des Hypophysenvorderlappens durch schweren Blutverlust bei der Geburt (Sheehan-Syndrom; es ist erfreulicherweise eine Seltenheit geworden) können zum Ausfall einzelner oder aller Hypophysenvorderlappenhormone führen.

Klinisches Bild. Es summieren sich durch TSH-Mangel Zeichen der Schilddrüsenunterfunktion (s. u.) wie vermehrtes Frieren, Schwäche, Initiativelosigkeit etc., durch ACTH-Mangel körperliche Schwäche, Belastungsunfähigkeit, Neigung zu Unterzuckerung, verminderte Hautpigmentierung (auch infolge MSH-Mangel), durch Gonadotropinmangel (LH, FSH) beim weiblichen Geschlecht Amenorrhoe, beim männlichen Geschlecht Abnahme von Potenz und Libido sowie Infertilität. Der Wachstumshormonmangel könnte beim Erwachsenen zur Schwäche beitragen – relevant ist er beim Kind und beim Heranwachsenden, deren Wachstum beeinträchtigt ist. Der Prolaktinmangel führt lediglich zur Unfähigkeit zu stillen. Die Kranken zeigen eine „alabasterne" Blässe, bei Frauen kann die Sekundärbehaarung abnehmen. Da die peripheren Hormondrüsen noch im Körper sind, kann durch deren Restsekretion ein Dahinleben in Schwäche längere Zeit möglich sein – lebensgefährdend sind alle Streßsituationen wie schwere Infekte, schwerere Traumen u. ä.

Diagnostik. Alle Hypophysenhormone sind gut meßbar. Nachdem niedrig-normale und erniedrigte Hormonspiegel aber nicht immer scharf zu trennen sind, sind Stimulationstests erforderlich (siehe periphere Organe). Die Frage nach einem Hypophysentumor wird am besten mit der Magnetresonanztomographie (MRT) oder auch der Computertomographie (CT) beantwortet. Die augenärztliche Untersuchung gibt Auskunft, ob die Sehnerven, die sich vor der Hypophyse kreuzen, ungestört sind. Größere Hypophysentumoren können eine bitemporale Hemianopsie erzeugen. Weitere Nervenausfälle werden durch neurologische Untersuchungen erfaßt.

Therapie. Die in der Körperperipherie verminderten Hormone, die von der Hypophyse abhängig sind, müssen lebenslang ersetzt werden. Bei kompletter Hypophysenvorderlappeninsuffizienz erhält der Patient Cortison – bei schwereren Belastungen wie Infekten mit hohem Fieber, Operationen, schweren Traumen muß die Cortisondosis erhöht werden; der Patient erhält auch einen Notfallausweis –, Schilddrüsenhomon, Sexualhormon (Testosteron beim Mann, Östrogene und ggf. Gestagene bei der Frau, zumindest bis zum mittleren Alter der Menopause). Noch wachsende Menschen benötigen auch Wachstumshormon. Ob auch ausgewachsene Menschen vom Wachstumshormon gesünder werden, erscheint möglich. Prolaktin kann nicht ersetzt werden.

Die verursachende Erkrankung sollte möglichst kausal angegangen werden: Hypophysentumoren werden operiert oder bestrahlt.

Physiotherapeutische Behandlung

Zu beachten ist die verminderte körperliche Leistungsfähigkeit in der Zeit, ehe die bedarfsgerechte Hormonersatztherapie eingeleitet wurde. Der gut substituierte Patient bedarf keiner besonderen Vorsichtsmaßnahmen.

6.1.2 Diabetes insipidus

Definition und Entstehung. Wenn das im Hypothalamus gebildete und im Hypophysenhinterlappen gespeicherte Hormon des Wasserhaushaltes Adiuretin (ADH) fehlt, kommt es zur Wasserharnruhr (Diabetes insipidus). Ursächlich können die gleichen Krankheiten zugrunde liegen wie bei der Hypophysenvorderlappeninsuffizienz. Der Diabetes insipidus ist aber seltener, da der ADH-Produktionsort im Hypothalamus nur selten ausfällt – selbst bei Zerstörung des Hypophysenhinterlappens kann das Hormon (eventuell nach vorübergehendem Diabetes insipidus) wieder in das Blut gelangen. Die Wasserhaushaltsstörung ist also nicht immer obligatorisch.

Klinisches Bild. Da der Urin unkonzentriert aus den Nieren herausfließt, bekommt der Patient stärksten Durst und muß entsprechend nachtrinken; Mengen von 10–20 Litern/24 Stunden kommen vor. Kann nicht nachgetrunken werden, droht der Tod durch Kreislaufversagen in der Austrocknung.

Diagnostik. Meßbar sind die Osmolalität im Blute und im Urin und auch das ADH. Ein sinnvoller Test ist der Durstversuch, bei dem die Konzentrationsfähigkeit der Nieren untersucht wird.

Therapie. ADH wird durch ein Analogon, Desmopressin (Minirin), als Nasenspray oder Tablette ersetzt. Injektionspräparate werden selten gebraucht.

Physiotherapeutische Behandlung

Siehe Hypophyseninsuffizienz.

6.1.3 Akromegalie

Definition und Entstehung. Bei ungebremster Wachstumshormonüberproduktion nach dem Ausgewachsensein vergrößern sich Skelettanteile in der Breite; vorstehende Knochen (Jochbögen, Kinn etc. = Akren) vergrößern sich (Megalie).

Verantwortlich sind zumeist Adenome des Hypophysenvorderlappens mit Wachstumshormonüberproduktion. Selten entsteht die Krankheit durch die paraneoplastische Produktion des hypothalamischen GRH (das die STH-Sekretion der Hypophyse anregt) z. B. im Pankreas.

Klinisches Bild. Neben der Vergrößerung und der Vergröberung der knöchernen Akren verdickt sich die Haut (Stirnfalten, Ohren), die Zunge, die Schilddrüse (Struma), innere Organe wie Herz und Leber. Abb. 6.**1** zeigt einen typischen Patienten. Handschuhe, Ringe, Schuhe und Hüte passen nicht mehr. Später entwickeln sich an den Händen Karpaltunnel-Syndrome, an den Gelenken Arthrosen, Stoffwechselstörungen, vermehrtes

Abb. 6.**1** Patient mit Akromegalie: Finger und Hände sind vergrößert; vergrößert und vergröbert sind Nase, Jochbögen, Ohren, Kinn

Schwitzen und Entwicklung einer Zuckerkrankheit. Tumordruck auf den Sehnerv kann zu Gesichtsfeldausfällen, später zu Blindheit führen. Unbehandelte Patienten verstarben früher an einer Insuffizienz des vergrößerten Herzens.

Diagnostik. Das Labor liefert erhöhte Wachstumshormonspiegel, die nicht durch Blutzuckererhöhung zu supprimieren sind. Erhöht ist auch das effekte Hormon des STH, das Somatomedin C (IGF1). Hypophysendiagnostik, augenärztliche und neurologische Untersuchung siehe Abschnitt Hypophysenvorderlappeninsuffizienz.

Therapie. Auf jeden Fall sollte die operative Entfernung des Hypophysentumors angestrebt werden – bei nur unvollständiger Entfernung des Tumorgewebes schließt sich eine Röntgenbestrahlung an (sie kommt auch bei Patienten, die eine Operation an der Hypophyse ablehnen, in Betracht). Mit Medikamenten läßt sich der Wachstumshormonexzeß nur teilweise bremsen, daher kommen sie nicht primär, sondern nur für Spätfälle mit Restkrankheit in Betracht, die trotz Operation und Strahlentherapie nicht geheilt sind. Man therapiert mit Tabletten vom Bromocriptin-Typ (z. B. Pravidel, siehe Prolaktinom), bei unzureichendem Erfolg kann das Somatostatin-Analogon Sandostatin mehrfach täglich injiziert werden (auch vom Patienten selbst). Sind ein oder mehrere andere Hypophysenhormone durch die Erkrankung oder deren Therapie ausgefallen, müssen sie ersetzt werden.

Physiotherapeutische Behandlung

Zu beachten ist die Gefährdung des Patienten durch Herzinsuffizienz, noch fehlende Substitution z. B. mit Cortison trotz eines entsprechenden Mangels. Ein großes Problem für die physikalische Therapie stellen die schweren Arthrosen des spät-therapierten, fortgeschrittenen Krankheitsfalles dar.

6.1.4 Prolaktinom

Definition und Entstehung. Eine Hyperprolaktinämie kann folgende Ursachen haben: Ein Makroprolaktinom (Prolaktin-produzierendes Hypophysenadenom mit einer Größe von mehr als 10 mm Durchmesser) oder ein Mikroprolaktinom (weniger als 10 mm Durchmesser). Daneben kann ein Adenomnachweis fehlen, und die Prolaktin-produzierten Zellen sind diffus überaktiv. Dafür können auch Medikamente verantwortlich sein, die Prolaktin stimulieren (von den übergeordneten Zentren des Hypothalamus wird Prolaktin im Gegensatz zu den anderen Hypophysenhormonen gebremst), z. B. Psychopharmaka wie Sulpirid (Dogmatil), stimulierend wirkt aber auch TRH (z. B. bei primärer Hypothyreose).

Klinisches Bild. Erhöhte Prolaktinspiegel hemmen die Sekretion der Gonadotropine und der Sexualhormon-produzierenden Drüsen. Bei Frauen führt dies zu Störungen oder zum Wegbleiben der Periode (Amenorrhoe). Die im Kindesalter seltene Hyperprolaktinämie bewirkt in dieser Lebensphase eine primäre Amenorrhoe. Bei vielen Frauen bewirkt die Hyperprolaktinämie auch eine Milchabgabe aus den Brüsten (Galaktorrhoe). Beim Mann führen erst höhere Prolaktinspiegel zu der Abnahme von Libido und Potenz; die Galaktorrhoe ist wesentlich seltener.

Fortgeschrittene Stadien der Makroadenome führen zu Druck auf den Sehnerv, die Tumorausdehnung sowohl in den Hypothalamus als auch in die Nasennebenhöhlen hinein kommt vor.

Diagnostik. Bei höheren Prolaktinspiegeln im Blut ist die Diagnose eines Prolaktinoms gesichert, bei mäßigen Erhöhungen kommen folgende Auslösungen in Betracht: Einnahme von Psychopharmaka, Hypothyreose, inaktive Hypophysentumoren, die die hypothalamische Bremse auf die Prolaktinsekretion aufheben. Vorübergehende Prolaktinanstiege können bei starkem Streß oder auch bei intensiver Brustuntersuchung (z. B. bei Krebsknotenverdacht) hervorgerufen werden. Hypophysenuntersuchung (MRT, CT), augenärztliche und neurologische Untersuchungen erfolgen, wie oben beschrieben (Hypophysenvorderlappeninsuffizienz).

Therapie. Da Prolaktin normalerweise vom Hypothalamus durch Dopamin gebremst wird, können beim Prolaktinom als Therapie der ersten Wahl Versuche der medikamentösen Behandlung mit Dopaminergica (z. B. Bromocriptin, Pravidel) unternommen werden. Große Makroprolaktinome können bei einem Ausfall des Sehnervs akut operationsbedürftig sein; in der Regel kann man aber mit Bromocriptin therapieren, und in den meisten Fällen schrumpft der Tumor unter dieser Therapie. Selten sind beim Prozeß der Schrumpfung Einblutungen mit Schlaganfall-ähnlichen Bildern, die dann die akute neurochirurgische Operation erforderlich machen. Bei gutem Ansprechen auf die Medikamente wird die Therapie einige Jahre fortgesetzt, je nach Ausgangslage und Verlauf ist bei Mikroprolaktinomen und Hyperprolaktinämien ohne Tumornachweis unter ärztlicher Kontrolle ein Auslaßversuch möglich.

Physiotherapeutische Behandlung

Schonungsbedürftig ist der Patient mit Makroprolaktinom in der Einstellungsphase seiner Therapie; zu beachten sind eventuelle Zustände des Mangels anderer Hypophysenhormone vor deren Hormonersatztherapie.

6.2 Schilddrüsenerkrankungen

6.2.1 Jodmangelstruma

Definition und Entstehung. Die Vergrößerung der Schilddrüse wird als Struma bezeichnet – dabei kann die Funktion ausgefallen (Hypothyreose) oder normal sein (euthyreote oder endemische Struma = Jodmangelstruma); es ist auch eine Hyperthyreose möglich. Umgekehrt können die Funktionsstörungen auch in einer normalgroßen Schilddrüse auftreten. Die Jodmangelstruma ist die kompensatorische Vergrößerung des Organs zum Versuch, dem Organismus die lebenswichtigen Schilddrüsenhormone zur Verfügung zu stellen. In der Regel verhindert die vergrößerte Schilddrüse die Entstehung der Unterfunktion. Am Strumawachstum sind einerseits der Jodmangel direkt beteiligt, andererseits das durch die Situation der Hormonknappheit stimulierte übergeordnete Hypophysenhormon TSH. Anfangs ist die Drüse nur vergrößert und innerlich unauffällig, im Laufe von Jahren und Jahrzehnten entwickeln sich einerseits gutartige Knoten (Adenome) mit Überfunktion, andererseits Knoten ohne Hormonproduktion, Zysten und Vernarbungen. Frauen haben häufiger Strumen als Männer, da die Östrogene das Bindungseiweiß für die Schilddrüsenhormone (thyroxinbindendes Alphaglobulin TBG) erhöhen, so daß die weibliche Schilddrüse etwas mehr Schilddrüsenhormon produzieren muß. Dies gilt insbesondere auch für Zeiten der Schwangerschaft und der Einnahme der Antibabypille (Zustände höherer Östrogenspiegel).

Klinisches Bild. Frühstadien der Struma rufen keine Beschwerden hervor; psychosomatische Globusgefühle in der Schilddrüsenregion suggerieren oft einen nicht vorhandenen Zusammenhang. Lokale Symptome ruft die Struma hervor, wenn sie nach innen wächst und auf Nachbarorgane drückt. Große Strumen können zur Einengung der Luftröhre mit Atembeschwerden, zu Schluckbeschwerden durch Druck auf die Speiseröhre, auch zu nervlichen Störungen führen: Horner-Syndrom durch Druck auf das Ganglion stellatum, Stimmbandstörungen durch Druck auf den N. recurrens. Venöse Abflußstörungen können sichtbar werden, wenn die Struma den Eingang in den oberen Brustkorb einengt.

Diagnostik. Das Abtasten des Halses orientiert über die Strumagröße, zu fordern ist aber zur Ergänzung die Ultraschalluntersuchung (Ultrasonographie). Mit ihr lassen sich Ausmaße, Knoten- und Zystenbildungen genau feststellen und auch im Behandlungsverlauf überwachen. Bei dem Fehlen von Krankheitserscheinungen einer gestörten Schilddrüsenfunktion kann mit der Bestimmung des TSH die normale Funktion (Euthyreose) belegt werden. Bei Verdacht auf Funktionsstörung, Entzündung oder Tumorbildung können zusätzliche Laborparameter (T_3, T_4, TBG, Antikörper) oder Feinnadelpunktionen verdächtiger Knoten notwendig sein. In der Regel macht ein Knoten auch ein Schilddrüsenszintigramm erforderlich: Es zeigt auf, ob ein Knoten minderspeichernd (kalt) oder mehrspeichernd (warm, heiß) im Sinne eines autonomen Adenoms ist.

Therapie. Die nur vergrößerte und nicht knotig umgewandelte Struma kann mit einer Jodidprophylaxe verkleinert und dann klein gehalten werden. Jodiertes Speisesalz reicht hierfür nicht aus, da sein Jodgehalt nur die im Haushalt gesalzenen Speisen erreicht. Leider waren Bemühungen um eine gesetzliche Kochsalzjodierung in Deutschland bisher erfolglos. Zusätzlich zu dem als Basis empfohlenen Jodsalz sind bei der euthyreoten Struma täglich 100–200 µg Jodid sinnvoll. Liegt eine Schilddrüsenzyste vor, kann diese punktiert werden. Die Instillation von zur Schrumpfung führenden Substanzen in die Zyste ist möglich.

„Kalte" Knoten ohne Tumorverdacht können bei geringerer Größe unter Strumatherapie überwacht werden. Wir bevorzugen bei diesen fortgeschritteneren Veränderungen (über die reine Schilddrüsenvergrößerung hinaus) die Gabe von Schilddrüsenhormon (L-Thyroxin) zur Bremsung des TSH, zumeist in Verbindung mit Jodid. Mechanisch störende, kosmetisch auffällige und langsam wachsende kalte Knoten sollten operativ entfernt werden. Selbstverständlich müssen bei der Punktion zytologisch verdächtige Knoten ebenfalls entfernt werden (Vorgehen bei warmen Knoten s. unten).

Läßt sich die Struma (mit und ohne Knoten) durch die Therapie mit Jodid und/oder L-Thyroxin verkleinern und im Weiterwachsen hemmen, kann sie unter ultrasonsographischer Kontrolle belassen werden. Strumawachstum und insbesondere Knotenwachstum trotz ausreichend dosierter Strumaprophylaxe machen die operative Strumaresektion erforderlich. Diese Erfordernis ist zumeist bei den größeren Kröpfen gegeben, insbesondere wenn sie die oben aufgeführten mechanischen Komplikationen hervorgerufen haben.

Physiotherapeutische Behandlung

Träger kleinerer Strumen mit normaler Funktion sind ansonsten wie Gesunde zu betrachten. Bei funktionsgestörten Strumen gelten die Beachtungen für Über- oder Unterfunktion. Bei mechanisch relevanten Strumen (z. B. Druck auf die Luftröhre) muß eine Überforderung des Sauerstoffbedarfs vermieden werden.

6.2.2 Hypothyreose

Definition und Entstehung. Bei der Schilddrüsenunterfunktion bildet das Organ weniger Hormon, als es der Organismus für seine Entwicklung (beim Kind) oder den Erhalt seiner Leistungsfähigkeit (beim Erwachsenen) benötigt. Am häufigsten ist die primäre, periphere Hypothyreose (bei erhaltener Funktion von Hypothalamus und Hypophyse) infolge einer Zerstörung durch Entzündung, bei Zustand nach Schilddrüsenoperation oder auch nach einer Strahlentherapie. Auch eine Übertherapie mit thyreostatischen Medikamenten kann zur Hypothyreose führen.

Klinisches Bild. Wird ein Kind mit Schilddrüsenunterfunktion geboren, so entwickelt sich sein Gehirn nicht mehr normal, wenn die Diagnose nicht rasch gestellt und die Therapie nicht umgehend begonnen wird. Hypothyreosen im späteren Kindesalter führen ohne Behandlung auch zu Wachstumsstörungen. Die im Erwachsenenalter erworbene Hypothyreose geht mit einer geistigen Verlangsamung, zunehmender Interessenlosigkeit, verstärktem Frieren und einem Trockenerwerden von Haut und Haaren einher; das Aussehen des Kranken verändert sich ins Teigige (Myxödem). Durch Stoffwechselverlangsamung kommt es zur verstärkten Gewichtszunahme. Der Blutdruck ist niedrig und der Puls bradykard. Die Stimme wird rauh und krächzend. Bei alten Menschen kann die diskrete Symptomatik der Altershypothyreose länger verkannt werden.

Die unbehandelte schwere Hypothyreose kann in ein Myxödem-Koma entgleiten. Die Patienten sind bewußtlos, weisen eine Untertemperatur auf; die Lebensfunktionen sind reduziert. Es besteht Lebensgefahr.

Diagnostik. Die Laboruntersuchungen bei primärer Hypothyreose zeigt erniedrigte Spiegel von T_3 und T_4 bei erhöhtem TSH. Beruht die Hypothyreose auf einem Ausfall von Hypothalamus oder Hypophyse, sind T_3, T_4 *und* TSH erniedrigt. Ultrasonographisch stellt sich die Schilddrüse nach Inaktivierung durch Immunprozeß (Hashimoto-Thyreoiditis) echoarm dar, die hypothyreote Schilddrüse kann jedoch auch knotig vergrößert sein. Schilddrüsenantikörper deuten auf die Verursachung durch Thyreoiditis hin (ohne daß dies die Therapie beeinflußt). Ist eine Schilddrüsenanlage mit Ultrasonographie nicht aufzuspüren, kann ein Szintigramm zur Suche einer ektopen Schilddrüse (Zungengrund) herangezogen werden.

Therapie. Die Therapie besteht in der lebenslangen Substitution mit Schilddrüsenhormon. Bei schwer hypothyreoten Menschen sollte man mit kleinen Dosen beginnen (25 µg L-Thyroxin täglich), um das Herz nicht zu überfordern. Beim Myxödem-Koma ist eine rasche intravenöse Schilddrüsenhormontherapie unter Intensivstation-Bedingungen erforderlich.

Durchschnittlich ausreichende Substitutionsdosen liegen zwischen 100 und 150 µg L-Thyroxin pro Tag beim Erwachsenen; individuell können niedrigere Dosen ausreichen oder höhere Dosen erforderlich sein. Gesteuert wird die Einstellung mit den Parametern TSH, T_3 und T_4.

Physiotherapeutische Behandlung

Patienten mit noch unbehandelter oder nicht ausreichend behandelter Hypothyreose sind vermindert belastbar, der gut eingestellte hypothyreote Mensch ist als normal belastbar anzusehen. Patienten im Myxödem-Koma bedürfen der intensiven Betreuung (häufig Beatmungssituation).

6.2.3 Hyperthyreose

Definition und Entstehung. Ein Überangebot an Schilddrüsenhormon mit der Erzeugung des Krankheitsbildes der Hyperthyreose kann verschiedene Ursachen haben. Bei der Immun-Hyperthyreose bzw. Basedow-Krankheit liegt ein Immundefekt zugrunde, demzufolge Autoantikörper die Schilddrüse in ähnlicher Weise aktivieren wie es das Hypophysenhormon TSH tut. Beim autonomen Adenom hat sich unter den proliferativen Reizen eines langjährigen Jodmangels ein gutartiger Schilddrüsenknoten mit nicht mehr der hemmenden Rückkoppelung unterworfener Schilddrüsenhormonproduktion entwickelt. Varianten sind die multilokuläre, selten die diffuse Autonomie. Extrem selten ist ein Hypophysenadenom mit TSH-Überproduktion; iatrogen kommt die Hyperthyreose durch Überdosierung von Schilddrüsenhormonen vor. Gelegentlich wird eine latente Hyperthyreose durch ein Überangebot an Jodid nach wenigen Wochen zur manifesten Hyperthyreose (am häufigsten nach Gabe jodhaltiger Kontrastmittel und vorbestehendem, noch kompensiertem autonomen Adenom).

Klinisches Bild. Allen Hyperthyreoseformen gemeinsam sind die Folgen des Schilddrüsenhormonexzesses: Der Patient klagt über Nervosität und Unruhe, Gewichtsabnahme, vermehrtes Zittern, Wärmeintoleranz, vermehrten Durst und Appetit, Schlafstörungen, rasche Ermüdbarkeit. Ärztlich feststellbar ist eine Tachykardie, eine erhöhte Blutdruckamplitude, häufig Belastungsdyspnoe und nicht selten eine absolute Arrhythmie mit Vorhofflimmern. Es besteht eine Durchfallneigung (vermehrter, breiiger Stuhl). Die Haare fallen vermehrt aus.

Beim Morbus Basedow zeigt etwa die Hälfte der Patienten gleichzeitig eine endokrine Orbitopathie: Autoantikörper führen zu einer Verdikkung des Bindegewebes und der äußeren Augenmuskeln um und hinter dem Augapfel. Die Augen stehen dementsprechend hervor, die Lider

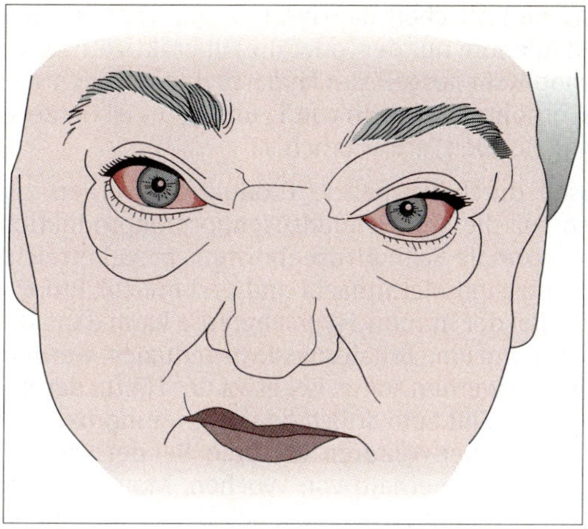

Abb. 6.2 Endokrine Orbitopathie bei Morbus Basedow: Die Augäpfel sind etwas nach vorn getreten, Ober- und Unterlider sind infolge von Immunprozessen geschwollen, die Bindehautgefäße sind erweitert

sind geschwollen (Abb. 6.2), vermehrtes Tränen, Bindehautreizerscheinungen wie Sand im Auge und Lichtscheu sind Begleiterscheinungen. Selten sieht man bei der Immun-Hyperthyreose auch ein prätibiales Myxödem. Bei dem autonomen Adenom bzw. der Autonomie fehlen die Augen- und Hautsymptome.

Bildet sich die Hyperthyreose in größeren Strumen aus, können deren mechanische Folgen auftreten.

Das schwerste Stadium einer Hyperthyreose ist die thyreotoxische Krise mit ansteigenden Körpertemperaturen, Pulsrasen von 150–200/Min., zunehmenden Rhythmusstörungen und Austrocknung. Die thyreotoxische Krise bedarf der intensivmedizinischen Behandlung.

Diagnostik. Zum Ausschluß einer Hyperthyreose (ohne klinischen Verdacht) reicht das basale TSH aus. Als Nachweis dient der Befund des supprimierten TSH in Verbindung mit erhöhten Spiegeln von T_3 und T_4 (manchmal ist nur T_3 erhöht).

Schilddrüsenantikörper weisen auf eine Immun-Hyperthyreose hin, sind aber nicht immer beweisend. Aus dem Ultraschallbild läßt sich bereits ein Verdacht ableiten, ob die gesamte Schilddrüse durch einen Immunprozeß betroffen ist (sie stellt sich dann echoarm dar), oder ob ein Knoten in einem ansonsten unauffälligen Gewebe die Zeichen des autonomen Adenoms aufweist (ebenfalls eher Echoarmut, zentrale Echofreiheit durch Zystenbildung). Das Schilddrüsenszintigramm besitzt eine wichtige bestätigende Bedeutung: Bei der Immun-Hyperthyreose (aber auch der diffusen Autonomie) speichert das Gesamtorgan vermehrt Radiojod, beim autonomen Adenom nur der (oder die) überaktive(n) Knoten. Bei Verdacht auf hypophysär ausgelöster Hyperthyreose finden sich erhöhte TSH-Spiegel bei erhöhten Spiegeln von T_3 und T_4; es ist dann eine Hypophysendiagnostik (s. oben) erforderlich.

Therapie. Hyperthyreosen durch vermehrte Produktion werden zunächst mit Medikamenten, die die Schilddrüsenhormonproduktion hemmen, behandelt, bis normale Schilddrüsenhormonspiegel erreicht sind. Typische Medikamente sind Methimazol und Carbimazol, Propylthiouracil und Perchlorat. Bei der Immun-Hyperthyreose kann dann die Menge des Thyreostatikums auf eine Erhaltungsdosis reduziert werden, die über ein Jahr beibehalten werden sollte. Bei etwa der Hälfte der Behandelten kommt es in dieser Zeit zum Stillstand des Immunprozesses, und die Patienten bedürfen keiner weiteren Therapie. Bei der anderen Hälfte kommt es zum Rückfall innerhalb von Wochen, Monaten oder Jahren – es muß dann erneut therapiert werden. Bei den Rezidiven empfiehlt sich im zweiten (oder dritten) Schub nach Erreichen der Euthyreose durch neuerliche Thyreostatika, eine definitive Therapie anzustreben: Entweder Schilddrüsenoperation (subtotale Resektion) oder Radiojod-Therapie. Bei der therapeutischen Entscheidung sind folgende Gesichtspunkte zu beachten: Je größer und auch knotiger die Schilddrüse ist, desto eher empfiehlt sich die Operation (auch bei gleichzeitig vorliegenden kalten Knoten und mechanischen Folgen des Strumawachstums). Bei kleinen und eher unauffälligen Schilddrüsen ohne Nebenbefunde, außer der Hyperthyreose, ist die Radiojod-Therapie, die keine hohen Strahlendosen benötigt, eine schonende und gleich wirksame Behandlung.

Patienten mit überstandener Immun-Hyperthyreose bedürfen der Langzeitkontrolle, da sich später auch eine Hypothyreose entwickeln kann.

Beim autonomen Adenom, das nur ausnahmsweise von selbst zum Stillstand kommt, empfiehlt sich die Entscheidung zur definitiven Therapie nach dem Erreichen der Euthyreose innerhalb weniger Wochen unter Thyreostatika-Gabe. Operiert werden große Adenome besonders auch von Schilddrüsen, die andere Veränderungen wie kalte Knoten aufweisen, die abgeklärt werden müssen. Kleine Adenome bieten sich für die Radiojod-Therapie an. Sie wird nur bei Kindern vermieden und ist ab etwa dem 20. Lebensjahr ohne relevantes Risiko möglich.

Eine thyreotoxische Krise bedarf der intravenösen Thyreostatikagabe, gleichzeitig einer Jodidblockade zur raschen Bremsung der Ausschüttung bereits produzierten Schilddrüsenhormons. Oft ist die rasche Schilddrüsenoperation hilfreich, vor allem, wenn ein Jodexzeß die Krise ausgelöst hat. Auf der Intensivstation benötigen die Patienten häufig beruhigende Medikamente, Antibiotika, Herzmittel, Kalorien und Vitamine sowie auch Cortison.

Physiotherapeutische Behandlung

Solange der Patient mit Schilddrüsenüberfunktion noch erhöhte Hormonwerte aufweist, ist er kardial in seiner Leistungsfähigkeit beeinträchtigt und sollte auch körperlich geschont werden. Nach Erreichen der Euthyreose ist er zunehmend normal belastbar. Bei der thyreotoxischen Krise sind Maßnahmen zur Pneumonieprophylaxe vorsichtig anzuwenden.

6.2.4 Thyreoiditis

Definition und Entstehung. In der Schilddrüse können sich Entzündungen unterschiedlicher Art entwickeln. Eine akute Thyreoiditis entsteht durch Einschleusung und Ausbreitung von Eitererregern in der Schilddrüse mit entsprechenden Entzündungszeichen. Bei der subakuten Thyreoiditis de Quervain handelt es sich um einen vermutlich parainfektiösen Entzündungsprozeß ohne faßbare Erreger mit den Folgen einer flekkigen, schmerzhaften Entzündung von Arealen der Schilddrüse in Verbindung mit häufig schweren allgemeinen Krankheitssymptomen. Bei der chronischen Thyreoiditis Hashimoto handelt es sich um eine Autoimmunerkrankung (Verwandt mit der Immun-Hyperthyreose). Beschwerden von seiten der Schilddrüse treten hier nicht auf. Das Organ geht jedoch im Laufe der Zeit durch zerstörende Autoantikörper zugrunde, und es entsteht eine Unterfunktion (Hypothyreose). Bei der äußerst seltenen sklerosierenden Thyreoiditis entsteht eine „eisenharte" Riedel-Struma, die im Spätstadium örtlich Beschwerden macht und in Nachbarorgane infiltriert. Die Verursachung ist unklar.

Klinisches Bild. Bei der akuten Thyreoiditis treten im Bereich der entzündeten Schilddrüsenanteile Schmerzen, Schwellung und Rötung auf. Fieber begleitet das Entzündungsgeschehen.

Der Patient mit subakuter Thyreoiditis de Quervain fühlt sich zerschlagen und krank. Die Schilddrüse schmerzt diffus, die Schmerzen strahlen gern in die Ohrgegend und weiter zum Kopf aus, seltener nach unten. Fieber ist eher selten. In der Akutphase dieser Entzündung kann eine leichte Hyperthyreose (durch Zellzerfall) begleitend auftreten.

Die Thyreoiditis Hashimoto ist klinisch stumm; Krankheitserscheinungen ruft erst der Endzustand der Hypothyreose hervor. Die Riedel-Struma macht durch Druckgefühle und ihre Härte auf sich aufmerksam.

Diagnostik. Wenn das klinische Bild keine Diagnose erlaubt, dient die Feinnadelpunktion der Abklärung einer Thyreoiditis. Bei der akuten Thyreoiditis finden sich akute Entzündungsparameter wie BSG-Erhöhung (Blutkörperchensenkungsgeschwindigkeit) und Leukozytose mit Linksverschiebung, bei der Thyreoiditis de Quervain ist die Blutsenkung stark beschleunigt (um 100 mm in der ersten Stunde), die Leukozytose mit Linksverschiebung fehlt. Schilddrüsenantikörper können erhöht sein; bei der Hashimoto-Thyreoiditis sind sie deutlich erhöht. Die Riedel-Struma zeigt labormäßig keine Besonderheiten. Das Ultraschallbild der Entzündungen ist das der Echoarmut mit unterschiedlicher örtlicher Verteilung je nach Ausmaß des Befalls der Schilddrüse.

Therapie. Die akute bakterielle Thyreoiditis erfordert die antibiotische und antientzündliche Therapie. Die leichte Thyreoiditis de Quervain kann mit Salicylaten und nichtsteroidalen Antirheumatika behandelt werden – bei ausgeprägtem Verlauf ist ein Cortison-Stoß über einige Wochen unerläßlich. Bei der Hashimoto-Thyreoiditis ist nur die Folge (Hypothyreose) zu behandeln. Die Riedel-Struma wird operiert.

Physiotherapeutische Behandlung

Bei akutem oder subakutem Entzündungsgeschehen ist der Patient zu schonen. Unter wirksamer Therapie und nach überstandener Thyreoiditis ist zunehmend normale Belastbarkeit gegeben.

6.2.5 Struma maligna (Schilddrüsenkrebs)

Definition und Entstehung. Das papilläre und das follikuläre Schilddrüsenkarzinom sind die Entartungen der schilddrüsenhormonbildenden Thyreozyten. Hinsichtlich der Krebsentstehung gibt es nur zum Teil Erkenntnisse (z.B. Strahlenbelastung von Kindern in der Nähe von Tschernobyl). Beim C-Zell-Karzinom (medulläres Schilddrüsenkarzinom) entarten die Calcitonin-produzierenden C-Zellen in der Schilddrüse; bei einem Teil der Kranken bereitet eine erbliche Belastung die Karzinomentstehung vor. Im Gegensatz zu den erstgenannten Krebsarten ist das anaplastische Karzinom rasch aufschießend und wild wuchernd; ein Zusammenhang mit normalen Zellelementen der Schilddrüse ist nicht mehr ersichtlich. Selten finden sich Metastasen anderer Tumorarten in der Schilddrüse.

Klinisches Bild. Die differenzierten Schilddrüsenkarzinome (papillär, follikulär, medullär) treten durch knotiges Strumawachstum in Erscheinung; manchmal liegen zur Zeit der Entdeckung bereits vergrößerte Halslymphknoten vor. Auch Fernmetastasen können Grund für die Diagnosestellung sein. Extrem selten führt ein Thyreozytenkarzinom zur

Hyperthyreose. Beim C-Zell-Karzinom treten im späteren Stadium Durchfälle auf. Die familiäre Form des C-Zell-Karzinoms wird im Rahmen der multiplen endokrinen Neoplasie von anderen endokrinen Tumoren wie dem Phäochromozytom oder einem primären Hypertparathyreoidismus begleitet. Äußerliche Zeichen können kleine Neurome der Zunge, der Lippen und der Augen sein. Die Tumorentstehung verläuft in Monaten bis Jahren, ehe sie auffällt. Beim anaplastischen Schilddrüsenkarzinom entsteht die Schilddrüsenschwellung rasch; progredientes Wachstum ist in Tagen zu beobachten. Das Fortschreiten des Krebswachstums erfaßt Nachbarorgane (Halsmuskulatur, Luftröhre, Speiseröhre, Nerven der Region).

Diagnostik. Verdächtige Schilddrüsenknoten und Halslymphome werden mit Feinnadelpunktion abgeklärt; oft ergibt sich hier der Tumorverdacht. Gelegentlich wird die Krebsdiagnose aber auch erst aus der Histologie entfernten Gewebes gestellt. Bei gestellter Krebsdiagnose werden die Halsregion und der gesamte Körper auf Metastasen untersucht. Beim C-Zell-Karzinom ist im Blut das Calcitonin, und häufig auch CEA (carcinoembryonales Antigen), erhöht.

Therapie. Beim papillären und follikulären Schilddrüsenkarzinom führt man eine totale Strumaresektion durch. Anschließend wird mit einer Radiojod-Therapie der stets vorhandene kleine Schilddrüsenrest ebenfalls abgetötet. Waren zum Zeitpunkt dieser Erstbehandlung bereits Metastasen da, so können sich diese nach dem Verschwinden der normalen Schilddrüsenzellen durch die Radiojod-Therapie im Szintigramm darstellen und auch mittels Radiojod abgetötet werden (Heilung im Stadium der Metastasierung). Für die Nachsorge nutzt man die Bestimmung des Thyreoglobulin (TG) im Blut, das nach totaler Thyreoidektomie negativ ist. Auch die Ganzkörperszintigraphie wird bei der Nachsorge eingesetzt. Therapierte Patienten müssen mit Schilddrüsenhormon zum Ausgleich ihrer Schilddrüsenunterfunktion substituiert werden; das TSH sollte dabei supprimiert sein.

Beim C-Zell-Karzinom wird die Schilddrüse reseziert. Häufig sind auch Lymphknoten befallen, die ebenfalls zu resezieren sind. Tauchen im Krankheitsverlauf neue Metastasen auf, sind diese ebenfalls nach Möglichkeit operativ zu entfernen. Schilddrüsenhormon wird in normalen Dosen substituiert.

Während beim papillären/follikulären Schilddrüsenkarzinom eine Heilung bis zu 90%, beim C-Zell-Karzinom bis zu 80% möglich ist, hat das anaplastische Schilddrüsenkarzinom eine sehr schlechte Prognose. Eine Operation dient nur vorübergehend der lokalen Entlastung. Frühzeitig ist eine Strahlentherapie angezeigt, die in der Regel aber auch nur vorübergehend zur Tumorschrumpfung dient. Die Überlebenszeit beträgt trotz Behandlung nur wenige Monate.

Physiotherapeutische Behandlung

Außer zur Zeit akuter Behandlung oder an Tagen mit Schilddrüsenunterfunktion z. B. vor einem Kontrollszintigramm sind keine Einschränkungen der körperlichen Belastbarkeit gegeben.

6.3 Erkrankungen der Nebenschilddrüsen und Störungen des Kalziumstoffwechsels

6.3.1 Hypoparathyreoidismus

Definition und Entstehung. Der Hypoparathyreoidismus ist die Unterfunktion der vier Nebenschilddrüsen des Menschen durch fehlende Anlage (angeboren), Drüsenzerstörung durch Autoimmunprozeß oder nach Halsoperationen (Schilddrüse, Nebenschilddrüsen). Sehr selten ist die Endorganrestistenz gegen Parathormon (Pseudohypoparathyreoidismus als erblicher Defekt).

Klinisches Bild. Infolge ihres Kalziummangels im Blut entwickeln zwei Drittel der Kranken eine Tetanie (erhöhte neuromuskuläre Erregbarkeit). Krämpfe betreffen die Hände (Geburtshelferstellung), die Mundregion (Fischmaulstellung), die Füße (Spitzfußstellung) und die Bauchmuskulatur (viscerale Tetanie mit Krämpfen und Durchfällen). Das Gefühl des Eingeschlafenseins der Glieder und Ameisenlaufen (Parästhesien) begleiten die tetanischen Anfälle. Angstgefühle und Verstimmungen können hinzutreten.

Ein länger bestehender unbehandelter Hypoparathyreoidismus kann zu paradoxen Verkalkungen der Augenlinse (tetanische Katarakt) und der Basalganglien im Gehirn führen, selten an anderer Stelle. Hypoparathyreoidismus durch Autoimmunprozeß kann von anderen Hormonmangelzuständen, ebenfalls autoimmunologisch bedingt, begleitet sein, z. B. Hashimoto-Hypothyreose, Morbus Addison etc. Dabei kommt auch Haarausfall (Alopezie) und Nagelerkrankung durch Pilze (Moniliasis) vor. Menschen mit Pseudohypoparathyreoidismus zeigen z. T. Kleinwuchs, Rundgesicht, verkürzte einzelne Finger und Zehen im Mittelhand-/Mittelfußbereich.

Diagnostik. Am häufigsten entsteht die Tetanie durch Hyperventilation, das Kalzium im Blut ist dabei normal. Beim Hypoparathyreoidismus ist der Kalziumspiegel erniedrigt, der Phosphatspiegel erhöht; Parathormon im Blut ist erniedrigt. Beim Pseudohypoparathyreoidismus ist Parathormon erhöht, aber unwirksam.

Therapie. Der Hypoparathyreoidismus muß lebenslang mit Vitamin-D-Präparaten und Kalzium substituiert werden. Neben dem natürlichen Vitamin D kommen Dihydrotachysterin oder Vitamin-D-Metaboliten in

Betracht. Das Vitamin D steigert die Kalziumaufnahme im Darm, wodurch das fehlende Parathormon ersetzt wird.

Die Tetanie des Hyperventilationssyndroms spricht zwar auf Kalzium an, es ist jedoch keinesfalls eine Dauertherapie mit Kalzium erforderlich, vielmehr eine psychosomtische Aufklärung und Betreuung zur Vermeidung der Hyperventilation.

Physiotherapeutische Behandlung

Bei guter Einstellung ist der Hypoparathyreoidismus-Patient als normal belastbar anzusehen. Bei körperlicher Belastung sollte jedoch ein Hyperventilieren vermieden werden, da hierdurch eine tetanische Bereitschaft verstärkt oder ausgelöst werden kann. Der zur Tetanie neigende Patient sollte instruiert werden, wie er durch flaches Atmen seine tetanische Neigung zurückdrängen kann (im Anfall: Rückatmung aus den hohlen Händen bzw. aus einer Tüte).

•••• Primärer Hyperparathyreoidismus

Definition und Entstehung. Aus ungeklärter Ursache kommt es zur ungebremsten Aktivitätszunahme eines oder mehrerer Nebenschilddrüsen; dem primären Hyperparathyreoidismus kann somit ein oder mehrere Adenome, ein Karzinom oder auch eine diffuse Hyperplasie aller vier Nebenschilddrüsen zugrunde liegen.

Klinisches Bild. In einem langsamen Verlauf über Jahre führt die nicht mehr der Rückkoppelung unterworfene Nebenschilddrüsenüberfunktion zur Hyperkalzämie, die ihrerseits folgende Funktionsstörungen hervorrufen kann: Vermehrtes Wasserlassen und nachfolgender Durst, Nierenfunktionsstörungen, Appetitlosigkeit, Übelkeit und Erbrechen, nachfolgend Gewichtsabnahme, seltener Herzrhythmusstörungen, ein endokrines Psychosyndrom mit Verstimmungen, Antriebsarmut. Die Situation kann in der hyperkalzämischen Krise in eine lebensgefährliche Situation entgleisen: Es entwickelt sich eine Niereninsuffizienz in Verbindung mit Somnolenz oder Koma.

Im Verlauf von Jahren kann der primäre Hyperparathyreoidismus auch Organveränderungen hervorrufen: Nierensteinbildung oder Nephrokalzinose, Magenulcera, Gallensteine, eine verkalkende Pankreatitis. Am Knochen kann sich im Spätstadium ein Osteoporosebild entwickeln, lokalisiert treten Fibroseherde und Zysten auf. Ein primärer Hyperparathyreoidismus kann auch zufällig ohne Beschwerden entdeckt werden und muß nicht in jedem Fall fortschreiten.

Diagnostik. Die Laborkonstellation zeigt ein erhöhtes Kalzium, ein erniedrigtes oder normales Phosphat; Parathormon ist dabei erhöht. Beim

Gesunden unterdrückt ein erhöhtes Kalzium das Parathormon. Mit sonographischen und röntgenologischen Techniken überprüft man die Organe, die Organmanifestationen entwickeln können.

Therapie. Die Behandlung der Wahl ist die operative Entfernung des Nebenschilddrüsentumors. Im Falle der Vierdrüsenhyperplasie werden drei Drüsen ganz, die kleinste zur Hälfte entfernt. Bis zur Diagnosestellung wird reichliches Trinken empfohlen, damit es nicht zur Krise kommt. Es stehen auch Medikamente zur Kalziumsenkung zur Verfügung (Bisphosphonate, Calcitonin). Beim Nebenschilddrüsenkarzinom werden nach Möglichkeit auch Metastasen operativ entfernt. Beim zufällig entdeckten primären Hyperparathyreoidismus ohne erkennbare Folgen der Erkrankung kann auch unter ärztlicher Kontrolle zunächst beobachtet werden.

Physiotherapeutische Behandlung

Im Spätstadium mit Osteoporosebild besteht erhöhte Frakturgefahr.

•••• Sekundärer Hyperparathyreoidismus

Definition und Entstehung. Eine chronische Hypokalzämie stimuliert sekundär auf Dauer die Nebenschilddrüsen, das erhöhte Parathormon kann dann im Laufe der Zeit das Skelettsystem schädigen. Häufigste Ursache der Hypokalzämie ist eine Niereninsuffizienz, seltener liegt eine intestinale Erkrankung mit verschlechterter Absorption von Kalzium und Vitamin D zugrunde.

Klinisches Bild. Beim sekundären Hyperparathyreoidismus entwickeln sich allmählich Knochenschmerzen, Verbiegungen des Knochens und vermehrt Brüche. Diese Symptome begleiten dann entweder die Niereninsuffizienz oder die zugrundeliegende intestinale Erkrankung.

Diagnostik. Bei der Niereninsuffizienz ist die Möglichkeit der Entwicklung eines sekundären Hyperparathyreoidismus bekannt, daher werden regelmäßig Kontrollen von Kalzium, Phosphat und Parathormon durchgeführt. Ansteigende Parathormonwerte, und der Anstieg der alkalischen Phosphatase als Knochenumbauparameter, signalisieren eine Gefährdung, die mit Röntgenaufnahmen oder Knochendichtemessungen abgeschätzt werden kann. Bei der intestinalen Erkrankung, auf die erst die Knochenveränderungen des sekundären Hyperparathyreoidismus aufmerksam machen, erfolgt die Diagnosestellung über Röntgen der Knochenveränderungen, gegebenenfalls Knochenhistologie. Im Blut sind Kalzium und Phosphat erniedrigt, Parathormon und alkalische Phosphatase erhöht.

Therapie. Bei der Niereninsuffizienz versucht man präventiv, den Abfall des Kalziums und den Anstieg des Phosphates zu verhindern. Dienlich sind Gaben von Kalziumcarbonat und Vitamin-D-Metaboliten. Bei fortschreitendem sekundären Hyperparathyreoidismus trotz dieser Bemühungen kann eine operative Resektion von $3^1/_2$ Organen der vier vergrößerten Nebenschilddrüsen notwendig werden, insbesondere wenn aus dem sekundären Hyperparathyreoidismus ein tertiärer wird. Das Parathormon läßt sich dann nicht mehr durch Anhebung des Kalziumspiegels bremsen, der Hyperparathyreoidismus ist autonom geworden (ähnlich wie der primäre).

Beim sekundären Hyperparathyreoidismus durch intestinale Erkrankung wird mit Kalzium und Vitamin D therapiert. Der normalisierte Kalziumhaushalt führt allmählich zur Normalisierung der Parathormonsekretion.

Knochenbrüche etc. müssen orthopädisch/knochenchirurgisch versorgt werden.

Physiotherapeutische Behandlung

Das geschädigte Skelett ist vermindert belastungsfähig und anfällig für Frakturen. Im Gespräch mit dem Arzt muß das Ausmaß einer möglichen Mobilisierung festgelegt werden.

6.3.2 Osteomalazie

Definition und Entstehung. Die Osteomalazie ist eine Erkrankung der Untermineralisierung des Knochens. Leitstörung kann einerseits ein Mangel an Kalzium und/oder Vitamin D sein (kalzipenische Osteomalazie), andererseits ein Mangel an Phosphat (phosphopenische Osteomalazie). Im Kindesalter wird das gleiche Krankheitsbild Rachitis genannt. Die ungenügende Verkalkung der Knochengrundsubstanz führt zu nachgebenden Knochen, die sich verbiegen oder Umbauzonen (Pseudofrakturen) entwickeln können.

Klinisches Bild. Das Kind mit Rachitis gedeiht schlecht, die Knorpelknochengrenzen sind aufgetrieben (rachitischer Rosenkranz), die Schädelfontanelle bleibt weich. Krumme Beine mit Gehstörungen sind die Folge. Erwirbt ein Erwachsener Osteomalazie, so werden die Knochen im Laufe von Jahren krummer, sie schmerzen diffus, der Thorax wird glockenförmig, das Becken kartenherzförmig. Typisch ist ein Watschelgang.

Diagnostik. Fortgeschrittene Krankheitsbilder zeigen pathognomonische Röntgenbefunde, Frühstadien werden durch Knochenbiopsie festgestellt. Bei den kalzipenischen Rachitisformen sind die Kalziumparameter (Blut und Urin) sowie Vitamin D im Blut erniedrigt, die alkalische Phosphatase erhöht. Ein sekundärer Hyperparathyreoidismus kann hinzutreten. Bei den phosphopenischen Formen können Kalzium und Vitamin D normal sein, Phosphat ist im Blut erniedrigt, im Urin durch einen Defekt mit vermehrter Ausscheidung häufig erhöht..

Therapie. Je nach Ursache wird entweder mit Kalzium und Vitamin D therapiert, oder es werden Phosphate substituiert. Zumeist ist eine Dauerprophylaxe mit den fehlenden Komponenten der Knochenmineralisation erforderlich. Gelegentlich sind orthopädische Maßnahmen bei Verkrümmungen nötig.

Physiotherapeutische Behandlung

Das Knochengerüst des noch unbehandelten Osteomalazie-Patienten ist schmerzempfindlich und wenig belastungsfähig. Nur Maßnahmen mit geringer Krafteinwirkung sind zu empfehlen. Nach der Ausheilung des Mineralisationsdefektes kann normal belastet werden, vor allem um Deformierungsfolgen zu kompensieren.

6.3.3 Osteoporose

Definition und Entstehung. An der idiopathischen Osteoporose des Mannes sind keine Hormonstörungen beteiligt. Die idiopathische Osteoporose der postmenopausalen Frau schließt deren Östrogenmangel ein. Daneben existieren sekundäre Osteoporosen durch Gonadenhormonmangel (beim Mann grundsätzlich, bei der Frau prämenopausal), durch Hypercortisolismus (Cushing-Syndrom), Hyperparathyreoidismus, länger unbehandelte Hyperthyreose, möglicherweise auch Wachstumshormonmangel.

Klinisches Bild und Diagnostik. Siehe Kapitel Erkrankungen aus dem entzündlich-rheumatischen Formenkreis.

Therapie. Wenn bei der Osteoporose ein Sexualhormonmangel eine Rolle spielt, sollte dieses substituiert werden. Bei der Osteoporoseprophylaxe der postmenopausalen Frau spielt die Östrogen/Gestagen-Substitution die hauptsächliche Rolle. Bei der manifesten Osteoporose versprechen Medikamente, die den Knochenabbau hemmen (Antiresorptiva) eine wichtige Rolle, wenn der Knochenumsatz unmittelbar nach der Menopause gesteigert ist. Gut wirksam sind dann neben den Östrogenen/Gestagenen die Calcitonine und Bisphosphonate. Bei der späteren Osteoporose mit langsamem Knochenumsatz bringen die Antiresorptiva nur noch einen geringeren Erfolg. Bevorzugt ist der Einsatz von Medikamenten, die den Anbau stimulieren: Fluoride, Anabolika. Bei der typischen Altersosteoporose mit Schenkelhalsfraktur im Alter von ca. 80

Jahren liegt häufig ein sekundärer Hyperparathyreoidismus durch Kalzium- und Vitamin D-Mangel vor. Die Therapie mit Kalzium und Vitamin D ist dann sehr wirkungsvoll.

6.4 Erkrankungen der Nebennierenrinden

6.4.1 Morbus Addison

Definition und Entstehung. Der Morbus Addison ist der Ausfall der Nebennierenrinde entweder durch einen Autoimmunprozeß oder durch Zerstörung beider Nebennieren etwa durch Organtuberkulose, Nebenniereneinblutungen oder Tumorentwicklung.

Klinisches Bild. Durch das Fehlen des Cortisols werden die Patienten schwach, sind nicht mehr belastbar und neigen zur Hypoglykämie. Das Fehlen des Aldosterons führt zur Hyperkaliämie und Hyponatriämie mit Hypotonie. Bei der Frau können durch den Wegfall der adrenalen Androgene Haare der Sekundärbehaarung (seitliche Augenbrauen, Axillarbehaarung, Pubes) ausfallen. Durch das Fehlen des Cortisols wird ACTH vermehrt produziert. Aufgrund der verstärkten Pigmentierung sehen die Kranken scheinbar gesund aus (vermehrte Pigmentierung der besonnten Haut), zeigen aber auch spontane Hyperpigmentation der Handlinien, der Innenseiten der Wangen, des Zahnfleisches, der Mamillen und der Genitalregion. In der Addison-Krise können die Patienten einen Kreislaufzusammenbruch erfahren. Psychische Erscheinungen sind Unruhe, Apathie, schließlich Koma. Es entwickelt sich eine Exsikkose. Anfängliche Untertemperatur geht in Fieber über. Erbrechen und kolikartige Bauchschmerzen täuschen ein akutes Abdomen vor.

Diagnostik. Die Diagnose wird durch erniedrigte Cortisolspiegel in Verbindung mit erhöhten ACTH-Spiegeln gestellt. Bei begründetem klinischen Verdacht muß die Therapie beginnen, ehe die Meßwerte vorliegen. Sekundärparameter sind Hyperkaliämie, Hyponatriämie, erhöhtes Renin, erniedrigtes Aldosteron, erniedrigte adrenale Androgene (bei der Frau).

Therapie. Der Morbus Addison muß lebenslang mit Glukokortikoiden (Cortison, Cortisol) und Mineralokortikoiden (Fludrocortison) substituiert werden. Streßsituationen (schwere Entzündung, Operation, Unfall) erfordern höhere Cortisondosen. Die Addison-Krise bedarf der intensivmedizinischen Behandlung mit hohen Cortisondosen etc. Der Patient benötigt einen Notfallausweis.

Physiotherapeutische Behandlung

Vor Therapieeinleitung besteht Belastungsunfähigkeit, rasche Normalisierung nach Einstellung auf Cortison etc.

6.4.2 Cushing-Syndrom

Definition und Entstehung. Das Cushing-Syndrom ist die Folge eines Cortisolexzesses über den natürlichen Bedarf des Organismus hinaus. In etwa 40% der Fälle liegt die Ursache in einer Störung von Hypothalamus und Hypophyse. Das Corticotropin-Releasing-Hormon (CRH) wird autonom im Exzeß sezerniert und führt zu ACTH-Überproduktion. Ursache kann auch ein ACTH-produzierendes Hypophysenadenom sein. Der ACTH-Exzeß aktiviert beide Nebennierenrinden.

Eine etwa gleichhäufige Form ist die Bildung eines Tumors in einer der Nebennierenrinden, selten in beiden. Zumeist ist es ein gutartiges Adenom, seltener ein Karzinom, das die Steroidhormone im Exzeß produziert.

Seltenere Formen des Cushing-Syndroms sind die Einnahme von Glukokortikoidpräparaten in hohen Dosen über längere Zeit (iatrogenes Cushing-Syndrom) oder die paraneoplastische Produktion von ACTH oder CRH. Die vom Hypercortisolismus abhängigen klinischen Folgen sind weitgehend identisch. Ist an der Cushing-Genese das ACTH beteiligt, kann es auch eine Hyperpigmentierung erzeugen.

Klinisches Bild. Durch den Hypercortisolismus entwickeln die Kranken ein Vollmondgesicht (häufig gerötet), eine Stammfettsucht, einen Büffelnacken; rote Dehnungsstreifen (Striae rubrae) können sich an der Haut des Bauches, der Hüften und der Schultern entwickeln (Abb. 6.**3**). Es kommt zu Muskelatrophie, Muskelschwäche und Osteoporose. Wunden heilen schlecht, die Haut ist papierartig und leicht verletzlich. Ein endokrines Psychosyndrom mit Depressionen kann hinzutreten.

Die Mineralokortikoidwirkung des Cortisols führt zur Hypertonie, Hypokaliämie, Hypernatriämie, gelegentlich Knöchelödemen. Die Wirkung vermehrt gebildeter adrenaler Androgene führt bei der Frau zu Hirsutismus und Periodenstörungen, beim Mann zur Unterdrückung der Gonadenachse. Im Laufe der Zeit kann sich auch ein sekundärer Diabetes mellitus entwickeln. Ist ein Hypophysentumor die Ursache des Krankheitsbildes, können durch Tumordruck Gesichtsfeldstörungen und Ausfälle anderer Hypophysenhormone hinzutreten. Das metastasierende Nebennierenrindenkarzinom kann in Leber, Lunge etc. metastasieren.

Diagnostik. Mit Blut- und Urinuntersuchungen (Cortisol und seine Metaboliten, ACTH, Elektrolyte) wird der Überfunktionszustand der Ne-

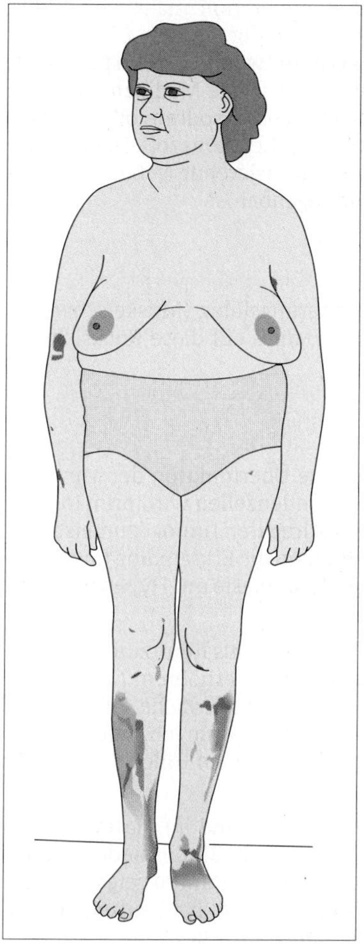

Abb. 6.**3** Patientin mit Cushing-Syndrom: Die Fettverteilung ist stammbetont, die Extremitätenmuskulatur eher atrophiert, desgleichen die Haut (leichte Blutungsneigung)

bennierenrinde nachgewiesen. Mit Dexamethason wird die zentrale Form des Cushing-Syndroms supprimiert, nicht dagegen die periphere. Der Etagenlokalisierung dienen auch Magnetresonanztomographie- und Computertomographie-Untersuchungen der Hypophyse einerseits sowie der Nebennieren andererseits.

Therapie. Beim zentralen Cushing-Syndrom versucht man eine Hypophysenoperation; der periphere Cortisol-produzierende Tumor wird operativ entfernt. Führt die Hypophysenoperation nicht zum Erfolg, kann die beidseitige Adrenalektomie notwendig werden. Gleiches gilt für die paraneoplastische ACTH-Produktion, wenn das entsprechende Malignom nicht entfernt werden kann. Bestimmte Medikamente können die Nebennierenrinde zerstören (Mitotane, Lysodren) oder die Synthese des Cortisols vermindern (Metopiron, Ketokonazol). Die Domäne der medikamentösen Therapie ist das metastasierende Nebennierenrindenkarzinom, das operativ nicht mehr angehbar ist.

Physiotherapeutische Behandlung

Cushing-Patienten sind vermindert belastungsfähig (Muskelschwäche, Hypertonie). Liegt eine Osteoporose vor, muß auf diese Rücksicht genommen werden.

6.4.3 Conn-Syndrom

Definition und Entstehung. Die autonome Überfunktion der Mineralokortikoid-produzierenden Nebennierenrindenzellen wird primärer Hyperaldosteronismus genannt. Liegt ein adrenaler Tumor (zumeist Adenom, selten Karzinom) zugrunde, nennt man die Erkrankung Conn-Syndrom. Daneben kommt die beidseitige Hyperplasie mit Hyperaldosteronismus ohne erkennbare Tumorbildung vor.

Klinisches Bild. Der primäre Hyperaldosteronismus führt zum Bluthochdruck, der von Kaliummangel und hohem bzw. erhöhtem Natrium begleitet wird. Die Patienten können unter Muskelschwäche, Polyurie und Polydypsie, Kopfschmerzen, Parästhesien, Sehstörungen, seltener Lähmungserscheinungen, Tetanie und auch in seltenen Fällen Lähmungen leiden; symptomlos sind etwa 6%.

Diagnostik. Aldosteron und seine Metaboliten sind im Plasma und im Urin erhöht, Renin ist supprimiert. Kalium ist im Blut erniedrigt, Natrium hoch-normal oder erhöht. Die bildgebenen Verfahren zeigen im Falle des Conn-Adenoms eine einseitige Tumorbildung; bei beidseitiger Hyperplasie eine Vergrößerung der Nebenniere auf jeder Seite.

Therapie. Das einseitige Conn-Adenom wird operativ entfernt. Bei der beidseitigen Nebennierenrindenhyperplasie mit Aldosteron-Überproduktion zieht man eine Therapie mit Aldosteron-Antagonisten (Spironolactone) der beidseitigen Adrenalektomie vor. Beim malignen, metastasierenden Conn-Syndrom kann ein Adrenostaticum (Lysodren, siehe Cushing-Syndrom) versucht werden.

Physiotherapeutische Behandlung

Beachtung der Hypertonie, bevor eine erfolgreiche Therapie erfolgt.

6.4.4 Hyperandrogenisierung

Definition und Entstehung. In der Nebennierenrinde werden auch männliche Hormone (Androgene) gebildet. Durch Tumorbildung oder einen Enzymdefekt mit verstärkter Androgenbildung unter normalem ACTH-Reiz kommt es beim weiblichen Geschlecht zu Zeichen der Vermännlichung, beim männlichen Geschlecht unterdrücken die adrenalen Androgene nur die des Hodens.

Klinisches Bild. Schwere angeborene Defekte der Enzymstörung (adrenogenitales Syndrom) lassen Mädchen bereits mit einem zwittrigen Genitale zur Welt kommen. Beim sog. erworbenen adrenogenitalen Syndrom treten Zeichen der Wirkung männlicher Hormone erst nach der Pubertät auf: Verstärktes Haarwachstum auf der Oberlippe, an den Brüsten, von den Schamhaaren aufsteigend zum Nabel (Nabelstraße), an der Innenseite der Oberschenkel. Auch eine Akne kann hinzutreten. Milde Störungen lassen die Eierstocksfunktionen ungestört, stärkere führen zur Periodenstörung und Infertilität.

Diagnostik. Die adrenalen Adrogene (Testosteron, Vorstufen der Glukokortikoid- und Androgenbildung) sind erhöht meßbar. Stimulations- und Belastungsteste gestatten die genaue Erfassung des Defektes.

Therapie. Adrenale Tumoren mit Androgenüberproduktion müssen operativ entfernt werden. Beim adrenogenitalen Syndrom der Frau bewirkt der Enzymdefekt eine Mehrproduktion der Androgene zu Lasten der Cortisolproduktion. Mit niedrigen Dosen eines Glukortikoids (Dexamethason) läßt sich der latente Cortisolmangel ausgleichen und das ACTH bremsen, so daß die Androgenproduktion zurückgeht. Periodenstörungen und Infertilität können unter dieser Therapie verschwinden, vermehrte Behaarung und Akne abnehmen. Eine Alternative ist die Gabe eines Antiandrogens (Cyproteronacetat), immer in Verbindung mit einer Antibabypille, da im Falle einer Schwangerschaft sonst ein männlicher Fötus in seiner Geschlechtsentwicklung gestört werden könnte.

Physiotherapeutische Behandlung

Bei unbehandelter Hypertonie durch Conn-Syndrom können körperliche Anstrengungen ungünstig sein.

6.5 Erkrankungen des Nebennierenmarks

6.5.1 Phäochromozytom

Definition und Entstehung. Im Nebennierenmark, das die blutdruckregulierenden Katecholaminhormone Adrenalin und Noradrenalin produziert, können einseitig, selten beidseitig, gutartige Tumoren , seltener Malignome, entstehen, die aufgrund ihres Färbeverhaltens Phäochromozytome genannt werden. Extraadrenale Phäochromozytome kommen auch gelegentlich vor.

Als genetische Störung kommt das Phäochromozytom im Rahmen der multiplen endokrinen Neoplasie vergesellschaftet mit dem C-Zell-Karzinom vor (siehe Schilddrüsenerkrankungen).

Bei Menschen mit Neurofibromatose findet sich in etwa 5% der Fälle auch ein Phäochromozytom.

Klinisches Bild. Patienten mit Phäochromozytom können einen anfallsweisen oder einen Dauerhochdruck haben. Beschwerden sind Kopfschmerzen, Schweißausbrüche, Anfälle von Herzklopfen und -rasen, im Hochdruckanfall kann das Gesicht abblassen. Weitere Symptome sind Unruhe und Angstgefühle, Zittrigkeit und Tremor, Übelkeit und Erbrechen, Schwächegefühle. Seltener tritt im Hochdruckanfall ein Thorax oder Abdominalschmerz auf.

Diagnostik. Die Messung der Katecholamine erfolgt im Plasma und im Urin. Als Suchtest ist auch die Messung von Abbauprodukten (Vanillinmandelsäure) im Urin nützlich. Da die Katecholaminhormone auch streßbedingt ansteigen können, ist als Suppressionstest der Clonidin-Test nützlich. Zur Seitenlokalisation des Phäochromozytoms dient die Computer- oder Kernspintomographie, szintigraphisch läßt sich das Phäochromozytom häufig mit Metajodbenzylguanidin (MIBG) darstellen.

Therapie. Behandlung der Wahl ist die operative Entfernung des Phäochromozytoms; äußerst wichtig ist die medikamentöse Vorbehandlung: Damit es im Zusammenhang mit der Operation nicht zu Blutdruckentgleisungen kommt, benötigt der Patient über ein bis drei Wochen zunächst sog. Alpha-Blocker (Phenoxybenzamin), später zusätzlich Beta-Blocker (Propranolol). Beim malignen Phäochromozytom ohne die Möglichkeit der kompletten Entfernung kann eine Strahlentherapie versucht werden, wenn der Tumor oder die Metastasen MIBG in ausreichender Menge speichern.

Physiotherapeutische Behandlung

Bei noch nicht medikamentös eingestelltem Hochdruck sollte eine körperliche Belastung vermieden werden.

6.6 Erkrankungen der männlichen Gonaden

6.6.1 Hypogonadismus

Definition und Entstehung. Der Hypogonadismus des Mannes hat einerseits als Komponenten den Sexualhormonmangel (Testosteronmangel), andererseits die Störung der Samenproduktion.

Beide Störungen können kombiniert und isoliert vorkommen. Beim *primären Hypogonadismus* sind die Hoden geschädigt (z. B. fehlende Anlage oder Zerstörung durch Entzündung, etwa Mumps-Orchitis), die übergeordnete Zentrale in Hypothalamus und Hypophyse ist intakt. *Beim sekundären Hypogonadismus* werden im Hypophysenvorderlappen die Gonadotropine LH und FSH nicht mehr produziert, die Hoden werden atrophisch. Beim *tertiären Hypogonadismus* ist das hypothalamische Zentrum gestört, welches das luteinisierende Hormon-Releasing-Hormon LH-RH produziert. Eine typische Erkrankung ist das Kallmann-Syndrom, bei dem gleichzeitig die Anlage des Riechzentrums mit der Folge einer Anosmie gestört ist.

Die häufigste genetische Form des Hypogonadismus ist das Klinefelter-Syndrom, bei dem der Chromosomendefekt der Geschlechtschromosomen XXY zu einer gestörten Testosteron- und Samenproduktion (Infertilität) führt.

Klinisches Bild. Knaben mit fehlender Hodenanlage entwickeln keine Pubertät, sie wachsen überschießend ohne Stimmbruch und ohne Ausbildung der sekundären Geschlechtsmerkmale.

Beim Klinefelter-Syndrom entwickelt sich der Aspekt nur partiell männlich; typisch ist, daß die Hoden klein bleiben. Der Körperbau ist partiell weiblich mit schmaleren Schultern, breiten Hüften und einer Tendenz zur X-Beinstellung (Abb. 6.**4**). Die Diagnose wird häufig erst bei Kinderwunsch oder auch erst später anhand einer Osteoporose infolge langjährigen Testosteronmangels gestellt.

Der im Erwachsenenalter erworbene Hypogonadismus führt zur Verminderung von Libido und Potenz nach ursprünglich normalem Funktionieren der Gonadenfunktion.

Diagnostik. Beim primären Hypogonadismus ist Testosteron erniedrigt, die Gonadotropine sind erhöht, beim sekundären und teriären Hypogonadismus sind auch die Gonadotropine erniedrigt. Beim Klinefelter-

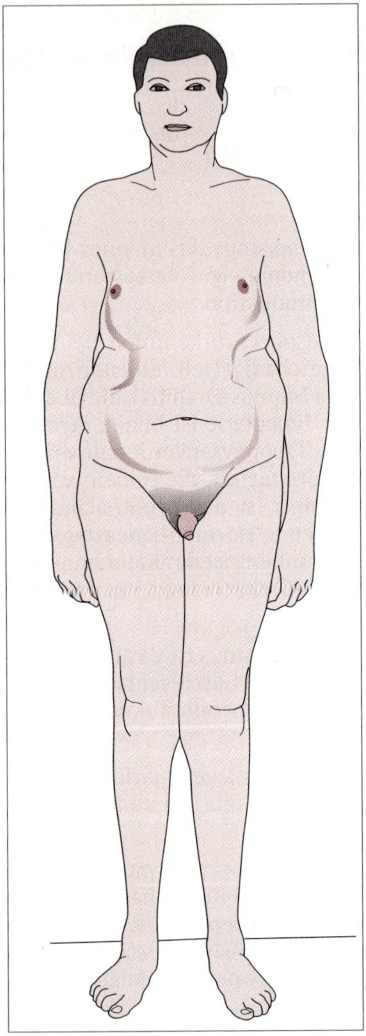

Abb. 6.**4** Patient mit Klinefelter-Syndrom: Die Körperproportionen sind vom weiblichen Typ (schmalere Schultern, breitere Hüften). Die sekundäre Geschlechtsausprägung ist nur teilweise. Da die Hoden klein geblieben sind, vermißt man hinter dem Penis einen Hodensack üblicher Größe des erwachsenen Mannes

Syndrom fällt Testosteron im Laufe des Lebens deutlich früher ab als üblich, die Gonadotropine steigen frühzeitig an, insbesondere FSH. Zur Fertilität gibt das Spermiogramm Auskunft. In seltenen Fällen ist eine Hodenbiopsie erforderlich. Bei Verdacht auf Klinefelter-Syndrom ist eine Chromosomenanalyse notwendig.

Therapie. Eine ausbleibende Pubertät wird durch Injektionen von Gonadotropinen eingeleitet. Wenn das Genitale darunter gewachsen ist, wird auf eine Testosterontherapie (Injektionen alle 3 – 4 Wochen) umgestellt.

Beim Klinefelter-Syndrom erfolgt eine Testosteronsubstitution, sobald die körpereigene Produktion abfällt. Eine Korrektur der Infertilität ist hier nicht möglich.

Männer mit erworbenem Hypogonadismus werden mit Testosteron substituiert, damit es nicht später zu einer Osteoporose kommt. Darüber hinaus erhält das Testosteron auch die allgemeine Leistungsfähigkeit und die Muskulatur.

Physiotherapeutische Behandlung

Zu beachten ist höchstens die Osteoporosegefahr beim über viele Jahre hypogonaden Mann.

7 Erkrankungen der Bauchspeicheldrüse

M. Liersch

7.1 Akute Pankreatitis

Ätiologie. Die *akute Pankreatitis* wird zu 40% bei Gallenwegserkrankungen (Choledochussteine, Cholangitis, Cholezystitis) durch Drucksteigerung im Pankreasgang oder Rückstau von infizierter Galle hervorgerufen. In weiteren 40 % entsteht die Entzündung auf bisher ungeklärtem Wege bei Alkoholmißbrauch. Für den Rest kommen Einengungen des Pankreasganges (Steine, Tumoren), Zwölffingerdarmerkrankungen (Ulkus) oder z.B. eine Mumpsvirusinfektion in Frage. Die Entzündung ist charakterisiert durch die Selbstverdauung des Organs mit den dort gebildeten Verdauungsenzymen. Durch den mehr oder weniger ausgedehnten Gewebsuntergang mit Nachbarschaftsreaktionen im Magen und Darm entsteht ein schweres Krankheitsbild, welches in 10% im Kreislaufschock endet.

Klinisches Bild. Klinische Zeichen sind der oft blitzartig einschießende Ober-Mittelbauch-Schmerz, Übelkeit, Erbrechen und Stuhlverhaltung. Bei der Untersuchung fallen Druckschmerz, Abwehrspannung des Leibes mit Aufblähung, Fieber und Kollapszeichen auf.

Diagnostik. Die Diagnose kann durch Bestimmung der Bauchspeicheldrüsenenzyme Amylase und Lipase, welche im Serum und Urin erhöht gefunden werden, erhärtet werden.

Therapie. Die Therapie besteht in Nahrungskarenz, Schmerzbehandlung und parenteraler Ernährung sowie Elektrolytersatz zur absoluten Ruhigstellung der Drüse; zum Infektionsschutz werden ggf. Antibiotika gegeben. Erst nach Normalisierung der Enzyme in Serum und Urin wird die Diät (Schleimsuppe, Brei, Zwieback, Kartoffeln, Reis) langsam aufgebaut.

7.2 Chronische Pankreatitis

Ätiologie. Die *chronische Pankreatitis* geht gelegentlich aus der akuten Entzündung hervor, kann aber auch schleichend ohne einen anfänglichen Entzündungsschub entstehen. Auch hier spielen Alkohol und Gallenwegserkrankungen eine große Rolle. Pathologisch-anatomisch liegt ein fortschreitender Entzündungsprozeß zugrunde, welcher langsam zu einer bindegewebigen Umwandlung und Verkalkung (40%) und damit zur Insuffizienz des Organs führt.

Klinisches Bild. Anamnestisch werden rezidivierende Oberbauchschmerzen, welche in den Rücken ausstrahlen, angegeben. Bei erhaltenem Appetit kommt es zu Gewichtsverlust und Fettstühlen, in schweren Fällen durch Schädigung der Langerhans-Inseln zusätzlich zu einem Diabetes mellitus.

Therapie. Die Behandlung strebt einen Ersatz der Verdauungsenzyme bei fettarmer Diät und Alkoholverbot an. Oft müssen Schmerzmittel eingesetzt werden.

7.3 Pankreaskarzinome

Pankreaskarzinome sind in 85% bei den ersten Symptomen (Schmerzen, Gewichtsverlust) bereits inoperabel. Im Spätstadium entsteht durch Ummauerung des Gallenganges ein Verschlußikterus.

Eine *physiotherapeutische Behandlung* ist nicht angezeigt.

8 Erkrankungen der Gallenblase

M. Liersch

Ätiologie und Pathogenese. *Gallensteine* werden bei 10% aller Erwachsenen beobachtet. Die Ursache ihrer Entstehung liegt in einer veränderten Ausscheidung von Bilirubin, Gallensäuren und Cholesterin bzw. einer veränderten Gallenzusammensetzung bei Infektion oder Abflußstörung.

Klinisches Bild. Oft bleiben die Steine symptomlos, bei Frauen findet sich eine Erstmanifestation mit Beschwerden häufig in der Gravidität. Das Beschwerdebild reicht von heftigen Oberbauchkoliken bis zu leichten Druckschmerzen im Leib nach fettreichen Mahlzeiten.

Diagnose. Der Nachweis gelingt am einfachsten sonographisch oder aber röntgenologisch durch Kontrastmittelgabe.

Therapie. Eine Indikation zur Therapie besteht nur bei Symptomen. Wegen der Gefahr einer akuten und chronischen Cholangitis und Cholezystitis mit Empyem und Perforation sowie einer Steineinklemmung im Gallengang mit Verschlußikterus wird allgemein zur operativen Gallenblasenentfernung im beschwerdefreien Intervall geraten. In den letzten Jahren besteht außerdem die Möglichkeit einer medikamentösen Auflösung reiner Cholesterinsteine sowie der Zertrümmerung durch extrakorporal erzeugte Stoßwellen (ESWL). Diätetisch wird eine fettarme Kost ohne blähende Gemüsesorten empfohlen. Zur Kolikbehandlung stehen krampflösende Medikamente zur Verfügung.

Die *akute Cholezystitis* tritt in 90% als Komplikation des Steinleidens auf. Heftige Druckschmerzen des Oberbauches mit Übelkeit, Erbrechen und Fieber stehen im Vordergrund. Die Behandlung erfordert Antibiotika, Schmerzmittel, Infusionen, Diät und Bettruhe. Bei Perforationsgefahr muß man sich sofort zur Operation entschließen.

Dyskinesien sind Gallenwegsbeschwerden funktioneller Art ohne Entzündung und Steinbildung. Zugrunde liegen motorische Störungen der Gallenblase und Gallenwegsmuskulatur. Neben Koliken geben die Patienten Völlegefühl und Verdauungsstörungen an. Geeignete Medikamente sind Spasmolytika und Sedativa zusammen mit einer Diät.

Gallenblasenkarzinome kommen bei Steinträgern (1%) im höheren Lebensalter vor. Anfangs bestehen uncharakteristische Beschwerden, im

Spätstadium entsteht durch Übergreifen auf den Ductus choledochus ein Verschlußikterus. Da frühzeitig Metastasen entstehen, ist eine operative Ausrottung des Tumors selten möglich.

Eine *physiotherapeutische Behandlung* ist nicht angezeigt.

9 Lebererkrankungen

M. Liersch und H. Göhring

Physiologische Vorbemerkungen. Die Leber ist die größte Drüse des menschlichen Körpers und liegt unterhalb des Zwerchfells im rechten Oberbauch. Sie wird über die A. hepatica mit arteriellem, sauerstoffreichem Blut versorgt und zusätzlich über die Pfortader (V. portae) mit dem venösen Blut aus Magen, Darm, Milz und Pankreas durchströmt.

Ihre wichtigsten Funktionen sind:
- Sekretion der Gallenflüssigkeit, die Cholesterin, Phospholipide, Gallensäure und Bilirubin enthält,
- Speicherung von Glykogen,
- Synthese von Glukose, Harnstoff, Ketonkörpern sowie der meisten Serumproteine,
- Regulation des Fett-, Eiweiß- und Proteinstoffwechsels,
- Entgiftung von toxischen Verbindungen, die aus dem Darm aufgenommen werden.

Bei Lebererkrankungen, die zu einer Verminderung bzw. zu einem Ausfall der genannten Funktionen führen, können also die folgenden klinischen oder laborchemischen Symptome auftreten:
- Ikterus (Gelbfärbung der Haut durch den erhöhten Gehalt an Bilirubin in Blut und Gewebe),
- Hypoglykämie (Erniedrigung des Blutzuckers), nur bei schweren Erkrankungen,
- Verminderung der Serumproteine, z. B. des Albumins und der Gerinnungsfaktoren mit den Folgen Ödeme, Blutungsneigung,
- zentralnervöse Symptome, als schwerste Form das Coma hepaticum,
- Pfortaderhochdruck mit Aszites, Milzvergrößerung und Ösophagusvarizen bei Leberzirrhose (Störung der Leberdurchblutung als Folge des Leberumbaus).

9.1 Hepatitis

9.1.1 Akute Virushepatitis

Ursache. Ursache der akuten Virushepatitis sind DNA- oder RNA-haltige Viren, die z. T. (HB-Virus) relativ hitzebeständig sind. Ihre Abtötung erfolgt sicher bei Temperaturen über 100 °C. Heute können drei Viren, das

Virus A und das Virus B und das Virus C nachgewiesen werden. Das Virus A verursacht die Hepatitis epidemica (infektiöse Hepatitis, Inkubationszeit 2–6 Wochen), das Virus B die Serumhepatitis (Inkubationszeit bis zu 6 Monaten). Im Gegensatz zu den früheren Anschauungen (ersichtlich aus der Benennung der beiden Hepatitisformen) können beide Krankheiten sowohl enteral als auch parenteral übertragen werden. Die Viren wurden in Stuhl, Blut, Urin, Speichel und anderen Körpersekreten gefunden. Antigene der Hepatitisviren (A, B, C) sowie ihre Antikörper können serologisch nachgewiesen werden. Die beiden Hepatitisformen sind klinisch und in der Leberhistologie nicht zu unterscheiden, es besteht jedoch nach einer überstandenen Erkrankung keine Immunität gegen die andere Hepatitisform. Eine dritte Form der Hepatitis ist die Hepatitis C, häufig als Posttransfusionshepatitis, mit Neigung zu chronischem Verlauf und Entwicklung einer Leberzirrhose. Weitere seltene Formen der Hepatitis sind heute bekannt (Hepatitis-Viren D, E, G).

Klinisches Bild. Vor Beginn des Ikterus bestehen für 2–9 Tage allgemeine Krankheitszeichen (Prodromalstadium). Bei häufig erhöhten Temperaturen klagen die Patienten über Anorexie, allgemeine Schwäche und Müdigkeit, Übelkeit, Spannungsgefühl im rechten Oberbauch sowie über zuweilen starke Gelenk- und Gliederschmerzen. Mit Beginn des Ikterus treten diese Symptome zurück, es kommt zur Gelbfärbung der Haut, zur Entfärbung des Stuhls und zur Braunfärbung des Urins. Bei der körperlichen Untersuchung fällt eine Vergrößerung der Leber und gelegentlich der Milz auf. Die Dauer des Ikterus beträgt im allgemeinen 2–6 Wochen, die Krankheit ist nach ca. 3–5 Monaten überstanden. Die Verlaufsformen können sehr unterschiedlich sein und reichen von der anikterischen Hepatitis (ohne Anstieg des Bilirubins im Serum) bis zur massiven nekrotisierenden Hepatitis mit der Gefahr des Leberkomas (früher „akute gelbe Leberatrophie“). Entsteht ein Leberkoma im Verlauf einer Hepatitis, so sterben 80–90% der betreffenden Patienten.

Prognose. Die Prognose der akuten Hepatitis insgesamt ist gut, sie heilt in 80–90% völlig aus. Die Letalität beträgt unter 1%, bei ca. 5% der Patienten entsteht eine chronische Hepatitis.

Therapie. Die Therapie besteht in Bettruhe sowie einer kalorisch ausreichenden Diät, die fettarm ist und nur bei schwerem Verlauf der Hepatitis im Proteingehalt beschränkt sein soll. Glukokortikoide sind nicht indiziert. Nach Normalisierung der Laborwerte ist eine 4- bis 8wöchige Schonung vor Wiederaufnahme der beruflichen Tätigkeit angebracht.

9.1.2 Chronische Hepatitis

Bei der chronischen Hepatitis kommt ein entzündlicher Prozeß in der Leber nicht zum Stillstand, sondern es entsteht durch fortlaufenden Untergang von Leberzellen und bindegewebige Reaktion eine Fibrose der Leber, die schließlich in eine Zirrhose einmünden kann.

Ursache. Die Ursache der chronischen Leberentzündung bleibt häufig unklar, in einem Teil der Fälle kann eine Virushepatitis B oder C als Ursache nachgewiesen werden, oder es sind immunologische Ursachen zu diskutieren.

Klinisches Bild. Die Symptome bestehen in gelegentlichen Ikterus, Oberbauchbeschwerden sowie allgemeiner Müdigkeit und Leistungsminderung. Der Verlauf kann zwischen einer gutartigen Form (chronisch persistierende Hepatitis) und einer aggressiven Form (chronisch aktive Hepatitis) differieren.

Therapie. Die Therapie der chronisch-aggressiven Hepatitis besteht in einer unter Umständen langjährigen Therapie mit Glukokortikoiden (10 bis 25 mg/Tag) bei Nachweis einer sogenannten Autoimmunerkrankung. Bei chronischer Hepatitis B und C kann durch Behandlung mit Interferon-Alpha in 20 bis 40% der Fälle eine Heilung der Hepatitis erreicht werden.

9.1.3 Leberzirrhose

Die Leberzirrhose ist eine diffuse, chronische Lebererkrankung mit fortgeschrittener Fibrose der Leber, knotiger Hyperplasie des Leberparenchyms und Veränderungen im Blutkreislauf der Abdominalorgane. Die Durchblutung der Leber über die Pfortader sinkt ab, es entsteht ein Pfortaderhochdruck, durch den sich Ösophagusvarizen entwickeln können.

Ursache. Die Ursachen der Leberzirrhose sind die alkoholische Leberschädigung (Alkoholhepatitis), die chronische Hepatitis sowie einige nur selten auftretende Lebererkrankungen. Ein großer Teil der Zirrhosen kann ätiologisch nicht eindeutig beurteilt werden (kryptogene Zirrhose).

Klinisches Bild. Bei ruhenden (kompensierten) Zirrhosen können Symptome fehlen. Im allgemeinen aber ist die Leber vergrößert und derb, es bestehen allgemeine Beschwerden wie Inappetenz, Völlegefühl, Blähsucht, Müdigkeit und Leistungsverminderung. Bei dekompensierten Formen bestehen Ikterus, Aszites und evtl. neurologisch-psychiatrische Symptome. Typisch sind Veränderungen der Haut wie Gefäßsternchen, Palmarerythem und Behaarungsanomalien sowie Hodenatrophie und

Gynäkomastie bei Männern. Der Verlauf der Zirrhose kann bei inaktiven, kompensierten Formen sehr gutartig sein, bei dekompensierten Formen mit Aszites, Ikterus und Ösophagusvarizenblutungen entspricht die Prognose der einer malignen Erkrankung (Fünfjahresüberlebensrate nach Diagnosestellung = 20%).

Komplikationen. Die wichtigsten Komplikationen bei der Leberzirrhose sind das Koma hepaticum (Leberausfallskoma), evtl. begleitet von schweren Störungen des Mineralstoffwechsels und von Nierenversagen, sowie die Blutung aus Ösophagusvarizen.

Therapie. An erster Stelle steht die Ausschaltung von weiteren Leberschädigungen (absolutes Alkoholverbot) sowie eine sinnvolle Lebensführung (geregeltes Leben, körperliche Schonung, maßvolle, eiweiß- und vitaminreiche Ernährung). Patienten mit Leberzirrhosen, bei denen im Leberpunktat eine chronisch aggressive Hepatitis nachgewiesen wurde, erhalten Glukokortikoide oder Interferon, wenn noch keine Komplikationen der Leberzirrhose vorliegen.

Im aktiven Schub einer Zirrhose mit Transaminasenerhöhung wird Bettruhe bis zur Normalisierung der Laborwerte verordnet. Der Aszites wird mit Bettruhe, Kochsalzrestriktion und Saluretika behandelt.

Bei Anzeichen einer Enzephalopathie erhält der Patient Antibiotika zur Darmentkeimung (Neomycin, Paromomycin) und/oder Laktulose (40 – 60 g/Tag) sowie eine reduzierte Eiweißmenge (~ 30 g/Tag).

Physiotherapeutische Behandlung

Eine gezielte physiotherapeutische Behandlung gibt es nicht. Sollte die Bettruhe zu lange anhalten, können die üblichen Maßnahmen zur Pneumonie- und Thromboseprophylaxe unter strenger Beachtung der hygienischen Vorschriften ergriffen werden.

10 Erkrankungen von Magen und Darm

P. Czygan und H. Göhring

•••• Physiologie

Der Magen ist ein muskuläres Hohlorgan, das die im Mund zerkleinerten Speisen nach Passage der Speiseröhre aufnimmt, speichert und nach Umwandlung in den Speisebrei (Chymus) durch fraktionierte Entleerung in den Dünndarm weiterleitet. Der zur Chymusbildung notwendige Magensaft wird in den Drüsen der Magenschleimhaut gebildet, er setzt sich zusammen aus Salzsäure (HCI), Schleim, proteolytischen Enzymen (Pepsinogen und Pepsin), Elektrolyten (Na, K, CI, Ca) und Eiweißkörpern. Die Sekretion des Magensaftes wird gesteigert durch optische und geruchliche Reize (nervale Phase), durch Kontakt der Nahrung mit der Magenschleimhaut (gastrische Phase) und ist, ebenso wie die Entleerung des Magens, abhängig von dem Volumen und dem Säuregehalt des Chymus (intestinale Phase).

Der Darm stellt mit einer Länge von 5–6 m den größten Anteil des Verdauungstraktes dar. Der an den Magenausgang anschließende Dünndarm wird anatomisch unterteilt in den Zwölffingerdarm (Duodenum), den Leerdarm (Jejunum) und den Krummdarm (Ileum). Der Dickdarm besteht aus dem Blinddarm (Zäkum), dem Grimmdarm (Kolon) und dem Mastdarm (Rektum). Innerhalb des gesamten Darmes erfolgt die Fortbewegung des Speisebreis durch rhythmische Kontraktion und Erschlaffung der Darmmuskulatur (Peristaltik).

Im Dünndarm wird der Speisebrei mit dem Sekret der großen Verdauungsdrüsen Bauchspeicheldrüse und Leber (Gallensaft) vermischt und durch enzymatische Spaltung in resorbierbare Nahrungsbestandteile umgewandelt, die nach Transport durch die Darmwand in das Blut aufgenommen werden.

Im Dickdarm wird dem Chymus vor allem Wasser entzogen, wodurch er sich allmählich bis zum Kot eindickt. Daneben findet sich noch eine bakterielle Zersetzung der Nahrungsbestandteile, wie die Vergärung von Kohlenhydraten, die Eiweißfäulnis und die Bildung von Vitamin K.

Der Transport des Fäzes erfolgt durch die Darmmotorik, wobei zwischen folgenden Komponenten unterschieden werden muß:

- basaler Tonus,
- rhythmische Segmentation,
- Massenbewegung (Propulsion).

Während die rhythmische Segmentation durch Drucksteigerung im Kolon den Transport der Fäzes verlangsamt und dadurch die Rückresorption von Wasser fördert, ist die Massenbewegung für den Transport des Fäzes von entscheidender Bedeutung.

•••• Untersuchungsverfahren

Endoskopie. Mit Einführung der flexiblen Endoskopie in den frühen 70er Jahren hat sich die Diagnostik gastroenterologischer Erkrankungen entscheidend gewandelt. Ösophagogastroduodenoskopien (ÖGD) und Koloskopien haben die konventionellen radiologischen Verfahren (Doppelkontrast des Magens, des Kolons) als primäre Untersuchungsmethode weitgehend ersetzt.

Die Aussagekraft der ÖGD und der Koloskopie ist sehr hoch bei niedrigen Komplikationsraten von 0,13 bzw. 0,34%. Ein weiterer Vorteil der ÖGD bzw. Koloskopie besteht in der Möglichkeit der gleichzeitigen Entnahme von Gewebeproben (Biopsien) zur histologischen Beurteilung sowie der Abtragung von Polypen (Polypektomie) oder Tumoren, der Blutstillung (Unterspritzung der Blutung, Setzen von Clips, Fibrinklebung, Laserung).

Röntgen-Untersuchung. Abdomen-Leeraufnahme mit der Frage: freie Luft im Abdomen (bei klinischem Verdacht auf Perforation) oder Ileus-Zeichen.

Darstellung der Magen-Darm-Schleimhaut mit Hilfe von Bariumbrei in Doppelkontrast (mit zusätzlicher Luftblähung der Organe):
- Magen/Duodenum in Doppelkontrast.
- Kolon in Doppelkontrast.
- Dünndarmkontrastdarstellung nach Sellink. Kontrastdarstellung des Dünndarmes mit Hilfe von Röntgenkontrastmittel in Doppelkontrast über eine liegende Duodenalsonde.

Abdomensonographie. Prinzipiell eignet sich der Gastrointestinaltrakt für die nichtinvasive Sonographie weniger gut als die parenchymatösen Organe des Oberbauches (Störung durch Luft). Bei Entzündungen des Gastrointestinaltraktes bzw. bei Tumoren sind jedoch typische Kokardenphänomene, langstreckige Infiltrationen mit fehlender Wandperistaltik, Konglomerattumoren, Fisteln und Abszeßbildung nachzuweisen.

Endosonographie (EUS). Mit der endoskopischen Ultraschalluntersuchung (eingebauter Ultraschall in der Spitze des Endoskops) können die verschiedenen Wandschichten des Gastrointestinaltraktes, umschriebene submuköse Wandprozesse weiter differenziert und perienterale Lymphknoten ab einer Größe von 3 mm sowie Nachbarorgane dargestellt werden. Weiterhin hat sich die EUS in der präoperativen Staging-Untersuchung von Tumoren bewährt.

Magensaftanalyse. Untersuchung der Säuresekretionsleistung vor und nach maximaler Stimulation mit Pentagastrin (Indikation: Bei Verdacht auf Zollinger-Ellison-Syndrom: Gastrinproduzierender Tumor im Pankreas).

Bestimmung der *Magenentleerung* durch szintigraphische, sonographische oder radiologische Methoden. Der Stellenwert dieser Verfahren ist wegen der geringen therapeutischen Konsequenz limitiert.

Dünndarmsaug-Biopsie. Entnahme von Gewebepartikeln mittels einer in den Dünndarm unter Röntgenkontrolle vorgeschobenen Saugbiopsiekapsel zur Differenzierung des Malabsorptionssyndroms bei Verdacht auf M. Whipple, Zöliakie.

D-Xylose-Resorptionstest. Mit dem D-Xylose-Test wird die Resorptionskapazität des Duodenums und des oberen Jejunums bei chronischer Diarrhoe überprüft.

Laktosetoleranztest. Oraler Disaccharid-Toleranztest zur Aufdeckung eines primären Laktasemangels im Ileum bzw. einer verminderten Laktaseaktivität bei der chronischen Diarrhoe.

Schilling-Test (Vitamin-B_{12}-Resorptionstest). Erfassung der resorptiven Funktion des Ileums mit Hilfe von ^{57}CO-Vitamin-B_{12} bei Erkrankungen des Ileums oder perniziöser Anämie.

Wasserstoff-Exhalationstest. Bestimmung der orozökalen Transitzeit, zur Diagnose einer bakteriellen Fehlbesiedelung im Dünndarm sowie die Abschätzung einer Malabsorption.

Stuhluntersuchung. Makroskopische Untersuchung auf Form, Konsistenz und Farbe sowie von Blut, Schleim und Eiter.

Mikroskopische Untersuchung. Nachweis von unverdauten Nahrungsresten (Fett und Muskelfasern), Wurmeiern und Amöben.

Chemische Untersuchung. Nachweis von okkultem Blut.

Bakteriologische und virologische Untersuchungen.

10.1 Gastritis (Magenschleimhautentzündung)

Ursachen. Ca. 80–90% der Gastritiden werden durch Besiedelung der Magenschleimhaut mit Helicobacter pylori (H.p.) verursacht, ca. 10% sind chemisch-toxisch (Gallensäurereflux, nichtsteroidale Antirheumatika) und ca. 5% sind Autoimmungastritiden (Nachweis von Parietalzell-Antikörpern).

Einteilung. Die Gastritis ist ein histologisch definiertes Krankheitsbild, bewährt hat sich die histologische Klassifikation in den Typ A (Autoimmungastritis), den Typ B (bakterielle Gastritis), den Typ C (chemisch-toxische Gastritis) und den Typ D (diverse Sonderformen).

Klinisches Bild. Als häufigstes Symptom der Gastritis findet sich ein brennender Schmerz im Oberbauch, der durch den Genuß saurer, salziger, süßer oder scharfer Nahrungsmittel deutlich verstärkt werden kann. Daneben leiden die Patienten unter Übelkeit, rezidivierendem Erbrechen, unter Druck- und Völlegefühl.

Diagnostik. Bei der ÖGD zeigt sich makroskopisch eine gerötete, zum Teil vulnerable Schleimhaut, die spontan oder bei Berührung durch das Endoskop blutet.

Therapie. Bei der akuten Gastritis bilden sich die Symptome meist auch ohne Therapie innerhalb weniger Tage zurück, während die chronische Gastritis, schon durch geringe Reize auslösbar, immer wieder in Erscheinung tritt. Die wichtigste therapeutische Maßnahme ist das Meiden auslösender Noxen, wie nichtsteroidaler Antirheumatika (NSAR), Alkohol, Nikotin und Koffein. Bei der medikamentösen Therapie stehen die Antazida und die H_2-Blocker im Vordergrund. Eine H.p.-Eradikationstherapie (siehe Ulkus) scheint bei der Riesenfaltengastritis sinnvoll, ist bei der erosiven H.p.-positiven Gastritis aber nicht gesichert.

10.2 Ulcus ventriculi und duodeni (Magen- und Zwölffingerdarmgeschwür)

Ursache. Neben der vermehrten Magensäuresekretion stellt die H.p.-Besiedelung der Magen-/Duodenalschleimhaut den wichtigsten pathogenetischen Faktor in der Genese der Magen-/Duodenalulcera dar. 90% aller Patienten mit Ulcera duodeni und 70% mit Ulcera ventriculi sind H.p.-positiv. Weitere Einflüsse sind Umweltfaktoren wie Nikotin, Streß, Schwerstarbeit bzw. genetische Faktoren. H.p.-negative Ulcera sind entweder Folgen einer medikamentösen Therapie mit NSAR oder des seltenen Zollinger-Ellison-Syndroms.

Klinisches Bild. Sowohl beim Ulcus ventriculi als auch beim Ulcus duodeni leiden die Patienten hauptsächlich unter krampfartigen Oberbauchbeschwerden. Diese treten beim Magengeschwür sofort, während oder nach dem Essen in Erscheinung, während beim Zwölffingerdarmgeschwür die Schmerzen erst 2–3 Stunden nach der Mahlzeit beginnen und meist sofort wieder verschwinden, sobald der Patient eine Kleinigkeit gegessen hat (Nüchternschmerz). Diätfehler (saure, scharfe, salzige oder süße Speisen) sowie der Genuß von Kaffee und Alkohol verstärken die Beschwerden.

Komplikationen. Bei der Ulkuserkrankung können schwerwiegende Blutungen dadurch auftreten, daß Blutgefäße im Geschwürsgrund angedaut werden. Es kommt zu Kaffeesatzerbrechen und Teerstühlen. Bei sehr schweren Blutungen erbrechen die Patienten hellrotes Blut und geraten schnell in einen Volumenmangelschock.

Eine weitere lebensbedrohliche Komplikation ist der Durchbruch (Perforation) des Ulkus, wobei eine offene Verbindung zwischen dem Magen- bzw. Zwölffingerdarmlumen und der Bauchhöhle entsteht. Durch Austritt von Magen-Darm-Inhalt entsteht eine Bauchfellentzündung (Peritonitis), die mit heftigen Bauchschmerzen, Abwehrspannung und Schockzustand einhergeht.

Diagnostik. ÖGD mit multiplen Biopsien (mehr als 7 Biopsien haben eine Treffsicherheit zum Ausschluß eines Malignoms von über 98%) aus dem Ulkusrand und Ulkusgrund beim Ulcus ventriculi zum Ausschluß eines Malignoms sowie dem histologischen oder chemischen (Urease-Schnell-Test) Nachweis von H.p. Eine Biopsie beim Ulcus duodeni ist nur bei sehr großen Ulcera oder Ulcera mit aufgeworfenem Ulkusrand notwendig. Die Röntgenuntersuchung mit Doppelkontrast ist nur dann als primäre Untersuchung durchzuführen, wenn eine qualifizierte Endoskopie nicht verfügbar ist. Eine radiologische Therapiekontrolle beim Ulcus ventriculi gilt heute als obsolet. Bei der Blutuntersuchung evtl. Nachweis einer hypochromen Anämie, bei der Stuhluntersuchung läßt sich häufig Teerstuhl und/oder okkultes Blut nachweisen.

Therapie. Im Vordergrund steht die Eradikationstherapie mit Omeprazol, Clarithromycin und Metronidazol über den Zeitraum von 1 Woche, während die antisekretorische Therapie mit einem Protonenpumpenhemmer (Omeprazol, Lansoprazol, Pantoprazol) oder H_2-Ionen-Hemmer (Ranitidin, Famotidin) beim Ulcus duodeni bis 2 Wochen, beim Ulcus ventriculi bis 4 Wochen weitergeführt wird.

Nach erfolgreicher Eradikationstherapie – die Erfolgsrate liegt bei mehr als 80% – sinkt die Ulkusrezidivrate von über 60 auf unter 5% pro Jahr. Eine Sanierung der H.p.-Infektion führt zu einer Ausheilung der Ulkuskrankheit, erste Impfungen gegen die H.p.-Infektion sind bereits in klinischer Erprobung. Neben der antisekretorischen Therapie müssen Medikamente, wie NSAR, abgesetzt und Noxen, wie Alkohol, Nikotin und Kaffee, gemieden werden. Zu empfehlen ist eine schmackhafte Kost, die nicht zu scharf, zu süß, zu sauer oder zu salzig sein sollte (individuelle Anpassung).

Bei akuter Blutung erfolgt im Rahmen der ÖGD eine endoskopische Blutstillung mittels Unterspritzung des Ulkus, Setzen eines Clips auf das blutende Gefäß oder einer Fibrinklebung. Hierdurch kann häufig eine Operation vermieden werden und die Mortalitätsrate insgesamt gesenkt werden.

Die Inzidenz zur elektiven Operation ist in den letzten 20 Jahren nach Einführung einer medikamentösen antisekretorischen Therapie rückläufig, die jährliche Inzidenz der behandelten Ulkuspatienten liegt bei 180 pro 100000 Personen, die der elektiven Operation bei 7,5 pro 100000 Personen. Nur bei endoskopisch nicht beherrschbaren Blutungen, bei Perforationen und/oder maligner Entartung ist die Operation das Mittel der Wahl.

Physiotherapeutische Behandlung

Es kann hilfreich sein, wenn der Patient aktive Entspannungstechniken zur Verfügung hat, um sich in Streßsituationen gelassener verhalten zu können.

- *Maßnahmen:*
  - Autogenes Training,
  - Feldenkrais-Methode,
  - funktionelle Entspannung nach E. Fuchs,
  - Abhebearbeit und Schaarschuch,
  - kraniosakrale Therapie.

10.3 Magenkarzinom

1991 verstarben in der BRD (West) 13401 Personen am Magenkarzinom.

Ursache. Die Ursache des Magenkarzinoms ist unbekannt. Genetische und Umweltfaktoren (Nitratgehalt im Trinkwasser) sowie diätetische Gewohnheiten scheinen eine Rolle zu spielen: Gepökeltes Fleisch, Räucherwaren erhöhen das Risiko; Tiefkühlkost, Vitamin-C-Zufuhr vermindern es. Als präkanzerogene Bedingungen ist das Peutz-Jeghers-Syndrom, M. Menetrier, eine chronisch-atrophische Gastritis vom Perniziosa-Typ (Autoimmungastritis Typ A), eine intestinale Metaplasie Typ II b und eine Infektion mit H.p. anzusehen. Bei einer Infektion mit H.p. erhöht sich das Magenkarzinom-Risiko um den Faktor 3,5 – 6,0. Eine vorausgegangene Magenresektion wird als Risikofaktor diskutiert, gilt aber nicht als gesichert. Das Magenkarzinom ist bei Männern 1,4 – 1,7fach häufiger als bei Frauen, das Hauptmanifestationsalter liegt zwischen 60 und 70 Jahren.

Klinisches Bild. Im Frühstadium des Magenkarzinoms finden sich häufig nur spärliche oder gar keine Symptome. Im Laufe der Erkrankung treten uncharakteristische Oberbauchbeschwerden, Appetitlosigkeit, Erbrechen und Abneigung gegen bestimmte Nahrungsmittel wie z. B. Fleisch auf. Es kommt zu Gewichtsverlust, Blässe, allgemeinem Kräfteverfall und bei Blutungen aus dem Karzinom zu Kaffeesatzerbrechen und Teerstühlen.

Diagnostik. Für die Diagnose des Magenkarzinoms stehen die ÖGD und die Doppelkontrastuntersuchung des Magens zur Verfügung. Die ÖGD ist der Röntgendiagnostik weit überlegen, die Diagnosesicherung erfolgt mittels Biopsie. Bei einem überwiegend submukös wachsenden Karzinom (Linitis plastica) sind die ÖGD und Biopsie häufig negativ, hier stehen die Röntgenuntersuchung des Magens in Doppelkontrast und die EUS ganz im Vordergrund. Bei den Laboruntersuchungen findet sich im fortgeschrittenen Stadium häufig eine erhöhte BKS, eine Eisenmangelanämie und ein positiver Nachweis von okkultem Blut im Stuhl. Die Bestimmung des Tumormarkers CA 72 – 4 ist der Erfassung von Tumorrezidiven in der Tumornachsorge vorbehalten. Zur Frage der Operabilität ist die Durchführung einer EUS und die Computertomographie des Abdomens sinnvoll, zur Erfassung von Fernmetastasen die Röntgenaufnahme des Thorax sowie die Sonographie des Abdomens (Lebermetastasen, Aszites).

Therapie. Die einzige wirksame Therapie besteht in der operativen Totalentfernung des Tumors, daneben kommt der Chemotherapie beim metastasierenden Magenkarzinom eine wichtige Bedeutung zu.

10.4 Non-Hodgkin-Lymphome (NHL) des Gastrointestinaltraktes

Der Magen ist der häufigste Befallort (60 %) des extranodalen Lymphoms im Gastrointestinaltrakt. Ausgangspunkt vermutlich aller primären Magenlymphome (B-Lymphozyten) ist das sog. Mucosa-Associated-Lymphoid-Tissue (MALT). Im Gegensatz hierzu entstehen die NHL (T-Lymphozyten) des Dünndarms häufiger auf dem Boden einer vorhandenen Zöliakie.

Die Inzidenz der Magenlymphome beträgt 5 – 9/1 Million Personen/Jahr, das Verhältnis Magenlymphome zu Magenkarzinomen beträgt 1 : 10.

10.4.1 MALT-Lymphom des Magens

Ursache. Das MALT-Lymphom des Magens entsteht auf dem Boden einer H.p.-Gastritis.

Klinisches Bild. Die Beschwerdesymptomatik beim NHL des Magens ist uncharakteristisch und entspricht dem des Magenkarzinoms. Weiterhin bestehen häufig rezidivierende Fieberschübe bis 38,5 °C (B-Symptomatik).

Diagnose. Bei Magenlymphomen gelten dieselben Gesichtspunkte wie beim Magenkarzinom. Die ÖGD mit Biopsieentnahme sichert die Diagnose, mit Hilfe der EUS erfolgt die Staging-Untersuchung für das Tumorstadium. Zum weiteren Staging gehören die Sonographie, die Computertomographie des Abdomens und die Röntgenuntersuchung des Thorax. Bei der Laboruntersuchung findet sich im fortgeschrittenen Stadium häufig eine erhöhte BKS und eine Eisenmangelanämie.

Therapie. Prinzipiell stehen zur Behandlung des NHL des Magens verschiedene Therapiemodalitäten zur Verfügung: Operation, Chemotherapie, Radiotherapie oder deren Kombination. Die Therapiemodalitäten sind abhängig vom Stadium der Erkrankunge bzw. von dem Malignitätsstadium des Lymphoms. Im Frühstadium des MALT-Lymphoms zeigen sich erste Therapieerfolge durch eine alleinige H.p.-Eradikationstherapie.

10.5 Diarrhoen (Durchfall)

Unter Durchfall versteht man die gehäufte Entleerung von Stühlen verminderter Konsistenz bei beschleunigter Dickdarmpassage, wobei zwischen akuter und chronischer (länger als 2 Wochen) Diarrhoe unterschieden wird.

10.5.1 Akute Diarrhoen

Ursache. Die akute Diarrhoe beruht häufig auf einer Infektion mit Viren (Rota-Viren, Herpes-Viren, Zytomegalie-Viren und ECHO-Viren) oder Bakterien (E. coli, Cambylobacter jejuni, Salmonellen, Shigellen, Staphylokokken), Parasiten (Amöben, Protozoen) oder Mykosen. Bei bis zu 50% der Patienten, die Antibiotika einnehmen, können passagere Diarrhoen auftreten, wobei bei der antibiotikaassoziierten Colitis (pseudomembranöse Colitis), die Colitis nicht durch das Antibiotikum, sondern durch Clostridium dificile verursacht wird. Bis zu 50% der Fernreisenden erkranken passager an einer akuten Diarrhoe, in über 80% wird die „Reisediarrhoe“ durch eine Infektion hervorgerufen, die wiederum abhängig vom Reiseland ist. Bei Patienten mit angeborenem oder erworbenem

Immundefekt (hämatologische Systemerkrankung, nach Organtransplantation, nach Chemotherapie, HIV-Infektion) sowie bei Patienten mit chronischem Alkoholabusus oder nach Einnahme von verschiedenen Medikamenten können ebenfalls Diarrhoen auftreten.

Klinisches Bild. Die klinischen Beschwerden sind abhängig von der Art, Schwere und Dauer der Diarrhoen sowie der vorherigen Widerstandskraft des Patienten. Neben den Durchfällen können Erbrechen, Fieber und krampfartige Bauchschmerzen auftreten. Bei lange bestehenden Durchfällen kommt es zu Wasser- und Salzverlusten mit entsprechenden Kreislaufproblemen.

Diagnostik. Mikrobiologische Untersuchung von mindestens 3 Stuhlproben. Bei septischen Verlaufsformen sind zusätzlich Blutkulturen notwendig. Bei blutigen Diarrhoen sind eine Koloskopie und serologische Untersuchungen indiziert. Bei Patienten mit Immundefekten muß bei persistierender Diarrhoe und Gewichtsverlust eine Infektion mit Kryptosporiden, mit Mykobakterium avium oder mit dem Cytomegalivirus sowie ein Kaposi-Sarkom oder Lymphom ausgeschlossen werden.

Therapie. Häufig sind die akuten Diarrhoen selbstlimitierend. Die Therapie ist symptomatisch und besteht in ausreichender Elektrolyt- und Flüssigkeitszufuhr sowie Nahrungskarenz. An medikamentöser Therapie stehen Adsorbenzien (Kohle), Adstringenzien (Tannin) oder Opiumderivate zur Verfügung. Bei einem dysenterischen oder septischen Verlauf wird eine kalkulierte Antibiotika-Therapie noch vor Eintreffen der bakteriologischen Untersuchungsbefunde eingeleitet.

10.5.2 Chronische Diarrhoen

Ursachen. Chronische Diarrhoen finden sich häufig bei Malabsorptionssyndromen, bei den chronisch-entzündlichen Darmerkrankungen, der Divertikulitis, nach Operationen am Magen und Darm und bei Tumoren des Dickdarms. Weitere Ursachen der chronischen Diarrhoen sind Erkrankungen der Bauchspeicheldrüse, Nahrungsmittelallergien und endokrine Erkrankungen.

•••• Laktoseintoleranz

Die Inzidenz beträgt in Europa und den USA ca. 5% und nimmt mit zunehmendem Alter zu, bei den über 65jährigen liegt sie bei ca. 30%.

Ursache. Primärer Laktasemangel oder Verminderung der Laktaseaktivität (mit zunehmendem Alter, M. Crohn des Dünndarms, Zöliakie oder nach Resektion des Ileums) führen zu einer Malabsorption von Milchzucker, der dann im Dickdarm bakteriell gespalten wird. Eine osmotische Diarrhoe ist die Folge.

Klinisches Bild. Die Symptome sind unspezifisch und treten im Zusammenhang mit dem Verzehr von Milch oder Milchprodukten auf. Die Patienten klagen über Bauchschmerzen, Völlegefühl, Flatulenz und Diarrhoen, der Appetit ist gut. Es kommt zu keinem Gewichtsverlust.

Diagnostik. Die Diagnose wird mit Hilfe des Laktosetoleranztests gestellt.

Therapie. Vermeiden von Milchprodukten sowie von Produkten, die Milchzucker enthalten (Milchzucker wird häufig als Füllmaterial in Wurstwaren, Tabletten etc. verwendet).

•••• Zöliakie (einheimische Sprue)

Die Erkrankung kann sowohl im Kindesalter als auch im Erwachsenenalter beginnen. Die Inzidenz beträgt 0,3%, Frauen sind häufiger betroffen als Männer.

Ursache. Schädigung der Dünndarmschleimhaut durch Gliaden (ein Eiweißbestandteil aus Weizen, Hafer, Roggen und Gerste) mit Zerstörung der Schleimhauttextur; eine Zottenatrophie und ein Mangel an Enzymen sind die Folge.

Klinisches Bild. Bei unterschiedlich ausgeprägtem Malabsorptionssyndrom sind die Symptome vielfältig. In 100% finden sich Gewichtsverlust, in 75% abdominelle Beschwerden, in 50% Diarrhoen. Entsprechend der Resorptionsstörung Auftreten von pellagraähnlichen Hautveränderungen (Vitamin B_{12}, Folsäure), Anämie (Vitamin B_{12}, Folsäure, Eisen), Tetanie und Osteoporose (Vitamin D- und Kalziumstoffwechsel), Blutungen (Vitamin K). Weiterhin treten psychiatrische Symptome sowie die Hauterkrankung Dermatitis herpetiformis Duhring (Juckreiz, Blasenbildung an der Streckseite von Ellenbogen, Knien, Gesäß) vermehrt auf. Bei Patienten mit Zöliakie besteht ein erhöhtes Risiko betreffend eines Non-Hodgkin-Lymphoms des Dünndarms.

Diagnostik. Nachweis der Zottenatrophie der Dünndarmschleimhaut mittels Dünndarmsaugbiopsie.

Therapie. Unter glutenfreier Kost (keine Nahrungsmittel, die aus Weizen-, Gersten- oder Roggenmehl hergestellt sind) wird eine klinische Remission bei 70–80% beobachtet. Zusätzlich sollen mittelkettige Triglyzeride verwendet und fettlösliche Vitamine (A, D, E, K), Vitamin-B-Komplex, Kalzium und Magnesium verabreicht werden. Bei Therapieversagen wird eine Therapie mit Steroiden alternativ mit Cyclosporin empfohlen. Heute können Nahrungsmittel in einer Zellkultur bezüglich Glutenfreiheit überprüft werden.

•••• M. Whipple

Der M. Whipple ist eine seltene systemische Erkrankung mit in der Frühphase uncharakteristischen Symptomen wie Arthritiden (90%), Fieber (55%) und Hautpigmentation (30%). Erst im Spätstadium treten typische Zeichen der Malabsorption (Gewichtsverlust, chronische Diarrhoen, abdominelle Schmerzen) sowie Beteiligung extraintestinaler Organe auf.

Ursache. Bakterium Tropheryna whippelie.

Diagnostik. Zum Nachweis von PAS-positiven Zellen Dünndarmbiopsie. Seit kurzem ist es möglich, die DNA von Tropheryna whippelie in der Darmmukosa mittels PCR (Polymerase Chain Reaction) nachzuweisen.

Therapie. Konsequente Langzeittherapie mit Antibiotika über Jahre.

•••• Chronisch-entzündliche Darmerkrankungen

M. Crohn und die Colitis ulcerosa sind chronische Erkrankungen des Dünn- und Dickdarms mit rezidivierenden entzündlichen Schüben. Die Lebensqualität der Patienten wird durch die Notwendigkeit einer langfristigen medikamentösen Therapie und häufigen Operationen erheblich beeinträchtigt. Der M. Crohn und die Colitis ulcerosa manifestieren sich bei gleichmäßiger Geschlechterverteilung vor dem 40. Lebensjahr, die Inzidenz liegt je nach Land bei 2 – 12/100 000 Personen/Jahr.

Ursache. Die Ätiologie des M. Crohn und der Colitis ulcerosa sind unbekannt. Diskutiert werden neben einer genetischen Disposition Umweltfaktoren, wie die Ernährung, die Infektion mit Mykobakterien, eine abnorme Reaktion des intestinalen Immunsystems und eine Autoimmunerkrankung.

Klinisches Bild. Im Vordergrund der klinischen Symptomatik stehen bei der Colitis ulcerosa neben der rektalen Blutung häufige Stuhlentleerungen mit ständigem Stuhldrang, abdominellen Schmerzen und Tenesmen. Je nach Schweregrad und Ausdehnung der Erkrankung können bis zu 20 blutige Stühle pro Tag abgesetzt werden. Beim fulminanten Verlauf treten zusätzlich noch Fieber und die Zeichen eines akuten Abdomens (toxisches Megakolon) auf. Bei 40% der Fälle besteht ein intermittierender, bei 5 – 15% ein chronischer Verlauf. Bei 10 – 15% dehnt sich die primäre Proktosigmoiditis bis in das proximale Kolon aus. Die Entwicklung eines kolorektalen Karzinoms bei der Colitis ulcerosa ist abhängig von der Dauer der Erkrankung und der Ausdehnung. Das kumulative Risiko nach 30 Jahren liegt zwischen 9,5 und 16,5%. Der Zusammenhang zwischen M. Crohn und einem erhöhten Karzinom-Risiko wird zur Zeit kontrovers diskutiert.

Im Gegensatz zur Colitis ulcerosa ist der Blutabgang beim M. Crohn des Dickdarms (Colitis granulomatosa) nicht so ausgeprägt. In 50–70% der Fälle ist während des Verlaufes aufgrund von Komplikationen eine Operation notwendig. Häufigste Komplikationen sind: Darmstenosen, Fisteln zu benachbarten Darmabschnitten, Harnblase und Vagina sowie enterokutane Fisteln und Abszeßbildungen.

Sowohl bei Patienten mit Colitis ulcerosa als auch mit M. Crohn werden zusätzlich auch extraintestinale Symptome, wie Erythema nodosum, Pyoderma gangraenosum, Arthritis, Uveitis und Iridozyklitis beobachtet.

Diagnostik. Bei Verdacht auf das Vorliegen einer M. Crohn/Colitis ulcerosa soll grundsätzlich eine hohe Koloskopie mit Sondierung des terminalen Ileums einschließlich Biopsie sowie beim M. Crohn eine ÖGD durchgeführt werden. Mittels Koloskopie kann in über 85% der Fälle zwischen M. Crohn und Colitis ulcerosa differenziert werden. Die für den M. Crohn pathognomonischen Granulome werden aber nur in 40% histologisch nachgewiesen.

Bei der Colitis ulcerosa ist zu 95% das Rektum befallen. Die Schleimhautveränderungen nehmen oralwärts kontinuierlich ab. Die Schleimhaut ist vermehrt vulnerabel, die Ulcera flach und konfluierend, das Exsudat eitrig.

Bei M. Crohn ist der Befund diskontinuierlich, Aphthen finden sich neben normaler Schleimhaut, die Ulcera sind spaltförmig, länglich, das Schleimhautrelief pflastersteinartig. Bei 30% ist das terminale Ileum, bei 20% das Kolon segmentär und bei 50% das Kolon und terminale Ileum segmentär befallen. Ein ausschließlicher Befall des oberen Gastrointestinaltraktes ist selten, ein Mitbefall des Duodenums und des Magens wird in bis zu 5% beobachtet.

Bei chronischem Verlauf der Colitis ulcerosa ist die Haustrierung fast immer verschwunden, das Kolon ist steif, die Schleimhaut ist von Pseudopolypen übersät. Bei M. Crohn stehen Fisteln und Stenosen eher im Vordergrund.

Die Röntgenuntersuchung des Dickdarms in Doppelkontrast (Nachweis von Lymphfollikeln, tiefen Ulcera, Pflastersteinrelief, segmentale Schrumpfung, Kragenknopfulcera, Pseudopolypen, fehlende Haustrierung) wird heute eher komplementär mit einer speziellen Fragestellung im Hinblick auf das Verteilungsmuster und vor allem der Komplikationen (Stenosen, Fisteln, Abszesse, Konglomeratstumoren) sowie präoperativ eingesetzt.

Bei der Sonographie des Abdomens finden sich bei M. Crohn in über 80%, bei der Colitis ulcerosa in ca. 50% pathologische Veränderungen, vor allem im Bereich des rechten Unterbauches. So kommen langstreckige starre Wandinfiltrationen mit fehlender Peristaltik, Konglomerattumoren mit verbackenen Darmschlingen und Abszeß- oder Fistelbildung zur Darstellung. Für die Diagnostik des Dünndarms kommt der Doppelkontrastuntersuchung nach Sellink auch heute noch ein hoher Stellenwert zu. Laborwerte wie BKS, CRP, Blutbild und Serumeisen sind für die Beurteilung der Entzündungsaktivität von Vorteil. Mikrobiologische Untersuchungen sind nur zum Ausschluß einer bakteriellen Genese indiziert.

Therapie. Eine Elementardiät führt bei 60% der Patienten mit M. Crohn mit niedriger Aktivität zu einer Remission. Weiterhin wird eine schnellere Schmerzfreiheit bei Stenosen und eine suffiziente Korrektur des reduzierten Ernährungszustandes erreicht.

Im Gegensatz zum M. Crohn haben Elementardiäten keinen Einfluß auf den Verlauf der Colitis ulcerosa. Bei vorliegendem Malabsorptionssyndrom muß auf eine ausreichende Substitution von Vitaminen (A, D, E, K, B_{12}), Folsäure und Mineralien bei schmackhafter Kost geachtet werden. Beim Vorliegen einer Laktoseintoleranz Meiden von Milchprodukten.

Die medikamentöse Therapie des M. Crohn und der Colitis ulcerosa richtet sich nach der Aktivität und dem Befallsmuster der Erkrankung. Bei M. Crohn mit niedriger Aktivität und alleinigem Befall des Ileums wird 5-Amino-Salicylsäure (5-ASA), bei Befall des Kolons 5-ASA oder Salazoazopyridin (SAP) eingesetzt. Bei einem leichten Schub der Colitis ulcerosa mit Befall des Rektums und/oder Sigmas wird eine lokale Therapie mit (5-ASA oder SAP) in Form von Suppositorien oder Klysmen durchgeführt. Bei einer Ausdehnung über die linke Flexur hinaus muß eine orale Applikation erfolgen. Bei höherer Aktivität des M. Crohn erfolgt unabhängig vom Befallsmuster eine systemische Behandlung mit Steroiden. Als Alternative wird neuerdings das lokal wirksame Budenosid eingesetzt, das bei weitgehend fehlenden systemischen Nebenwirkungen gleich effektiv ist. Bei sehr hoher Aktivität und drohenden Komplikationen muß das Steroid i.v. appliziert und eine parenterale Ernährung durchgeführt werden. Bei schwerem Verlauf des M. Crohn und der Colitis ulcerosa muß eine i.v. Steroidtherapie bei parenteraler Ernährung durchgeführt werden. Beim septischen Krankheitsbild zusätzliche Gabe eines Breitbandantibiotikums oder Metronidazol. Bei Nichtansprechen der Therapie wird zusätzlich Azathioprin oder an Stelle von Steroiden Cyclosporin eingesetzt.

Indikationen zur Operation sind: Nicht-Ansprechen der konservativen Therapie, das toxische Megakolon wie Abszesse, Stenosen und Fisteln. Nach kompletter Remission beim M. Crohn des Dünndarms oder nach Resektion des Ileums ist zur Vermeidung von Rezidiven eine Dauertherapie mit 5-ASA bis 1 Jahr, bei der Colitis granulomatosa oder ulcerosa mit 5-ASA oder SAP lebenslang indiziert.

Neben der konservativen Therapie sollen Patienten mit M. Crohn oder Colitis ulcerosa einer psychotherapeutischen Behandlung zugeführt werden, der ein hoher Stellenwert zukommt.

10.6 Divertikulose/Divertikulitis

Bei ca. 10% der Erwachsenen werden Divertikel (sackförmige Ausstülpungen der Darmwand) bevorzugt im Sigmabereich nachgewiesen, die Inzidenz nimmt mit dem Alter zu, bei über 65jährigen liegt sie bei ca. 30–40%.

Ursache. Diskutiert wird eine Strukturschwäche der Submukosa bzw. ein erhöhter intraluminaler Druck oder beides.

Klinisches Bild. Die Divertikulose verursacht keine Beschwerden, erst bei Entzündungen der Divertikel treten zum Teil krampfartige Schmerzen im linken Unterbauch auf, die in den Rücken und die linke Leiste ausstrahlen. Begleitet werden diese Schmerzen häufig von Fieber und Durchfällen. Komplikationen der Divertikulitis sind Abszesse, Perforationen und Stenosen. In 2% können Divertikelblutungen auftreten.

Diagnose. Die Diagnose wird mittels Koloskopie und/oder Röntgenuntersuchung des Kolons in Doppelkontrast gestellt. Bei der Sonographie Nachweis von traubenförmigen Luftkappen in oder neben der Darmwand. Bei der Divertikulitis Nachweis von Konglomerattumoren sowie Hinweise auf Komplikationen wie perikolischer Abszeß oder Fistelbildung. Im Labor zeigt sich eine Leukozytose.

Therapie. Als Prophylaxe wird eine ballastreiche Kost (Mindesttrinkmenge 2–3 Liter) empfohlen. Die Divertikulitis wird mit Antibiotika/Spasmolytika behandelt, zur Rezidivprophylaxe wird 5-Aminosalycilsäure empfohlen. Die Divertikelblutung sistiert spontan bei 80% der Fälle. Bei 10–20% der Divertikelblutungen sowie bei Abszessen, Stenosen oder Perforationen ist eine Operation indiziert.

10.7 Tumoren des Dickdarms

Die häufigsten gutartigen Tumoren im Dickdarm sind Adenome. Ca. 10% aller Menschen in Europa und den USA entwickeln im Laufe ihres Lebens ein oder mehrere Adenome, wobei die Inzidenz mit dem Alter steigt. So finden sich zwischen dem 50. und 60. Lebensjahr 29%, zwischen dem 60. und 70. Lebensjahr 33% und zwischen dem 70. und 80. Lebensjahr 42% Adenome. Das Risiko einer malignen Entartung ist abhängig von der Histologie und der Adenomgröße (1 cm = 1%; 1–2 cm = 10%; über 2 cm = 45%).

Kolorektale Karzinome sind die häufigsten malignen Tumoren des Gastrointestinaltraktes. 1993 verstarben in der Bundesrepublik 30631 Personen an Dick- und Enddarmkrebs. Das Risiko, an einem Kolonkarzinom zu erkranken, beträgt ca. 5%. Ab dem 50. Lebensjahr nimmt die Inzidenz des kolorektalen Karzinoms zu, verdoppelt sich alle 10 Jahre und erreicht den Höhepunkt um das 75. Lebensjahr. Eine Vorsorgeuntersuchung wird generell ab dem 50. Lebensjahr empfohlen.

Ursache. Das kolorektale Karzinom entsteht in über 90% der Fälle über morphologisch definierte Zwischenstadien (Dysplasien) aus dem Adenom (Adenom-Dysplasie-Karzinomsequenz), bei denen bereits genetische Veränderungen nachzuweisen sind. Die Entstehung des kolorektalen Karzinoms wird durch Umwelteinflüsse (Alkohol, Nikotinabusus), Ernährungsfaktoren wie fettreiche und ballastarme Kost und bei Personen mit positiver Familienanamnese begünstigt. Als Präkanzerosen gilt die Colitis ulcerosa, wahrscheinlich auch der M. Crohn. Besonders gefährdet sind Personen mit der autosomal-dominant vererbbaren familiären adenomatösen Polyposis (FAP). Mit 37 Jahren wird in 50% und mit 55 Jahren in 100% der Fälle ein Karzinom beobachtet.

Diagnostik. Bei positivem Nachweis von okkultem Blut im Stuhl oder Absetzen von Blut mit den Faeces Durchführung einer Koloskopie, wobei beim Nachweis von Polypen direkt eine endoskopische Polypektomie durchgeführt werden soll. Für die Diagnose des kolorektalen Karzinoms steht neben der rektalen-digitalen Untersuchung die Koloskopie und die Röntgenuntersuchung des Kolons in Doppelkontrast zur Verfügung. Die Primärdiagnostik soll wegen der hohen Treffsicherheit mittels Koloskopie einschließlich Biopsien durchgeführt werden (40% der Karzinome sind proximal der linken Flexur lokalisiert und werden bei der Rekto-Sigmoidoskopie nicht erfaßt). Bei endoskopisch nicht passierbaren Stenosen wird die Röntgenuntersuchung in Doppelkontrast durchgeführt.

Im Labor werden häufig eine erhöhte BKS und eine Anämie beobachtet. Die Bestimmung des Tumormarkers CEA ist der Erfassung von Tumorrezidiven in der Nachsorge vorbehalten.

Mit zunehmendem Tumorwachstum finden sich in der Sonographie verbreiterte Darmwände mit exzentrischem, zum Teil eingeengtem Darmlumen mit konsekutiver Dilatation des darüber gelegenen Darmabschnittes. Evtl. Nachweis von vergrößerten Lymphknoten und Aszites.

Für das präoperative Tumorstaging wird zusätzlich eine Röntgenuntersuchung des Thorax und eine Computertomographie des Abdomens durchgeführt.

Therapie. Nur die vollständige Tumorresektion verspricht eine Heilung. Nach erfolgreicher Operation mit vollständiger Entfernung des Tumors und der regionalen Lymphknoten (Frühstadium) liegt die 5-Jahres-Überlebensrate bei über 95%, im fortgeschrittenen Stadium ohne Lebermetastasen bei 55% und mit Lebermetastasen bei nur 8%. Bei der Diagnosestellung sind 40% nicht mehr kurativ operabel. Isolierte Lebermetastasen sollten operiert werden (Verbesserung der 5-Jahres-Überlebenszeit auf 35%).

Die Effektivität der Chemotherapie im fortgeschrittenen Stadium ist noch unbefriedigend, die Remissionsraten betragen ca. 25–30%. Beim Rektumkarzinom ist im fortgeschrittenen Stadium postoperativ eine kombinierte Chemo- und Radiotherapie zu erwägen.

10.8 Ileus

Unter Ileus versteht man die Aufhebung des Transportes des Darminhaltes in einem bestimmten Darmabschnitt. Aus der lokalen Darmfunktionsstörung entwickelt sich die „Ileuskrankheit“ mit lebensbedrohlicher Dekompensation aller wichtigen Organsysteme. Je nach Ursache wird zwischen einem paralytischen und einem mechanischen, nach der Lokalisation zwischen einem Dünn- und Dickdarmileus und nach dem Stadium zwischen einem inkompletten und einem kompletten Ileus unterschieden.

Ursache. Die Ursache des mechanischen Ileus sind ein Verschluß oder eine Kompression des Darmlumens durch einen Tumor, eine entzündliche Stenose, einen Fremdkörper, einen Gallenstein oder eine Brucheinklemmung, Invagination oder Volvolus.

Der paralytische Ileus tritt bei jeder Form der Peritonitis, reflektorisch (postoperativ, stumpfes Bauchtrauma, akute Pankreatitis, Gallen-/Nierenkolik) im Rahmen von Stoffwechselstörungen (Hypoglykämie, Urämie, Koma diabetikum) und bei Überdosierung von Medikamenten bzw. Intoxikationen auf. Eine Sonderform – auch bezüglich der Therapie – stellt der paralytische Ileus nach Mesenterialinfarkt bzw. Embolie dar.

Klinisches Bild. Die klinischen Symptome sind abhängig von der Ursache des Ileus und der Höhe des Darmverschlusses. Der mechanische Ileus verursacht rasch einsetzende, krampfartige Schmerzen und Erbrechen (früher und intensiver, je höher der Verschluß) bei entsprechender Hyperperistaltik. Beim paralytischen Ileus ist das Abdomen bei fehlenden Darmgeräuschen stark gebläht, erst nach ca. 24 Stunden erbricht der Patient zuerst Magen- dann Darminhalt (Miserere). Absetzen von blutigen Stühlen spricht für einen Mesenterialinfarkt oder eine Strangulation. Dauert der Ileus längere Zeit an, kommt es zu einem Wasser- und Elektrolytverlust, Kreislaufschock mit Oligurie/Anurie und schließlich zu einem septischen Schock.

Diagnostik. Die Abdomen-Leeraufnahme zeigt typische Flüssigkeitsspiegel in erweiterten Darmschlingen mit vermehrter Luftansammlung. In der Sonographie Nachweis von Wandverdickungen, fehlender (paralytischer Ileus) oder Pendelperistaltik (mechanischer Ileus) und flüssigkeitsgefüllten Darmschlingen.

Therapie. Beim mechanischen Ileus frühzeitige Operation, beim paralytischen Ileus Entlastung des Magendarmtraktes durch kontinuierliches Absaugen von Magen-/Darminhalt über eine Sonde, Flüssigkeits- und Elektrolytersatz sowie eine medikamentöse Therapie mit Prostigmin zur Anregung der Darmtätigkeit bei gleichzeitiger Behandlung der Grunderkrankung. Bei Versagen der konservativen Therapie bzw. Vorliegen einer Perforation als Ursache der Peritonitis oder beim Mesenterialinfarkt muß ein operatives Vorgehen erfolgen.

10.9 Irritables Kolon

Das irritable Kolon ist eine in Europa und den USA häufig gestellte Diagnose. Die Inzidenz beträgt ca. 15–20%. In ca. 50% der Fälle wird die Diagnose vor dem 35. Lebensjahr gestellt, Frauen sind doppelt so häufig betroffen wie Männer.

Ursache. Funktionsstörung des Dickdarms ohne Nachweis von organischen Ursachen.

Klinisches Bild. Über Jahre bestehende abdominelle Schmerzen unterschiedlicher Qualität, vor allem im linken Unterbauch, die sich nach Defäkation bessern oder verschwinden. Weiterhin besteht ein intermittierender Wechsel von Obstipation und Diarrhoe (ausschließlich tagsüber) ohne Blutbeimengung oder Gewichtsverlust.

Diagnostik. Es handelt sich um eine Ausschlußdiagnose.

Therapie. Symptomatisch, evtl. Psychotherapie. Bei Obstipation ballastreiche Kost mit viel Flüssigkeit, bei Diarrhoen Semen phyllii, evtl. Loperamid, bei Schmerzen Spasmolytika oder Anticholinergika.

10.10 Obstipation (Verstopfung)

Unter Verstopfung versteht man das seltene, in Abständen von 4 Tagen oder länger dauernde Absetzen von verhärtetem Stuhl. Frauen leiden doppelt so häufig wie Männer unter Obstipation.

Ursache. Ursachen der Verstopfung sind eine zu lange Verweildauer der Faeces im Dickdarm, verbunden mit einer zu starken Eindickung und/oder einem gestörten Defäkationsreflex. Begünstigt wird die Obstipation durch:

- faserarme Nahrung,
- falsche Eßgewohnheiten,
- Bewegungsmangel,
- Unterdrückung des Defäkationsreflexes (Ekel, Zeitmangel),
- Medikamente,
- Schwangerschaft,
- funktionelle oder organische Nervenstörungen,
- Tumoren,
- Analfissuren,
- Hämorrhoiden.

Therapie. Bei Zugrundeliegen organischer Störungen müssen diese soweit wie möglich beseitigt werden. Als Dauerbehandlung der Verstopfung wird eine faserreiche Kost, z. B. Frischgemüse oder Obst, Vollkornbrot und Kleie, Popcorn oder Kartoffelchips oder Leinsamen bei ausreichender Flüssigkeitszufuhr (ca. 2 – 3 Liter/Tag), daneben eine regelmäßige körperliche Betätigung empfohlen. Außer Laktulose (NW = Blähungen) sollten Abführmittel nur über einen begrenzten Zeitraum gegeben werden, da mit erheblichen Nebenwirkungen zu rechnen ist. Einläufe und Klysmen sollten nur bei ausgeprägter Verstopfung durchgeführt werden.

Physiotherapeutische Behandlung

Obstipation

- *Befund*
  - Muskulatur: Die Bauchdecke ist verspannt, die Bauchmuskulatur hyperton, ebenso die kleinen Hüftmuskeln, die Mm. glutaeus medius und minimus und die Mm. adductores. Der Hypertonus in der Bauchdecke ist besonders am lateralen Rand des M. rectus abdominis und im Verlauf des M. obliquus abdominis externus zu tasten.
  - Bindegewebe: Der Bindegewebsbefund zeigt Obstipationszonen beidseitig im Verlauf L 2 – L4 (Abb. 10.**1**).
  - Funktionelle Beurteilung: Der Bewegungsablauf ist lebhaft. Die Brustwirbelsäule kann in Höhe des 11. Brustwirbels nach dorsal leicht abgeknickt sein. Das Becken ist verstärkt extendiert. Im Liegen kann es schlecht reflektiert werden, da die hypertonen Stränge des M. rectus abdominis keine weiteren Bewegungen nach ventral zulassen. Auch ist es möglich, daß die Beine in Rückenlage nicht locker abgelegt werden können.
  - Atmung: Die diaphragmalen Atembewegungen nach ventral und lateral fehlen oder sind eingeschränkt. Es können sogar die Schultern bei der Einatmung hochgezogen werden. Dadurch entfallen

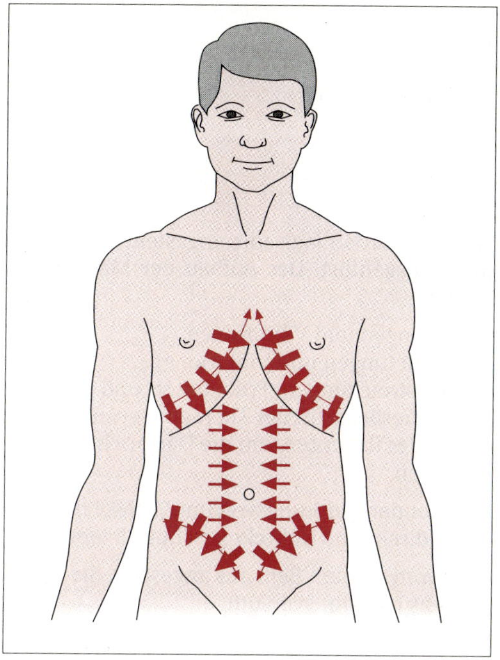

Abb. 10.**1** Bindegewebsmassage am Bauch

die nach kaudal gerichteten Atembewegungen als physiologischer Beweis für die Darmmotilität.
- Durchblutung: Die Patienten haben häufig kalte Füße.

Gesichtspunkte
- Lockerung der Bauchmuskulatur, der Hüftmuskulatur und der Mm. adductores,
- Mobilisation der Wirbelsäule, vor allem der Lendenwirbelsäule,
- Schulung der diaphragmalen Atembewegungen nach ventral und lateral,
- vegetative Umstimmung,
- Verbesserung der Durchblutung.

Voraussetzung für den Erfolg der physiotherapeutischen Behandlung ist die Mitarbeit des Patienten, indem er versucht, seine Lebensgewohnheiten sinnvoll zu ändern, vernünftig ißt und schläft, Regelmäßigkeit in seinen Tagesablauf (täglich um die gleiche Zeit auf die Toilette gehen) bringt, für nicht zu enge Kleidung sorgt, das Rauchen reduziert und ein ausgewogenes Maß an Bewegung absolviert.

Maßnahmen

a) **Passive Maßnahmen**
- Klassische Massage,
- Schüttelungen und Stauchungen,
- heiße Rolle,
- Bindegewebsmassage,
- Kolonbehandlung,
- Elektrotherapie.

Die *Bauchmassage* wird aus Rückenlage mit angestelltem Kopfteil und unterlagerten Knien ausgeführt. Der Aufbau der Massage geschieht in der Reihenfolge:

1. Bauchdecke – Streichungen und Vibrationen.
2. Bauchmuskulatur – Knetungen und Vibrationen.
3. Dickdarm – Darmausstreichungen, Frikationen und Vibrationen im Darmverlauf. Hierbei steht der Therapeut grundsätzlich auf der rechten Seite des Patienten, um die Darmrichtung besser verfolgen zu können.

Die *Schüttelungen* sind besonders wirkungsvoll im Wechsel mit aktiven Maßnahmen. Es kann direkt und indirekt geschüttelt werden.

Stauchungen werden nur vom rechten Bein aus angesetzt. Sie beeinflussen das Colon ascendens und transversum.

Die *heiße Rolle* auf dem Kreuzbein eignet sich vor allem als vorbereitende Maßnahme vor klassischer Massage oder aktiver Behandlung.

Die *Bindegewebsmassage* umfaßt neben dem großen Aufbau die Striche am Bauch (s. Abb. 10.**1**):
- Anhaken des unteren Thoraxrandes,
- zusammenfassender Strich,
- Anhaken des Randes des M. rectus abdominis,
- Anhaken des Darmbeinkammes,
- zusammenfassender Strich.

Kolonbehandlung nach Prof. Vogler. Die Kolonbehandlung ist eine manuelle, analwärts gerichtete Druck- und Gleitbewegung auf dem Kolon, die an fünf bestimmten Punkten des Abdomens durchgeführt wird. Ihre Wirkung wird unterteilt in eine reflektorische und eine örtlich-mechanische. Hierbei werden mehrere Faktoren beeinflußt:
- Motilität,
- Sekretion,
- Durchblutung,
- Turgor,
- Trophik des Darmes.

Die Kolonbehandlung wird aus Rückenlage mit angestelltem Kopfteil und unterlagerten Knien ausgeführt. Der Patient soll vor der Behandlung die Blase entleeren und etwa 1 Stunde vorher nichts gegessen haben.

Technik: Die Endglieder des 3. und 4. Fingers verschieben die Haut im Darmverlauf, ohne sie zu zerren, bis der Darm getastet ist. Die Fühlung mit dem Darm bleibt erhalten, auch während der Darm bei der Einatmung vorgewölbt wird. Es soll gegen die Hand geatmet werden. Jeder der 5 Punkte wird 5 – 7 Minuten behandelt (Abb. 10.**2 a** u. **b**).

Unterarm, Hand und Finger bilden eine Linie. Die Fingerspitzen bewegen sich in Richtung des Darmverlaufs und bleiben führend, indem sie schieben. Es kommt nun eine leichte Pro- und Supinationsbewegung dazu, um sich in der Bewegung der Rundung des Darmes anzupassen. Die Bewegung soll aus dem Schultergürtel kommen und wird leicht und im Atemrhythmus durchgeführt während der Exspiration. In dieser Phase sinkt der intraabdominelle Druck ab, und der Widerstand wird kleiner. In der Inspirationsphase läßt sich die Hand von dem wachsenden intraabdominellen Druck wieder nach oben tragen, ohne den Kontakt mit dem Kolon zu verlieren.

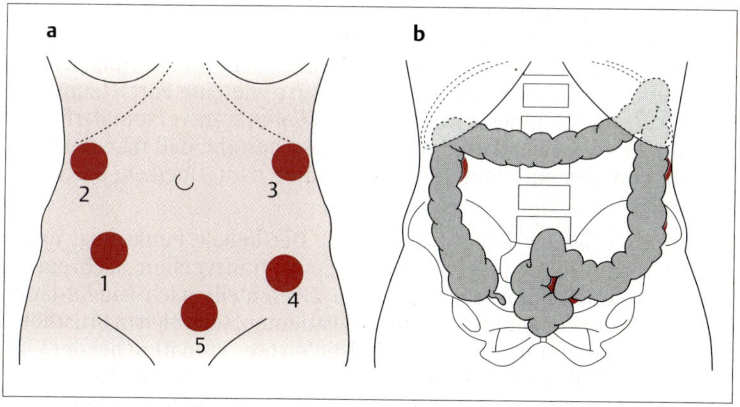

Abb. 10.**2 a** u. **b** Lokalisation der Kolonpunkte
1 = Zäkalpunkt,
2 = Aszendenspunkt,
3 = lienaler Punkt,
4 = Deszendenspunkt,
5 = Sigmapunkt

Der Druck der Hand ist den Spannungsverhältnissen von Bauchdecke und Darm angepaßt. Fühlt man Blähungen, schiebt man sie vorsichtig von der Hand her, was ein kollerndes Geräusch verursachen kann. Der Patient muß wissen, daß er diesen Flatus ruhig passieren lassen darf.

Auswirkungen auf die Atmung: Der Atemrhythmus und die durch die Kolonbehandlung hervorgerufenen Druckschwankungen im intraabdominellen Raum werden synchronisiert. Die Atmung vertieft sich, wird fließend und ausgeglichen. Dadurch wird eine gesamte Entspannung erreicht. Während der Behandlung kann mehrmals eine reflektorische Tiefatmung einsetzen. Man geht in der Behandlung erst weiter, sobald sie abgeklungen ist.

Das Ziel der Kolonbehandlung ist die Regulierung der Tonusverhältnisse im Bauchraum. Dabei sollen peristaltische Trägheit und Hyperperistaltik normalisiert werden.

❖ *Vorgehen: Punkt 1 – Zäkalpunkt* (Abb. 10.**3a**). Der Zäkalpunkt liegt in der Nähe des „McBurney-Punktes", rechts unten in Richtung des aufsteigenden Teils des Dickdarms parallel zum Darmbeinkamm. Man arbeitet mit der rechten Hand von der rechten Patientenseite aus und kann dabei sitzen.

Punkt 2 – Aszendenspunkt (Abb. 10.**3b**). Der Aszendenspunkt liegt zwischen der Spina iliaca anterior superior und dem rechten Rippenbogen außerhalb der Medioklavikularlinie Man sitzt in Höhe der arbeitenden rechten Hand. Der Punkt 2 ist wie eine Fortsetzung der Richtung des Punktes 1. Im Verlauf des Colon transversum darf nicht gearbeitet werden, da hierbei die Gefahr besteht, daß man der Peristaltik entgegenarbeitet. Die Folgen wären dann Übelkeit, Brechreiz, Unruhe.

Punkt 3 – lienaler Punkt (Abb. 10.**3c**). Der lienale Punkt liegt unter dem linken Rippenbogen, wo das Colon transversum nach einem starken Knick unterhalb des linken Zwerchfells nach kaudal läuft. Man ist jetzt auf der linken Seite des Patienten, setzt sich in Brusthöhe und arbeitet mit der linken Hand. Mit leichter Pronation bei der Einatmung Haut nach links oben anschieben und bei der Ausatmung Druck mit leicht supiniertem Arm nach abwärts medial gleiten lassen (Abb. 10. **3d**).

Punkt 4 – Deszendenspunkt (Abb. 10.**3e**). Diesen Punkt findet man von der linken Spina iliaca anterior superior, medial etwas aufwärts in Richtung Nabel. Es wird mit der rechten Hand gearbeitet. Mit der Einatmung Haut nach oben verschieben, mit der Ausatmung und leichtem Druck schräg nach unten, parallel zur Innenseite des Beckenkammes (Abb. 10.**3f**).

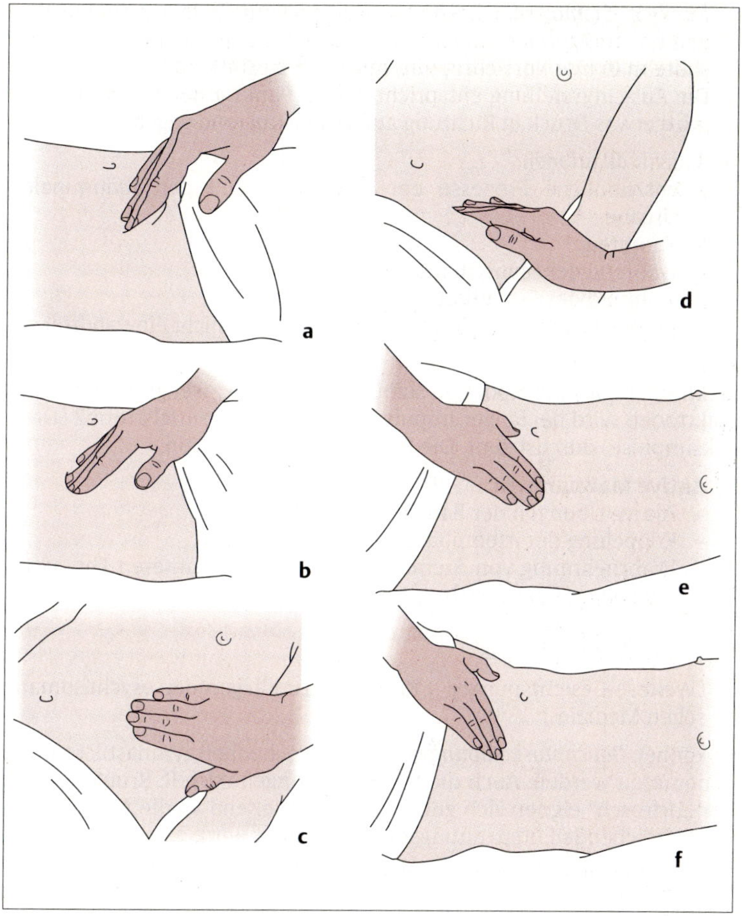

Abb. 10.**3 a–f** Kolonbehandlung
a Beginn am Zäkalpunkt
b Ende der Tour beim zweiten Punkt. Die Behandlung wird nach kranial-dorsal und leicht lateral bis zum Rippenbogen geführt
c Lienaler Punkt; Handhaltung am Anfang und
d am Ende der Behandlung
e Deszendenspunkt; Handhaltung am Anfang und
f am Ende der Behandlung

Punkt 5 – Sigmapunkt. Er ist etwas kaudal vom Punkt 4 zu finden. Wegen der engen Nachbarschaft der Adnexe, der Blase und des Ureters sollte man hier vorsichtig und mit nicht zu starkem Druck arbeiten. Die Ausgangsstellung entspricht der im Punkt 4. Bei der Ausatmung wird etwas Druck in Richtung auf den Rektusrand gegeben.

❖ *Gegenindikationen:*
- entzündliche Prozesse der Bauchhaut und der abdominalen Organe,
- Tumoren,
- während der Menstruation,
- während der Gravidität,
- Adipositas, da die Kolonpunkte palpatorisch nicht einwandfrei gefunden werden können.

Elektrotherapie. Mit bipolarer, stabiler Anlage von zwei großen Plattenelektroden wird bei langer Impulsdauer mit Exponentialstrom 2 (Dreiecksimpulse) durchströmt. Die Pause soll eher lang sein.

b) **Aktive Maßnahmen**
- Aktive Übungen der Bauchmuskulatur,
- Koppelung der Atemphasen mit der Bewegung,
- Wahrnehmung von Atembewegungen in den unteren Thoraxbereichen und des Bauches,
- Entspannung,
- Gruppengymnastik

(Weitere Gesichtspunkte s. Kap. 15: Grundlagen der psychosomatischen Medizin.)

Es können *Bauchmuskelübungen* aus der Wochenbettgymnastik (s. dort) genommen werden. Auch die Stemmführungen nach R. Brunkow oder der „Urfrosch" eignen sich gut, wenn anschließend an die Anspannung für ausreichende Entspannungsphasen gesorgt wird.

Unter *Koppelung* versteht man die Verbindung der Atmung mit der Bewegung.

❖ *Beispiele:*

❖ Sitz. Beim Einatmen und beim Ausatmen den Rücken leicht nach hinten wölben, dabei betont das Becken flektieren und extendieren.

❖ Sitz. Der gestreckte Oberkörper wird locker nach rechts gedreht und dann kräftig und langsam nach links. Beim Drehen nach links wird mit dem rechten Rippenbogen ein Druck auf den Darm ausgeübt, der beim Zurückdrehen nach rechts wieder aufgehoben wird. Bei der Drehung wird die rechte Schulter schraubenförmig abwärts bewegt.

Besonders wirkungsvoll sind *Übungen aus dem Hatha-Yoga.* Sie müssen mit leerem Magen durchgeführt werden, und man darf erst beginnen, nachdem man sich in Rückenlage vollkommen entspannt hat.

- *Beispiele:*
  - *Rückenlage.* Während der Einatmung die Arme gestreckt über dem Kopf ablegen. Mit der plötzlichen Ausatmung durch den Mund das rechte Knie umarmen. Kurz verharren, danach das rechte Beim auf den Boden legen. Arme mit der Einatmung wieder über den Kopf. Jetzt das gleiche für links, dann langsam durch die Nase ausatmen, neben den Körper ablegen und ruhen (Abb. 10.**4**).
  - *Vierfüßlerstand.* Mit der Einatmung Lendenwirbelsäule senken und Kopf dabei heben. Mit der Ausatmung Bauch einziehen, LWS stark heben und Kopf senken. Nach einigen Wiederholungen ausruhen im Päckchensitz (Abb. 10.**5a** u. **b**).
  - *Rückenlage.* Knie locker umarmt. Mit der Ausatmung Knie fest umarmen und nahe an den Körper heranziehen. Bei der Einatmung Umarmung lockern. Nach einigen Wiederholungen ausruhen in Rückenlage (Abb. 10.**6a** u. **b**).
  - *Stand.* Mit der Ausatmung waagerecht nach vorne beugen, Arme locker hängen lassen, der Rücken ist gerade. Mit der Einatmung wieder aufrichten und ruhig weiteratmen. Nach einigen Wiederholungen ruhen in Rückenlage (Abb. 10.**7**).
  - *Rückenlage.* Hände hinter dem Kopf. Mit der Ausatmung Knie anheben, mit der Stirn Knie berühren. Mit der Einatmung auf den Rücken zurücklegen, ruhig weiteratmen. Nach einer Pause diese Übung wiederholen. Danach ausruhen in Rückenlage (Abb. 10.**8**).

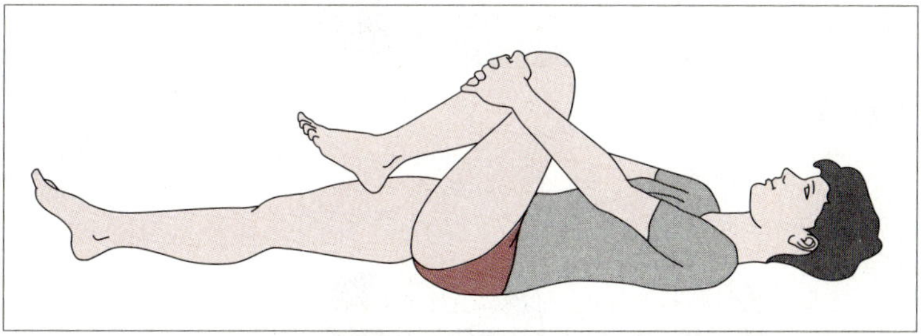

Abb. 10.**4**

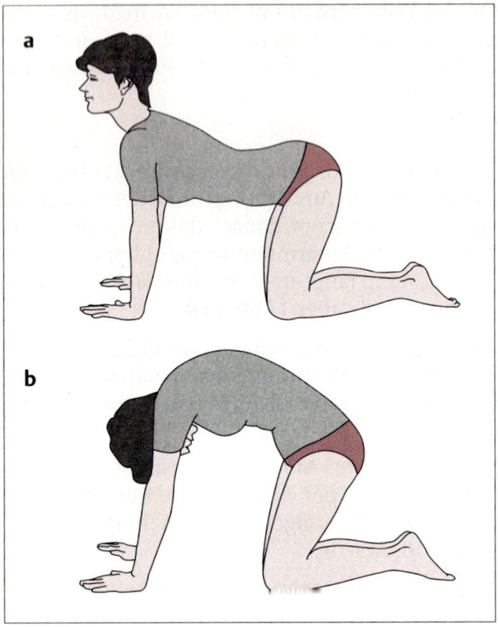

Abb. 10.**5a** u. **b**

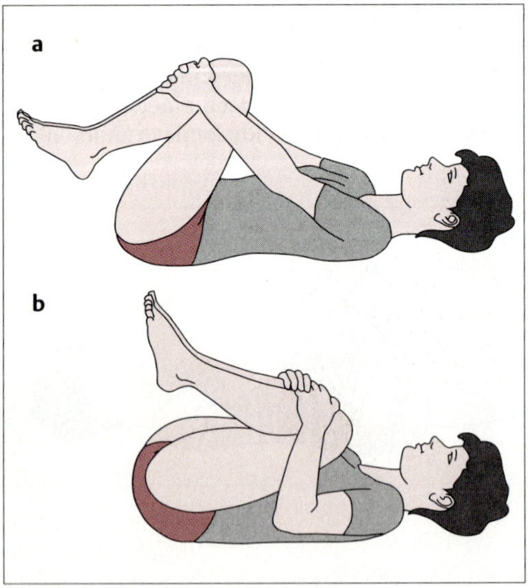

Abb. 10.**6a** u. **b**

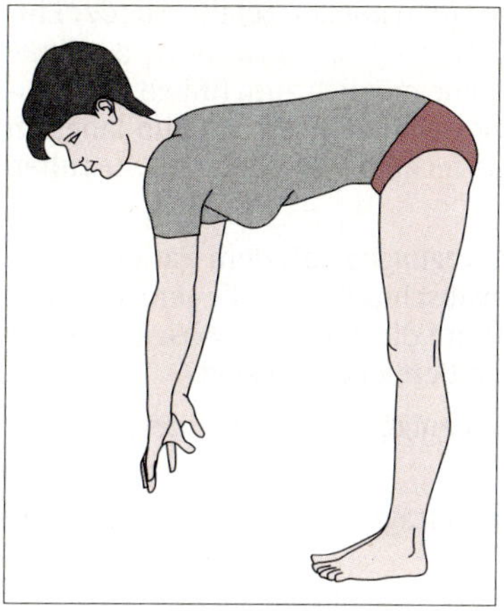

Abb. 10.**7**

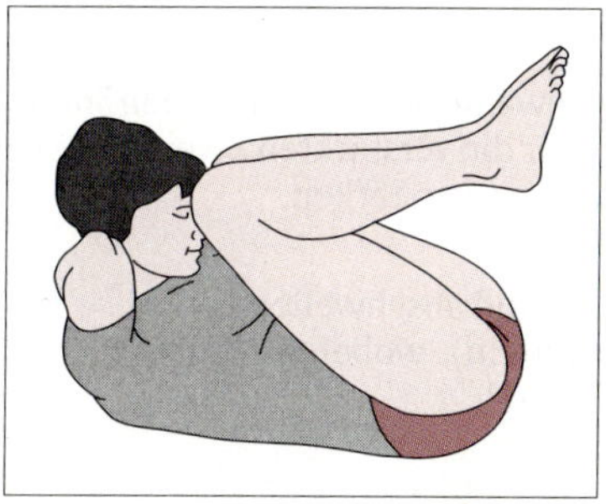

Abb. 10.**8**

Abb. 10.**9**

- *Stand.* Grätschstellung, Hände auf dem Rücken gefaßt. Mit der Einatmung Arme zurücknehmen. Während der Ausatmung das linke Knie und den Oberkörper so tief wie möglich zum linken Fuß beugen; dabei berührt der Kopf fast den Boden. Einatmend langsam aufrichten, dann ausatmend zur rechten Seite beugen. Ausruhen in Rückenlage (Abb. 10.**9**).

Bei der *Wahrnehmung der Atembewegungen* soll dem Patienten die Atemrichtung der einzelnen Thoraxabschnitte bewußt gemacht werden, indem er seine eigenen Hände auf die einzelnen Abschnitte legt und die Atembewegungen in diesen Bereichen verfolgt.

Als Ausgangsstellung eigenen sich Rückenlage oder Schneidersitz.

Die Hände liegen
- auf dem Bauch für die diaphragmalen Atembewegungen (Abb. 10.**10 a**),
- auf den seitlichen Thoraxabschnitten für die kostalen Atembewegungen (Abb. 10.**10 b**).
- auf den Lungenspitzen für die sternalen Atembewegungen (Abb. 10.**10 c**).

Dazu können noch Atemübungen gewählt werden, die einen intermittierenden Druck auf den Darm über die verstärkten Zwerchfellbewegungen ausüben und die Bauchpresse verstärken.

- *Beispiele:*
  - Scharfes Ausatmen auf „zzzz", an- und abschwellend,
  - Sakkadierendes Einatmen (Schnüffeln), wobei der Luftstrom in Richtung Bauch geschickt werden soll.
  - Lautes „ha ha ha"-Sagen.

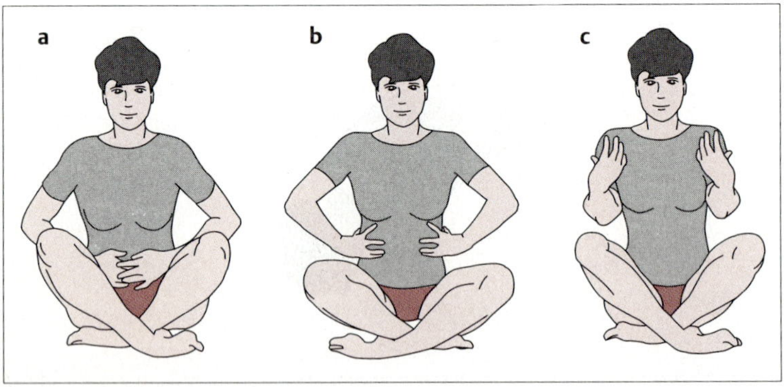

Abb. 10.**10 a–c**

Entspannung. Am besten fügt sich hierbei wohl die suggestive Entspannung, das Durchdenken der einzelnen Körperabschnitte in den Behandlungsablauf ein und läßt sich vor allem mit dem Nachspüren der Atembewegungen sinnvoll kombinieren.

Gruppengymnastik. Günstige Geräte für die Gruppe sind der Pezzi-Ball oder der Hocker. Aktive Übungen für Bauch-, Beckenboden- und Beinmuskulatur, allgemeine Entspannung, Mobilisationsübungen der Wirbelsäule, vor allem der Lendenwirbelsäule, Atemübungen und verschiedene Laufformen wie Gehen, Hüpfen und Springen sollen sich abwechseln.

❖ *Beispiel für eine Gruppenbehandlung:* Einlaufen zur Erwärmung mit Wechsel von Gehen, Laufen, Rückwärtsgehen, Federn, Hüpfen auf einem Bein, Hüpfen und Laufen im rhythmischen Wechsel, Ausfallschritt, Gehen mit betonter Rumpfrotation, Gehen in der Hocke – auf den Zehenspitzen.

Hauptteil:

1. Entspannung in Rücken- oder Seitlage mit Durchdenken.
2. Wahrnehmung der Atembewegungen des Bauches gegen die Hände.
3. Sakkadierend einatmen.
4. Vierfüßlerstand. Vorsichtige Kyphosierung – Lordosierung.
5. Vierfüßlerstand. Mit Knie zur Stirn kommen, Bein nach hinten ausstrecken.
6. Vierfüßlerstand. Ellbogen und Knie diagonal zusammenkommen lassen und ausstrecken.
   4.–6. auch im Atemrhythmus möglich.
7. Schneidersitz, Hände auf den Bauch, stark mit „zzz" ausatmen, dabei klein werden.
8. Rückenlage. Beine sind angestellt, Lendenwirbelsäule auf die Unterlage drücken.
9. Mit der Hand auf das gegenüberliegende Knie kommen.
10. Mit beiden Händen über den Knien einen Kreis beschreiben.
11. Rückenlage. Arme in Schulterhöhe gestreckt auflegen, Handfläche zeigt nach unten. Die rechtwinklig angehobenen Beine zu den Seiten ablegen.
12. Sitz auf dem Pezzi-Ball. Federn.
13. Lateralflexion vom Becken aus.
14. Kyphosierung – Lordosierung.
15. Kreisbewegungen, Kombination von Punkt 13 und 14.
16. Sagittalschwung mit Beckenbewegungen und Federn, dabei mit den Händen über dem Kopf klatschen.
17. Fersensitz vor dem Ball. Oberschenkel gespreizt, Stirn auf dem Ball ablegen. Entspannung von Beckenboden- und Bauchmuskulatur. Sakkadierend einatmen.

Abschlußmöglichkeiten:
- Zusammenfassen der Übungen auf dem Pezzi-Ball, auch mit Musik.
- Seilspringen.
- Einstudieren eines kleinen Tanzes. Wegen der damit verbundenen intensiven Beckenbewegungen eigenen sich besonders Elemente aus der Jazzgymnastik.
- Polonaise, evtl. mit Gesang.

11 Nierenerkrankungen

E. Ritz, K. Andrassy und H. Göhring

11.1 Glomerulonephritis

Ursache. Die Glomerulonephritis ist eine abakterielle, immunologisch bedingte, beide Nieren symmetrisch befallende Entzündung mit primärem Befall der Glomeruli (Filterkörperchen). Die durch Immunmechanismen bedingte Schädigung des Glomerulus ist gelegentlich reversibel (z. B. akute Poststreptokokken-Glomerulonephritis), meist jedoch chronisch progredient (chronische Glomerulonephritis).

Verlauf. Die Glomerulonephritis kann verschiedene Verlaufsformen aufweisen:
- akutes nephritisches Syndrom,
- nephrotisches Syndrom,
- sog. Latenzstadium, in welchem bei klinischer Beschwerdefreiheit lediglich pathologische Urinbefunde (Proteinurie und abnormes Sediment) oder Hypertonie nachweisbar sind,
- chronische Niereninsuffizienz.

11.1.1 Akutes nephritisches Syndrom

Klinisches Bild. Das akute nephritische Syndrom (akute Glomerulonephritis) ist gekennzeichnet durch drei Symptome: Hypertonie, generalisierte Ödeme, Hämaturie. Im Urin finden sich fast stets Eiweiß (Proteinurie) und ein pathologischer Sedimentbefund (Erythrozyturie und Erythrozytenzylinder, granulierte Zylinder, seltener Leukozyten und Leukozytenzylinder).

Das akute nephritische Syndrom wird vorwiegend beobachtet bei der Poststreptokokken-Glomerulonephritis (typischerweise 7 – 10 Tage nach Streptokokkenangina auftretend) und bei Systemerkrankungen (Schoenlein-Henoch-Purpura, Lupus erythematodes, Vaskulitis).

Bei Poststreptokokken-Glomerulonephritis ist unter adäquater Therapie praktisch keine Mortalität im akuten Stadium zu erwarten; Nierenversagen bei Krankheitsbeginn ist meist reversibel. In wenigen Prozent wird ein subakuter Verlauf mit irreversibler Niereninsuffizienz innerhalb von Wochen bis Monaten beobachtet. Die Langzeitprognose ist bei

Kindern wesentlich besser als bei Erwachsenen. Bei Erwachsenen tritt eine Großzahl der Fälle in ein Latenzstadium mit Proteinurie und/oder Hypertonie ein. Die terminale Niereninsuffizienz kommt in diesen Fällen nach Jahren bis Jahrzehnten.

Komplikationen. Als Komplikationen der *akuten Glomerulonephritis* mit akutem nephritischem Syndrom können beobachtet werden: Niereninsuffizienz, Hochdruckkomplikationen wie hypertensive Enzephalopathie (entsprechend einer Eklampsie verlaufend) oder akute Linksherzinsuffizienz sowie exzessive Ödemeinlagerungen (periphere Ödeme und Lungenödem).

Als Komplikationen der *chronischen Glomerulonephritis* werden Hochdruckfolgen (Apoplex, Herzinsuffizienz, Myokardinfarkt) und chronische Niereninsuffizienz (s. Urämie, S. 321) gesehen.

Eine *spezielle physiotherapeutische Behandlung* ist beim akuten nephritischen Syndrom nicht erforderlich.

11.1.2 Nephrotisches Syndrom

Ursachen. Das nephrotische Syndrom ist gekennzeichnet durch hohe *Urineiweißverluste* infolge des Übertritts von Serumproteinen in den Urin. Dies ist auf eine Störung der Durchlässigkeit des glomerulären Filters zurückzuführen, wie sie im Prinzip bei jeder die Glomeruli befallenden Erkrankung auftreten kann. Parallel mit dem Abfall der Serumeiweißkonzentration retiniert die Niere vermehrt Kochsalz. Die Kochsalzretention führt zum Auftreten von Ödemen.

Klinisches Bild. Die wesentlichen Symptome des nephrotischen Syndroms sind:
- Erniedrigung des Serumeiweißes (Hypoproteinämie) und Verschiebung der Serumeiweißfraktionen (Dysproteinämie),
- Ödeme, ggf. mit Aszites (Flüssigkeitseinlagerung in die Bauchhöhle), Pleuraerguß und generalisierter Flüssigkeitseinlagerung in alle Gewebe (Hydrops anasarca),
- Erhöhung der Blutfette (Hyperlipoproteinämie).

Bei einigen Patienten werden lichtoptisch normale Glomeruli gefunden (Minimal-change-Glomerulonephritis); bei diesen Patienten kann sich das nephrotische Syndrom spontan oder unter Therapie mit Steroiden zurückbilden; dies ist bei Kindern häufiger als bei Erwachsenen. Liegt dem nephrotischen Syndrom eine Glomerulonephritis oder eine sonstige glomeruläre Erkrankung zugrunde (diabetische Glomerulosklerose, Amyloidose usw.), so ist die Nierenerkrankung in der Regel nicht rückbildungsfähig.

Komplikationen. Als Komplikationen werden Infekte (erworbenes Antikörpermangelsyndrom durch Verlust von Immunglobulinen in den Urin, gehäufte Thrombosen (Ursache unbekannt), ferner Hochdruck (falls eine Glomerulonephritis u. ä. zugrunde liegt) und fortschreitende Niereninsuffizienz gesehen.

Therapie. Die Therapie ist symptomatisch und besteht darin,
- die gesteigerte Durchlässigkeit des glomerulären Filters zu vermindern (Behandlung mit Steroiden bei Minimal-change-Glomerulonephritis) und
- die Folgen des Urineiweißverlustes (Eiweißmangel, Antikörpermangelsyndrom, Retention von Kochsalz mit Ödembildung) zu beseitigen.

Wegen der Tendenz zur Kochsalzretention muß in der Diät die Zufuhr von Natrium streng eingeschränkt werden (unter 5 g Kochsalz täglich). Ggf. müssen natriumausschwemmende Medikamente (Diuretika) gegeben werden.

Eine *spezielle physiotherapeutische Behandlung* ist beim nephrotischen Syndrom nicht erforderlich.

11.1.3 Harnwegsinfekte und Pyelonephritis

Ursachen. Die ableitenden Harnwege sind beim Gesunden steril. Infektion der ableitenden Harnwege durch Eindringen von Darmkeimen durch die Urethra (meist Escherichia coli) oder instrumentelle Einschleppung exogener Keime (häufig Proteus und Pseudomonas) können eine Entzündung der Blase (Zystitis) mit oder ohne gleichzeitige Entzündung des Nierenbeckens (Pyelitis) hervorrufen.

Prädisponierende Faktoren sind stets sorgfältig auszuschließen: subvesikales Abflußhindernis (Prostatahypertrophie, Sphinktersklerose, Urethralklappen), Zystozele bei Descensus uteri mit Streßinkontinenz, neurogene Blase, Mißbildungen der ableitenden Harnwege (Ektopie, Hufeisenniere, Doppelnierenbildung usw.). Die häufigsten exogenen Ursachen sind Katheterismus und Instrumentation.

Bei der Frau (kurze Urethra!) kommen Harnwegsinfekte sehr häufig auch ohne prädisponierende Ursachen vor.

Bei Vorliegen entsprechender prädisponierender Ursachen (vesikoureteraler Reflux, d. h. Rückstrom von Urin in das Nierenbecken bei Blasenentleerung, Harnarbflußstörung, Nierensteine, Analgetikaabusus) können Harnwegsinfekte zum Untergang von Nierenparenchym durch eine unspezifisch-chronische Entzündung (chronische Pyelonephritis) führen. Es ist derzeit unklar, ob Harnwegsinfekte auch ohne solche prädisponierenden Ursachen zur chronischen Pyelonephritis führen können.

Klinisches Bild. *Akute Zystitis:* Dysurie (Brennen bei der Miktion), Nachschmerz und terminale Hämaturie, Pollakisurie, Blasentenesmen. Kein Fieber, kein Flankenschmerz.

Akute Pyelitis bzw. *Pyelonephritis:* zusätzlich zu zystitischen Beschwerden Flankenschmerz, Klopfschmerz im Nierenlager, Fieber (ggf. mit Schüttelfrost bei Urosepsis). Im letzten Schwangerschaftsdrittel häufig Schwangerschaftspyelitis (meist rechtsseitig auftretend).

Chronische Pyelonephritis: beschwerdearm, nicht immer anamnestische Episoden von Harnwegsinfekten nachweisbar, Hypertonie und schleichende Niereninsuffizienz.

Therapie. Antibiotische Behandlung für 1 – 10 Tage. Symptomatisch: lokale Wärme, Spasmolytika, Diuresesteigerung (über 2 l Trinkmenge täglich) häufige Miktionen.

Bei rezidivierenden Harnwegsinfekten nach Ausschluß prädisponierender Ursachen (s. oben), welche eine urologische Behandlung erfordern, prophylaktische Harnwegsdesinfektion mit Mandelamine, Nitrofurantoin oder Trimethoprim/Sulfamethoxazol).

Eine *spezielle physiotherapeutische Behandlung* ist bei Harnwegsinfekten nicht erforderlich.

11.1.4 Chronische Niereninsuffizienz

Ursachen. Bei Ausfall funktionstüchtigen Nierengewebes kommt es wegen der gestörten Ausscheidungsfunktion der Niere zur Retention harnpflichtiger Substanzen im Serum (Harnstoff, Kreatinin, Harnsäure, Phosphat, Säureäquivalente) und wegen der gestörten Stoffwechselfunktion der Niere zu endokrinen Ausfällen (Anämie durch Ausfall von Erythropoetin, Osteopathie durch Ausfall aktiver Vitamin-D-Metaboliten). Die Niereninsuffizienz endet in der Urämie. Diese ist auf eine Störung des Harnstoffwechsels durch unbekannte urämische Retentionsprodukte, welche durch Dialyse beseitigt werden können, zurückzuführen.

Klinisches Bild. Die Beschwerden bei chronischer Niereninsuffizienz sind weitgehend unabhängig von der zugrundeliegenden Nierenerkrankung; die wichtigsten zur chronischen Niereninsuffizienz führenden Nierenerkrankungen sind Glomerulonephritis, diabetische Glomerulosklerose, Zystennieren, Mißbildung der ableitenden Harnwege mit Pyelonephritis, Analgetikaabusus.

Meist schleichender Beginn mit „Leistungsknick“, Müdigkeit, Durst, vermehrter Urinausscheidung (Polyurie) und nächtlicher Urinausscheidung (Nykturie). Später Anämie, schmutziggraues Hautkolorit, trockene schuppende Haut, Kopfschmerzen und Schlafstörungen.

Das Stadium der Intoxikation, d.h. der Urämie, kündigt sich durch Wesensveränderung, Apathie, Verwirrtheit, Übelkeit, Appetitlosigkeit, Erbrechen, Aufstoßen (Singultus) und Foetor uraemicus an.

In der Urämie werden zentralnervöse Symptome (Somnolenz bis Koma, Krampfanfälle), gastrointestinale Symptome (Übelkeit, Erbrechen; hämorrhagische Stomatitis, Gastritis, Kolitis) und kardiale Symptome (Perikarditis) beobachtet. Unbehandelt sterben die Patienten im urämischen Koma.

Komplikationen. Die wichtigsten Komplikationen der Urämie sind Hochdruck, Ödeme, Anämie, Knochenerkrankungen (urämische Osteopathie), Elektrolytstörungen (metabolische Azidose, Hyperkaliämie).

Muskelkrämpfe. Diesen können verschiedene Ursachen zugrunde liegen:
- Hyponatriämie oder Natriummangel mit konsekutiver Vermehrung des Muskelzellwassergehaltes. Eine derartige Störung wird vorzugsweise bei Verwendung einer zu niedrigen Dialysat-Natrium-Konzentration oder intensivem Diuretikagebrauch (Furosemid) beobachtet.
- Starke Ultrafiltration (Abpressen von Plasmaflüssigkeit während der Dialyse); die durch Natriummangel oder Ultrafiltration bedingten Muskelkrämpfe treten vorzugsweise während der Dialyse auf.

Im Dialyseintervall auftretende Muskelkrämpfe sind auf
- Polyneuropathie, seltener auf
- Tetanie zurückzuführen. Trotz Hypokalzämie werden bei Niereninsuffizienz nur selten tetanische Muskelkrämpfe beobachtet. Sie treten fast nur unter Alkalitherapie nach zu rascher Beseitigung der metabolischen Azidose auf.

Restless legs. Unter Restless legs („ruhelose Beine") wird der durch Mißempfindungen hervorgerufene Zwang verstanden, die Beine (insbesondere nachts) ständig zu bewegen. Dieses Symptom ist wahrscheinlich auf die urämische Polyneuropathie zurückzuführen.

Für die physiotherapeutische Behandlung wichtig sind die Komplikationen: Polyneuropathie, Myopathie und Muskelatrophie.

Polyneuropathie mit distal symmetrischen Sensibilitätsstörungen, vorwiegend an der unteren Extremität; seltener morotische Ausfälle. Es ist darauf zu achten, daß geeignetes Schuhwerk getragen wird und Traumata vermieden werden.

Myopathie, gekennzeichnet durch Muskelschwäche ohne Muskelschmerzen oder Muskelatrophie mit vorwiegendem Befall der proximalen stammnahen Muskulatur; auf Störungen des Vitamin-D-Stoffwechsels zurückzuführen.

Bei Patienten mit längerdauernder Steroidtherapie (z.B. nach Transplantation) kann auch eine Steroidmyopathie auftreten.

Häufig *Muskelatrophie* infolge Eiweißmangels durch verminderte Nahrungszufuhr (Übelkeit und gastrointestinale Beschwerden) oder Fehlernährung (fehlerhaft durchgeführte Eiweiß-beschränkte Diät).

Prognose. Siehe Dialyse, unten.

Therapie. Senkung des Serumharnstoffspiegels durch ausreichende Flüssigkeitszufuhr (Trinkmenge 2–3 l/Tag; falls ausreichendes Trinken wegen gastrointestinaler Beschwerden unmöglich ist, intravenöse Infusionen) und diätetisch Eiweißrestriktion (0,7–0,8 g/kg/Tag; zur Vermeidung eines Eiweißmangelsyndroms ist hierbei die Zufuhr biologisch hochwertiger Proteine notwendig). Bei Vorliegen von Ödemen oder Hypertonie muß die diätetische Kochsalzzufuhr eingeschränkt werden.

11.1.5 Dialyse und Transplantation

•••• Dialyse

Unter Hämodialyse verstehen wir die Entfernung harnpflichtiger Substanzen (Harnstoff, Kalium usw.) durch Bespülen eines blutgefüllten Zellophanschlauches mit einer Spüllösung, dem sog. Dialysat.

Der Zugang zum Blutgefäßsystem des Patienten erfolgte früher mit Hilfe eines chirurgisch implantierten, Arterie und Vene verbindenden Kunststoffschlauchsystems (Scribner-Shunt), heute in der Regel durch Punktion der sog. Cimino-Fistel (subkutane Anastomose zwischen A. radialis und einer Hautvene, Abb. 11.**1**). Durch eine etwa 3- bis 5stündige Dialyse dreimal wöchentlich gelingt es, die Mehrzahl der Patienten weitgehend zu rehabilitieren. Jährlich geraten etwa 100 Patienten auf 1 Million Einwohner in die terminale Niereninsuffizienz. Die Einjahresüberlebensrate beträgt unter optimalen Bedingungen über 95%. Die Dialyse kann in Form der Zentrumsdialyse, der Heimdialyse oder der Selbstdialyse (Limited-care-Dialyse) erfolgen. Alternativ kann das Verfahren der CAPD (kontinuierliche ambulante Peritonealdialyse) zur Anwendung kommen. Hierbei wird ein Dauerkatheter in die Peritonealhöhle implantiert. Harnpflichtige Substanzen werden durch intermittierende Füllung der Peritonealhöhle mit steriler Dialysatflüssigkeit entfernt.

Die Diät der Dialysepatienten soll wegen der Aminosäurenverluste ins Dialysat eiweiß- und kalorienreich sein. Nur bei Hypertonie ist eine diätetische Natriumbeschränkung notwendig. Hingegen kann auf eine diätetische Kaliumbeschränkung wegen der Gefahr des hyperkaliämischen Herzstillstandes nicht verzichtet werden.

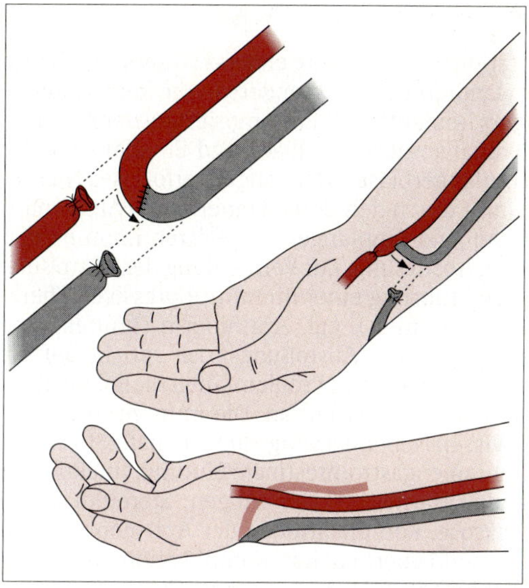

Abb. 11.1 Cimino-Fistel (wir danken Herrn Magasi, Heidelberg, für die freundliche Überlassung der Schemazeichnungen)

Die wesentlichen Probleme bei Dauerdialyse sind Hypertonie, renale Anämie, Hepatitis, Osteopathie, Unterdialyse (mit der Gefahr des Auftretens von Polyneuropathie oder Perikarditis), psychologische Probleme sowie Probleme der familiären und beruflichen Rehabilitation.

Shunt- und Fistelpflege. Nach operativem Anlegen einer Cimino-Fistel ist die vorübergehende Schonung der entsprechenden Extremität indiziert. Zur Ausbildung einer gut laufenden Fistel hat sich nach Rückbildung des postoperativen Wundödems und der Wundschmerzen das intermittierende Stauen der Fistel mit einem Stauschlauch oder mit einem Blutdruckgerät mehrfach täglich bewährt, wobei der Staudruck zwischen systolischem und diastolischem Blutdruck liegen sollte. Hierdurch soll es infolge der intravasalen Druckerhöhung zur Erweiterung des Gefäßlumens kommen. Möglicherweise ist auch die Anregung der Muskelpumpe förderlich.

Dem Physiotherapeuten sollte das sog. Steal-Phänomen bekannt sein. Durch direktes Abfließen des arteriellen Blutes in die venöse Fistel können distal der Anastomose gelegene Gewebsbezirke (z. B. Hand des Fistelarmes) ischämisch werden. Dies ist insbesondere dann zu beobachten, wenn die Gewebedurchblutung durch Blutdruckabfall, starke Anämie, Orthostase (Erheben der Arme) oder intensive Muskeltätigkeit abfällt.

•••• Transplantation

Bei der Nierentransplantation wird die Niere eines verwandten Lebendspenders oder nicht verwandten Leichenspenders in die kontralaterale Fossa iliaca des Empfängers implantiert (Anastomosierung der A. renalis mit der A. iliaca, der V. renalis mit der V. iliaca und Einpflanzung des Spenderureters in die Empfängerblase). Der Langzeiterfolg des Nierentransplantats wird bestimmt durch den Verlauf einer durch Antigendifferenzen zwischen Spender und Empfänger ausgelösten immunologischen Entzündung, der sog. Abstoßung. Zur Vermeidung der Abstoßung ist die lebenslängliche Durchführung einer immunsuppressiven Therapie mit Cyclosporin A (Sandimmun), ggf. Azathioprin (Imurek) und Prednison unumgänglich. Die akute Abstoßungskrise spricht auf die hochdosierte Gabe von Prednison oder in Problemfällen monoklonale T-Lymphozyten-Antikörper (OKT_3) meist gut an. Die immunsuppressive Therapie ist mit einer gewissen Nebenwirkungsquote behaftet (Komplikationen der Prednisontherapie: gastrointestinale Blutung; Infektionen, vorwiegend der ableitenden Harnwege oder Lungen; Steroiddiabetes; Osteoporose; Hüftkopfnekrose. Komplikationen der Azathioprintherapie: Knochenmarkaplasie und Lebertoxizität. Komplikation von Cyclosporin A: Hypertonie, Nephrotoxizität, Hirsutismus, Gingivahyperplasie, Tremor u. a. m.).

Physiotherapeutische Behandlung

Chronische Niereninsuffizienz, Dialyse, Transplantation

- *Befund:* Die körperliche Leistungsfähigkeit ist meist eingeschränkt, was in erster Linie auf die Anämie zurückgeführt werden muß. Die Muskulatur ist häufig atrophisch; als Ursache hierfür kommen Polyneuropathie, Eiweißmangelzustand, Trainingsmangel in Frage.
- *Gesichtspunkte:* Die physiotherapeutische Behandlung richtet sich nach folgenden Zielen:
  - Erhalten oder Verbessern der körperlichen Leistungsfähigkeit;
  - Vermeiden der Muskelatrophie bzw. Unterstützen einer positiven Eiweißbilanz (Muskeleiweißsynthese bei anaboler Stoffwechsellage).
- *Maßnahmen:* Die physiotherapeutische Behandlung setzt ihre Schwerpunkte zu gleichen Teilen auf das Training des Kreislaufs und auf das Training der Muskulatur.

  Da die Patienten häufig hypertensiv und kardial vorgeschädigt sind (Herzinsuffizienz als Folge langjährigen Hochdrucks; Koronarerkrankung als Folge einer Arteriosklerose), ist dem Blutdruckverhalten und der kardialen Leistungsreserve besondere Aufmerksamkeit zu schenken.

Das Auftreten von „Muskelkater" ist Hinweis darauf, daß der Patient sein Trainingsmaximum erreicht hat.

Wegen der meist bestehenden Anämie ist die Fähigkeit des Patienten, bei Arbeit die Sauerstoffversorgung der Gewebe aufrechtzuerhalten, beeinträchtigt. Die Anämie ist heute allerdings durch Gabe von rekombinantem humanem Erythropoetin therapierbar. Außerdem besteht bei Niereninsuffizienz eine metabolisch bedingte Muskelerkrankung (urämische Myopathie). Diese beiden Störungen führen zu einer Reduktion der maximalen Leistungsfähigkeit.

Folgende physiotherapeutische Techniken haben sich bewährt:
- PNF.
- Gymnastik mit Geräten in verschiedenen Ausgangsstellungen, vor allem Geräte, die statische Muskelarbeit erfordern wie Stab, Medizinball, Teraband usw. Diese sind günstiger als Geräte, die dynamische Bewegungen abverlangen, z. B. Reifen, Ball, Keule. Die Bevorzugung statischer Beanspruchung erscheint auch aus muskelphysiologischen Gründen sinnvoll. Bei Niereninsuffizienz schwinden teilweise die weißen Muskelfasern, welche vorwiegend glykolytisch Energie gewinnen und für schnelle Bewegungsabläufe verantwortlich sind (z. B. Sprint). Hingegen bleiben die roten Muskelfasern erhalten, welche aufgrund des hohen Myoglobingehaltes und der dadurch bedingten großen Sauerstoffspeicherkapazität auch bei relativem Durchblutungsmangel noch arbeiten können (z. B. bei Haltearbeit).
- Gymnastik in der Gruppe. Die Möglichkeit der Aufnahme sozialer Kontakte, die Eingliederung des Patienten in eine Gruppe und die Aufnahme zwischenmenschlicher Beziehungen sind gerade bei *Dialysepatienten* wertvoll. Bei ihnen werden infolge der krankheitsbedingten Frustrationen nicht selten soziale Isolierung, Reduktion sozialer Kontakte und Störung zwischenmenschlicher Beziehungen beobachtet.

Allgemein erscheint die physiotherapeutische Behandlung dieser Patienten auch deshalb sinnvoll, weil sich bei Dialysepatienten, die in ihrer körperlichen Befindlichkeit beeinträchtigt sind, häufig Störungen des Körperbildes nachweisen lassen. Diese können durch körperliche Übungen mit bewußtem Vollzug körperlicher Funktionen günstig beeinflußt werden.

Die physiotherapeutische Behandlung von Patienten nach *Nierentransplantation* folgt den Gesichtspunkten, die nach schweren allgemeinchirurgischen Eingriffen gültig sind.

11.1.6 Akutes Nierenversagen

Ursachen. Unter akutem Nierenversagen wird ein ohne vorbestehende Nierenschädigung im Gefolge eines Schocks, einer Intoxikation oder einer allergischen Reaktion akut auftretender Funktionsausfall der Niere verstanden. Dieser ist nach wechselnd langer Zeit (Tage bis mehrere Wochen) spontan reversibel mit meist vollständiger Wiederherstellung der ursprünglichen Nierenfunktion. Während des Funktionsausfalls der Niere kommt es zur vorübergehenden Urämie.

Klinisches Bild. Klinisches Leitsymptom ist die verminderte Harnausscheidung (Oligurie, d.h. tägliche Harnmenge unter 500 ml). Die Unfähigkeit der Niere, adäquate Harnmengen auszuscheiden, hat folgende Konsequenzen:
- Das Unvermögen, Natrium und Wasser zu eliminieren, führt zur Ödembildung (periphere Ödeme oder Lungenödem).
- Das Unvermögen der Niere, Kalium zu eliminieren, führt zur Hyperkaliämie (Gefahr des hyperkaliämischen Herzstillstandes).
- Das Unvermögen der Niere, harnpflichtige Substanzen zu eliminieren, führt zum Anstieg von Serumharnstoff, Kreatinin, Harnsäure usw. und damit zum Auftreten einer akuten Urämie.

Komplikationen. Lungenödem (bei zu hoher Flüssigkeitszufuhr; bei Oligurie tägliche Aufnahme auf 500 ml limitieren), hyperkaliämischer Herzstillstand, gastrointestinale Blutung, Infektionen.

Prognose. Die Mortalität des akuten Nierenversagens beträgt 40% (bei Patienten mit medizinischen Vorerkrankungen) bis 80% (bei Patienten mit chirurgischen Grundleiden).

Therapie. Restriktion der Flüssigkeitszufuhr (bei Oligurie Flüssigkeitszufuhr 500 ml/Tag; Kontrolle durch Prüfung des Körpergewichts); kaliumarme Diät; Infektionsprophylaxe.

Die Therapie der Wahl ist die Hämodialyse.

Physiotherapeutische Behandlung

Pneumonie- und Thromboseprophylaxe mit tiefen Atemzügen, z.B. durch Wahrnehmen der Atembewegungen und dynamische Bewegungsserien.

11.1.7 Wanderniere

Als Wanderniere bezeichnen wir den Befund einer abnormen Beweglichkeit der Niere (Tiefertreten der Niere um mehr als 2 Wirbelkörperhöhen beim Übergang vom Liegen zum Stehen), wie er gelegentlich bei asthenischen Individuen gefunden wird. Ein solcher Befund hat an sich noch keinen Krankheitswert und kann öfter nachgewiesen werden, ohne daß sich hierauf spezielle Beschwerden zurückführen ließen.

Eine Minderzahl derartiger Patienten gibt jedoch lageabhängige Rükkenschmerzen (Schmerzen in der Nierengegend im Stehen, welche im Liegen sofort schwinden) oder (selten) vermehrten Harndrang nach längerem Stehen und anschließendem Übergang in die liegende Körperhaltung an.

Falls eindeutig lageabhängige Beschwerden bestehen und sich durch geeignete Untersuchungen (Funktionsszintigraphie) eine von der Körperhaltung abhängige Abflußstörung der Niere nachweisen läßt, sind urologisch-operative Eingriffe (Nephropexie) indiziert.

Physiotherapeutische Behandlung

Der physiotherapeutischen Behandlung kommt eine unterstützende Rolle (Erhöhung des allgemeinen Muskeltonus und allgemeine Muskelkräftigung) zu.

11.1.8 Nierensteine

Steinkoliken werden beobachtet, wenn ein Nierenstein in den Harnleiter eintritt und das enge Harnleiterlumen verlegt. Durch weiterlaufende Urinproduktion kommt es zu intensiver Druckerhöhung des gestauten Nierenbeckens und Dehnungsschmerz (Nierenkolik).

Neben medikamentösen Maßnahmen (Schmerzbekämpfung, medikamentöse Verminderung des Gewebeödems, ggf. Spasmolytika) und forcierter Diurese (reichliche Flüssigkeitszufuhr) haben sich physiotherapeutische Maßnahmen bewährt.

Physiotherapeutische Behandlung

Durch Hüpfen, Treppenabwärtsgehen (ohne abzufedern!) und andere Übungen, die mit intensiver Erschütterungswirkung einhergehen, kann möglicherweise das Abwärtswandern des Steins begünstigt werden.

11.1.9 Orthostatische Proteinurie

Unter orthostatischer Proteinurie wird eine bei aufrechter Körperhaltung und/oder Hyperlordosierung vorzugsweise bei Jugendlichen auftretende Proteinurie verstanden, die erhebliche Ausmaße erreichen kann (über 500 mg/100 ml Urineiweißkonzentration), jedoch prognostisch gutartig ist und zu keiner bleibenden Funktionseinschränkung der Niere führt.

Die Diagnose wird gestellt durch negativen Urineiweißbefund im Nachtharn (liegend) bei positivem Eiweißbefund im Tagharn (Orthostase).

Physiotherapeutische Behandlung

Spezielle physiotherapeutische Maßnahmen zur Behandlung dieses harmlosen Befundes erübrigen sich.

12 Hämophilie

R. Zimmermann, T. Eberspächer und M. Schmitt-Gehrke

Definition und Pathophysiologie. Das Blutgerinnungssystem ist gemeinsam mit der Gefäßwand für die Aufrechterhaltung der Integrität und Funktion des Blutes verantwortlich. Störungen des Blutgerinnungsmechanismus können zu einer unzureichenden Gerinnselbildung mit spontanen oder posttraumatischen Blutungen einerseits oder überschießender Gerinnung mit Thrombosenbildung andererseits führen. Die Hämophilie ist das häufigste angeborene Blutungsleiden und wird X-chromosomal rezessiv vererbt. Die Häufigkeit beträgt weltweit 7–10 pro 100000 der Bevölkerung. Bei einem Drittel der Patienten manifestiert sich die Krankheit in der Familie zum ersten Mal als sogenannte Neumutation.

Die Relation von Hämophilie A (Gerinnungsfaktor-VIII-Mangel) zu Hämophilie B (Faktor-IX-Mangel) wird mit 4–6 : 1 angegeben. Die Verteilung der Schweregrade zeigt Tab. 12.**1**.

Diagnostik. Die Diagnose muß durch eine eingehende Blutgerinnungsuntersuchung mit Messung der Aktivitäten der Gerinnungsfaktoren gestellt werden. Aus therapeutischen Gründen ist es wichtig, eine Hämophilie A von einer Hämophilie B zu unterscheiden. Ähnlich schwere

Tabelle 12.**1** Verteilung der verschiedenen Schweregrade unter den diagnostizierten Hämophilien

Schweregrad	Faktor-VIII- oder Faktor-IX-Aktivität	Anteil
Schwere Hämophilie	unter 1 %	55 %
Mittelschwere Hämophilie	1– 5 %	20 %
Milde Hämophilie	6–15 %	20 %
Subhämophilie	16–45 %	
Nicht klassifiziert		5 %

Die Schweregrade verhalten sich innerhalb der Hämophiliefamilien konstant.

Blutungserscheinungen werden bei Fehlen anderer Blutgerinnungseiweiße (Blutgerinnungsfaktor VII, XIII oder von Willebrand-Faktor) beobachtet.

Klinisches Bild und Pathologie. Der Patient mit mittelschwerer und insbesondere schwerer Hämophilie A oder B (Faktor VIII oder IX unter 1%) ist durch eine lebenslange Blutungsneigung gekennzeichnet. Im Vordergrund stehen Gelenk- und Muskelblutungen. Weiterhin muß mit Nasenbluten, Zahnwechselblutungen, Nierenblutungen, Magen-Darm-Blutungen und seltener auch Hirnblutungen gerechnet werden. Ferner sind Blutungsprobleme bei operativen Eingriffen, Zahnextraktionen und Verletzungen zu erwarten.

Mit den ersten Blutungen ist im Krabbelalter zu rechnen. Ausnahmsweise können aber bereits im Rahmen des Geburtsvorganges Hirnblutungen, Kopfblutungen oder Nabelschnurblutungen auftreten. Als Folge von Muskel- und Gelenkblutungen sowie seltener nach cerebralen Blutungen muß in Abhängigkeit von der Schwere der Erkrankung und der Möglichkeit der Akutbehandlung mit einer Behinderung gerechnet werden. Patienten mit schweren Hämophilien bluten ohne Behandlung durchschnittlich 10 – 40 x pro Jahr. 70 – 80% aller Blutungen sind Spontanblutungen. Patienten mit milden Hämophilien und Subhämophilien entwickeln nur traumatisch bedingt Gelenk- und Muskelblutungen oder Blutungen nach operativen Eingriffen und Verletzungen.

Erste Symptome der Gelenkblutung sind Kribbeln, Fremdkörper- oder Druckgefühl. Wird nicht schnell und ausreichend der fehlende Gerinnungsfaktor injiziert, entwickeln sich Reizzustände, die zu chronischer Synovitis und schließlich chronischer Arthropathie mit Schädigung des umgebenden Bandapparates und der umgebenden Muskulatur führen. Es kommt zu schmerzbedingten Schonhaltungen, Muskelatrophien, Kontrakturen und über reaktive Entzündungsvorgänge zu Knorpel- und Knochenusuren sowie zu erheblicher Verminderung der Gelenkmobilität. Nach jahrelangen, wiederholten Gelenkeinblutungen finden sich Veränderungen ähnlich wie bei einer schweren Polyarthritis. Das frühere Schicksal des Bluter-Patienten war durch Verbluten, schwere Gelenkveränderungen bis hin zu Verkrüppelung, sozialen Abstieg und Verarmung gekennzeichnet. Bei massiven Gelenkblutungen war der Patient oft wochenlang an das Bett oder den Stuhl gefesselt.

Als ursächlich für die degenerativen Gelenkveränderungen wird die ständige Einlagerung von Hämosiderin im Rahmen der rezidivierenden Blutungen angesehen. Dieser Mechanismus führt über eine Hyperplasie der Gefäße, der Oberflächenzellen der Synovia, entzündlichen Infiltraten aus Lymphozyten, Plasmazellen und Riesenzellen schließlich zur degenerativen Veränderung der Gelenkoberfläche. Im Röntgenbild findet sich typischerweise eine Verschmälerung des Gelenkspaltes mit Destruktion des Knorpels, unregelmäßiger Gelenkfläche, subchondraler Zystenbildung, reaktiven Anbauten und Entkalkung.

Therapie. Die Möglichkeit der Substitution des fehlendes Blutgerinnungsfaktors (z.B. Faktor VIII oder Faktor IX) hat die entscheidende Wende in der Behandlung der Hämophilie-Krankheit gebracht. Heute stehen hochgereinigte Gerinnungsfaktorenkonzentrate aus menschlichem Plasma und neuerdings gentechnisch produzierte Faktor-VIII-Konzentrate zur Verfügung.

Entscheidend ist die frühzeitige Behandlung von akuten Blutungen. Die sofortige Gabe von Faktor-VIII-Konzentrat bei akuter Blutung ist heute in der Lage, die Blutungsphase und Immobilität auf nur noch wenige Stunden zu verkürzen oder eine zusätzliche Einschränkung der Mobilität sogar ganz zu verhindern. Bereits nach der ersten schweren Blutung sollte beim Kleinkind bei schwerer Hämophilie eine Dauersubstitutionsbehandlung begonnen werden. Dabei wird der fehlende Blutgerinnungsfaktor 2- oder 3mal/Woche verabreicht. Diese vorbeugende Dauersubstitution begrenzt das Ausmaß weiterer Blutungen und kann somit den Patienten vor einer schweren Behinderung schützen.

Etwa 80–90% der Bluter-Patienten sind durch ein Hämophiliezentrum in der Selbstinjektion von Gerinnungsfaktorenkonzentraten ausgebildet und in der Selbstdiagnostik beginnender Gelenk- und Muskelblutungen geschult. Im Rahmen der Heimselbstbehandlung lagern sie den notwendigen Blutgerinnungsfaktor zu Hause oder führen ihn bei Reisen mit sich. Dabei ist der betreuende Arzt des Hämophiliezentrums rund um die Uhr telefonisch zu erreichen (kontrollierte Selbstbehandlung). Die Mindestdosis bei Gelenk- oder Muskelblutungen beträgt 20–50 Einheiten Faktor-VIII- oder Faktor-IX-Konzentrat pro kg Körpergewicht. Diese Dosis muß ggf. mehrfach verabreicht werden. Bei Verdacht auf Blutungen in das zentrale Nervensystem, die Weichteile der Hals- und Kopfregion oder sonstigen inneren Blutungen ist nach sofortiger Blutgerinnungsfaktor-Gabe (mindestens 50 Einheiten/kg) die umgehende stationäre Aufnahme des Patienten erforderlich. Auch im Rahmen von operativen Eingriffen, Zahnextraktionen und größeren Verletzungen ist die stationäre oder ambulant in Kontakt mit dem Hämophiliezentrum überwachte Substitutionsbehandlung notwendig und schützt den Patienten vor lebensbedrohlichen Blutungen.

Nach akuten Blutungen sollte zur Verhinderung eines Dauerschadens die Gelenk- und Muskelfunktion möglichst rasch, ggf. unterstützt durch die physiotherapeutische Übungsbehandlung, wiederhergestellt werden. Das gleiche Vorgehen ist insbesondere bei wiederholten Einblutungen in Gelenke und Muskeln notwendig. Die Kräftigung der Muskulatur schützt vor neuerlichen Blutungen. Die frühzeitige Mobilisation fördert darüber hinaus die Resorption des Gelenkergusses. Ferner ist eine Schmerzlinderung die Folge.

Einen schweren Rückschlag hat die Bluterbehandlung Ende der 70er und Anfang der 80er Jahre durch die Übertragung von aus den Plasmaspenden stammenden Viren erfahren. Dabei wurden Ende der 70er Jahre viele Bluter-Patienten mit dem Hepatitis- und Anfang der 80er Jahre von Land zu Land unterschiedlich häufig mit dem HIV-Virus infiziert. Durch aufwendige Virusinaktivierungsverfahren und neuerdings Verfügbarkeit von gentechnisch hergestellten Blutgerinnungsfaktorenkonzentraten kann die Virusübertragung seit dem Jahre 1985 als weitestgehend ausgeschlossen gelten.

Körperliche Behinderung und Maßnahmen der medizinischen Rehabilitation. In Folge der häufigen Gelenkeinblutungen bei unzureichender Verfügbarkeit von Blutgerinnungsfaktorenkonzentrat hat sich früher die Notwendigkeit zur Rehabilitation schon beim jugendlichen Bluter-Patienten gestellt. Bei seltenen Blutungskomplikationen oder heute frühzeitigem Beginn einer Faktor-VIII-/IX-Dauersubstitutionsbehandlung treten Behinderungen erst im späteren Lebensalter oder gar nicht auf. Die frühzeitige Dauersubstitution stellt somit eine wichtige Voraussetzung dar, um den Bluter-Patienten vor einer Behinderung zu bewahren oder den Eintritt der Behinderung in ein möglichst hohes Lebensalter hinauszuschieben. Eine wichtige Bedeutung bei der Verhinderung von Blutungskomplikationen und Beseitigung ihrer Folgen stellt die physiotherapeutische Übungsbehandlung dar.

Im Vordergrund der rehabilitativen Therapie, die neben der Substitutionsbehandlung immer auch präventiv-rehabilitativ betrieben werden muß, stehen psysiotherapeutische Übungsprogramme und sportliche Betätigungen wie Schwimmen und Radfahren. Damit kann die Erhaltung oder Verbesserung der Beweglichkeit und muskuläre Gelenkstabilität erzielt werden.

Orthopädische Maßnahmen. Bei fortschreitenden Gelenkveränderungen können auch heute noch operative Maßnahmen notwendig werden und stellen einen wichtigen Beitrag zur Rehabilitation des Bluter-Patienten dar. Dies betrifft ältere Bluter-Patienten, bei denen in der Jugend Gerinnungsfaktorenkonzentrate nicht zur Verfügung standen. Aber auch bei jüngeren Patienten treten bei unzureichender Substitutions- und physiotherapeutischer Übungsbehandlung degenerative Gelenkveränderungen auf. Bei fortgeschrittener hämophiler Arthropathie kommen eine Synovektomie, eine Synoviorthese, Umstellungsosteotomien oder ein endoprothetischer Gelenkersatz in Betracht. Die Durchführung dieser Eingriffe ist mit Hilfe der heutigen Substitutionsbehandlung ohne Blutungskomplikationen möglich.

Ziel. Ziel der gesamten therapeutischen Maßnahmen ist es, den Patienten möglichst frei von Blutungen oder zumindest frei von Blutungskomplikationen zu halten und einen optimalen Trainingszustand und Funktion des Bewegungsapparates anzustreben. Eine möglichst frühzeitige Behandlung im Blutungsfall und die bereits im Kindesalter beginnende Dauersubstitutionsbehandlung mit einem nebenwirkungsfreien Faktor-VIII-Konzentrat lassen erwarten, daß dieses Ziel einschließlich der vollständigen sozialen Integration in nicht allzu ferner Zukunft erreicht werden kann.

Physiotherapeutische Behandlung

Die physiotherapeutische Behandlung ist neben der Substitutionstherapie eine der wichtigsten Maßnahmen zur Vermeidung von schweren Behinderungen durch rezidivierende Gelenk- und Muskelblutungen. Nur wenn schon im Kindesalter konsequent und mit den richtigen Mitteln nach funktionellen Gesichtspunkten behandelt wird, lassen sich die schweren Gelenkdeformierungen, wie man sie heute bei älteren Blutern sieht, vermeiden oder wenigstens in Grenzen halten. Es muß dem Patienten oder dessen Eltern, wenn es sich um ein Kind handelt, klargemacht werden, daß es um eine jahrelange Behandlung geht, die nur bei entsprechender Motivation und Konsequenz aller Beteiligten zum Erfolg führt.

Eine genaue Befundaufnahme ist unbedingt erforderlich und muß regelmäßig überprüft werden.

Befund

- *Optische Beobachtung/Messen:* Schwellungen im Bereich von Gelenken und Muskeln werden gemessen und müssen bei Blutungen 1- bis 2mal täglich überprüft werden, einmal, um eine Umfangszunahme durch neue Blutungen festzustellen, zum anderen, um die Rückresorptionszeit dokumentieren zu können.

  Rechts-links-Vergleichsmaße von Muskelumfang und Extremitätenlänge sind ebenso selbstverständlich wie Gelenkmaße. Dazu kommen muß aber eine genaue Beschreibung der sichtbaren Fehlstellungen der Gelenke, z.B. Varus-Valgus-Deformitäten.

- *Taktile Beobachtung:* Durch sorgfältige Palpation lassen sich Blutungen oft schon im Anfangsstadium feststellen. Zwar spüren die meisten erwachsenen Hämophilen Blutungen in Gelenke sehr frühzeitig, bei motorisch sehr aktiven Kindern funktioniert dieses Frühwarnsystem jedoch oft nicht.

  Seitenvergleichende Palpation zur Feststellung von hypertoner und hypotoner Muskulatur sollte nicht vergessen werden. Ist z.B. die Glutäalmuskulatur einseitig atrophiert und hypoton und die Gegenseite hyperton, so deutet das auf eine Fehlbelastung der schwächeren Extremität hin.

Aus dem Gangbild bei langsamem Gehen lassen sich solche Ausweichmechanismen meist nicht ersehen. Läßt man die Patienten (es handelt sich meist um Kinder) laufen oder schneller gehen, sieht man erst, daß nur der Vorfuß aufgesetzt wird, weil das Knie wegen Muskel- und Bänderschwäche nicht in voller Streckung gehalten werden kann. Sie laufen mit leicht gebeugtem Knie- und Hüftgelenk.

Tonuserhöhung und Druckempfindlichkeit des M. iliopsoas ist *oft* das erste Zeichen einer Hüft- und Psoasblutung.

Wärme und teigige Beschaffenheit am Knie und tanzende Patella sind ebenfalls durch Palpation festzustellen.

- *Funktionsbeurteilung:* Eine genaue Beobachtung und Beschreibung von Gangbild und Bewegungsabläufen mit Analyse der jeweiligen Fehlhaltungen sind besonders nach multiplen rezidivierenden Blutungen in verschiedene Gelenke die wichtigste Voraussetzung für eine gezielte Behandlung zur Verhütung von weiteren Schäden.

Muskeltests sind, wenn es sich um Inaktivitätsatrophien nach Ruhigstellung und durch Kontrakturen handelt, wenig sinnvoll. Es handelt sich zwar um deutliche Muskelschwächen, die aber häufig nur beim Seitenvergleich auffallen. Mit dem Muskeltest werden sie oft nicht erfaßt. Bei längerem Ausfall und zunehmender Schwäche eines Muskels ist aber an eine Parese durch Kompressionsschädigungen des Nerven zu denken. Das ist bei ausgedehnten Muskelblutungen nicht selten. Elektrodiagnostik oder EMG geben genauere Auskunft über das Ausmaß des Schadens.

Gesichtspunkte

- *Erreichen und Erhalten eines optimalen Trainingszustandes der Gesamtmuskulatur.* Die Muskelgruppen der Gelenke, die funktionell und statisch den größten Belastungen ausgesetzt sind (Knie, Fuß, Ellenbogen und Hüfte), sind dabei besonders wichtig. Es darf aber nie die Gesamtstatik aus den Augen verloren werden. Auch kurzdauernde Bewegungseinschränkungen, hauptsächlich der Gelenke der unteren Extremität, verursachen Fehlhaltungen und Überbeanspruchung der benachbarten und/oder kontralateralen Gelenke. Das stellt nun wieder für diese ein hohes Blutungsrisiko dar. Die Erfahrung zeigt, daß bei gut trainiertem Muskelapparat die Blutungshäufigkeit in Gelenke abnimmt. Ein straff geführtes Gelenk läßt wenig Scher- und Torsionsbewegungen zu, die zu einem Großteil für Blutungen, vor allem in vorgeschädigten Gelenken, verantwortlich sind. Diese unkontrollierten Rotationsbewegun-

gen sind höchstwahrscheinlich auch der Auslösemechanismus für die häufigen nächtlichen Blutungen ins Knie.
Es handelt sich also bei jeder Behandlung von Blutungsfolgen schon um eine Präventivmaßnahme zur Vermeidung neuer Blutungen.
- *Verhinderung von Muskelatrophien* nach Blutungen in Gelenke und Muskeln.
- *Kontrakturenverhütung.* Bei schon bestehenden Bewegungseinschränkungen wird natürlich eine weitgehende Wiederherstellung der Funktion angestrebt. Dabei geht aber immer Stabilität vor Mobilität. Ein nur passiv erreichtes Bewegungsausmaß, das aktiv und unter Belastung nicht gehalten werden kann, schafft die Voraussetzung für immer neue Blutungen.
- *Resorptionsförderung* des Ergusses durch frühzeitige Mobilisation.
- *Schmerzlinderung.*

Die Behandlung folgt im großen und ganzen den Regeln, wie sie auch bei anderen orthopädischen Maßnahmen mit traumatischen Gelenkblutungen und Kontrakturen gelten.

Einige Besonderheiten müssen darüber hinaus aber unbedingt beachtet werden:
- Fast alle Bewegungen werden gegen gut dosierten Widerstand ausgeführt.
- Keine Stoß-, Hüpf- und Sprungübungen.
- Übungen mit langem Hebelarm ohne ausreichende Fixierung meiden.
- Kein Vierfüßler- oder Kniestand.
- Keine Partnerübungen.
- Keine Massage (außer vielleicht weichen Lockerungsgriffen auf sehr verspannter Muskulatur).
- Keine Wärmeanwendungen.
- Passive Bewegungen nur, wenn sie auch ganz sicher aktiv gehalten werden können, und dann nur unter Substitutionsschutz.
- Niemals beim Üben plötzliches Nachlassen des Widerstandes, vor allem, wenn der Patient das nicht erwartet. Das ist gefährlich, da es dabei zu einem Ruck im Gelenk kommt.
- Bei schwerer Hämophilie (unter 1%) Vorsicht bei schlecht gepolsterten Behandlungstischen, besonders an den Kanten, oder ungepolsterten Schlingen (Gefahr von Haut- und Muskelblutungen).

Bei Beachtung dieser Kriterien ist die Blutungsgefahr bei gut dosierten und gezielten Übungen in der richtigen Ausgangsstellung auch ohne Substitution geringer als z. B. bei unkontrollierten Bewegungen bei entspannter Muskulatur im Schlaf.

- *Maßnahmen:* Maßnahmen bei Gelenk- und Muskelblutungen in der Reihenfolge ihrer Häufigkeit:

Blutungen *ins Knie* als dem meistbelasteten Gelenk sind am häufigsten. Das Ausmaß kann von leichten Ergüssen bis zu schwersten ballonartigen Auftreibungen variieren. Die Lagerung wird anfänglich vom Schmerz und der Spannung im Gelenk diktiert.

Bei Flexion von 25 Grad (Normal-0-Methode) ist die größtmögliche Entspannung der bindegewebigen Anteile des Gelenkes gegeben. Sie ist die am wenigsten schmerzhafte Gelenkstellung.

Eine Lagerung in voller Extension ist am Anfang meist nicht möglich, sollte aber, sobald es die Schmerzen erlauben, angestrebt werden. Auch nach nur leichter Beugestellung über längere Zeit (2–3 Wochen) ist später oft kaum mehr eine volle *aktive* Streckung zu erreichen. Die vollständige Extension ist aber ausschlaggebend für eine straffe Führung des Gelenkes in Belastung. Wenn nach 2–3 Tagen – immer vorausgesetzt, der Patient wird substituiert – die Resorption des Ergusses fortgeschritten ist, kann die anfänglich nur statisch geübte Streckmuskulatur auch wieder in der Bewegung geübt werden.

Kann der Quadrizeps nicht mehr spontan kontrahiert werden (reflektorisch bedingt durch Reizvorgänge in der Gelenkkapsel, wie sie bei Prallfüllung gegeben sind), so stimuliert man mit einem Eiswürfel im Muskelverlauf. Eisbehandlungen haben sich auch bei Schmerzen bewährt. Man streicht mit einem Eiswürfel ohne Druck über das gelenknahe Gebiet, bis es zu einer Analgesie kommt. Danach muß sofort geübt werden, da die analgetische Wirkung nicht lange anhält. Bei subakuten und chronischen Gelenkreizungen hat sich die Kryotherapie bewährt.

Nach 3–4 Tagen wird meist mit der Wiederbelastung begonnen. Wickelt man das Knie straff mit einer elastischen Binde und untergewickelter Autosana Kreussler (Schaumgummi), gibt das einen guten Halt, läßt Bewegungen in der Sagittalebene zu und schützt vor Rotations- und Seitbewegungen. Eine intensive Übungsbehandlung schließt sich an. Besonders wichtig für die vollständige Streckung ist der Vastus medialis des Quadrizeps. Ist das Üben mit der betroffenen Extremität zu schmerzhaft oder der Patient sehr ängstlich, was meist bei Kindern zutrifft, kann man eine Kontraktion der Extensionsmuskulatur durch Üben mit der kontralateralen Extremität erreichen. PNF hat sich auch hier bewährt, weil alle das Gelenk stabilisierenden und bewegenden Muskelgruppen einbezogen werden. Beim Knie sind das besonders auch Muskeln, die das Gelenk durch Straffung der Bänder stabilisieren (Mm. gracilis, semitendinosus, sartorius, biceps femoris). Ist das Knie schon sehr geschädigt, Bandapparat und Kapsel gelockert und eine volle Extension aktiv nicht mehr zu erreichen, sollte sicherheitshalber nur achsengerecht in der Sagittalebene geübt werden. Die PNF-Muster mit flektiertem Knie sind kontraindiziert, da die Rotationskomponente bei gebeugtem Knie für das Gelenk ungünstig ist. Traktion und Approximation sowie Anwendung des Dehnungsreflexes (Stretch), sonst wichtige Bestandteile der PNF, sind auch problematisch und nur mit viel Vorsicht und bei ganz exakter Technik anzuwenden. Flexion darf nie auf Kosten der Extension geübt werden!

Gehäuft auftretende Blutungen ins Knie haben oft ein Gangbild mit Kniebeugung, Spitzfußstellung und *Hüftbeugung* zur Folge. Der Glutäalmuskulatur ist deshalb besondere Beachtung zu schenken. Als gutes Übungsgerät hat sich dabei der große Therapieball erwiesen (Abb. 12.**1**).

Auch Einspannungen im Schlingentisch mit guter Führung der Gelenke und evtl. abgepolsterten Schlingen haben sich bewährt. Läßt sich

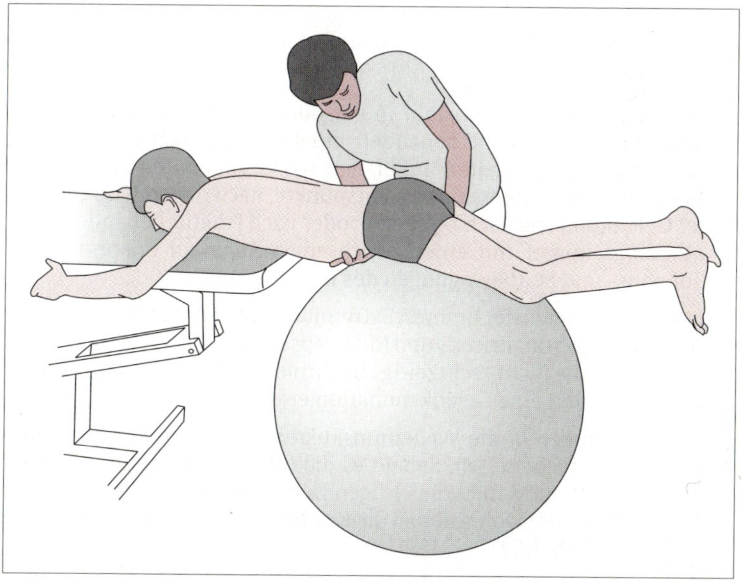

Abb. 12.**1** Aktive Hüftstreckung bei gleichzeitiger Stabilisation des Rumpfes. Widerstand vom Ball: Die Physiotherapeutin hat die Möglichkeit, mit feinsten Bewegungen des Balles die gewünschte statische Muskelkontraktion zu erreichen. Der Patient wird aufgefordert, keine Bewegung des Balles zuzulassen

die Streckhemmung in Knie und Hüfte nicht in kurzer Zeit ganz beseitigen, sollte der Schuh soweit erhöht werden, daß mit dem ganzen Fuß aufgetreten wird. Beim Aufsetzen der Ferse wird der normale Haltungstonus mit Stimulation aller Strecker in Hüfte und Knie gefördert und die erzwungene Spitzfußstellung des Fußes und Beugehaltung der Hüfte vermieden, die sonst wieder zu neuen Blutungen Anlaß geben könnten. Es handelt sich bei dieser Maßnahme nicht um ein orthopädisches Hilfsmittel wie etwa Einlagen, Schuhranderhöhung usw., denn es soll in diesem Fall keine Fehlstellung korrigiert werden, die schon über längere Zeit bestanden hat. Es ist vielmehr eine Präventivmaßnahme zur Vermeidung einer Fehlstatik im Becken-Bein-Bereich, an deren Folge unweigerlich der gesamte Haltungs- und Bewegungsapparat leiden würde.

Bei rezidivierenden Knieblutungen, bei denen zum Großteil auch eine Synovitis besteht, sollte das Wickeln mit elastischen Binden und Autosana beibehalten werden, vor allem auch bei Nacht.

Bei Übungen im Bewegungsbad, das sich für Bluter aus den allgemein bekannten Gründen besonders anbietet, ist eine elastische Binde ausreichend. Die entspannende Wirkung des Wassers besonders bei 28–32 Grad ist auch bei sehr ängstlichen Patienten günstig und bei Kindern sehr beliebt.

Das *obere Sprunggelenk* steht in der Blutungshäufigkeit am 2. Stelle nach dem Knie. Nicht behandelt ergeben sich auch hier schwere Fehlstellungen. Es gelten außer den schon genannten allgemeinen Vorsichtsmaßnahmen die Gesichtspunkte, nach denen jede „normale" Gelenkblutung nach Distorsion oder nach Fraktur behandelt wird, allerdings immer mit einem wachsamen Auge auf unkontrollierte Torsions- und Seitbewegungen des Kniegelenks.

Muskelblutungen der unteren Extremität betreffen außer M. iliopsoas noch häufig M. quadriceps und M. triceps surae. Nur bei ausgedehnten Blutungen, die nicht rechtzeitig substituiert werden konnten, muß in seltenen Fällen eine Gelenkspunktion erfolgen.

Nach Blutungen in die Wadenmuskulatur ist eine tendogene Spitzfußstellung nicht selten. Sobald es die oft enorme Spannung in der Wade zuläßt, muß mit vorsichtigen Dehnungen des M. triceps surae begonnen werden, ohne dabei die Kräftigung des Muskels außer acht zu lassen (Abb. 12.**2**).

Ist die *Hüfte* betroffen, so ist es für die Behandlung von sekundärer Bedeutung, ob es sich um eine Muskelblutung des M. iliopsoas oder um eine Gelenkblutung handelt. In beiden Fällen kommt es zu einer Beugehaltung, und die Hüftstreckung sollte baldmöglichst wieder erreicht werden. Passive Dehnungen, z. B. Bauchlage oder Rückenlage

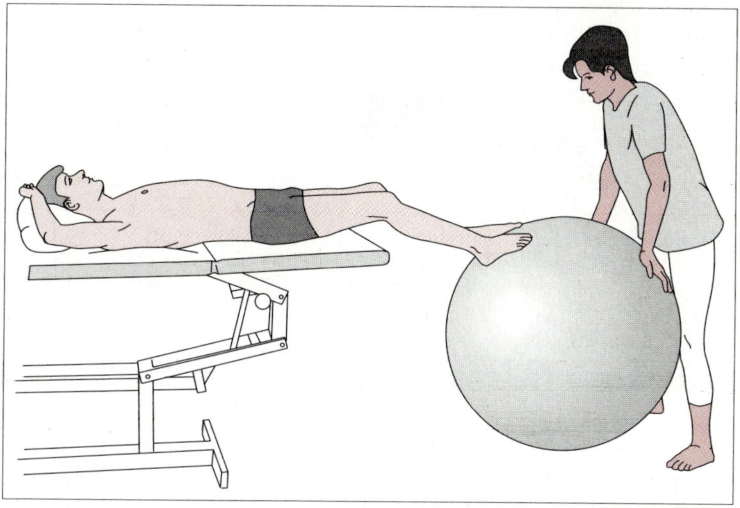

Abb. 12.**2** Je nach Ausmaß der Spitzfußstellung werden die Füße des Patienten am Ball aufgesetzt. Bei maximaler Spannung der Knie- und Hüftstrecker wird versucht, durch Annäherung des Balles den M. triceps surae vorsichtig zu dehnen. Kräftigung des Muskels durch aktives Wegdrücken des Balles durch Plantarflexion; zur Sicherung des Kniegelenkes immer mit maximaler Anspannung der Knie- und Hüftstrecker

mit gebeugtem nichtbetroffenem Bein und über die Kante hängender befallener Extremität, sind ungeeignet. Anfänglich sollte man Hüftstreckung und Abduktion nur aus Seitlage mit unterstütztem Bein gegen Widerstand üben. Bei Verdacht einer Iliopsoasblutung ist sehr genau zu prüfen, ob keine Druckschädigung des N. femoralis vorliegt. Die Schwächung oder gar der Ausfall des vom N. femoralis innervierten M. quadriceps hätte eine komplette Instabilität des Kniegelenkes zur Folge. Selbst bei vorher intaktem Knie würden mit großer Wahrscheinlichkeit Blutungen daraus resultieren.

Zwar sind Übungen im Bewegungsbad bei allen Blutungsfolgen günstig, aber in ganz besonderem Maß trifft das auf die blutungsbedingte Beugehaltung der Hüfte zu. Der Auftrieb des Wassers ist die mildeste Form von Dehnung. Allerdings reicht die Wasserbehandlung allein meist nicht aus. Neben Einspannungen im Schlingentisch (z. B. Walking, mit Widerstand nur gegen Hüft- und Kniestreckung) sind auch hier wieder der große Therapieball und die Rolle von Vorteil (Abb. 12.**3**).

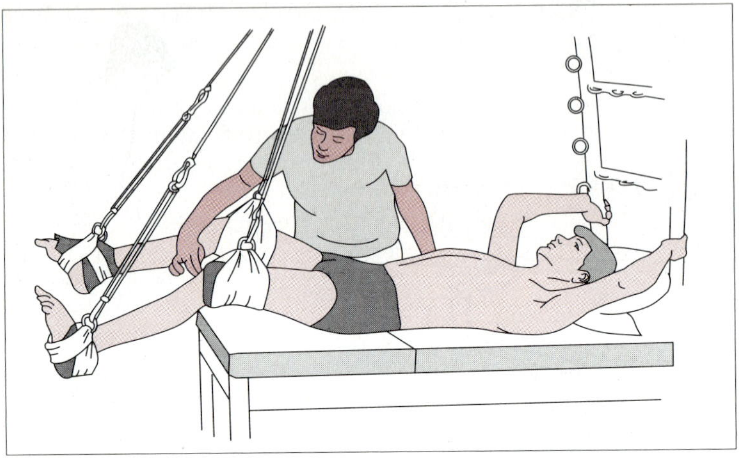

Abb. 12.**3** Einspannung im Schlingentisch. Modifiziertes „Walking“ mit Expanderwiderstand nur gegen Hüft- und Knieextension. Bei Kniebeugekontraktur müssen die Beine überhängen, um eine optimale Streckung der Hüftgelenke zu gewährleisten

Obere Extremität. Die häufigsten hämorrhagischen Ergüsse sieht man im Ellenbogengelenk. Durch frühzeitige Mobilisation und im Initialstadium, wenn wegen starker Spannung und Schmerzen noch keine Bewegung möglich ist, durch richtige Lagerung wird die Voraussetzung für eine schnelle Wiederherstellung der Funktion geschaffen. Analog zum Knie sollte auch hier so bald wie möglich volle Extension angestrebt werden. Zwischen Supination und Pronation wird häufig gewechselt. Da die Patienten bei Ellenbogenblutungen meist nicht liegen, muß man ihnen verständlich machen, daß der Arm auch im Sitzen und Stehen gestreckt werden soll. Ein durch längere Beugestellung gedehnter M. triceps brachii ist später sehr schwer wieder zur vollen Funktion gegen die sowieso viel kräftigeren Antagonisten zu bringen. Der M. biceps brachii verkürzt sich zusätzlich, und oft ist dieser Lagerungsfehler im Anfangsstadium der Blutung für spätere irreversible Kontrakturen verantwortlich zu machen.

Versuche, die verkürzten Beuger des Oberarmes durch Gewichte (Tasche tragen) zu dehnen, bewirken das genaue Gegenteil. Der M. biceps arbeitet gegen die Dehnung, und es kann unter Umständen zu neuen Blutungen kommen. Im Vordergrund steht also eindeutig die Kräftigung der Ellenbogenstrecker. Übungen im Sinne von PNF sind dafür bestens geeignet. Ist an einem Ellenbogen nach 12 – 20 Behandlungen kein weiterer Fortschritt zu verzeichnen, sollte man eine Behandlungspause einlegen. Die Erfahrungen haben gezeigt, daß beim Ellenbogen normale Gebrauchsbewegungen nachher oft mehr Erfolg bringen als gezieltes Üben.

Bei ausgedehnten Muskelblutungen in den Unterarmen, besonders an der Beugeseite, ist eine genaue Prüfung der Handfunktion wichtig. Der N. medianus ist für eine Kompression durch ein großes Hämatom besonders disponiert. Aber auch auf ischämische Kontrakturen durch hohen Druck auf A. ulnaris, radialis und brachialis ist zu achten.

Blutungen ins Schultergelenk sind seltener und werfen auch bezüglich der physiotherapeutischen Behandlung keine besonderen Probleme auf.

Orthopädisch-chirurgische Eingriffe, die unter hoher Substitution vorgenommen werden, können hier nicht alle aufgezählt werden. Nur eine Besonderheit sei erwähnt:

Synovektomien können bei rezidivierenden Blutungen durchgeführt werden, um die Ursache der Blutungshäufung, die hypertrophierte und sehr gefäßreiche Synovia, zu beseitigen. Dabei hat sich gezeigt, daß es trotz ausreichender Substitution zu Nachblutungen kommt, wenn man postoperativ sofort mit der Mobilisation beginnt, wie man es z. B. beim rheumatischen Knie machen würde. Ca. 4 Tage sollten deshalb die Kniestrecker nur statisch geübt und das Bein in Extension gelagert werden.

Eine Mobilitätssteigerung im Vergleich zur präoperativen Beweglichkeit ist meist nicht zu erwarten. Das Bewegungsausmaß bleibt unverändert. Manchmal erreicht man etwas mehr Extension auf Kosten der Flexion, was aber für die Stabilität funktionell ein Gewinn ist.

Bewährt hat sich auch die Behandlung nach Vojta. Es kommt zu einer Innervation und Aktivierung der gesamten Muskulatur bei Schonung der Gelenke. Unter Substitionsschutz und nach Absprache mit dem Arzt kann bei chronischen Beschwerden auf die „Manuelle Therapie" der Extremitäten zur Anwendung kommen. Es wird sich allerdings hauptsächlich um Traktion handeln.

- *Sport:* Die früher geübte Zurückhaltung, ja das absolute Verbot aller sportlichen Aktivitäten wurde in neuerer Zeit revidiert.

Was anfänglich über die Zusammenhänge zwischen Blutungshäufigkeit und Trainingszustand der Muskulatur gesagt wurde, legt sportliche Betätigung nahe. Selbstverständlich kommen nicht alle Sportarten in Frage, obwohl es immer wieder Jugendliche gibt, die z. B. begeistert Fußball spielen und Ski laufen, ohne viel unter Gelenk- und Muskelblutungen zu leiden. Vor Aufnahme einer jeden Sportart ist die vorangehende ärztliche Beurteilung des körperlichen Zustands notwendig.

Günstige Sportarten sind *Schwimmen* und *Radfahren. Bogenschießen* wäre an sich zu empfehlen, nur müssen dabei besondere Armpolsterungen getragen werden, da es sonst durch die zurückschnellende Sehne zu Haut- und Muskelblutungen kommen kann. Es können Lederpolster bis zu 1 cm Stärke angefertigt werden. Außerdem gibt es einen handelsüblichen Armschutz, der Unterarm und Oberarm bedeckt.

Der Übungsleiter muß auf einwandfreie Armhaltung des Bogenarmes achten: Ulna und Radius sollten untereinander stehen.

Die bei dieser Sportart überwiegend statische Kontraktion der Muskulatur des Rumpfes und der Beine in guter Haltung ist ein Gewinn für die Gesamtstatik.

Eine Besonderheit beim Schwimmen, der Sportart, die jeder Bluter beherrschen sollte, muß beachtet werden, um Blutungen zu vermeiden:

Der Beinschlag beim Brustschwimmen ist besonders für Bluter mit vorgeschädigtem Knie, mit schlaffer Kapsel, Muskelatrophie und instabilem Bandapparat ungeeignet. Bei flektiertem Knie und Adduktion in der Hüfte kommt es zu vermehrter Rotation im Kniegelenk, die durch den Druck des Wassers auf den Unterschenkel noch verstärkt wird. Dadurch können Mikrotraumen und neue Blutungen ausgelöst werden.

Es sollte gleich mit Rückenschwimmen und Kraulbeinschlag begonnen werden.

Bei allen Sportarten, die Sprung-, Stauch- und Stoßbewegungen mit sich bringen, sowie bei Kampfspielen besteht eine zu große Verletzungsgefahr. Sie sollten daher gemieden werden. Zu den weiteren Möglichkeiten sportlicher Betätigung gehören Gymnastik, Wandern, Jogging, Ski-Langlauf, Badminton, Minigolf und Golf.

Je bewegungsaktiver der Hämophile in vernünftigen Grenzen ist und je weniger er von den Aktivitäten Gesunder ferngehalten wird, um so besser wird seine physische und psychische Verfassung sein und ihm sein unheilbares Grundleiden erträglich machen. Die schweren Verkrüppelungen der heute Erwachsenen sollten der Vergangenheit angehören.

Besonderheiten bei HIV-Infektion

Bedingt durch die HIV-Infektion bei Blutern ergeben sich auch hier zusätzliche Aspekte der physiotherapeutischen Behandlung. Im Vordergrund stehen die rezidivierenden Lungenentzündungen (Pneumocystis carinii) im Spätstadium, verursacht durch die eingeschränkte Immunabwehr.

Es kann – muß aber nicht – außerdem zu neurologischen Ausfällen kommen (z. B. Halbseitensymptomatik, Paraparese o. ä.). Diese sind entsprechend dem neurologischen Befund zu behandeln.

Physiotherapeutische Behandlung

Pneumocystis carinii-Pneumonie

- *Befund*
  - Reizhusten oder produktiver Husten bei vermehrter Sekretbildung,
  - flache, vorwiegend abdominale Atembewegung,
  - erhöhte Temperatur,
  - reduzierte Belastbarkeit.
- *Gesichtspunkte*
  - Verbesserung der Ventilationsbedingungen,
  - Dämpfen des Reizhustens,
  - Sekretlösung und Abhusten,
  - Steigerung der allgemeinen Belastbarkeit.
- *Maßnahmen:* Wichtig ist abzuklären, ob vor der physiotherapeutischen Behandlung substituiert werden muß. Bei schweren Blutern kann es schon durch Packegriffe zu kleinen Einblutungen ins Gewebe kommen.
  - Erspüren und Vergrößern der Atembewegung mit Handkontakt,
  - Erlernen von gesetzten Nasenstenosen und Lippenbremse,
  - Ausstreichen der Interkostalräume,
  - Packeversuche und Packegriffe,
  - vorsichtige Vibrationen und Klopfungen,
  - bei Fieberfreiheit: heiße Rolle,
  - kreislaufanregende Übungen.

13 Erkrankungen aus dem entzündlich-rheumatischen Formenkreis

M. Franke und R. Wirbser-Wehle

•••• Einleitung

In diesem Kapitel werden aus dem rheumatischen Formenkreis die entzündlich-rheumatischen Gelenk- und Wirbelsäulenerkrankungen besprochen.

Die entzündlich-rheumatischen Krankheiten der Gelenke und der Wirbelsäule sind innerhalb des rheumatischen Formenkreises zahlenmäßig zwar am geringsten, sie stellen aber für den einzelnen Kranken häufig sein ganzes Leben verändernde Leiden dar und können unter Umständen seine Lebenserwartung beeinträchtigen. Die epidemiologische Bedeutung dieser entzündlich-rheumatischen Erkrankung liegt also im Bereich des schweren Einzelschicksals der Betroffenen. Die einzelne Physiotherapeutin wird entsprechend der epidemiologischen Daten (Prävalenz 3600/100000 Erwachsene und 10/100000 Kinder) nicht häufig mit diesen Krankheiten befaßt werden. Jeder einzelne Behandlungsfall kann aber so vielgestaltig und problemhaft sein, daß große und auch spezielle Behandlungserfahrung notwendig ist. Im übrigen erfordern wechselnde Stadien entzündlicher Aktivität und der Funktionsbehinderung sowie die Bedeutung psychosozialer Faktoren und die Berücksichtigung der gesamten Persönlichkeit des Kranken einen ständigen Kontakt zwischen allen, die sich seiner Behandlung widmen.

Der Besprechung entzündlich-rheumatischer Krankheiten wird folgende Einteilung zugrundegelegt:

1. Chronische Polyarthritis (rheumatoide Arthritis) des Erwachsenen, Felty-Syndrom;
2. chronische Arthritis im Kindesalter,
3. Kollagenosen
   - Lupus erythematodes disseminatus,
   - systemische Sklerodermie,
   - Dermato-(Poly-)Myositis,
   - Polymyalgia rheumatica;
4. seronegative Spondarthropathien und reaktive Arthritiden
   - ankylosierende Spondylitis,
   - Psoriasisarthritis und -spondylitis,
   - Reiter-Syndrom,

- Arthritis bei Colitis ulcerosa und Morbus Cron,
- Morbus Behçet,
- rheumatisches Fieber,
- Yersinia-Arthritis,
- Lyme-Borreliose

5. Arthritiden bei Stoffwechselstörungen,
   - Arthritis urica (Gicht),
   - Chondrokalzinose.

13.1 Chronische Polyarthritis (rheumatoide Arthritis) des Erwachsenen

Definition. Die chronische Polyarthritis ist eine Systemerkrankung des Bindegewebes, die häufig chronisch fortschreitend verläuft. Der schubweise, auch remmitierende Verlauf führt über die Gelenkinnenhautentzündung (Synovialitis) zu Schwellung und Schmerzen mit Knorpel- und Knochendestruktionen, mit Bewegungseinschränkung, Ankylosierung, Sehnenrupturen, Stabilitätsverlust und Muskelatrophie. Der typischerweise polyarticuläre Verlauf kann schließlich zu völliger Hilflosigkeit führen. Innere Organe und die Halswirbelsäule können im Verlauf der Krankheit miteinbezogen werden.

Der zeitliche Ablauf und die Intensität des Fortschreitens der Krankheit können sehr unterschiedlich sein. Von langsam sich verschlechternden Verläufen können einerseits sehr schnell sich entwickelnde schwere Krankheitszustände und andererseits nur episodisch auftretende Krankheitsschübe mit über lange Zeit nur geringem Fortschreiten unterschieden werden.

Epidemiologie. Die Prävalenz der Krankheit liegt bei 0,8 – 1 %. Der Erkrankungsbeginn liegt am häufigsten zwischen dem 30. und 55. Lebensjahr. Frauen erkranken dreimal häufiger als Männer. Sonstige erhebliche Unterschiede im Auftreten der Krankheit nach anderen Gesichtspunkten, wie etwa nach Beruf oder sozialem Umfeld, sind nicht nachgewiesen.

Ätiopathogenese. Grundlage der pathologischen Veränderungen bei chronischer Polyarthritis sind wahrscheinlich immunologisch induzierte Entzündungsprozesse vorwiegend in der oberflächlichen Synovialmembran. Die Auslösung können Autoimmunität, genetisch determinierte und infektiöse Einflüsse bewirken.

Andere endogene und exogene Komponenten wie z. B. physikalische Einflüsse, psychische Komponenten werden als auslösende Faktoren diskutiert, sind aber nicht bewiesen.

Klinisches Bild. Den eigentlichen und kennzeichnenden Gelenkerscheinungen mit Schwellung, Bewegungseinschränkung und Schmerz geht zumeist ein Vorstadium voraus, in dem uncharakteristische Krankheitszeichen wie allgemeine Abgeschlagenheit, Ermüdbarkeit, vermehrtes Schwitzen, leicht erhöhte Temperaturen und auch Spannungsgefühl um die Gelenke auftreten. Diese allgemeinen Krankheitszeichen weisen schon am Anfang der Krankheit darauf hin, daß es sich bei der chronischen Polyarthritis nicht um eine alleinige Gelenkerkrankung, sondern eben um eine systemische Krankheit handelt.

Das uncharakteristische Stadium geht meistens schleichend in das Frühstadium über, in dem sichtbare Gelenkschwellung mit – vor allem morgens – akzentuierten Gelenkschmerzen und Steifigkeitsgefühl auftritt (sog. „Morgensteife der Gelenke") (Tab. 13.**1**).

Das Frühstadium der chronischen Polyarthritis kann sehr große differentialdiagnostische Schwierigkeiten bereiten. Dies hat folgende Gründe:

1. Im Anfang einer chronischen Polyarthritis können atypischerweise nur einzelne, auch große Gelenke wie das Kniegelenk befallen sein. Selten, und vor allen Dingen auch bei älteren Menschen, können die Schultergelenke im Vordergrund stehen. Die Krankheit kann auch einmal im Hüftgelenk, ja an der Halswirbelsäule beginnen. Der Beginn weicht dann von dem typischen Gelenkbefallmuster mit symmetrischem Befall der Fingergrund- und Mittelgelenke sowie der Zehengrundgelenke ab.
2. Typischer symmetrischer Gelenkbefall kann auch bei anderen entzündlich-rheumatischen Erkrankungen wie bei der chronischen Polyarthritis vorkommen, z. B. beim Beginn eines systemischen Lupus erythematodes. Bei älteren Menschen muß man auch an das Begleitsymptom bei bösartigen Tumoren denken.

Tabelle 13.**1** Symptome der chronischen Polyarthritis im Vor- und Frühstadium

- Ziehende Schmerzen um die Gelenke
- Allgemeine Krankheitserscheinungen
  - geminderte Leistungsfähigkeit
  - mangelnde Konzentrationsfähigkeit
  - vermehrtes Schwitzen
- Rötung der Handinnenflächen („Palmarerythem")
- Symmetrische Gelenkschwellungen, bevorzugt an den Fingergrund- und Mittelgelenken, sowie an den Zehengrundgelenken
- Morgensteife der Gelenke von mindestens $^1/_2$ Stunde
- Nachlassen der groben Kraft
- Subfebrile Temperaturen

Man spricht deshalb im Frühstadium auch häufig von einer „möglichen" oder „wahrscheinlichen" chronischen Polyarthritis.

Dem Initialstadium folgen dann mit zunehmenden klinischen Krankheitszeichen sowie Laborbefunden und Röntgenbildveränderungen die Stadien der wahrscheinlichen und schließlich gesicherten chronischen Polyarthritis. Die sog. „ARA-Kriterien" geben anhand von klinischen Zeichen, Laborergebnissen (Rheumafaktor) und gesicherten Röntgenkriterien einen diagnostischen Maßstab für die Diagnosesicherung (Tab. 13.**2**). Die Erstlokalisation ist zu über 40% an den Fingergrund- und Mittelgelenken, die später immer einbezogen sind. Außerdem sind Handgelenke (früh 15, spät 85%), Kniegelenke (15/80%), Sprunggelenke (12/40%), Ellenbogen- und Schultergelenke (je 10/60%) befallen. Sehr früh (oft vor dem Befall der Hände) sind ohne Schmerzen die Zehengrundgelenke betroffen. Die Halswirbelsäule ist im späten Krankheits-

Tabelle 13.**2** Kriterien zur Klassifikation der ARA (American Rheumatism Association, jetzt American College of Rheumatology) in der Revision von 1987 (gekürzt)

1. Morgensteifigkeit	Morgensteifigkeit in und um die Gelenke von mindestens einer Stunde Dauer bis zur maximalen Besserung.
2. Arthritis von drei oder mehr Gelenkregionen	Mindestens drei Gelenkregionen gleichzeitig mit Weichteilschwellung und Erguß (nicht allein knöcherne Verdickung), Arztbeobachtung. Die 14 möglichen Regionen sind die rechten oder linken Interphalangeal- (PIP-), Metacarpophalangeal- (MCP-) Gelenke, Hand-, Ellenbogen-, Knie-, Sprung- und Metatarsophalangeal- (MTP-)Gelenke.
3. Arthritis der Hand	Mindestens eine Gelenkregion geschwollen (wie oben definiert) in einem Hand-, MCP- oder PIP-Gelenk.
4. Symmetrische Arthritis	Simultane Beteiligung der gleichen Gelenkregionen (wie unter 2. definiert) auf beiden Körperseiten (bilaterale Beteiligung der PIP-, MCP- oder MTP-Gelenke, gilt auch ohne absolute Symmetrie).
5. Rheumaknoten	Arztbeobachtung.
6. Radiologische Veränderungen	Für die chronische Polyarthritis typische radiologische Veränderungen.

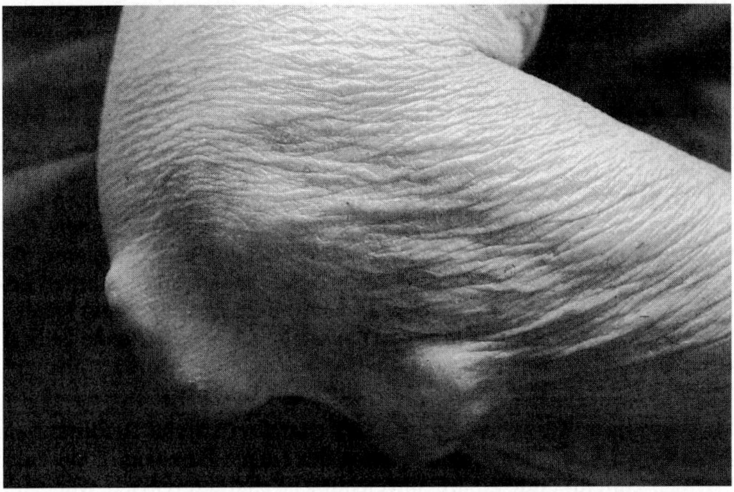

Abb. 13.**1** Rheumaknoten an der Streckseite des Ellenbogengelenkes

stadium in 60% einbezogen. Paraarticulär werden die Sehnen der Fingerbeuger und -strecker in 25% befallen. In 60% entwickelt sich ein Karpaltunnelsyndrom (in allen Stadien möglich). Die Muskelatrophie ist krankheitseigen und durch die Inaktivität infolge des Funktionsverlustes bedingt. Außerhalb des Bewegungsapparates manifestiert sich die Krankheit in Rheumaknoten (Abb. 13.**1**), Sicca-Symptomatik, Augenentzündungen, sowie an Haut, Herz, Lunge, Gefäßen und durch Ablagerung krankhafter Eiweißkörper als Nierenamyloidose (5%).

Der einzelne Krankheitsverlauf ist außerordentlich unterschiedlich. Zu Beginn der Erkrankung ist es bislang unmöglich, den späteren Verlauf vorherzusagen. Deshalb ist gleich von Anfang an jeder Funktionseinbuße durch Behandlung entgegenzuwirken, da man nie weiß, welche weiteren Funktionsbeeinträchtigungen noch zustande kommen werden.

Etwa 50% der Krankheitsfälle verlaufen über Jahre in einzelnen Schüben, die ganz unterschiedliche Intervalle haben, mit mäßig fortschreitendem Funktionsverlust. In 25% kommt es innerhalb von 2–4 Jahren zu schwerstem Funktionsverlust und in weiteren 25% spielen sich die Schübe in großen Abständen ab, und es kommt zu gering fortschreitendem Funktionsverlust.

Die Entscheidung darüber, in welchem Stadium der Erkrankung sich der Patient befindet, kann nach mehreren Gesichtspunkten erfolgen.

Bei der Einteilung nach Steinbrocker-Stadium I–IV werden Ausmaß der Funktionseinschränkung sowie Röntgenbefunde in einer zunehmenden Schwereskala berücksichtigt. Schließlich kann die Einteilung danach erfolgen, wie ausgeprägt die im Blut vorhandenen Entzündungszeichen sind. Alle diese Einteilungen können Bedeutung für den Behandlungsplan haben, wobei die physiotherapeutische Behandlung sowohl das Ausmaß der Funktionseinbußen, den Röntgenbefund als auch die Zahl der akut entzündeten Gelenke und das Ausmaß der vorhandenen Entzündungszeichen im Blut berücksichtigen muß. Viele entzündete Gelenke mit hohen humoralen Entzündungszeichen charakterisieren die akut-entzündliche Phase, die besondere Behandlungsmaßnahmen erfordert. Es muß aber auch stets bedacht werden, daß bei einem Patienten ohne einen allgemeinen Schub ein oder auch zwei Gelenke isoliert entzündlich aktiviert sein können. Die Behandlung erfordert also zunächst die Befundbeurteilung jedes einzelnen Gelenkes.

Im Verlauf der Krankheit können sich charakteristische Deformitäten ausbilden, z.B. die sog. *Ulnardeviation* der Finger. Eine vom 2. bis zum 5. Finger zunehmende ulnare Abweichung ist charakteristisch, wobei im Einzelfall sogar der Kleinfinger rechtwinklig abstehen kann. Eine volare Luxation bzw. Subluxation der Grundgelenke ist häufig gleichzeitig vorhanden. Die Ulnardeviation wird im wesentlichen durch die als Folge der Synovialitis der Grundgelenke auftretende Schädigung des Kapsel-Band-Apparates mit Luxation der Strecksehnen nach ulnar verursacht. Dadurch wird ein ulnarwärts gerichteter Zug bei Fingerstreckung und -beugung wirksam. Ähnlich machen sich die stärkere ulnare Muskelmasse der Handbinnenmuskulatur und auch die den ulnaren Druck bevorzugenden Handgriffe des täglichen Lebens bemerkbar (Abb. 13.**2**).

Die sog. *Knopflochdeformität* entsteht als Entzündungsfolge der proximalen Interphalangealgelenke (PIP-Gelenk). Der dorsal verlaufende Streckapparat fasert auf, gleitet seitlich und nach volar ab. Dadurch wird bei der Fingerstreckung paradoxerweise eine Beugung in den Gelenken

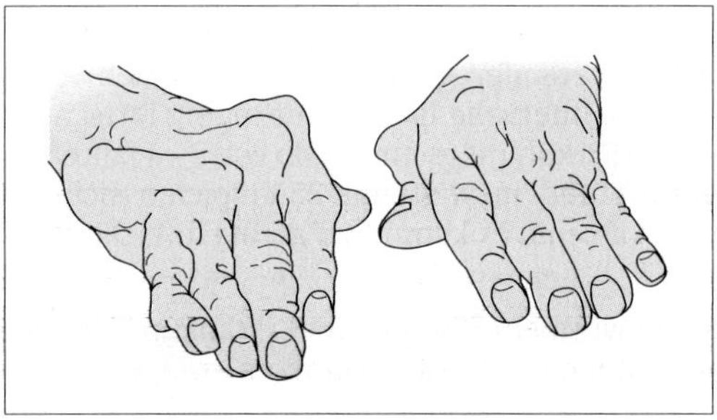

Abb. 13.**2** Ulnardeviation bei fortgeschrittener chronischer Polyarthritis mit Schwanenhals- und Knopflochdeformitäten

verursacht. Das PIP-Gelenk tritt wie ein Knopf durch die zentral entstandene Lücke nach oben. Das distale Interphalangealgelenk (DIP-Gelenk) ist überstreckt (Abb. 13.**3**).

Bei der *Schwanenhalsdeformierung* sind Fingergrund- und Endgelenke in Beugestellung und das PIP-Gelenk in Überstreckung fixiert. Das PIP-Gelenk ist dabei also nach volar verlagert (Abb. 13.**4**).

Die Handfunktion kann auch durch Adduktion im Daumengrund- und Überstreckung des Daumenendgelenkes in 90 Grad beeinträchtigt werden (sog. *90/90-Deformierung*) (Abb. 13.**5**).

Die Synovialitis der Sehnenscheiden hat sehr unterschiedliche Folgen. Der Beugesehnenbefall beeinträchtigt Beuge- und Streckfunktion. Einzelne Sehnen können dabei durch knotige Verdickung zum sog. „schnellenden Finger" führen. Rupturen treten überwiegend an den Strecksehnen auf, wobei die Hauptursache in dem Durchwachsen der Sehne von entzündetem Synovialgewebe zu sehen ist. Das Karpaltunnelsyndrom kann zu jedem Zeitpunkt der Erkrankung, meistens im Zusammenhang mit einer Beugesehnensynovialitis des Handgelenkes, zustande kom-

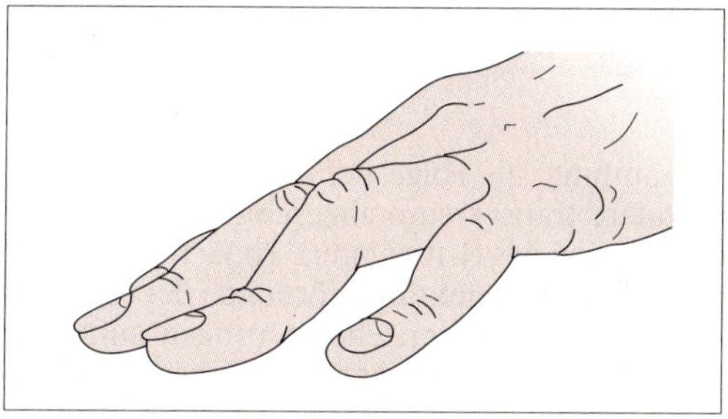

Abb. 13.**3** Knopflochdeformitäten an Ringfinger und kleinem Finger

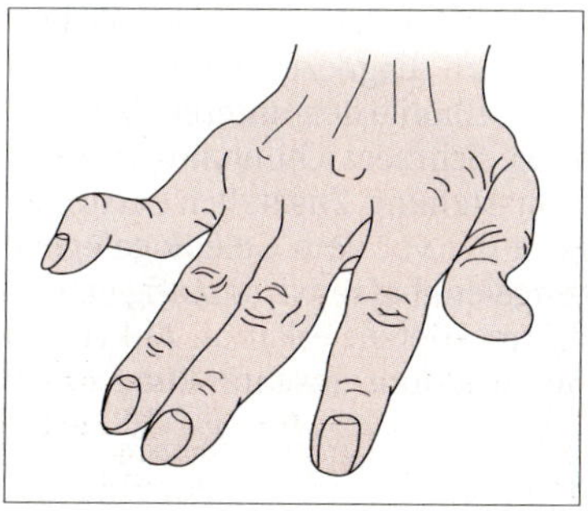

Abb. 13.**4** Schwanenhalsdeformität des kleinen Fingers

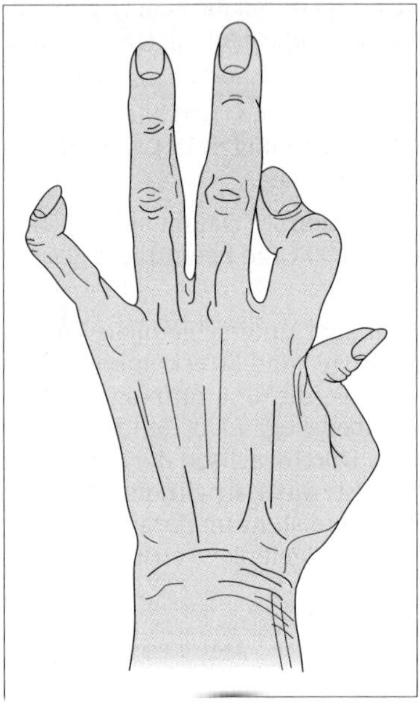

Abb. 13.5 Linke Hand: 90/90-Deformität des Daumens, Knopflochdeformität des Zeigefingers, Schwanenhalsdeformität des kleinen Fingers

men. Die Flüssigkeitsansammlung, als Folge der Tendosynovialitis in dem durch das Lig. carpi volare transversum abgeschlossenen Karpaltunnel, führt zu einer Kompression des N. medianus. Zunächst bestehen sehr unterschiedliche Schmerzen und Funktionsstörungen der Hand, bis dann charakteristische sensible und motorische Störungen auftreten, die durch entsprechende neurologische Funktionsdiagnostik nachzuweisen sind.

Der *Schultergelenkbefall* bleibt oft lange unerkannt und steht bei der Alterspolyarthritis am Anfang der Erkrankung. Die Schwellung der Gelenke ist aus anatomischen Gründen schwer zu diagnostizieren. Am ehesten kann man durch Palpation in der Achselhöhle den unteren Rezessus schmerzhaft und geschwollen tasten. Die Schmerzschonhaltung bietet die Gefahr einer Kontraktur in Adduktionsstellung. Zusätzlich entstehen hochgradige Muskelatrophien. Häufig ist der vor dem Gelenk gelegene Schleimbeutel beteiligt. Der Ellenbogengelenkbefall wird häufig erst an dem schleichend sich entwickelnden Streckdefizit erkannt. Ankylosen in Streckstellung bedingen schwerste Funktionseinschränkung (auch der Hand!).

Das erkrankte *Hüftgelenk* neigt zur Beugekontraktur und zur Fehlstellung in Außenrotation.

Das *Kniegelenk* ist initial bei mon- bzw. oligoarticulärem Beginn befallen. Frühzeitig kommt es zur Quadrizeps-Atrophie. In 40–50% bildet sich eine popliteale Synovialzyste, die als „Baker-Zyste“ bezeichnet wird. Es handelt sich dabei um den Befall der Bursa gastrognemiosemimembranosa, die mit der Kniegelenkhöhle kommuniziert und sich durch einen Ventilmechanismus zu großem Ausmaß bis in die Wade hinein, selten auch tiefer, vergrößern kann und schließlich auch rupturiert.

Am *Vorfuß* sind die Zehengrundgelenke häufig auch initial betroffen. Sehr schnell kann es hier zu erheblichen Destruktionen kommen, die dann mit einer Plantarluxation der Mittelfußköpfchen einhergehen. Die entzündlich zugespitzten Mittelfußköpfchen können dann durch die statische Belastung zu schwerer Beeinträchtigung der plantaren Weichteile des Fußes führen.

Entzündlicher Befall des *Mittelfußes* führt zum Einbruch des Fußgewölbes und ruft den sog. rheumatischen Plattfuß hervor. Das untere Sprunggelenk ist häufiger betroffen als das obere und entwickelt auch eher eine Ankylose.

Selten sind die *Kiefergelenke* betroffen, und es kann sich schleichend und unbemerkt eine behinderte Mundöffnung einstellen.

Der entzündliche Befall der *Halswirbelsäule* im Krankheitsverlauf der chronischen Polyarthritis ist häufig. Er reicht von leichten Veränderungen an den Dornfortsätzen bis zu schweren Beeinträchtigungen der Zwischenwirbelgelenke, der Bandscheibe und der Wirbelkörper sowie der Bänder. Die gefürchtetste Komplikation ist der Befall im atlantookzipitalen und im atlantoaxialen Gelenk. Dadurch kann es zu neurologischen Komplikationen schwerster Art, bis zur Tetraplegie kommen. Der Patient mit Befall der oberen Kopfgelenke wird häufig durch erheblichen Ruhe- und Bewegungsschmerz und durch Hinterkopfschmerz geplagt. Der Befall kann aber auch klinisch erscheinungsfrei bleiben.

Krankheitszeichen außerhalb des Bewegungsapparates betreffen die Augen, das *periphere Nervensystem*, das *Herz*, die *Lunge* und die *Gefäße*. Sie treten bevorzugt in den sehr schweren und gelenkzerstörend verlaufenden Fällen auf. Besonders wichtig sind die Gefäßentzündungen, weil sie z.B. durch Befall der Blutversorgung peripherer Nerven zu Radialis-Ulnaris-Peronäus-Lähmungen, andernorts zu Hautulzera und schweren Augenveränderungen führen können.

In 5% kommt eine *Nierenerkrankung* mit Ablagerung von sog. „Amyloid“ vor, einem pathologischen Eiweißkörper, der dadurch die Nierenfunktion bis zum Nierenversagen schwerwiegend beeinträchtigt (Amyloidose).

Laborwerte. Die Laborwerte tragen bei der chronischen Polyarthritis zur Diagnosestellung bei. Schon im Anfangsstadium sind uncharakteristische Entzündungszeichen im Blut, z.B. BSG-Erhöhung, Anämie und Thrombozytose nachweisbar. Später treten sog. Rheumafaktoren auf, die zur Sicherung der Diagnose beitragen. In Verlauf der Krankheit sind die Entzündungszeichen im Blut ein wichtiger Maßstab für die Beurteilung der entzündlichen Aktivität der Erkrankung. Schließlich tragen die Laboruntersuchungen zur Erkennung von Komplikationen (z.B. Eiweißausscheidung im Urin bei Amyloidose) bei. Außerdem dienen sie der Erkennung von Therapiekomplikationen.

Röntgen. Röntgenuntersuchungen sind zur Diagnosestellung, der Beurteilung des Ausmaßes des einzelnen Gelenkschadens und der Verlaufskontrolle unentbehrlich.

Zunächst sind zu Beginn der Erkrankung nur sog. indirekte Entzündungszeichen sichtbar (gelenknahe Osteoporose, periartikuläre Weichteilschwellung). Später bilden sich direkte Entzündungszeichen wie Grenzlamellenverlust, Erosionen und Usuren aus, die zusammen mit anderen Zeichen die Diagnose sichern. Fortgeschrittene Zeichen der Gelenkzerstörung sind Luxations- und Subluxationsstellungen, Osteolyse und Ankylose. Die Kenntnis des Röntgenbefundes ist Voraussetzung zur Beurteilung einer möglichen Gelenkmobilisation bei chronischer Polyarthritis.

Therapie. Der Behandlungsplan bei chronischer Polyarthritis ist als ein Gesamtkonzept anzusehen, das neben den medikamentösen und operativen Verfahren und den Methoden der physikalischen Therapie sowie der Ergotherapie auch die psychologische und sozialmedizinische Betreuung einbezieht. Die Behandlung durch den Hausarzt muß durch ein interdisziplinäres Zusammenwirken ergänzt werden, da sowohl das Problem der Diagnostik als auch die Probleme der medikamentösen und physikalischen sowie operativen Therapie gemeinschaftlich zu lösen sind. Alle an der Behandlung des Kranken mit chronischer Polyarthritis Beteiligten müssen miteinander Kontakt haben.

Bei unbekannter Ursache der Krankheit ist der medikamentösen Therapie im wesentlichen auch nur ein symptomatischer Erfolg zuzuschreiben. Zunächst werden nichtsteroidale Antirheumatika als sofortwirksame, entzündungshemmende und schmerzstillende Medikamente eingesetzt. Diese auch als Antirheumatika bezeichneten Substanzen, wie z.B. Diclophenac, Indometacin, Ibuprofen, Acemetacin und auch die Oxicame, wirken durch die Inaktivierung örtlicher Entzündungsmediatoren (z.B. Prostaglandine u.a.), die den Schmerz verursachen. Durch ihre Entzündungshemmung wirken sie schmerzlindernd. Dazu kommt noch eine zentralwirkende, schmerzlindernde Fähigkeit. In diesem Sinne wird auch die Acetylsalicylsäure in der Behandlung eingesetzt. Die häufigste Nebenwirkung dieser Substanzen liegt im Magen-Darm-Bereich

(Magenschleimhautentzündung, Magen-Darm-Geschwüre). Der Einsatz dieser Substanzen muß das Nutzen-Risiko bei der entsprechenden Erkrankung, beim Lebensalter und bei den zusätzlichen Diagnosen des Patienten berücksichtigen.

Die am kräftigsten wirkende Entzündungshemmung kommt den Kortisonen zu. Ihr Einsatz ist etwa bei einem Drittel der Patienten mit chronischer Polyarthritis über längere Zeit notwendig. Die Problematik dieser Behandlung liegt in den gesetzmäßigen Nebenwirkungen, die die endokrine Regulation (als Zeichen sog. „Vollmond"- oder Cushing-Gesicht), den Magen-Darm-Trakt und den Zucker- und Knochenstoffwechsel (Osteoporose) betreffen. Die Behandlung mit Kortison soll so kurz wie möglich und mit möglichst geringen Dosen erfolgen. Bei bestimmten Krankheitsverläufen wird Kortison mit einer „Low Dosis" zur Langzeitbehandlung eingesetzt.

Von hoher therapeutischer Bedeutung ist der Einsatz sog. „langzeitwirkender" Medikamente (sog. Basistherapeutika). Dies sind Substanzen wie Chloroquin, Goldsalze, D-Penicillamin, Sulfasalazin sowie Immunsuppressiva und Zytostatika, wie z.B. Azathioprin, Methotrexat Cyclosporin, Endoxan. Ihre Wirkung soll sich auf die „Immunmodulation" über die Beeinflussung der immunkompetenten Zellen beziehen. Ihr eigentlicher Wirkmodus ist im einzelnen noch nicht geklärt. Sie führen häufig zu einem entzündlich-verlangsamten und entzündlich-gemilderten Verlauf. Es ist nicht eindeutig nachgewiesen, daß es an den einzelnen bereits befallenen Gelenken zu einer positiven Beeinflussung der fortschreitenden Zerstörung kommt. Der Sinn dieser Basistherapeutika liegt aber auch darin, daß die Ausbreitung auf andere Gelenke verhütet werden soll. Die Erfolgsbeurteilung ist im Einzelfall schwierig. Ein Basistherapiewechsel ist häufig wegen fehlender oder ungenügender Wirkung bzw. des Auftretens von Nebenwirkungen notwendig.

Die Nebenwirkungen der sog. Basistherapeutika haben unterschiedliche Schwerpunkte, und die Dauertherapie erfordert eine sorgfältige Beobachtung des Patienten mit entsprechenden Laborkontrollen.

Die physikalische Therapie, bei der die Physiotherapie im Vordergrund steht, nutzt alle Methoden, um ihr zugängliche Symptome zu behandeln und damit zur Funktionserhaltung und -verbesserung beizutragen. Neben der Physiotherapie werden dazu genutzt: dem Stadium angepaßte Kälte- bzw. Wärmebehandlung, Massagen einschließlich Spezialmassagen, wie z.B. Lymphdrainage, Elektrotherapie und kombinierte Behandlung im Rahmen kurörtlicher Rehabilitationsmaßnahmen.

Die Ziele operativer Behandlung sind einmal vorbeugende, protektive Verfahren, wie die frühe Entfernung der Gelenkinnenhaut (Synovialektomie), und die Tendosynovialektomie (Entfernung der Gelenkinnenhaut in der Sehnenscheide). Sie sollen örtlich der entzündungsbedingten Gelenkzerstörung vorbeugen oder sie verlangsamen bzw. zum Stillstand bringen. Die auf das operierte Gelenk begrenzte Wirkung kann sich insbesondere an den tragenden Gelenken durch Funktionserhalt günstig auf den gesamten Krankheitsverlauf auswirken. Die Synovialektomie der Sehnenscheiden ist zur Vorbeugung einer Ruptur eine oft dringliche Operationsindikation. Auch das Karpaltunnelsyndrom (CTS) kann mit Spaltung des volaren Bandes eine dringliche Indikation sein.

Die Gelenkersatzoperationen sind besonders häufig an Knie- und Hüftgelenken erforderlich. In schweren Fällen ist ein Gelenkersatz an mehreren Gelenken (meist an Hüft- und Kniegelenken) notwendig, und es gelingt auf solche Weise, auch völlig immobilisierten Patienten wieder zu einer gewissen Bewegungsfreiheit zu verhelfen. Der entscheidende Fortschritt in der Therapie des Patienten mit chronischer Polyarthritis in den letzten 20 Jahren ist durch die Weiterentwicklung operativer, insbesondere prothetischer Methoden erreicht worden.

Im Bereich der Hände werden bei einem Befall von ca. 90% sehr häufig vorbeugend schützende (protektive) und rekonstruktive Maßnahmen sowie auch prothetische Versorgung notwendig.

Die sog. Synoviorthese stellt eine intraartikuläre Applikation von radioaktiven Isotopen dar. Damit soll eine entzündungshemmende Beeinflussung der Synovialis erreicht werden (Radio-Synoviorthese). Sie wird am häufigsten am Kniegelenk eingesetzt.

Psychosoziale Maßnahmen werden ergänzend von Psychologen und Sozialarbeitern durchgeführt. Außerdem sind Sozialmediziner für berufsfördernde Maßnahmen zuständig.

Hinsichtlich der Ergotherapie wird auf weiterführende Literatur verwiesen.

In dieses Gesamtkonzept ist die Rheumaliga als Selbsthilfeorganisation (Hilfe zur Selbsthilfe) einbezogen.

Alle diese Maßnahmen müssen – soweit die Fachkompetenz vorhanden ist – wohnortnah durchgeführt werden.

Physiotherapeutische Behandlung

Eine physiotherapeutische Behandlung ist schon bei Verdacht auf chronische Polyarthritis und im gesamten Verlauf dieser Erkrankung notwendig. Durch den entzündlichen Prozeß wird das komplexe Bewegungssystem Gelenk-Bänder-Sehnen-Muskulatur bedroht. Das bedeutet, daß ganze Funktionsketten im Bewegungsablauf und in der Gesamtstatik erheblich beeinträchtigt werden können. Der Schmerz ist für den Patienten primär die größte Behinderung, er verursacht zwangsläufig reflektorische Verspannungen und Schonhaltungen. Innerhalb kürzester Zeit können im Verlauf der Erkrankung Muskelinsuffizienzen, Muskelatrophien, Bandinstabilitäten, Sehnenrupturen, Gelenkkontrakturen und Gelenkinstabilitäten auftreten, die wiederum form- und funktionsverändernd am gesamten Bewegungsapparat wirken und damit das gesamte Leben des Patienten beeinträchtigen können. In diesen Circulus vitiosus muß die Physiotherapie so früh wie möglich eingreifen. Sie soll die Selbständigkeit des Patienten soweit wie möglich erhalten bzw. verbessern.

- *Befund:* Nur die exakte physiotherapeutische Untersuchung mit der Analyse der Funktionsbehinderung ermöglicht in der Langzeittherapie dieses multilokulären Krankheitsbildes einen konkreten und überschaubaren Behandlungsplan. Bei der Untersuchung muß die genaue Uhrzeit festgehalten werden, da die Morgensteifigkeit den Gelenk- bzw. Muskelstatus erheblich beeinflussen kann.

Anamnese: Sie ist beim chronisch Kranken besonders wichtig, da in diesem ersten Gespräch eine Vertrauensbasis geschaffen werden kann. Wir erfahren darin: den bisherigen Krankheitsverlauf (Beginn der Erkrankung, akute Schübe, zurückliegende bzw. geplante Operationen, bisherige medikamentöse Therapie), welche Behinderung dem Patienten am meisten Schwierigkeiten bereitet, seine Sorgen und Ängste, bereits durchgeführte Therapien, seine Einstellung zur Therapie und die Unterstützung der Umgebung.

Schmerzanamnese: Sie gibt Informationen über die erkrankten Strukturen:
- wie? (stechende, dumpfe, ziehende Schmerzen),
- wann? (Ruhe- oder Belastungsschmerz, bei welchen Bewegungen tritt er auf?),
- wo? (im Bereich der Gelenke und/oder Muskulatur),
- wie lange? (Dauer der Morgensteifigkeit).

Ganganalyse und Haltungsstatus
- Gangbild: fehlender Abrollvorgang (Vorfußbeteiligung)? Schrittlänge? Trendelenburg oder Duchenne?
- Benötigte Hilfsmittel: Stöcke, Gehwagen, Orthesen.

Optische Beobachtung
- Hautveränderungen: Kortisonhaut, Pergamenthaut, Ulzera, Exanthem.
- Schwellungen: Im Bereich der Gelenkkapsel, Bursen und Sehnen?
- Deformitäten:
  - *Hand:* Ulnardeviation (ulnare Abweichung der MCP-Gelenke), Schwanenhalsdeformität (s. Abb. 13.**4**), Knopflochdeformität (s. Abb. 13.**3**), 90/90-Deformität der Daumen (s. Abb. 13.**5**),

Handskoliose (Radialabweichung der Mittelhandknochen und Ulnarabweichung der Langfinger mit Subluxation des Karpus nach volar),
  - *Kniegelenk:* Genu valgum in Flexion und Außenrotationsstellung aufgrund von Bandinstabilitäten,
  - *Fuß:* Knickfuß (Valgusstellung durch Subluxation im Talonavikulargelenk und Kalkaneokuboidalgelenk und Seitverschiebung des Fersenbeins),
    Spreiz- und Plattfuß (Dorsalluxation der Grundphalangen), Hammer- und Krallenzehen, Hallux valgus.
- Auffällige Atrophien:
  - *Hand:* Mm. interossei, Thenar- und Hypothenar,
  - *Schultergürtel:* M. deltoideus, Pars clavicularis und spinalis, M. supra- und infraspinatus, Mm. rhomboidei,
  - *untere Extremität:* Mm. glutaei, M. quadriceps (Vastus medialis und laterialis).

Taktile Beobachtung: Sie wird vorsichtig tastend und vergleichend durchgeführt.
- Hauttemperatur im Seitenvergleich,
- Schwellungen im Bereich der Kapsel, Sehnen und Bursen,
- Druckdolenzen im Bereich der Kapsel, Muskulatur und Sehnen, Krepitation beim Bewegen an Gelenken und Sehnen.

Messen/Schätzen und Stimulus-Reaktions-Proben: Die Ursachen von Funktionseinschränkungen können arthrogener, ligamentärer, muskulärer, neurogener Genese und durch Schmerzen bedingt sein.
- Aktive und passive Gelenkprüfung (evtl. geänderte Ausgangsstellung angeben),
- Prüfen der Bandstabilität an Hand-, Finger- und Kniegelenken,
- Messen der funktionellen Beinlänge,
- Muskelkraftprüfung: statisch und dynamisch:
  Eine Überprüfung der Muskulatur auf statische Kraft ist notwendig, da Gelenkveränderungen und Schmerzen die Überprüfung der dynamischen Kraft in den genormten Ausgangsstellungen oft nicht zulassen (Schmerz → Kraftlosigkeit).
- Sensibilitätsprüfung bei Halswirbelsäulenbeteiligung.

Bewegungsanalyse: Bei der Bewegungsanalyse werden wichtige Alltagsfunktionen und Bewegungsabläufe geprüft. Einzelne Funktionsverluste an Gelenken, Muskulatur und Bändern werden auf ihre Kompensationsmöglichkeit überprüft, ob der Verlust durch umgeschulte Bewegungsmuster und/oder durch Hilfsmitteleinsatz vermindert werden kann (Ideal ist hier die Zusammenarbeit mit dem Ergotherapeuten).

Handfunktion:
- Spitzgriff (Test der Feinmotorik),
- Zylinder- oder Ballgriff (Test der Grobkraft),
- Daumenfunktion,
- Spreizen und Schließen der Finger.

Alltagsbewegungen:
- Wie zieht sich der Patient aus, benötigt er dabei Hilfe?
- Kann er seine Kleidungsstücke selbständig aufhängen?
- Benötigt er Hilfe beim Schuhe- und Strümpfeanziehen?
- Wie setzt sich der Patient, wie steht er auf?
- Kann der Patient selbständig seine Körperpflege durchführen?
- Kann der Patient selbständig essen?

Röntgenbefunde: Zum Erstellen eines Behandlungsplanes ist es notwendig, die aktuellen Röntgenbefunde der zu mobilisierenden Gelenke zu kennen.

■ *Stadieneinteilung der Gelenke:* Der klinische und röntgenologische Befund ermöglicht, den Befall der Gelenke in Stadien einzuteilen (Einteilung nach „Steinbrocker"), die klinische und röntgenologische Kriterien enthält. Hier mit einer *zusätzlichen Erweiterung* nach funktionellen Gesichtspunkten für die physiotherapeutische Therapie.

Gelenkstadium I
- Röntgenbefund: gelenknahe Osteoporose (keine weiteren Veränderungen),
- Roll- und Gleitbewegungen sind möglich,
- volle passive Gelenkbeweglichkeit,
- aktiv ist das Gelenk endgradig leicht eingeschränkt,
- der Schmerz verursacht die Differenz zwischen aktiver und passiver Gelenkbeweglichkeit.

Gelenkstadium II
- Röntgenbefund: Osteoporose (evtl. geringe Destruktion des Knorpels oder subchondralen Knochens),
- Roll- und Gleitbewegungen sind unharmonisch,
- beginnende Gelenkkontrakturen oder Instabilitäten,
- neben der aktiven Gelenkbeweglichkeit ist auch die passive endgradig eingeschränkt,
- die Bewegungen sind unharmonisch, es besteht eine muskuläre Dysbalance,
- beginnende Bandinstabilitäten können aktiv korrigiert werden.

Gelenkstadium III
- Röntgenbefund: Osteoporose, Knorpel- und Knochendestruktionen,

- erhebliche Einschränkungen im Gelenkspiel,
- Einschränkungen in der aktiven und passiven Gelenkbeweglichkeit,
- ausgeprägte Muskelinsuffizienzen, Muskelatrophien und Kontrakturen,
- Fehlstellungen können aktiv nicht korrigiert werden, sie können passiv noch korrigiert, aber nicht gehalten werden.

Gelenkstadium IV

- Röntgenbefund: Osteoporose, Knorpel- und Knochendestruktionen mit evtl. knöcherner Ankylose,
- nur noch geringe aktive und passive Beweglichkeit in den betroffenen Gelenken,
- ausgeprägte Muskelatrophien und -kontrakturen,
- ausgeprägte Fehlstellungen.

Physiotherapeutische Behandlung im akut entzündlichen generalisierten Stadium („Schub")

Akute Schübe können zu Beginn der Erkrankung und immer wieder während des Krankheitsverlaufs für einige Tage auftreten. Eine plötzliche Verschlechterung des Krankheitsbildes kann sich auch durch eine Medikamentenreduzierung oder durch körperliche und seelische Überforderung anbahnen.

■ *Befund:* Eine genaue Untersuchung in diesem akuten Zustand mit Gelenkmessungen nach der Neutral-Null-Methode ist nicht möglich.

Der Allgemeinzustand ist reduziert. Die Patienten leiden unter Schwächegefühl und extremer Müdigkeit. Es sind mehrere Gelenke entzündlich betroffen; sie sind druck- und berührungsempfindlich und können mäßig bis stark angeschwollen und überwärmt sein. Das Krankheitsbild kann so ausgeprägt sein, daß der Patient nicht mehr in der Lage ist, seine Gelenke in allen Freiheitsgraden selbst zu bewegen. Die Kraftlosigkeit in den Extremitäten, die durch die starken Schmerzen bedingt ist, macht die Selbstversorgung, Körperhygiene und im Extremfall das selbständige Essen unmöglich.

Neben der aktuellen medikamentösen Therapie wird eine kurzfristige Bettruhe nötig. Begleitend dazu muß eine fein dosierte physiotherapeutische Behandlung nach den folgenden Gesichtspunkten erfolgen.

■ *Gesichtspunkte*
- Schmerzlinderung und örtliche Entzündungshemmung,
- Kontrakturprophylaxe,
- Thromboseprophylaxe.

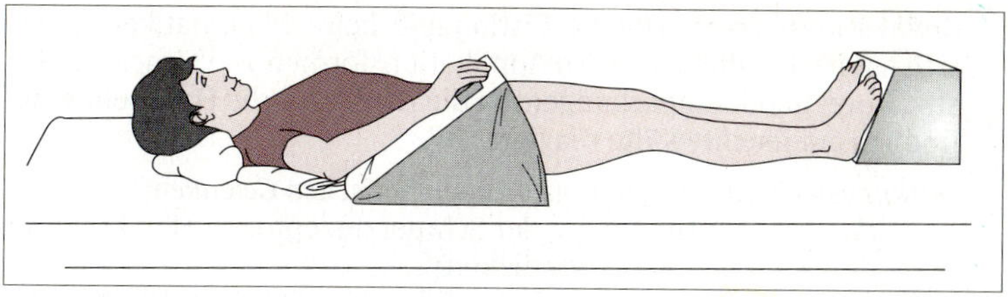

Abb. 13.**6** Funktionsgerechte Lagerung
- Halswirbelsäule: Unterstützung der physiologischen Wirbelsäulenschwingung,
- Schulter: Nullstellung der Rotation des Oberarms und Abduktion,
- Ellbogen: rechtwinklig angebeugt,
- Handgelenk: leichte Dorsalextension oder Nullstellung,
- Fingergelenke: in leichter Flexionsstellung, Daumen in Oppositionsstellung (Funktionshand),
- Hüft- und Kniegelenke: gestreckt,
- oberes Sprunggelenk: rechtwinklig gebeugt

Maßnahmen

a) funktionsgerechte Lagerung (Abb. 13.**6**),
b) Eistherapie,
c) passives Bewegen aller Gelenke.

a) **Funktionsgerechte Lagerung**
Im akut entzündlichen Stadium dienen die funktionsgerechten Lagerungen in Rücken- und Seitenlage der Kontrakturprophylaxe. Schon nach Immobilisation von wenigen Tagen in falschen Gelenkstellungen können schwere Gelenkkontrakturen auftreten. So kann z.B. das Kniegelenk durch eine Knierolle zwar schmerzfrei liegen (der Gelenkinnenraum wird weiter – der Druck des Gelenkergusses auf die Schmerzrezeptoren verringert – Reduzierung der Schmerzen), aber dies führt sehr schnell zu bindegeweblichen Veränderungen in Kapsel und Muskulatur. Die Konsequenz der falschen und richtigen Lage der Gelenke muß dem Patienten erklärt werden, damit er immer wieder selbst die funktionsgerechte Position der Gelenke annimmt, um so Kontrakturen zu verhindern.

b) **Eistherapie**
Sie wird vor und während der physiotherapeutischen Behandlung zur Analgesierung eingesetzt. Die kurzfristige Anwendung dient der Erleichterung des passiven Bewegens. Eine längere Einwirkungsdauer bis zu 20 Minuten unterstützt die antiphlogistische Therapie. Dabei ist zu beachten, daß keine Schmerzen (Druck- und Kälteschmerz) durch das Eis auftreten.

Applikationsformen: Für die Eistherapie beim Rheumatiker eignen sich am besten die trockenen Applikationsformen wie Firneis im Plastikbeutel und Kältepackungen, da die rheumatische Haut sehr empfindlich auf feuchte Kälte reagiert.

Wirkungsweise der Eistherapie an rheumatischen Gelenken:

- analgetisch: Hemmung der Schmerzrezeptoren, Herabsetzung der Nervenleitgeschwindigkeit;
- detonisierend: Verminderung der Aktivität der Muskelspindeln;
- antiphlogistisch: Aktivität der knorpeldestruierenden Substanzen wird gesenkt;
- resorptionsfördernd: durch den Einfluß auf die Kapillargefäße.

c) **Passives Bewegen**
Es dient der Kontrakturprophylaxe und Schmerzlinderung, der Gelenkstoffwechsel wird angeregt und die Muskulatur entspannt. Vor und während des passiven Bewegens soll die Eistherapie zur Analgesierung eingesetzt werden.

Ausführung: Alle Gelenke werden 2- bis 3mal täglich unter Berücksichtigung der Schmerzgrenze vorsichtig und unter leichtem Zug passiv bewegt. Das Bewegen erfolgt mit kurzem Hebel und unter Fixierung der benachbarten Gelenke. Die Therapeutenhand darf das entzündliche Gelenk nicht zusätzlich belasten. Muskuläre Gegenspannungen können vermieden werden, wenn dem Patienten die Bewegungsrichtung vorher angesagt wird. Wird das passive Bewegen langsam und vorsichtig ausgeführt, vergrößert sich die Gelenkbeweglichkeit, der Schmerz wird reduziert. Der Ruheschmerz kann dadurch für einige Zeit aufgehoben oder wesentlich verringert sein (1 – 2 Stunden).

Thromboseprophylaxe: Dazu gehört das kurzzeitige Aufstehen des Patienten, evtl. mit Unterstützung von Gehhilfen.

Kontraindizierte Maßnahmen

- jede Form von Wärmeanwendungen, Massagen und Elektrotherapie an den betroffenen Gelenken,
- aktivierende Mobilisationstechniken,
- Mißachtung der Schmerzgrenze.

Physiotherapeutische Behandlung im subakuten Stadium

Sobald die Entzündungsaktivität und die Schmerzen nachlassen, kann die physiotherapeutische Behandlung intensiviert werden. Der Patient wird jetzt zur aktiven Mitarbeit motiviert. Das Bewegen erfolgt assistiv-aktiv. Die muskulären Dysbalancen werden über isometrische Spannungen in der Entlastung aufgearbeitet.

Physiotherapeutische Behandlung im Stadium geringer oder fehlender Entzündungsaktivitäten

In diesem Stadium richtet sich unsere Behandlung nach dem physiotherapeutischen Befund und der Befundanalyse. Es können die verschiedensten Gelenkstadien in einer Funktionskette auftreten. Die Übergänge sind fließend.

In den Behandlungsplan muß der chronisch Kranke mit seinen Wünschen und Vorstellungen einbezogen werden.

Der Therapeut muß sich auf die wechselnden Gelenk- und Muskelbeschwerden durch ein flexibles Therapiekonzept einstellen.

- *Gesichtspunkte*
  - Schmerzlinderung,
  - Erhalten und Verbessern der Gelenkfunktionen,
  - Erhalten und Verbessern der Muskelbalance,
  - Verbessern und Schulen der Alltagsfunktionen,
  - Beratung und Schulung im Gelenkschutz,
  - Hilfsmittelberatung.
- *Vorbereitende Maßnahmen*
  - Eistherapie: Vor und während der physiotherapeutischen Behandlung wird die Kurzzeiteisanwendung zur Analgesierung eingesetzt,
  - Wärmepackungen: nur bei entzündlich-inaktiven Gelenken(!),
  - entspannende Massagen,
  - Elektrotherapie.
- *Aktive Maßnahmen:* Sie bestimmen die Behandlung im „schubfreien Intervall" und richten sich nach den jeweiligen Gelenkstadien (s. Einteilung nach Steinbrocker S. 359 f) des zu behandelnden Gelenks.

  Techniken aus PNF: Bei den Extremitäten-Pattern muß flächig und weich gegriffen werden. Kein Stretch! Kein lumbrikaler Griff über den MCP-Gelenken an der Hand und den MTP-Gelenken am Fuß! (Sie sind druckschmerzhaft. Der Bandapparat ist durch den entzündlichen Prozeß zur Instabilität disponiert.) Die Therapeutenhand stabilisiert im Bewegungsablauf das rheumatisch betroffene Handgelenk. Pattern mit verkürztem Hebelarm sind für die proximal gelegenen entzündlich betroffenen Gelenke weniger druckbelastend als das Arbeiten mit langem Hebelarm. Alle manuellen Widerstände müssen den kranken Strukturen (Gelenk, Sehnen, Bänder, Muskulatur) angepaßt werden.

  Gelenktechniken aus der Manuellen Therapie: Sie sind im Gelenkstadium I und II möglich. Keine Gleitmobilisation an entzündlich aktivierten Gelenken und bei instabilem Kapsel-Band-Apparat oder destruierten Gelenkflächen! Traktionsmobilisationen sind bis Stufe II möglich, es dürfen dadurch keine Schmerzen entstehen.

Stemmführungen nach Brunkow: Die Stemmstellung der Hand wird unter Berücksichtigung der rheumatischen Handgelenke abgewandelt. Das Handgelenk wird dabei achsengerecht und stabil eingestellt.

Haltungsaufbau nach Brügger wird in allen Stadien der Erkrankung durchgeführt.

Übungen gegen Widerstand in einer Funktionskette sind so auszuwählen, daß auch bei den noch nicht betroffenen Gelenken nicht durch Scherbewegungen in die zu erwartende Fehlstellung hineingeübt wird.

Übungen im Schlingentisch und im Bewegungsbad erleichtern das Üben und entlasten die rheumatischen Gelenke.

Behandlungsmöglichkeiten für die betroffenen Gelenke in den verschiedenen Gelenkstadien (s. Stadieneinteilung S. 359)

Zu berücksichtigen sind dabei die jeweiligen Besonderheiten an den rheumatischen Gelenken.

Gelenkstadium I
- Manuelle Therapie: Traktionen und Gleitmobilisationen,
- Dehntechniken: postisometrische Relaxation und Entspannungstechnik aus PNF,
- Aufarbeiten der muskulären Dysbalance mit achsengerechten und diagonalen Bewegungen gegen Widerstand und mit Techniken aus PNF (Rhythmische Stabilisation, Technik der Langsamen Umkehr),
- Gelenkschutzberatung (s. Kapitel Gelenkschutz S. 367).

Gelenkstadium II
- Manuelle Therapie bis Traktionsstufe II, vorsichtige Gleitmobilisation an Hüft- und Schultergelenken (bandgeführte Gelenke wie Hand-, Finger- und Kniegelenke nur noch Traktionen bis Stufe I, keine Gleitmobilisation),
- Dehntechniken aus PNF wie Stadium I,
- Stabilisationsübungen für die in Fehlstellung bedrohten Gelenke,
- Bewegen gegen Widerstand mit kurzem Hebelarm in Funktionsstellung, isometrische Haltearbeit, Techniken aus PNF wie bei Stadium I.
- Liegen beginnende Fehlstellungen in den Finger- und Handgelenken vor, so sind Funktionsschienen über die Ergotherapie anzupassen.
- Sind Hüft- und Kniegelenke betroffen, erfolgt eine Stockentlastung (bis Schmerzen und muskuläre Dysbalancen beseitigt sind).

Gelenkstadien III und IV

- passiv-aktives Bewegen der Gelenke evtl. unter leichter Traktion,
- vorsichtige Dehnung der verkürzten Muskulatur über die Technik der postisometrischen Relaxation,
- das noch vorhandene Gelenkspiel wird in entlastender Gelenkstellung isometrisch mit vorsichtigen Widerständen stabilisiert,
- die wichtigste Funktion des jeweiligen Gelenkes in der Funktionskette bevorzugt mobil oder stabil halten,
- Kompensationsmechanismen schulen (z. B. Aufstehen vom Stuhl über kleine schaukelnde Schwungbewegungen des Oberkörpers, um damit über die Gewichtsverlagerung zum Stehen zu kommen),
- Einsatz von Hilfsmitteln und Orthesen.

■ *Besonderheiten, die an den einzelnen rheumatischen Gelenken zu berücksichtigen sind*

- *Handgelenk:* keine forcierte Mobilisation im Handgelenk. Ein funktionell stabilisiertes Handgelenk ist für die Greif- und Stützfunktion zur Übertragung der Muskelkraft auf die Finger wichtig!
- *MCP-Gelenke:* bei zu kräftiger Flexion und Insuffizienz des Bandapparates wird die Subluxation der Gelenke nach volar verstärkt.
- *Ellbogengelenk:* Pronation und Supination sollen bei 90 Grad Ellbogenflexion isoliert geübt werden. In späteren Gelenkstadien (III und IV) müssen kombinierte Bewegungsmuster geschult werden. So wird die Pronation über Abduktionsbewegungen und die Supination über Adduktionsbewegungen des Schultergürtels kompensiert.
- *Schultergelenk:* Durch den entzündlichen Prozeß am Schultergelenk kommt es sehr schnell zur Muskelatrophie und -dysbalance. Die muskuläre Führung muß in allen Gelenkstadien trainiert werden.
- *Halswirbelsäule:* Sie muß im Gesamtbehandlungsplan von Anfang an berücksichtigt werden, da durch den entzündlichen Prozeß an der Halswirbelsäule der Bandapparat und die Muskulatur insuffizient werden. (Dies bleibt oft lange Zeit unbemerkt.) Die *Prophylaxe* durch eine gute muskuläre Stabilität ist deshalb wichtig. Bei röntgenologischen Veränderungen wie z. B. der atlantoaxialen und atlantookzipitalen Dislokation dürfen keine passiven Mobilisationstechniken durchgeführt werden! Wichtig sind aber leichte isometrische Spannungsübungen (keine Scherkräfte setzten!), die die muskuläre Führung in der Haltefunktion und in der verbliebenen Beweglichkeit stabilisieren. Je nach Ausprägung der Dislokation und klinischen Symptomatik wird zur Schmerzlinderung und um abrupte Bewegungen zu verhindern eine Halskrawatte empfohlen. Sie muß angepaßt und vorne verschließbar sein. Sie darf

nur stundenweise getragen werden, da sonst die muskulären Insuffizienzen verstärkt werden.

- *Kiefergelenke:* Sie sind zwar selten befallen, sollen aber in den Eigenübungen prophylaktisch berücksichtigt werden. (Übung: Mund gegen leichten Widerstand am Kinn öffnen, öfter gähnende Mundbewegungen.)
- *Hüftgelenke:* Auf die schnell entstehenden Beugekontrakturen achten, die Insuffizienz der Glutealmuskulatur tritt schnell ein. Bei Schmerzen und Schonhaltungen empfiehlt sich eine Stockentlastung.
- *Kniegelenke:* Sehr schnell treten Quadrizepsatrophien, Flexionskontrakturen und Bandinstabilitäten auf. An eine aktive Muskelinsuffizienz des M. quadriceps muß gedacht werden (Differenz zwischen aktivem und passivem Bewegungsausmaß = Totwinkel). Eine Stockentlastung ist nötig, bis das muskuläre Defizit aufgearbeitet ist.
- *Fuß- und Zehengelenke:* dürfen in der aktiven Mobilisationstechnik nicht vergessen werden; wichtig ist die Kräftigung des Fußgewölbes. Im Gelenkstadium III und IV sind stützende und vorfußentlastende Einlagen bzw. orthopädische Schuhe angezeigt.

Eigenübungsprogramm: Die sehr zeitintensive physiotherapeutische Behandlung kann nur Erfolg haben, wenn der Patient über Sinn und Zweck der einzelnen Übungen, das gelenkschonende Verhalten und die täglichen Eigenübungen unterrichtet ist und immer wieder verständnisvoll durch die Therapeuten motiviert wird (s. auch Kapitel Gelenkschutz). Die Patienten müssen ein individuell zusammengestelltes Eigenübungsprogramm erhalten, das neben isometrischen Ganzkörperspannungen Übungen für alle Gelenkbewegungen beinhaltet. Hier einige Beispiele für die obere Extremität:

- *Beispiele für die Hände*
  - Spreizen für die Finger: Handgelenk wird achsengerecht gehalten, Mittelfinger bleibt in Verlängerung des Unterarms, Spreizen und Schließen der Finger,
  - flache Hand auf dem Tisch, Daumen abduziert – bei fixiertem Handgelenk wandern die Finger einzeln radialwärts,
  - kleine Faust (Extension der MCP-Gelenke, Flexion der PIP- und DIP-Gelenke)
    a) aus der Flexionsstellung der Fingergelenke wird in die Extension der MCP-Gelenke geübt,
    b) aus der Extensionsstellung der Finger wird in die Flexion der PIP- und DIP-Gelenke geübt,
  - große Faust (ohne Kraftaufwand): Faustschluß mit Oppositionsstellung des Daumens gegen den Mittelfinger,

  - Üben der Oppositionsbewegung des Daumens zu den Fingerkuppen der Langfinger (ohne Druckbelastung), dabei bezeichnen Daumen und Langfinger jeweils ein „O“,
  - lumbrikaler Griff: Flexion der MCP-Gelenke mit Extension der PIP- und DIP-Gelenke.

- *Beispiele für die Schultergelenke* (Ausgangsstellung: Sitz)
  - Pendelübungen mit leicht nach vorn geneigtem Oberkörper zur Entspannung (das Gewicht des Armes bewirkt eine leichte Traktion im Schultergelenk),
  - isometrische Spannungen für die Schultergürtelmuskulatur: bei aktiv fixiertem Schulterblatt leichte Spannungen gegen Stuhl, Tisch oder Wand,
  - aktive Flexion des Schultergelenks mit kurzem Hebel mit Ellbogenextension in der Endstellung,
  - bei Schultergelenkeinschränkungen: Rutschübungen auf der Tischplatte in Flexion, Abduktion, Außenrotation. (Die Winkelvergrößerung kann auch über Vertauschen von Punctum fixum und Punctum mobile erreicht werden.)

- *Gelenkschutz:* Das Ziel des Gelenkschutzes ist es, die von der Krankheit bedrohten und betroffenen Gelenke und die gesamte Statik des Körpers vor Fehlbelastungen, Schmerzen und Schonhaltungen zu bewahren. Er hilft Fehlstellungen zu vermeiden und schon eingetretenen Fehlstellungen entgegenzuwirken.

  Gelenkschutz bedeutet einen ökonomischen Krafteinsatz, d.h. eine richtige Verteilung der Belastungen über mehrere Gelenke, ggf. durch den Einsatz von Hilfsmitteln, die es erlauben, durch Hebelverlängerungen (nach dem Prinzip: langer Kraftarm – kurzer Lastarm) mit weniger Kraft arbeiten zu können. Die praktische Anwendung des Gelenkschutzes wird von Physio- und Ergotherapeuten gelehrt. Die Unterweisung im Gelenkschutz sollte mit der Analyse der Alltags- und Berufsbewegungen und Haltungen beginnen. Dabei wird festgestellt, wo der Patient die Gelenke falsch belastet und in Fehlstellungen hineinarbeitet. Der Therapeut muß erklären, weshalb ein krankes Gelenk und dessen Strukturen durch Belastungen verschlechtert werden, wie man durch gezielte und veränderte Bewegungen und durch den Einsatz von Hilfsmitteln die Gelenke schonen und damit den Schmerz lindern und die Fehlstellungen reduzieren kann. Da die bisherigen Bewegungen des Patienten oft jahrzehntelang automatisiert abgelaufen sind, ist es für ihn nun schwierig, hier umzudenken und umzulernen. Nur wenn der Patient über die positiven Auswirkungen dieser Maßnahmen richtig aufgeklärt ist und wir diese hohen Anforderungen an ihn mit viel Anerkennung immer wieder motivierend unterstützen, kann das Ziel des Gelenkschutzes erreicht werden.

Gelenkschutz obere Extremität: Jede Belastung der Finger- und Handgelenke in Richtung ulnare Deviation verhindern!

Druckbelastungen auf die Finger- und Handgelenke verringern oder vermeiden!

Einige Beispiele (Abb. 13.**7**)

- Tasse und Trinkglas nur zur Hälfte füllen und mit beiden Händen zum Mund führen,
- Griffverdickungen (z.B. durch Moosgummi) bei Schreibgeräten, Eßbesteck und Handwerkszeug,
- Spezialscheren und Spezialzangen,
- Spezialmesser mit 90 Grad abgewinkeltem Griff nach oben,
- Tätigkeiten, die Drehbewegungen mit Kraft benötigen, sollen vermieden werden: z.B. Dosen sollten mit elektrischem Dosenöffner, Schraubverschlüsse mit Hebelverlängerungen geöffnet werden, Auswringen eines Tuches mit Hilfe des Wasserhahns (Tuch wird über den Wasserhahn gehängt und mit beiden Händen über Flexionsbewegungen ausgewrungen,
- Hebelverlängerung an Wasserhähnen,
- BKS-Schlüsselhilfe,
- das Tragen von Gegenständen, wie z.B. Teller oder Tablett, sollte mit der ganzen Handfläche mit stabilem Handgelenk erfolgen,
- beim Lesen von Büchern Leseständer benutzen,
- bei einer Stockentlastung muß die Hand durch eine breite Greiffläche (anatomischer Handgriff) und durch achsengerechte Einstel-

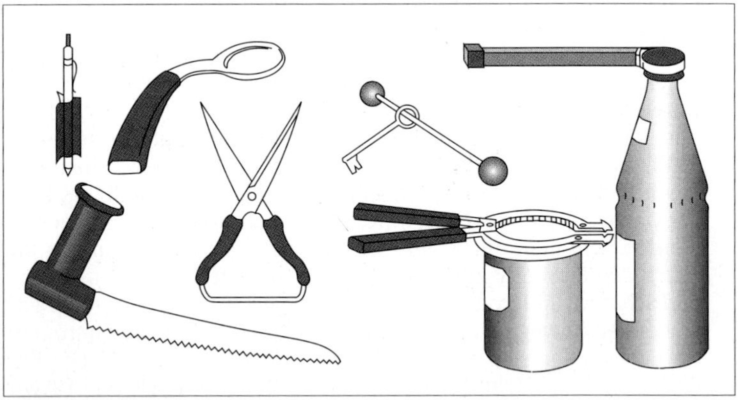

Abb. 13.**7** Beispiele für Hebelverlängerungen und Griffverdickungen zum Gelenkschutz

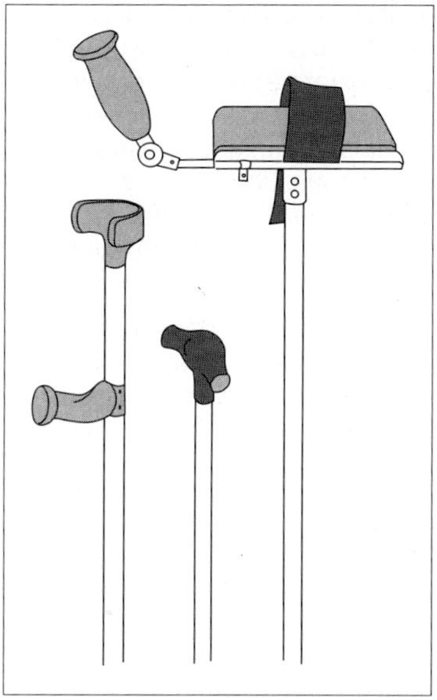

Abb. 13.**8** Unterarmstütze und Handstock mit anatomischem Griff, Unterarmschalenstütze mit variabler Griffeinstellung

lung des Handgelenks entlastet werden. Bei schweren Deformitäten an Händen und Ellbogen sind Unterarmschalenstützen oder Gehwagen mit Unterarmschalen zu benutzen (Abb. 13.**8**).

Gelenkschutz untere Extremität

- langes Gehen und Stehen meiden,
- gut sitzendes Schuhwerk mit Abrollhilfen und Pufferabsätzen,
- Stockentlastung bei Knie-, Hüft- und Sprunggelenkbeschwerden und Treppen rückwärts absteigen,
- Haushaltstätigkeiten auf erhöhtem Sitz ausführen (z.B. Reitstuhl, Barhocker),
- erhöhter Toilettensitz und Badewannensitz mit Haltegriffen,
- Strumpfanziehen, langer Schuhlöffel, Greifzange.

Das **Felty-Syndrom** ist als eine Sonderform der chronischen Polyarthritis des Erwachsenen anzusehen. Die Zeichen der klassischen chronischen Polyarthritis (mit positiven Rheumafaktoren und Rheumaknoten) kombinieren sich mit besonderen viszeralen Krankheitszeichen: Lymphknotenschwellungen, Milzvergrößerung, verminderte Leukozytenzahl (absolute Erniedrigung der Granulozyten und leicht verminderte Thrombozytenzahl). Die Patienten machen zumeist einen schwerkranken Eindruck.

Das Krankheitsbild der chronischen Polyarthritis kann außerdem mit einem **Sicca-Syndrom** (verminderte Bildung von Tränenflüssigkeit und des Speichels als Xerophthalmie bzw. Xerostomie) verbunden sein. Das **Sjögren-Syndrom** (Xerostomie, Xerophthalmie und Parotisschwellung) ist auch als ein eigenständiges Krankheitsbild aufzufassen, das in Verbindung mit der chronischen Polyarthritis als Überlappungssyndrom oder mit anderen Kollagenosen auftreten kann. Dabei kann es den genannten Erkrankungen vorausgehen, gleichzeitig auftreten oder auch nachfolgen.

Die Behandlung dieser schweren systemischen Verlaufsformen, die auch häufig mit Vaskulitiden in Erscheinung treten, bedürfen der Cortisontherapie und einer immunsuppressiven bzw. zytostatischen Behandlung. Die *physiotherapeutische Behandlung* entspricht der bei chronischer Polyarthritis.

13.2 Chronische Arthritis im Kindesalter

Definition. Die verschiedenen Verlaufsformen der chronischen Arthritis im Kindesalter sind schwerwiegende, schicksalhafte Erkrankungen, die zumeist den Lebenslauf eines Kindes bis in das Erwachsenenalter bestimmen. Es sind nicht nur die häufig bleibenden Funktionsstörungen der Gelenke, sondern z. B. auch ein gestörtes Längenwachstum und die Folge schwerer rheumatischer Augenentzündungen zu nennen, die das Leben nachhaltig verändern. Zudem ist die Betroffenheit der Eltern einzubeziehen. Das psychosoziale Umfeld mit Einstellung von Eltern und Geschwistern zur Krankheit spielt eine wichtige Rolle.

Ätiopathogenese. Die Ursache der chronischen Arthritis im Kindesalter ist unbekannt. Genetische Disposition und bisher unbekannte auslösende Faktoren überlagern sich. Es handelt sich um systemische Bindegewebserkrankungen. Ebenso wie beim Erwachsenen führt die Gelenkinnenhautentzündung zu Knorpel- und Knochendestruktionen (s. chronische Polyarthritis). Der systemische Charakter wird bei verschiedenen Verlaufsformen besonders durch die Beteiligung extraartikulärer Strukturen deutlich.

Klinisches Bild. Es werden verschiedene Subgruppen der juvenilen chronischen Arthritis unterschieden. Sie weichen in zahlreichen epidemiologischen und klinischen Kriterien voneinander ab:

1. Seronegative Polyarthritis (20%–30% der juvenilen chronischen Arthritis).
2. Oligoarthritis Typ I (25%–30% der juvenilen chronischen Arthritis).
3. Oligoarthritis Typ II (25%–30% der juvenilen chronischen Arthritis).
4. Seropositive Polyarthritis (5% der juvenilen chronischen Arthritis).

5. Systemische juvenile chronische Arthritis (10%–15% der juvenilen chronischen Arthritis).

Die Unterschiede bestehen z.B. in der Bevorzugung des weiblichen und männlichen Geschlechtes bei den einzelnen Erkrankungen. Außerdem bestehen unterschiedliche Gelenklokalisationen, und es finden sich unterschiedlich häufig Beteiligungen extraarticulärer Art.

Schließlich können Kinder und Jugendliche auch an einer Psoriasisarthritis erkranken.

Therapie. *Die Behandlung* der juvenilen Formen der chronischen Polyarthritis richtet sich jeweils nach der betreffenden Verlaufsform. Die schweren Verlaufsformen mit Beteiligung innerer Organe erfordern oft eine Langzeitbehandlung mit Cortison und Immunsuppressiva bzw. Zytostatika.

Die nichtsystemischen Formen und die Verlaufsform des Erwachsenen werden mit der Kombination nichtsteroidaler Antirheumatika und Basistherapeutika behandelt. In der physikalischen Therapie stehen die physiotherapeutische Behandlung sowie ergänzende Methoden der Thermotherapie und der Unterwasserbewegungstherapie im Vordergrund. Die Möglichkeiten bestimmter Sportarten sind je nach Schwere des Verlaufs besonders zu prüfen! Operative Maßnahmen erfordern die Berücksichtigung des kindlichen Knochenwachstums!

Physiotherapeutische Behandlung

Im Idealfall sind Kinder mit entzündlich rheumatischen Gelenkerkrankungen zur Einleitung der medikamentösen und physikalischen Therapie in einer Rheumakinderklinik.

Bei der juvenilen chronischen Polyarthritis laufen die entzündlichen Prozesse an einem noch im Wachstum befindlichen Organismus ab und führen zu unterschiedlichen Reaktionen des Knochenwachstums. Es kann zu vermehrtem Epiphysenwachstum, zu einer Wachstumshemmung oder zu einem vorzeigen Epiphysenschluß kommen. Fehlstellungen, die auch bei der rheumatischen Arthritis des Erwachsenen vorkommen, werden dadurch noch verstärkt, z.B. wird an der Hand durch das unterschiedliche Längenwachstum von Radius und Ulna die Ulnardeviation des Handgelenks begünstigt. Die auftretenden Fehlstellungen, Achsenabweichungen und Funktionseinschränkungen sind für die gesamte Entwicklung des Kindes von besonderer Bedeutung.

- *Befund:* Wie beim Erwachsenen richtet sich die physiotherapeutische Behandlung jeweils nach der Verlaufsform der Erkrankung und nach einer genauen Untersuchung. Einige Besonderheiten im Befund sind dabei zu berücksichtigen:

- Die Gelenke haben beim Kleinkind bis zur Pubertät größere physiologische Bewegungsausmaße als beim Erwachsenen (Schultergelenk: Extension/Flexion: 45/0/170 – 180, Hüftgelenk: Extension/Flexion: 15/0/140 – 160. Dies muß berücksichtigt werden, um Einbußen in der Beweglichkeit so früh wie möglich zu erkennen und zu behandeln.
- Neben den Funktionsanalysen sind auch die sensomotorischen Entwicklungsstörungen, die durch die rheumatische Erkrankung bedingt sein können, zu beachten.

- *Allgemeine Richtlinien:* Die Behandlungsprinzipien und -ziele werden wie beim Erwachsenen nach dem jeweiligen Gelenkstatus und nach der Aktivität der Erkrankung ausgerichtet.
  - Die Techniken und Maßnahmen wie passives Bewegen der Gelenke, Kälteanwendungen und aktive Mobilisation können nach den bekannten Kriterien auch beim Kind angewendet werden.
    Es erfordert viel Phantasie und Einfühlungsvermögen des Therapeuten, gerade beim Kleinkind die Behandlung spielerisch und abwechslungsreich zu gestalten, um die gesetzten Ziele zu erreichen. Die betroffenen Gelenke dürfen nicht zusätzlich durch Knie- und Vierfüßlerstand und Fersensitz belastet werden.
  - Die beim Kind durch das Knochenwachstum bedingten zusätzlichen Fehlstellungen und Subluxationen müssen frühzeitig erkannt und vermieden werden. Dies geschieht über das Anlegen von angepaßten Schienen, die stundenweise getragen werden, z. B erfolgt bei Subluxationen der Tibia nach dorsal mit Torsionsfehlstellung im Kniegelenk eine Korrektur über Lagerungsschienen mit korrigiertem Fußteil.
  - Fußdeformitäten, die durch Bandinstabilitäten, Subluxationen und Muskelatrophien und evtl. verändertes Fußlängenwachstum verursacht werden, müssen mit einer adäquaten Schuhversorgung berücksichtigt werden.
  - Beinlängendifferenzen, die durch das unterschiedliche Längenwachstum entstehen, werden durch Schuherhöhungen ausgeglichen.
  - Um die unteren Extremitäten in der Fortbewegung zu entlasten und die Mobilität zu fördern, werden beim Kleinkind kindgerechte Fahrzeuge wie Dreiräder oder Pferdchen auf Rollen eingesetzt. Beim größeren Kind entlasten Sitzroller (hohenverstellbarer Sitz) oder größere Dreiräder die unteren Extremitätengelenke.
  - Lagerungs- und Funktionsschienen für Hand- und Fingergelenke müssen bei beginnenden Deformitäten individuell angepaßt und nur stundenweise getragen werden.

- Angepaßter Gelenkschutz für die Hände wird nach Möglichkeit spielerisch über die Ergotherapie eintrainiert (z. B. Stempelarbeiten und Malen mit griffverstärkten Stiften).
- Es ist unumgänglich, die Eltern in die Behandlung der Kinder einzubeziehen. So lernen die Eltern durch die Physiotherapeutin die täglichen Übungen für zu Hause, z. B. das passive Bewegen, die richtige Grifftechnik sowie die korrekte Ausführung der differenzierten Bewegungen und die funktionsgerechten Lagerungen.

13.3 Systemische entzündliche Bindegewebserkrankungen (Kollagenosen, Konnektivitiden)

Es handelt sich um chronisch-entzündliche, systemische Autoimmun-Erkrankungen. Für ihre Entstehung kommen genetische Faktoren und exogene nicht näher definierte Einflüsse in Frage. Je nach der einzelnen Erkrankung dieser Gruppe sind Organmanifestationen mit unterschiedlichem Schwerpunkt gegeben. Für eine Reihe dieser Krankheiten ist der Nachweis bestimmter Antikörper im Serum kennzeichnend. Es werden hier nur die Krankheiten aus dieser Gruppe besprochen, die mit Erscheinungen am Bewegungssystem, speziell auch an den Gelenken einhergehen.

13.3.1 Systemischer Lupus erythematodes (Lupus erythematodes disseminatus, SLE)

Definition. Der SLE ist eine mit Gelenkinnenhautentzündung einhergehende Erkrankung auf dem Boden einer gestörten Immunregulation, die zahlreiche Organsysteme erfaßt. Für diesen Befall ist die krankhafte Bildung von Autoantikörpern verantwortlich zu machen. Über das Schicksal des Kranken entscheidet der Befall innerer Organe, speziell der Niere.

Diagnose. Die Diagnose wird anhand bestimmter klinischer Zeichen und des Nachweises kennzeichnender Antikörper im Blut gestellt.

Epidemiologie. Die Erkrankung betrifft überwiegend junge Frauen (Frauen : Männer = 1 : 3) im 3. Lebensjahrzehnt. Die Erkrankungshäufigkeit in der Bevölkerung ist sehr niedrig (weit geringer als diejenige der chronischen Polyarthritis).

Ätiopathogenese. Die eigentliche Krankheitsursache ist unbekannt. Es besteht eine genetische Disposition. Auslösende Faktoren sind unbekannt. Dem Krankheitsgeschehen liegt eine gestörte Immunregulation mit dem Auftreten von Autoantikörpern zugrunde.

Klinisches Bild. Die Krankheit ist während der akuten Phase, die von unterschiedlich langen Phasen der ruhenden Krankheit unterbrochen werden kann, durch allgemeines Krankheitsgefühl mit Fieber gekennzeichnet. Dabei ist in 90% eine Polyarthritis vorhanden. Diese zeichnet sich durch einen sehr unsteten Verlauf aus. Die Gelenke zeigen plötzliche Entzündungserscheinungen, die schnell abklingen und an wechselndem Ort wieder auftreten. Bleibende Gelenkveränderungen sind meist nicht vorhanden (Ausnahme: Overlap-Syndrom = Kombination von SLE und chronischer Polyarthritis). Im übrigen kann der SLE durch seinen vielseitigen Organbefall ein sehr buntes klinisches Bild bieten. Am bedeutsamsten ist die Nierenbeteiligung, die auch über das Schicksal des Kranken entscheidet.

Die als typisch angesehene Hauterscheinung im Gesicht („Schmetterlingserythem") tritt in 40% auf. Andere Hauterscheinungen kommen sehr häufig dazu. Es besteht eine starke Sonnenlichtempfindlichkeit. Sehr häufig ist ein Raynaud-Phänomen (meist kurzfristige, schmerzhafte, unter Abkühlung bzw. Kälte auftretende Blässe der Finger als Ausdruck eines funktionalen Gefäßschadens) vorhanden.

Labor. Die Laborphänomene beim SLE sind vielseitig. Es kommen Anämie, Verminderung der weißen Blutkörperchen und der Blutplättchen sowie auch erhebliche Bluteiweißverschiebungen vor. Nieren und/oder Leberbefall zeigen sich in entsprechenden, krankhaft veränderten Laborwerten. Es lassen sich für das Krankheitsbild zum Teil spezifische Immunphänomene im Blut nachweisen.

Es sind – wie bei keiner anderen Kollagenose – typische und beweisende immunpathologische Befunde vorhanden (Antikernfaktoren und Komplementfaktoren).

Röntgen. An den Gelenken bilden sich bei länger bestehender Arthritis indirekte Zeichen wie Weichteilschwellung und gelenknahe Osteoporose aus.

Therapie. Die Cortisonbehandlung hat die Vorhersage in bezug auf das Überleben der Erkrankung ganz entschieden verbessert. Zur Beherrschung der akuten Phase sind hohe Cortisondosen erforderlich. Während der inaktiven Phase kann auf die Cortisonbehandlung verzichtet werden. Zur Langzeitbehandlung wird Cloroquin (z.B. Resochin) genutzt. Je nach Schwere des Organbefalls werden Immunsuppressiva und Zytostatika eingesetzt. In schwersten Fällen kommt auch eine zusätzliche Plasmaaustauschbehandlung in Betracht.

Die **Physiotherapie** und andere Methoden der physikalischen Therapie werden zur Behandlung der Arthritiden eingesetzt. Es kommen örtlich entzündungshemmende und schmerzlindernde sowie funktionserhaltende und -verbessernde und Fehlstellungen vorbeugende Maßnahmen in Betracht (s. chronische Polyarthritis, S. 346).

13.3.2 Progressiv-systemische Sklerose (systemische Sklerodermie)

Definition. Es handelt sich um eine systemische Bindegewebserkrankung, die mit einer Verhärtung des Unterhautgewebes und der Haut einhergeht. Die Krankheit ist außerdem durch Gelenkbefall unterschiedlicher Art und Einbeziehung innerer Organe (Lunge, Gefäße) gekennzeichnet.

Epidemiologie. Es handelt sich um eine seltene Erkrankung, die ebenfalls sehr viel weniger häufig als die chronische Polyarthritis vorkommt. Sie befällt bevorzugt Frauen des mittleren Lebensalters. Die Sklerodermie kann aber auch bei Kindern vorkommen.

Ätiopathogenese. Die Ursache der Erkrankung ist unbekannt. Möglicherweise liegen dem Krankheitsgeschehen Störungen der Mikrozirkulation zugrunde. Es ist sehr wahrscheinlich, daß eine Störung des Immunsystems vorliegt.

Klinisches Bild. Die ersten Zeichen beginnen an den Händen und im Gesicht. Die Haut wird ödematös, dann straff und unverschieblich. Es entsteht ein maskenhaftes Gesicht, bei dem besonders die radiär zum Mund hin verlaufenden verhärteten Hautfalten in Erscheinung treten (Abb. 13.**9**). Sehr häufig geht der Krankheit ein Raynaud-Phänomen (s. SLE) lange voraus. Im Verlauf der Erkrankung entsteht es praktisch in allen Fällen und führt zu narbig ausheilenden Fingerkuppennekrosen („Rattenbißphänomen"). Gastrointestinaltrakt, Herz, Lunge und Muskulatur (Myositis) sowie die Niere werden in das Krankheitsgeschehen einbezogen. Gelenke können destruierend befallen werden. Hautveränderungen führen aber besonders bei Kindern zu schweren Kontrakturen mit erheblicher Funktionsstörung.

Das sog. *CREST-Syndrom* stellt eine besondere Verlaufsform der systemischen Sklerodermie dar. Hier kommt es zur Calcifikation im Gewebe, zu

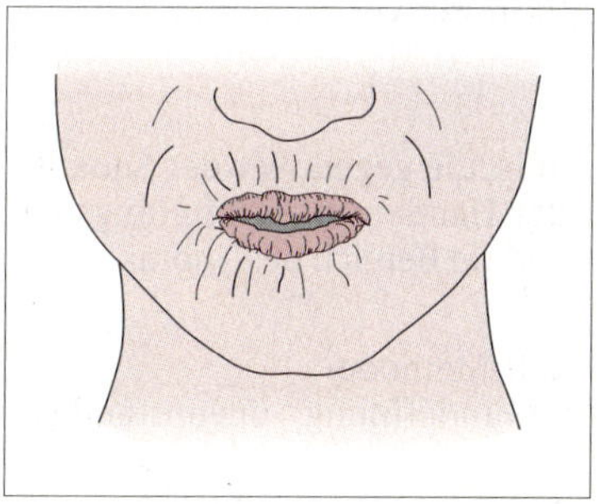

Abb. 13.**9** Sklerodermie: typische radiäre Mundfältelung

einem Raynaud-Phänomen, einer Bewegungsstarre des Oesophagus und Teleangiektasien.

Laborbefunde. Es bestehen unspezifische entzündlich veränderte Blutwerte. Es gibt kennzeichnende serologische Antikörper, die zur Diagnosesicherung beitragen. Organbeteiligungen können sich durch entsprechende pathologische Laborwerte bemerkbar machen, insbesondere die Muskelenzyme als Folge einer Myositis.

Röntgen. Destruierend entzündliche Veränderungen an den Gelenken können auftreten. In Gelenknähe können sich beim CREST-Syndrom Kalzifikationen darstellen. Häufig schon in der Frühphase ist röntgenologisch eine Bewegungsstarre des Ösophagus nachweisbar. Das Röntgenbild der Lunge kann im Sinne der Fibrose verändert sein. Dementsprechend kann durch Lungenfunktionsuntersuchungen eine verminderte Sauerstoffaufnahme nachgewiesen werden.

Therapie. Die medikamentöse Behandlung der Hautinduraton wurde mit verschiedenen Medikamenten ohne überzeugenden Erfolg versucht. Der Einsatz von Cortison und Immunsuppressiva bzw. Zytostatika ist bei Befall innerer Organe gefordert. Bei Gelenkbefall ist die Gabe nichtsteroidaler Antirheumatika notwendig.

Physiotherapeutische Behandlung

- *Befund:* Optische Beobachtung

  Gesicht:
  - straff gespannte Haut, periorale Haut ist radiär gefältelt,
  - maskenhaftes Aussehen und erstarrte Gesichtsmimik im fortgeschrittenen Stadium.

  Hände:
  - ödematöse Schwellung im akuten Stadium,
  - straffe Haut, aufgehobene Hautfältelung und Hautbehaarung,
  - evtl. Drucknekrosen im Spätstadium mit verkürzten Endphalangen.

  Taktile Beobachtung:
  - straff gespannte trockene Epidermis, die gegenüber der Subkutis unverschieblich ist; im Bereich der Hände mit Ausbreitungstendenz nach proximal, im Gesicht und im Bereich des Thorax.

  Messen/Schätzen:
  - Gelenkmaße: nach der Neutral-Null-Methode,
  - Gesichtsmimik: eingeschränkte Mundöffnung, unvollständiger Lidschluß,
  - Thoraxbeweglichkeit: eingeschränkte Thoraxexkursion,
  - Atembefund: verminderte Vitalkapazität.

Ziele und Maßnahmen

Durchblutungsförderung:
- Wärmeapplikationen: Aufgrund der eingeschränkten Gefäßreaktion (Raynaud-Syndrom) ist *jede* Kälteexposition zu vermeiden!
- Ölbäder (Hautpflege),
- leichte Massage (besonders im Bereich des Gesichts),
- Bindegewebsmassage im Bereich des Thorax, an den oberen Extremitäten und im Gesicht.

Kontrakturprophylaxe:
- aktive Mobilisationsübungen, besonders für Finger-, Hand- und Schultergelenke,
- Erstellen eines Eigenübungsprogramms mit dem Gesichtspunkt der Erhaltung der Dehnfähigkeit von bindegewebigen Strukturen,
- Bewegungsübungen im Ölbad, Teilbäder für die Haut als Eigenübungen.

Kontrakturbehandlung:
- Traktionsmobilisationen und ggf. vorsichtige Gleitmobilisation zur Dehnung der Gelenkkapsel,
- Muskeldehnungen: Querdehnungen, Dehnung über Entspannungstechnik. Je unelastischer das Gewebe, um so vorsichtiger müssen die Dehntechniken ausgeführt werden!

Schulung der Gesichtsmimik:
- Gesichts-Pattern mit vorsichtiger Dehnung und Stretch,
- mimische Übungen vor dem Spiegel als Eigenübungen.

Erhalten und Verbessern der Atemfunktion:
- Dreh-Dehn-Lagerungen,
- Übungen aus dem Yoga (s. Kapitel Asthma),
- Wahrnehmen der Atembewegungen,
- allgemeines Training zur Verbesserung der Vitalkapazität,
- sakkadierendes Einatmen (s. Kapitel Lungenfibrose).

13.3.3 Dermato-(Poly-)Myositis

Definition. Es handelt sich um eine systemische Haut- und Muskelerkrankung, die mit Gelenkbeschwerden einhergehen kann. Nicht selten fehlen die Hauterscheinungen, und die Krankheit erstreckt sich nur auf die Muskulatur (Polymyositis).

Epidemiologie und Ätiopathogenese. Es handelt sich um eine sehr seltene Erkrankung, die häufiger bei Frauen als bei Männern vorkommt. Aufgrund einzelner Befunde besteht der Verdacht einer immunologisch induzierten Erkrankung. Sie kann auch Begleiterscheinung einer bösartigen Krankheit sein.

Klinisches Bild. An der Haut beginnt die Krankheit mit Ödem und leichter bläulich-violetter Verfärbung, vor allem um Augen, Hals und Schultern. Es kommen Pigmentverschiebungen und Teleangiektasien vor. Der Nagelfalz zeigt eine deutliche Hyperkeratose. Das Raynaud-Syndrom kommt bei etwa 20% der Kranken vor. Die Hautbeteiligung kann fehlen, und das Krankheitsbild ist dann ganz durch die Muskelschwäche geprägt. Gelenkschmerzen mit Bewegungseinschränkungen treten auf. Herzmuskelbeteiligung sowie Beteiligung der glatten Muskulatur der Bronchien und des Gastrointestinaltraktes kommen vor. Die Störungen im Bereich der Bronchien können zu verzögert verlaufenden Bronchopneumonien führen.

Labor. Pathologische Muskelenzyme und der elektromyographische Befund führen zur Diagnose hin. Immunpathologische Phänomene sind nur in einem Teil der Fälle nachzuweisen. Dies gilt auch für Antikörper gegen die Muskulatur.

Röntgen. Muskelverkalkungen werden beobachtet.

Therapie. Eine Cortisonlangzeittherapie ist meist erforderlich. Oft ist eine immunsuppressive bzw. zytostatische Therapie angezeigt.

Physiotherapeutische Behandlung

Muskelschmerzen und Muskelschwächen besonders der proximalen Muskelgruppen der oberen Extremitäten kennzeichnen das akute Stadium der Dermatomyositis und Polymyositis.

- In diesem Stadium ist jede muskuläre Arbeit kontraindiziert. Das Ziel der Physiotherapie in diesem Stadium ist die Kontrakturprophylaxe mit den Maßnahmen der funktionsgerechten Lagerung und dem passiven Bewegen der Gelenke (s. Rheumatoide Arthritis).
- Klingt das akute Stadium durch die medikamentöse Therapie ab, so wird die physiotherapeutische Behandlung mit vorsichtig dosierten assistiv/aktiven Bewegungen mit kurzem Hebelarm erweitert. Die Dosierung richtet sich nach den Entzündungsparametern und den muskulären Schmerzen.
- Sind keine oder nur geringe Entzündungszeichen vorhanden, so ist ein langsam gesteigertes statisches und dynamisches Muskeltraining angezeigt.
- Kontraindikationen sind Wärmeanwendungen jeder Art im akuten Stadium.

13.3.4 Polymyalgia rheumatica

Definition. Die Polymyalgia rheumatica (PMR) ist ein in seiner Ursache noch ungeklärtes Krankheitsbild, das bei Menschen ab dem 50. Lebensjahr auftritt.

Ätiopathogenese. Die Ursache der Erkrankung ist unbekannt. Sie schließt sich offensichtlich häufig an Viruserkrankungen an. Sie kann auch Begleitsymptomatik einer Tumorerkrankung sein. Die PMR ist häufig mit einer Riesenzellarteriitis kombiniert.

Klinisches Bild. Es bestehen deutliche, allgemeine Krankheitszeichen, Appetitlosigkeit, Gewichtsabnahme und gelegentlich auch Fieber. Betroffen sind die Schultergürtelmuskulatur und seltener auch die Beckenmuskulatur.

Die Schmerzen treten vornehmlich in der Nacht auf und strahlen an die Außenseite der Oberarme und der Oberschenkel aus. Es besteht erhebliche Muskelschwäche. Die Muskulatur ist nur gelegentlich druckschmerzhaft. Die Kranken können oft die Arme nicht über die Horizontale erheben bzw. keine Treppen steigen. Sie werden durch die Muskelschmerzen daran gehindert.

Laborwerte. Es bestehen unspezifische Entzündungszeichen mit BSG-Beschleunigung und entsprechenden Bluteiweißverschiebungen. Charakteristische immunpathologische Phänomene sind nicht bekannt.

Therapie. Die Behandlung ist obligat mit Cortison durchzuführen. Dies ist notwendig, um die von den Gefäßen ausgehenden Komplikationen (Arteriitis temporalis) mit Bedrohung der Sehfähigkeit und auch der Hirndurchblutung und der Herzkrankgefäßdurchblutung zu vermeiden. Eine Behandlung über 2 Jahre und mehr ist oft erforderlich.

Physiotherapeutische Behandlung

Die Behandlung beschränkt sich in der akut-entzündlichen Phase auf Umlagerungen und vorsichtiges passives Bewegen (s. S. 362). Nach Abklingen der akuten Entzündung können im Bereich des Schulter- bzw. Beckengürtels Muskelschwächen sowie lokale und generalisierte Tendomyosen vorhanden sein.

■ *Gesichtspunkte*
- langsam aufbauendes Muskeltraining,
- es dürfen bei allen Maßnahmen keine Muskelschmerzen auftreten.

13.4 Seronegative Spondarthropathien und reaktive Arthritiden

Die Gruppe der seronegativen Spondarthropathien ist durch folgende Eigenschaften charakterisiert:

1. Periphere Arthritis vor allem im Bereich der unteren Extremitäten, asymmetrisch.

2. Radiologischer Nachweis einer Sakroiliitis (Entzündung der Kreuz-Darmbein-Gelenke).
3. Fehlender Rheumafaktornachweis, Fehlen von Rheumaknoten und anderen extraartikulären Manifestationen der chronischen Polyarthritis.
4. Iritis, entzündliche „Enthesiopathien" sowie Haut- und Schleimhautbeteiligung als überlappende extraartikuläre Manifestation.
5. Häufige Assoziation mit dem positiven Nachweis des Gewebsantigens HLA B 27 und gehäufter familiärer Krankheitsmanifestation.

Aus der Gruppe der seronegativen Spondarthropathien werden hier besprochen: Ankylosierende Spondylitis, Psoriasisarthritis und -spondylitis, Reiter-Syndrom und Arthritis bzw. Spondylitis bei Colitis ulcerosa und Morbus Crohn, M. Behçet. Der Gruppe der seronegativen Spondarthropathien werden außerdem wegen ihres Verlaufes zugeordnet: Morbus Whipple und besondere Verläufe des Morbus Still bei Erwachsenen.

13.4.1 Ankylosierende Spondylitis (Morbus Marie-Strümpell-Bechterew, Spondylitis ankylosans)

Definition. Die Spondylitis ankylosans ist eine systemische Bindegewebserkrankung, die neben dem Achsenskelett – also der Wirbelsäule und ihren gelenkigen Verbindungen – stammnahe und/oder periphere Gelenke sowie innere Organe (Augen, Herz, Lunge) in das Krankheitsgeschehen einbeziehen kann.

Ätiopathogenese. Aufgrund des gegenwärtigen Kenntnisstandes muß angenommen werden, daß die Krankheit auf dem Boden einer genetisch bedingten Disposition entsteht, wobei die auslösenden Faktoren im einzelnen noch unbekannt sind. Vielerlei kann dafür sprechen, daß bakterielle Infekte eine Rolle spielen. Für die genetische Disposition spricht ein familiär gehäuftes Vorkommen und das in 95% nachweisbare HLA B 27 (Normalbevölkerung 6%). Das Krankheitsgeschehen ist durch eine systemische Entzündung des Bindegewebes im Bereich des Achsenskeletts und der Gelenke gekennzeichnet. Knorplig angelegte Gelenke, wie die Iliosakralgelenke, die Sternoklavikulargelenke sowie die Sternal- und Schambeinfuge sind für das Krankheitsbild kennzeichnend betroffen. Die Iliosakralarthritis ist als Leitsymptom anzusehen. Es sind aber auch Gelenke mit typisch synovialitischer Struktur wie die Kostovertebralgelenke, die Hüften, die Kniegelenke und die Schultern betroffen. Die Entzündung bei der Spondylitis ankylosans ist dadurch gekennzeichnet, daß sie mit einer ausgeprägten bindegewebigen Neubildung bzw. in Form einer Kalzifikation oder durch Umwandlung in Knochengewebe ausheilt. Die dadurch bedingte Versteifungstendenz im Bereich der Wirbelsäule hat der Krankheit auch ihren Namen gegeben.

Epidemiologie. Die Angaben zur Prävalenz der Erkrankung schwanken zwischen 0,2% und 0,5% der Bevölkerung. Diese Schwankungsbreite geht darauf zurück, daß es zahlreiche „latente" Fälle gibt, bei denen sich das Vollbild oder auch charakteristische, zur Diagnose führende Krankheitserscheinungen nicht ausbilden. Wenn man diese Krankheitsverläufe vernachlässigt, gilt das Geschlechtsverhältnis von Frauen zu Männern 1:9, für alle Krankheitsbilder gilt das Verhältnis von 4:6. Schwerste Krankheitsverläufe sind bei Männern wesentlich häufiger.

Klinisches Bild. Der Krankheitsbeginn liegt mit dem Gipfelpunkt im 3. Lebensjahrzehnt. Seltener Krankheitsbeginn im jugendlichen Alter und auch im 6. und 7. Lebensjahrzehnt ist jeweils durch Besonderheiten geprägt. Die ersten Krankheitszeichen sind ganz uncharakteristisch und häufig nicht von denen eines sog. Lendenwirbelsäulensyndroms zu unterscheiden. Für eine Spondylitis ankylosans können sprechen:

1. Krankheitsbeginn vor dem 40. Lebensjahr.
2. Schleichender Beginn der Beschwerden.
3. Dauer seit mindestens 3 Monaten.
4. Morgensteifigkeit und Schmerz im Liegen (nächtlicher Kreuzschmerz), der sich bei Bewegung bessert.
5. Seltene Erstmanifestationen an stammnahen Gelenken (besonders Sprung-, Knie- und Hüftgelenke), sehr selten an den Kiefergelenken.
6. Vorausgehende oder gleichzeitige Iritis.

Bei Jugendlichen bis zum 16. Lebensjahr ist ein arthritischer Beginn sehr häufig und kennzeichnend.

Im sog. „präspondylitischen Stadium" (vor dem eigentlichen Befall der Wirbelsäule") kommt dem Nachweis einer Iliosakralarthritis größte diagnostische Bedeutung zu. Die klinische Untersuchung versucht, den Schmerz der Iliosakralarthritis durch ruckartige Abscherbewegungen in diesen Gelenken zu provozieren. Dies kann durch ruckartiges Zurückziehen des obengelegenen, im Knie gebeugten Beines in Seitenlage des Patienten (Mennellscher Handgriff) oder durch ruckartigen Druck auf den vorderen Anteil der Beckenschaufeln in Rückenlage des Patienten geschehen. Das „spondylitische Stadium" beginnt mit Einsteifung der Wirbelsäule im thorakolumbalen Übergang und ist mit dem sog. Schober-Maß zu erfassen.

Zur Messung der Dehnbarkeit der oberen Brustwirbelsäule wird das Ottsche Maß herangezogen (Näheres dazu bei physiotherapeutischer Untersuchung). An der Halswirbelsäule tritt zunächst eine deutliche Einschränkung der Seitwärtsneigung auf. Schließlich entsteht – meist in jahrelangem Verlauf – das Vollbild der ankylosierenden Spondylitis, das durch die in Kyphose eingesteifte Brustwirbelsäule und die in Streckung eingesteifte Halswirbelsäule mit dadurch bedingter Senkung der Blickachse bedingt ist. Zusätzlich kann die Haltung durch eine Kontraktur in den Hüftgelenken modifiziert werden. Wahrscheinlich verlaufen 10–15% der Fälle trotz aller therapeutischer Bemühungen zum Vollbild. Die Krankheit kann in jeder Phase stehen bleiben. In allen Stadien der Erkrankung kann es zum Auftreten der sog. Enthesiopathien, zur Einbeziehung anderer knorpeliger Verbindungen wie der Synchondrosis sterni und der Symphyse kommen. Am häufigsten sind die Hüftgelenke (in 40%) beteiligt. Bei den Gelenken besteht eine hochgradige Neigung zu bindegewebiger bzw. knöcherner Ankylosierung. Die schwersten Verlaufsformen sind durch völlige Versteifung der Wirbelsäule, durch ankylosierende Gelenkentzündungen, stammnah und peripher, sowie durch die Beteiligung innerer Organe gekennzeichnet. Schließlich kann es an der Wirbelsäule auch in jedem Stadium zur Beteiligung der Zwischenwirbelscheiben (Diszitis) sowie der vorderen Wirbelkanten (Spondylitis anterior) und der Wirbelkörperabschlußplatten, gemeinsam mit der Bandscheibe (Spondylodiszitis) kommen.

Die Iritis ist die häufigste extraartikuläre Manifestation (40%) der Spondylitis ankylosans. Sie kann der Erkrankung u. U. um Jahre vorausgehen. Sie kann in der Frühphase auftreten, aber auch zu jedem anderen Zeitpunkt der Erkrankung sich manifestieren. Selten kommen auch Erkrankungen des Herzens und sehr selten des Lungengewebes vor. Bei schwerstverlaufenden Formen kann auch eine Nierenamyloidose wie bei der chronischen Polyarthritis auftreten.

Laborwerte. Entsprechend dem systemischen Charakter der Erkrankung sind unspezifische humorale Entzündungszeichen wie Beschleunigung der Blutkörperchensenkungsgeschwindigkeit, Verschiebung des Bluteiweißbildes, aber auch Erniedrigung des roten Blutfarbstofffes und der roten Blutkörperchen sowie des Serumeisens vorhanden. Die letztgenannten Zeichen sind in der Regel wesentlich weniger ausgeprägt als bei der chronischen Polyarthritis. Der Rheumafaktornachweis fehlt. In etwa 95% ist das Gewebsantigen HLA B 27 positiv nachweisbar.

Röntgenbefunde. Die Röntgenbefunde der Kreuz-Darmbein-Gelenke hat im Anfangsstadium der Erkrankung die allergrößte Bedeutung. Der positive Befund im Sinne der Iliosakralarthritis kann Schlüssel zur Diagnose werden. Zwischen den ersten klinischen Erscheinungen der Iliosakralarthritis auch Sakroiliitis) und dem positiven Röntgenbild vergehen mindestens 6 Monate. Das Auftreten der Röntgenzeichen kann selten mit längeren zeitlichen Verzögerungen verbunden sein. Überwiegend tritt die Iliosakralarthritis bei der Spondylitis ankylosans symmetrisch auf. Einseitiger Beginn mit späterem Dazukommen der anderen Seite ist möglich. Die ersten Zeichen der Wirbelsäulenveränderungen finden sich am Lendensäulen-, Brustwirbelsäulenübergang. Es sind sog. Syndesmophyten zu sehen (Verknöcherung am Anulus fibrosus der

Bandscheibe). Es sind die typischen Veränderungen, die bei Ausbreitung dann das Bild des sog. Bambusstabes bei der Spondylitis ankylosans bedingen. Charakteristische röntgenologische Erscheinungen können auch im Bereich der Enthesiopathien auftreten, wie z.B. am Beckenkamm, am Ansatzpunkt der Achillessehne und am Fersenbein. Zusätzlich lassen sich Entzündungszeichen an der Synchondrosis sterni und an der Symphyse nachweisen. Die Röntgenzeichen des Gelenkbefalls sind durch ossäre Appositionen, wie bei Arthrosen, aber auch Ankylosen gekennzeichnet. Der röntgenologische Nachweis der Iliosakralarthritis bedarf in der Frühphase einer Ergänzung der anteroposterioren Aufnahme durch konventionelle Schichtaufnahmen bzw. Szintigraphie. Dies gilt auch für den Nachweis einer Diszitis bzw. Spondylodiszitis. (Entzündliche Veränderungen der Bandscheibe und/oder der Wirbelkörper.)

Therapie. Die Behandlung der Spondylitis ankylosans hat zum Ziel, die Entzündung, wo immer sie auftritt, zu hemmen und damit den Schmerz zu lindern und einem bleibenden Funktionsverlust vorzubeugen sowie Einsteifungen der Wirbelsäule und/oder der Gelenke in ungünstiger Stellung zu verhindern. Dazu werden wie bei der chronischen Polyarthritis nichtsteroidale Antirheumatika eingesetzt. Bei schnell progredienten und schwersten Verlaufsformen, insbesondere mit der Beteiligung stammnaher und/oder peripherer Gelenke, ist der Einsatz der Basistherapeutika wie bei der chronischen Polyarthritis angezeigt (s. dort). Bei leichteren Fällen kommt man mit einer Intervalltherapie mit nichtsteroidalen Antirheumatika in niedriger Dosierung aus. Bei therapieresistenten Fällen oder auch bei Medikamentenunverträglichkeit kommt der entzündungshemmenden Röntgenbestrahlung Bedeutung zu. Die physikalische Therapie und die Möglichkeiten der Wärme- bzw. Kältebehandlung zur Schmerzlinderung sind angezeigt. Im Gegensatz zur chronischen Polyarthritis wird Wärme von dem Patienten mit Spondylitis ankylosans auch im entzündlichen Stadium sehr oft gut vertragen. Darüber hinaus kommt der physiotherapeutische Behandlung in allen Phasen die größte Bedeutung zu. Bei progredienten, zum Vollbild verlaufenden Formen ist eine lebenslange Intervallbehandlung mit Physiotherapie stets erforderlich. Den Eigenübungen des Patienten kommt besondere Bedeutung zu. Bei der sog. Heilstollenbehandlung sollen Wärme und möglicherweise die entzündungshemmende Wirkung ionisierender Strahlen (Radon) günstig wirken. Ein psychologischer Effekt ist nicht von der Hand zu weisen. Die Patienten mit Spondylitis ankylosans, ausgenommen die schwersten Verlaufsformen, können bei geeignetem Beruf meist ein volles Berufsleben ausfüllen.

Physiotherapeutische Behandlung

Der Eindruck besteht, daß wir dank der zunehmenden Frühdiagnostik, der konsequenten Therapie, insbesondere der früh eingeleiteten gezielten aktiven Bewegungstherapie, das typische Bild eines Spondylitis-ankylosans-(„Bechterew"-)Patienten mit abgeflachter Lendenwirbelsäulenlordose, starker BWS-Kyphose, Hyperlordose der HWS und einer Beugestellung in Hüft- und Kniegelenk immer seltener sehen (Abb. 13.**10**).

- *Befund:* Zur individuellen Betreuung des Spondylitis-ankylosans-Patienten ist eine exakte physiotherapeutische Untersuchung notwendig.

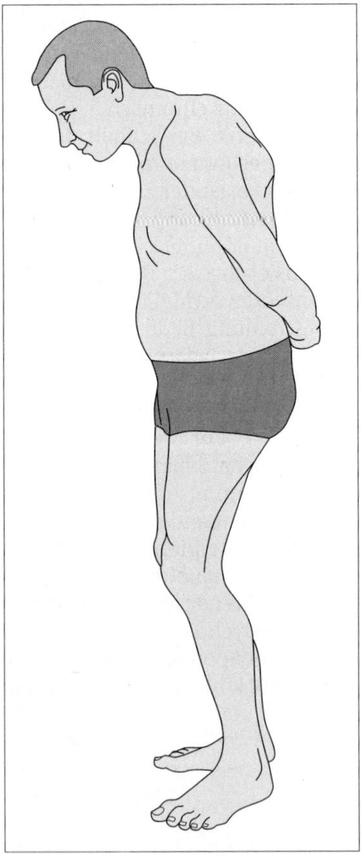

Abb. 13.**10** Typische Haltung eines Patienten mit fortgeschrittener Spondylitis ankylosans

- *Anamnese:* Sie soll uns Informationen geben über die beruflichen Arbeitsbedingungen und über die Gewohnheitshaltung, den Schmerz

  wann – (nachts, in Ruhe, Belastung?),
  wie – (stechend, dumpf, ziehend?),
  wo – (z. B. tiefsitzende Kreuzschmerzen, Brustbeinschmerzen?).

- *Haltungsstatus und Ganganalyse:* Patienten im Stadium der Iliosakralarthritis versuchen reflektorisch die Mitbewegungen des Iliums gegen das Sakrum bzw. des Sakrums gegen das Ilium beim Gehen zu vermeiden. Das Becken wird aufgerichtet, das potentielle Mitbewegen der Lendenwirbelsäule für das Gehen verhindert, die Schritte werden kürzer, es fehlt die volle Hüftextension in der Schrittphase. Patienten mit zunehmender Versteifung der Wirbelsäule in Brustkyphose gehen in leichter Hüft- und Knieflexion, die Hüftgelenke werden abduziert und außenrotiert, die Schritte sind kurz und relativ schnell (fehlende Hüftextension). Es fehlen die Rotationsimpulse der Wirbelsäule. Der Patient benützt den Armschwung auch einseitig als Impuls zum Vorwärtskommen. Bei starker Brustkyphose muß der Patient im Stehen und Gehen seinen Blickwinkel durch vermehrte Knieflexion in die Horizontale einstellen.

- *Meßbefund der Wirbelsäule und der Gelenke*
  - Schober (Flexion der LWS): Bei aufrechtstehendem Patienten wird vom 5. LWK 10 cm nach kranial gemessen und markiert. Mit leicht gebeugten Kniegelenken (zum Ausschalten der ischiokruralen Muskulatur) wird die Wirbelsäule maximal flektiert (physiologische Zunahme der Meßstrecke: 5 cm).
  - Ott (Flexion der BWS): Vom HWK 7 wird 30 cm nach kaudal markiert. Physiologische Zunahme der Meßstrecke: 3 – 5 cm.
  - Finger-Boden-Abstand: bei maximaler Flexion der Wirbelsäule mit gestreckten Kniegelenken, hat keine sehr große Aussagekraft, da muskuläre Faktoren und Hüftgelenkkontrakturen unberücksichtigt bleiben.
  - Lateralflexion: wird im Stand im Seitenvergleich gemessen. Dabei wird der tiefste Punkt des Mittelfingers an der Außenseite des Beines markiert. Bei eingeschränkter Lateralflexion, die sehr früh beginnt, versucht der Patient, sie durch die Knieflexion oder Abheben der Ferse zu kompensieren.
  - Rotation: im Stand mit flektiertem Becken oder Sitz zu testen, mit Winkelangabe oder im Seitenvergleich.
  - HWS-Beweglichkeit: nach Neutral-Null-Methode.
  - Hinterhaupt-Wand-Abstand: Der Patient steht mit dem Rücken und den Fersen an der Wand mit horizontaler Blickrichtung, physiologisch: 0 cm, beim Spondylitis-ankylosans-Patienten können mehrere Zentimeter Distanz sein.

- Kinn-Jugulum-Abstand: physiologisch: bei Flexion 0 cm, bei Extension 15 cm und mehr.
- Gelenkmaße der betroffenen Gelenke nach Neutral-Null-Methode.
- Segmentale Untersuchung der einzelnen Wirbelsäulenabschnitte.

❖ *Atemfunktionsbefund*
- Vitalkapazität (durch die Kompensation der Zwerchfellatmung ist der Wert sehr lange normal),
- Messen der maximalen Inspirations- und Exspirationsfähigkeit des Thorax: physiologisch: die Differenz beträgt 5 – 8 cm. Die Thoraxbeweglichkeit kann durch zunehmende Einsteifung der Kostotransversal-, Kostovertebral- und Kostosternalgelenke erheblich eingeschränkt sein (vermehrte Bauchatmung, typischer Kugelbauch).

❖ *Muskelbefund*
- Im akuten Stadium der Iliosakralarthritis: stark hypertone Rükkenmuskulatur.
- Im Verlauf der Erkrankung: Schwächen und zunehmende Atrophien im Bereich der Rücken-, Bauch- und Gesäßmuskulatur.
- Muskelverkürzungen: M. pectoralis major und minor, M. rectus femoris, M. iliopsoas, Mm. ischiocrurales,

❖ *Röntgenbefunde:* Vor einer exakten Therapieplanung ist es wichtig, die aktuellen Röntgenbefunde zu kennen. Oft sind bei dieser Erkrankung die röntgenologischen Veränderungen weniger ausgeprägt als der klinische Befund vermuten läßt, besonders im Anfangsstadium, d. h.: Die röntgen-morphologischen Veränderungen sind noch gering gegenüber den funktionell ausgeprägten, aber noch reversiblen Bewegungsstörungen.

■ *Gesichtspunkte*
- Verbessern bzw. Erhalten der Wirbelsäulenmobilität, um der Versteifungstendenz entgegenzuwirken,
- Erhalten und Verbessern der Beweglichkeit der stammnahen Gelenke,
- Schulen und Verbessern der Thoraxmobilität und Atemfunktion,
- Beseitigen der muskulären Dysbalancen und Training von Muskelkraft, Koordination und Ausdauer,
- Haltungsaufbau und Kompensationsmöglichkeiten mit Hilfsmitteleinsatz bei schweren Behinderungen,
- Lehren von wirbelsäulenschonendem Verhalten und Gelenkschutz in Beruf und Alltag.

■ *Vorbereitende und begleitende Maßnahmen*
- Wärmeanwendungen in Form von Paraffin-, Moor- oder Fangopackungen, Sauna,

- Massagen,
- Elektrotherapie zur Detonisierung und Schmerzlinderung; sie wird in der Regel von den Patienten sehr gut vertragen,
- Eistherapie: ggf. im akut entzündlichen Stadium der Iliosakralgelenke, im Bereich des Sternums oder einzelner Wirbelsäulensegmente zur Analgesierung.

■ *Physiotherapeutische Behandlungstechniken*

❖ *PNF*
- Zur Wirbelsäulenmobilisation in die Rotation und Extension und zur Kräftigung der Bauch- und kurzen Rückenmuskulatur eignen sich kombinierte Schulterblatt-Becken-Pattern mit der Betonung der weiterlaufenden Bewegung auf die Rotation.
- Becken-Pattern eignen sich zur Mobilisation in die Lateralflexion und Rotation.
- Kombinierte Schulterblatt-Arm-Pattern mit Betonung des BWS-Extension und zur Kräftigung der Skapulafixatoren.
- Arm-Pattern (Flexion/Abduktion/Außenrotation) zur Dehnung des M. pectoralis major mit anschließender Kräftigung der Antagonisten.
- Bein-Pattern (Extension/Abduktion/Innenrotation) zur Mobilisation in die Hüftextension und Kräftigung der glutäalen Muskulatur.

❖ *Übungen nach Klein-Vogelbach:* Aus dem Sitz auf dem Hocker, im Vierfüßlerstand, auf dem Pezzi-Ball: zur Mobilisation der Wirbelsäule in allen Freiheitsgraden mit Betonung der Wirbelsäulenextension und zur Kräftigung der Rumpfmuskulatur. Effektiv ist ein konzentrisch-exzentrisches Rückenmuskeltraining.

■ *Wichtig:* Bei Patienten mit Schultergelenk- und Hüftgelenkbeteiligung dürfen keine Ausgangsstellungen gewählt werden, die diese Gelenke zusätzlich belasten (z. B. Vierfüßlerstand).

❖ *Manuelle Therapie*
- segmentale Mobilisation, besonders für die Extension und Rotation,
- Traktions- und Gleitmobilisation der Hüft- und Schultergelenke.

❖ *Muskeldehntechniken*
- Querdehnungen: z. B. M. erector trunci, M. pectoralis major, M. trapezius pars descendens,
- aktive Dehntechnik: postisometrische Relaxation, Entspannungstechnik aus PNF.

❖ *Thoraxmobilisation*
- Dehnlagerungen

- Mobilisation der Kostotransversalgelenke aus der manuellen Therapie.

Haltungsaufbau und Gangschulung: Zur Haltungsschulung im Sitzen und Stehen vor dem Spiegel können das Brügger-Konzept und Übungen aus der funktionellen Bewegungslehre angewendet werden.

Gruppenbehandlungen: Sie ergänzen die Einzeltherapie, motivieren den Patienten in seinen Eigenübungen und ermöglichen den Erfahrungsaustausch der Patienten untereinander. Durch die Verbesserung der Ausdauerleistung wird die Vitalkapazität gefördert.

Behandlung im Wasser: in Einzel- und Gruppentherapie. Durch den Auftrieb und die thermische Wirkung des Wassers werden die Mobilisationsübungen für Hüftgelenke und Wirbelsäule erleichtert, für das muskuläre Training kann der Wasserwiderstand ausgenutzt werden.

Besonderheiten

- Bei akuten Schüben wird die hubfreie Mobilisation der LWS in Seitlage und Rückenlage soweit wie möglich schmerzfrei ausgeführt. Der Patient soll jede Bewegung bei taktiler Unterstützung durch den Therapeuten bewußt erspüren, denn in dieser akuten Schmerzphase ist das muskuläre Bewegungsgefühl gestört.
  Die oberen Wirbelsäulenabschnitte müssen über Atemrichtungsschulung soweit wie möglich mobilisiert werden (die Schmerzen dürfen in dieser akuten Phase nicht verstärkt werden).
- *HWS-Beteiligung*
  - Die Lateralflexion wird frühzeitig eingeschränkt und damit auch die Rotationsfähigkeit.
    Prophylaktisch: Frühmobilisation in allen Bewegungsabschnitten der HWS.
    Therapie: Bei Einschränkungen der Beweglichkeit (ohne Röntgenveränderungen) vorsichtige Dehntechniken zur Mobilisation und anschließender Muskelkräftigung.
  - Bei fast völlig versteifter HWS sind die Kopfgelenke eher hypermobil. (Hypermobilität nicht verstärken!)
  - Bei atlantoaxialer und atlantookzipitaler Luxation sind ruckhafte Bewegungen zu vermeiden. Kleidungsstücke müssen mit steif gehaltenem Kopf ausgezogen werden. (Bei maximaler ruckhafter Flexion: Gefahr der Ruptur des Lig. transversum!)
  - Bei Fersensporn muß eine Entlastung im Innenschuh vorgenommen werden. Weiche und elastische Schuhe sind richtig.

Allgemeine Richtlinien

- Die physiotherapeutische Behandlung hat aber nur dann Erfolg, wenn der Patient täglich allein weiterübt. Um ihn dazu zu motivieren, muß er über die Krankheit und ihren wahrscheinlichen Verlauf aufgeklärt werden. Es wird ihm so bewußtgemacht, daß er selbst die Chance hat, die Krankheit günstig zu beeinflussen.

- Die Eigenübungen dürfen nicht zu kompliziert oder zu monoton sein. Sie müssen auf kleinstem Raum (auch am Arbeitsplatz) ausführbar sein und müssen alle Wirbelsäulenbewegungen achsengerecht und kombiniert enthalten (Abb. 13.**11** und 13.**12**).
- Für das Verhalten im Alltag müssen wir dem Patienten folgende Richtlinien geben:
  1. Er soll täglich zweimal ca. 20 Minuten üben und nach Möglichkeit zusätzlich insgesamt eine Stunde in Bauchlage (für Wirbelsäulen- und Hüftgelenkextension) liegen.
  2. Der Patient soll im Bett so flach wie möglich liegen, d. h. je nach Versteifung der Wirbelsäule muß eine Lagerung des Kopfes erfolgen.
     Als Leitsatz gilt: Gerade so viele Kissen wie nötig, so wenig wie möglich.
  3. Schwere körperliche Arbeit, ganz besonders das Tragen von schweren Lasten, muß vermieden werden. Ein Bücktraining,

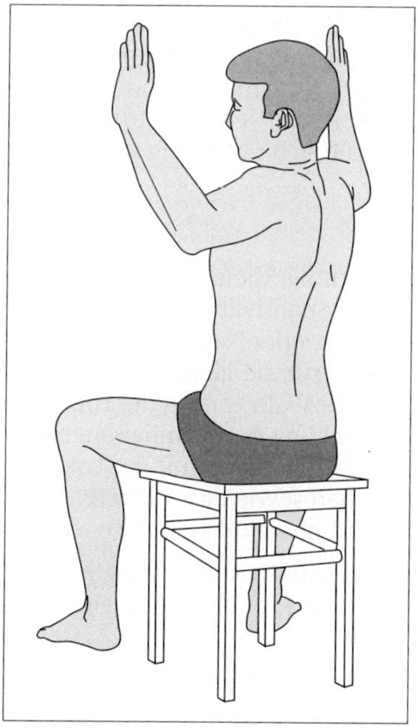

Abb. 13.**11** Beispiel Eigenübung: Wirbelsäulenrotation im Sitz auf dem Hocker

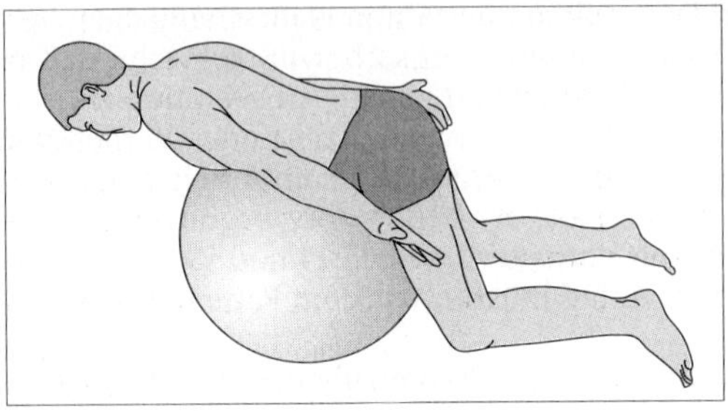

Abb. 13.**12** Beispiel Eigenübung: Kräftigung der Wirbelsäulenextensoren in Bauchlage über dem Pezzi-Ball

das wir dem Patienten anbieten, soll ihm zeigen, wie er sich beim Bücken verhalten soll.
Zum Wirbelsäulenschutz gehört auch die Beratung über eine ausreichende Stuhl- bzw. Tischhöhe. Die Haltung beim Schreiben z.B. kann man günstig beeinflussen, wenn man die Schreibplatte schräg einstellt oder je nach Beruf ein Schreibpult benutzt.

4. Der Spondylitis-ankylosans-Patient soll Sport treiben, vor allem Rückenschwimmen und Kraulen im warmen Wasser, Skilanglauf, Tischtennis, leichte Ballspiele und Radfahren (kein Rennrad) auf der Ebene, auch Waldlauf auf weichem Waldboden. Krafttraining: statisch und dynamisch und langsam. Grundsätzlich muß gesagt werden, daß jedes harte Aufspringen oder Stauchen der Wirbelsäule sich ungünstig auswirkt.

13.4.2 Psoriasisarthritis und -spondylitis

Definition. Die Psoriasisarthritis ist durch eine Rheumafaktor-negative Arthritis der peripheren Gelenke und/oder Spondylitis gekennzeichnet. Der Manifestation der Psoriasis an Haut und/oder Nägeln geht die Psoriasisarthritis meist zeitlich voraus, selten tritt sie gleichzeitig mit der Psoriasis auf, sehr selten folgt sie ihr nach. Deshalb kommt der Familienanamnese mit Angabe der Psoriasiserkrankung bei Familienangehörigen besondere Bedeutung zu. Das Gelenkbefallmuster mit der Lokalisation an Endgelenken von Fingern und Zehen sowie das Auftreten einer Daktylitis (sog. Wurstfinger und -zehen) ist charakteristisch.

Durch bestimmte klinische und radiologische Krankheitszeichen sind Psoriasisarthritis bzw. Psoriasisspondylitis als Krankheitseinheiten charakterisiert.

Ätiopathogenese. Die Ursache der Psoriasis und der Psoriasisarthritis bzw. -spondylitis ist nicht bekannt. Das bevorzugte Vorkommen bestimmter Gewebsantigene (HLA-System) bei den Erkrankten sowie das gehäufte Vorkommen in der Familie sprechen für eine genetische Disposition. Auslösende Faktoren werden vermutet, sind aber wissenschaftlich nicht eindeutig belegt. Das Krankheitsgeschehen ist durch eine Gelenkinnenhautentzündung mit nachfolgender Knorpel- und Knochendestruktion gekennzeichnet, wobei besonders auffallende Knochenresorption (Osteolyse) und Knochen- sowie Bindegewebsneubildung (Ankylose) gemeinsam vorkommen. Gelenknahe Knochenanteile und Knochenhaut sowie Sehnenansatzpunkte sind in das Krankheitsgeschehen miteinbezogen. Der häufige Befall der Iliosakralgelenke sowie die Erkrankung der Wirbelsäule mit charakteristischen Knochenneubildungen im wirbelsäulennahen Bindegewebe geben insgesamt ein charakteristisches Bild, das diese Krankheit in die Gruppe der seronegativen Spondarthropathien einordnet (ankylosierende Spondylitis, Morbus Reiter).

Klinisches Bild. Die periphere Form der Psoriasisarthritis mit asymmetrischer Oligo- oder Polyarthritis mit anfallsartig auftretender Symptomatik, bevorzugtem Befall der Finger- bzw. Zehenendgelenke und Daktylitis ist am häufigsten. Seltener ist die Spondylitis-Form mit Iliosakralarthritis und versteifenden Veränderungen an der Wirbelsäule. Die Kombination beider Formen tritt auf und kann das Krankheitsbild mit unterschiedlichem Schwerpunkt prägen.

Der klinische Verlauf kann sehr unterschiedlich sein. Es sind 3 Formen zu unterscheiden:

1. Intervalltyp, der in unterschiedlich langen beschwerdefreien Zwischenräumen (bis zu Jahren) in einzelnen wieder abklingenden Schüben verläuft.
2. Der chronische Verlaufstyp, bei dem es zu einer mäßig bis starken chronischen Progredienz der Erkrankung kommt.
3. Schwerste, schnell progredient verlaufende, kombinierte polyartikuläre und spondylitische Verlaufsformen, bei denen oft gleichzeitig eine schwerste Verlaufsform der Psoriasis besteht.
   Diese Form ist bei Männern sehr häufig.

Labor. Es bestehen – wie bei der chronischen Polyarthritis – uncharakteristische Entzündungszeichen, die je nach den verschiedenen Verlaufsformen unterschiedlich ausgeprägt sind. Rheumafaktoren fehlen.

Röntgen. Gelenkbefallmuster mit Bevorzugung der Finger- und Zehenendgelenke, das Fehlen einer gelenknahen Osteoporose sowie die Kombination von Resorptionserscheinungen am Knochen (Osteolyse) und Neigung zur Ankylose und gelenknahen Knochenanbauten sind für die Diagnose der Psoriasisarthritis typisch. Der gelenknahe entzündliche Periostbefall führt zu proliferativen Veränderungen, die sich im Röntgenbild als sog. Spiculae darstellen. Bei der Psoriasisspondylitis sind die im wirbelsäulennahen Bindegewebe gelegenen Verknöcherungen als

Parasyndesmophyten häufig in Kombination mit typischen Dyndesmophyten, wie bei der ankylosierenden Spondylitis, diagnostisch von hoher Bedeutung.

Therapie. Bei den Verläufen vom Intervalltyp kann man sich im entzündlichen Schub auf die Gabe eines nichtsteroidalen Antirheumatikums, ergänzt durch örtliche entzündungshemmende physikalische Maßnahmen (Kältetherapie) beschränken. Bleibenden Funktionseinbußen muß durch Physiotherapie entgegegewirkt werden.

Bei den chronisch progredienten Verläufen ist die Einleitung einer Basisbehandlung erforderlich. Hier werden die gleichen Basistherapeutika benutzt wie bei der chronischen Polyarthritis. Die chronischen Verlaufsformen müssen von andauernder physikalischer Therapie begleitet werden. Operative Maßnahmen können wie bei der chronischen Polyarthritis notwendig werden. Die Indikation ist aber wegen der Neigung zu nachfolgenden Gelenkversteifungen mit Zurückhaltung zu stellen. Die weiterführende Behandlung nach den Operationen muß deshalb die frühestmögliche Mobilisation im Auge haben.

Physiotherapeutische Behandlung

- *Allgemeine Richtlinien:* Die Psoriasisarthritis neigt schnell zu bindegewebigen Kontrakturen, was besonders in der postoperativen Frühmobilisation zu beachten ist.
- Die physiotherapeutische Behandlung richtet sich unter Berücksichtigung des jeweiligen Hautzustandes in den Prinzipien nach der Therapie der chronischen Polyarthritis.

- *Beachte*
  - Keine nasse Kälte! Bei Eisanwendungen den Eisbeutel nicht direkt auf die Haut, sondern ein Tuch dazwischenlegen.
  - Bindegewebsmassagen und Muskeldehntechniken sind in der Kontrakturbehandlung intensiv einzusetzen.
  - Bei der Übungstherapie in Teilbädern, z. B. der Hände, wird ein Ölzusatz zur Hautpflege zugefügt.

13.4.3 Reiter-Syndrom

Definition. Es handelt sich um eine sog. „reaktive Arthritis", die nach Infektionen der Harnröhre (überwiegend) oder des Darmes (selten) auftritt.

Das Reiter-Syndrom ist die häufigste entzündliche Oligoarthritis des jungen Mannes. Das Hauptmanifestationsalter liegt zwischen dem 16. und 35. Lebensjahr. Freuen erkranken seltener, wobei es möglich ist, daß atypische Verlaufsformen der Diagnose entgehen.

Klinisches Bild. Das Reiter-Syndrom ist durch drei miteinander vorkommende Krankheitszeichen Urethritis, Konjunktivitis, Arthritis gekennzeichnet und kann als 4. Symptom durch Haut- und Schleimhauterscheinungen ergänzt werden. Überwiegend begrenzt sich der Krankheitsverlauf zeitlich selbst. Bei 30% der Krankheitsfälle verbleibt eine chronisch verlaufende Gelenk- und/oder Wirbelsäulenerkrankung nach dem Typ der seronegativen Spondarthropathien.

Die Krankheit beginnt meistens ca. 2 Wochen nach einem Harnröhren- oder Darminfekt mit Befall eines oder weniger Gelenke der unteren Extremitäten (Knie-, Sprung-, Zehengelenke). Der Beginn kann zuweilen hochakut sein, so daß insbesondere bei Befall der Großzehe eine Differentialdiagnose zu einem Gichtanfall besteht. Der Gelenkbefall ist asymmetrisch. Der Beginn kann auch durch zunächst flüchtig auftretende Gelenkerscheinungen gekennzeichnet sein. Häufig kommen auch hochentzündliche und schmerzhafte Enthesiopathien, insbesondere im Bereich der Achillessehne, zustande. Auch Strahlbefall der Zehengelenke mit Rötung kommt vor.

Zu diesen Symptomen können Erscheinungen an Haut und Fingernägeln hinzukommen, die oft im Erscheinungsbild der Psoriasis ähneln können. Begleitende Schleimhautveränderungen kommen urogenital (Balanitis circinata) oder auch im Mund vor.

Systemische Erscheinungen wie Beteiligung von Myokard und zentralem Nervensystem sind selten vorhanden.

Eine Iliosakralarthritis, meist asymmetrisch, kommt in 40–60%, oft nur flüchtig zustande. Die dadurch bedingten Kreuzschmerzen können das Krankheitsbild beherrschen.

Chronisch wiederkehrende Verlaufsformen können schließlich in das Bild einer progredienten chronischen Arthritis übergehen. Außerdem ist der Übergang in eine ankylosierende Spondylitis möglich.

Labor. Entsprechend dem systemischen Charakter der Erkrankung sind Entzündungszeichen uncharakteristischer Art im Blut vorhanden. Der Rheumafaktor fehlt, HLA B 27 ist bei den Verlaufsformen mit Iliosakralarthritis in 80–90% positiv.

Röntgenbefund. Die Entzündungszeichen können sich auf flüchtige Osteoporose in der Umgebung der Gelenke beschränken. Bei chronischen Verlaufsformen kommt es aber zu destruierenden Röntgenveränderungen. Häufig sind im Bereich der Enthesiopathien Entzündungszeichen (Erosionen) und auch produktive Bilder, d. h. mit Knochenanlagerung, zu erkennen. Die Iliosakralarthritis ist zumeist einseitig asymmetrisch. Im Bereich der Wirbelsäule können Verknöcherungen des wirbelsäulennahen Gewebes wie bei der Psoriasisspondylitis auch in Kombination mit klassischen Syndesmophyten wie bei der ankylosierenden Spondylitis auftreten.

Behandlung. Die Behandlung des akuten Reiter-Syndroms bezieht sich neben der entzündungshemmenden Behandlung der Gelenke mit Medikamenten (nichtsteroidale Antirheumatika) auch auf die symptomatische Behandlung der Haut- und Schleimhautveränderungen. Der Einsatz von Cortison kann notwendig werden. Wegen der Urethritis ist gelegentlich ein antibiotische Behandlung angezeigt.

Chronisch progredient verlaufende Formen müssen auch basistherapeutisch wie bei der chronischen Polyarthritis angegangen werden. Hochakute systemische Verlaufsformen mit viszeraler Beteiligung an Herz, Zentralnervensystem und Auge müssen u.U. mit Immunsuppressiva behandelt werden.

Physiotherapie und andere Methoden der physikalischen Therapie haben beim akuten Reiter-Syndrom die örtliche Entzündungshemmung und Schmerzlinderung an den Gelenken sowie Vorbeugung und Vermeidung von Fehlstellungen zum Behandlungsziel. Bei den Verlaufsformen, die in eine chronische Gelenk- bzw. Wirbelsäulenerkrankung übergehen, ist nach den Prinzipien wie bei chronischer Polyarthritis bzw. Spondylitis ankylosans zu verfahren (s. S. 356 ff u. S. 384 ff).

13.4.4 Arthritis bei Colitis ulcerosa und Morbus Crohn

Definition. Diese beiden in ihrer Ätiopathogenese unbekannten Darmerkrankungen gehen mit Krankheitszeichen des Bewegungssystems einher. Es treten meistens bei schon bestehender Darmerkrankung flüchtige, selten länger als Wochen anhaltende Arthritiden auf. Außerdem kommt bei beiden Erkrankungen gleichzeitig eine klassische ankylosierende Spondylitis häufiger vor als in der Normalbevölkerung.

Epidemiologie. Gelenksymptome treten bei Morbus Crohn etwas häufiger auf (etwa 20%) als bei der Colitis ulcerosa (etwa 10%).

Klinisches Bild. Die Arthritis kommt meist erst zustande, wenn die Darmerkrankung schon besteht. Bei Morbus Crohn kann sie allerdings der Darmerkrankung über längere Zeit vorausgehen. Die passageren Arthritiden bevorzugen die Gelenke der unteren Extremitäten, besonders die Kniegelenke. Ein Erythema nodosum kann gleichzeitig auftreten.

Die Arthritis klingt in der Regel völlig folgenlos ab. An Ausnahmen bei sehr langanhaltendem arthritischem Schub muß gedacht werden.

Die **Laborwerte** werden sehr stark von der entzündlichen Aktivität der Darmerkrankung bestimmt.

Röntgenologisch fehlen direkte Entzündungszeichen an den Gelenken, es zeigt sich höchstens eine gelenknahe Osteoporose. Bei 10–15% der Erkrankten ist eine Iliosakralarthritis oft ohne klinische Symptomatik vorhanden. Die ankylosierende Spondylitis bei den Darmerkrankungen unterscheidet sich weder in ihrem klinischen Verlauf noch röntgenologisch von den klassischen Krankheitsformen.

Physiotherapie und andere Methoden der physikalischen Therapie werden in der akuten Phase wie bei der chronischen Polyarthritis angewendet. Bei länger anhaltenden Schüben sind die Maßnahmen gegen Muskelatrophie und sich ausbildende mögliche Fehlstellungen besonders wichtig.

13.4.5 Morbus Behçet

Definition. Es handelt sich um eine entzündliche Erkrankung der Gelenke, gelegentlich auch der Wirbelsäule, die auf einem entzündlichen Gefäßprozeß beruht. Die Ursache ist unbekannt. Hauptmanifestationen sind Schleimhaut- und Hautbefall sowie häufig auch Augen und Muskulatur. Die höchsten Prävalenzen der Erkrankung kommen in der Türkei, im Iran und in Japan vor.

Klinisches Bild. Die Erkrankung wird im Rahmen der seronegativen Spondarthropathien besprochen, da die rekurrierenden oder chronischen Oligo- bzw. Polyarthritiden physiotherapeutisch zu behandeln sind. Sie kommen in 50% der Verläufe vor und manifestieren sich nach Wochen, Monaten oder Jahren nach dem Krankheitsbeginn. Selten tritt auch eine Iliosakralarthritis auf.

Die Vorhersage der Erkrankung und ihr sonstiger Verlauf wird im wesentlichen aber durch die Krankheitszeichen außerhalb des Bewegungssystems bestimmt (Gefäße, Zentralnervensystem, Magen-Darm-Trakt).

13.4.6 Reaktive Arthritiden

Die Gruppe der reaktiven Arthritiden ist dadurch gekennzeichnet, daß nach einer Latenzzeit von wenigen Tagen bis wenigen Wochen nach einer Allgemein-Infektion eine Gelenkerkrankung auftritt. Als auslösende Bakterien kommen in Betracht: Salmonellen, Shigellen, Yersinien, Champhylobakter jejuni, Chlamydia trachomatis und verschiedene Viren. Die Diagnose stützt sich auf die Vorgeschichte des vorausgegangenen Infektes, das typische Gelenkbefallmuster und die extraarticulären Krankheitserscheinungen. Mit besonderen Methoden sind Erreger in der Gelenkinnenhaut bei den reaktiven Arthritiden nachweisbar. Die reaktiven Arthitiden zeigen häufig eine überlappende Symptomatik mit den seronegativen Spondarthropathien.

•••• Rheumatisches Fieber

Definition und Häufigkeit. Das rheumatische Fieber ist eine reaktive Arthritis nach einer im Nasen-Rachen-Raum abgelaufenen Infektion mit einem bestimmten Erregertyp, nämlich den β-hämolytischen Streptokokken der Gruppe A. Man schätzt, daß etwa 2% der Bevölkerung gefährdet sind, nach einer solchen Infektion ein rheumatisches Fieber zu bekommen. Das rheumatische Fieber – das früher bis in die 40er Jahre dieses Jahrhunderts eine sehr häufige Erkrankung war – ist sehr selten geworden, ja die seltenste der reaktiven Arthritiden. In den sog. Entwicklungsländern ist das rheumatische Fieber noch die häufigste rheumatische Erkrankung.

Klinisches Bild. 2–3 Wochen nach einem Nasen-Rachen-Infekt (meist eine Angina tonsillaris) beginnt die Krankheit mit hohem Fieber und wechselnd geschwollenen und schmerzhaften großen Gelenken. Es entstehen keine bleibenden Schäden an den Gelenken. Die Gefahr für das Herz steht bei dieser Erkrankung ganz im Vordergrund. Die rheumatische Entzündung kann sich am Herzmuskel, am Herzbeutel und an der Herzinnenhaut, besonders an den Herzklappen abspielen und zu schweren Krankheitserscheinungen und zu bleibenden Schäden am Herzen führen (rheumatische Herzklappenfehler).

Die Penizillindauerbehandlung soll vermeiden, daß bei neuerlichem Kontakt mit dem Erreger die rheumatische Erkrankung wiederkehrt. Aktuell erfolgt die Behandlung mit Salicylsäurepräparaten und – um die rheumatische Entzündung am Herzen zu dämpfen, solange wie notwendig mit Cortison. Die Physiotherapie und andere Methoden der physikalischen Therapie werden im akuten Stadium der Gelenkentzündung die gleichen Ziele wie im akut-entzündlichen Stadium der Polyarthritis (s. dort) verfolgen.

Der Herzbefund ist zu berücksichtigen.

•••• Yersinia-Arthritis

Definition. In den letzten Jahren ist die häufigste Ursache einer reaktiven Arthritis die intestinale Infektion mit Yersiniaerregern geworden. Die Krankheit manifestiert sich als Darmerkrankung. Es besteht eine genetische Disposition dazu, nach einer solchen Infektion an einer Arthritis, die als Oligo- oder auch als Polyarthritis ablaufen kann, zu erkranken.

Klinisches Bild. Die Erkrankung entwickelt sich innerhalb weniger Tage nach der Darminfektion. Sie beginnt zumeist an den unteren Extremitäten und zwar bevorzugt an Sprung- und Kniegelenken. Sie kann als hochfieberhafte Allgemeinerkrankung verlaufen, und es können auch noch weiterhin Durchfälle bestehen. Als Komplikation kann eine Herzentzündung auftreten, ebenso sind Hauterscheinungen (sog. Erythema nodosum) möglich.

Die Gelenksymptome treten sowohl hochakut entzündlich als auch bland und schleichend auf. Tiefsitzende Kreuzschmerzen können zu jedem Zeitpunkt der Erkrankung als Hinweis auf eine entzündliche Beteiligung der Iliosakralgelenke zustande kommen.

Die Krankheitssymptome klingen meist innerhalb einiger Wochen und Monate ab. Verläufe bis zu 2 Jahren sind aber beobachtet worden. Bleibende Residuen an den Gelenken treten nicht auf. Solange die Darmerscheinungen bestehen, besteht Ansteckungsgefahr.

Laborbefunde. Die Yersiniaerreger können während der Durchfallerkrankung im Stuhl nachgewiesen werden. Später erscheinen nachweisbare Antikörper im Blut, die meist zu Diagnose führen. Entsprechend dem systemischen Charakter der Erkrankung bestehen humorale Entzündungszeichen. Das Merkmal HLA B 27 ist in einem hohen Prozentsatz positiv.

Therapie. Die Behandlung erfolgt mit nichtsteroidalen Antirheumatika. Selten kann der kurzfristige Einsatz von Cortisonpräparaten indiziert sein. Dies betrifft besonders Fälle, in denen schwere Allgemeinerscheinungen und eine reaktive Karditis nachweisbar sind.

Der Yersinia-Arthritis ähnliche Arthritiden können durch andere Darmbakterien wie Campylobacter jejuni oder auch Salmonellen bzw. Shigellen ausgelöst werden.

•••• Lyme-Borreliose

Die Lyme-Borreliose wird durch Zeckenbiß übertragen. Der dabei übertragene Erreger (Borrelia burgdorferi) löst eine sich an verschiedenen Organsystemen manifestierende Erkrankung aus. Während der drei Stadien kann es jeweils auch zur Arthritis kommen.

Klinisches Bild. Der Gelenkbefall ist zumeist intermittierend und mon- oder oligoarthritisch. Der Befall des Kniegelenkes ist am häufigsten. Polyarticuläre Verlaufsformen können vorkommen.

Diagnose. Zur Diagnose ist eine serologische Untersuchung notwendig. Je nach Stadium ist eine antibiotische Behandlung erforderlich.

Therapie. Die Arthritis erfordert den Einsatz antirheumatischer Medikamente. Physikalische Maßnahmen zur Entzündungshemmung und zur Vorbeugung von Funktionseinbußen und zur Wiederherstellung verlorengegangener Funktionen ist erforderlich.

Physiotherapie und andere Methoden der physikalischen Therapie haben bei allen diesen reaktiven Arthritiden nach den Behandlungsprinzipien der akuten Phase der chronischen Polyarthritis zu verfahren. Bei abklingender entzündlicher Aktivität kann ebenfalls entsprechend der chronischen Polyarthritis vorgegangen werden (s. dort).

13.5 Arthritiden bei Stoffwechselstörungen

13.5.1 Arthritis bei Harnsäurestoffwechselstörungen (Arthritis urica, Gicht)

Definition. Der Arthritis urica (Gicht) liegt eine Störung des Harnsäurestoffwechsels zugrunde. Es kann sich um eine genetisch bedingte Störung handeln, aber auch andere Faktoren (z.B. Nierenschäden, Medikamente) können eine Harnsäureerhöhung bewirken („sekundäre Gicht"). Die Veranlagung zu dieser Stoffwechselstörung wird durch das Hinzutreten anderer Faktoren (erhöhtes Körpergewicht, übermäßiger Genuß von bestimmten Nahrungsmitteln, körperliche Inaktivität, erhöhter Alkoholkonsum) manifest. Es kommt dann zu einer Erhöhung des Harnsäurespiegels im Blut.

Epidemiologie. Etwa 25–30% der Bevölkerung leiden unter einer Harnsäurestoffwechselstörung mit Erhöhung des Blutharnsäurewertes (Hyperurikämie). Etwa 1/10 dieser Menschen – Männer 3mal häufiger als Frauen – erkranken an einer Gicht.

Ätiopathogenese. Vermehrter Harnsäureanfall im Blut führt zur Bildung von Harnsäurekristallen im Gelenk, die den typischen „Gichtanfall" auslösen. Harnsäurekristalle bilden auch sichtbare „Gichtknoten" und können sich im Nierengewebe ablagern.

Klinisches Bild. Der Gichtanfall entwickelt sich ganz plötzlich innerhalb weniger Stunden, und vor allem nachts. Es besteht das Bild einer hochentzündlichen Arthritis mit Schwellung, Rötung, Überwärmung und eingeschränkter Funktion. Schon die Berührung des Gelenkes ist schmerzhaft.

Durch die guten Möglichkeiten der medikamentösen Behandlung vermehrter Harnsäurebildung ist die chronische Verlaufsform heute selten.

Labor. Die Harnsäureerhöhung im Blut ist das charakteristische Krankheitszeichen. Es entstehen im Gichtanfall sehr schnell uncharakteristische Entzündungszeichen im Blut, wie hohe BSG-Beschleunigung und Leukozytose. Der Beweis der Harnsäuregicht wird durch den Nachweis von Harnsäurekristallen in der Gelenkflüssigkeit erbracht.

Therapie. Die medikamentöse Behandlung zur Senkung des erhöhten Harnsäurespiegels steht im Vordergrund. Der akute Anfall erfordert medikamentöse Entzündungshemmung und Schmerzstillung. Als „Mittel der Wahl" gilt immer noch das Colchizin.

Durch Regulierung der Lebensweise sollen disponierende Faktoren zur Harnsäurestoffwechselstörung ausgeschaltet oder abgemildert werden. Dadurch soll das Bemühen um eine Normalisierung des Harnsäurestoffwechsels unterstützt werden. In der akuten Phase sind örtlich-entzündungshemmende physikalische Maßnahmen angezeigt.

Die **Physiotherapie** und andere Methoden der physikalischen Therapie streben in der akuten Phase örtliche Entzündungshemmung und Schmerzlinderung an.

13.5.2 Chondrokalzinose

Definition. Das Erscheinungsbild der Chondrokalzinose wird wie bei der Gicht auch durch die Einlagerung von Kristallen (Kalziumpyrophosphatkristalle) im Gelenk verursacht. Betroffen sind Faserknorpel und hyaliner Knorpel. Im Gegensatz zur Gicht gibt es keine Krankheitserscheinungen außerhalb des Gelenkes.

Epidemiologie. Es sind ältere Menschen im 7. Lebensjahrzehnt betroffen. Röntgenologisch sind Veränderungen wie bei Chondrokalzinose bei Menschen ab Mitte des 7. Lebensjahrzehntes zu etwa 5% vorhanden. Bei weitem nicht alle Menschen erkranken aber an den Erscheinungen der Chondrokalzinose.

Ätiopathogenese. Es wird eine lokale Pyrophosphatstoffwechselstörung angenommen.

Klinisches Bild. Chronische Formen verlaufen nicht abgrenzbar von der Arthrosekrankheit. Es fällt nur auf, daß besonders schwere arthrotische Röntgenveränderungen zustande kommen. Bedeutsam ist die akute Form, die an einzelnen Faserknorpeln und auch an einem Gelenk auftreten kann. Die Form der akuten Arthritis, die dabei zustande kommt, wird auch als Pseudogicht bezeichnet. Es können auch Hand-, Ellenbogen-, Sprung-, Hüft- und Schultergelenke befallen werden. Während der Anfälle gibt es meist auch ein allgemeines Krankheitsgefühl, Appetitlosigkeit und leichte Temperaturen. Dadurch wird die Ähnlichkeit mit dem Gichtanfall noch unterstrichen.

Labor. Während des Anfalls kann es zu erheblichen BSG-Beschleunigungen und anderen unspezifischen Entzündungszeichen kommen. Die Diagnose wird gesichert durch die Unterstützung der Gelenkflüssigkeit, in der die typischen Kalziumpyrophosphatkristalle zu erkennen sind.

Das **Röntgenbild** läßt die im Faserknorpel abgelagerten Kalziumpyrophosphatkristalle als typische Verkalkungsfiguren erkennen.

Therapie. Die wahrscheinlich zugrundeliegende Stoffwechselstörung ist nicht zu behandeln. Der akute Anfall muß entsprechend medikamentös mit nichtsteroidalen Antirheumatika behandelt werden. Im übrigen gelten die Prinzipien der physiotherapeutischen Behandlung der Arthrosekrankheit.

Davon abzugrenzen ist die **Periarthritis calcaria generalisata,** der wahrscheinliche eine genetische Stoffwechselstörung zugrundeliegt. Es erkranken Männer sehr viel häufiger als Frauen, und es ist eine familiäre Disposition zur Erkrankung beschrieben. Die Krankheit tritt an vielen Gelenken auf. Es kommt zur Ablagerung von Hydroxylapatitkristallen in der unmittelbaren Umgebung der Gelenke. Dadurch können akute Gelenkerscheinungen mit Rötung, Schwellung und auch großer Druck- und Berührungsempfindlichkeit auftreten, die ebenfalls an einen Gichtanfall erinnern. Die Krankheit wird durch die röntgenologisch sichtbaren sichelförmigen Verkalkungen in der Umgebung der Gelenke gestellt. Die Verkalkungen treten zumeist erst an Händen und Vorfüßen, später auch an anderen Gelenken auf.

14 Vegetative Regulationsstörungen

P. Christian und H. Göhring

•••• Einleitung

Vegetative Regulationsstörungen (vegetative Dystonie, psychovegetatives Syndrom) sind Fehlregulationen einzelner Organe oder ganzer Organsysteme ohne nachweisbare Organschädigung. Charakteristisch ist die enge Beziehung zur individuellen Reaktionsart, zur Umwelt und zur Persönlichkeit. Folglich sind psychosomatische Gesichtspunkte und Umweltbedingungen in Diagnose und Therapie zu berücksichtigen. Etwa 20–30% aller Patienten, gemittelt aus Klinik und Praxis, gehören ganz oder teilweise zum Formenkreis der vegetativen Dystonie. Betroffen sind vor allem jüngere und mittlere Altersklassen.

Einteilungsprinzipien. Man unterscheidet Fehlregulationen *ganzer* Organsysteme, z.B. des Kreislaufs (neurozirkulatorische Dystonie, orthostatisches Syndrom), der Atmung (nervöses Atmungssyndrom, Atmungstetanie) oder die gastrointestinale Dystonie mit einer funktionellen Symptomatik im Bauchraum. Davon sind die mehr *umschriebenen* Symptomenkomplexe abzugrenzen, wie Migräne und Cephalea vasomotorica oder funktionelle Herzrhythmusstörungen. Eine besondere Gruppe sind die *krisenhaft* ablaufenden Regulationsstörungen, wie der sympathikovasale Anfall, die vagovasale Synkope oder der Hyperventilationsanfall.

Pathophysiologie. Durch die vegetativen Funktionen werden Kreislauf, Atmung, Stoffwechsel und Endokrinium als Ganzes reguliert nach dem Prinzip der biologischen *Steuerung* und *Regelung*. Die Organsysteme und deren Regelung sind wiederum untereinander „vermascht". Diese innige Verflechtung garantiert nicht nur eine Integration von Zentral- und Erfolgsorganen, sondern führt auch dazu, daß durch eine Störung an irgendeiner Stelle das autonome System meistens als Ganzes betroffen und dann unter Umständen instabil wird. Die Störung kann vom Affektverhalten und dessen zentralnervöser Organisation im limbischen System ausgehen, von einer Überbelastung durch exogene Reize oder durch Eingriffe in die natürliche Periodik des Organismus, z.B. durch chronischen Schlafmangel (Auswirkung an den retikulären Formationen des ZNS).

Die teilweise noch gebräuchliche Einteilung der vegetativen Regulationsstörungen entsprechend einem Antagonismus von Sympathikus und Parasympathikus (Sympathiko- und Vagotonie) läßt sich nicht aufrechterhalten: Der gespannte und erregte Mensch hat neben seiner sympathikotonen Kreislauflage gleichzeitig eine parasympathische Erregung seines Darmes, des Pankreas und der Blase. Extreme Typen einer polaren vegetativen Einstellung sind überdies selten, die Mischformen überwiegen, und schließlich hat die Biochemie die ältere Vorstellung vom antagonistischen Schema „Sympathikus-Parasympathikus“ widerlegt. Für das Verständnis pathophysiologischer Zusammenhänge und auch für die Einteilung der klinischen Formen hat sich das Prinzip der *biologischen Regelung* bewährt: In Analogie zu stabilen und instabilen Regelungen der Technik können vegetative Regulationsstörungen folgendermaßen interpretiert werden: Die orthostatische Hypotonie ist z.B. eine Regelstörung, bei der die venösen und arteriellen Stellglieder des Blutdrucks beim plötzlichen Aufrichten eine Rückführung des Blutdrucks auf den Ausgangswert nicht mehr garantieren (statische Labilität der Blutdruckregelung). Umgekehrt ist die Überregelung mit laufenden Schwingungen des Blutdrucks Zeichen einer mangelnden Dämpfung und führt zu einer sog. überschießenden Kreislaufregulation (dynamische Labilität der Blutdruckregelung). Wie ebenfalls regeltheoretisch leicht erklärbar ist, kommt es bei der hypotonen Regulationsstörung bzw. statischen Labilität zum orthostatischen Kollaps, bei der dynamischen Labilität der Blutdruckregelung hingegen zum sympathikovasalen Anfall.

Die Pathogenese der mehr isolierten vegetativen Organsyndrome läßt sich nicht einheitlich darstellen, sondern muß im Zusammenhang der verschiedenen klinischen Bilder abgehandelt werden.

14.1 Hypotone Regulationsstörung

Definition. Eine Hypotonie liegt vor, wenn der systolische Druck dauernd unter 110 mmHg beim Mann und unter 100 mmHg bei der Frau liegt, der diastolische Druck unter 60 mmHg. Derartige Werte finden sich als physiologische Variante bei trainierten Sportlern, sonst handelt es sich um eine hypotone Regulationsstörung. Bei der *konstitutionellen* Hypotonie besteht auch im Liegen ein abnorm niedriger Blutdruck, meist findet sich ein leptosomer Habitus und häufig auch zusätzlich ein *orthostatisches Syndrom*. Das orthostatische Syndrom kann auch bei normotoner Ruhelage auftreten.

Symptomatische Hypotonien müssen differentialdiagnostisch ausgeschlossen werden (Hypotonie durch Blutverlust, Aortenstenose, Nebenniereninsuffizienz usw.).

Klinisches Bild. Leitsymptome sind eine körperliche und geistige Ermüdbarkeit (Adynamie), ferner Schwindelgefühl, Neigung zu Ohnmachten, besonders bei längerem Stehen. Häufig besteht ein Druck- und Beklemmungsgefühl in der Herzgegend. Bei der konstitutionellen Hypotonie besteht schon in Ruhe ein abnorm niedriger Blutdruck; die hypotone Regulationsstörung im engeren Sinne ist normoton und wird erst im Belastungs- bzw. Stehversuch erkennbar. Weiter kommen Hautblässe, Schläfendruck, Leeregefühl im Kopf sowie Akrozyanose der Hände und Füße und Neigung zu Ohnmachten mit Übelkeit und Schwäche hinzu. Nach längerem Stehen kann es zu einer generalisierten Muskelschwäche kommen mit Flimmern und Schwarzwerden vor den Augen. In schweren Fällen kommt es zu einer kurzfristigen Bewußtlosigkeit, wobei die Patienten zu Boden stürzen. Nach wenigen Sekunden kommen sie wieder zu sich. Dieser orthostatische Kollaps beruht auf einem Versagen des venösen Rückflusses in aufrechter Körperhaltung. Der verminderte venöse Rückfluß führt zu einer Abnahme des Schlagvolumens des Herzens, dadurch kommt es zu einem weiteren Absinken des Blutdrucks, was zu einer Verminderung der Gehirndurchblutung und schließlich zur Ohnmacht führen kann. In horizontaler Lage, z. B. nach Hinlegen oder Kollaps, ist der Rückfluß des Blutes aus der unteren Körperhälfte wieder gewährleistet, das Herz bekommt wieder mehr Blutvolumen angeboten, das Schlagvolumen des Herzens nimmt zu, der Blutdruck steigt an, und die zerebrale Durchblutung wird somit wieder normalisiert, d. h. Schwindel und eventuelle Ohnmacht schwinden.

Sowohl bei der konstitutionellen Hypotonie als auch beim orthostatischen Syndrom zeigen sich bei definierten Arbeitsleistungen (Ergometrie) eine verringerte Arbeitsökonomie und eine Einschränkung der Leistungsbreite des Kreislaufs: so ein ungenügender Blutdruckanstieg bei Belastung, eine hohe Pulsfrequenz schon bei niedrigen Wattstufen und ein mangelndes Durchstehvermögen. Die kritische Herzfrequenz von 160 – 170 Schlägen/min wird in der Regel nicht erreicht und der Arbeitsversuch wegen subjektiver Beschwerden abgebrochen.

Eine einfache Prüfung der orthostatischen Toleranz ist der Stehversuch: geringfügiger Abfall des systolischen Drucks im Stehen und Anstieg des diastolischen Drucks bei Steigerung der Pulsfrequenz um 10 – 20% (Abb. 14.**1**).

Bei der *labilen* oder gar *insuffizienten* Kreislaufregulation engt sich die Blutdruckamplitude auf 10 mmHg und weniger ein, die Pulsfrequenz ist extrem erhöht. Gelegentlich kommt es dabei infolge der abnehmenden zirkulierenden Blutmenge zum *orthostatischen* Kollaps („faint“) (Abb. 14.**2**).

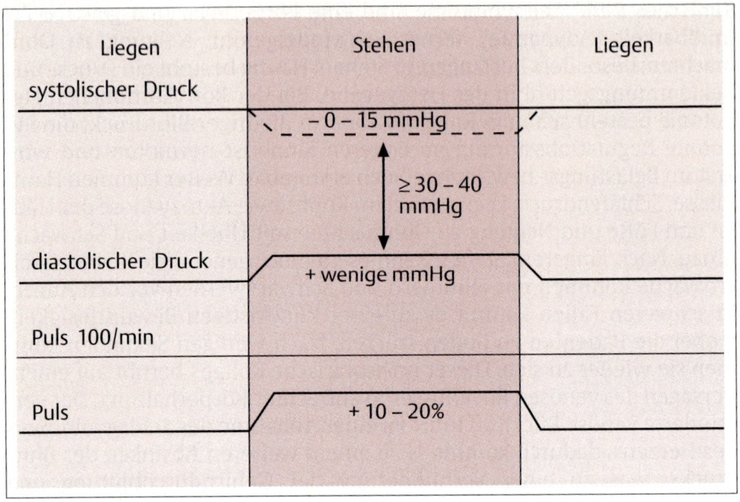

Abb. 14.**1** Normale Kreislaufregulation

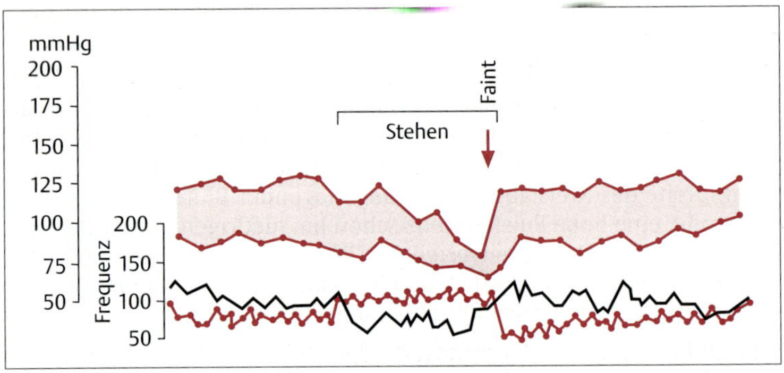

Abb. 14.**2** Orthostatische Labilität mit Kollaps (Faint). Oben Blutdruck. Rote Linie = Pulsfrequenz, schwarze Linie = Atmung

Diagnostik. Wichtiges Merkmal zur Objektivierung der anamnestisch gewonnen Verdachtsdiagnose einer orthostatischen Dysregulation ist das Verhalten von Blutdruck und Herzfrequenz unter Stehbelastung. Um das Blutdruckverhalten beim Wechsel vom Liegen zum Stehen zu erfassen, genügt in den meisten Fällen der Schellong-Test, bei dem Blutdruck und Puls im Liegen und nach 10 – 15 Minuten im Stehen gemessen werden. Nach Schellong hat als normal zu gelten (s. Abb. 14.**1**): gleichbleibender oder um höchstens ± 15 mmHg sich ändernder systolischer und um 5 mmHg ansteigender diastolischer Druck sowie eine Erhöhung der Herzfrequenz um 17 Schläge/min. Bei hypotonen Regulationsstörungen kommt es im Stehen zu einem systolischen Druckabfall von 20 mmHg und mehr, der diastolische Druck steigt um 15 mmHg oder mehr an, die Herzfrequenzsteigerung kann 25 – 30 Schläge/min betragen.

Therapie. Ein systematisches körperliches Training ist wichtiger als eine medikamentöse Behandlung und vermag die Kreislaufsituation oder wenigstens das subjektive Befinden zu verbessern. Bestehen zusätzlich Krampfadern, sollten Stützstrümpfe getragen werden. Eine medikamentöse Behandlung der hypotonen Regulationsstörungen sollte nur bei ausgeprägten Beschwerden eingeleitet werden. Hierbei haben sich Medikamente mit allgemeiner gefäßkontrahierender Wirkung, wie z. B. Dihydroergotamin, gut bewährt.

Physiotherapeutische Behandlung

- *Befund:* Der physiotherapeutische Befund ist sehr unterschiedlich; einige Punkte jedoch sind oft auffällig:
  - Atmung: Die Atmung ist meist flach und frequent, oft unterbrochen von tiefen Seufzern und vom Atemanhalten. Die Patienten geben das Gefühl des „Nicht-durchatmen-Könnens“ an. Deshalb wird häufig unter dem Einsatz der Atemhilfsmuskulatur geatmet.
  - Muskulatur: Der Tastbefund findet oft neben schlecht verschieblichem Gewebe hypertone Stränge an typischer Stelle in sonst eher hypotoner Muskulatur, z. B. in der Atemhilfsmuskulatur, in der aufgelagerten Rückenmuskulatur, an den seitlichen Thoraxabschnitten, in den Adduktoren und in den kleinen Hüftmuskeln.
  - Durchblutung: Die Extremitäten sind häufig kalt und feucht, besonders Hände und Füße. Bei der Prüfung der Durchblutung nach Ratschow werden normale Werte gefunden.
  - Motorik: Oft fällt der mangelnde Einsatz bei Bewegungsprüfungen (Laufen, Steigen, Bücken) auf. Die Patienten wirken lustlos und müde. Viele sind antriebsarm und leistungsschwach.
- *Gesichtspunkte:* Der Einsatz der Bewegungstherapie zielt darauf hin, daß der Patient lernt, über die Schulung der körperlichen Leistungsfähigkeit zu seiner Gesundung selbst beizutragen.

  Im Behandlungsverlauf muß ein Wechsel von Spannung und Entspannung enthalten sein, bei dem die Entspannung in der ersten, die körperliche Belastung jedoch in den weiteren Behandlungen überwiegen muß. In der Einzelbehandlung soll individuell auf den Patienten und seine Probleme eingegangen werden, indem bestimmte Unausgeglichenheiten der Muskelkraft und Bewegungseinschränkungen ausgeglichen und korrigiert werden. Der Physiotherapeut muß dabei auch den Tagesablauf mit dem Patienten durchsprechen: langsames Aufstehen morgens, wechselwarmes Duschen, kräftiges Abfrottieren, Bürstungen, Kaffee trinken, häufiger Wechsel zwischen Sitzen – Stehen – Gehen, Spazierengehen an der frischen Luft, Sport, regelmäßiges Leben.

Durch die Anwendung dieser Übungen und Maßnahmen soll er an Unabhängigkeit gewinnen und aus seiner Adynamie herausgeholt werden. Da zuviel individuelle Beachtung den Patienten zu regressivem Verhalten führen kann, z.B. sich auf den Physiotherapeuten als Reiz zur Aktivität zu verlassen, hilft hier vor allem das Üben in der Gruppe. Die Arbeit in kleinen und großen Gruppen belebt und gestaltet die Gymnastik abwechslungsreich. Gemeinsames Bewegen spornt an, führt zum Leistungsvergleich und lenkt von Beschwerden und Bewegungsunsicherheit ab.

■ *Maßnahmen*

- Vibrationen oder Dehnungen sowie Techniken der klassischen Massage zur Lösung der verspannten Muskulatur,
- Dehnlagerungen (Streckdehnung, Dehnlagerung, C-Lagerung) zur Entspannung, zur Mobilisation des Thorax und zur Anregung der Atembewegungen,
- statisches und dynamisches Muskeltraining,
- Techniken der PNF,
- Gefäßtraining mit Umlagerungen, Anwendungen aus der Hydrotherapie sowie Bürstungen zur Verbesserung der Durchblutung,
- sämtliche Formen aktiver Bewegungen bis hin zum Sport, die zur Leistungssteigerung führen können, vor allem Schwimmen, aber auch Gymnastik auf dem Hocker, auf dem Pezzi-Ball oder durch den Einsatz verschiedener Geräte wie Ball, Stab, Keule, Reif, Seil, Gymnastikbänder usw.,
- Bewegungsformen, die mit Konzentration arbeiten, z.B. Yoga, Schattenboxen, Feldenkreismethode.

14.2 Hypertone Regulationsstörung

Definition. Bei der hypertonen Regulationsstörung ist die Leistung des Herzens schon in Ruhe gesteigert, vor allem ist der systolische Blutdruck leicht erhöht, bei normalem oder nur wenig erhöhtem peripherem Strömungswiderstand. Oft ist die Tachykardie mit einer hohen Blutdruckamplitude kombiniert. Es besteht ein *erethisches* Kreislaufbild („überschießende bzw. hyperkinetische Kreislaufeinstellung“). Auch bei der hypertonen Regulationsstörung sind Ökonomie und Leistungsbreite des

Kreislaufs eingeschränkt: Der Patient kann eine Arbeitsbelastung von 100 Watt mit einem systolischen Blutdruckanstieg bis über 200 mmHg und einem diastolischen Anstieg bis auf 130 – 150 mmHg beantworten.

Pathogenese. Pathogenetisch spielen emotionale Einflüsse, physikalische Reize, Konflikte aus individuellem oder sozialem Bereich eine wesentliche Rolle. Die sog. Situationshypertonie (Examen, Krankenhausaufnahme) ist charakteristisch für eine vorübergehende hypertone Reaktionslage. Fortlaufende Messungen des Blutdrucks zeigen charakteristische wellenförmige Blutdruckschwankungen (Hering-Traube-Mayer-Wellen). Man spricht daher auch von einer dynamischen Labilität der Blutdruckregelung bzw. von einer mangelnden Dämpfung des Blutdruckregelsystems. Die krisenhafte Entgleisung aus der hypertonen Regulationslage ist nicht der orthostatische Kollaps, sondern der sog. sympathikovasale Anfall (Abb. 14.**3**). Der sympathikovasale Anfall erzeugt Angst und ist nicht selten Auslöser der sog. Herzphobie.

Klinisches Bild. Die überschießende Kreislaufregelung mit entsprechender Labilität des Blutdrucks beruht auf einer vermehrten Aktivität des sympathischen Systems. Entsprechend klagen die Patienten über Spannungsgefühle, Bewegungsdrang und Schlafstörungen; abendliche Erhöhungen der Körpertemperatur sind nicht ungewöhnlich. Genußmittel (Kaffee) führen zur verstärkten Unruhe. Häufig besteht ein vasomotorischer Kopfschmerz, eine vermehrte Reizempfindlichkeit und eine Affektlabilität mit dem Akzent auf einer inneren, ängstlich getönten Spannung.

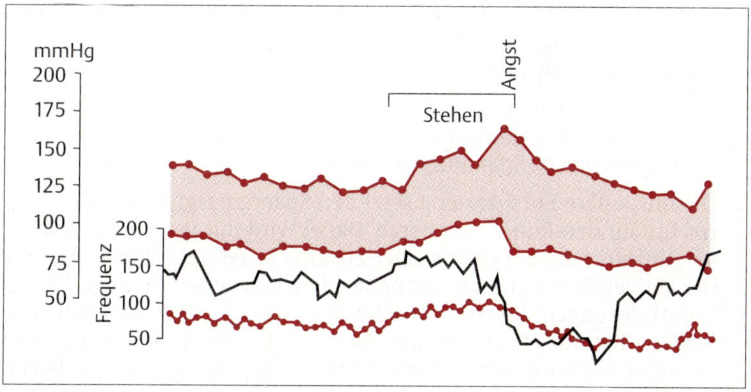

Abb. 14.**3** Sympathikovasaler Anfall mit typischer Angstkrise auf dem Höhepunkt des Anfalls. Oben Blutdruck. Rote Linie = Pulsfrequenz, schwarze Linie = Atmung

Therapie. Ärztlich werden entspannende Medikamente (Tranquilizer und Betablocker) verordnet.

Physiotherapeutische Behandlung

- *Befund:* Der physiotherapeutische Befund kann vor allem in der Muskulatur typische Verspannungen zeigen, so findet man z.B. verspannte und schmerzhafte Punkte über den Kiefergelenken, am Ansatz des M. erector trunci am Hinterhaupt, im Verlauf des M. trapezius und in den Mm. rhomboidei sowie im weiteren Verlauf des M. erector trunci.
- *Gesichtspunkte*
  - Entspannung,
  - vegetative Umstimmung,
  - Motivationstraining, damit die verordneten therapeutischen Maßnahmen vom Patienten auch konsequent eingehalten werden.
  - Ausdauertraining zur Senkung des Blutdrucks.
- *Maßnahmen*

  Entspannung. Es bieten sich Möglichkeiten aktiver und passiver Entspannung an. Unter „aktiver Entspannung" verstehen wir eine Spannungsherabsetzung einzelner Muskelgruppen oder eine allgemeine Entspannung als ein aktives, steuerbares Geschehen.

  Entspannung ist nur möglich, wenn sich der Übende von persönlichen Erlebnissen und Ärgernissen befreit und sich ganz auf den Entspannungsvorgang einstellt. Es kann, von der muskulären Entspannung ausgehend, eine psychische Entspannung erreicht werden, oder umgekehrt können über die psychische Beeinflussung muskuläre Spannungen gelöst werden.

  So wird die Entspannung mit zweifacher Absicht betrieben:
  - um Muskelspannungen zu beseitigen,
  - um psychische Spannungen zu lösen.

  Die muskuläre Entspannung setzt den Spannungsgrad der Muskulatur bis auf den Ruhetonus herab. Dabei wird mit verschiedenen Bewegungsformen ein normotoner Zustand angestrebt. Möglichkeiten der aktiven Entspannung sind neben dem autogenen Training z.B. die Dehnlagerungen, Tastarbeit nach Schaarschuch, statische Muskelarbeit mit betonter Entspannung, aber auch lockernde Bewegungen in spielerischer Form, etwa in einer Gruppe, gegebenenfalls mit Musik (s. hypotone Regulationsstörungen).
- *Übungsbeispiele:* Bei der Arbeit in der Gruppe können Übungen enthalten sein, welche eine Aggressionslösung unterstützen, z.B. Übungen mit stark akzentuierter Rhythmik.

❖ *Übungen mit Keulen*
  - Langsitz. Mit den Keulen neben dem Körper auf den Boden schlagen, neben den Knien auf den Boden schlagen und über dem Kopf leicht zusammenschlagen.
  - Beide Keulen tippen rechts vom Körper auf, werden über dem Kopf zusammengeschlagen und tippen anschließend links neben dem Körper auf (Rotation).
  - Partnerübung aus dem Stand: Aus einem Sagittalschwung schlagen die Keulen in der Mitte zusammen.

❖ *Übungen mit Bällen*
  - Den Ball stark prellen; rechts und links vom Körper, um den Körper herum, mit weitem Abstand zum Partner prellen.
  - Den Ball über weite Abstände zum Partner werfen.

❖ *Übungen mit dem Seil*
  - Das doppelt genommene Seil schlägt man abwechselnd rechts und links neben dem Körper auf den Boden. Dabei soll ein peitschender Knall entstehen.
  - Vorwärtslaufen mit armbetontem Seilschwung.

❖ *Übungen mit dem Pezzi-Ball*
  - Pezzi-Ball in rhythmischem Wechsel schnell und langsam prellen.
  - Auf dem Ball federn, dabei vor dem Körper in die Hände klatschen, über dem Kopf klatschen und fest auf den Ball schlagen.

14.3 Kopfschmerzen

14.3.1 Vaskuläre Kopfschmerzen (Cephalea vasomotorica, tension headache)

Der vasomotorische Kopfschmerz ist als die häufigste Kopfschmerzform („common migraine") ein meist diffuser Schmerz von dumpfem gelegentlich pulsierendem Charakter. Er nimmt beim Bücken oder Pressen zu, auslösend wirken oft Wetterwechsel, Schlafentzug, Alkoholabusus, psychosomatische Belastungen. Nicht selten ist der vaskuläre Kopfschmerz Teil einer allgemeinen vegetativen Regulationsstörung.

14.3.2 Echte Migräne

Bei mehr als der Hälfte der Patienten treten die Migränen familiär gehäuft auf. Frauen erkranken häufiger als Männer; bei Kindern sind Jungen und Mädchen gleich stark betroffen. Am häufigsten treten die ersten Symptome zwischen dem 10. und 30. Lebensjahr auf. Charakteristische Merkmale sind die Halbseitigkeit, die begleitende Übelkeit bis zum Erbrechen, vasospastische Begleiterscheinungen (Flimmerskotome).

Das Migränekopfweh ist allerdings nur bei der Hälfte der Migräniker wirklich „hemikraniell". In der Regel besteht ein typisches Ausbreitungsgebiet von der Stirngegend gegen die ganze Schädelhälfte.

Auslöser sind Alkohol, Nikotin, Lichtreize, hormonelle Faktoren, Hunger, körperliche Anstrengung, Entspannung (Sonntagsmigräne) und Witterungseinflüsse mit Druckschwankungen. Auch bestimmte Nahrungsmittel können Anfälle auslösen: Käse, Schokolade, Zitrusfrüchte, Paprika, Muskat. Es gibt jedoch keinen allgemeinen verbindlichen Diätplan für Patienten mit Migräne.

Die Anfallsdauer beträgt einige bis viele Stunden. Der Anfall löst sich nicht selten mit einer Harnflut.

14.3.3 Spondylogene Kopfschmerzen und Migraine cervicale

Ursache sind degenerative Veränderungen der Halswirbelsäule (Spondylarthrose) mit Irritation der austretenden Nervenwurzeln und deren Beeinflussung der A. vertebralis. Die typisch spondylogenen Kopfschmerzen sind vorwiegend im Nacken lokalisiert und strahlen kapuzenförmig von okzipital nach frontal aus. Die Patienten machen bei der Beschreibung die Bewegung des „Helmabstreifens". Typisch ist auch die Auslösung durch Kopfseitwärtsdrehen (Rückwärtsfahren im Auto). Bei den meist älteren Patienten besteht eine Druckdolenz der Halswirbelsäule und der paravertebralen Nackenmuskulatur (Tab. 14.**1**).

Physiotherapeutische Behandlung

■ *Befund*

- Muskulatur: Es gibt bei allen Formen des Kopfschmerzes Verspannungen an typischer Stelle, am häufigsten im Schulter-Nacken-Bereich, vor allem im M. trapezius, im M. rhomboideus und entlang des M. erector trunci. Häufig sind auch der M. sternocleidomastoideus und der M. pectoralis major hyperton. Bei Patienten, die zum Erbrechen neigen, findet sich auch in den entsprechenden Muskelzonen über dem Magen und der Leber Hartspann.
- Haltung: Während eines Anfalls sinkt der Patient auffällig in sich zusammen. Die Bewegungen sind langsamer als sonst und vorsichtiger. Oft greift er mit der Hand an den Kopf oder in den Nakken. In der anfallfreien Zeit ist die Haltung dem Typ entsprechend normal. Die Bewegungen sind dann meist sehr lebhaft.
- Bindegewebe: Häufig findet man neben auffallenden Kopfzonen noch eine deutliche Leber-Gallen-Zone und eine Hypomenorrhoezone bei Frauen.

Tabelle 14.1 Differentialdiagnose der häufigsten Kopfschmerzen

	Migräne	Vasomotorischer Kopfschmerz	Zervikalmigräne
Häufigkeit	mehrmals pro Woche oder Monat	je nach Wetterlage periodisch fast täglich	häufig bei älteren Patienten
Schmerzeintritt	plötzliches Einsetzen	langsames Einsetzen	bewegungs- und haltungsabhängig (Kopfvorwärtsbeugen, -drehen)
Lokalisation	meist einseitiger Schläfenschmerz	beidseitig, zum Hinterkopf ausstrahlend	Hinterkopf, kapuzenförmig
Schmerzcharakter	anfangs pulsierender, später dumpfer Schmerz	anhaltend dumpfer Schmerz	mehr in der Kopfschwarte („Schwielenkopfschmerz")
Vorausgehende Symptome (Prodrome)	Lichtscheu, Schwindel, Flimmerskotom, evtl. Parästhesien	fehlen meist	Kopfhaltung und -drehung
Begleitsymptome	Übelkeit, Erbrechen, Bauchschmerzen, Schwindel, Polyurie bei Abklingen der Schmerzen	selten vorhanden	selten
Auslösende Faktoren	Menstruation, Alkohol, psychische Belastung	vorwiegend meteorologische Einflüsse, psychische Anspannung	einseitige Kopfhaltungen, z. B. berufsbedingt
Erbliche Belastung	wird häufig angegeben	wird seltener angegeben	selten

■ *Gesichtspunkte*
- Herabsetzung der Anfallbereitschaft durch vegetative Umstimmung,
- Entspannung der hypertonen Muskelstränge,

- allgemeine Entspannung,
- Verbesserung der Kondition.

□ *Maßnahmen:* Es muß bei jedem Patienten ausprobiert werden, welche der folgenden Maßnahmen ihm am besten helfen:
- HWS-Behandlung,
- Entspannung durch Tastarbeit und Wahrnehmung,
- Ausdauertraining in der Gruppe,
- Bindegewebsmassage,
- Muskelmassage des Nackens und des Rückens,
- Lymphdrainage,
- Kraniosakrale Therapie.

Die *Behandlung der Halswirbelsäule* besteht in diesem Fall aus manuellen und aktiven Traktionen, abwechselnd mit detonisierenden Maßnahmen für die Nackenmuskulatur, wie Streichungen abwärts und Vibrationen.

Die günstigste Ausgangsstellung dafür ist die Rückenlage, wobei u. U. der Kopf des Patienten auf dem Schoß des Therapeuten gelagert werden kann, so daß eine nuancierte Einstellung der HWS möglich ist (Abb. 14.**4**).

Entspannung (s. Hypertonie). Es gibt Migräneformen, welche erst unter Entspannungsbedingungen auftreten, die sog. Wochenend- oder

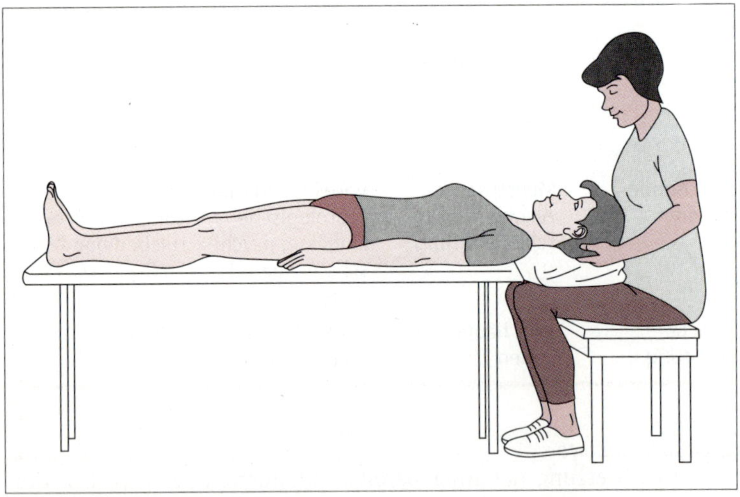

Abb. 14.**4** Lagerung auf dem Schoß bei HWS-Behandlung

Sonntagsmigräne. Der Schwerpunkt der Behandlung liegt bei diesen Patienten auf der Anregung durch Aktivitäten, vor allem Sport, wobei sich das Schwimmen auch in diesem Zusammenhang als die günstigste Sportart erweist.

Ausdauertraining in der Gruppe s. Kreislauftraining.

Bei der *Bindegewebsmassage* können nach dem großen Aufbau noch die Striche am Bauch und am Thorax dazugenommen werden, bevor der Kopf angehakt wird. Bei niedriger Blutdrucklage empfiehlt es sich, die Behandlung im Liegen auszuführen. Die Verträglichkeit ist sehr unterschiedlich.

Die *Muskelmassage* soll sanft, leicht und beruhigend sein, mit vielen Vibrationen, abwärtsgerichteten Streichungen und weichen Knetungen. In dem Gebiet zwischen den Schulterblättern wird nicht massiert (Kopfzone!). Harte, durchgreifende Griffe mit Friktionen und starke Knetungen können u. U. einen Anfall auslösen. Massage während eines Anfalls ist kontraindiziert, sie führt häufig zum Erbrechen. Während einer Massage kann sich bei einem Gespräch die Gelegenheit bieten, dem Patienten zu helfen, die Einstellung zu seiner Krankheit zu korrigieren: Er muß lernen, mit diesem Zustand zu leben, ohne darüber zu verzweifeln. Das Verhältnis zu seinen Mitmenschen kann gestört sein, da er wegen der immer wiederkehrenden Anfälle auf Skepsis, Unverständnis und Ablehnung stößt („Der ist ja dauernd krank!"). Die Leistungsfähigkeit ist während eines Anfalls reduziert. Deshalb sollte den Patienten Mut gemacht werden, sich in diesen Stunden zurückzuziehen und die gewohnten Medikamente zu nehmen. Mit viel Geduld, Ruhe und Mut ist es möglich, seine Umgebung zu überzeugen, daß Mitleid und allzugroße Beachtung genauso falsch sind wie Unverständnis und Ignoranz.

Die *kraniosakrale Therapie* beschreitet einen ganzheitlichen Weg der Therapie: Sie ist eine sanfte, nicht invasive, manuelle Technik, mit deren Hilfe ein Ungleichgewicht im kraniosakralen System aufgespürt und korrigiert werden kann. Ein solches Ungleichgewicht kann Funktionsstörungen der Wahrnehmung, der Motorik oder des Denkens bewirken.

14.3.4 Vegetative Regulationsstörungen als allgemeines psychosomatisches Syndrom

Viele Krankheitsbilder aus dem Gesamtgebiet der vegetativen Dystonie lassen sich nicht näher spezifizieren, d. h. als Fehlregulation einzelner Organe oder Organsysteme einordnen. Diese diffusen Allgemeinsyndrome beruhen meist auf psychosozialen Belastungen und/oder inneren

Tabelle 14.2 Explorierte Beschwerdehäufigkeit bei 2000 Patienten ohne Organbefund in einem Krankenhaus (nach Schnabl)

– Schlafstörungen	35%
– Kopfschmerzen*	34%
– Herzbeschwerden*	29%
– Allgemeine Schwäche, Mattigkeit	23%
– Magen-Darm-Beschwerden*	23%
– Angstzustände	21%
– Schwindel, Ohnmacht	21%
– Sexualstörungen	15%
– Depressive Verstimmungen	12%
– Atembeschwerden*	12%
– Kreuz- und Rückenschmerzen*	10%

* Körperliches Beschwerdeangebot

Konfliktsituationen. Es handelt sich also um eine Tendenz zur Somatisierung seelischer oder sozialer Konflikte.

Klinisches Bild. Die Symptomatik ist in diesem Fall gewöhnlich unscharf; über die Beschwerdehäufigkeit bei einem klinischen Krankengut ohne Organbefund unterrichtet Tab. 14.2. Die Beschwerdehäufigkeit hat ihren Gipfel bei den 30- bis 40jährigen. Untersuchungen bei gesunden Populationen ergeben bei gezielten Fragen ähnliche Beschwerden. So wie es bei der Neurose fließende Übergänge vom Normalen zum Gesunden gibt, so ist offenkundig, daß es auch im Rahmen des allgemeinen psychosomatischen Syndroms Übergänge im Bereich der Somatisierung einer psychosozialen Konfliktsituation gibt.

Pathogenese. Es ist bekannt, daß die Häufigkeit derartiger Beschwerdeangaben mit einem Persönlichkeitsfaktor korreliert. Er wird nach Eysenck als „Neurotizismus" bezeichnet und mit einer Labilität der psychophysischen Regulation des vegetativen Nervensystems in Verbindung gebracht. Diese Labilität ist weniger als Ursache, sondern als Resonanzboden eines gestörten seelischen Befindens aufzufassen. Signifikant korreliert das allgemeine psychosomatische Syndrom mit bestimmten ungünstigen Einflüssen der frühen Kindheit und der frühkindlichen Sozialisation. Von Einfluß sind Belastungen der gegenwärtigen Berufs- und Lebenssituation, Konflikte in Familie und Ehe sowie andere Anlässe.

Diagnose. Die Diagnose ist aus dem zeitlichen und inneren Zusammenhang des Auftretens der Beschwerden mit einer äußeren Belastung und/oder inneren Konfliktsituation zu stellen. Oft hat der Gang zum Arzt den Stellenwert eines „Krankheitsangebotes" (Balint), d. h., eine im psychosozialen Störungsfeld begründete Mißbefindlichkeit wird somatisiert und als Krankheitsangebot beim Arzt artikuliert. Die Chiffre „vegetative Dystonie" wäre in diesem Fall unzureichend und eine Verkürzung des Eigentlichen. Ohne Verständnis und Verbalisierung der Konfliktsituation sind darum auch körperliche Behandlungsmaßnahmen nur Stückwerk.

Therapie. Erst nach einem Verständnis der Konfliktsituation und ihrer Durcharbeitung sind körperliche Behandlungsmaßnahmen wie Umstellung, Ruhephasen, Psychopharmaka usw. angebracht.

Physiotherapeutische Behandlung

Die physiotherapeutische Behandlung richtet sich zunächst mit dem Befund und der Behandlung nach dem Krankheitsangebot. Der weitere Verlauf und die Zielsetzung der Behandlung müssen in Zusammenarbeit mit dem Arzt festgelegt werden und sind in den vorausgegangenen Kapiteln speziell beschrieben.

15 Grundlagen der psychosomatischen Medizin

W. Rapp

In der patientenzentrierten Krankenversorgung und im Bereich der Gesundheitsvorsorge ist der Physiotherapeut – wie auch jeder andere Vertreter eines Heilberufes – ein wichtiger Partner im Behandlungsteam. Eine wesentliche Voraussetzung für die Zusammenarbeit am Patienten sind gemeinsame Sprache und abgestimmte Behandlungsstrategien. Häufig kommt es zwischen den Heilberufen zu Mißverständnissen und Fehlleistungen, weil jeder Berufsstand seine eigene Fachsprache verwendet, die zwar für den Alltag des spezifischen Faches erforderlich ist, jedoch die Kommunikation mit Patienten und Mitarbeitern erschwert. Aus diesem Grunde sollen in den folgenden Abschnitten die wichtigsten Grundbegriffe der psychosomatischen Medizin, der klinischen Psychologie und Psychotherapie erläutert werden.

Der klinische Alltag zeigt immer wieder, daß der Physiotherapeut in seinem unmittelbaren sprachlichen und motorisch-kinästhetischen Kontakt mit dem Patienten eine Fülle von Informationen über dessen Persönlichkeit, Probleme, Konflikte und Eigenarten erhält, die bei der Entstehung der Erkrankung eine besondere Rolle spielen können. Diese Informationen sind für den Arzt unter diagnostischem, aber auch unter therapeutischem Aspekt von besonderer Bedeutung. Unter günstigen Umständen entsteht während der Krankengymnastik und der physikalischen Therapie zwischen Patienten und Therapeuten eine Partnerschaftsbeziehung („Bipersonalität"), die für den psychotherapeutischen Prozeß von Bedeutung sein kann. Im optimalen Fall wird dann der Physiotherapeut zum Kotherapeuten.

15.1 Psychosomatische Medizin

Definition: Die psychosomatische Medizin beschäftigt sich mit dem Zusammenspiel zwischen Leib (Soma) und Seele (Psyche). Sie stellt eine ganzheitliche Betrachtungs- und Handlungsweise der gesunden und erkrankten Person in ihren geschichtlichen (psychogenetisch) und mitmenschlich-gesellschaftlichen (psychosozial) Verflechtungen dar. Die psychosomatische Medizin ist diagnostisch, therapeutisch und wissenschaftlich *fachübergreifend* ausgerichtet, d. h. jedes Fachgebiet der Medizin und jede Krankheit kann mehr oder weniger unter psychosomatischen Gesichtspunkten betrachtet werden.

15.1.1 Die fünf Fragestellungen der psychosomatischen Medizin

Krankheitsverursachende seelische Faktoren: Welche seelischen Faktoren und Strukturen der Persönlichkeit spielen in der Auslösung und Chronifizierung von funktionellen und organischen Erkrankungen eine wesentliche Rolle? (Psycho → somatisch)?

Seelische Auswirkungen organischer Erkrankungen: Welche Auswirkungen haben akute und überwiegend organische Erkrankungen auf das Erleben, Verhalten und auf die Krankheitsverarbeitung der erkrankten Person? (Somato → psychisch)?

Gesellschaftliche und ökologische Krankheitsursachen: Welche Krankheitsursachen und Krankheitsfolgen finden sich in dem vielfältigen Zusammenspiel zwischen der

- Person und ihrer Mitwelt (psychosozial) und der
- Person und ihrer biologischen und materiellen Umwelt (ökologisch)?

Beziehungen zwischen biologischen, psychischen, sozialen und ökologischen Bereichen: Welche wissenschaftlich erfaßbaren Beziehungen bestehen zwischen den unterschiedlichen Bereichen und Ebenen der Person und ihrer Um- und Mitwelt: genetisch-biologisch-psychisch-sozial-ökologisch-geschichtlich (systemischer Ansatz)?

Gesundheitsvorsorge: In welchen Bereichen und auf welchen Ebenen hat eine vorbeugende und therapeutisch orientierte psychosomatische Medizin zur Verhütung von Krankheiten einzugreifen (Salutogenese und Gesundheitspsychologie)?

Aus diesen fünf Fragestellungen und Problemkreisen geht eindeutig hervor, daß die psychosomatische Medizin eine ganzheitliche, integrierende Betrachtungs- und Handlungsweise darstellt, in deren Mittelpunkt die erkrankte Person steht. Sie stellt eine zeitgemäße und ökonomisch vertretbare Überwindung des bisher noch maßgeblichen „Maschinenmodells" der in der „Hoch-Zeit" der Naturwissenschaften des letzten Jahrhunderts hervorgegangenen Medizin dar. Die konkrete Umsetzung der psychosomatischen Medizin in der Alltagspraxis – auch die des Physiotherapeuten – erfordert eine neue Einstellung gegenüber der Persönlichkeit des Patienten (nicht die Krankheit, sondern die erkrankte Person) sowie neue Formen der Kooperations- und Organisationsstrukturen in Praxis und Klinik:

- Arzt (Therapeut) und Patient begegnen sich partnerschaftlich auf einer menschlichen Ebene, wobei bewußte und unbewußte Interaktionen eine Rolle spielen,

- Ärzte und andere Vertreter der Heilberufe arbeiten im Team sowohl unter diagnostischem als auch unter therapeutischem Aspekt nach einer abgestimmten Behandlungsstrategie zusammen,
- diese im Team zu leistende Kooperation unterschiedlicher bisher getrennter Berufsgruppen setzt intensive Weiterbildungsmaßnahmen unter Berücksichtigung geistig-intellektueller (kognitiver) und emotionaler Gesichtspunkte sowie eine besondere Unternehmenskultur voraus.

15.2 Geschichte des Leib-Seele-Problems

Eine 2500 Jahre alte Frage

Die sich seit Jahrzehnten hinziehende quälende und mühevolle Integration der psychosomatischen Gesichtspunkte in die überwiegend organisch orientierte Medizin wird erst richtig verständlich, wenn wir uns mit der Geschichte des mindestens 2500 Jahre alten Leib-Seele-Problems der abendländischen Philosophie beschäftigen. Denn das Thema Leib-Seele ist eine durch Philosophie, Theologie und Weltanschauungen massiv aufgeladene Angelegenheit, deren Spannweite von Demokrit bis zu einem marxistisch-leninistischen Materialismus und einem von Plato und Aristoteles geprägten Idealismus bis zum Spiritismus reicht.

Die Hauch-Seele in der frühen Menschheit

Bereits in der frühen Menschheitsgeschichte, in Mythologie und Sprache finden sich Hinweise, daß die Seele ein vom Körper losgelöstes nicht körperliches, geistartiges und geisterhaftes Wesen darstellt, das den Körper überlebt und in Form von Seelenwanderungen und Reinkarnation den ursprünglichen Sitz verläßt. Das griechische Wort „pneuma" steht gleichzeitig für Atem und Seele, genauso wie das indogermanische „atman" sowohl Atmung als auch Seele bedeutet.

Monismus und Dualismus

Bereits zu Beginn der abendländischen Philosophie werden die bis heute noch gültigen zwei verschiedenen Grundpositionen des Verhältnisses von Leib und Seele festgeschrieben.

Für Demokrit (470 – 380), dem Begründer des Atomismus und Materialismus, war die Seele ein Bestandteil der alleinexistierenden Grundsubstanz Materie, kleinsten Feueratomen vergleichbar, beeinflußt durch Druck und Stoß (Monismus und Materialismus). Im Gegensatz hierzu waren für die eigentlichen Begründer der abendländischen Philosophie

Plato und sein Schüler Aristoteles Leib und Seele zwei völlig getrennte Wesenheiten (Idealismus und Dualismus). Die unsterbliche, körperlose und dem Göttlichen entspringende Seele und der nachgeordnete sterbliche Leib standen in einer sympathischen Reaktion zueinander (Prinzip der Wechselwirkung).

Descartes: Der Körper eine Maschine. Die Seele unkörperlich. Das ungelöste Problem der Wechselwirkung

Die bei Plato bereits angedeutete Abwertung des Körpers („Seele im Gefängnis des Körpers“) führte über die Stoa (300 v. – 300 n. Chr.) („Die Materie d. h. der Körper ist Ursache des Bösen“) über die Philosophie der Kirchenlehrer und über die hebräische Religion zu dem Seelenbegriff der christlichen Theologie: Seele als von Gott geschaffene, geistige und unkörperliche, unsterbliche Wesensform des Menschen.

Erst Descartes (um 1650) brachte das bisher wenig durchdachte Wechselspiel zwischen Leib und Seele auf den Punkt bzw. in die Zirbeldrüse: Der Mensch besteht aus von Gott geschaffenem Körper und Seele. Der Körper ist eine der Mechanik unterworfene Maschine, die mit der in ihr vorhandenen unkörperlichen Seele in einer Wechselwirkung steht, wobei die Wechselwirkung sich vor allen Dingen in der Zirbeldrüse vollzieht. Dort prägt die unkörperliche, unausgedehnte Seele die im Kreislauf und Nervensystem vorhandenen saftartigen körperlichen Lebensgeister (ésprit animaux) wie auch diese die Seele prägen. Aber wie? Des Rätsels Lösung steht bis heute aus!

Maschine gegen Gott

Von Descartes beeinflußte Schüler – die Occasionalisten – nahmen an, daß bei geeigneter Gelegenheit (occasio) Gott selbst Körper und Seele ein für allemal gleichgeschaltet hat (Parallelismus), während im Anschluß daran die französischen Materialisten die Seele und damit Gott kurzerhand aus dem kartesianischen Modell ausgeschaltet haben: „die Maschine Mensch“ (reiner Materialismus).

Aufbruch der Psychologie und Psychoanalyse

Erst die Befreiung der sich stürmend entfaltenden Naturwissenschaften von Philosophie und Theologie erlaubte Mitte des 19. Jahrhunderts die Entstehung der Psychologie als selbständige Wissenschaft (Wilhelm Wundt, 1879) und nur wenige Jahre später angeregt durch die französische Neurologie (Briquet, Charcot und Janet), die von Siegmund Freud begründete Psychoanalyse, auf die sich dann Mitte der 30er Jahre die Anfänge der psychosomatischen Medizin aufbauten. Der Begriff „psycho-somatisch" wurde erstmals von A. Heinroth, Vertreter der romantischen Medizin, um 1818 geprägt. Es hat jedoch über 100 Jahre gedauert, bis nach einer anfänglichen spekulativen psychoanalytischen Phase sich die psychosomatische Medizin als vollgültige Wissenschaft entwickelt hat.

15.3 Psychosomatik heute

Die erste psychosomatische klinische Abteilung in Deutschland wurde 1949 in Heidelberg unter der Leitung von A. Mitscherlich gegründet. Seit 1970 ist die psychosomatische Medizin mit zahlreichen Lehrstühlen in der ärztlichen Ausbildung verankert und ist in der Zwischenzeit eine methoden- und fachübergreifende Wissenschaft geworden, in die die folgenden Strömungen bzw. Arbeitseinrichtungen eingeflossen sind: Biographische Medizin (V. von Weizsäcker), psychoanalytische Psychosomatik (F. Alexander, F. Dunbar, N. Schur, A. Mitscherlich u. a.), psychophysiologische Streßforschung (I. Pawlow, W. B. Cannon, S. Lazarus), Erforschung des Säuglingsalters und der frühen Kindheit (R. Spitz, D. W. Winnicott, B. Brazelton, B. Cramer, S. Lebovici u. a.), Psychobiologie (H. Weiner), Neurophysiologie, Psychoneuroendokrinologie und letztendlich die Psychoimmunologie (Ader 1981), die die letzte Kluft zwischen Gehirn und Immunsystem überbrückt hat. Die wohl wichtigsten Beiträge zur psychosomatischen Medizin in Deutschland verbinden sich mit dem Namen von Uexküll: Jakob von Uexküll war es, der als Begründer der Umweltbiologie das Modell des Funktionskreises, d. h. einer kreisförmigen Verflechtung und Abstimmung des lebenden Organismus mit einer ihm spezifisch zugeordneten Umwelt erstellt hat und mit Thure von Uexküll, der neben einer Erweiterung des Funktionskreises zum Situationskreis zu einer umfassenden, zukunftsweisenden Wissenschaftstheorie der psychosomatischen Medizin und wesentlich zur Etablierung der psychosomatischen Lehre und ihrer Integration beigetragen hat.

15.4 Psychosomatische Krankheitsbilder und Neurosen (nach F. Alexander)

15.4.1 Organneurosen

■ *Definition:* Unter Organneurosen versteht man seelisch ausgelöste Störungen von Organfunktionen.

Der Begriff Organneurosen wurde von dem amerikanischen Arzt und Psychoanalytiker F. Alexander geprägt. Es handelt sich um zunächst funktionelle Störungen mit Krankheitswert bzw. mit subjektiven Beschwerden und gesundheitlicher Beeinträchtigung der Person, die neben „koexistierenden" somatischen Faktoren seelische Probleme, Konflikte, ungestillte Bedürfnisse, innere und äußere Überforderungen aufweisen. Es können alle Organe betroffen sein, die durch das autonome Nervensystem versorgt werden. Diese nur „auf psychologischem Wege" erfaßbaren seelischen Faktoren müssen allerdings so bedeutsam sein, daß sie neben somatischen Faktoren als wesentliche Mitursache des Krankheitsbildes aufgefaßt werden können (s. Tab. 15.**1**).

•••• Übergang von funktionellen Störungen in anatomisch faßbare Schädigungen

Die zunächst funktionellen Störungen können bei Fortbestehen der seelischen Ursache in eine organische Erkrankung übergehen.

- *Beispiel:* Durch ein bigottes, überstrenges und wenig liebevolles, aber auf massive Leistung bedachtes Elternhaus wird seit frühester Kindheit jedwede natürliche Aggressivität des Patienten unterdrückt. Es etabliert sich ein Dauerkonflikt zwischen Aggressivität und Gewissen (brav sein). Dieser Konflikt führt dann später bei dem gewissenhaften, übergewichtigen und leistungsbesenen Geschäftsmann („Du kommst nur in den Himmel, wenn du fleißig bist") aufgrund der nicht ausgelebten Aggressionsspannung zu einer essentiellen Hypertonie, die zunächst unerkannt, dann aber unzulänglich mit Beta-Rezeptorenblockern behandelt wird. Infolge des bestehenden Hochdrucks kommt es zu einer Linksherzhypertrophie, die im Rahmen eines streßbedingten Hochdruckanstiegs (nicht ausgelebte Aggressivität gegenüber einem Kunden) zu akutem Linksherzversagen mit Herztod führt.

•••• Multifaktorielle Ursachen von Krankheiten und Bedeutung der Lebensgeschichte

Psychosomatische Erkrankungen, wie überhaupt alle Erkrankungen, sind durch vielfältige (multifaktoriell) somatische und seelische Faktoren verursacht (polyätiologisch), wobei die Lebensgeschichte mit ihren überwiegend frühkindlichen Ursachen (psychogenetisch) in einem komplexen Zusammenspiel (psychodynamisch) zu beachten ist.

Wichtige Faktoren sind nach Alexander:
- genetische Faktoren,
- Geburtstraumata,
- körperliche Erkrankung in der Kindheit mit bleibender Organschwäche,
- Pflegeverhalten und Umgangsform der Eltern insbesondere in der frühen Kindheit,

Tabelle 15.1 Psychosomatische Krankheitsbilder

Klassische Einteilung nach F. Alexander (In Klammern wie man die Krankheitsbilder heute nach ICD 10 einteilen würde)	**Vorkommen in der ICD 10**
Organneurosen	**Psychische Störungen**
1. Eßstörungen (F50) – Anorexia nervosa (F50.0) – Nervöses Erbrechen (F50.5) – Psychogene Eßhemmung (F50.8)	Somatisierungsstörungen F45.0 Schwangerschaftserbrechen F50.5 Eßattacken bei psych. Störungen F50.4
2. Psychogene Schluckstörungen (F45.8) – Fremdkörpergefühl (F45.8) (Globus hystericus) – Cardiospasmus – Oesophagusneurosen (schmerzhafte, spastische Schluckstörungen)	Finden sich bei den Somatisierungsstörungen F45.0 (Aufstoßen, Rumination, Übelkeit, Erbrechen)
3. Psychogene Erkrankungen des Magens (Sekretions-Motilitätsstörungen) – Magenneurose (45.31) – Übelkeit (F45.0) – Symptome wie Brennen, Appetitlosigkeit – Magen-Duodenalgeschwür (F54 und K25)	Somatoforme autonome Funktionsstörungen (Oberer Gastrointestinaltrakt) Aerophagie F45.31 „Dyspepsie“ bei Neurasthenie F48.0
4. Psychogene Störungen der Verdauung und Ausscheidung (F45.32) – Diarrhoe (F45,32) – Colitis mucosa (F54 und K58) – Spastische Colitis (F45.32) – Colitis ulcerosa (F54 und K51)	Somatoforme autonome Funktionsstörungen (Unterer Gastrointestinaltrakt) F45.32
5. Psychogene Atemwegserkrankungen – Bronchialasthma (F54 und J45) – Störungen des Atemrhythmus	Hyperventilation F45.33 Husten F45.33 (psychogen) Atemnot und Erstickungsgefühl als Symptom bei Panikstörungen F41

Fortsetzung S. 424

Tabelle 15.1 (Fortsetzung)

Klassische Einteilung nach F. Alexander (In Klammern wie man die Krankheitsbilder heute nach ICD 10 einteilen würde)	**Vorkommen in der ICD 10**
6. Psychogene kardiovaskuläre Erkrankungen – Tachycardie – Arrhythmie – Essentielle Hypertonie – Hypotensive Synkopen	Somatoforme autonome Funktionsstörung F45.30 (kardiovaskuläres System) Kardiovaskuläre Symptome häufig bei Angststörungen F41 F41.0 Panikattacken F41.1 Angst generalisiert
7. Psychogene Kopfschmerzen (F45.4) – Migräne (F54 und G43)	Als Symptom bei Neurasthenie F48.0
8. Psychogene Erkrankungen der Haut – Neurodermitis – Ekzem – Urtikaria – Pruritus	

- körperliche und seelische Schädigungen in der Kindheit,
- familiäre Atmosphäre und Persönlichkeitsstruktur der Eltern und weiterer Beziehungspersonen,
- emotionelle Erfahrungen im zwischenmenschlichen und beruflichen Bereich.

■ *Merke*: Jede Krankheit bedarf somit einer sorgfältigen umfassenden klinischen, psychologischen und biographisch orientierten Diagnostik (work up) unter besonderer Berücksichtigung der Verschränkung somatischer, psychischer und sozialer Faktoren.

Zitat: „*Die selbst noch so ausführliche Beschreibung der Herz-Kreislauf-Beschwerden eines Kranken ist wertlos, wenn nicht seine Gefühle und Gedanken mit einbezogen werden*“. (F. Alexander)

15.4.2 Neurosen

Definition: Ursprünglich handelte es sich bei Neurosen im 19. Jahrhundert um funktionelle oder degenerative Erkrankungen des Nervensystems mit Auswirkungen auf Psyche und Organe. Eine wesentliche und noch heute gültige Definition neurotischer Erkrankungen erfolgte durch Freud im Rahmen des psychoanalytischen Krankheitskonzeptes.

•••• Psychoneurosen

Definition: Psychoneurosen sind seelisch bedingte Erkrankungen des Lebens und Verhaltens, deren Symptome unbewußt in der Kindheit wurzeln und symbolisch als Schädigungen zum Ausdruck gelangen.

Zwangsneurose: Der Patient wird durch einen inneren, automatisierten Zwang getrieben, völlig unsinnige Verhaltensweisen bis zur totalen Erschöpfung durchzuführen, wie Türabschließen, Wasserhahn zudrehen, Gedanken durchhecheln u. a.

Hysterie: Dieser Krankheitsbegriff geht auf Hippokrates zurück.

Konversionshysterie: Ein psychischer Konflikt oder ein Bedürfnis drückt sich in körperlichen Symptomen im Bereich der Willkürmotorik und der Sinnesorgane häufig in dramatischer Weise aus: theatralischer Anfall, Anästhesie atypischer Hautareale, Pseudolähmungen, Pseudoblindheit, Aphonie, Globusgefühl u. a.; d. h. ein ursprünglich seelischer Vorgang wird in das Körperliche umgesetzt (konvertiert).

Angsthysterie: Der seelische Konflikt wird nicht in das Körperliche umgesetzt, sondern zeigt sich als frei flottierende Angst.

Merke: Der Begriff der Hysterie wird wegen seiner negativen abwertenden Bedeutung und wegen der mangelnden begrifflichen Klarheit in Zukunft vermieden. Die nach wie vor bestehenden „hysterischen" Erkrankungen finden sich in den ICD-Kategorien als dissoziative Störungen (Konversionsstörungen) (F44) und zum Teil bei den Somatisierungsstörungen (F45) und in der Restkategorie der undifferenzierten Somatisierungsstörungen (F45.1).

•••• Aktualneurosen

Definition: Ein Begriff der auf S. Freud zurückgeht, wobei der Ursprung dieser seelischen Erkrankung in aktuellen Problemen der Gegenwart überwiegend auf somatischer Ebene zu suchen ist (z. B. gestaute, nicht ausgelebte sexuelle Energie nach S. Freud).

- *Beispiel: Neurasthenie* (nervöse Schwäche), charakterisiert durch inadäquate körperliche und geistige Müdigkeit, oft Schmerzen, Reizbarkeit, Schlafstörungen u.a. Dieses seit Jahrzehnten in der deutschen Klassifikation nicht mehr übliche Krankheitsbild findet jetzt in der ICD 10 eine Wiederauferstehung (F48.0 Neurasthenie).
- *Beispiel:* Angstneurose: Vorherrschen einer pathologischen Angst, die sich in Angstanfällen sowie in angstbedingten körperlichen Störungen manifestiert (findet sich in der Gruppe F40 phobische Störungen insbesondere bei F41.0 Panikstörungen wieder).

•••• Charakterneurosen

Definition: Ursprünglich eine psychoanalytisch orientierte Charakterlogie verschiedener pathologischer Persönlichkeitstypen. Es handelt sich hierbei um tief verwurzelte, anhaltende, starre und unangepaßte Reaktionen der Persönlichkeit, die sich in nahezu allen seelischen Bereichen wie Wahrnehmung, Denken, Fühlen, Bindungsverhalten u.a. manifestieren. Sie gehen mit persönlichem Leid, gestörten sozialen Beziehungen sowie Funktions- und Leistungsfähigkeit einher. Sie finden sich unter den Kategorien F60–F62 der ICD unter dem Begriff der „Persönlichkeitsstörungen" wieder.

Unter psychoanalytischem Gesichtspunkt handelt es sich neben konstitutionellen Faktoren um frühkindlich angelegte Konflikte und Prägungen, die sich nicht in psychischen Störungen, sondern in krankhaften Strukturen und abweichenden Verhaltensmustern der Person niedergeschlagen und verfestigt haben.

- *Beispiele:* Psychoneurotische (analog zu Krankheitsbildern) Persönlichkeitstypen, die sich in der ICD 10 unter F60–F62 unter dem Begriff „Spezifische Persönlichkeitsstörungen" wiederfinden: paranoid (F60.0), hysterisch (F60.4 histrionisch), zwanghaft (F60.5 anankastisch).

15.5 Internationale Klassifikation der Krankheiten ICD 10, Kapitel V (F) Psychische und Verhaltensstörungen

Zitat: *„Eine Klassifikation ist eine Möglichkeit, die Welt zu einem Zeitpunkt zu sehen"* (N. Sartorius, 1992).

1990 erfolgte durch die WHO die Veröffentlichung der *10.* Version der *I*nternationalen *C*lassifikation der Krankheiten (*D*iseases), genannt ICD 10. Maßgeblich eingegangen in das Kapitel V ist die Klassifikation der psychischen Erkrankungen (Störung = disorder) der amerikanischen Gesellschaft für Psychiatrie (DSM-III R, d.h. *D*iagnostisches und *S*tatistisches *M*anual Psychischer Störungen). In Kapitel V (F) werden psychische und Verhaltensstörungen aufgeführt. Deutschland als Mitglied der WHO hat sich zur Einführung der ICD 10 verpflichtet.

15.5.1 Die Besonderheit des alphanumerischen Kodierungssystems

Das uns interessierende Kapital V der ICD 10 zeichnet sich durch folgende Eigenschaften aus: alphanumerisches Kodierungssystem, d.h. abgekürzt ein Buchstabe (F) gefolgt von zwei Zahlen sowie zwei weitere Zahlen für Untergruppen. Dadurch kommen 100 Hauptkategorien zustande.

- *Beispiel:* F 10.07. Es handelt sich hierbei um psychische Verhaltensstörung (F), bedingt durch Alkohol (10) in Form eines pathologischen Rauschzustandes (07), somit F 10.07.

Bei der neuen ICD 10 fallen folgende erwähnenswerte Besonderheiten auf:
- Verzicht auf zugrundeliegende Modelle und Erklärungsprinzipien (atheoretische Klassifikation),
- Ersetzung des Begriffes „Erkrankungen" durch den Begriff der „Störung" (disorder = Störung),
- Einordnung und Zuordnung der Erkrankungen beschreibend nach exakt definierten (operationalisierten) Merkmalen. Hierdurch Ermöglichung einer international gültigen statistischen Verarbeitung (statistische Phänomenologie),
- weitgehende Aufgabe des „Neurosekonzeptes der Psychoanalyse",
- die Begriffe „psychosomatisch" und „psychogen" kommen in den Kriterien nicht mehr vor:
  - wegen unterschiedlicher Bedeutung in verschiedenen Sprachen und Schulen (psychogen),
  - psychologische Faktoren können bei Auftreten, Verlauf und Prognose anderer Krankheiten vorkommen, die bisher nicht psychosomatisch genannt wurden (psychosomatisch),
- unterschiedliche Diagnostik und Beurteilung der Erkrankungen auf vier Ebenen (multiaxiales System).

Letztendlich entsteht der Eindruck, daß die psychosomatische Medizin als Subdisziplin eine ausschließliche Domäne der Psychiatrie darstellt, was bei einer konkreten Umsetzung zu einer gefährlichen Unterversorgung und zu einem Qualitätsverlust führen würde, da die Vielzahl der psychosomatischen, d.h. psychogenen und funktionellen Störungen in allen Fachbereichen vorkommen kann und meistens in der Primärversorgung durch den Hausarzt erfaßt wird (s. auch hierzu die Definition der psychosomatischen Medizin S. 417).

- *Merke:* Durch die Kategorie F54 der ICD 10 (psychologische Faktoren und Verhaltensfaktoren bei andernorts klassifizierten Krankheiten) können bei allen Erkrankungen und in allen Fachgebieten die Einordnungen im Rahmen einer psychosomatischen Betrachtungsweise erfolgen, eine ganzheitliche somatische, psychische und soziale Faktoren einschließende Diagnose vorausgesetzt.

- *Beispiel:* Psychogenes Asthma bronchiale F54 und I45, psychogene Colitis ulcerosa F54 und K51.

15.5.2 Psychosomatische und neurotische Erkrankungen in der ICD 10

Die bisherigen psychosomatischen und neurotischen Erkrankungen finden sich im relativ umfangreichen Kapitel F40–F48 (neurotische, belastungs- und somatoforme Störungen). Insbesondere werden die „bisherigen" psychosomatischen Erkrankungen unter F45.0 (Somatisierungsstörungen), F45.1 (undifferenzierte Somatisierungsstörungen) und F45.3 (somatoforme autonome Funktionsstörungen, z.B. Magenneurose, Herzneurose u.a.) aufgeführt. Weitere psychosomatische Störungen wie Eßstörungen, Schlaf- und sexuelle Funktionsstörungen finden sich in Kapitel F5.

15.6 Psychobiologie

Zitat: „Da Wissenschaft selbst von der Gehirntätigkeit abhängt, fragt man sich mit Recht, ob es je eine vollständige wissenschaftliche Beschreibung des Gehirns geben wird. Wie schon gesagt, besteht ein Paradoxon in einem Gehirn, das versucht, sich selbst zu verstehen (Eccles, 1995).

- *Definition:* Psychobiologie beschäftigt sich mit den biologischen Grundlagen seelisch-geistiger Prozesse der Person und mit dem Zusammenspiel von Seele und Körper in Gesundheit und Krankheit. Sie setzt sich aus folgenden Teildisziplinen zusammen:
  - Neuropsychologie: Gehirn/Nervensystem und Seele,
  - Psychoneuroendokrinologie: Hormone und Seele,
  - Psychoimmunologie: Einfluß seelischer Vorgänge auf das Immunsystem,
  - Um-/Mitweltbiologie: die psychobiologische Verschränkung des Organismus Person mit der Umwelt (Ökosysteme) und Mitwelt (Personen).

15.6.1 Neuropsychologie

- *Beachte:* Der Sitz der Seele war in den vorhergehenden Jahrhunderten nicht immer gleich. Aristoteles sah in dem Herz den Sitz der Seele. Der antike Arzt Galenus (129–199) siedelte die seelischen Grundfunktionen in den Ventrikeln des Gehirns an. Diese sogenannte „Zellenlehre" wurde von den Kirchenvätern übernommen und hielt sich bis in das 16. Jahrhundert. René Descartes lokalisierte den Hauptsitz der Seele in der Zirbeldrüse. Erst im 19. und 20. Jahrhundert wurde das organische Substrat seelischer, geistiger und der Sinnesfunktionen im Gehirn lokalisiert.

Die psychosomatische Medizin stellt an die Neuropsychologie eine Vielfalt von Fragen über die biologischen Grundlagen von Geist, Sprache, Denken, Fühlen, Emotionen, Lernen, Gedächtnis, Bewegung, Kunst, Wissenschaft u. a.

Wo sitzt das Bewußte, das Unbewußte und das Gewissen? Wie erfolgt die Abspeicherung frühkindlicher Erlebnisse, die das Leben des Erwachsenen schicksalhafterweise bestimmen? Wie können bei psychosomatischen Erkrankungen Gefühle, unterdrückte Bedürfnisse, frühkindliche Schädigungen, Streß u. a. sich in Funktionsstörungen des gesamten Organismus umsetzen?

15.6.2 Anforderungen an Gehirn und Nervensystem

Ein biologisches System, das die seelischen und geistigen Fähigkeiten des Menschen ermöglicht, muß folgende Eigenschaften besitzen: unbeschränkte Kommunikationsfähigkeit, immense Speicherfähigkeit, eine Zeitachse (Vergangenheit-Gegenwart-Zukunft), Plastizität, Selbstorganisation sowie die Vernetzung der körperlichen Funktionen mit seelischen Funktionen. Letztendlich eine unvorstellbare Schnelligkeit (in der Größenordnung von 1/1000 Sekunde), wenn man an die Schnelligkeit unserer Einfälle und Gedanken denkt.

15.6.3 Neuron als Baustein von Nervensystem und Gehirn

- *Definition:* Nervenzelle mit Zellkörper (Karyon) mit zahlreichen sich verzweigenden dünnen und zuführenden Nervenfasern und einer abführenden langen Faser.

Die Nervenzelle – schätzungsweise 100 Milliarden (10^{11}) –, gegliedert in ca. 200 verschiedene Zelltypen, erhält über sich verzweigende zahlreiche dünne Nervenfasern (Dendriten) Signale, die nach dem Zellkörper über eine lange Nervenfaser (Axon) auf eine oder zahlreiche Nervenzellen, Muskel- oder Drüsenzellen weitergeleitet werden. Die Verbindung der Nervenzellen mit anderen Zellen erfolgt über flüssigkeitsgefüllte winzige Kontaktspalten (Synapsen). Die Fortleitung der Signale wird zunächst elektrochemisch über die äußere Membran der Nervenfasern mit Hilfe von Ionenpumpen bewirkt. An den Synapsen führt das elektrische Signal zur Ausschüttung von in der Nervenzelle gebildeten „Paketen" chemischer Botenstoffe (Neurotransmitter).

15.6.4 Neurotransmitter als chemische Botenstoffe

Diese Neurotransmitter durchfließen den flüssigen Synapsenspalt, verbinden sich mit auf sie angepaßten Empfängern (Rezeptoren), die auf der Empfangsmembran (postsynaptisch) der Empfängerzelle sitzen. Die Verbindung von Botenstoff und Empfänger löst entweder kurzfristig ein neues elektrochemisches Signal aus, oder führt langfristig zur Bildung eines sogenannten zweiten Botenstoffes (cyclo-AMP), der über die Aktivierung von Enzymen zur Bildung neuer Transmitter führen kann. Je nach Häufigkeit der Aktivitäten der Synapsen (Training) oder durch Gebrauch oder Nichtgebrauch können sich Synapsen aus- oder zurückbilden, sich an den Reiz gewöhnen oder besondere Empfindlichkeit entwickeln (Sensibilisierung). Somit können komplexe Informationen und Erfahrungen über biochemische Mechanismen der Nervenzelle abgespeichert werden (molekulare Gedächtnis- und Wachstumstheorie bzw. Theorie der Selektion neuronaler Gruppen).

Neurotransmitter können je nach ihrer chemischen Eigenart und dem jeweils für sie passenden Rezeptor eine fördernde, eine hemmende oder gar keine Wirkung entfalten. Weiterhin werden ihre Wirkungen durch benachbarte Nervenendigungen sowie über das chemische Milieu des Spaltes beeinflußt.

- *Beachte:* Die über die Nerven vermittelten Signale unterscheiden sich nur hinsichtlich ihrer Frequenz (Impulse/Sekunde). Diese Art der Nervenleitung enthält jedoch keinerlei Informationen darüber, um welche Art (Modalität) der Reize es sich handelt (fühlen, hören, sehen u. a.). Hierzu bedarf es ganz besonderer räumlicher Anordnungen der Nervenzellen (Module) und unterschiedlicher Verarbeitungsorte im Gehirn.

- *Wichtig:* Die Wirkung von Drogen und Psychopharmaka läßt sich wie folgt erklären:
  - Blockierung der Ionenpumpen auf der Nervenmembran,
  - Verstopfung der Ionenkanäle der Membran,
  - Drogen/Medikament wirkt anstelle des Neurotransmitters,
  - Beeinflussung der Bildung, Freisetzung und des Abbaus der Neurotransmitter.

15.6.5 Neurale Netzwerke sind hierarchisch organisierte Auf- und Abwärts-Effekte (up/down)

Die Nervenzellen sind je nach Funktionen und anatomischem Aufbau in Schaltkreisen, Schleifen, neuralen Mustern, Modulen und „Funktionskarten" schichtartig auf verschiedenen Ebenen des Nervensystems und des Gehirns gebündelt, wobei komplexe kreisförmige Funktionen auf einer Ebene (horizontal) oder zwischen verschiedenen Ebenen (vertikal) stattfinden. Durch den vertikalen Aufbau des Nervensystems und des Gehirns können somit Impulse von höheren Zentren zu tieferen abwärts (top down) oder umgekehrt aufwärts (bottom up) geleitet werden. Dieses Prinzip der Auf- und Abwärtsbewegung spielt in der Psychologie und Psychosomatik eine wichtige Rolle.

15.6.6 Gehirn und Nervensystem – der „verzauberte Webstuhl"

Das menschliche Gehirn und das Nervensystem stellen sich somit als ein raum-zeitliches Netzwerk dar, das schon immer die Bewunderung der Neurowissenschaftler hervorgerufen hat. „Unerhört", „ungeheuerliche Anzahl von Verschaltungen", „enorm", „fast unendlich", „Mysterium", „wunderbar". In der Tat läßt sich dieses faszinierende Wundernetz Gehirn und Nervensystem durch ein einfaches Zahlenspiel demonstrieren:

Man kann davon ausgehen, daß es insgesamt eine Billiarde Nervenzellen gibt (10^{12}), wobei jede einzelne Nervenzelle bis zu 10000 Synapsen besitzen kann, somit 10^{16} Möglichkeiten des Kontaktes und bei einer zusätzlich nicht schätzbaren Zahl (x) der Variabilität kommt man zu einer Zahl von

1 mit 1000000 Nullen = Gehirn und Nervensystem, wobei zu beachten ist, daß eine

1 mit 80 Nullen = positiv geladene Teilchen des gesamten Universums darstellt (nach Edelman).

Nimmt man nun noch die genetisch mögliche Variabilität der Nervenzellen sowie die im Verlauf eines menschlichen Lebens gespeicherten Erfahrungen hinzu, kommt man zu einer „hyperastronomischen" nicht mehr vorstellbaren Größenordnung der Variabilität.

- *Beachte:* Weder Wissenschaftler noch Nervenzelle selbst haben den Durchblick. Die Neurowissenschaften stehen erst am Anfang der Erforschung dieses dreidimensionalen, raumzeitlich verzweigt überlappenden Gebildes. „Wenn wir also bildlich gesprochen ein Neuron ‚fragen' würden, welche Daten es von welchem anderen Neuron erhielt, das zu den überlappenden, dentritischen Verzweigungen beiträgt, würde es es nicht wissen" (Edelman, S. 49).

- *Merke:* Im Rahmen von Abhängigkeitserkrankungen kommt es somit zu massiven Eingriffen in biochemische Grundprozesse neuronaler Aktivität. Der „verzauberte Webstuhl" wird zertrümmert.

15.7 Integrierende Systeme und Netzwerke des menschlichen Organismus

Organismen können nur überleben, sich anpassen und fortpflanzen, wenn sie auf die Anforderungen ihrer Umwelt (z.B. Abwehr von Gefahren) und ihrer Innenwelt (Stillung von Bedürfnissen) durch ein abgestimmtes Zusammenspiel vielfältiger körperlicher und seelischer Funktionen angepaßt reagieren. Beim Menschen gehören in dieses Zusammenspiel höhere Funktionen wie Seele, Geist, Sprache, Kultur u.a.

■ *Merke:* Für die psychosomatische Medizin ist die Kenntnis dieser Integrationssysteme und Netzwerke unerläßlich.

15.7.1 Integrierende Systeme

Integrierende Systeme sind auf verschiedenen Ebenen angeordnet (vgl. Tab. 15.**2**).

15.7.2 Neuroanatomische Funktionsbereiche

Aufgrund anatomischer, physiologischer und neurobiologischer Untersuchungen sowie Art der Neurotransmitter lassen sich im ZNS folgende miteinander vernetzte Bereiche darstellen.

•••• Formatio reticularis (neurales Netzwerk)

Sie erstreckt sich von dem Rückenmark über das verlängerte Mark bis in das Zwischenhirn zu den Kernen des Thalamus. Sie ist mit den wichtigsten Zentren des ZNS, vor allen Dingen mit dem Vorderhirn, doppelläufig verbunden. Sie erhält Informationen aus ihrer unmittelbaren Umgebung, von Groß-, Zwischen- und Kleinhirn. Die wichtigsten Aufgaben sind:

- Steuerung und Regulation von Wachheitsgrad und Aufmerksamkeit. Ein aufsteigendes System (ARAS) führt zu einer alarmartigen Erregung bestimmter Teile der Großhirnrinde,
- Vegetative Regulation von Kreislauf, Atmung, Brechzentrum,
- Steuerung der Augenbewegung, Beeinflussung des Muskeltonus,
- informiert das limbische System über affektiv-emotionale Aspekte und der damit verbundenen vegetativen Funktionen,
- über absteigende Fasern erfolgt Unterdrückung von Schmerzreizen im Bereich des Rückenmarks durch Freisetzung von Endorphinen (morphinartig wirkende Neurotransmitter). Eine besondere Aufgabe spielt der locus caeruleus, weil er sowohl mit der Peripherie als auch

Tabelle 15.**2** Integrierende Systeme

System	Funktionen
1. Somatisches Nervensystem Nerven und Neurotransmitter Kommunikation zwischen Organismus und Umwelt	Steuerung der Skelettmuskulatur (somatomotorisch) Verarbeitung der Sinneswahrnehmungen (somatosensorisch)
2. Vegetatives Nervensystem Nerven (Sympathicus und Parasympathicus) und Neurotransmitter	unbewußte nicht willentliche (d. h. auch autonomes Nervensystem genannt) Steuerung und Koordination des sog. inneren Milieus (Kreislauf, Atmung, Verdauung, glatte Muskulatur, Drüsen, Körpertemperatur und Fortpflanzung)
3. Endokrines System Drüsen und Hormone	Steuerung und Koordinierung in Verbindung mit dem vegetativen Nervensystem mit Hilfe von Hormonen als Botenstoffe, die über den Kreislauf transportiert werden. In enger Zusammenarbeit mit weiteren vegetativen Zentren des Gehirns und des vegetativen Nervensystems Regulierung von Stoffwechsel, Wachstum, Fortpflanzung und Ausgleichung des inneren Milieus
4. Immunsystem angeborene unspezifische und erworbene spezifische zelluläre und humorale Abwehrmechanismen	Abwehr von Mikroorganismen und von körperfremden Stoffen (d. h. Erhaltung der biologischen Individualität und des Selbst). Über Neurotransmitter, Hormone und vegetativem Nervensystem mit zahlreichen weiteren Zentren und dem Gehirn verbunden
5. Zentrales Nervensystem (ZNS) Rückenmark und Gehirn Aufgrund entwicklungsbiologischer und funktionell-anatomischer Gesichtspunkte in folgende Bereiche aufgegliedert: Verlängertes Rückenmark – Mittelhirn – Kleinhirn – Zwischenhirn – und Endhirn	Zentrale der Koordination und Integration, biologischer und seelisch-geistiger Prozesse

mit dem Zentrum des Nervensystems in Verbindung steht und dadurch eine regulierende (ausgleichende) Wirkung im Sinne von Erregung und Abwehr spielt.

•••• Limbisches System

Definition: Limbus: der Saum, d. h. Grenzstrukturen aus dem Endhirn und Zwischenhirn. Es besteht aus zahlreichen anatomisch und funktionell differenzierbaren Anteilen des Großhirns und des Zwischenhirns. Es stellt die biologische Basis für angeborenes und erworbenes Verhalten, für Entstehung, Regulation und Ausdruck von Emotionen und Gefühlen dar.

Für die psychosomatische Betrachtungsweise sind folgende Funktionskreise von Bedeutung:

- Über den Hypothalamus (Steuerung des vegetativen und hormonellen Systems) erfolgt die Abstimmung mit den die Emotionen begleitenden Körperfunktionen.
- Über die doppelläufige Verbindung des limbischen Systems mit dem Stirnhirn erfolgt zum einen die Möglichkeit der bewußten Beeinflussung von Emotionen und weiter über die Schaltung limbisches System mit dem Hypothalamus auch die bewußte Beeinflussung vegetativer hormonaler Bereiche (z. B. durch Suggestion, Hypnose, autogenes Training, bildhafte Vorstellungen, Phantasie u. a.).
- Über die Verbindung des limbischen Systems mit der Formatio reticularis (Emotionszentrum und Wächter des Organismus) werden alle Fälle von äußerer oder innerer Gefahr und Überforderung (Streß) im Sinne von Flucht, Abwehr und/oder Lähmung (Unterwerfung) koordiniert.
- Der Hippocampus mit seinen anliegenden Gebieten ist für Speicherung und Abruf von Lern- und Gedächtnisfunktionen äußerst wichtig. Es ist allgemein bekannt, daß eine positive Stimmung die Lern- und Gedächtnisleistung wesentlich steigert.
- Der Mandelkernkomplex spielt eine wichtige funktionelle Bedeutung sowohl für die Beurteilung der Emotionen und Verhaltensweisen (kognitive Aufgaben) als auch für die Koordination vegetativ-körperlicher Reaktionen von Emotionen und Verhalten.
- Eine weitere Verbindung mit dem motorisch-extrapyramidalen System gewährleistet die Ausführung gefühls- und emotionsbeladener Bewegungen (Tanz, differenzierter Ausdruck u. a.).

Das limbische System hat außerdem noch zahlreiche auf- und absteigende Verbindungen mit Strukturen des Hirnstamms, die für die

Atmung und Kreislauf von Bedeutung sind. Auf diesem Wege können sich z. B. starke Emotionen körperlich im vegetativen System darstellen, z. B. Tachycardie bei Angst und Beeinflussung der Beatmung u. a. Über den sogenannten Papez-Kreis werden über zahlreiche Schaltkreise subjektive Empfindungen mit vegetativen Prozessen verbunden.

Über zahlreiche Verbindungen des limbischen Systems zu Regionen der Rinde erhalten intellektuell-geistige Prozesse eine gefühlsmäßige und emotionale Färbung.

15.7.3 Thalamus („Wohnung")

Es handelt es sich um einen im Zwischenhirn befindlichen anatomisch und funktionell definierbaren Bereich, den man als Schalt- und Integrationsstation für alle einfließenden Sinnesreize wie Tast-, Tiefen-, Schmerz-, Seh-, Gehör- und Riechfunktionen bezeichnen kann. Nach unbewußter Verarbeitung im Thalamus erfolgt eine Weiterleitung über spezifische Nervenbahnen zu zahlreichen Bereichen der Hirnrinde, wo die Schwelle des Bewußtseins überschritten wird. Durch absteigende Bahnen der Rindenfelder ist es möglich, die im Thalamus eingehenden Reize zu hemmen, zu verändern, auszuwählen und zu modifizieren.

In der psychosomatischen Medizin sind folgende Funktionen des Thalamus von besonderer Wichtigkeit: kognitive Filterung eingehender Wahrnehmung („ich sehe nur das, was mir in mein Weltbild paßt"). Dieser häufig im Alltag und experimentell nachgewiesene Effekt kommt über die rückläufige Verbindung von Rindenfeldern mit dem Thalamus zustande. Die beim Säugling früh beobachtbaren „amodalen Wahrnehmungen" (z. B. ein mit der tastenden Zunge identifizierter Schnuller wird bei einer erstmaligen optischen Darstellung richtig zugeordnet) könnte in diesem Integrationsorgan erfolgen.

Über die Verbindung der Formatio reticularis mit dem Thalamus besteht ebenfalls die Möglichkeit, Elemente äußerer oder innerer Alarmreaktionen zu filtrieren.

■ *Beachte:* An dem Beispiel der untereinander sehr komplex vernetzten Zentren der Formatio reticularis, des limbischen Systems und des Thalamus läßt sich demonstrieren, wie auf unbewußter und bewußter Ebene zahlreiche Körperreaktionen mit Gefühl, Emotionen, angeborenen und erlernten Verhaltensweisen, Antrieben und Bedürfnissen miteinander verbunden sind. Zahlreiche Verbindungen mit der Großhirnrinde als Träger höherer geistiger und psychischer Funktionen ermöglichen andererseits, daß bewußte psychische und geistige Vorgänge in dieses komplexe Netzwerk und letztendlich bis in die Körperperipherie eingreifen können. Allerdings kann in diesem biologisch-anatomischen System der „Sprung vom Körperlichen in das

Geistig-Seelische" nicht erklärt werden. Hierfür bedarf es anderer Modelle.

- *Merke:* Erkenntnisse dieses komplexen in sich vernetzten Systems fordern geradezu zu einer integrierenden Betrachtungsweise im Sinne einer ganzheitlichen, psychosomatischen Medizin auf.

15.8 Stimmungen, Gefühle, Emotionen und Affekte

Die in der Überschrift aufgeführten Begriffe sind zum Teil in der deutschen als auch in anderen Sprachen nur unscharf definiert. Es handelt sich um innere Wahrnehmungen und damit verbundene Antriebe, die sich in einem weiten Spektrum je nach Inhalt, Dauer, Intensität und Auswirkung auf körperliche und seelisch-geistige Prozesse unterscheiden.

Wir greifen die Emotionen heraus, da sie hinsichtlich ihres Auftretens, ihrer Intensität, Verarbeitung und Wahrnehmung in der psychosomatischen Medizin eine zentrale Rolle spielen.

- *Definition:* Emotion (lateinisch: emovere in Bewegung versetzen) sind Gefühlsbewegungen, die sich formal von Stimmungen, Gefühlen und Affekten durch ihre Stärke und Ausprägung unterscheiden. Seit Darwin nimmt man an, daß sie angeborene und erlernbare in Bewegung versetzende motivierende Kräfte des Handelns zum Überleben und zur Anpassung darstellen. Man unterscheidet primäre Emotionen: Freude-Trauer, Wut-Furcht, Überraschung-Vorsicht, Ekel-Akzeptanz, Verachtung und Scham. Weitere sogenannte sekundäre Emotionen stellen Mischungen der primären Emotionen dar. Man unterscheidet weiterhin *Aktivierungsgrade* bzw. *Intensität* wie Angst, Ekstase u.a. sowie den „hedonischen Tonus", d.h. die Erlebnisweise von Lust bzw. Unlust bei den Emotionen. Für eine differenzierte Betrachtung verweisen wir auf Lersch (1970).

15.8.1 Neuroanatomische Grundlagen

Emotionen sind mit körperlichen Reaktionen über das Zusammenspiel des limbischen Systems (Ursprung der Emotionen) mit dem Hippothalamus (vegetatives Nervensystem und endokrines System), der Formatio reticularis (Alarmsystem) und Rinde (Bedeutungszuweisung im Zusammenhang mit Lebenserfahrung) verbunden.

15.8.2 Aufgaben und Bedeutung der Emotionen

Emotionen motivieren: „In jedem Gefühl steckt ein Antriebsmoment" (Lersch). Gefühle und Emotionen bringen uns mehr oder weniger in Trab: was tun wir nicht alles aus Liebe; viele Verhaltensweisen lösen

Furcht und Angst aus; wie sehr steigert Freude, wie massiv blockt Traurigkeit unsere Lernfähigkeit; was macht Wut alles zunichte.

15.8.3 Transkulturell angeboren

Die vergleichende Völkerforschung hat festgestellt, daß die sogenannten primären Gefühle und ihre Ausdrucksweisen jenseits aller Sprachen verstanden werden. Man kann davon ausgehen, daß sie angeboren sind. Die moderne Säuglingsforschung nimmt an, daß bereits in sehr frühen Phasen der Säugling Menschen wie auch Gegenstände als froh, traurig, zornig u. a. erleben kann. Insbesondere hat die Säuglingsforschung gezeigt, daß von den klassischen Gefühlen und Emotionen unterscheidbare *„Vitalitätsgefühle“* vorhanden sind, die mit den elementaren Vorgängen des Lebens wie Sattsein, Hunger, Umgangsformen u. a. einhergehen. Man spricht von einer völlig neuen Kategorie der „Vitalitätsaffekte“ (D. Stern).

■ *Beachte:* Es ist anzunehmen, daß diese Art von Vitalitätsaffekten in der Physiotherapie eine besondere Rolle spielt: die Art und Weise wie man einen Patienten „behandelt“, mit einer Decke zudeckt, Applikationen durchführt, ihn massiert und hält. Häufig werden diese Vitalitätsaffekte bewußt nicht wahrgenommen, stellen jedoch ein wichtiges Beurteilungskriterium für die Effektivität der Institution und ihrer Mitarbeiter dar („irgendwie hat es mir dort sehr gut gefallen“).

15.8.4 Soziale Bedeutung der Emotionen

Ein Zusammenleben ohne Gefühl und Emotion ist nicht möglich. Durch den Ausdruck der Emotionen besonders im mimischen Bereich, sind wir in der Lage, auf die Befindlichkeit des Mitmenschen aber auch auf seine Absichten und geplanten Verhaltensweisen angepaßt zu reagieren. Wenngleich die mimische Muskulatur (bestehend aus ca. 80 Muskelgruppen) eine wesentliche Rolle spielt, können sich Gefühle und Emotionen in vielfältigen Bereichen auch jenseits der Sprache ausdrücken: Körperhaltung, Bewegungsablauf, Tonus der Muskulatur, Bewegung und Blick der Augen sowie unbewußte vegetative Ausdrucksmöglichkeiten: Erröten, Puls, Blutdruck, Schweißbildung, Muskelzittern u. a.

■ *Beachte:* Für Therapeuten und Physiotherapeuten ist es äußerst wichtig, im Sinne einer ganzheitlichen Medizin die Befindlichkeit des Patienten zu erfassen, die häufig gerade beim psychosomatisch kranken Patienten verbal über das Wort nicht zum Ausdruck kommt. Insbesondere ist es auch wichtig, daß der zumeist ängstliche Patient bewußt oder unbewußt auch die Emotionen seines therapeutischen Gegenübers zu erfassen vermag.

15.9 Emotionen und Beeinflussung der Wahrnehmungen

Gefühle und Bedürfnisse färben unsere Wahrnehmung (Aufwärtseffekt). Wahrnehmungen beeinflussen unsere Gefühle (Abwärtseffekte). Diese gegenseitige Beeinflussung von Emotion und Kognition wird durch das Zusammenspiel unterschiedlicher neuroanatomischer Zentren (Gehirnrinde-Thalamus-limbisches System) ermöglicht.

- *Beispiel von Aufwärtseffekten (Gefühl beeinflußt Wahrnehmung):* Arme Kinder zeichnen Geldmünzen größer als reiche. Diese in den 40er und 60er Jahren durchgeführten Untersuchungen zeigen eindeutig, daß Entbehrungen, Hunger, Durst, die ihrerseits mit einem bestimmten sozioökonomischen Status verbunden sind, unsere äußere Wahrnehmung beeinflussen.
- *Beispiel:* Angst verzerrt unsere Empfindungen. Ein ängstlicher Patient nimmt z.B. einen harmlosen Muskelschmerz im Brustbereich als lebensbedrohlichen Herzschmerz wahr (Aufwärtseffekte). Die Krankheitstheorie eines Patienten beeinflußt seine Körperempfindungen.
- *Beispiel:* „Ich sehe und spüre das, was ich erwarte" – „seit dem plötzlichen Herztod meines Vaters vor zwei Jahren, achte ich besonders auf Brustschmerzen, denn dies könnte einen Herzinfarkt bedeuten" (Abwärtseffekt).

15.9.1 Die Bedeutung der „Auf- und Abwärtseffekte" für den Alltag und für die psychosomatische Medizin

Die durch die besonderen neuroanatomischen Schaltungen und Funktionskreise ermöglichte emotionale Färbung der Wahrnehmung als auch die psychisch-geistige Einordnung unserer Gefühle spielen eine bedeutsame Rolle im Alltag und in der Medizin.

Zitat: „Wir sehen die äußere und innere Welt durch eine individuell gefärbte Brille" (Eccles).

- *Beachte:* Das, was eine Person letztendlich wahrnimmt, wird davon bestimmt, wer sie ist, von ihrer Lebensgeschichte, mit wem sie als Kind und Erwachsener zusammenlebt, was sie erwartet, wünscht und schätzt. Dies gilt besonders für die Wahrnehmung und Einordnung körperlicher Krankheitssymptome.

15.9.2 Einfluß der sozialen Prägung auf die äußere und innere Wahrnehmung

Ein experimentell dargebotener Lichtpunkt im dunklen Raum kann in unterschiedlicher Richtung wandern. Durch eingeschleuste „Beobachter" kann diese Wanderungsrichtung den Versuchspersonen bestimmend suggeriert werden. Das gleiche gilt auch für die endgültige Definition von schwer zu deutenden Farben.

- *Beispiel:* In der Kindheit erlebte Körpergefühle können unter dem Einfluß der Eltern pathologisch geprägt werden: „Was Du da nach dem Essen spürst (Völlegefühl) das kenne ich auch, das ist eine Gastritis".

15.9.3 Wahrnehmungsabwehr aufgrund moralischer oder weltanschaulicher Persönlichkeitskonzepte

Bei experimenteller Darbietung werden unangenehme, bedrohliche und unanständige Wörter im Vergleich zu neutralen Wörtern verzögert wahrgenommen. Ein ähnlicher Mechanismus ist dann vorhanden, wenn Patienten existentiell bedrohliche Körpergefühle oder auch peinliche seelische Inhalte nicht wahrnehmen (z. B. Anfangsstadium der Hypertonie oder psychosexuelle Verursachung psychosomatischer Erkrankungen). Es handelt sich hierbei um das von Freud beschriebene Prinzip der Verdrängung bzw. Abwehr.

15.10 Entstehung psychosomatischer Krankheiten

15.10.1 Modelle, Theorien und Paradigmen

- *Definition:* Modell (modus = Maß) und Theorien (das Angeschaute) sind bildhafte oder abstrakte Vorannahmen im Dienste der Wissenschaften zur Einordnung, Erklärung, Untersuchung und Beobachtung eines Forschungsgegenstandes. Sie bestimmen Methoden, Inhalte der Forschung und letztlich auch den Forschungsgegenstand. Sie sind wesentliche Teile eines Paradigma.
- *Definition:* Die für eine Gemeinschaft von Forschern maßgebliche Theorie mit konkreten Handlungsanweisen nennt man Paradigma (Beispiel oder wissenschaftliches Weltbild). Paradigmen kommen und gehen im Rahmen von mehr oder weniger dramatisch verlaufenden „wissenschaftlichen Revolutionen" („Was in der Welt des Wissenschaftlers vor der Revolution Enten waren, sind nachher Kaninchen", T. S. Kuhn).

15.10.2 Psychosomatische Medizin als Paradigma

Die psychosomatische Medizin kann man als Ausdruck eines Paradigma bezeichnen, das versucht, das „Maschinenmodell" abzulösen. Das „Maschinenmodell" der Medizin im 19. Jahrhundert geht letztendlich auf Descartes zurück, der den räumlichen ausgedehnten menschlichen Körper isoliert jenseits der nichträumlichen Seele unter rein mechanistisch-naturwissenschaftlichen Gesichtspunkten betrachtet („le corps, cette machine", d. h. der Körper, diese Maschine).

- *Beispiel:* Im konkreten Krankheitsfall wird man nach diesem „Maschinenmodell" versuchen, die Beschwerden eines Patienten rein naturwissenschaftlich auf meßbare Faktoren z. B. bioelektrochemische Vorgänge der Nervenzelle zurückzuführen (Reduktionismus). Die Erlebniswelt des Patienten und seine psychosozialen Probleme werden dabei ausgegliedert.

15.10.3 Psychoanalytisches Konversionsmodell zur Erklärung psychosomatischer Erkrankungen

Das erste und bis heute im Prinzip noch maßgebliche Modell zur Erklärung psychosomatischer Erkrankungen geht auf den Gründer der Psychoanalyse, Sigmund Freud, zurück. Das psychoanalytische Modell, erstellt an dem Krankheitsbild der Hysterie (z. B. Pseudolähmungen), geht davon aus, daß die „Erregungssumme" eines wegen seiner Peinlichkeit und Unverträglichkeit mit Moralvorstellungen (Über-Ich) in das Unbewußte verdrängten Konfliktes oder „Triebanspruches" mehr oder weniger symbolisch in das Körperliche umgesetzt wird. Damit werden der Konflikt und der Anspruch unschädlich gemacht, d. h. dem Patienten bleibt seelisches Leid erspart.

Vertreter der Psychoanalyse haben besonders seit den 40er Jahren durch Betonung unterschiedlicher Aspekte zu einem umfassenden psychoanalytischen, psychosomatischen Krankheitsmodell beigetragen (Uexküll, 1996).

15.10.4 Zusätzlich bedingende somatische Faktoren

Bei der Auswahl der psychosomatischen Krankheitsbilder spielen im Sinne eines *„somatischen Entgegenkommens"* (Vorschädigung und Schwäche eines Organs bzw. Funktionsbereiches) genetische Faktoren (HLA-System) als auch rein organische Schädigungen (z. B. ein mikrobieller Infekt) im Sinne einer *Ergänzungsreihe* (nach Freud bedarf der psychische Konflikt für seinen körperlichen Ausdruck eines zusätzlichen körperlichen Faktors) eine maßgebliche Rolle.

15.11 Unterschiedliche psychosomatische Reaktionsweisen

15.11.1 Reaktionsspezifität

Die erkrankte Person reagiert vegetativ persönlich in einer ganz spezifischen Weise auf unterschiedliche Emotionen (auf die gleiche Emotion reagiert A immer mit Blutdrucksteigerung, B mit Beschwerden im Verdauungsbereich, C im sensomotorischen Bereich im Sinne einer hysterischen Reaktion).

15.11.2 Konfliktspezifität

Eindeutige Zuordnung des Konfliktinhaltes bzw. von definierten Emotionen zu vegetativen Reaktionen und Funktionsstörungen (Abhängigkeitsprobleme führen zu Magenstörungen, die Aggressionsproblematik bewirkt Blutdrucksteigerung und Aktivierung des Sympathikus).

15.11.3 Persönlichkeitsspezifität

Psychosomatische Erkrankungen gehen mit bestimmten Persönlichkeitseigenschaften einher (als klassisches Beispiel kommt hier der sogenannte Typ A in Frage, bei dem sich der Herzinfarkt gehäuft vorfindet).

15.11.4 Emotionsspezifität

Eine bestimmte Emotion aktiviert ein umschriebenes biologisches System (Aggression führt zur Aktivierung des Sympathikus mit Ausschüttung von Adrenalin und Noradrenalin, Belohnung führt zu Aktivierung des sehr komplexen „Belohnungssystems" mit vermehrter Ausschüttung der Neurotransmitter Noradrenalin oder Dopamin).

15.12 Neue Modelle psychosomatischer Erkrankungen

15.12.1 Alexithymie

- *Definition:* Unter Alexithymie versteht man Schwierigkeiten beim Erkennen und Beschreiben der Gefühle und der damit verbundenen körperlichen Reaktionen.

Die „typische Stummheit" bei zahlreichen Patienten mit psychosomatischen Störungen hängt damit zusammen, daß bei diesen Personen eine verminderte bildliche und sprachliche Verfügbarkeit zur Kennzeichnung von Gefühlen, Emotionen und Affekten besteht. Darüber hinaus zeichnet sich der Alexithymiker durch eine Phantasiearmut und durch ein vorwiegend zweckrationales, konkretes, pragmatisches und mechanistisches Denken aus („pensée opératoire").

- *Beispiel:* Eine normale Reaktion: „Ich bin müde und fühle mich traurig, da ich einen mir nahestehenden Menschen verloren habe. Meine Müdigkeit hängt mit meiner Traurigkeit zusammen."

- *Beispiel:* Typische Aussagen eines Alexithymikers (massive generalisierte Angst mit zahlreichen psychovegetativen Reaktionen): „Was das Ding (der Patient meint sein mit der Angst einhergehendes Herzrasen) für mich bedeutet? Das ist so! (Patient ballt die Fäuste, der Körper verspannt sich – ihm fehlt der Begriff „Angst") „Verstehen Sie, das ist so! (Therapeut: „Hat womöglich mit Angst zu tun"). Patient: „Angst hat jeder, ich selten oder nie (Verleugnung bzw. fehlende Wahrnehmung). „So wie Sie, Sie haben auch keine Angst" (Identifikation). „Solange Sie hinter mir stehen, passiert mir nichts" (absichernde verschmelzende Nähe).

Bei den Patienten mit dem Phänomen der Alexithymie fällt der Wechsel zwischen emotionaler Distanzierung nach innen einerseits und andererseits die verzweifelte Suche nach verschmelzender Nähe zu einer Bezugsperson auf. Es ist anzunehmen, daß bei dem Phänomen der Alexithymie sich auch der Zeitgeist einer Leistungsgesellschaft widerspiegelt, die auf Zweckrationalität, Gefühlsneutralität und Intellektualisierung der Gefühle ausgerichtet ist.

- *Beispiel:* Ich kann mir in diesem Betrieb doch keine Schwächen (meint Gefühle) zeigen, da bin ich als Führungsfigur gleich weg vom Fenster" – so die Aussage eines Extremfalles eines stromlinienförmig angepaßten, äußerlich emotional eiskalten Managers).

Ursachen und Auslösung: Vermutlich handelt es sich um Störungen in dem Zusammenspiel zwischen dem limbischen System und der für die begriffliche Zuordnung maßgeblichen Rindenfeldern (Auf- und Abwärtseffekte). Unter psychologischem Aspekt findet man Störungen im vorsprachlichen Bereich in einer emotional gestörten Familienatmosphäre.

- *Beispiel:* Patient (sekundäre Alkoholerkrankung bei primären nie erkannten Panikattacken) „Das Wort Angst wurde nie in meiner Familie ausgesprochen". Über diese „Zustände" (Patient meint Angst) wurde nie gesprochen – „Sie können es noch so oft wiederholen. Ich habe keine Angstkrankheit, ich bin abstinenter Alkoholiker. Lieber alkoholkrank als angstkrank." (Somit ist Angst gesellschaftlich sanktioniert, Alkohol akzeptiert).

- *Merke:* Alexithymie: Was ich nicht sagen und fühlen kann, macht mich krank.

15.12.2 Kritische Lebensereignisse als auslösende Faktoren psychosomatischer Erkrankungen

Besondere, überwiegend negative bedeutsame Lebensereignisse (Verlust von Angehörigen, Trennung, Bindungsstörungen, sonstige Belastungen) können je nach Bedeutung für den Betroffenen und nach der individuellen Bewältigungsstrategie häufig körperliche und seelische Erkrankungen auslösen. Zahlreiche Untersuchungen haben eindeutig gezeigt, daß zwischen kritischen Lebensereignissen und der Auslösung organischer und/oder psychosomatischer Erkrankungen ein enger Zusammenhang besteht. Entsprechend ihrer Wirksamkeit werden die kritischen Lebensereignisse gewichtet und mit einer Punktzahl versehen. Je mehr kritische Lebensereignisse und je höher die jeweilige Punktzahl um so größer die Gefährdungsmöglichkeit.

- *Beispiel:* Bei einem Jahrgang von Heimkehrern aus dem Vietnamkrieg fanden sich mehr Suizid- und tödliche Motorradunfälle als bei einem Vergleichsjahrgang, der an dem Krieg nicht teilgenommen hat (Beispiel für das Zusammenwirken der ungenügenden Bearbeitung kritischer Lebensereignisse und für die schlechte soziokulturelle Eingliederung).

15.12.3 Weitere Faktoren, die eine Rolle bei psychosomatischen Erkrankungen spielen

- Genetische Faktoren: Analog zu den zahlreichen genetisch bedingten organischen Erkrankungen des Nervensystems nimmt man auch bei psychosomatischen Erkrankungen genetische Faktoren als Ko-Faktoren an.
- Persönlichkeitsmerkmale: Aggressionshemmungen, allgemeine sensomotorische Gehemmtheit, hohe psychophysische Erregbarkeit im Gefühls- und Emotionsbereich, allgemeine Ausdrucksgehemmtheit, Übergewicht starker sozialer Normen bei geringem Durchsetzungsvermögen, mangelnde Offenheit im Ausdrucksverhalten, vermehrte Tendenz zur Selbstbeachtung, somit einengung auf wenig Körperfunktionen und deren falsche Bewertung und Zuordnung („Fehlattribution").
- Gestörtes Selbstkonzept und Körperwahrnehmung.
- Soziale Vereinsamung: Nach Verlust eines Partners Häufung von organischen und seelischen Erkankungen bei fehlendem „holding".
- Introversion als Charaktereigenschaft: Emotionen werden nicht oder zu spät im sozialen Umfeld entlastend geäußert.

- Krankheitsgewinn: Unbewußt werden die gesundheitlichen Störungen zur Durchsetzung persönlicher Wünsche und Interessen eingesetzt (nicht mit Simulation zu verwechseln).

15.12.4 Beitrag der psychoanalytisch orientierten Entwicklungspsychologie

Die seelische Aneignung des eigenen Körpers und seiner Funktion erfolgt in der vorsprachlichen Begegnung von Kind-Mutter („Situationskreis"). Das weitere erfolgreiche Bestehen der verschiedenen Entwicklungsphasen im Kleinkindalter ist maßgebend für den Aufbau einer psychosomatischen Integrität. Traumatische Erfahrungen in den frühen Entwicklungsphasen, z.B. Trennungen (Bindungsstörungen) und/oder Übergriffe einer pathologischen Bezugsperson in das Seelenleben des Kindes, können zu einer psychosomatischen Spaltung und mangelnder Empfindlichkeit sowie mangelnden Wahrnehmungsvermögen für das Zusammenspiel von Körper und Seele führen.

- *Beispiel:* Patientin mit schwerer Körperwahrnehmungsstörung im Unterleib. Der untere Teil des Rückens wird in der Selbstwahrnehmung ausgeblendet. Die Patientin: „Ab meinem 5. Lebensjahr hat mich mein Vater derart verprügelt, daß ich vor lauter Schmerzen meinen Körper abgeschaltet habe. Hätte ich mich gewehrt oder Schmerzen geäußert, wäre er ganz ausgerastet und hätte mich totgeschlagen."
- *Beachte:* Das Phänomen der Alexithymie und der Körperwahrnehmungsstörung findet sich häufig bei psychosomatisch Kranken. Der Physiotherapeut ist bei entsprechender Aufmerksamkeit und Einfühlungsvermögen in der Lage, diese Unfähigkeit zu erfassen.
- *Beispiel für orientierende Fragen:* „Was spüren Sie in diesem oder jenem Körperteil?", „Was empfinden Sie bei dieser passiven oder aktiven Bewegung?", „Ist der Schmerz bereits einmal in der Kindheit aufgetreten und unter welchen Umständen?"

15.13 Entwicklung der gesunden und kranken Persönlichkeit

Unter der Persönlichkeit des Gesunden und des Patienten verstehen wir die Gesamtheit der erfaßbaren und erlebbaren Merkmale und Haltungen, mit denen wir den Menschen in seiner Individualität, aber auch gleichzeitig als Mitglied seiner Gruppe und Gesellschaft zu erfassen und zu beschreiben versuchen. Die Persönlichkeit geht aus einem komplexen Entwicklungs- und Reifungsprozeß hervor, dessen Gesetzmäßigkeiten und Phasen die Entwicklungspsychologie zu untersuchen versucht.

In diese Entwicklung und Reifung gehen genetische, biologische, soziale, individuelle und kulturelle Faktoren ein. Es handelt sich hierbei um ein komplexes Zusammenspiel von Kind, Eltern, Gruppe und Gesellschaft. Wenngleich die frühen Entwicklungsphasen für die Prägung und Persönlichkeit von ganz besonderer Bedeutung sind, vollziehen sich weitere Entwicklungs- und Reifungsschritte bis zum Lebensende.

In der Entwicklungspsychologie kann man je nach Theorien, Schulen, Untersuchungsmethoden und Forschungsgegenstand unterschiedliche Stadieneinteilungen und Ergebnisse vorfinden. (Zusammenstellung Zimbardo, 1995). Man kann folgende Hauptforschungsrichtungen unterscheiden:

- Erhebung von spezifischen Altersnormwerten in unterschiedlichen seelischen und Verhaltensbereichen wie Bewegungsverhalten, Spracherwerb, soziale, emotionale und körperliche Entwicklung sowie moralische und geistige Reifungsprozesse.
- Psychodynamisch und psychoanalytisch orientierte Entwicklungsmodelle unter besonderer Betonung der Triebentwicklung, der frühen Kind-Mutter/Eltern-Interaktion sowie deren Einfluß auf die Entwicklung späterer seelischer Erkrankungen und pathologischer Persönlichkeitsstrukturen.

15.13.1 Piagets Stufen der kognitiven Entwicklung

Der Schweizer Jean Piaget (1896 – 1980) hat bahnbrechende Forschungen über die Entwicklung der kognitiven Prozesse (Erkenntnisprozesse, Wissen, Denken, Wahrnehmung u.a.) während über 50jähriger Forschungstätigkeit durchgeführt. Er unterscheidet vier Stufen der kognitiven Entwicklung:

- sensomotorische Stufe (Säuglingsalter),
- präoperationales Denken (Kindergarten und Vorschulalter),
- konkrete Operationen (Grundschulalter),
- formale Operationen (ab dem Jugendalter).

15.13.2 Psychoanalytisch orientierte Entwicklungsstufen (s. Tab. 15.**3**)

Wegen ihrer besonderen geschichtlichen und klinischen Bedeutung, auch für die Psychosomatik, erwähnen wir etwas ausführlicher die psychoanalytischen Entwicklungsstadien, die allerdings zur Zeit im Rahmen der modernen Säuglings- und Kindheitsforschung hinterfragt werden (hierzu Dornes, 1993).

- **Das rekonstruierte Kind:** Die ursprünglichen psychoanalytisch orientierten Entwicklungsstadien entwickelte Freud durch seine Selbstanalyse und die rückblickende Schilderung seiner erwachse-

Tabelle 15.**3** Vergleich psychoanalytischer Entwicklungsstadien

Alter	Entwicklungs-stadium	
0 – 3 Monate	S. Freud:	Orale Phase – primärer Narzißmus.
	A. Freud:	Orale Phase – absolute Abhängigkeit von der mütterlichen Versorgung.
	R. Spitz:	Die objektlose Stufe.
	M. Klein:	Schizoid – paranoide Phase.
	D. W. Winnicott:	Absolute Abhängigkeit (Fusion).
	M. Mahler:	Autistische Phase (3. bis 4. Woche). Beginn der symbiotischen Phase.
3 – 6 Monate	S. Freud:	Orale Phase. Anaklitisches Stadium.
	A. Freud:	Orale Phase. Partielle Objektbeziehung.
	R. Spitz:	Erster Organisator (Vorstufe des Objekts). Dreimonatslächeln als Objektvorläufer.
	M. Klein:	Rückgang der schizo-paranoiden Phase, Beginn der Depression.
	D. W. Winnicott:	Phase der relativen Abhängigkeit.
	M. Mahler:	Symbiotische Phase.
6 – 12 Monate	S. Freud:	Orale Phase
	A. Freud:	Stadium der Objektkonstanz (6 – 9 Monate). Ambivalente Beziehung des präödipalen sadistisch-analen Stadiums (9 – 12 Monate).
	R. Spitz:	Zweiter Organisator (Bildung des Objekts der Libido). Angst zwischen dem 6. und 9. Monat. Dritter Organisator (Ursprung und Beginn der menschlichen Kommunikation), Erwerbung des Neins und Identifikation mit dem Aggressor.
	M. Klein:	Depressives Stadium. Archaisches Stadium des Ödipuskomplex und des Über-Ich vor der eigentlichen ödipalen Phase.
	D. W. Winnicott:	Stadium der Besorgnis (Fähigkeit zu Schuldgefühlen).

Tabelle 15.**3** (Fortsetzung)

Alter	Entwicklungs-stadium	
6 – 12 Monate	M. Mahler:	Phase der Trennung-Individuation. Erste Subphase der Differenzierung (5. bis 10. Monat). Zweite Subphase als Übungsphase (10. bis 16. Monat).
	J. N. Lacan:	Spiegelstadium.
	E. H. Erikson:	Vertrauen versus Mißtrauen (0 – 18 Monate).
12 – 24 Monate	S. Freud:	Anale Phase
	A. Freud:	Ambivalente Beziehung des präödipalen sadistisch-analen Stadiums.
	M. Mahler:	Subphase der Wiederannäherung (16. bis 24. Monat).
	J. N. Lacan:	Spiegelstadium. Ödipuskomplex. Zugang zur Welt der Symbolik.
	E. H. Erikson:	Autonomie vs. Selbstzweifel (18 Monate bis 3. Lebensjahr).
2 – 7 Jahre	S. Freud:	Urethrales oder phallisches Stadium (2 – 4 Jahre). Ödipales Stadium (3 – 6 Jahre).
	A. Freud:	Phallisch-ödipale Phase.
	M. Mahler:	Phase der Individuation.
	E. H. Erikson:	Initiative vs. Schuld (3 – 6 Jahre).
7 – 12 Jahre	S. Freud:	Latenzperiode.
	A. Freud:	Latenzperiode und Präadoleszenz.
	E. H. Erikson:	Kompetenz vs. Minderwertigkeit (6 Jahre – Pubertät).
12 Jahre und älter	S. Freud:	Pubertät und Adoleszenz.
	A. Freud:	Adoleszenz.
	E. H. Erikson:	Identität vs. Rollendiffusion (Adoleszenz).
Junges Erwachsenenalter	E. H. Erikson:	Intimität vs. Isolierung.
Mittleres Erwachsenenalter	E. H. Erikson:	Generativität vs. Stagnation.
Höheres Erwachsenenalter	E. H. Erikson:	Ich-Integrität vs. Verzweiflung.

nen Patienten. Deswegen der Ausdruck „rekonstruiertes Kind". Die Entwicklungsphasen sind durch die Triebentwicklung und durch die Objekte der Triebbefriedigung definiert.

- **Zuwendung zur Direktbeobachtung des Kleinkindes:** In Ergänzung des einseitigen trieborientierten Konzeptes von S. Freud beschäftigten sich seine Tochter Anna und weitere direkt mit Kindern arbeitende Psychoanalytikerinnen, wie vor allen Dingen Melanie Klein und Margret Mahler, unter Einbeziehung der mütterlichen und elterlichen Bezugspersonen mit der Erstellung erweiterter Konzepte.
- **Das reale Kind:** Weitere experimentelle und klinische Differenzierung erfolgten durch René Spitz (1985) und den englischen Kinderarzt und Psychoanalytiker Winnicot (1993). Insbesondere hat R. Spitz mit seinen Untersuchungen in den Kinderheimen auf die zum Teil schweren seelischen und körperlichen Störungen der frühen Kindheit hingewiesen, die durch Trennung oder pathologisches Verhalten der Mütter zustande kamen.

Die Beobachtungen von Winnicot gehen aus seiner jahrzehntelangen Tätigkeit als Pädiater hervor. Seine originellen Beiträge können stichwortartig wie folgt umschrieben werden: zwei Aspekte des Selbst (das kommunizierende und das nicht kommunizierende zentrale Selbst), das Konzept des wahren und durch frühkindliche Verformungen entstandene falschen Selbst, die Bedeutung der „ausreichenden guten Mutter" im Rahmen der intensiven Bindung zwischen Kind und Mutter.

Ein von fast jedermann nachvollziehbares Beispiel stellt der Begriff des sogenannten „Übergangobjektes" dar (Teddybär, Schmuddel-Schmusetuch, Puppe u.a.), das für den Trennungsprozeß und für die Anpassung an Mit- und Umwelt von Bedeutung ist.

15.13.3 Psychosoziale Entwicklungsstufen nach Erikson

Ein Modell psychosozialer Entwicklungsstufen aufgrund klinischer Erfahrungen wurde von dem Psychoanalytiker Erikson (1979) erstellt, der den gesamten Lebenszyklus in acht aufeinanderfolgende Stufen aufteilt. In jeder Stufe gibt es einen zentralen Konflikt zwischen zwei Entwicklungs- und Verhaltenstendenzen. Eine ganze besondere Bedeutung für Erikson hat die erste Stufe durch die Ausbildung des „Urvertrauens" im Umgang mit den Bezugspersonen (s. Tab. 15.**3**).

15.13.4 Moderne Säuglingsforschung

Durch die Revolution der modernen Säuglingsforschung mit differenzierten Fragestellungen und Einsatz moderner Methoden simultaner Videotechnik und elektronischer Registrierung psychovegetativer Reaktionen wurden die Reaktionen und Interaktionen bereits im frühesten

Säuglingsalter untersucht. Die Erkenntnis der sogenannten „babywatcher“ kann man als revolutionär bezeichnen. Der Säugling verfügt über eine ausgedehnte psychosoziale und emtionale Kompetenz, die ihn zur Aufnahme lebenswichtiger sozialer Interaktionen mit seinen Bezugspersonen ausstattet. Die bahnbrechenden Arbeiten von Daniel Stern haben gezeigt, daß der Säugling bereits im zweiten und dritten Monat als eigenständiges Individuum über Willen, Körpereigenerleben (propriozeptives feedback) u.a. verfügt. (Zusammenfassende Darstellung der Säuglingsforschung durch M. Dornes (1993)).

- *Beachte:* Das Zusammenspiel des kompetenten Säuglings mit seinen Bezugs- und Bindungspersonen ist sowohl für Gesundheit und Krankheit prägend. Eindrucksvolle Beispiele bei B. Cramer (1984).

- *Empfehlung:* Eine bewährte Einteilung und Beschreibung der ersten drei Lebensjahre findet sich bei S. Mahler. Wir verweisen auf die sehr praktische und alltagsorientierte Schilderung von Louise J. Kaplan, Die zweite Geburt, 1993.

15.14 Psychosomatische Medizin und psychotherapeutische Behandlungsverfahren

Die psychosomatische Medizin mit der Vielfalt ihrer Krankheitsbilder und Fragestellungen ist aufgrund ihres integrierenden Charakters für zahlreiche Psychotherapieverfahren offen, vorausgesetzt, daß diese neben einer wissenschaftlichen Fundierung ökonomisch sinnvolle Anwendbarkeit und letztlich ein anerkanntes Verfahren in dem jeweiligen Gesundheitssystem darstellen.

Im Augenblick ist eine methodenkritische Diskussion im Gange, die vermutlich zu einer kritischen Überprüfung mit anschließender Integration verschiedener verbaler und körpernaher Verfahren führen wird (Grawe et al. 1993). Nach wie vor wird die Psychoanalyse in einer jeweils zeitgemäßen Aktualisierung die hohe Schule der Psychotherapeutischen Ausbildung und wesentliche Grundlage der Psychotherapieverfahren bleiben. In der Zukunft wird es darauf ankommen, die jeweils richtige Therapiekombination für das jeweilige Krankheitsbild der Person und ihrer Mitwelt zu finden (die geeignete Methode für die geeignete Person, noch wichtiger den geeigneten Therapeuten für den Patienten).

15.14.1 3-Stufen-Konzept der Psychosomatischen Versorgung

In Deutschland gilt seit 1992 ein 3-stufiges Qualifikations- und Versorgungskonzept. Dieses Konzept wird durch drei unterschiedliche Qualifikationsstufen bzw. Berufsgruppen vertreten:

- **Psychosomatische Grundversorgung (Stufe 1):**
  Sicherung der Basisversorgung durch den psychotherapeutisch weitergebildeten Hausarzt. Voraussetzung für die Teilnahme an der psychosomatischen Grundversorgung ist eine mehrjährige praktische und theoretische Erfahrung der psychosomatisch orientierten Krankheitslehre und eine besondere Beherrschung der Arzt-Patient-Beziehung.
- **Psychotherapeutische Versorgung (Psychotherapie) (Stufe 2):**
  Dieser Versorgungsbereich ist in zwei Schwerpunkte, in einen tiefenpsychologischen und einen verhaltenstherapeutischen Bereich gegliedert. Durch eine mindestens 3jährige Weiterbildung erwerben Ärzte unterschiedlicher Fachgebiete die theoretischen Grundlagen der Psychotherapie, der psychiatrischen und psychosomatischen Diagnostik und den Umgang mit therapeutischen Verfahren tiefenpsychologischer oder verhaltenstherapeutischer Orientierung. Hierdurch ist es möglich, Psychotherapie in unterschiedliche Fachbereiche zu integrieren.
- **Psychotherapeutische Medizin (Stufe 3)**
  Es handelt sich hierbei um einen Gebietsarzt (Facharzt), dessen Schwerpunkt in der psychotherapeutischen Behandlung von Psychoneurosen, psychosomatischen Krankheiten, Persönlichkeitsstörungen und somatopsychischen Störungen der Krankheitsverarbeitung liegt. In diesem Fachgebiet werden zwei therapeutische Arbeitsrichtungen unterschieden, die psychoanalytische und die kognitiv-behaviorale. Im Rahmen einer mindestens fünfjährigen klinischen Vollzeitweiterbildung auf hohem praktischen und wissenschaftlichen Niveau zu erwerben.
- **Zusatzbezeichnung Psychoanalyse**
  In Erweiterung der Zusatzbezeichnung „Psychotherapie" unterscheidet sich die Zusatzbezeichnung Psychoanalyse durch eine fünfjährige Weiterbildung mit Einzel-Selbsterfahrung (Lehranalyse von 250 Stunden) und durch die spezifische psychoanalytische Behandlungstechnik.
- **Klinische Psychologen und psychologische Psychotherapeuten**
  Nach Abschluß des Psychologiestudiums konnten sich bisher Psychologen durch eine zusätzliche im Bereich der psychoanalytisch und verhaltenstherapeutisch orientierten Psychotherapie weiterqualifizieren und im sogenannten „Delegationsverfahren" an der psychotherapeutischen kassenärztlichen Versorgung teilnehmen.
  Es ist damit zu rechnen, daß im Rahmen eines „Psychotherapeutengesetzes" nach dem abgeschlossenen Psychologiestudium eine Qualifikation zum „psychologischen Psychotherapeuten" erfolgt und damit eine Teilnahme an der kassenärztlichen Versorgung ermöglicht wird.

•••• Psychoanalyse

Es handelt sich um die älteste praktisch und theoretisch differenzierteste Form der Psychotherapie, die auf Siegmund Freud zurückgeht. Sie wurde an dem Krankheitsbild der Hysterie entwickelt und hat in der Zwischenzeit zahlreiche Weiterentwicklungen und Differenzierungen erfahren. Psychoanalyse ist durch das Lebenswerk von Siegmund Freud, seiner Tochter Anna und durch seine zahlreichen Schüler zu einem epochalen Werk geworden, das nicht nur die Medizin, sondern viele Bereiche der Kultur und selbst des Alltagslebens beeinflußt hat. Selbst Kritiker der Psychoanalyse sind sich mit Anhängern der Psychoanalyse einig, daß Siegmund Freud in die Reihe der Geistesgrößen wie Galilei, Keppler, Newton, Descartes und Darwin eingeordnet werden kann.

Grundannahmen der Psychoanalyse

1. Psychodynamik: Seelische als auch psychosomatische Symptome, Persönlichkeitsverhalten und Persönlichkeitsstruktur werden durch innere seelische Kräfte (Psychodynamik) im Rahmen von Lebensereignissen bestimmt (determiniert).

2. Psychogenese: Frühkindliche Erfahrungen spielen eine wesentliche Rolle für die Persönlichkeits- und Krankheitsentwicklung (vom Mutterleib zum Grab).

3. Zwei Grundtriebe: Die Motivation menschlichen Handels wird durch zwei Triebe und deren Triebentwicklung (Triebschicksal) bestimmt: Eros (Sexualität seit frühester Kindheit schlechthin) ist eine der treibenden Kräfte des menschlichen Lebens im Sinne der Arterhaltung, aber auch der Kulturentwicklung. Entgegengesetzt ist der Todestrieb (Thanatos), der den Menschen zu aggressiven und letztendlich selbstzerstörerischem Verhalten veranlaßt. Libido ist eine quantitative Bezeichnung für die Gesamtheit der sexuellen Energie des Menschen.

4. Die Macht des Unbewußten: Im Gegensatz zu dem relativ bescheidenen Bewußtsein bestimmen unbewußte und vorbewußte Prozesse als (latente) Kräfte unsere wahrnehmbaren (manifesten) Handlungen, Gefühle, Denkvorgänge und Phantasien.

- *Beispiele:* Die „Versprecher", der Traum als Ausdruck unbewußter infantiler Wunscherfüllung u. a.

5. Die Struktur der Person: ICH, ES und ÜBER-ICH: ICH ist die Instanz der Person, die sich an der Realität orientiert und zwischen den Impulsen des ES und den Einschränkungen des Über-Ich vermittelt.
ES ist der Sitz der im Körper letztendlich verankerten Triebe und Motivationen und sucht nach allen Möglichkeiten die direkten Wunscherfüllung.

ÜBER-ICH ist Ort und Niederschlag des Gewissens, Instanz der Selbstbeurteilung, der Idealbildung und Hort der kulturbedingten Werte.

6. Psychoanalytische Krankheitslehre: Das ursprüngliche psychoanalytische Krankheitskonzept sah die Ursache von seelischen und psychosomatischen Erkrankungen in dem gestörten innerpsychischen Kräftespiel der drei Persönlichkeitsinstanzen und in der Unterdrückung der Triebansprüche.

•••• Weiterentwicklung der Psychoanalyse

Sie erfolgt im wesentlichen durch die unterschiedliche Betonung seelischer Aspekte der Personen und ihrer zwischenmenschlichen Beziehungen.

Objekt-Beziehungstheorie: Betonung der zwischenmenschlichen Beziehungen Kind-Familie-Eltern (insbesondere die enge frühkindliche Beziehung Kind-Mutter) und mit den dabei einhergehenden inneren Gefühlen, Wünschen, Erwartungen und Phantasien, die für die weitere Entwicklung der Persönlichkeit und Prägung von Bedeutung sind.

Narzißmustheorie: Der ursprünglich pathologische „sekundäre Narzißmus" (Narziß und Echo: extreme Verliebtheit und Orientierung auf sich selbst) wurde übergeführt in zwei unterschiedliche Formen:

- pathologische Form der narzißtischen Persönlichkeitsstörung (ICD 10 unter F60.8) und
- eine authentische, gerechtfertigte gesunde Suche und Bestätigung seiner selbst („liebe deinen Nächsten, wie dich selbst").

Ich- und Selbstpsychologie: In der Ich-Psychologie wird besonders unter dem Einfluß der Entwicklungspsychologie auf entwicklungsbedingte Ich-Defizite, wie z.B. bei Persönlichkeitsstörungen, und auf eine modifizierte Form der Psychotherapie hingewiesen.

Durch den Begriff *Selbst* wird die gesamte Persönlichkeit eines Individuums einschließlich der psychischen Organisation seines Körpers und seiner Körperteile umschrieben. Unter Körper-Selbst versteht man das Bild des eigenen Körpers, unter Psychischem-Selbst die Gesamtheit aller inneren seelischen Vorgänge, und im Sozialen-Selbst ist der Niederschlag eines komplexen Beziehungsnetzes des Individuums mit seiner Umwelt vorhanden.

•••• Prinzipien der psychoanalytischen Therapie

Erkundung und Einsicht in das Unbewußte und damit Aufhebung der Verdrängungsprozesse durch Bewußtmachen, stetiges Durcharbeiten der Konflikte und damit Freisetzung der „eingeklemmten Affekte", Heilung durch Einsicht und letztendlich Neuorganisation und Umstrukturierung der zuvor erkrankten Persönlichkeit.

Die klassische Technik: durch Ausschalten der Motorik und der äußeren Wahrnehmung (Liegen auf der Couch, der Analytiker hinter der Couch) vermag sich der Patient auf das Spiel seiner inneren Vorstellungen, Phantasien und Einfälle zu konzentrieren und versuchen sie zu äußern. Durch die Deutung der Einfälle durch den Analytiker wird ein logischer und biographischer Sinnzusammenhang erstellt.

Mit Hilfe der Traumanalyse besteht ein direkter Zugang zu dem unbewußten Speicher der Vergangenheit und der Gegenwart.

Behutsames Aufzeigen der Widerstands- und Abwehrmechnismen, die sich dem Heilungsprozeß in den Weg stellen („es ist so schön ein Kind zu bleiben, laß mich doch in Ruhe").

Im Zentrum der Psychoanalyse steht die phantasierte Beziehung zwischen Therapeut und Patient. Der Therapeut wird im Rahmen der sogenannten Übertragung wichtigen Bezugspersonen der Kindheit gleichgesetzt (der geliebte/der gehaßte Vater u. a.). In der sogenannten Gegenübertragung reagiert der Therapeut sowohl bewußt als auch unbewußt korrigierend auf diese jeweilige spezifische Beziehungskonstellation, die nichts anderes als die Wiederauflage prägender frühkindlicher und vergangener Ideale oder phantasierter Beziehungen sind.

In weiterentwickelten Formen der psychoanalytischen Therapie werden in Ergänzung zu den ursprünglichen Konzepten die Bedeutung gesellschaftlicher Faktoren (Kind-Mutter-Vater, der Einzelne und die Gesellschaft) sowie die konkrete Lebenssituation miteinbezogen. Die Entwicklung der Persönlichkeit wird nicht nur durch ein in der Kindheit wirkender, sondern als fortlaufender psychodynamischer Prozeß der Persönlichkeit mit ihren Ich-Funktionen und ihrem Selbstkonzept gesehen.

•••• Psychoanalytische Kurzverfahren

Bereits S. Freud hat in wenigen Stunden psychoanalytisch Patienten geheilt. Heute werden neben der klassischen bis zu 240 Stunden dauernden analytischen Psychotherapie psychoanalytische Kurzverfahren angeboten: psychoanalytische Notfalltherapie in besonders gefährlichen kritischen Situationen, aktiv stützend (1 – 5 Sitzungen). Krisenintervention: aktiv stützende Betreuung des dekompensierten Patienten (1 – 5 Sitzungen). Psychoanalytische Kurztherapie: stark verkürzte, auf psychoanalytische Prinzipien aufbauende Form der Psychotherapie (10 – 50 Sitzungen). Psychoanalytische Fokaltherapie: Bearbeitung eines für die Funktionsfähigkeit des Patienten spezifischen eingrenzbaren Konfliktes (bis zu 30 Sitzungen). Psychoanalytische Beratung: problem- und realitätsorientierte Beratungen in unterschiedlichen Institutionen (Familienberatung, Erziehungsberatung).

Erwähnenswert ist noch die psychoanalytische Gruppentherapie und Familientherapie, mit der es möglich ist, mehrere Patienten in der gleichen Zeiteinheit zu behandeln. Insbesondere kommt es in der analytischen Gruppentherapie zum Wiederaufleben frühkindlicher und kindlicher Erfahrungen (Auftauchen der „bösen Mutter", des „bösen Vaters") aus dem ödipalen Erlebnisbereich (Kampf um den Vater, um die Mutter, rivalisierende Geschwister).

15.15 Bedeutung psychoanalytischer Abwehrmechanismen im Alltag und bei Krankheiten

- *Definition:* Unlustvolle und angsterzeugende mit dem Ich und Über-Ich nicht übereinstimmende Konflikte und Bedürfnisse werden von dem Ich mit Hilfe der Verdrängung in das Unbewußte abgeschoben. Dieser Verdrängungsprozeß kann einmal eine angepaßte psychische Reaktion darstellen zur Entlastung der Persönlichkeit, kann jedoch aber auch im pathologischen Falle zu einer krankhaften Einstellung der Persönlichkeit und ihrer Leistungsfähigkeit führen. Die Abwehrmechanismen sind in den heute maßgeblichen Krankheitsmodellen (ICD 10, DSM-III-R) akzeptiert.

Verdrängung: Unbewußtmachen. Hauptkraft, die hinter den Abwehrmechanismen steht.

Identifikation: Sich intensiv an dem Verhalten und Wesen einer Person mit Vorbildfunktion orientieren. In der psychosomatischen Medizin Übernahme eines Krankheitssymptoms häufig im frühen Kindesalter (Husten, Migräne, Risikofaktoren wie Rauchen, falsches Nahrungsverhalten).
Normal: Aufbau des Selbstwertgefühls, Modellfunktion im Rahmen der Erziehung.
Pathologisch: Identifikation mit dem Angreifer (geschlagenes Kind schlägt andere Kinder ohne Grund).

Introjektion: Einverleibung äußerer Werte und Eigenschaften von Personen und Gruppen. Beispiel: „Ich bin ganz stolz. Wir (ich) sind wieder wer" (nach der gewonnenen Weltmeisterschaft).

Projektion: Eigene unerwünschte Impulse werden in eine andere Person (Gruppe) hineinverlagert (pathologischer Extremfall: Verfolgungswahn, Hexenwahn des Mittelalters).

Rationalisierung: Scheinmotive. Betonung des Verstandesmäßigen und Vernüftigen im menschlichen Verhalten, um die wahren Emotionen und

Grundhaltungen zu verdecken („Ich brülle meinen Untergebenen nur deswegen an, weil es im Betrieb so laut ist").

Reaktionsbildung: Angstbeladene und verbotene Wünsche/Impulse werden durch total entgegengesetzte Verhaltensweisen entkräftet. Typischer Vorgang für bestimmte Charakter- bzw. Persönlichkeitsstörungen (die sexuelle Neugierde wird zur Prüderie verwandelt, das schmuddelige Kleinkind wird zum erwachsenen Pedanten).

Regression: Bei Überlastung der ausgleichenden Ich-Funktionen Rückfall des Verhaltens bzw. der gesamten Persönlichkeit auf eine frühere Entwicklungsstufe (z. B. infantile Verhaltensweisen einer erwachsenen Person: am Daumen lutschen u. a.).

Somatisierung: Umsetzung von mehr oder weniger bewußten Konflikten und Überlastungssituationen in stark ausgeprägte körperliche Beschwerden ohne faßbare pathologische Grundlagen.

Sublimierung: Befriedigung und Umwandlung von nicht erlaubten Bedürfnissen (ursprünglich sexuelle Triebhandlungen) durch gesellschaftlich und kulturell akzeptierte Ersatzhandlungen. Nach Freud eine wesentliche Voraussetzung zum Aufbau der Kulturwelt.

Weitere Abwehrmechanismen, die in die Fachsprache eingegangen sind: Ausagieren, Verleugnen, Abwerten, Verschieben, Isolierung, Idealisierung, Spaltung, Dissoziation, Ungeschehen machen.

■ *Beachte:* Abwehrmechanismen können im Sinne eines inneren und äußeren Gleichgewichtes angepaßt oder aber auch hochpathologisch sein.

15.16 Vom Behaviorismus zur Verhaltenstherapie

Die Verhaltenstherapie ist heute eine neben der Psychoanalyse bzw. tiefenpsychologischer Verfahren anerkannte Therapie mit eindeutig nachweisbarem Therapieerfolg.

15.16.1 Behaviorismus

■ *Definition:* Der Behaviorismus (to behave = verhalten) geht davon aus, daß man den Menschen am besten durch naturwissenschaftliche Aspekte und Beobachtung seines äußeren Verhaltens untersuchen kann. Innere Vorgänge spielen keine Rolle, da nicht wissenschaftlich objektivierbar. Das für die Psychoanalyse im Zentrum stehende „innere Leben" stellt für den klassischen Behavioristen eine geschlossene schwarze Kiste dar (black box).

Der in den USA unter pragmatischen Gesichtspunkten entstandene Behaviorismus (Watson, Skinner u. a.) hat einen wichtigen naturwissenschaftlich orientierten Beitrag zum Verhalten und zu den Lernprozessen geliefert. Im Zentrum steht die sogenannte „klassische Konditionierung", die auf den russischen Physiologen Pawlov und seine klassischen Experimente über reizinduzierten Speichelfluß bei Hunden zurückgeht.

- *Beispiel:* Ein *u*nkonditionierter *S*timulus wie z.B. Futter (US) löst bei dem Versuchstier eine *u*nkonditionierte *R*eaktion (UR) wie Speichelsekretion aus. Wird nun das Futter (US) oft genug zusammen mit einem Glockenton, *c*onditionierter *S*timulus (CS), dargeboten, so löst am Ende des geglückten Experimentes die alleinige Darbietung des Glockenreizes (CS) die Speichelsekretion bei dem Versuchstier aus.

$$US \rightarrow UR,$$
$$US{+}CS \rightarrow UR,$$
$$CS \rightarrow UR.$$

In dem behavioristischen Modell lassen sich die unterschiedlichen Einflußgrößen (Variablen) im Vergleich zu der Art und Größe der Reize und nahezu mathematisch erfassen.

Eine wesentliche Feststellung bestand darin, daß auch sogenannte aversive (schädlich-unangenehme Reize) eine allgemeine Reaktion auslösen können mit Beteiligung des gesamten vegetativen und höheren Nervensystems.

- *Beispiel* (klassische Situation stark vereinfacht): Klein-Albert hat keine Angst vor weißen Ratten. Weiße Ratte wird mit einem schreckerzeugenden Gong dargeboten. Nach siebenmaliger gleichzeitiger Darbietung löst der Gong allein Angst bei Klein-Albert gegenüber der Ratte aus. Die jetzt neu erzeugte Angst dehnt sich bei Klein-Albert auf andere pelzige Objekte aus.

Weitere Begriffe, die in der behavioristischen Forschung erstellt wurden und die heute in der Therapie von besonderer Bedeutung sind, lauten: *Verstärker* (z.B. Futter, Wasser, Belohnung), *shaping* (Verhaltensänderung in kleinen aufeinanderfolgenden Schritten), *chaining* (Kettenbildung von Verhaltensweisen).

- *Therapeutisches Ziel:* Es sollen unangepaßte, zum Teil selbstschädigende Verhaltensweisen durch Umlernen geändert werden.

- *Beachte:* Die Grenzen des Behaviorismus haben sich an der Bedeutung des artspezifischen Verhaltens gezeigt (biologisch angelegte Verhaltensweisen sind stärker als die Methoden der Konditionierung) sowie an der Nichtbeachtung höherer psychisch bewußter und unbewußter Prozesse und des umfassenden Einflusses von Um- und Mitwelt auf das Versuchsobjekt „Mensch".

15.16.2 Verhaltenstherapie (VT)

Neben den tiefenpsychologischen und psychoanalytischen Therapieverfahren ist die Verhaltenstherapie ein anerkanntes Verfahren in der psychotherapeutischen Versorgung. Im Prinzip leitet sie sich von dem Behaviorismus ab, hat jedoch zahlreiche Elemente der kognitiven Psychologie und Lernpsychologie übernommen.

- *Definition:* Auf Verhaltens- und Symptomänderung gerichtete pragmatisch orientierte Übungs- und Lernverfahren zur Beseitigung umschriebener Krankheitssymptome und krankhafter Verhaltensweisen. Wesentliche therapeutische Wirkfaktoren sind: Konditionierung, Verstärkung und Desensibilisierung. Es gibt zahlreiche Modifikationen der Verhaltenstherapie, so daß man eher von Verhaltenstherapien spricht. Psychologische und ausführliche biographisch orientierte Krankheitsmodelle spielen in der Verhaltenstheorie keine Rolle.

•••• Verhaltenstherapie am Beispiel von Desensibilisierung und Bewältigungsstrategien

Problemdefinition

Vor Beginn der Therapie erfolgt eine Analyse der das Krankheitsbild auslösenden Faktoren:
- Definition der auslösenden Faktoren (z.B. unterschiedliche Formen und Ursachen der Angst),
- Aufstellung einer Hierarchieliste von dem jeweils schwächsten bis zum stärksten auslösenden Krankheitsfaktor (von der kleinen bis zur größten Angst und Panik).

Systematische Desensibilisierung (Unempfindlichmachen gegen auslösende Faktoren und Reize)

In einem körperlich entspannten Zustand (z.B. erzeugt durch progressive Muskelrelaxation, autogenes Training oder meditative Übungen) wird der Patient aufgefordert, sich in seiner Vorstellungswelt und Phantasie die für ihn bedrohliche und schädigende Situation (z.B. typische Situation bei der es zur Auslösung von Angstzuständen kommt) zu beschäftigen (Konfrontation). Der Patient wird aufgefordert, sich immer stärker auslösende Faktoren und Reize vorzustellen (sukzessive Approximation). Dabei erlebt der Patient, daß die ursprünglich auslösenden Faktoren immer schwächer und bedeutungsloser werden.

Die Konfrontation kann sowohl in der Phantasie (imaginär) oder auch in vivo (in lebensnahen Situationen) durchgearbeitet werden.

Als *Implosion* (forcierte Konfrontation) bezeichnet man eine der Desensibilisierung entgegengesetzten Technik durch Konfrontation mit dem stärksten auslösenden Faktor. Es kommt zu einer Reizüberflutung des Patienten, der dabei feststellen muß, daß in Wirklichkeit die ursprünglich erwartete Katastrophe ausbleibt.

Vermittlung und Einübung von Bewältigungsstrategien

Da es nicht immer möglich ist, krankheitsauslösende Faktoren ganz auszuschalten (s. Grenzen des Behaviorismus an artspezifisch angeborenen Verhaltensweisen), sollte der Patient lernen, auf bestimmte krankheitsauslösende Situationen durch geeignetes Verhalten zu reagieren bzw. dem auslösenden Faktor auszuweichen oder ihn zu bewältigen. Durch geeignete Instruktion lernt der Patient im sogenannten *„mentalen Training“* in Gedanken und Phantasien krankhafte Situationen und ihre Überwindung durchzuspielen.

Diese Bewältigungsstrategien werden durch das sogenannte *Modellernen* mit Hilfe des begleitenden Therapeuten, durch *Selbstinstruktionstraining* in Form von positiven Selbstgesprächen vermittelt. („Du wirst es schon schaffen, reiß dich zusammen“).

Weitere Prinzipien der Verhaltenstherapie sind Belohnung, Verstärkung und Elemente der kognitiven Verhaltensmodifikation, Änderung der Selbstkonstrukte und Fehleinschätzungen, Stärkung der Selbststeuerung und der Mechanismen der Selbstwirksamkeit, Korrektur der verzerrten Selbst- und Situationswahrnehmung.

Indikationen der Verhaltenstherapie: Besonders geeignet bei Angststörungen, Verhaltensstörungen, Zwangsneurosen und Persönlichkeitsstörungen sowie bei bestimmten psychosomatischen Erkrankungen.

15.17 Kognitive Persönlichkeitstheorie und Therapie

In der klassischen Schulpsychologie entstanden, lieferte die kognitive Persönlichkeitstheorie wesentliche Grundlagen einer modernen Verhaltenstherapie.

- *Definition:* Kognition = Erkenntnis. Dient der Erforschung der höheren Prozesse des Erkennens, Wissens, Ordnens und persönlicher Orientierungssysteme.

Wesentliche Grundannahmen und Begriffe sind:

15.17.1 Persönliches Konstrukt

Glaubens- und Überzeugungssysteme, mit der die Person versucht, die Welt zu erklären. Sie sind ganz persönlich, d. h. einmalig-individuell. Sie lassen sich somit nicht statistisch, sondern nur individuell (idiographisch) erfassen und beschreiben. Diese Persönlichkeitskonstrukte spielen gerade in den sogenannten „persönlichen Krankheitsphilosophien“ der Patienten eine ganz wesentliche Rolle.

- *Beispiel:* „Hautrötung ist für mich ein Anzeichen von beginnendem Krebs.“ – „Schmerzen in der linken Brust bedeuten immer beginnender Herzinfarkt“ (falsches Selbstkonzept) – „Ich kann dagegen überhaupt nichts tun“ (keine Selbstwirksamkeit).

Diese zum Teil irrationalen Konstrukte können sich durch das sogenannte Beobachtungslernen in der Kindheit entwickeln („Meine Mutter greift sich bei jeder Aufregung an das Herz und klagt über Schmerzen“). Weitere Quellen dieser persönlichen Fehlkonstrukte kommen aus dem Bekanntenkreis, aus Fehlinterpretationen der Tagespresse, aus unverständlicher Ausdrucksweise des Arztes u. a. im Rahmen von sozialem Lernen zustande.

Für die psychosomatische Medizin ist von Bedeutung, daß es über den sogenannten „Teufelskreis“ des persönlichen Fehlkonstruktes zu einer vermehrten Aufmerksamkeit und Auswahl normaler physiologischer Erregungen und Empfindungen kommt. Über das Zusammenspiel zwischen Gehirnrinde und Thalamus kommt es letztendlich zu einem nur noch schwer korrigierbaren pathologischen Aufmerksamkeitsverhalten (hypochondrische Selbstbeobachtung) und Vermeidungsverhalten („Ich muß ganz langsam die Treppe steigen, sonst bekomme ich einen Herzinfarkt“).

15.17.2 Soziale Lerntheorie

Die kognitive Persönlichkeitstheorie hat eindeutig gezeigt, daß Kinder in ganz bestimmten sensiblen Entwicklungsphasen durch Einfühlung, Beobachtung, bestimmte Fertigkeiten, Einstellungen, Geschlechtsidentifikation, aber auch blitzartig Krankheitsverhalten erlernen können.

- *Beispiel:* Ein 4jähriges Kind darf einmal in der Woche an dem Freudentag Sonntag in der Eisdiele ein Eis essen. Plötzlich wurde der Freudentag zum Trauertag. Das Kind weigert sich weinend und schreiend in die Nähe der Eisdiele zu begeben, darüber hinaus hat es plötzlich Angst vor Blut. Eine psychotherapeutische Bearbeitung ergibt, daß das Kind einmal während einer ganz kurzen Zeitspanne von der Eisdiele aus eine Schlägerei zwischen zwei Betrunkenen gesehen hat, wobei Blut floß.

15.17.3 Selbststeuerung

Das Kind lernt sehr früh mit Hilfe von Kritik, Lob und Erkenntnis autonom seine eigenen Handlungen zu steuern. Durch höhere Erkenntnis- und Steuerungsprozesse ist somit der Mensch nicht allein seinen Bedürfnissen und Trieben ausgeliefert.

15.17.4 Selbstwirksamkeit

Es handelt sich hierbei um das Gefühl des eigenen Könnens und Veränderns. In Form von kleinen Schritten soll im therapeutischen Prozeß der Patient lernen, erfolgreich am „Ball" (pathologische Wahrnehmung, Angst u. a.) zu bleiben. Das Prinzip der Selbstwirksamkeit spielt besonders bei Entzugsbehandlungen von Abhängigkeitserkrankungen eine Rolle.

15.17.5 Selbstkonzept

Darunter versteht man ein internes Regulierungs- und Orientierungssystem für Gedanken, Gefühle, Handlungen und Deutungen von persönlichen Erfahrungen und von Körpergefühlen.

Sowohl in der psychosomatischen Medizin als auch in der Physiotherapie ist es äußerst wichtig, sich ein Bild über das Selbstkonzept des Patienten zu verschaffen. Wie schätzt er die überwiegend über den Körper vollzogene Physiotherapie im Vergleich zur medikamentösen Therapie ein? Hat der Patient in seinem Selbstkonzept überhaupt seinen Körper „eingebaut"?

- *Beachte:* Die in der klassischen Psychologie entstandene kognitive Persönlichkeitstheorie steht im krassen Gegensatz zum Behaviorismus. Andererseits hat sie einen wesentlichen Beitrag für die Verhaltenstherapie geleistet, indem sie auf die wichtigen Begriffe des persönlichen Konstruktes, der Selbstkonzepte und auf die Wirksamkeit des sozialen Lernens und auf notwendige Erläuterungen und Erklärungen von Krankheitsbildern und deren optimalen Therapien hingewiesen hat. Durch diesen kognitiven Beitrag können gestörte Selbstwertgefühle, verzerrte Selbst- und Situationswahrnehmungen bei psychosomatischen Erkrankungen korrigiert werden.

15.18 Humanistische Theorien und Therapien

Die humanistische Psychologie ist in den USA und besonders unter dem Einfluß von Carl Rogers und Abraham Maslow als „Gegenreaktion" auf die ursprünglich an den Triebentwicklungen orientierten Psychoanalyse entstanden. Im Zentrum der ganzheitlich und existentialistisch orientierten humanistischen Psychologie steht die Person mit einem einzigartigen Entwicklungspotential von Qualitäten und Bedürfnissen, die letztendlich durch das angeborene Streben nach Selbstverwirklichung zur Entfaltung kommen.

Am Beispiel von biographisch orientierten Langzeitstudien zeigt Maslow, daß es eine Vielzahl von hierarchisch angeordneten Bedürfnissen gibt, die weit über den ursprünglichen Ansatz der Psychoanalyse und des Behaviorismus hinausgehen (s. Abb. 15.**1**).

Für die Therapie ist der personenzentrierte Ansatz von Rogers maßgeblich, der zur Entwicklung der Gesprächstherapie im Rahmen der klientenzentrierten Psychotherapie geführt hatte.

15.18.1 Prinzipien der Gesprächspsychotherapie

In einer Atmosphäre der uneingeschränkten Wertschätzung und gegenseitigen Vertrauens versucht der Therapeut im Rahmen eines partnerschaftlich-therapeutischen Dialogs im nachvollziehenden Erleben und durch Einfühlung (Empathie) den Klienten in seiner gegenwärtigen subjektiven Welt mit all seinen Problemen zu verstehen.

Über die Spiegelung durch den Therapeuten und durch den Dialog kommt der Klient zu einer verbesserten Selbstwahrnehmung und Korrektur seines verzerrten Weltbildes, lernt sich besser verstehen und akzeptieren. Hierdurch kommt es zu einer Zunahme des Selbstvertrauens, der Selbstverantwortung, Freisetzung neuer Initiativen und Energien, die letztendlich zu einem psychischen Wachstumsprozeß und zur Selbstverwirklichung führen. Durch das besondere Verfahren der Focusierung gelingt es über „das Reden hinaus" in tiefere Bereiche des Selbst- und Körpererlebens einzudringen (erschütternde organismische ganzheitliche Erfahrungen als wesentliche Wendepunkte im therapeutischen Prozeß).

Qualifikation des Gesprächspsychotherapeuten: Ausführliche Ausbildung in der Gesprächsführung, eigene Reife und Eigenakzeptanz, besondere Fähigkeit zur Einfühlung und die Fähigkeit, die Gefühle in einer besonderen Form der Echtheit zum Ausdruck zu bringen.

- *Beispiel* (Eine 30jährige Patientin, Ehekrise, unerfüllter Kinderwunsch): „Es gibt Momente, da kann ich meinen Ehemann nicht mehr leiden ..." (Therapeut spürt aufgrund seines Einfühlungsvermögens eine bedrohliche Aggressivität, nimmt den Satz auf: „Ja ich könnte ihn ...?"). Patientin: *„Ja ich könnte ihn ... umbringen."* Therapeut keineswegs erschüttert, immer noch wohlwollend, fühlt, daß es der Patientin sehr schlecht geht: „Wie fühlen Sie sich dabei, wenn Sie ihn am liebsten umbringen wollten?". – Therapeut spiegelt der Pa-

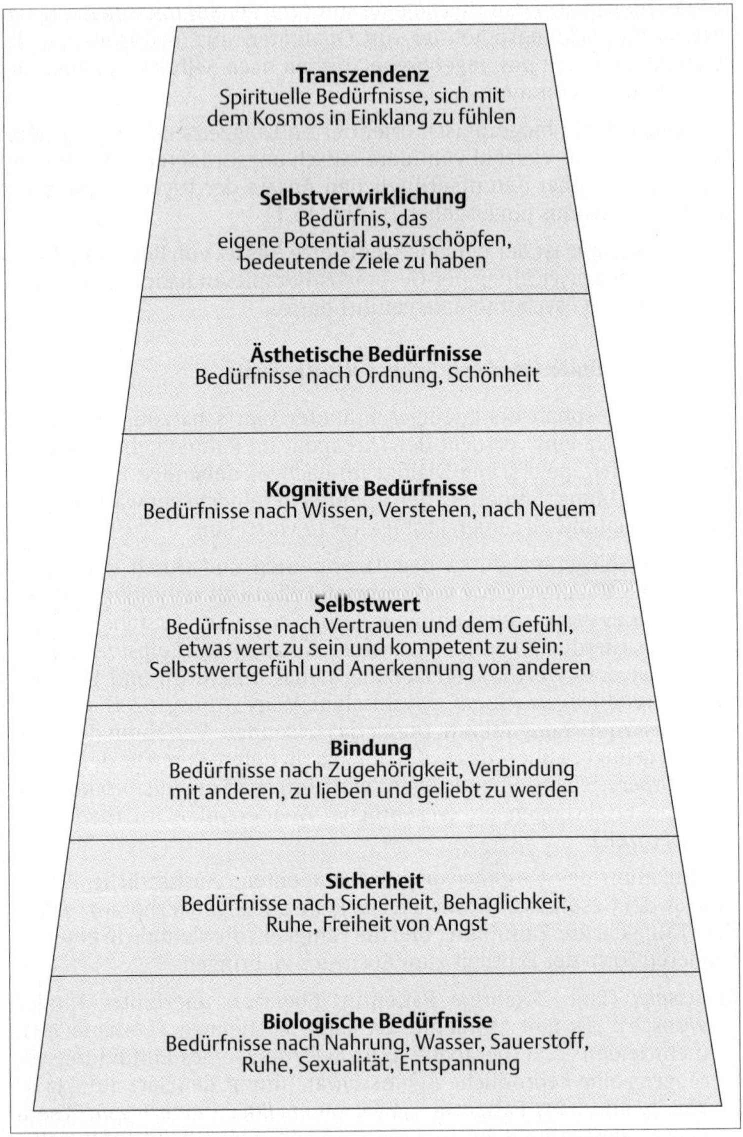

Abb. 15.1 Maslow'sche Bedürfnispyramide (nach Zimbardo 1995)

tientin ihre eigenen Worte zurück. Patientin (erschüttert, weint): „Ich fühle mich so entsetzlich wie ein kleines Kind, wie ein böses Kind." (Therapeut denkt an die Eltern der Patientin: „Wieso böses Kind?") Patientin: „Der war genauso wie mein Vater, der wußte alles besser und ich duckte mich." (Therapeut: „Wo liegt also das Problem begraben?") Patientin: „Eigentlich bei mir, ich müßte mich wehren."

15.19 Untersuchung der kranken Persönlichkeit

Im Zentrum der psychosomatischen Medizin steht das komplexe Zusammenspiel zwischen naturwissenschaftlich erfaßbaren Körperfunktionen und der Subjektivität, bezeichnet als Person, im komplexen Wechselspiel mit der Um- und Mitwelt. D.h. der Patient wird immer mehr zum Partner, dessen Mitarbeit, Einsicht und Verhalten für den Erfolg des Gesundungsprozesses erforderlich sind. Eine möglichst umfassende Erkenntnis der Persönlichkeit des „Partner-Patienten", seiner durch die Krankheit ausgelösten oder sie bedingenden Ängste, Empfindungen und Gefühle ist nicht nur für die Erfassung der Krankheitsursache, sondern auch für die Durchführung von Diagnostik und Therapie erforderlich.

- *Beispiel:* Der in seiner natürlichen Aggression und motorischen Ausdehnung gehemmte Patient mit einer chronischen Polyarthritis benötigt ein elementares Vertrauensverhältnis, das ihm erlaubt, die Durchführung der zunächst als sehr überfordernd und schmerzhaft erlebten Bewegungsübungen zu akzeptieren. Gleichzeitig werden aufklärender Arzt und Physiotherapeut als wichtige Kotherapeuten zu Bewegungsübungen ermahnendem „Über-Ich" des Patienten, der über seine „ausgereifte Ich-Funktionen" selbständig die ihm übertragenen Übungen vollzieht.

Bei der Erfassung der Persönlichkeit lassen sich unterschiedliche Phasen und Methoden unterscheiden.

15.19.1 Eindruckdiagnose

Der erste Eindruck: Dieser ist unmittelbar und umso aussagekräftiger, je weniger Vorurteile der Beobachter mitbringt und je mehr er über eine besondere Eigenschaft des Einfühlungsvermögens (Empathie) verfügt.

Ausdrucksverhalten: Eine häufig vernächlässigte Informationsquelle. Über den Ausdruck kann man auf den körperlichen und seelischen inneren Zustand eines Menschen schließen (s. Abschnitt Soziale Bedeutung der Emotionen). In das Ausdruckverhalten des Alltags gehen zahlreiche Faktoren wie Mimik, Pantomimik, Fein- und Grobmotorik, Eigenarten des Bewegungsablaufes, muskuläre Spannungs- und Verspannungszustände sowie deren Lokalisierung, vegetative Reaktionen, wie Frequenz und Tiefe der Atmung, Schwitzen, Sprachverhalten und zahlreiche vom Beobachter nicht immer analysierbare und verbalisierbare Phänomene mit ein.

- *Beachte:* Die Zusammenarbeit Physiotherapeut und Patient spielt sich nicht nur im Sprachlichen, sondern vor allem im Nichtsprachlichen, d.h. vorsprachlichen Bereich ab. Hinsichtlich der Bedeutung dieses nicht verbalen Interaktionsverhältnisses verweisen wir auf das Kapitel der Entwicklungspsychologie.

15.19.2 Ärztliches Gespräch, Anamnese, Befunderhebung und Interview

Das ärztliche Gespräch erfolgt in einer persönlichen Aussprache mit dem Patienten, wobei in einer Atmosphäre des absoluten Vertrauens und der behutsamen Zuwendung der Arzt eine möglichst passive, zunächst beobachtende und zuhörende Rolle einnimmt.

Zahlreiche, spontan entstehende Gespräche spielen sich auch im Bereich der Physiotherapie ab, die ergänzende Informationen liefern. Diese sollten im Rahmen der Teambesprechung in den Gesamtbefund miteingehen.

Je nach Zeitaufwand und Zielsetzung kann man unterschiedliche Formen der ärztlichen Befunderhebung durchführen. Wir bringen hier zwei Beispiele der klinischen Anamneseerhebung, wobei die Form A mehr klassisch-krankheitsbezogen und die Form B tiefenpsychologisch-psychodynamisch orientiert ist (aus P. Hahn, 1988).

- *Beispiel* für Inhalte eines erweiterten diagnostischen Gesprächs: Im Vordergrund stehende Leiden, Beschwerden, Sorgen, Probleme, Ängste, Wünsche, spezifische Krankheits- und Lebenssituationen, Krankheitsphilosophie des Patienten (Selbstkonstrukt, verzerrte Wahrnehmung der inneren und äußeren Realität). Bei zunehmendem Vertrauens- und Geborgenheitsgefühl des Patienten können seine Beziehungen zu Eltern, Geschwistern, Geschlechtspartner, Kindheitserlebnisse, Geschlechtsrolle und Geschlechtsbeziehung, Arbeits- und Leistungsbereich, frühere und jetzige Bezugspersonen, Familienprobleme, seiner Meinung nach auslösende psychosoziale Krankheitsursachen und Tabus angesprochen werden. Die sogenannten „kritischen Lebensereignisse" können an Hand eines Fragebogens erfaßt werden.

•••• Leitfaden zur Anamnese der Krankheitsbilder

Form A: Klinische Anamnesenerhebung – Innere Medizin –

Vorgehensweise:

1. Zeit lassen und auf Patienten eingehen. Ihn reden lassen (passiv), dann erst steuern, differenzieren und verbale Hilfe geben (aktiv).
2. Deutsch sprechen, keine Fachausdrücke.
3. Keine Übernahme von sog. Diagnosen und sog. Fachausdrücken.
4. Zuordnung der Beschwerden zu Organen oder Systemen.
5. Herausarbeiten der Ursachen: genetisch, exogen, endogen, somatisch oder/und psychisch.

Inhaltliche Gesichtspunkte:
(für die Erhebung der Anamnese und spätere schriftliche Fixierung)

1. Jetzige Beschwerden (Haupt- und Nebenbeschwerden):
   Lokalisation: wo?
   Ausstrahlung: wohin? (zeigen lassen!)
   Art und Intensität: wie? wie stark? Modalität?
   Abhängigkeit: wodurch? wonach? warum? Beeinflussung durch?
   Entwicklung und Verlauf: seit wann entstanden? wie? wie entstanden? zu welchen Zeiten?
2. Frühere Erkrankungen:
   Geburt, Kinderkrankheiten, ärztliche Behandlungen, Krankenhaus, Operationen, Unfälle und Verwundungen. Frage nach typischen Erkrankungen wie Kreislauferkrankungen, Hochdruck, Stoffwechsel, Gicht, Rheuma, Gelbsucht, Lunge, Tuberkulose, Niere, Infektionen, Nerven- und Gemütsleiden, anderen Leiden.
3. Familienanamnese:
   Krankheiten und Todesursache bei Eltern und Geschwistern, Ehefrau und Kindern. Frage nach Erbleiden in der Familie, Allergien (Nesselsucht, Hautausschläge, Asthma, Empfindlichkeiten auf Nahrungsmittel und chemische Stoffe), Krebsleiden.
4. Soziale Anamnese:
   Beruf, ausgeübte derzeitige Tätigkeit. Bei Rentnern Frage nach ehemaliger Berufstätigkeit. Ort der Ausübung. Anhaltspunkte für Berufserkrankungen. Wohnort und Wohnung, evtl. Wechsel usw.
5. Zehn Pflichtfragen:
   1) Gewichtsentwicklung (Zu-/Abnahme von mehr als 4 kg in überschaubaren Zeiträumen). Nahrungseinschränkungen, besondere Belastungen.

2) Appetit und Durst: Störungen, Übelkeit, Ekel (wogegen?), Brechreiz, Völlegefühl, Erbrechen (Menge, Aussehen, Blut), Brennen auf der Zunge und Speiseröhre, Schluckstörungen, Aufstoßen.
3) Schlaf: Ein-/Durchschlafstörungen, Dauer, Angstträume, Schlaf tagsüber.
4) Stuhlgang: wie oft, Konsistenz, Farbe, Geruch, Schleim- und Blutauflagerungen, Flatulenz, Schmerzen und Brennen im Analbereich.
5) Wasserlassen: mehr als 3- bis 4mal täglich, Mißempfindungen, nachts (wie oft), Aussehen des Urins (Farbe, Geruch, Blut), gesicherte Gesamtmenge, Nierenschmerzen.
6) Atmung, Husten, Auswurf: Atemnot (wann, wieso, nach Anstrengung, Ruhe, Liegen), Husten (trocken, feucht), Auswurf (Farbe, Menge, Geruch, Blut), morgens, Schmerzen bei der Atmung.
7) Temperaturen: Fieber, Frösteln, Schütteln, Schwitzen, Nachtschweiß (Temperaturen von dem Patienten zu verschiedenen Tageszeiten messen und aufschreiben lassen).
8) Menstruation: Beginn, Dauer, Unregelmäßigkeiten, Beschwerden im Bereich der Gebärmutter und Eierstöcke.
9) Gifte und Medikamente: Schlafmittel, Beruhigungsmittel, Herz-, Wasser-, Schmerztabletten. Beruflicher und häuslicher Kontakt mit Chemikalien und Giften, Konsum von Tabak und Alkohol, Abführmittel, „Pille".
10) Allergien: Überempfindlichkeit und Reaktionen auf Naturstoffe, Nahrungsmittel, Medikamente, Chemikalien und Gifte.

Form D: Tiefenpsychologisch orientierte Anamnese (TA)

Erster Eindruck

Kurze, stichwortartige Beschreibung des ersten Eindruckes. Befinden, Haltung, Motorik, Äußerung, Aussehen, Kleidung usw.

Evtl. auch „ersten Satz" (oder „erste Äußerung") des Patienten notieren.

I. Beschwerden/Symptomatik

1) Was hat Sie zu uns geführt? Warum sind Sie hier? Worunter leiden Sie, weswegen haben Sie den Arzt aufgesucht, weswegen gerade uns? (Spontane Äußerungen abwarten! Versuchen, ein Bild von den subjektiv quälendsten Symptomen zu erhalten. Symptome genau beschreiben lassen und möglichst in direkter Rede, in der vom Patienten angegebenen Reihenfolge fixieren.)
2) Welche Symptomatik, die der Patient spontan nicht berichtet, ist zu beobachten (Tic, Tremor, Sprachstörungen usw.)?

3) Zusätzlich fragen nach:
   a) Wahrnehmungsstörungen
   b) Stimmungslage
   c) Zwangsvorstellungen, -impulse, -handlungen
   d) Angst (allgemeine, diffuse, vor Bestimmtem usw.)
   e) Tagträumen
   f) Merkfähigkeit, Gedächtnis (Neu-, Alt-Gedächtnis)
   g) körperlichen Störungen (Appetit, Stuhl, Schlaf, Gewicht, Magen-Darm-Symptome usw.)
   h) auffälligem Verhalten, Fehlleistungen
   i) Menarche, Menopause, Dysmenorrhoen, Potenzstörungen, venerische Erkrankungen
   k) Medikamenteneinnahme
4) Welche Befunde und Diagnosen liegen vor, sind noch zu veranlassen? Frühere Erkrankungen, Krankenhaus- und Kuraufenthalte, Operationen.

II. Auslösende Situation

1) Beginn der Beschwerden/Symptomatik (möglichst genau, Lebensalter und Jahr für jedes Symptom). Evtl. Einkreisen des zeitlichen Beginns durch Fragen nach Schwellensituationen. Beginn der Symptomatik allmählich, plötzlich, rezidivierend. Überdauerte die Symptomatik die Pubertät?
2) Wie war die damalige Lebenssituation? Innere und äußere Situation des Patienten. Auslösende Konfliktsituation. „Locker drängen". Bei plötzlichem Beginn der Symptomatik kann bis zu etwa einem halben Jahr etwas Schicksalhaftes vorausgegangen sein. Evtl. Fremdschilderung.
   a) Familie und Beziehungspersonen (Ist jemand gestorben, erkrankt, neu in die Familie gekommen oder in Beziehung zu dem Patienten getreten? Verlobung, Heirat, Kinder, sonstige Veränderungen, Sexualität).
   b) Berufssituation (Veränderungen, Pläne, Fehlschläge, Wünsche).
   c) Besitzverhältnisse (Erbschaft, Änderung des Einkommens, Ansprüche, Verpflichtungen, Schulden).
   d) Besondere Erlebnisse (Krieg, Gefangenschaft, Flucht, politische Schwierigkeiten), allgemeine gesellschaftliche Aktivitäten, Haupt- und Nebenämter.

Charakteristisch ist hier auch, was der Patient vergißt, spontan nicht äußert, wobei er sich auffällig oder abartig verhielt. Wenn die Erfragung der Versuchungs- und Versagungssituation gelingt, ist eine Beziehung zwischen Erleben, Fehlverhalten und Symptomatik herzustellen.

III. Persönlichkeitsstruktur

Anschließend an die Erfragung der auslösenden Situation und die Entwicklung der Beschwerden ist es erforderlich, sich ein Bild von der prämorbiden Persönlichkeit zu machen.

1) Persönlichkeitsbeschreibung: Erscheinung und Verhalten, Stimmungslage, Konzentration, Mitteilungsbereitschaft.
2) Erlebnis- und Verhaltensweisen.
   Wie lebt und verhält sich der Patient? Wie hat er damals gelebt und sich verhalten? Was sagt der Patient, und was „sagt" er, indem – wie er es sagt? Was „fehlt" in seiner Schilderung im Hinblick auf vollständiges Erleben und Verhalten? (Wörtliche Wiedergaben!)
   a) allgemeines Lebensgefühl, Wünsche, Pläne, Hoffnungen, Religiosität
   b) mitmenschlicher Kontakt, Einordnung, Geselligkeit
   c) dem Besitz gegenüber (im weitesten Sinn)
   d) im Bereich des Geltungs- und Aggressionsstrebens
   e) in bezug auf Liebesfähigkeit und Sexualität.

Was hat sich gegenüber heute geändert? (Verschlechterung, Besserung, Reaktion auf die Symptomatik?)

3) Zur Persönlichkeitsstruktur (Beurteilung der) ist außer den tiefenpsychologischen Gesichtspunkten (ad 2) unerläßlich.
   a) Berücksichtigung der Konstitution, evtl. familiäre Belastung
   b) äußeres Aussehen des Patienten (Größe, Gebrechen, schön, häßlich, durchschnittlich usw.)
   c) Intelligenz
   d) besondere geistige oder handwerkliche, praktische Begabungen oder Mängel
   e) Beruf (Ausbildung, Wissen, Können) soziale und familiäre Situation, finanzielle und Wohnsituation, Freizeit, Rente
4) Testfragen und Testuntersuchungen: Intelligenz, Befindlichkeit, Berücksichtigung psychometrischer Teste, 3 Wünsche, Lieblingsgericht, „das Liebste" usw., evtl. Versuchsinterpretation.
   Initialtraum, häufig wiederholte Träume.

IV. Genese

Genese bezieht sich weniger auf die Symptomatik als auf die Entwicklung der Persönlichkeitsstruktur. Wie ist gerade diese Persönlichkeitsstruktur zustandegekommen, auf deren Boden sich die Symptomatik gebildet hat? Anzustreben ist ein möglichst genaues Bild von den Lebensumständen und Beziehungspersonen in der frühen Kindheit, und wie der Patient damals erlebt, sich verhalten und weiterentwickelt hat.

1) Aus welchem sozialen Milieu stammt der Patient? (Berufs- und Ehesituation der Eltern, soziales „Niveau" des Vaters und der Mutter. Wer hat Vermögen in die Familie gebracht, wer bestimmt den Lebensstil, Wohnung, Hausangestellte usw.?)
2) Charakteristik der Eltern (Vater und Mutter getrennt aufführen, Alter angeben). Andere Beziehungspersonen (Großeltern usw.). Grundsätzliches wie die Persönlichkeitsstruktur des Patienten erfragen. Wer hat in der Ehe dominiert? Welche geistigen Beziehungspersonen waren vorhanden? Erziehungsprinzipien. Worauf legten Vater und Mutter Wert?
3) Stellung in der Geschwisterreihe und Beziehung zu den Geschwistern. (Geschlecht der Geschwister, Altersunterschied zu ihnen, Reaktion auf Geburt neuer Geschwister. Erlebnisse mit Geschwistern, evtl. Familienanekdoten, spätere Beziehung zu den Geschwistern usw.)
4) Was ist über die Geburt, evtl. den Schwangerschaftsverlauf bekannt? (Erwünschtes – unerwünschtes Kind, seelische Reaktion und Gesundheitszustand der Mutter vor, während und nach der Geburt. Damalige Lebens- und soziale Situation der Eltern, evtl. damalige allgemeine politische und wirtschaftliche Lage usw.)
5) Haben in früher Kindheit Auffälligkeiten bestanden? (Primordialsymptomatik wie: Daumenlutschen, Nägelkauen, Eßstörungen, Sprachstörungen, Erbrechen, Einkoten, Pavor nocturnus, Anfälle, Haareausreißen, Marotten usw., auch frühkindliche Erkrankungen wie Hautausschläge, Ernährungsstörungen, Rachitis, Tbc, nach Krankenhausaufenthalten fragen!)
6) Verlauf der Kindheit:
   a) Nach frühester Erinnerung fragen (möglichst wörtlich in direkter Rede wiedergeben. Oft entstellt oder Deckerinnerungen, die für die Problematik des Patienten jedoch von großer Wichtigkeit sind.)
   b) Was ist aus den Berichten von Angehörigen bekannt? (Stillzeit, Sauberkeitsgewöhnung, motorische Entwicklung, Trotzphasen, Sprachentwicklung, Fragealter)
   c) Schilderung des Patienten nach eigenen Erinnerungen. Vorschulzeit, Spiele und Spielfähigkeit, Einzelgänger, Rädelsführer usw. Lebhaftes oder stilles Kind. Guter oder schlechter Esser. Verträglich, unverträglich, schüchtern oder aggressiv im Umgang? Störer? Schulzeit, Art der Schule und des Schulabschlusses, Leistungen, Lieblingsfächer, Stieffächer.
7) Späterer Lebensweg (Pubertät, Erleben der Menarche, masturbatorische, homoerotische Phase, erster Sexualverkehr, sexuelle Entwicklung)

Berufsausbildung, Ehe und Entwicklung bis zum Beginn der Symptomatik.

Zum Abschluß der Anamnese: Frage an den Patienten – Was meinen Sie dazu?

V. Zusammenfassung

1) Einweisungsdiagnose
2) Somatische Befunde. Welche Befunde und Diagnosen liegen vor, sind noch zu veranlassen?
3) Tiefenpsychologische Befunde: Alter des Patienten, Symptomatik, deren Dauer und neurosenpsychologischer Hintergrund. Welche Charakterstruktur liegt vor?
4) Prognostische Kriterien: Alter, Chronifizierung, Leidensdruck und Art des Leidensgefühls, Schwere der auslösenden Situation, soziale Situation, Ideologien, Ich-Stärke, Antwort auf Versuchsinterpretation usw.)
   a) prognostisch günstige Faktoren,
   b) prognostisch ungünstige Faktoren.
5) Therapievorschlag oder -plan: theoretische und pragmatische Indikation. Procedere.

•••• Fragebogen

Fragebogen (Questionaire) werden ohne Hinzuziehen des Untersuchers vom Patienten ausgefüllt. Sie lassen sich zur Ergänzung der ärztlichen Anamnese und für statistische und vergleichende Untersuchungen verwenden.

15.19.3 Diagnostische Testuntersuchungen

Durch den Einsatz psychologischer Tests wird versucht, eine immer wiederholbare Situation hervorzurufen, die diagnostisch zuverlässiges Verhalten und Aussagen der zu untersuchenden Person hervorruft. Im klinischen Bereich sind überwiegend die sogenannten projektiven Tests und Persönlichkeitsfragebogen in Gebrauch.

Im Rahmen der Neueinführung der ICD 10 werden eine Reihe von strukturierten diagnostischen Vorgehensweisen angeboten wie: Checklisten für den Arzt, strukturierte und standardisierte Interviews für Ärzte und Therapeuten, Fragebogenverfahren zur Selbst- und Fremdbeurteilung, Such-Tests und die bisher bewährten psychosomatisch orientierten klinischen Testverfahren.

•••• Projektive Tests

Sie bestehen aus formal und inhaltlich ausdeutungsfähigen Vorlagen, die z. B. im Rorschach-Test aus schwarzen und farbigen symmetrischen Tintenklecksen bestehen, deren Deutung durch die Patienten einen tiefen Einblick in die Struktur und Dynamik der verschiedenen Persönlichkeitsbereiche erlaubt. Projektive Tests sind zeitaufwendig, andererseits im Vergleich zu den Fragebogen-Tests wesentlich aussagekräftiger hinsichtlich der Individualität, Subjektivität und Psychodynamik.

•••• Thematischer Apperzeptionstest (TAT)

Dieser Test und seine Modifikation stellen eine Serie von Bildern mit affektiv-emotional ansprechenden Szenen dar, zu denen der Patient möglichst dramatische Geschichten erzählen soll. In diesem Testverfahren projiziert und spiegelt sich die Struktur der Persönlichkeit, ihr verbales Ausdrucksvermögen sowie die inhaltlich im Vordergrund stehenden bewußten und unbewußten Ängste, Phantasien, Wunschdenken und sehr frühe Niederschläge aus dem Kindheitserleben.

•••• Persönlichkeitsfragebogen (Persönlichkeitsinventare)

Bei diesem Testverfahren handelt es sich um standardisierte Fragen mit möglichst wenig Aussagemöglichkeiten (ja, nein, weiß nicht, polar oder einseitig angeordnete Intensitätsskalen). In diesen Tests kann auf Selbsteinschätzung, Einstellungen, Konflikte und bestimmte Persönlichkeitsbereiche geschlossen werden.

Für psychosomatische Fragestellungen hat sich der Gießen-Test (GT), der auf einem psychoanalytischen Konzept beruht, bewährt. Der MMPI Saarbrücken erfaßt Bereiche wie Hypochondrie, Depression, Manie u. a.

Das Freiburger Persönlichkeitsinventar FPI in seiner aktuellen Ausgabe als FPI-R eignet sich mehr für allgemeine Eigenschaften der Persönlichkeit wie Lebenszufriedenheit, Beanspruchung (durch Streß), körperliche Beschwerden, Emotionalität u. a.

- *Beachte:* Bei allen psychosomatischen Untersuchungen sollten die Grunddimensionen Angst und Depressivität unter allen Umständen erfaßt werden. Für die Angst eignen sich die beiden Tests nach Spielberger (STAI-G Form X1 für aktuelle Angst, STAI-G Form X2 für die Grundangst bzw. Angstbereitschaft). Das Phänomen der Depressivität läßt sich relativ einfach über die Fragebögen nach A. T. Beck (BDI) oder nach Hamilton erfassen.

- *Beachte:* Unter allen Umständen bedürfen alle technischen Hilfsmittel einer Ergänzung durch das diagnostische Gespräch, das nicht nur einen in der technisierten Medizin humanen Zugang zum Patienten, sondern auch einen beginnenden therapeutischen Prozeß darstellt.

15.20 Beschreibung und Struktur der Persönlichkeit

Erfaßbare Bereiche der Persönlichkeit, die uns im klinischen Alltag begegnen, werden im folgenden abrißartig aufgeführt. Hierbei ist zu beachten, daß in den einzelnen Bereichen formale, inhaltliche und klinisch-pathologische Ausprägungen zu unterscheiden sind. Diese einzelnen Bereiche stehen untereinander in einem komplexen Zusammenhang. Sie sind phasenspezifisch sowie abhängig von genetischen, psychosozialen, somatischen und kulturellen Faktoren.

15.20.1 Grundeigenschaften der Persönlichkeit

Beispiele für psychologisch erfaßbare und beschreibbare Grundeigenschaften der Persönlichkeit:

1. Intelligenz und Begabung (komplexe Funktion von 2, 3, 5, 7, 12):
   - Formen: abstrakt-theoretisch, konkret-praktisch, verbal, sozial.
   - Pathologie: Oligophrenie (angeboren), Demenz (erworben).
   - Es gehen ein: Schulbildung, Sprachbegabung, Raumvorstellung, Umgang mit Zahlen und Störungen von 2, 5, 7, 12.
2. Denkprozeß (Teilprozesse sind Gedächtnis und Merkfähigkeit):
   - Formale Unterschiede: Gedächtnis, Vorstellungsraum, Zeitform; vorwiegend visuell oder auditiv.
   - Pathologischer Inhalt: Inkohärenz, Haften, Perseveration, Ideenflucht, Ideenhemmung, Produktionsschwäche, Imaginationsschwäche, Zwang, Wahnvorstellung.
   - Pathologischer Defekt: Amnesie (Gedächtnisausfall), Merkstörung (z.B. beim Korsakow-Syndrom), Paramnesien, Konfabulationen, Hemmungen.
3. Wahrnehmungen (Auffassungsvermögen, Aufmerksamkeit, Konzentration):
   - Formen: Ablenkbarkeit, Suggestibilität, Beständigkeit, Faszination.
   - Inhalt: Illusion, Halluzination (alle Sinneseindrücke), Pseudohalluzinationen (Unwirklichkeit erkannt).
   - Pathologische Abweichung: Verlangsamung, Schwäche, Block, Teildefekte.
4. Stimmung („individuelle Klangfarbe des Lebensgefühls"):
   - Formen: stabil-labil, normal sind leichte Oszillationen.
   - Inhalt: manisch, euphorisch, heiter-lustig, ausgeglichen, ernst, traurig, mißmutig, schwermütig, depressiv.

5. Affektivität (Gefühlsansprechbarkeit, Eindrucksfähigkeit, Emotionalität, „Nervosität", Temperament):
   - Formen: Stabilität, Rigidität, Inkontinenz, Übererregbarkeit, Unansprechbarkeit.
   - Typ: cholerisch-sanguinisch, phlegmatisch, Hypersensitivität, Apathie, Torpidität.

Ist überwiegend konstitutionsmäßig angelegt, beeinflußt zahlreiche weitere psychologische Funktionen und spielt eine große Rolle bei der Auslösung psychosomatischer Störungen.

6. Gemüt (affektive Teilnahme und psychosoziale Erlebnisfähigkeit und Anteilnahme):
   - Formen: defekt, stumpf, kalt, reserviert, warmherzig, überschießend, reich.
7. Antrieb (Vitalität, durchgehender Antrieb aller psychischen Vorgänge und Verhaltenseigenschaften):
   - Form: explosiv-stetig, locker-verkrampft, konstant-inkonstant.
   - Typ: energisch, kraftvoll, schwungvoll, schwunglos, kraftlos, schwach, antriebslos.
   - Pathologie: Akinesie, Stupor, Katalepsie, Mutismus, Hyperkinesie, Raptus.
8. Bewußtseinslage (komplexe Funktion von 2, 3, 4, 5, 7):
   - Pathologie: Benommenheit, (Somnolenz, Sopor, Koma), Trübung (Verwirrtheit, Delir).
   - Orientierungsfähigkeit: eigene Person, Beziehungspersonen, Zeit, Ort.
9. Eigenmachtsgefühle (subjektives Erleben der eigenen Körperlichkeit und Vitalität), Abhängigkeit von der somatischen und klinischen Funktionsfähigkeit.
10. Selbstwertgefühl (mitbestimmt durch 9, 7, 4 und soziale Erfahrung):
    - Deskription: echt-unecht, prahlerisch, selbstbewußt, bescheiden, unsicher, verkümmert, minderwertig.
11. Soziales Verhalten und Angepaßtheit (Einordnung in die Mit- und Umwelt, mitmenschliche Beziehungen, Übereinstimmung mit den Forderungen und Normen der Gesellschaft):
    - Deskription: angepaßt, unangepaßt, verwahrlost, asozial, kriminell.
12. Soziales Durchsetzungsvermögen (komplexe Funktion):
    - Deskription: dominant-nachgiebig, Position in der Gruppe, Führungsansprüche, Status.
13. Aggressionsverhalten und Frustrationsfähigkeit (komplexe Funktion):
    - Deskription: normales Aggressionsverhalten, Aggressionshemmungen durch Ich, Über-Ich, Gesellschaft und Kulturbereich. Stö-

rungen in diesem Bereich sind für die Entstehung von Psychoneurosen, psychosomatischen Erkrankungen und Psychosen von besonderer Bedeutung.
14. Konversionsfähigkeit: Wie reagiert der Patient körperlich auf seelische Inhalte wie Konflikte, Spannungen, Frustrationen, Aggression und Angstzustände.
15. Psychosomatische Organwahl („somatischer Resonanzboden"): Welches Organ bzw. welcher Funktionsbereich reagiert bei psychischen Störungen mit und wird ggf. zum somatischen Ausdruck einer primär psychosozialen Störung: Herz, Magen-Darm, Atmung, Bewegungsapparat u. a.

15.20.2 Persönlichkeitstypologie

Die Persönlichkeitstypologien versuchen, idealtypisch unter pragmatischem Aspekt Orientierungshilfen zur Einordnung der Vielfalt der Individuen zu geben. Bei allen diesen Typologien ist zu berücksichtigen, daß sie nur partielle Aspekte erfassen und in den meisten Fällen Mischtypen darstellen. Vorwissenschaftlich deskriptive Typen finden sich in der Dichtung aller Zeiten (Antike, Hippokrates, La Bruyère u. a.).

Die tiefenpsychologisch orientierten Typologien sehen im Typus die Fixierung, Sublimierung oder Reaktionsbildung von Verhaltenszügen der frühkindlichen Entwicklungsphasen. Typische Begriffe sind oralkaptativ, narzißtisch, anal-sadistisch, phallisch-urethral. In Anlehnung an die Neurosenlehre sind die vier idealtypischen Formen des hysterischen, zwanghaften, schizoiden und depressiven Typus zustande gekommen.

Die Konstitutionstypen gehen aus dem Versuch hervor, einen psychophysiologischen Zusammenhang vom Körperbau, der überwiegenden Affektivität und Tendenz zu bestimmten neuropsychiatrischen Erkrankungen herauszuarbeiten. Nach Kretschmer unterscheidet man folgende Typen: leptosom-asthenisch (schizothym, zwiespältig, verschlossen), athletisch (viskös, bedächtig, zähflüssig) und pyknisch (zyklothym, rascher Stimmungswechsel, affektive Ansprechbarkeit).

Ein an der Embryonalentwicklung orientiertes typologisches System wurde in den USA von Sheldon aufgestellt: Endomorphie (Viszerotonie, schlaffe Haltung und Bewegung, bequem, Freude am Essen und Geselligkeit), Mesomorphie (Somatotonie, stramme Körperhaltung, straffer Bewegungsablauf, aggressiv und rechthaberisch) und Ektomorphie (Zerebrotonie, gehemmte und verkrampfte Bewegungen, starke Gefühlserregbarkeit, soziale Hemmungen, emotionale Zurückhaltung).

15.20.3 Physiotherapeut als „naiver" Psychologe und Kotherapeut

Maslow als Vertreter der humanistischen Psychologie hat darauf hingewiesen, daß auch Laien wie überhaupt die meisten Menschen je nach Situation und Veranlagung eine psychotherapeutische Wirkung ausüben können und zur Erfassung seelischer Zustände bei den Mitmenschen in der Lage sind. Sowohl die klassische Schulpsychologie als auch die psychodynamisch-tiefenpsychologisch orientierten Konzepte haben auf zahlreiche Faktoren hingewiesen, die im Umgang mit Mitmenschen und mit uns selbst zu erheblichen Fehlbeurteilungen und Verzerrungen der inneren und äußeren Wahrnehmung führen. Diese sind persönliche Einstellungen und Überzeugungen (Abwärtseffekte höherer kortikaler Funktionen auf Schaltstellen der Wahrnehmung, Aufwärtseffekte des emotionallimbischen Systems auf höhere Rindenfunktion), Abwehrmechanismen, Verzerrungen durch ganz bestimmte persönliche Motivationen, Rückschlüsse von der eigenen Innerlichkeit und der persönlichen Erfahrung auf Handlungen und Verhaltensweisen anderer Menschen (Attribution). Aus diesem Grunde ist es gerade für alle in der psychosomatischen Medizin tätigen Berufsgruppen erforderlich, sich in Selbst- und Gruppenerfahrungsprozessen über diese Fehlerquellen der „naiven Psychologie" klarzuwerden und dabei gleichzeitig ein tieferes Beobachtungs- und Einfühlungsvermögen zu entwickeln.

15.20.4 Physiotherapeut als Partner

Diese Vorbemerkungen sollen jedoch umso mehr den Physiotherapeuten dazu motivieren, seine von Verzerrungen gereinigte „naive Psychologie" in seinem Berufsfeld einzusetzen und in Teamgesprächen im Rahmen einer „multi-disziplinären Diagnostik" einzubringen.

Für den Physiotherapeuten ist von besonderer Wichtigkeit die Tatsache, daß bestimmte physiotherapeutische Situationen, Eingriffe, Übungen, Bewegungsspiele die Innerlichkeit und das Ausdrucksverhalten eines Menschen anregen und weiter vertiefen können.

So unterscheidet man bei dem Bewegungsablauf in der Krankengymnastik den sogenannten *Handlungsteil* (physiologisch-anatomisch, funktionell, zweckhaft und leistungsbezogen) und den sogenannten *Ausdrucksteil* (Persönlichkeit, Stimmung, Emotion, Eigenschaften und Lebensstil).

Je freier und spontaner die Bewegungsabläufe in der Einzelbehandlung oder innerhalb der Gruppenbehandlung sind, um so mehr können Persönlichkeitseigenschaften zum Ausdruck kommen. (Auf diesem Prinzip bauen die konzentrative Bewegungstherapie und die analytische Tanz- und Bewegungstherapie auf). Selbst elementare Bewegungsabläufe und

Spielformen wie freies Gehen im Raum, Spielen und Übungen mit und ohne Gerät, Entspannungsübungen, Partnerübungen, Übersetzung verbaler Aufgaben in einfache Bewegungsabläufe, rhythmische Übungen und rhythmische Aufgaben lösen individuelles Ausdrucksverhalten aus, das je nach Fähigkeit und Bildung des Beobachters wichtige diagnostische Rückschlüsse ermöglicht.

So sind aus den verschiedenen Bewegungsabläufen und Verhaltensstilen Schlußfolgerungen auf Antrieb, Aufgabenverständnis (sensomotorische Intelligenz), Bewegungsphantasie, Entspannungsfähigkeit, Emotionalität, Affektivität, Aggressivität, Ängste, Stimmungslage, Anpassungsfähigkeit an Gruppe und Partner sowie frühkindliche (0–5 Jahre) Prägungen der Persönlichkeit möglich.

15.21 Körperorientierte Psychotherapie

Definition: Körperorientierte Psychotherapie ist über das Medium „Körper" (transkorporel) sich vollziehende Psychotherapie.

War die „Urmutter" der Psychotherapie, nämlich die Psychoanalyse, noch ganz auf das „Wort" des liegenden motorisch ruhiggestellten Patienten angewiesen, so versucht heute die sogenannte körpernahe oder körperorientierte Psychotherapie die „Verleugnung", den „Verrat" und die „Aufgabe" des Körpers durch Einbeziehung des Körpers in eine ganzheitliche Psychotherapie auszugleichen. Gefördert wurde diese Bewegung durch die Ansprüche der modernen psychosomatischen Medizin, deren Aufgabe in der ganzheitlichen Betreuung des kranken Menschen liegt. Eine weitere Anregung und Unterstützung für die körperorientierten Psychotherapien ist die moderne Säuglingsforschung.

15.21.1 Ziele und „Schulen" körperorientierter Verfahren

Durch gezielten Einsatz und Integration von Bewegung, Körperwahrnehmung und Verbalisierung (Bedeutungskopplung) wird versucht, die entwicklungspsychologisch und kulturgeschichtlich bedingte Kluft zwischen Seele und Körper zu überbrücken. Je nach Theorie und maßgeblichen Modellvorstellungen sind die Elemente und Ziele einer körperorientierten Psychotherapie:

- Optimale und harmonische Körperbeherrschung und Erweiterung der Bewegungsmuster (z. B. Eutonie, Feldenkrais).
- Entspannungstechniken über das Kontrastprinzip Spannung-Entspannung (progressive Muskelrelaxation) oder mit Hilfe kognitiv-bildhafter Vorstellungen (autogenes Training).
- Allgemeine Körperwahrnehmung über Anbindung an die Atmung (funktionelle Entspannungstherapie) mit sprachlicher Kennzeich-

nung und Schilderung der dabei entstehenden körperlichen und seelischen Vorgänge.

- Individuelle und gruppenbezogene Bewegungsabläufe und Verwendung gestalterischer Elemente zur Erfassung und therapeutischen Bearbeitung lebensgeschichtlicher Prägungen (Fixierungen), pathologischer Grundhaltungen und deren Bewußtwerden durch Ausdruck, Nachvollzug und Spiegelung in der Gruppe (konzentrative Bewegungstherapie, analytische Tanz- und Integrative Bewegungs- und Gestalttherapie).

■ *Beachte:* Ein Grundproblem bei der Darstellung körperorientierter Psychotherapien besteht im sprachlichen Ausdrucksvermögen. Denn es handelt sich grundsätzlich um die Auslösung psychomotorischer Vorgänge, die vor dem Erwerb der Sprache lagen bzw. die Basis der Sprache selbst darstellen. Aus diesem Grund ist für den Interessenten nur die durch Fachkräfte vermittelte Selbsterfahrung am eigenen Körper im Rahmen einer Fortbildung möglich.

Eine Kombination körperorientierter Psychotherapieverfahren und klassischer Psychotherapie und Verhaltenstherapie ist in den psychosomatischen und psychotherapeutischen Kliniken längst üblich. Im Rahmen der ambulanten Versorgung steht diese Methodenintegration noch aus.

15.21.2 Progressive Muskelrelaxation (PMR)

Die progressive Muskelrelaxation wurde von dem amerikanischen Psychologen Edmund Jacobson in den 30er Jahren entwickelt. Das ursprünglich sehr komplexe Verfahren hat sich in einer vereinfachten Form als einfachster Einstieg in die aktiven Entspannungstechniken bewährt.

■ *Definition:* Die progressive Muskelrelaxation bezeichnet einen stufenweisen Aufbau über das Kontrastprinzip Muskelspannung-Muskelentspannung.

Der in der modernen Leistungsgesellschaft auf ständige Spannung und Abwehr ausgerichtete Mensch ist häufig nicht in der Lage, innerhalb kurzer Zeit von Spannung auf Entspannung umzuschalten. Es ist leichter, den Muskel anzuspannen als zu entspannen. Hierauf baut die progressive Muskelrelaxation auf. Der gespannte Muskel wird nach wenigen Sekunden in seinem Spannungszustand wahrgenommen, läßt sich daraufhin bei Abschalten der Spannung leichter entspannen. Die Körperwahrnehmung wird zunächst auf das Spannungsgefühl gerichtet („Spannen Sie die Faust, halten Sie Spannung für 10 bis 20 Sekunden. Sie spüren jetzt ein Gefühl der Spannung.") Bei Loslassen der Spannung stellt sich dann allmählich im Kontrast ein neues Gefühl der Entspannung ein („Spannung loslassen. Sie spüren jetzt ein anderes Gefühl“). Schrittweise werden alle willkürlich anspannbaren Muskeln des Körpers im Rahmen von Grundübungen durchgearbeitet (Füße, Beine, Bekken, Bauch, Brust, Rücken, Schulter, Nacken, Kopf oder umgekehrt). In einem weiteren Schritt wird dann versucht, mehrere Muskelgruppen bzw. den ganzen Körper zu spannen und zu entspannen.

In Form einer „Oberstufe“ der PMR ist es möglich, direkt durch das Kommando „entspannen“ bzw. durch die entsprechenden Vorstellungen die Gesamtmuskulatur zu entspannen.

Die besondere Wirkung der PMR besteht darin, daß sie relativ leicht in kurzer Zeit zu lernen ist und daß sie über die Beeinflussung des limbischen Systems und der Formatio reticularis eine körperlich-vegetative Ruhigstellung bewirkt.

15.21.3 Autogenes Training nach I. H. Schulz (AT)

Das AT wurde von dem Berliner Psychiater I. H. Schulz vor über 50 Jahren zur Behandlung von psychosomatischen und funktionellen Erkrankungen entwickelt.

- *Definition:* Beim AT handelt es sich um ein systematisches, einfach strukturiertes Entspannungsverfahren zur Beeinflussung von Muskulatur und vegetativen Funktionen (Durchblutung, Herzfrequenz, Atmung u. a.).

Über sogenannte innere Formeln (Vorsätze, Vorstellungsbilder) wie Schwere, Wärme, ruhiger Puls, autonomes Gleichmaß der Atmung, Entspannung des Bauchraumes und Kopfes kommt es so zu einer verbesserten inneren Wahrnehmung, dadurch zu einer echten psychovegetativen Beeinflussung des Körpergeschehens.

Die neuroanatomischen Grundlagen des AT beruhen auf dem Zusammenspiel höheren kognitiver Gehirnzentren mit dem limbischen System (vegetatives Nervensystem) und der Formatio reticularis (Beruhigung des Alarmsystems).

Das AT kann in Kursen in Gruppenarbeit in 8 bis 12 Wochen gelernt werden, vorausgesetzt, daß mehrmals täglich geübt wird. Bei Patienten, die beim AT Schwierigkeiten oder Angstzustände schildern, sollte das AT im Einzelverfahren vermittelt werden. Andernfalls kann ein Einstieg über die progressive Muskelrelaxation versucht werden.

15.21.4 Eutonie

Dieses Verfahren wurde in den 50er Jahren von Gerda Alexander, angeregt durch Rhythmikerziehung, entwickelt. In der Zwischenzeit gibt es in mehreren europäischen Ländern ausgebildete Eutonie-Pädagogen.

- *Definition:* Eu = wohl, harmonisch; tonus = Spannung. Die Eutonie versteht sich als Weg zur Selbstfindung und Umstellung der Gesamthaltung der Person über den Körper.

Durch einen systematischen Übungsaufbau und eine ausgeglichene Spannung zwischen Beuge- und Streckmuskulatur, freier Atmung und funktionierender Blutzirkulation erfolgt ein Aufbau einer funktionsgerechten Haltung durch einen „eutonischen" Spannungszustand der Muskulatur. Auf einer ersten Stufe der Konzentrations- und Bewußtseinsübung wird eine Verbesserung des Körperbewußtseins angestrebt. Dies erfolgt durch wahrnehmende Berührung in Ruhe (Durchfühlen des Körpers im Liegen) und in Bewegung, Verfolgung der Bewegung eines Gliedes, durch Innenraumerfahrung (Bewußtmachung der Hohlräume des eigenen Körpers, wie Mund, Hals, Brustraum u. a.) und durch „Skeletterfahrungen" (Erspüren des eigenen Knochengerüstes im Sitzen, Liegen und Stehen). Mit Hilfe von Kontaktübungen werden differenzierte Eigenwahrnehmungen (Kontaktübungen mit beiden Händen) und Fremdwahrnehmungen mit der unbelebten Umwelt (Stabübungen, Bodenkontakt u. a.) aufgebaut.

Durch Strecken und Dehnen sowohl in passiver als auch in aktiver Form mit und ohne Widerstand kommt es zur Lösung verspannter Muskelgruppen und damit zum Aufbau einer neuen Körperhaltung.

Mit funktionsbezogenen Übungen wird versucht, Funktionen wie Atmung, Schlafen und Wachen, die Sinneswahrnehmungen Sehen und Hören weiterzuentwickeln.

Durch definierte „Kontrollstellungen" wie „Fersensitz", „auf allen Vieren" u. a. kann der Übende die ausreichende Funktionsfähigkeit von Muskelbändern und ordnungsgemäße Körperwahrnehmung überprüfen.

Im Gegensatz zu den mehr psychotherapeutisch orientierten Verfahren erfolgt während der Übungen keine oder nur eine geringe Verbalisierung und Interpretation.

Bei physiotherapeutisch orientierten Funktionsprüfungen oder bei ärztlichen Untersuchungen ist der Kenner sofort in der Lage, den durch Eutonie trainierten Menschen zu erkennen.

15.21.5 Feldenkrais-Methode

Die Feldenkrais-Methode wurde von Mosche Feldenkrais (1904–1984) entwickelt.

- *Definition:* Eingefahrene und unphysiologische Bewegungsmuster werden im Rahmen einer klar strukturierten Lehrmethode durch einen „Umlernprozeß" verändert.

Die Schüler erlernen in der Gruppe relativ einfache Bewegungsabläufe, zahlreiche Variationsmöglichkeiten unterschiedlicher Bewegungsmuster und sind daher in der Lage, ihr gesamtes Bewegungsrepertoire mit Beeinflussung unterschiedlicher Körperbereiche zu erweitern. Diese Methode vollzieht sich überwiegend im körperlichen Bereich. Innere Wahrnehmungen und Hinweise auf psychische Blockierungen werden in dieser Methode nicht weiter „psychotherapeutisch" bearbeitet. Dennoch sind Veränderungen im Erlebnis- und Verhaltensbereich anzunehmen.

15.21.6 Funktionelle Entspannung

Diese Methode wurde von Marianne Fuchs in Heidelberg entwickelt.

- *Definition:* Differenzierte Methode der Körperwahrnehmung und ihrer psychischen Blockade ausgehend vom Atemrhythmus.

In einer subtilen psychotherapeutisch orientierten Arbeit zwischen Therapeut und Patient wird über den erlebten und nacherlebten Atemrhythmus versucht, körperliche und seelische Blockaden im Körper aufzuspüren. Diskrete Hinweise des Therapeuten ermöglichen im Zusammenspiel mit dem Atemrhythmus dem Patienten eine „einspürende Einstellung" und damit eine Umstellung vegetativer und gleichzeitig psychischer Funktionen. Durch umschriebene Körperberührung durch den Therapeuten erfolgt eine Verstärkung des Eigenrhythmus und gleichzeitig eine Rückmeldung der propriezeptiven Wahrnehmung in den Atmungsorganen benachbarten Körperbereichen, wie Schultergelenke, Kopf, Hals und Bauch. Mit Hilfe von „Spielregeln" wird eine Wahrnehmungseinstellung (Focusierung) mit einer Atmungsphase verbunden. Es ist anzunehmen, daß je nach tiefenpsychologischer Einstellung und Empathie des Therapeuten sehr frühe Prägungsphasen der kindlichen Entwicklung und damit Ursachen psychosomatischer Erkrankungen insbesondere beim Asthma bronchiale zu erfassen sind.

15.21.7 Gestalttherapie und integrative Therapie

Die Gestalttherapie wurde von Fritz und Laura Perls und Paul Goodman entwickelt.

Die Gestalttherapie wurde in den letzten 25 Jahren zu einem eigenständigen Verfahren der *integrativen Therapie* von Hillarion Petzold und Hildegund Heinl im Fritz Perls Institut weiterentwickelt.

- *Definition Gestalttherapie:* Aufbauend auf den Prinzipien der Gestaltpsychologie wird die Persönlichkeit als Gestalt bzw. Ganzheit gesehen, deren dominierende Bedürfnisse als „Figur" vor einem „Hintergrund" hervortreten. Derart ausgegliederte und unvollendete Bedürfnisse sollen in der Gestalttherapie mit Hilfe verbaler und körperorientierter Techniken zu einer neuen Form (Gestalt) integriert und wieder zu eigen gemacht werden.
- *Definition integrative Therapie:* Aufbauend auf den Prinzipien der Gestalttherapie, der Psychoanalyse, der Anthropologie u. a. werden zahlreiche Therapieverfahren wie Psychoanalyse, Verhaltenstherapie, Sozialpädagogie u.a als Subsysteme in ein übergeordnetes Therapiesystem eingeordnet (systemtheoretisches Konzept). In Einzel- und Gruppenarbeit werden gestalterische Elemente wie Malen, Tonarbeit, Musik, Poesietherapie, Rollenspiele, imaginative Methoden sowohl im Rahmen von Therapien als auch im pädagogisch-sozialtherapeutischen Bereich einbezogen.

Einzelne gestalterische Verfahren der integrativen Therapie finden sich auch in anderen körpernahen Therapieformen wieder.

Für den Physiotherapeuten von Interesse ist das umfangreiche Fortbildungsangebot des Fritz Perls Instituts.

15.21.8 Konzentrative Bewegungstherapie (KBT)

Die KBT wurde von Elsa Gindler, I. E. Meyer und H. Stolze begründet. Sie ist ein „Standardverfahren" in zahlreichen psychotherapeutischen und psychiatrischen Kliniken. Ihr Einsatz unter psychoanalytischen Gesichtspunkten wurde von H. Becker 1981 beschrieben.

- *Definition:* Die KBT ist ein bewährtes, gruppenorientiertes, strukturiertes Verfahren der Bewegungstherapie zur Verbindung von Körpererleben mit psychischen Prozessen.

Durch Einsatz unterschiedlicher Körperhaltungen, Bewegungsabläufe, Raumgestaltung, Umgang mit unterschiedlichen Materialien (Bälle, Seile u. a.) sowie durch Kontaktübungen wird versucht, über wahrgenommenes und ausgesprochenes Körpererleben psychische Prozesse der Gegenwart und Vergangenheit zu aktivieren und die damit verbundenen Emotionen freizusetzen. Ein sehr fruchtbarer Ansatz besteht in der Kombination mit psychoanalytischer Gruppen- oder Einzelarbeit.

15.21.9 Psychoanalytisch orientierte Bewegungs- und Tanztherapie (ABT)

Die Begründerin dieser aus der amerikanischen Tanztherapie hervorgehenden an der Psychoanalyse orientierten Form der Bewegungstherapie ist die deutsch-amerikanische Psychoanalytikerin Elaine Siegel, die selbst aktive Tänzerin war. Die amerikanische Tanztherapie besteht seit über 40 Jahren. Ihre Begründerin ist Marianne Chance. Der Ursprung der Tanztherapie liegt im deutschen und europäischen Ausdruckstanz (Isodora Duncan, Mary Wigman, Rudolf von Laban u. a.), der wiederum die Grundlage des amerikanischen „modern dance" darstellt.

Die ABT wurde in Deutschland von den Schülern von H. Siegel durch S. Trautmann-Voigt und B. Voigt weiterentwickelt (DITAT, Bonn).

- *Definition:* Die analytische Bewegungs- und Tanztherapie stellt die konsequente Umsetzung des psychoanalytischen Modells in den Bereich von Tanz, Bewegung und Körpersprache dar. Die Wortsprache der Psychoanalyse wird ersetzt durch die Sprache des Körpers.
- *Zielsetzung:* Überwindung der pathologischen Leib-Seele Spaltung durch die freie Entfaltung der Bewegung (Motilität):

H. Siegel geht von folgenden Grundannahmen aus:

1. Bewegung ist ein eigenständiger Grundtrieb vergleichbar mit dem Freudschen Eros und Thanatos.
2. Jede Entwicklungsstufe in der Kindheit verfügt über ein der Psyche konformes Bewegungsmuster.
3. Der Bewegungsablauf des Erwachsenen ist ein Indikator für die Persönlichkeitsentwicklung. Blockierungen auf bestimmten Entwicklungsstufen hinterlassen Spuren im Bewegungsablauf.
4. Konflikte, Abwehrmechanismen, Verdrängungen sowie innere Lebenserfahrungen und Lebensgrundhaltungen drücken sich in der Bewegung aus.

Wirkmechanismen: Da die Bewegung in einem geeigneten „Setting" durch tänzerisch-musikalisch untermalte Aufgaben von außen beeinflußt werden kann, besteht somit eine „transkorporelle" Beeinflussung der Psyche. Die Wirkung wird allerdings erst erzielt durch Bewußtwerden der inneren Wahrnehmung der Bewegung und deren Verbindung mit Wort und Begriff. Durch averbale und verbale Deutung wird ein therapeutischer Sinnzusammenhang erstellt. Tanz und Bewegung allein genügen nicht.

Die bisher beobachteten therapeutischen Wirkungen insbesondere in Kombination mit analytischen Gruppen und Einzeltherapie sind erstaunlich. Die zukünftige Entwicklung wird von der weiteren wissenschaftlichen Bearbeitung der Wirkmechanismen, von einer abgestimmten Kombination mit der analytischen und tiefenpsychologisch orientierten Psychotherapie im stationären und ambulanten Bereich bestimmt werden.

15.22 Psychosomatisch orientierte Fortbildung für Physiotherapeuten

Eine Fortbildung in psychosomatischer Medizin erfordert neben einer „kognitiven" Literaturarbeit noch mehr praktische Arbeit an sich selbst im Sinne einer Selbsterfahrung.

Im folgenden zählen wir einige konkrete realisierbare Fortbildungsmaßnahmen auf, die der einzelne zumeist vor Ort durchführen kann:

15.22.1 Persönlichkeitsoriente Fortbildung

•••• Körpernahe Verfahren

Progressive Muskelrelaxation. Eine Mindestanforderung für die Arbeit mit Patienten und für präventive Maßnahmen (z.B. Rückenschule). Kursangebote über Volkshochschulen.

Autogenes Training. Setzt wesentlich mehr Engagement, subjektive Offenheit und imaginative Arbeit voraus.

Eutonie. Bedeutet konsequente Dauerarbeit zur ausgeglichenen Körperhaltung. Wenig verbale psychotherapeutische Elemente. Ersatzweise Yoga oder verwandte Techniken.

Körperorientierte Psychotherapie. Intensiver Einstieg in das körperlich-subjektive Erleben im Rahmen einer Gruppe. Psychosomatische, persönlichkeits- und vergangenheitsorientierte Selbsterfahrung. Konzentrative Bewegungstherapie (über psychotherapeutische Ausbildungsinstitute oder Kliniken) sowie analytische Tanz- und Bewegungstherapie (DITAT Bonn). Geeignete Kurse werden über das Fritz Perls Institut oder anläßlich der Psychotherapiewochen in Lindau angeboten.

•••• Patientenorientierte Selbsterfahrung in der Balint-Gruppe

Balint-Gruppe. Klassischer und schonender Einstieg über Umgangsprobleme mit Patienten. Interdisziplinäre Gruppen werden über Ausbildungsinstitute, Kliniken u.a. angeboten. (Literatur: Roth 1985.)

•••• Tätigkeit in einer psychosomatisch-psychotherapeutischen Klinik

Intensive, in den Arbeitsprozeß integrierte begleitende Ausbildung durch die besondere Organisationsstruktur gewährleisten: Fallbesprechungen, Stationskonferenzen, patientenzentrierte Visiten, Einsatz als Ko-Therapeut, interaktiver Austausch von arbeitsbezogenen Problemen und Fragestellungen, deren Bearbeitung mit Hilfe von „Supervisoren" in Supervisionsgruppen erfolgt.

15.22.2 Theoretisch-kognitive Fortbildung

•••• Literaturarbeit

- Einführung in die *Philosophie* z.B. Helfrich (1992) und dtv-Atlas der Philosophie (1991). Eine differenzierte, anspruchsvolle Darstellung bei Popper, Eccles (1987).
- *Neuroanatomische Voraussetzungen* über ein geeignetes Lehrbuch der Anatomie mit Einschluß neurophysiologischer Grundlagen, z.B. Schiebler, Schmidt, Zelles (Hrsg.), 1995.
- *Psychologie und klinische Psychologie.* Eine hervorragende Einführung ist die deutsche Bearbeitung von ZIMBARDO, 1995. Ein sogenanntes „must" für alle, die es ernst meinen.
- *Psychosomatik.* Das Standardwerk ist *Uexküll*, herausgegeben von Adler et al., 1996. Eignet sich zum Nachschlagen und Vertiefen von umschriebenen Fragestellungen und Krankheitsbildern. Zur Einführung eignet sich u.a. Klußmann, 1995.
  Wer Freud in kurzer Zeit original lesen will, sei auf das Taschenbuch *S. Freud*, Abriß der Psychoanalyse. Über das Unbehagen in der Kultur, Fischer, 1953 hingewiesen.
- *Psychotherapeutische Verfahren* sind gut verständlich und umfassend bei Kraiker, Ch., Peter, B. (Hrsg.), Psychotherapieführer, 1994, dargestellt.
- *Körperorientierte Psychotherapie.* Zur Einführung in die Anwendung dieser Verfahren am Beispiel der funktionellen Entspannung empfehlen wir Uexküll et al. „Die subjektive Anatomie" (1994). Ansonsten das einschlägige Kapitel in Uexküll, Psychosomatik, 1996, p. 464.
  Informationen über integrierte Bewegungstherapie und Gestalttherapie bei Hilarion Petzold (1981).

Literatur

Adler, R. et al. (Hrsg.): Integrierte psychosomatische Medizin in Praxis und Klinik. Schattauer, Stuttgart 1992

Alexander, F.: Psychosomatische Medizin, 3. Aufl. de Gruyter, Berlin 1977

Alexander, F.: Psychosomatische Medizin. Grundlagen und Anwendungsgebiete. De Gruyter, Berlin 1977

Balint, M.: Der Arzt, sein Patient und die Krankheit, 4. Aufl. Klett-Cotta, Stuttgart 1976

Balint, M.: Der Arzt, sein Patient und die Krankheit. Klett-Cotta, Stuttgart 1984

Becker, H.: Konzentrative Bewegungstherapie. Integrationsversuch von Körperlichkeit und Handeln in den psychoanalytischen Prozeß. Thieme, Stuttgart 1981

Bowlby, J.: Bindung. Eine Analyse der Mutter-Kind-Beziehung. Fischer, Stuttgart 1975

Bräutigam, W.: Reaktionen, Neurosen, abnorme Persönlichkeiten, 5. Aufl. Thieme, Stuttgart 1985

Bräutigam, W., P. Christian: Psychosomatische Medizin, 5. Aufl. Thieme, Stuttgart 1992

Brazelton, D., B. Cramer: Die frühe Bindung. Die erste Beziehung zwischen dem Baby und seinen Eltern. Klett-Cotta, Stuttgart 1991

Buytendijk, F. J. J.: Allgemeine Theorie der menschlichen Haltung und Bewegung. Springer, Berlin 1956

Buytendijk, F. J. J.: Prolegomena einer anthropologischen Physiologie. Müller, Salzburg 1967

Christian, P.: Medizinische und philosophische Antropologie. In: Handbuch der allgemeinen Pathologie, Bd. I. Springer, Berlin 1969

Cremerius, J.: Freuds Konzept über die Entstehung psychogener Körpersymptome. Psyche 11 (1957) 125

Delay, J., P. Pichot: Medizinische Psychologie, 6. Aufl. Thieme, Stuttgart 1981

Dilling, H., W. Mombour, M. H. Schmidt, (Hrsg.): Weltgesundheitsorganisation. Internationale Klassifikation psychischer Störungen. ICD-10 Kapitel V (F). Klinisch-diagnostische Leitlinien, Hans Huber, Göttingen 1993

Dornes, M.: Der kompetente Säugling. Die präverbale Entwicklung des Menschen. Fischer, Stuttgart 1993

dtv-Atlas zur Philosophie. Deutscher Taschenbuch Verlag, München 1991

Eberspächer, H.: Sportpsychologie. Grundlagen, Methoden, Analysen. Rororo Sport, Reinbek 1993

Eccles, J. C.: Gehirn und Seele. Piper, München 1995

Edelman, G. M.: Göttliche Luft. Vernichtendes Feuer. Wie der Geist im Gehirn entsteht. Piper, München 1995

Ehrenberg, H.: Atemtherapie in der Krankengymnastik. Pflaum Verlag, München 1996

Erikson, E. H.: Kindheit und Gesellschaft, 5. Aufl. Klett-Cotta, Stuttgart 1974

Feldenkrais, M.: Bewußtsein durch Bewegung.Suhrkamp, Frankfurt/Main 1978

Freud, S.: Abriß der Psychoanalyse. Das Unbehagen in der Kultur. Mit einer Rede von Thomas Mann. Fischer, Stuttgart 1953

Freud, S.: Gesammelte Werke in Einzelbänden, Bd. 1 – 18. Fischer, Frankfurt/M. 1964 ff.

Grawe, K., R. Donati, F. Bernauer: Psychotherapie im Wandel. Von der Konfession zur Profession. Hofgrefe, Göttingen 1993

Hahn, P.: Ärztliche Propädeutik – Gespräch, Anamnese, Interview. Springer, Berlin 1988

Hampden-Turner, Ch.: Modelle des Menschen. Ein Handbuch des menschlichen Bewußtseins. Beltz, Basel 1981

Helfrich, Ch.: Geschichte der Philosophie. J. B. Metzler, Stuttgart 1992

Hofstätter, P. R.: Psychologie, 22. Aufl. Fischer Taschenbuch Verlag, Frankfurt/M. 1975

Jung, C. G.: Psychologische Typen, 13. Aufl. Walter, Olten 1978

Kaplan, L. J.: Die zweite Geburt. Die ersten Lebensjahre des Kindes. Piper, München 1993

Kjellrup, M.: Bewußt mit dem Körper leben. Eutonie: durch Spannungsabbau zu Harmonie und Wohlbefinden. Ehrenwirt, München 1980

Klein, N.: Das Seelenleben des Kleinkindes und andere Beiträge zur Psychoanalyse. rororo-Studium, Reinbek 1972

Klußmann, R.: Psychosomatische Medizin. Eine Übersicht. Springer, Berlin 1992

Kraiker, Ch., Peter, B. (Hrsg.), Psychotherapieführer, 1994

Kretschmer, E.: Körperbau und Charakter, 26. Aufl. Springer, Berlin 1977

Kuhn, Th. S.: Die Struktur wissenschaftlicher Revolutionen. Suhrkamp, Frankfurt/Main 1973

Lersch, Ph.: Der Aufbau der Person, 11. Aufl. Springer, Berlin 1970

Lowen, A.: Der Verrat am Körper. Rororo, Reinbek 1984

Mahler, M. S., F. Piene, A. Bergman: Die psychische Geburt des Menschen –Symbiose und Individuation. Fischer, Stuttgart 1980

Maslow, A. H.: Motivation und Persönlichkeit. Rororo, Reinbek 1981

Mertens, W.: Einführung in die psychoanalytische Therapie. 3 Bd. Kohlhammer, Kohlhammer 1991

Mertens, W.: Psychoanalyse. Ein Handbuch mit Schlüsselbegriffen. Urban & Schwarzenberg, München 1983

Peters, U. H.: Wörterbuch der Psychiatrie und medizinischen Psychologie. Urban & Schwarzenberg, München 1995

Petzold, H., I. Orth: Die neuen Kreativitätstherapien. Handbuch der Kunsttherapie. Junfermann, Paderborn 1950

Petzold, H.: Psychotherapie und Körperdynamik. Verfahren psychophysischer-physischer-Bewegungs- und Körpertherapie. Junfermann, Paderborn 1981

Piaget, J.: Das Erwachen der Intelligenz beim Kinde. Klett, Stuttgart 1975

Popper, K. R., J. C. Eccles: Das Ich und sein Gehirn. Piper, München 1987

Rief, W., W. Hiller: Somatoforme Störungen und körperliche Symptome ohne Ursachen. Hans Huber, Göttingen 1992

Roth, J. K.: Hilfe für Helfer: Balint-Gruppen. Piper, München 1985

Rothacker, E.: Die Schichten der Persönlichkeit, 8. Aufl. Bouvier, Bonn 1969

Schiebler, Schmidt, Zilles (Hrsg.): Anatomie. Springer, Berlin 1995

Schmidbauer, W.: Der Weg weiter. Hoffmann-La Roche, Grenzach-Wyhlen 1975

Sheldon, W. H., S. S. Stevens: The Varieties of Temperament. Harper, New York 1942

Siegel, E. V.: Tanztherapie. Klett-Cotta, Stuttgart 1988

Spektrum der Wissenschaft: Gehirn und Nervensystem. Heidelberg. 1987

Spitz, R. A.: Vom Säugling zum Kleinkind. Naturgeschichte der Mutter-Kind-Beziehung im ersten Lebensjahr. Klett, Stuttgart 1985

Stern, D. N.: Die Lebenserfahrung des Säuglings. Klett-Cotta, Stuttgart 1992

Uexküll, Adler et al. (Hrsg.): Psychosomatische Medizin. Urban & Schwarzenberg, München 1996
Uexküll, J. v., G. Kriszat: Streifzüge durch die Umwelt von Tieren und Menschen. Fischer, Stuttgart 1983
Uexküll, Th. v.: Grundlagen der psychosomatischen Medizin. Rowohlt, Reinbeck 1976
Uexküll, Th. v. et al. (Hrsg.): Subjektive Anatomie. Schattauer, Stuttgart 1994
Uexküll, Th. v., W. Wesiack: Theorie der Humanmedizin. Grundlagen ärztlichen Denkens und Handelns. Urban & Schwarzenberg, München 1988
Ungerer, D.: Einführung in die Theorie der Leibeserziehung, 2. Aufl. Hoffmann, Schorndorf 1970
Weizsäcker, V. v.: Studien zur Pathogenese, 2. Aufl. Thieme, Wiesbaden 1946
Weizsäcker, V. v.: Der Gestaltkreis. Theorie der Einheit von Wahrnehmen und Bewegen, 5. Aufl. Thieme, Stuttgart 1986
Winnicott, D. W.: Von der Kinderheilkunde zur Psychoanalyse. Fischer, Stuttgart 1983
Zimprich, H.: Kinderpsychosomatik. Thieme, Stuttgart 1984

Sachverzeichnis

A

B

E

F

G

H

L

M

N

O

P

T

U

W

X

Y

Z